深入机器学习

算法原理 | 数学硬核 | 上手实操 | 完整实现

邓子云◎著

中国水利水电出版社
www.waterpub.com.cn
·北京·

内 容 提 要

本书将带领读者一起主动拥抱机器学习，快乐翻越高等数学、算法分析、工程实践这“三座大山”。面对三类读者（会用即可、想深入学习、想成为专家）的学习动机和阅读需求，全书一共用 19 章来讲解机器学习的各种模型，包括机器学习中基础和关键的线性回归、逻辑回归、决策树、贝叶斯、支持向量机、KNN 等。全书具有语言表达轻快、模型讲解细致、图表配备众多的特色。

本书可供计算机、人工智能、大数据等专业的大学生、研究生阅读，也可供需要用到机器学习技术的广大工程技术人员、研究人员作为参考。

图书在版编目（CIP）数据

深入机器学习 / 邓子云著. -- 北京 : 中国水利水电出版社, 2023.1
ISBN 978-7-5226-1080-1

Ⅰ. ①深… Ⅱ. ①邓… Ⅲ. ①机器学习－研究 Ⅳ. ①TP181

中国版本图书馆CIP数据核字(2022)第215951号

策划编辑：周春元　　责任编辑：杨元泓　　封面设计：李　佳

书　　名	深入机器学习 SHENRU JIQI XUEXI
作　　者	邓子云　著
出版发行	中国水利水电出版社 （北京市海淀区玉渊潭南路 1 号 D 座　100038） 网址：www.waterpub.com.cn E-mail：mchannel@263.net（答疑） sales@mwr.gov.cn 电话：（010）68545888（营销中心）、82562819（组稿）
经　　售	北京科水图书销售有限公司 电话：（010）68545874、63202643 全国各地新华书店和相关出版物销售网点
排　　版	北京万水电子信息有限公司
印　　刷	三河市德贤弘印务有限公司
规　　格	184mm×240mm　16 开本　32.5 印张　727 千字
版　　次	2023 年 1 月第 1 版　2023 年 1 月第 1 次印刷
印　　数	0001—3000 册
定　　价	128.00 元

前　言

机器学习涉及的知识特别多，令人应接不暇；实际工程应用非常广，令人不得不学。目前，很多高校开设了人工智能、大数据专业，很多企业也需要用到人工智能技术。人工智能、大数据基础的知识领域自然还是机器学习。于是，学习机器学习的人越来越多。

当前市面上已有不少有关机器学习的图书。有的浅尝辄止，一种模型三五页就讲完了，让人大致明白但又感觉不着地；有的满版公式，让人不得要领；有的只有理论讲解没有实例，让人不好动手练习。我觉得根据读者对知识的学习诉求和规律来写作图书可以解决这些问题。我把对机器学习有学习动机的读者分成三类：

1．会用即可的读者。这类读者的诉求是只要会用某个类库（如 scikit-learn）建立简单的机器学习模型、能做数据分析和预测即可。针对这类读者，写一大堆数学公式没有意义。

2．想深入学习的读者。这类读者的诉求是要学懂每个模型的数学原理，会推导公式。这类读者得掌握微积分、线性代数、概率论、统计学这四门课程的知识。

3．想成为专家的读者。这类读者的诉求是要学习每种模型的高级知识，并能融会贯通地使用开发工具找到较为理想的模型参数。那就需要掌握一些更为复杂的数据结构、算法分析与设计知识，并能接受厚重的知识阅读量。

为了满足这三类读者的诉求，考虑到机器学习的模型众多，我不打算在本书中讲解所有的机器学习模型，而是针对机器学习中基础和关键的线性回归、逻辑回归、决策树、贝叶斯、支持向量机、KNN 这六种模型来进行详细讲解，并采取如下的写法：

1．第 1、2 章用于打基础。讲解有关机器学习的基本概念，说明如何使用 Python 编程做简单的开发。

2．对每个模型分 3 章来讲解。第 1 章满足会用即可的读者；第 2 章满足想深入学习的读者；第 3 章满足想成为专家的读者。由于 KNN 模型相对简单一些，没有编写第 3 章。

3．每个模型均有实例讲解。有的使用 scikit-learn 库编程实现，有的自主编程实现。我认为理解了原理，完全可以自己编程实现，只是我们没有必要这么做。多数情况下，使用类库编程即可，理解原理则还能有目标地调节参数来找到更为理想的模型。

本书有三点特色：

1. 语言表达轻快。我比较喜欢阅读文字表达像聊天的图书，自己写作也将运用这种风格，尽管可能会损失一点数学的严谨性。

2．模型讲解细致。对每个模型有关的数学知识、原理、公式推导都讲得很细致。

3．图表配备众多。一图决胜千里，能用图表达出原理就用图表达。全书一共配了 280 多幅插图和 80 多张表格。

如果读者能把本书通读下来，相信再去阅读有关某一种模型的专著和学术论文将会轻松很多，也将能看得懂满版的数学公式；而且用于工程实践也不会是难事，读者要做的更多的是分析业务场景的需求、构建模型所需的数据。

鉴于作者的水平有限，疏漏之处在所难免，敬请读者多批评、指教，我的邮箱是dengziyun@126.com，欢迎来信沟通交流。

感谢中国水利水电出版社万水分社的周春元副总经理，他经常和我探讨选题的写作、宣传和读者的需求，给了我创作的动力。感谢我的夫人黄婧女士，她承担了大量的家务及带孩子的事务，使得我有时间在工作之余进行创作。还要感谢参考文献中的很多作者及CSDN、博客园、知乎上的很多博主，他们的创作成果为我的写作提供了大量的参考资料。

本书的创作只是个开始，如果读者反馈写得还不错，我将继续创作讨论机器学习其他模型的图书。最后给出全书为三类读者准备的学习路线总图供阅读、参考。

为减轻读者购书成本，本书采用了黑白印刷，这可能导致某些图片的印刷效果不如彩色印刷效果好。因此，特将本书所有图片及书中源代码打包，如有需要，读者可扫描下方二维码进行免费下载。

邓子云

2022年于星城长沙

图片及源代码

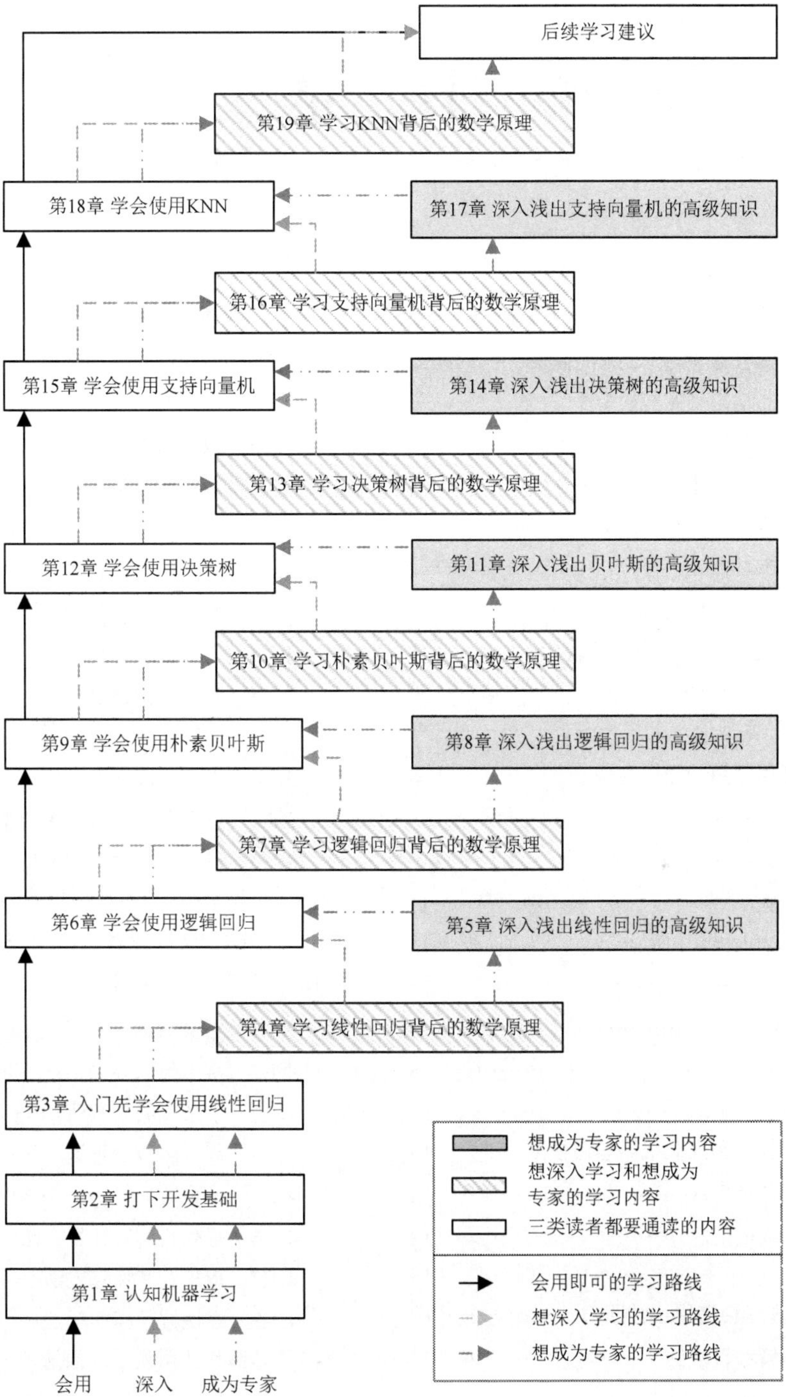
后续学习建议
第19章 学习KNN背后的数学原理
第18章 学会使用KNN
第17章 深入浅出支持向量机的高级知识
第16章 学习支持向量机背后的数学原理
第15章 学会使用支持向量机
第14章 深入浅出决策树的高级知识
第13章 学习决策树背后的数学原理
第12章 学会使用决策树
第11章 深入浅出贝叶斯的高级知识
第10章 学习朴素贝叶斯背后的数学原理
第9章 学会使用朴素贝叶斯
第8章 深入浅出逻辑回归的高级知识
第7章 学习逻辑回归背后的数学原理
第6章 学会使用逻辑回归
第5章 深入浅出线性回归的高级知识
第4章 学习线性回归背后的数学原理
第3章 入门先学会使用线性回归
第2章 打下开发基础
第1章 认知机器学习
会用
深入
成为专家
想成为专家的学习内容
想深入学习和想成为
专家的学习内容
三类读者都要通读的内容
会用即可的学习路线
想深入学习的学习路线
想成为专家的学习路线

学习路线总图

目录

第 1 章 认知机器学习

图 1-1 为学习路线图，本章知识概览见表 1-1。

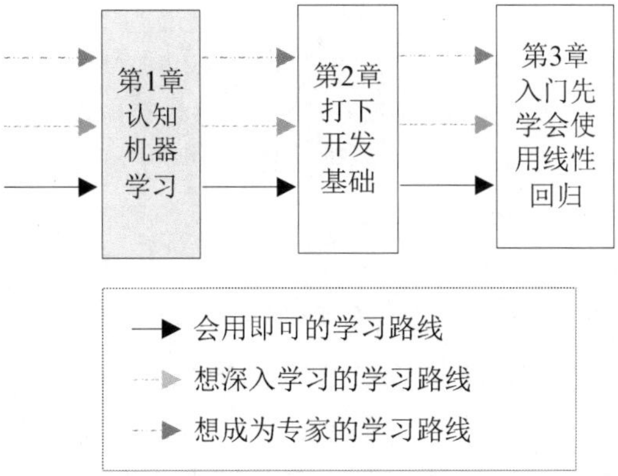

图 1-1　学习路线图

表 1-1　本章知识概览

知识点	难度系数	一句话学习建议
机器学习的定义	★	建议从定义和包含的模型种类两个角度来理解
监督学习的定义	★	
无监督学习的定义	★	
强化学习的定义	★	
学懂机器学习的方法	★	建议按自己的学习诉求来看自己属于哪类读者，再跟随本书一步步学习
搭建开发环境	★	建议使用 Anaconda

从学习路线图来看，本章的内容三类读者都需要学习。本章的内容较为浅显，包括学习一些基本术语、熟悉学习的方法、搭建想开发的环境 3 个主体内容。

1.1 什么是机器学习

我们先从机器学习的定义谈起，再讲讲机器学习都有哪些模型。

1.1.1 理解机器学习的定义

机器学习是人工智能学科的一个分支。机器学习概念的范畴比人工智能概念的范畴要小，但比深度学习概念的范畴要大，深度学习的底层是神经网络。这三者的关系大致如图 1-2 所示。

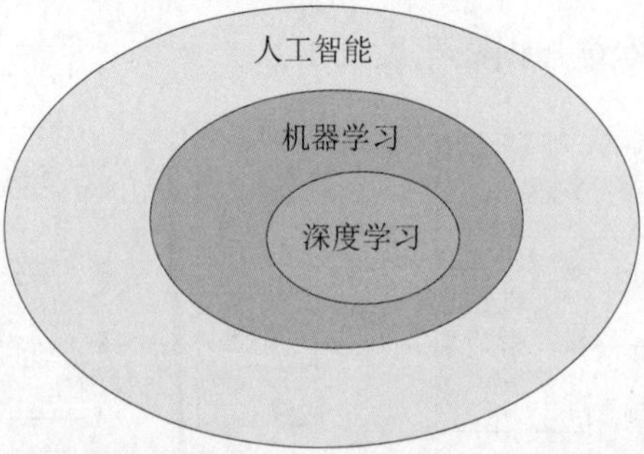

图 1-2 人工智能、机器学习、深度学习三者之间的关系

通常我们口头上讲的人工智能是技术上的概念，这些技术包括但不限于机器学习、深度学习、自然语言处理、智能机器人、图像识别、语音识别、视频识别、手势控制、人机交互、知识推荐与过滤引擎、情境感知等。这些技术并不是完全的并列关系，它们之间有交叉和重叠，如机器学习是图像识别、语音识别的基础，图像识别、语音识别都会用到深度学习的很多算法。

上述技术可以广泛应用到各行各业，包括但不限于互联网、金融业、智能交通、智慧旅游、工业机器人、服务机器人、自动驾驶、智能家居、精准农业、智能安防、翻译助手、博弈游戏、医学诊断、公共服务、场景教学、自动阅卷等。

那什么是机器学习呢？这里的机器指的就是计算机，并不是指机器人、汽车等机械系统。通常认为，**机器学习**是指用计算机模拟人类学习行为的技术，用来从已知数据中获得新的知识。计算机相比人类的长处就在于存储容量大、计算速度快、擅长做大量重复的工作，因此在涉及大量的数据及从中学习出知识时，机器学习能发挥出计算机的特长。

有很多人总在争论机器会不会有自主思维，其实从我们做技术研究的角度来看，要有自主思维还早得很，现有的技术要模拟出人类完整的复杂思维还不够现实，我们还是先学会用机器来帮助我们解决一些工程实践问题吧。

1.1.2 机器学习有哪些模型

机器学习先选定模型从已有数据中学习到模型的参数值，再通过模型做出预测。机器学习模型的用途主要有两种：一种称为**分类**，如对图像的分类；另一种称为**回归**，如预测出股票的价格。这两种用途奠定了机器学习应用的基础，据此可应用到情感识别、图像处理等场景中。本书所举也都是这两类用途的例子。有关回归的内涵后续还会详细讲解，这里可先有个感性认识。

根据模型的特征，机器学习模型还可以分为**监督学习模型、无监督学习模型、强化学习模型**和其他模型，如图 1-3 所示。监督学习模型需要先有训练数据（包括特征数据项和目标数据项），从训练数据中学习到知识。无监督学习模型也需要有训练数据，但训练数据不需要有目标数据项。强化学习则可以边探索数据边学习模型，使得模型越来越“强”。

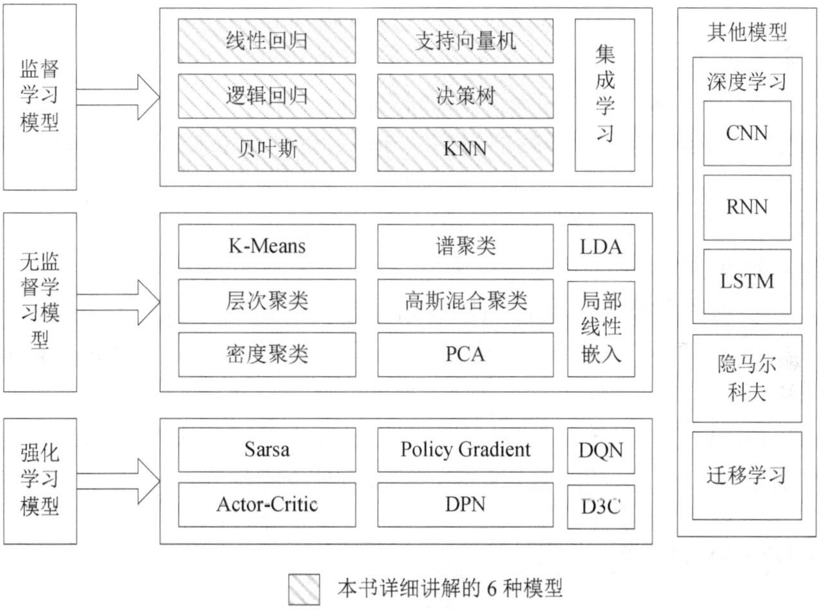

图 1-3 机器学习的模型

说明：1. CNN：Convolutional Neural Network，卷积神经网络。

2. RNN：Recurrent Neural Network，循环神经网络。

3. LSTM：Long Short Term Memory Network，长短记忆网络。

监督学习模型有线性回归、逻辑回归、贝叶斯、决策树、支持向量机、K 近邻算法（K-Nearest Neighbor，KNN）、集成学习等，本书主要详细讲解其中的 6 种。无监督学习模型包括各种聚类模型和降维模型，如主成分分析（Principle Component Analysis，PCA）。强化学习模型有 Sarsa、深度 Q 网络（Deep Q-Network，DQN）等。其他模型还有深度学习的各种模型、隐马尔科夫模型、迁移学习模型等。可见，机器学习模型的种类非常丰富，而且事实上还远不止图中列出的这些模型，连我们常听人说起的深度学习也只是其中的一类。

1.2 怎么学习机器学习

这么多的机器学习模型，还有不少的英文名称，怎么学得过来？听说还得有高等数学基础，一大堆的数学符号好难懂，怎么办？带着这些疑问，下面给出学习机器学习的建议。

1.2.1 学习的总体步骤

建议采用如下的学习步骤：

（1）先易后难学习各种模型。这符合人对知识的认知规律。机器学习模型中，总体来说，难度趋势是“监督学习→无监督学习→强化学习和其他模型”。因此，建议先学好监督学习模型来打基础，特别是先学好本书所讲解的 6 种监督学习模型。

（2）先会用、再理解原理、最后学习高级知识。这也是本书写作一直贯彻的风格。先用一章的内容学会用 scikit-learn 建立模型、训练模型、使用模型；接着再用一章的内容学习模型的数学原理；再用一章的内容讲解一些高级知识，在高级知识部分的最后又学会用 scikit-learn 调节模型参数或解决一些更复杂的应用需求。

（3）逐步学会用数学符号来描述和计算。机器学习主要涉及微积分、线性代数、概率论、统计学这 4 科知识。如果只是简单地会用模型，不需要掌握高等数学知识，有高中的数学底子足够了。如果要深刻地理解原理，那就必然要涉及前述 4 科数学知识。在涉及较深的算法原理时，还需要有数据结构、算法分析与设计这两科计算机专业的课程底子，特别是有关递归、排序等算法和图论、树和二叉树等数据结构，本书后续将会陆续用到。

1.2.2 理清工具与原理的关系

只学习原理不编程实现、不做应用实践就总感觉是“空中楼阁不落地”。光会用类库编程不理解背后的原理就总感觉心中不踏实。因此，建议既要学会用，又要学懂原理，还要能做出应用实践。

如果使用类库（如 scikit-learn）及集成开发工具（如 Spyder），优点是可以复用前人已经实现的程序模块来做快速开发，缺点是类库随时间推移会有新的版本出现，一本刚刚出版的书中使用的软件版本很可能一年后就落伍了。因此，建议还是要学通原理，这样不管类库和开发工具软件版本怎么变，再学习类库和开发工具都会很快上手。

1.3 搭建开发环境

提倡大家下载并安装 Anaconda，因为这个软件安装起来特别简单，且会一并自动安装 Python 类库和 scikit-learn 类库。此外，Anaconda 还自带很多好用的工具。

1.3.1 下载和安装 Anaconda

下载的网址：https://www.anaconda.com/products/distribution。

在这个页面中可找到最新版本的 Anaconda 来安装，安装过程按提示进行即可。很多人看书总要先看使用的是否是最新的软件版本，其实这就是一个悖论。因为图书的出版周期是比较长的，通常交稿后至少需要 3 个月的编辑和上市时间，等书一上市很可能当初写书稿时用的软件版本就已经不是最新的了。大家去下载并安装最新的软件版本即可，不必纠结于看图书用的是哪个版本。

1.3.2 Anaconda 的 5 个工具软件

安装好 Anaconda 后，会有如图 1-4 所示的 5 个工具软件供使用。Anaconda Navigator 可用于浏览所有的类库并进行安装。建议尽量安装和使用 Anaconda Navigator 中可找到的类库。通常，Anaconda Navigator 会确保各个类库的版本不冲突。如果 Anaconda Navigator 中找不到想要的类库，建议先下载软件包，再根据软件包中的 readme 文件和其他说明文件等来安装。Anaconda Prompt 用于给出命令执行的界面。有时我们需要执行一些命令，如安装 Python 的类库使用“pip install ...”。Jupyter Notebook 的功能是在 Web 方式下互动执行 Python 程序。Reset Spyder Settings 工具用于重置集成开发 Spyder 的各种配置参数。Spyder 是一个集成开发环境。提倡大家使用 Spyder 这种集成开发工具来开发软件。

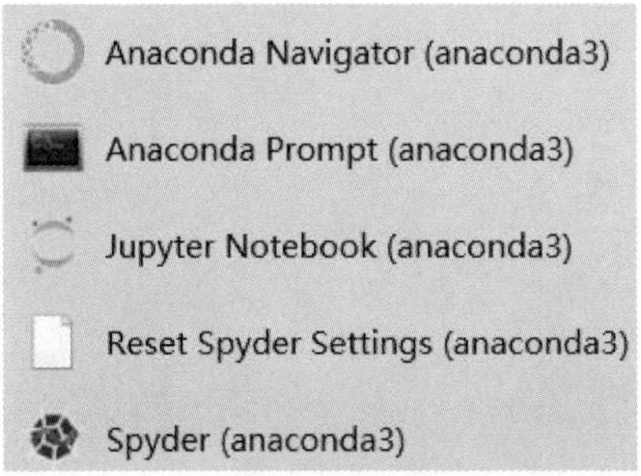

图 1-4 Anaconda 安装的 5 个工具软件

说不定读者看到这本书时，Anaconda 已经进化到 Anaconda4 或更高的版本了，建议使用最新的版本即可。

1.4 小结

本章讲解到机器学习、监督学习等术语，总结见表 1-2。

表 1-2 本章涉及的术语及总结

术语	一句话总结
机器学习	用计算机模拟人的思维
监督学习	训练数据有目标数据项；用训练数据训练出模型
无监督学习	用训练数据训练出模型；自己可以归类或拟合出目标数据
强化学习	边探索数据边学习模型
深度学习	用神经网络构建出的模型

机器学习涉及的相关知识众多，涉及线性代数、微积分、概率论、统计学等数学知识和数据结构、算法分析与设计等计算机专业知识。建议采取先易后难，先会用、再理解原理、最后学习高级知识，逐步学会使用数学符号来描述和计算这 3 种策略来融会贯通机器学习。最后，推荐大家使用 Anaconda 来做开发。

第2章 打下开发基础

图 2-1 为学习路线图，本章知识概览见表 2-1。

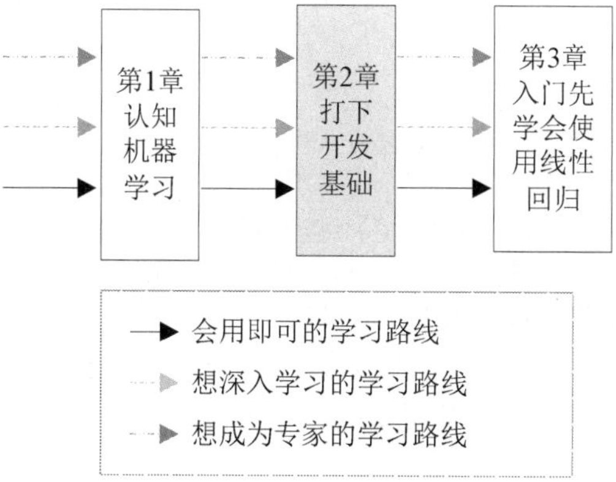

图 2-1　学习路线图

表 2-1　本章知识概览

知识点	难度系数	一句话学习建议
列表	★	需学会访问、更新列表中的数据
字典	★	需学会建立和访问字典
numpy	★★	重点是一维数组和二维数组；后续章节还会使用它结合线性代数知识来做更多的运算
画点	★	建议理解有关的方法参数并会使用方法
画线	★	
画面	★	
保存和加载模型	★	

本章将主要学习 Python 中的常用数据结构，学会如何画图，学会保存和加载机器学习模型。这些内容是后续章节学习的基础。

2.1 学会使用常用的数据结构

数组从名称上来理解就是一系列数的组合。本书并不定位于做一本专门讲解 Python 编程的图书，所以下面仅讲解一些后续章节学习中经常要用到的 Python 开发知识。

2.1.1 列表

Python 中有 6 种序列数据结构，其中最为常用的是列表和元组。列表和元组的区别是：列表用[]括起来，元组用()括起来；列表中的元素可以改变，元组中的元素不能改变。

列表可以用来表达一维数组，但其中的元素数据类型可以不同。列表的常用操作有索引、切片、加、乘等。

1. 新建一个列表

新建时可以是空的列表，也可以初始化一些元素，元素之间用“,”分隔，如：

```
emptyList=[] #空的列表
studentName = ['liuXiaoMing','Libin','wangSheng'] #学生名字
studentLessonScore = [86, 90, 77, 59, 67] #学生课程成绩
```


列表的索引号从 0 开始，依次为 0、1、2、…；如果从后往前则索引号为-1、-2、-3、…。

2. 访问列表中的元素

常用索引号来访问列表中的元素，如：

源代码 2-1 访问列表中的元素

```
studentName=['liuXiaoMing','Libin','wangSheng']
studentLessonScore = [86, 90, 77, 59, 67]
print("studentName[0]: ",studentName[0])
print("studentLessonScore[1:5]: ",studentLessonScore[1:5])
```

程序运行的结果如图 2-2 所示，这是 Anaconda 的 Spyder 控制台的输出。

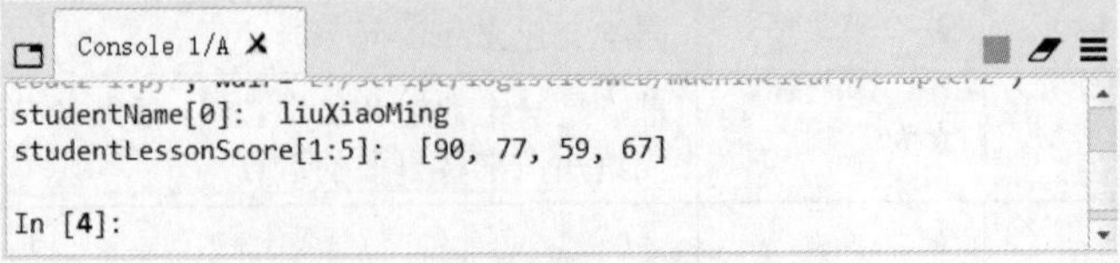

图 2-2 访问列表中的元素

提示：用 studentLessonScore[1:5]这种形式访问列表的元素时，最后面的索引号 5 对应的元素并不会被包含进来，即访问的是第 1 至第 4 个元素。

3. 更新列表中的元素

要新增一个元素，可以使用 append()方法将元素添加到列表的后尾。要删除一个元素，可以使用 del 关键字。修改一个元素可以直接使用“=”赋值，如：

源代码 2-2 更新列表中的元素

```
studentName=[] #学生名字
studentName.append('liuXiaoMing')
studentName.append('Libin')
print(studentName)
del studentName[0]
print(studentName)
studentName[0]='Dengrong'
print(studentName)
```

程序运行的结果如图 2-3 所示。

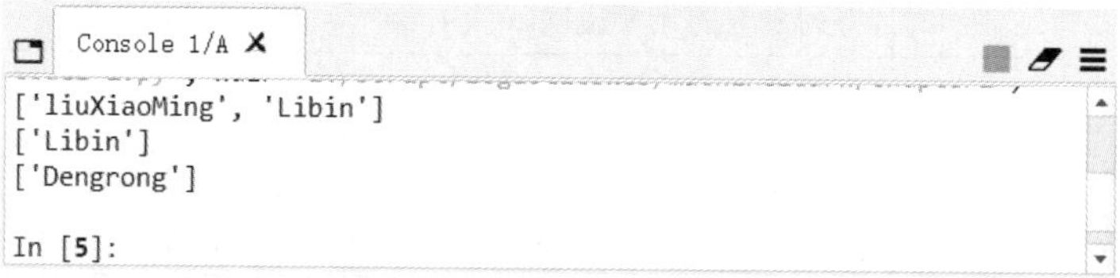

图 2-3 更新列表中的元素

4. 列表的操作符

下面用表格（表 2-2）说明列表的一些常用操作符。

表 2-2 列表的一些常用操作符

操作符	功能	示例	示例结果
+	拼接列表	[1, 2, 3] + [4, 5, 6]	[1, 2, 3, 4, 5, 6]
*	重复元素	[1]*4	[1, 1, 1, 1]

提示：针对列表的“+”和“*”操作不是将列表的每个相应的元素相加或相乘，而是拼接和重复。

5. 列表的常用方法

Python 中内置了一些常用的方法可以直接操作列表，见表 2-3。

表 2-3 Python 中内置的常用于操作列表的方法

方法	功能
len(list)	返回列表的元素个数
max(list)	返回列表中元素的最大值
min(list)	返回列表中元素的最小值
list(seq)	将元组转换为列表，返回转换后得到的列表

列表也可以作为对象来使用它的一些方法，见表 2-4。

表 2-4 列表的一些常用方法

方法	功能
list.append(object)	在列表末尾添加新的对象
list.count(object)	统计列表中某个元素出现的次数
list.extend(sequence)	在列表的末尾一次性添加另一个序列中的多个值
list.index(object)	找到某个值在列表中第一个匹配项的索引号
list.insert(index, object)	将对象 object 插入列表的 index 位置
list.pop([index=-1])	移除列表中的一个元素（默认最后一个元素），返回该元素的值
list.remove(object)	移除列表中某个值的第一个匹配项
list.reverse()	将列表中的元素反向
list.sort(cmp=None, key=None, reverse=False)	对列表进行排序。cmp 为可选参数，如果指定了该参数会使用该参数指出的方法进行排序。key 指出用来进行比较的元素。reverse 指出排序规则，reverse = True 表示降序，reverse = False 表示升序，默认为升序。多数情况下仅使用 reverse 参数即可满足应用需求

2.1.2 字典

字典的每个键值对“key:value”中，键和值之间用冒号“:”分割，每个键值对之间用逗号分割，整个字典包括在花括号中，格式如下所示：

```
d = {key1 : value1, key2 : value2 …}
```

这种数据结构是由键值对组成，因为可通过键快速查找出对应的值，所以称之为字典。键需要是唯一的，值不需要是唯一的，值可以是任何一种数据类型。但键必须是一种确定的数据类型。键通常使用字符串或数字。

1. 访问字典中的值

根据键来访问值，示例如下：

源代码 2-3 访问字典的值

```
student={'Name':'LiuBin','score1':78,'score2':90}
print("student['Name']: ",student['Name'])
print("student['score2']: ", student['score2'])
```

程序运行的结果如图 2-4 所示。

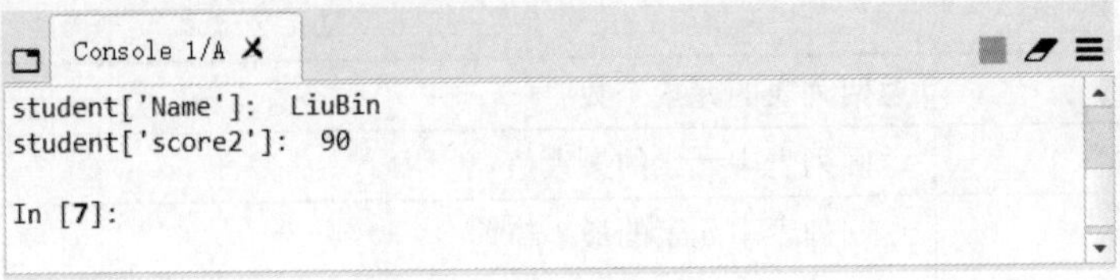

图 2-4 访问字典的值

2. 修改字典的值

可以用键访问并用“=”赋值，如：

```
student['score2']=98
```

删除某个键值对可以使用 del，如：

```
del student['score2']
```

3. 字典的常用方法

Python 中内置了一些常用的方法可以直接对字典操作，见表 2-5。

表 2-5 Python 中内置的常用于操作字典的方法

方法	功能
len(dict)	返回字典中键值对的个数
str(dict)	将字典中的值转化为字符串的表示形式

字典也可以作为对象来使用它的一些方法，见表 2-6。

表 2-6 字典的一些常用方法

方法	功能
dict.clear()	删除字典内所有键值对
dict.copy()	返回字典的复制
dict.fromkeys(seq[, val])	创建一个新的字典，以序列 seq 中的元素作为字典的键，以 val 作为字典所有键对应的初始值
dict.get(key, default=None)	返回指定键对应的值，如果键不在字典中则返回 default 指定的值
dict.has_key(key)	如果键 key 在字典 dict 里则返回 True，否则返回 False
dict.items()	以列表返回可遍历的键值对。键值对用元组(键,值)表示
dict.keys()	以列表返回字典所有的键
dict.setdefault(key, default=None)	若键 key 存在，则返回 key 对应的 value；若不存在则返回设置的 default 的值，默认为 None；同时，字典中会将 key 键及设置的默认值添加到字典中
dict.update(dict2)	把字典 dict2 的键值对更新到字典 dict 里
dict.values()	以列表返回字典中的所有值
pop(key[,default])	移除并返回字典中给定键 key 所对应的值。如果键不在字典中则返回 default 指定的值
popitem()	返回并移除字典中的最后一个键值对

2.1.3 numpy

我们称 Python 中的 numpy 数据结构为数组，它有一个特点就是其中的元素类型必须是一样的，通常用来存储数值数据。下面介绍一些在后续学习中常用到的数组属性和操作。

1. 创建一个数组

通常使用以下方法创建一个数组：

```
numpy.array(object, dtype = None)
```

object 是一个可以用来初始化数组的对象，通常是一个数组或序列，后续学习中经常会用到列表来初始化数组。dtype 指出数组中元素的数据类型，常用的数据类型见表 2-7。

表 2-7 数组常用的数据类型

数据类型	说明
bool	布尔型，值只有 True 和 False 两种
int	整型。取值范围看所在计算机的位数，32 位机就相当于 int32，64 位机则相当于 int64
int8	8 位整数，值的范围是-128～127
int16	16 位整数，值的范围是-32768～32767
int32	32 位整数，值的范围是-2147483648～2147483647
int64	64 位整数，值的范围是-9223372036854775808～9223372036854775807
float	浮点型，即带小数位的数

我们还常用 numpy.ones()方法和 numpy.zeros()方法生成元素为全 1 和全 0 的数组，两者使用方法相同。使用示例如下：

```
numpy.ones(5)                   #生成一个含 5 个 1 元素的一维数组
numpy.ones((5,), dtype=int)     #生成一个含 5 个 1 元素的一维整型数组
numpy.ones((2, 2))              #生成一个 2 行 2 列的全 1 元素二维数组
```

后续学习还将经常用到 Python 自带的 range()方法生成列表，以及用 numpy 的 arange()方法、numpy 的 linspace()方法来生成一维数组。它们的使用方法如下：

```
range(start, stop[, step]) #生成整型数据列表
numpy.arange(start, stop, step, dtype) #生成一维数组
#生成一维等差数组
numpy.linspace(start, stop, num=50, endpoint=True, dtype=None)
```

start 表示起始值。stop 表示结束值，但不包括 stop。step 表示步长，默认值为 1。dtype 表示数据类型，如果没有给出，则使用输入数据的数据类型。num 表示生成的元素个数。endpoint 表示是否包括 stop，True 表示包括，False 表示不包括。

2. 数组的属性

先要理解数组的维度（dim）和轴（axis）这 2 个概念。二维数组的维度为 2，三维数组的维度为 3，这还是比较好理解。不过要注意区分向量的维和数组的维，向量的维是指向量有多少个分量。

一个维度可以理解为一个轴。以二维数组为例，它就相当于是一维数组的一维数组，即横向是一个一维数组，这个横向的一维数组里的每个元素又是一个纵向的一维数组；纵向是一

个一维数组，这个纵向的一维数组里的每个元素又是一个横向的一维数组；axis=0，表示沿着第 0 轴进行操作，即对每一列进行操作；axis=1，表示沿着第 1 轴进行操作，即对每一行进行操作。

提示：axis=1 表示对每一行进行操作？这似乎不太符合常规思维逻辑。常规思维下，第 0 维是行，第 1 维应该是列才对？其实应该这么理解：axis 指出操作时变动哪一维的下标。对于一个 4×4×5×3 的数组：

（1）axis=0，操作时只有第 0 维的下标变化，其他不变；

（2）axis=1，操作时只有第 1 维的下标变化，其他不变；

（3）axis=2，操作时只有第 2 维的下标变化，其他不变；

（4）axis=3，操作时只有第 3 维的下标变化，其他不变。

一个矩阵可以用一个二维数组来表示。一个向量可以用一个一维数组来表示，也可以用一个只有 1 列或一个只有 1 行的二维数组来表示。我们形象地称一个只有 1 列的二维数组中这列数据表示的向量为列向量，称一个只有 1 行的二维数组中这行数据表示的向量为行向量。自然，也可以称矩阵（或二维数组）中的某一行为一个行向量，某一列为一个列向量。

数组的常用属性见表 2-8。

表 2-8 数组的常用属性

属性	说明
ndim	数组的维数
shape	数组的形状，返回的是一个元组。对于一个二维数组，可用 ndarray.shape[0]得到行数，可用 ndarray.shape[1]得到列数
size	数组中元素的总个数。对于二维数组，ndarray.*size* = ndarray.*shape*[0]×ndarray.*shape*[1]
dtype	数组的数据类型

注：ndarray 表示一个数组对象。

3. 访问数组中的元素

最常用的就是用“:”来操作了。“:”前是起始位置，“:”后是结束位置，但不包括这个结束位置。如果“:”前后都没有给出数值，则表示该维度上的所有位置。如果“:”前后只给出了一个数值，则表示未给出的一侧边界不受限制，如[:3,3:5]表示第 0 行至第 2 行、第 3 列至第 4 列。

源代码 2-4 访问数组中的元素

```
import numpy as np
data=np.array([[1,2,3],
               [4,5,6],
               [7,8,9]])
print("原数组：\n",data)
print("取第 0 行作为一维数组：",data[0])
print("取第 0 列作为一维数组：",data[:,0])
```

```
print("取第0行至第1行、第0列至第1列作为二维数组：\n",data[0:2,0:2])
```

程序运行的结果如图 2-5 所示。

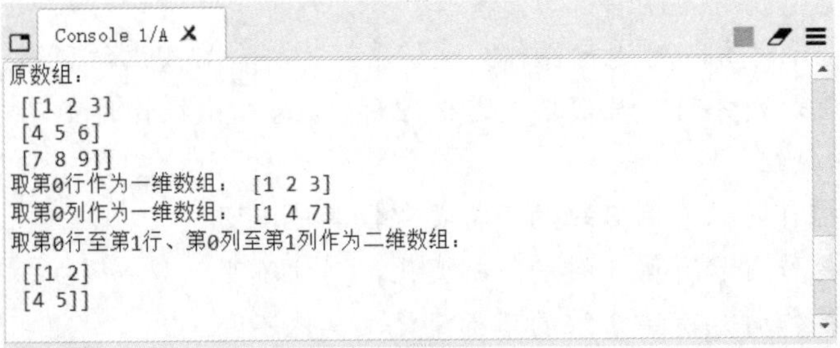

图 2-5　访问数组中的元素

4. 数组的常用操作

转置操作可用 numpy.transpose(ndarray)或 ndarray.T。堆叠或连接数组可用如表 2-9 所示的方法。

表 2-9　堆叠或连接数组

方法	说明
numpy.stack(arrays, axis)	arrays 指出要连接的相同形状的数组序列。axis 指定数组中的轴，输入数组沿着它来堆叠
numpy.hstack(arrays)	横向连接数组
numpy.vstack(arrays)	纵向连接数组

来看个例子，如下所示。

源代码 2-5　堆叠或连接数组

```
import numpy as np
data0=np.array([[1,2,3],
               [4,5,6]])
data1=np.array([[7,8,9],
               [10,11,12]])
print("沿第0轴堆叠：\n",np.stack((data0,data1),axis=0))
print("沿第1轴堆叠：\n",np.stack((data0,data1),axis=1))
print("横向连接：\n",np.hstack((data0,data1)))
print("纵向连接：\n",np.vstack((data0,data1)))
```

程序运行结果如图 2-6 所示。使用 stack()方法使结果成了一个 2×3×2 的数组，但组合的方式不同。沿第 0 轴做堆叠操作还是比较好理解。沿第 1 轴堆叠则是将行进行了交叉再组合。连接与堆叠不同，两个二维数组连接结果仍然是一个二维数组。

其他常用的方法见表 2-10。

提示：下面会涉及一些线性代数知识，可先有个感性认识。如果没看懂，请不用着急，后续学习中还会详细讲解和应用。

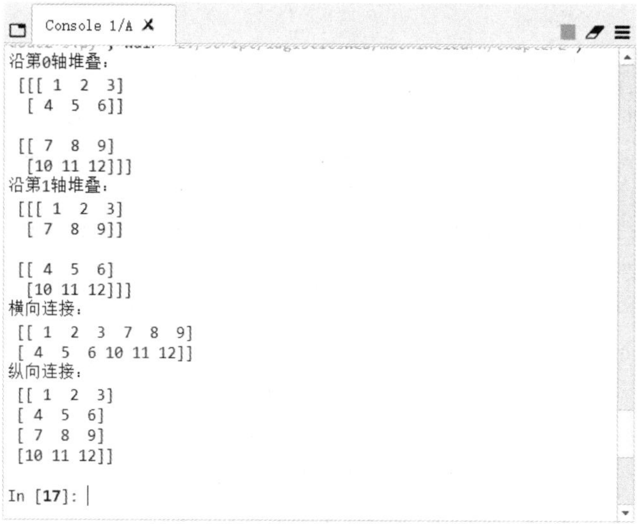
Console 1/A
沿第0轴堆叠：
[[[1 2 3]
[4 5 6]]

[[7 8 9]
[10 11 12]]]
沿第1轴堆叠：
[[[1 2 3]
[7 8 9]]

[[4 5 6]
[10 11 12]]]
横向连接：
[[1 2 3 7 8 9]
[4 5 6 10 11 12]]
纵向连接：
[[1 2 3]
[4 5 6]
[7 8 9]
[10 11 12]]
In [17]:

图 2-6　堆叠或连接数组

表 2-10　数组其他常用的方法

方法	说明
numpy.dot(a, b, out=None)	对于两个一维的数组 a 和 b，计算的是这两个数组对应下标元素的乘积和，即内积；对于二维数组，计算的是两个数组的矩阵乘积；对于多维数组，它的通用计算公式如下： $\text{dot}(a,b)[i,j,k,m]=\text{sum}(a[i,j,:]*b[k,:,m])$ 这表明结果数组中的每个元素都是数组 a 的最后一维上的所有元素与数组 b 的倒数第 2 维上的所有元素的乘积和
numpy.linalg.inv(matrix)	得到 matrix 的逆矩阵
numpy.linalg.det(matrix)	计算矩阵 matrix 对应的行列式

2.2　能用 matplotlib 绘图

后续学习中将制作不少的图形，以帮助读者理解机器学习模型的算法或效果。下面仅讲解后续要用到的一些绘图操作。

2.2.1　画点

首先，要作图则先要导入作图要用到的类。如果画二维图，请使用以下语句：

```
import matplotlib.pyplot as plt
```

然后 plt 就可以作为一个对象使用。如果画三维图，请使用以下语句：

```
import matplotlib.pyplot as plt
```

```
#====设置 3D 图形基本参数====
fig = plt.figure(figsize=(8, 8))
ax = fig.gca(projection='3d')
```

接下来就可以使用对象 plt 或 ax 来作图了。二维图中画点的语句及常用参数如下：

```
matplotlib.pyplot.scatter(x, y, s=None, c=None, marker=None, cmap=None,\
  alpha=None,label=None)
```

x、y 是两个一维数组或序列，分别表示点的横坐标值和纵坐标值，这两个数组的长度相同。s 表示点的面积，显然值越大点就越大。c 表示点的颜色，可以用文字（如'red'，表示红色）、RGB 数字、文字和数字的序列作为参数值。marker 表示标记点的样式，默认为'o'（圆圈），常用的还有'v'（倒三角形）、'^'（正三角形）、'<'（左三角形）、'>'（右三角形）、'8'（八角形）、's'（正方形）、'*'（星形）、'+'（加号）、'x'（x 号）等。cmap 表示一个 Colormap 对象。alpha 表示透明度，值的范围为[0,1]。label 表示标签，当有值（通常为字符串）时，则值会显示在图例中。

三维图中画点的方法与二维图中画点的方法参数大部分相同，只是多了一个坐标值，即：

```
ax.scatter(x, y, z,s=None, c=None, marker=None, cmap=None,\
  alpha=None,label=None)
```

2.2.2 画线

画线使用如下的语句：

```
matplotlib.pyplot.plot(x, y, color=None, linestyle=None, marker=None,\
 markerfacecolor=None, markersize=None,label=None)
```

x、y、color、marker、label 与画点参数含义相同，不再赘述。linestyle 表示线的风格，值为'-'（点线）、'--'（破折线）、'-.'（点划线）、':'（虚线）等。markerfacecolor 表示标记（即线上的 x、y 表示的点）的颜色。markersize 表示标记的大小。

三维图中画线的方法与二维空间中画线的方法参数大部分相同，只是多一个坐标值，即：

```
ax.plot(x, y, z, color=None, linestyle=None, marker=None,\
 markerfacecolor=None, markersize=None,label=None)
```

2.2.3 画面

三维空间中常要画平面、曲面，都是使用以下方法：

```
ax.plot_surface(x, y, z, color=None, cmap=None, alpha=None)
```

其中 x、y、z 都是二维数组，分别表示用来构成平面、曲面的三维空间点坐标值。

2.2.4 画多个子图

可使用以下语句来直接说明：

```
import matplotlib.pyplot as plt
plt.figure(1)
plt.subplot(2,2,1)
```

第 3 句话表明把当前的画布分成2×2的 4 个子画布，再选择第 1 个子画布来作图。如果要画第 2 个子画布中的图，可先写一句“plt.subplot(2,2,2)”。

下面我们来试试画一个含 2 个子图的图形。

源代码 2-6　画一个含 2 个子图的图形

```
import matplotlib.pyplot as plt
import numpy as np
#====画第 1 个子图====
plt.figure(1)
plt.subplot(1,2,1)
x=np.array([1,2,3,4])
y=np.array([2,3,4,5])
plt.scatter(x,y,marker='*',label="星形点")
plt.plot(x-1,y,marker='>',label="画的线")
plt.legend()#显示图例
#==解决中文字符显示问题==
plt.rcParams['font.sans-serif']=['SimHei'] #用来正常显示中文标签
plt.rcParams['axes.unicode_minus']=False #用来正常显示负号
plt.show()
#====画第 2 个子图====
plt.subplot(1,2,2)
plt.scatter(x,y,marker='o',label="圆形点")
plt.plot(x-1,y,marker='<',label="画的线")
plt.legend()#显示图例
plt.show()
```

画出的图形如图 2-7 所示。

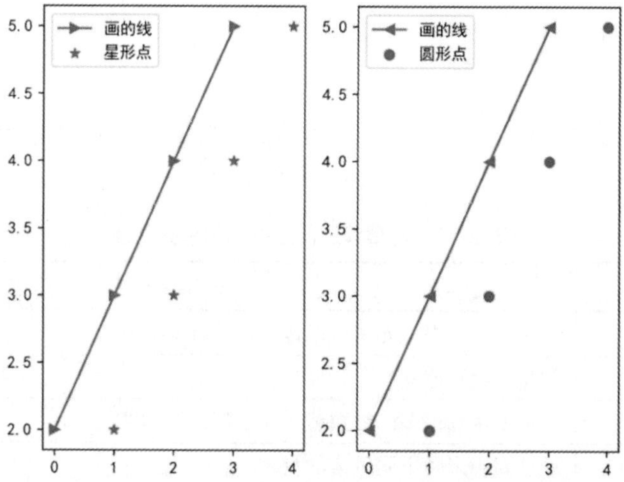

图 2-7　画一个含 2 个子图的图形

提示：以上内容不一定能涵盖到后续学习所有画图程序要用到的绘图技能，但请先掌握这些基本用法。

2.3 能编程保存和加载机器学习模型

保存和加载机器学习模型也是一项基本功。这项功夫尽管后续学习不需要用到，但掌握这部分知识，以后就不需要每次都重复训练模型了。

2.3.1 保存模型

Python 自带了保存模型的方法，可参考下面的例子使用以下语句：

```
import pickle
#保存模型
#open 的第一个参数为保存路径
with open('saved_model/rfc.pickle','wb') as f:
    pickle.dump(model,f) #第 1 个参数 model 为要保存的模型
```

2.3.2 加载模型

Python 自带了加载模型的方法，可参考下面的例子使用以下语句：

```
import pickle
#加载模型
#open 的第一个参数为模型的保存路径
with open('saved_model/rfc.pickle','rb') as f:
    model = pickle.load(f) #加载模型
```


2.4 小结

本章学习了如何在 Python 中作开发，内容虽然比较简单，但却是后续学习的必要基础知识。针对本章的主要知识点用表格（表 2-11）总结如下。

表 2-11　本章涉及的主要知识和技能点

术语	一句话总结
列表	注意区分元组；元素可以是任一种数据类型
字典	就是一组键值对
numpy	后续要用到很多二维数组（即矩阵）的运算
画点	后续要用来画不同风格的点
画线	后续要用来画拟合出的线
画面	后续要用来画函数的图形
保存和加载模型	使用 Python 自带的 pickle 对象即可

第3章

入门先学会使用线性回归

图 3-1 为学习路线图，本章知识概览见表 3-1。

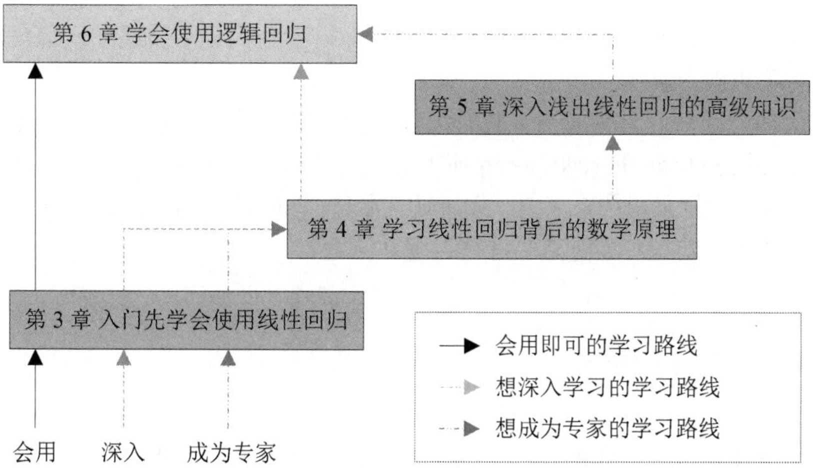

图 3-1　学习路线图

表 3-1　本章知识概览

知识点	难度系数	一句话学习建议
线性回归	★	理解其含义对后续的学习具有重要意义
拟合	★	
误差	★	
线性方程	★	建议结合图形来理解方程
特征数据项	★	理解这 2 个术语是掌握机器学习知识的基础
目标数据项	★	
模型的评价指标	★★	先理解并会计算 ***MAE***、***MSE***、***RMSE***、R^2 这 4 个评价指标

续表

知识点	难度系数	一句话学习建议
数据项之间的关系	★★	应能做出数据的散点图观察数据项之间的关系
MinMax 标准化	★	应能用 MinMaxScaler 对数据集做 MinMax 标准化
数据集的划分	★	应能用 train_test_split()划分数据集
线性回归的过程	★	建议结合线性回归的过程图来理解
一元高次方程模型	★★	应能用 LinearRegression 类拟合出这 3 种模型；能输出方程；能作图对比分析拟合出的模型
多元一次方程模型	★★	
多元高次方程模型	★★	

本书之所以把线性回归作为机器学习算法及应用的入门，是因为线性回归相对比较简单且容易理解。从图 3-1 来看，本章是线性回归及机器学习的入门知识，建议大家都学习。对线性回归会用即可的人来说，学习完本章后就可跳到第 6 章学习逻辑回归。想深入学习和想成为专家的读者，学习完本章后建议继续学习第 4 章。考虑到学习路线一目了然，后续章中的学习路线图将不再做出解释。

要会使用线性回归，首先应当理解有关线性回归的一些基本术语，再了解线性回归的过程，继而学会使用 Python 的 scikit-learn 库中的类和方法来做线性回归。为了让大家饶有兴趣地阅读本章，我将大量采用图表来做辅助说明，尽量回避高等数学知识。学习本章时，会涉及到极少量的高等数学知识，届时将会进行详细地讲解。

3.1 初步理解线性回归

下面一起来谈谈线性回归涉及的一些基本术语，这些术语主要包括回归、拟合、误差、距离、系数、截距、特征项等。不必死记这些定义，建议结合图形来形象地理解这些术语。

3.1.1 涉及的主要术语

什么是**线性回归**？**回归**怎么定义？回归的英文单词是 Regression，从词面上来理解，有返回、回到一种什么状态的含义。回归一词来源于统计学中的术语，让人总觉得模糊不清。从本质上来讲，就是要回归到数据的中间值。线性回归就是要把数据用线的形态来表达，尽量地**拟合**出这样一条线：已有的数据点尽可能地接近于这条线。

提示：建议不必纠结于区分回归和拟合这两个概念。在机器学习领域，这两者可以作为非常近似的概念使用。如果一定要区分清楚的话，回归就是要回到数据的平均值，拟合则不一定了。相对来说，拟合的概念范围要更宽泛一些。

尽可能地接近则会让误差更小。**误差**又是什么呢？线性回归中讨论的误差通常是指已知的数据点到拟合出的线的距离。误差就是预测值与真实值之间的差值。在中学时我们学过点到线的距离最小的值应该是垂直线段的长，如图 3-2（a）所示。由于求垂直线的距离要对数值做开平方根计算，在做数学计算时求导数（微积分里的概念）计算起来很麻烦，远不如图 3-2（b）所示的点到线的距离计算那么简单。图 3-2（b）所示的点到线的距离只要把两个点的y值相减再求绝对值就可以了。因此，机器学习中的线性回归的距离计算多是采用图 3-2（b）所示的计算方式。

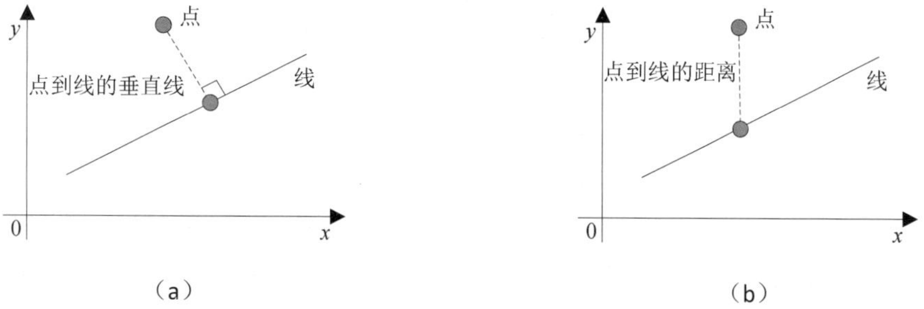

图 3-2　点到线的距离

提示：机器学习中的距离有很多种，请先不要考虑这么多种情况，先沿着本书的思路学习即可。后续章节还会详细讲解其他种类的距离度量。

那线性回归到底是要做什么？在实际应用的场景中，我们总是会预先采集到一系列的数据，以这些数据为基础可以用来探索数据之间的关联关系的规律，一种典型的相关关系就是线性关系。用这些已知的数据拟合出这条线，就可以用来预测未知的答案。要做的这种拟合成线的工作就称为线性回归。这条线可以是直线，也可以是曲线。接下来，举个例子说明更为形象。

3.1.2　线性方程的表达

一个地区的房屋均价应该与哪些因素有关？通常的理解有房屋套均面积、该地区的犯罪率等诸多因素。假设这个地区的房屋均价与这个地区的房屋平均房间间数呈线性关系，且为直线，那么表达这种关系的方程如方程 3-1 所示。

$$y = \theta_1 x + \theta_0 \qquad \text{（方程 3-1）}$$

式中，y为这个地区的房屋均价；x为这个地区的房屋平均房间间数。我们把x前的θ_1称为**系数**，把θ_0称为截距。为什么称为**截距**呢？试想一下，当x的值为 0 时，y的值就是θ_0，$[0,\theta_0]$这个点就是直线和y轴的交点，在图形上就好像是直线被y轴截了一下，θ_0的绝对值就是交点到原点的距离。

假定现已知 5 条数据，见表 3-2。表中采用了 Python 的 scikit-learn 库中的数据集库自带的波士顿（一座城市的名字）房屋价格数据集中的前 5 条数据，该数据集的数据含义后面还会详细介绍。为什么采用 Python 的 scikit-learn 库中自带的数据集呢？这是考虑到 2 个原因：一是读者使用方便，只要读者安装了 scikit-learn 库就可以使用自带的数据集，而不必到互联网上下载；二是便于沟通，大家都使用同样的数据集，则便于同行沟通算法和学习的心得体会。

表 3-2　已知的波士顿房屋价格数据集中的前 5 条数据

序号	房屋平均房间间数/间	房屋均价/千美元
0	6.575	24.0
1	6.421	21.6
2	7.185	34.7
3	6.998	33.4
4	7.147	36.2

提示：Python 中的数据编号（如数组的下标、列表的索引等）从 0 开始，为保持一致，所以表 3-2 中的序号也从 0 开始。本书此后的表格均如此，不再重复说明。

根据已知数据，作散点图（图 3-3 中圆形的点）。根据这 5 条已知的数据，可拟合出一条直线，这条直线大致如图 3-3 所示。拟合出来后，就可以用来做预测了，如图 3-3 所示的星形点，给定房屋平均房间间数为 6.8，可预测出房屋均价为 28.74（千美元）。

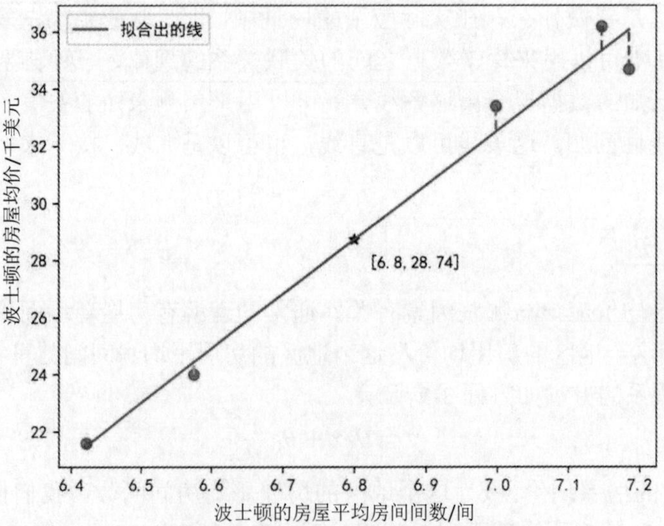

图 3-3　根据已知数据拟合出直线

从图 3-3 看来，5 个已知的点看上去存在一定的线性关系，但一定是直线吗？实际应用中的数据集用图形表达出来不一定是直线，有可能是曲线。可以使用高次方程来拟合出曲线。可以使用如方程 3-2 所示的一元二次方程模拟出曲线。

$$y = \theta_0 + \theta_1 x + \theta_2 x^2 \quad \text{（方程 3-2）}$$

要拟合出更为复杂的曲线，可以使用更高次的方程。一元高次方程的通用表达如方程 3-3 所示。

$$y = \theta_0 + \theta_1 x + \cdots + \theta_n x^n \quad \text{（方程 3-3）}$$

提示：表达一元高次方程的数学表达式阅读起来有困难吗？应该不难。在本章中还会有稍微复杂一点的多元方程，但很少会使用微积分、线性代数等高等数学中的知识来表述，以便我们阅读起来轻松。不过，后续章节要学习算法背后的数学原理，还是会使用到高等数学的许多知识，但我会尽量详尽地解说。

现实中，如图 3-3 所示的要预测的结果只与一个变量相关的情况较为少见（但还是有），即一元一次方程较为少见；多数情况下要预测的结果会与多个因素有关，即多元方程。仍以波士顿房屋价格数据集为例，这个数据集给出了如表 3-3（仅列出部分）所示的多个数据项。在机器学习中，称这些数据项为**特征项**（或称为特征数据项）。由于数据通常是一个二维的表格，因此习惯上将一个数据项或特征项称为列，将一条数据称为一行。要使用机器学习算法，对数据做预处理是很重要的工作。预处理的工作内容就包括设计特征项并收集特征项数据。

表 3-3　波士顿房屋价格数据集中的部分特征项

在数据集中的特征项序号	特征项英文名	特征项中文名	说明
1	ZN	住宅用地超过 25000 sq.ft.的比例	sq.ft.是 square foot 的简写，表示平方英尺。平方英尺是一个英制面积单位
2	INDUS	城镇非零售商用土地的比例	
4	NOX	一氧化氮浓度	
5	RM	房屋平均房间间数	
7	DIS	到波士顿五个中心区域的加权距离	
10	PTRATIO	城镇师生比例	
12	LSTAT	人口中地位低下者的比例	

波士顿房屋价格数据集有一个目标数据项，名称为 MEDV，表示的是房屋均价，单位为千美元。

假定以表 3-3 中的 8 个因素来构建一个八元一次方程，则形如方程 3-4 所示。

$$y = \theta_0 + \theta_1 x_1 + \cdots + \theta_8 x_8 \quad \text{（方程 3-4）}$$

通用的n元一次方程如方程 3-5 所示。

$$y = \theta_0 + \theta_1 x_1 + \cdots + \theta_n x_n \quad \text{（方程 3-5）}$$

如果是多元高次方程，表述自然会更复杂一些。以二元二次方程为例，形如方程 3-6 所示。

$$y = \theta_0 + \theta_1 x_1 + \theta_2 x_2 + \theta_3 x_1 x_2 + \theta_4 x_1^2 + \theta_5 x_2^2 \quad \text{（方程 3-6）}$$

方程有n元，则表示方程的图形处在$(n+1)$维空间之中。方程次数越高，表明表达的曲线越为复杂，可以达到更高的拟合度。

3.1.3 拟合出的线的样子

拟合出的线是什么样子？怎么拟合出直线、曲线？要学会拟合出直线、曲线，我们可接着往后看 3.2 节的内容，将会给出做线性回归的过程详解。这里先来看看拟合出的曲线是什么样子。

提示：一元方程的图形处在二维空间中可以用平面图表达。二元方程的图形在三维空间中可以用三维立体图表达。那三元方程甚至更高元的方程的图形怎么表达呢？用图无法表达四维的空间，但是确实存在，我们可以在脑海中想象构思。

为帮助大家建立起脑海中的图形，使大家逐步具有空间思维来思考机器学习中的问题，下面给出一些示例方程的图形供参考。

如方程 3-3 所示的方程如果能成立，则其图形是平面中的曲线，有一个一元二次方程和一元三次方程的图形分别如图 3-4 所示。从图中也可以看出，一元三次方程的图形比一元二次方程的图形可以表达更为复杂的拟合曲线。

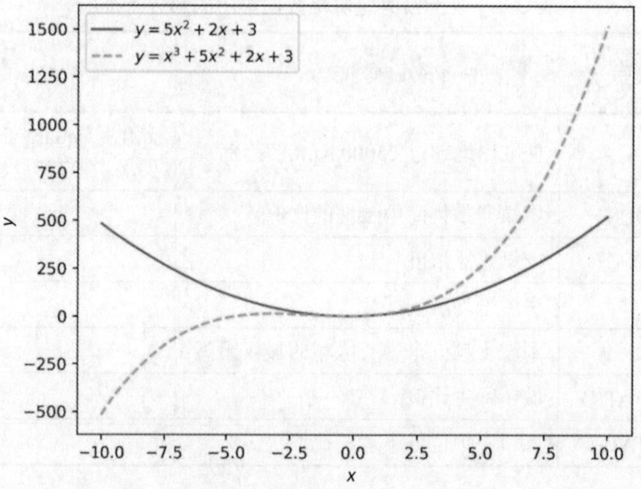

图 3-4　一元二次方程和一元三次方程的图形

如方程 3-5 所示的方程需要用到多维空间。当$n=1$时，该方程表示的是二维空间里的一条直线。当$n=2$时，该方程表示的是三维空间里的一个平面。当$n=3$时，该方程表示的是四维空间里的一个超平面，此时已经不能作图，只能在脑海中用空间思维构思。以此类推，该方程可以表达出更高维空间里的超平面。一个示例如图 3-5 所示，$y=x_1+3x_2$的图形是一个平面。

三维空间里的二元高次方程的图形则是一个曲面。如图 3-6 所示，这是方程$y=x_1^2+2x_1x_2+3x_2^2+x_1+2x_2-3$的图形。如果要在更高维度的空间里去表达多元高次方程，则方程的图形会是超曲面。

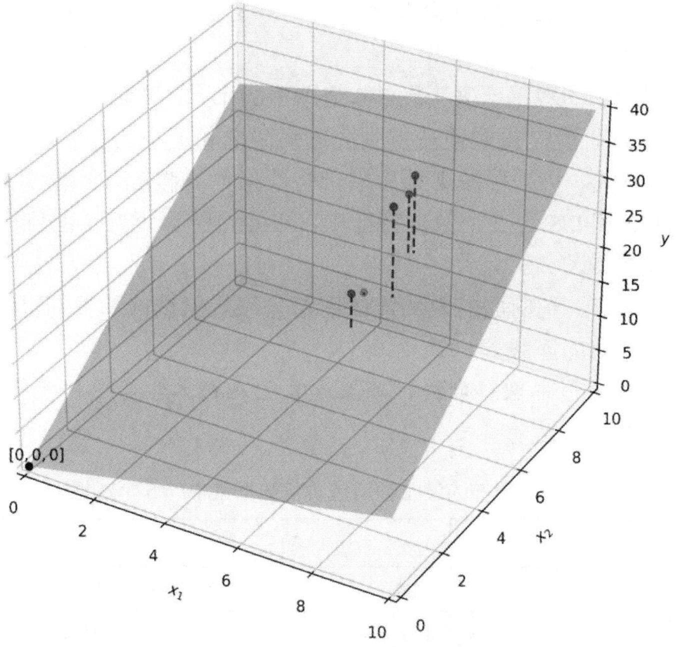

图 3-5　$y = x_1 + 3x_2$ 图形

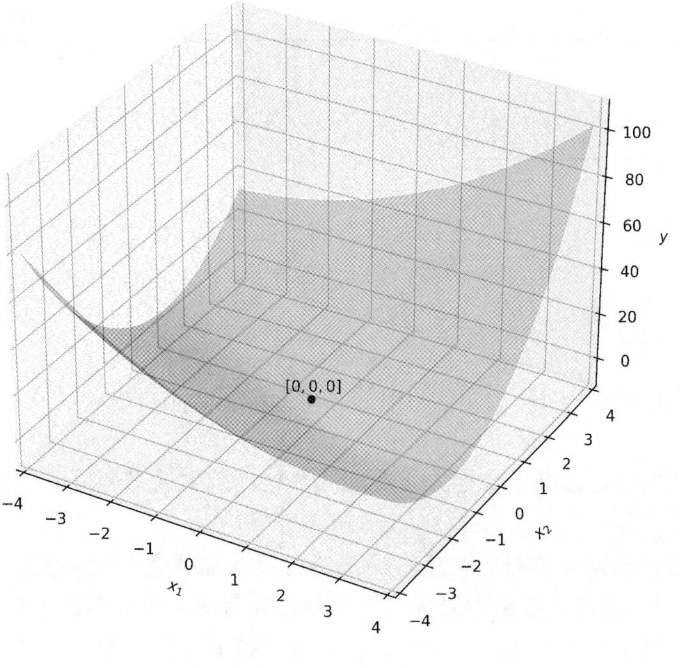

图 3-6　$y = x_1^2 + 2x_1x_2 + 3x_2^2 + x_1 + 2x_2 - 3$ 的图形

提示：线性回归中拟合出的线性方程的图形不一定是一条线，也可能是平面、曲面、超平面、超曲面。

那么怎么理解用已知的数据点来用图 3-5 或图 3-6 所示的平面或曲面来做线性回归呢？其实与图 3-3 的思路一致，就是找到使从点到面的距离之和最小的那个面，这里的距离采用图 3-2（b）所示的计算方式。仍采用波士顿房屋价格数据集，假定有如表 3-4 所示的 5 个数据，这里假定收集到了 RM 和 DIS 这 2 个数据特征项，以及已经标识好了的目标数据项 MEDV。做散点到平面的距离连线如图 3-5 所示。

图 3-6 中如果有散点，到曲面的距离连线留给大家想象试试。我们可以尝试直接在图 3-6 中做一做点及点到面距离的连线。

提示：提倡大家在图形中理解数据，建立起自己在机器学习中的空间思维，这样理解机器学习中的知识更为形象、生动。

表 3-4 已知的波士顿房屋价格数据集中的 5 个数据

序号	RM	DIS	MEDV
0	6.575	4.09	24.0
1	6.421	4.9671	21.6
2	7.185	4.9671	34.7
3	6.998	6.0622	33.4
4	7.147	6.0622	36.2

3.2 了解线性回归的过程

理解了线性回归的一些术语，建立起基本的空间思维，下面就要开始学习线性回归的过程并做实例了。

3.2.1 做线性回归的过程

做线性回归的过程如图 3-7 所示。图中的实线框表示必不可少的步骤，虚线框表示可选的步骤。

首先要准备数据，通常准备数据先是要加载数据。数据的来源可以是文本文件、Excel 文件、各种数据库。

加载完数据后，通常会要对数据进行清洗。可以在加载之前就清洗好数据，也可以在加载之后用 Python 程序清洗。常见的清洗工作包括去掉有缺失项的数据或对有缺失的数据用一定的算法做填充、将文本置换成数字表示、将数据置换成特定的特征值等。

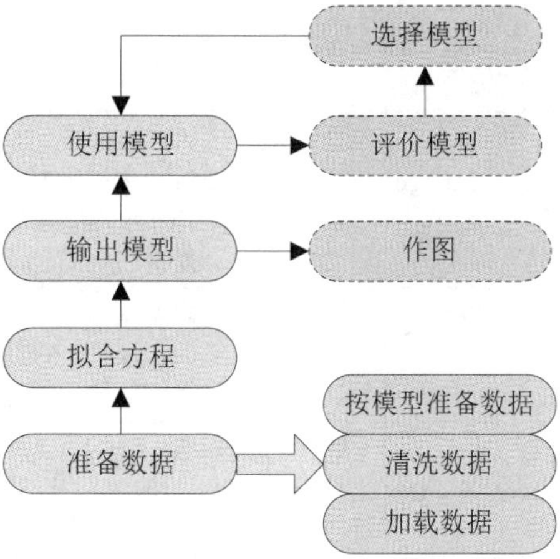

图 3-7 做线性回归的过程

还要按模型建模的需要来准备数据。后续我们还会讲解这样的实例。

准备好数据后，就要拟合方程了。线性回归的做法是假定已知数据的关系会呈线性，给定一个特定的线性方程，再求解这个线性方程的系数、截距。

提示：提醒大家要特别注意的是，机器学习模型求解的不是x，而是模型中的参数，线性回归里这些参数就是$\theta_0 \cdots \theta_n$。这一点一定要理解，由于数学中常用x表示未知量，初学者很容易混淆。这里要把x看成已知的量来求解未知参数$\theta_0 \cdots \theta_n$。

求解模型后可以将模型保存起来备用，也可以输出模型的效果图。最为直观的方法自然是作图。只是三维及三维以下的图形还可以图示，三维以上的图形就不能图示了。不过，对数据做降维处理后降到三维就可以图示了。

使用模型主要就是用模型来做预测，即根据新输入的特征数据项使用模型来预测目标数据项的值。如果有多个模型则可通过比较模型来从中选取最佳的模型来做预测。根据什么评价指标来比较呢？有很多种评价指标可以选用。

3.2.2 模型的评价指标

线性回归模型常用的评价指标见表 3-5。如果建立模型时使用的是同样的已知数据集，模型之间就可以互相比较。

表 3-5 线性回归模型常用的评价指标

序号	指标名称	指标英文缩写	指标说明
1	平均绝对差值	***MAE***（Mean Absolute Error）	用于衡量模型的误差程度。其值为取得每个目标数据项的预测值与实际值差的绝对值后，求和再取平均。*MAE* 的计算公式如式（3-1）所示。该指标的值总是大于 0，其值越小越好，越小则表明模型的误差越小，拟合程度越高

续表

序号	指标名称	指标英文缩写	指标说明
2	均方误差	***MSE***（Mean Square Error）	用于衡量模型的误差程度。其值为取得每个目标数据项的预测值与实际值差后，求平方和再取平均。*MSE* 的计算公式如式（3-2）所示。该指标的值总是大于 0，其值越小越好，越小则表明模型用于预测的误差越小，拟合程度越高
3	均方根误差	***RMSE***（Root Mean Square Error）	用于衡量模型的误差程度。其值为对 *MSE* 开根。*RMSE* 的计算公式如式（3-3）所示。该指标的值总是大于 0，其值越小越好，越小则表明模型的误差越小，拟合程度越高
4	拟合优度	R^2（Goodness of Fit）	又称为可决系数、确定系数。用于衡量模型的拟合程度。R^2 的计算公式如式（3-4）所示。其值总是≤1。该指标的值越接近于 1，则表明模型的拟合程度越高

表 3-5 的英文中，“Mean”的意思为“平均值”；“Absolute”的意思为“绝对的”；“Error”的意思为“误差”；“Root”的意思为“根”；“Goodness”的意思为“优秀的程度”；“Fit”的意思为“拟合”。

提示：思来想去，在这里还是列出了这些评价指标的计算公式，如果一下还看不明白，就先学会用，在用的过程中再体会其含义。

$$\boldsymbol{MAE}=\frac{1}{m}\sum_{i=0}^{m-1}\left|y_{pi}-y_{ti}\right|=\frac{1}{m}\sum_{i=0}^{m-1}\left|y_{pi}-y_{i}\right| \tag{3-1}$$

式（3-1）中，数据项的下标从 0 开始至$m-1$；y_{pi}为第i个目标数据项的预测值；p为英文单词“predict”的首字母，“predict”的意思是“预测”；y_{ti}为第i个目标数据项的真实值；t为英文单词“true”的首字母。在不影响理解的前提下，y_{ti}可简化地表达为y_i。

看到∑这种符号不用紧张，理解就好，理解了后会发现其实很简单。那么怎么理解∑（念“希格码”）这个运算符号呢？这个运算符号表示求和，也即累加。符号中的下标表示求和表达式中变量的起始值，上标表示求和表达式中变量的结束值，这个变量也可以是求和表达式中的元素下标、上标。如：

$$\sum_{i=1}^{n} i=1+2+\cdots+n$$

$$\sum_{i=1}^{n} x^{i}=x^{1}+x^{2}+\cdots+x^{n}$$

接下来看 ***MSE*** 的计算公式。式（3-2）中，为什么用平方呢？因为用平方后，可以确保$\left(y_{pi}-y_{i}\right)^{2}$的值会大于或等于 0，肯定不会是负数。而在非负数中，数的平方及其绝对值变化方向一致，且平方的表示法会在导数（涉及了高等数学的内容，如果不理解就跳过）计算时带来便利，所以在很多应用场景中会使用平方这种计算方式。

$$\boldsymbol{MSE} = \frac{1}{m}\sum_{i=0}^{m-1}\left(y_{pi} - y_i\right)^2 \tag{3-2}$$

$$\boldsymbol{RMSE} = \sqrt{\frac{1}{m}\sum_{i=0}^{m-1}\left(y_{pi} - y_i\right)^2} \tag{3-3}$$

$$\begin{aligned}\boldsymbol{R}^2 &= 1 - \frac{\sum_{i=0}^{m-1}\left(y_{pi} - y_i\right)^2}{\sum_{i=0}^{m-1}\left(y_i - \overline{y}_t\right)^2} \\ &= 1 - \frac{\frac{1}{m}\sum_{i=0}^{m-1}\left(y_{pi} - y_i\right)^2}{\frac{1}{m}\sum_{i=0}^{m-1}(y_i - \overline{y}_t)^2} \\ &= 1 - \frac{\boldsymbol{MSE}}{\boldsymbol{Var}}\end{aligned} \tag{3-4}$$

$\overline{y}_t$ 表示所有目标数据项真实值的平均值。从式（3-4）来看，拟合优度又与 ***MSE*** 与 ***Var***（方差）的比值存在关联关系。方差用于衡量目标数据项值的离散程度，越大表明值越离散。通常，通过拟合后，模型目标数据项的预测值与真实值误差的程度会比目标数据项值的离散程度要小，所以 $\boldsymbol{R}^2$ 通常会小于等于 1。其中，分式的值越在正数范围内接近于 0，则 $\boldsymbol{R}^2$ 的值就越接近于 1，表明拟合程度越高。但是有时，分式的值也会大于 1，此时会使得 $\boldsymbol{R}^2$ 的值小于 0，表明模型目标数据项的预测值与真实值误差的程度比目标数据项值的离散程度还要大，模型的拟合程度是很差的。

3.2.3 数据集的划分

在拟合模型前，需要对已知的数据集（包括特征数据项和目标数据项）做划分。通常我们需要把已知的数据集分成**训练数据**（Train Data）、**验证数据**（Validate Data）和**测试数据**（Test Data）三个部分，如图 3-8 所示。这三个部分的作用是用训练数据来训练模型，用验证数据调节模型参数，用测试数据来评价模型。训练数据在统计学领域也称为**样本数据**，一条数据也称为一个样本。评价模型后就可得到模型的各种评价指标的值，从而方便选择合适的模型。这三个部分事先应都已经有目标数据项的值。

现实应用中，标记目标数据项的值也是一项工作量相当大的工作。在很多工程应用中，会聘请大量的工作人员来做数据标记的工作。

有的模型不需要有验证数据，则可将已知的数据集划分为训练数据和测试数据两个部分。这说明这种模型不需要验证数据来调节模型的参数。测试数据还有一点与验证数据不同的是：对于模型来说，测试数据是从未遇到过的新数据，因而可以测试出模型面对新数据做预测的泛化能力。

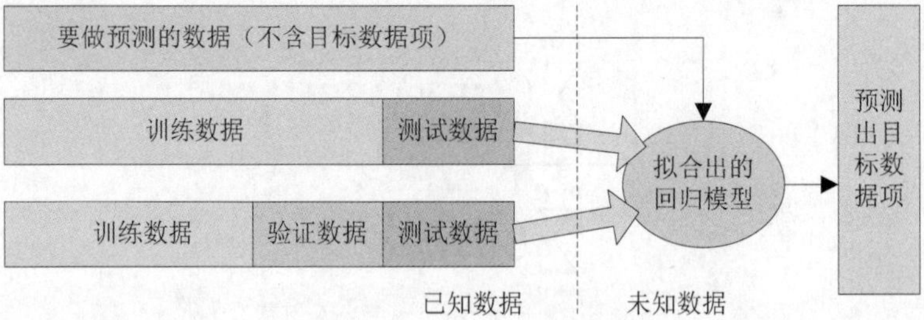

图 3-8　已知数据集的划分

所谓**泛化能力**，就是指应对广泛的数据（也即模型没有遇到过的数据）的预测能力。“泛”字带有普遍的含义。对于模型来说，自然是泛化能力越强越好。

提示：通常对模型做评价时认为泛化能力越强越好。但是评价泛化能力得靠 ***MAE***、***MSE***、***RMSE***、R^2 这些评价指标针对测试数据来判断。这些指标可以用来评价模型对训练数据的拟合程度，评价泛化能力则要用这些指标和模型对测试数据来做出综合评判。

拟合出线性回归模型后，就可以用模型和要做预测的数据（含特征项，不含目标数据）来预测出目标数据项的值。

那么已知的数据集的三个部分应怎么划分比较合适呢？有没有特定的比例讲究？目前对比例还没有准确一致的说法。但是通常认为训练数据要比验证数据、测试数据多，训练数据应占一半多。Python 中已经提供了现成可用的数据集划分工具，一会在实例中再做详细讲解。通常认为，在使用同样的数据集及其划分规则的情况下，对构建出的各种模型之间进行比较才更具意义和实用价值。

3.3　做线性回归的实例

前面讲了这么多的理论知识，是不是总觉得还没落地？接下来就看实例吧，这样理解更为深刻，学习起来掌握也更快和更为实在。

3.3.1 用图观察数据项之间的关系

下面先以简单的拟合 $y=\theta_1 x+\theta_0$ 做线性回归实例。怎么看出两个数据项之间存在线性关系呢？一图解百愁。只要可以用图来表达数据项之间可能存在的关系的就可以做一个图，就算数据项数量超过 3 个也可以想办法降低数据的维度来用图表达。接下来的例子就会作图来表示。

仍以波士顿房屋价格数据集作为示例。可用如下的 Python 程序查看加载的数据。

源代码 3-1　加载波士顿房屋价格数据集

```
#从 sklearn 数据集库导入波士顿房屋价格数据集
from sklearn.datasets import load_boston
#导入 pandas 库
import pandas as pd
#====加载数据====
#加载波士顿房屋价格数据集
boston=load_boston()
bos=pd.DataFrame(boston.data)
#输出数据集包含的内容
print("关键字：",boston.keys())
#输出特征项的名称
print("特征项：",boston.feature_names)
#输出数据集的形状
print("数据集的形状:",bos.shape)
#输出 RM 特征项的前 5 条数据
print("RM 的前 5 条数据：",bos.iloc[:5,5:6])
```

上述 Python 程序的运行结果如图 3-9 所示，可见数据集中共 506 条数据，13 个特征项。

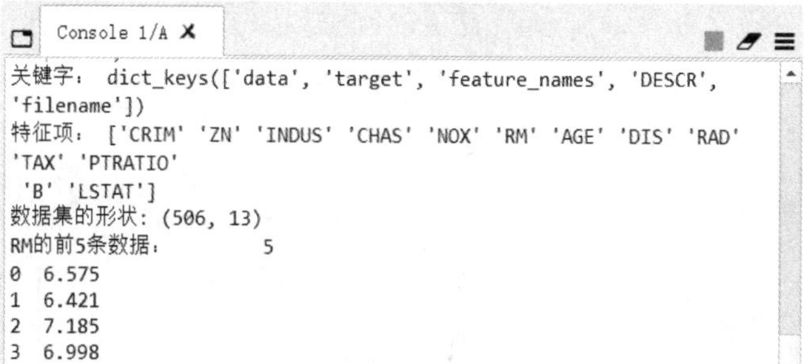

图 3-9　查看加载的波士顿房价数据集

使用以下语句可以得到数据集中的 RM 特征项的前 5 条数据：

```
bos.iloc[:5,5:6]
```

使用 iloc 做切片操作时，第 1 个参数表示要选取哪些行，第 2 个参数表示要选取哪些列（列即特征数据项）。因为编号从 0 开始，所以第 1 个参数“:5”就表示第 0 行至第 4 行；第 2 个参数“5:6”就表示第 5 列。如果要选取第 5 列的所有数据，则语句如下：

```
bos.iloc[:,5:6]
```

提取出数据后，怎么判断特征数据项 RM 与目标数据项 MEDV 是否存在线性关系呢？下面的代码画出散点图，如图 3-10 所示。

源代码 3-2　画特征项 RM 与目标数据项 MEDV 关系的散点图

```
#导入 numpy 库
import numpy as np
#从 sklearn 数据集库导入波士顿房屋价格数据集
from sklearn.datasets import load_boston
#导入 pandas 库
import pandas as pd
#导入 matplotlib 库
import matplotlib.pyplot as plt
#====加载数据====
#加载波士顿房屋价格数据集
boston=load_boston()
bos=pd.DataFrame(boston.data)
#获得 RM 特征项并转为一维数组
x=np.array(bos.iloc[:,5:6]).T[0]
#获得目标数据项并转为一维数组
bos_target=pd.DataFrame(boston.target)
y=np.array(bos_target).T[0]
#====画散点图====
plt.scatter(x,y,s=10)
plt.xlabel("RM")
plt.ylabel("MEDV")
plt.show()
```


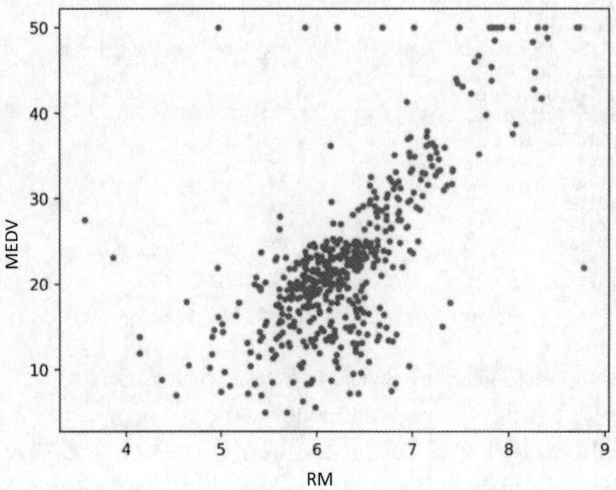

图 3-10　表达特征项 RM 与目标数据项 MEDV 关系的散点图

从图 3-10 可以看出，RM 与 MEDV 形成的散点明显呈较强的线性关系，大多聚集在倾斜的直线周围。因此可以采用方程 3-1 来进行线性拟合。

源代码 3-2 阅读起来应该较为轻松，且源代码中已经做了详尽的注释，故不再过多说明。在获取散点的 RM 值时采用了如下的语句：

```
x=np.array(bos.iloc[:,5:6]).T[0]
```

上面的语句中，np.array()将 DataFrame 数据类型转换成了二维数组，这个数组是一个 506 行 1 列的二维数组。这个二维数组的.T 运算将其进行转置（即矩阵的转置），再做[0]运算，则得到转置后的二维数组的第 0 行，所以就转化成了一个一维数组。

3.3.2 对数据集进行划分

接下来考虑怎么对数据集进行划分。由于拟合直线方程比较简单，且我们先不学习使用验证数据来调节模型参数的情况，可将数据集划分为训练数据和测试数据两个部分。要从数据集中取一定量的数据可采用前述对数据做切片的做法。Python 的 scikit-learn 库中提供了现成的数据集划分方法（或者称为函数），我们可以直接使用。

下面使用如下的代码把波士顿房屋价格数据集划分成训练数据和测试数据，其中训练数据占 80%，测试数据占 20%。

源代码 3-3 把波士顿房屋价格数据集划分成训练数据和测试数据

```
#导入 numpy 库
import numpy as np
#从 sklearn 数据集库导入波士顿房屋价格数据集
from sklearn.datasets import load_boston
#导入 pandas 库
import pandas as pd
#导入数据划分函数
from sklearn.model_selection import train_test_split
#====加载数据====
#加载波士顿房屋价格数据集
boston=load_boston()
bos=pd.DataFrame(boston.data)
#获得 RM 特征项
X=np.array(bos.iloc[:,5:6])
#获得目标数据项
bos_target=pd.DataFrame(boston.target)
y=np.array(bos_target)
#====划分数据集====
XTrain,XTest,yTrain,yTest=train_test_split(X,y,test_size=0.2)
print(XTrain.shape,XTest.shape,yTrain.shape,yTest.shape)
```

程序运行的结果如图 3-11 所示，可见 506 条数据被划分成 404 条训练数据和 102 条测试数据。

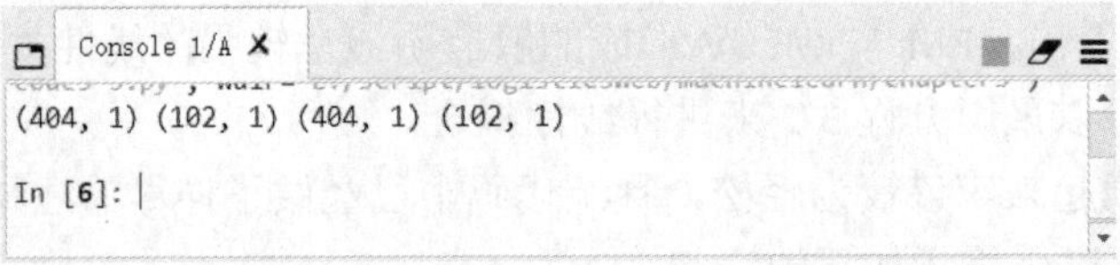

图 3-11　把波士顿房屋价格数据集划分成训练数据和测试数据的结果

源代码中，关键的代码就是如下的语句：

```
XTrain,XTest,yTrain,yTest=train_test_split(X,y,test_size=0.2)
```

train_test_split()用于做数据划分，返回划分后的 4 个部分的数据。即，特征项数据划分后得到特征数据项训练数据和特征项数据测试数据；目标数据项划分后得到目标数据项训练数据和目标数据项测试数据。train_test_split()的第 1 个参数是要划分的特征项数据集，第 2 个参数是目标数据项，在这里这 2 个参数的值都是二维数组。train_test_split()的 test_size 参数用于设置测试数据所占的比例，0.2 表示测试数据所占的比例为 20%，则训练数据所占的比例为 80%。test_size 参数也可以设置为整型数据，此时该参数直接指出测试数据的个数。

提示：train_test_split()还有一个重要的参数是 random_state，表示随机数的种子。random_state 的值如果为 0 或 None（即不填，此为默认值），则每次生成的数据会有所不同（数量同，但内容不同）；如果取值总是为同一个大于 0 的数字，则每次生成的数据会相同。请大家注意理解随机数的种子的含义。

3.3.3　用数据训练模型

做好数据划分后，就可以开始用数据训练模型了。使用 Python 的 scikit-learn 库做数据训练得出线性回归模型是比较简便的，语句如下：


```
#导入线性回归模型
from sklearn.linear_model import LinearRegression
#====训练模型====
model=LinearRegression()
model.fit(XTrain, yTrain)
```

上述代码先是导入线性回归模型，接下来用 LinearRegression()新建一个线性回归模型。“Linear”的意思是“线性的”；“Regression”的意思是“回归”。线性回归模型的 fit()方法用来对模型进行训练，参数就是用于训练的数据，第 1 个参数是特征数据项训练数据，第 2 个参数是目标数据项训练数据。

训练好线性回归模型后，可输出模型代表的线性方程。训练好的线性回归模型求解出 2 个重要的参数，它们是系数和截距。其中系数是一个二维数组，为什么是二维数组呢？因为线性回归模型要适用很多种场景，有的场景中系数实际上是一个二维数组。当然，这里的例子很简单，二维空间中的直线方程只有一个系数。截距是一个一维数组，为什么是一个一维数组呢？想象一下，如果目标数据项有多个，则就会有多个截距。当然，这里的例子很简单，二维空间中的直线方程只有一个截距。可用如下的代码输出模型代表的线性方程。

```
#====输出模型的参数和方程====
print("截距：",model.intercept_)
print("系数：",model.coef_)
print("线性方程：",\
"y="+str(model.coef_[0][0])+"x+("+str(model.intercept_[0])+")")
```

某次训练的输出结果如图 3-12 所示。

提示：大家在运行程序时，得到的线性回归模型的参数及线性方程可能与图 3-12 有所不同，其根本原因在于做数据划分时，由于 train_test_split()的参数 random_state 默认值为 None，则表示每次都会随机生成一次训练数据和测试数据。训练数据不同，训练出的线性回归模型参数自然也会有所不同。如果要确保数据划分的结果相同，则每次使用 train_test_split()时，可将 random_state 参数的值设置为同一个大于 0 的数字，表示随机数的种子相同。

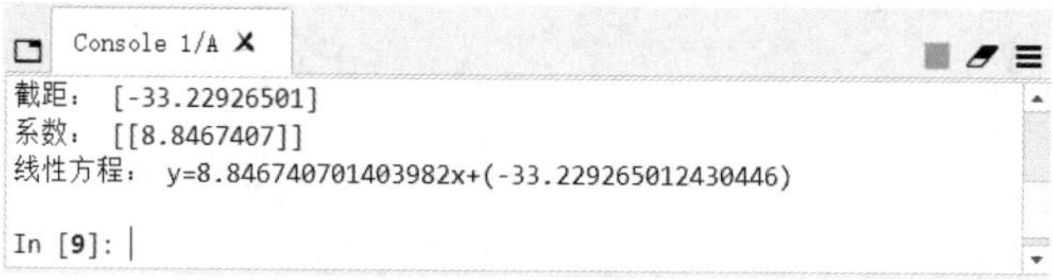

图 3-12　某次训练的输出结果

3.3.4　用模型做预测

得到线性回归模型后，就可以用来做预测了。模型用于预测的 predict()方法的参数是要表示特征数据的二维数组，结果是表示目标数据项的二维数组。一个预测的示例结果如图 3-13 所示。

```
#====用模型预测数据====
yPredResult=model.predict(XTest)
print("预测结果：", yPredResult)
```

Console 1/A
预测结果：
[[40.37152813]
[24.04248004]
[32.50438741]
[28.80061326]
[20.92446092]
[18.59946401]
[21.92475029]
[13.67912171]
[19.36545137]
[14.03958634]

图 3-13　一个预测的示例结果

可以将得到的线性模型用图表达出来，下面将散点和线性模型放在一个图中表达，如图 3-14 所示。由于散点很多，画在图中会看不清，所以选取了训练数据、测试数据、预测

CHAP 3

结果的前 5 个数据做散点，并做散点到线性回归模型的距离连线。从图中可以明显看出，得到线性回归模型后，无论是对于训练数据来说，还是对于测试数据来说，误差总还是存在的。

提示：为什么图 3-14 中得到的线性回归模型与图 3-12 中得到的线性回归模型不一样了呢？其实前文已有回答，根本原因在于每次做数据划分时得到的训练数据和测试数据不同。

图 3-14 的源代码如下。大家对代码阅读起来是否有困难？下面讲解其中可能较为难理解的语句。

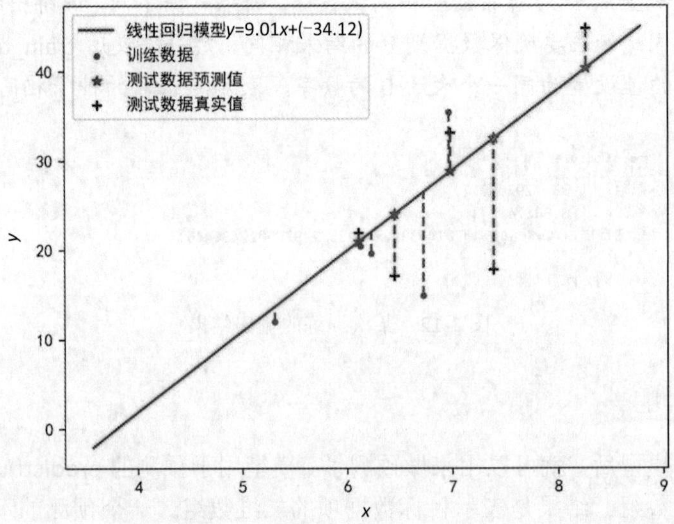

图 3-14　得到的线性回归模型

源代码 3-4　将得到的线性回归模型用图表达

```
#导入 matplotlib 库
import matplotlib.pyplot as plt
#导入 numpy 库
import numpy as np
#从 sklearn 数据集库导入波士顿房屋价格数据集
from sklearn.datasets import load_boston
#导入 pandas 库
import pandas as pd
#导入数据划分函数
from sklearn.model_selection import train_test_split
#导入线性回归模型
from sklearn.linear_model import LinearRegression
#====加载数据====
#加载波士顿房屋价格数据集
boston=load_boston()
bos=pd.DataFrame(boston.data)
```

```
#获得 RM 特征项
X=np.array(bos.iloc[:,5:6])
#获得目标数据项
bos_target=pd.DataFrame(boston.target)
y=np.array(bos_target)
#====划分数据集====
XTrain,XTest,yTrain,yTest=train_test_split(X,y,test_size=0.2,random_state=3)
#====训练模型====
model=LinearRegression()
model.fit(XTrain, yTrain)
#====输出模型的参数和方程====
print("截距：",model.intercept_)
print("系数：",model.coef_)
print("线性方程：","y="+str(model.coef_[0][0])+\
"x+("+str(model.intercept_[0])+")")
#====用模型预测数据====
yPredResult=model.predict(XTest)
print("预测结果：\n",yPredResult)
#====作散点图====
#取 5 个训练数据作图
plt.scatter(XTrain.T[0][:5],yTrain.T[0][:5],\
        color="green",marker=".",label="训练数据")
#取 5 个测试数据作图，先画预测值，再画真实值
plt.scatter(XTest.T[0][:5],yPredResult.T[0][:5],\
        color="red",marker="*",label="测试数据预测值")
plt.scatter(XTest.T[0][:5],yTest.T[0][:5],\
        color="blue",marker="+",label="测试数据真实值")
#====画线性回归模型====
XMin=np.min(X)
XMax=np.max(X)
yPredMin=model.predict([[XMin]])[0][0]
yPredMax=model.predict([[XMax]])[0][0]
plt.plot([XMin,XMax],[yPredMin,yPredMax],color="red",\
      label="线性回归模型"+"y="+str(round(model.coef_[0][0],2))+\
        "x+("+str(round(model.intercept_[0],2))+")")
#画训练数据到直线的距离线
index=0
for x in XTrain.T[0][:5]:
   yTrainElement=yTrain.T[0][index]
   yPredTrainElement=model.predict([[x]])[0][0]
   plt.plot([x,x],[yTrainElement,yPredTrainElement],color="green",linestyle="--")
   index+=1
#画测试数据到直线的距离线
index=0
for x in XTest.T[0][:5]:
   yTestElement=yTest.T[0][index]
```

```
    yPredTestElement=model.predict([[x]])[0][0]
    plt.plot([x,x],[yTestElement,yPredTestElement],color="red",linestyle="--")
    index+=1
#====解决中文字符显示问题====
from pylab import mpl
mpl.rcParams['font.sans-serif'] = ['SimHei'] # 指定默认字体
plt.legend()
plt.xlabel("x")
plt.ylabel("y")
plt.show()
```

作散点图时，plt.scatter()的 marker 参数用于指定散点的标记，“*”表示用星号，“.”表示用圆形，“+”表示用加号。

画线性回归模型时，np.min(X)用于找到 RM 特征数据项中的最小值。同理，np.max(X) 用于找到 RM 特征数据项的最大值。接下来就可以用 model.predict()方法运用模型得到这 2 个值对应的预测值，连接这 2 个点即可画出线性回归模型代表的直线。由于 model.predict()方法的参数是一个二维数组，所以用“[[XMin]]”生成一个二维数组。由于 model.predict()方法返回的结果也是一个二维数组，所以 model.predict([[XMin]])[0][0]能得到 RM 特征项中的最小值对应的预测值。

画训练数据到直线的距离线时，每条线连接的 2 个点的特征数据项的值是相同的，但目标数据项的值不同，一个是训练数据中的目标数据项值，另一个是用测试数据和线性回归模型计算得到预测值。因此使用了如下的语句依次画出 5 条虚线：

```
#画训练数据到直线的距离线
index=0#索引号
for x in XTrain.T[0][:5]:
    yTrainElement=yTrain.T[0][index]
yPredTrainElement=model.predict([[x]])[0][0]
#画距离线
    plt.plot([x,x],[yTrainElement,yPredTrainElement],color="green",linestyle="--")
    index+=1
```

画测试数据到直线的距离线的代码就不再重复解说了，可参考上述说明进行理解。

3.3.5 对模型做评价

接下来，还要学会对模型做出评价。通过此前的知识学习，我们已经知道评价模型可以用 ***MAE***、***MSE***、**RMSE**、R^2 这 4 个评价指标。Python 的 scikit-learn 库中都已经提供了现成的方法得到这 4 个评价指标的值，可以使用如下的语句。

```
#====输出评价指标的值====
#导入评价类
from sklearn import metrics
#输出 R^2
print("使用模型对训练数据得到 R^2:",model.score(XTrain,yTrain))
```

```
print("使用模型对测试数据得到 R^2:",model.score(XTest,yTest))
print("使用 metrics 和模型对训练数据得到 R^2:",\
    metrics.r2_score(yTrain,model.predict(XTrain)))
print("使用 metrics 和模型对测试数据得到 R^2:",\
    metrics.r2_score(yTest,model.predict(XTest)))
#输出 MAE
print("使用 metrics 和模型对训练数据得到 MAE:",\
    metrics.mean_absolute_error(yTrain,model.predict(XTrain)))
print("使用 metrics 和模型对测试数据得到 MAE:",\
    metrics.mean_absolute_error(yTest,model.predict(XTest)))
#输出 MSE
print("使用 metrics 和模型对训练数据得到 MSE:",\
    metrics.mean_squared_error(yTrain,model.predict(XTrain)))
print("使用 metrics 和模型对测试数据得到 MSE:",\
    metrics.mean_squared_error(yTest,model.predict(XTest)))
#输出 RMSE
print("使用 metrics 和模型对训练数据得到 RMSE:",\
    np.sqrt(metrics.mean_squared_error(yTrain,model.predict(XTrain))))
print("使用 metrics 和模型对测试数据得到 RMSE:",\
    np.sqrt(metrics.mean_squared_error(yTest,model.predict(XTest))))
```

要得到 R^2 有 2 种办法：第一种办法是使用模型 model 的 score()方法，参数是特征数据和目标数据，这时模型会做预测再计算 R^2；第二种办法是使用评价类 metrics 的 r2_score()方法，第一个参数是目标数据，第二个参数是预测结果。2 种办法的结果相同，实际上模型 model 的 score()方法中也是调用评价类 metrics 的 r2_score()方法来计算 R^2 的。

评价类 metrics 的 mean_absolute_error()方法和 mean_squared_error()方法的参数不再赘述，与 r2_score()方法相同。为比较模型对训练数据和测试数据的效果，上述代码分别计算了针对训练数据、测试数据这 2 种数据的各种指标值，结果如图 3-15 所示。

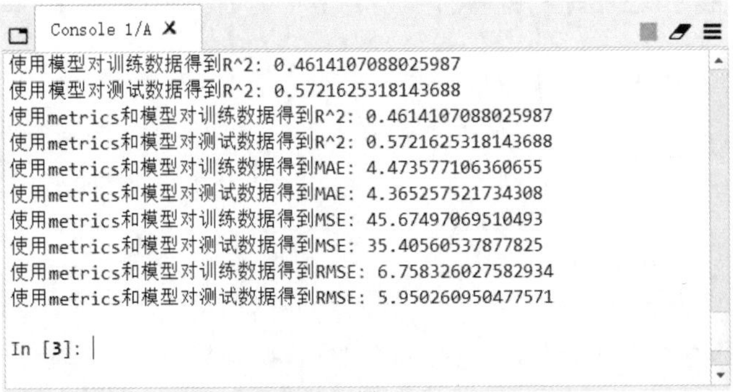

图 3-15　计算模型的 4 个评价指标的值

从对训练数据和测试数据的各项指标值对比来看，测试数据的 R^2 更好，但两者都不高，说明模型还是过于简单了，拟合度不高。***MAE***、***MSE***、***RMSE*** 具有比较意义，只要已使用这 3

个指标其中的一个做出了比较，则另外两个指标比较结果也会类似。如这里训练数据的 ***MAE*** 比测试数据的 ***MAE*** 大，所以训练数据的 ***MSE***、***RMSE*** 也比测试数据的 ***MSE***、***RMSE*** 分别要大。如果是同比例（训练数据和测试数据的比例）情况下，特别是训练数据和测试数据相同的情况（这个情况很少见）下，用于比较各种模型再来选择模型就更具比较意义了。

那么下面就一起来拟合出 10 个模型，并根据评价指标来选择最佳的模型。评价指标选择 R^2 和 ***MAE***，只针对测试数据做出评价，这样更有利于评价模型对未知数据的预测能力，也即泛化能力。

源代码 3-5　得到 10 个线性回归模型并做比较

```
#导入 numpy 库
import numpy as np
#从 sklearn 数据集库导入波士顿房屋价格数据集
from sklearn.datasets import load_boston
#导入 pandas 库
import pandas as pd
#导入数据划分函数
from sklearn.model_selection import train_test_split
#导入线性回归模型
from sklearn.linear_model import LinearRegression
#导入评价类
from sklearn import metrics
#====加载数据====
#加载波士顿房屋价格数据集
boston=load_boston()
bos=pd.DataFrame(boston.data)
#获得 RM 特征项
X=np.array(bos.iloc[:,5:6])
#获得目标数据项
bos_target=pd.DataFrame(boston.target)
y=np.array(bos_target)
#====得到模型和其评价指标====
#生成随机数种子
randomSeeds=range(1,11)
for randomSeed in randomSeeds:
    #根据随机数种子生成训练数据和测试数据
    XTrain,XTest,yTrain,yTest=\
        train_test_split(X,y,test_size=0.2,random_state=randomSeed)
    #训练模型
    model=LinearRegression()
    model.fit(XTrain, yTrain)
    #预测数据
    yPredResult=model.predict(XTest)
    #输出模型和评价指标
    print("==================")
```

CHAP 3

```
    print("线性方程：","y="+str(round(model.coef_[0][0],2))+\
          "x+("+str(round(model.intercept_[0],2))+")")
    r2=metrics.r2_score(yTest,yPredResult)
    print("R^2:",round(r2,2))
    mae=metrics.mean_absolute_error(yTest,yPredResult)
    print("MAE:",round(mae,2))
```

代码中对线性方程的系数、截距，对评价指标 $\boldsymbol{R}^2$、***MAE*** 的值均四舍五入保留了 2 位小数，为方便进行比较，把输出结果归结起来见表 3-6。综合 $\boldsymbol{R}^2$、***MAE*** 的值来看，模型$y = 8.82x + (-32.84)$的 $\boldsymbol{R}^2$ 最大且 ***MAE*** 最小，因此应该选用该模型。

表 3-6　10 个模型及其评价指标的结果

序号	模型（线性方程）	$\boldsymbol{R}^2$	***MAE***
0	y=8.76x-32.4	0.59	4.83
1	y=8.75x-32.55	0.63	4.09
2	y=9.01x-34.12	0.57	4.37
3	y=8.93x-33.74	0.44	4.57
4	y=8.82x-32.84	0.69	3.47
5	y=9.04x-34.13	0.5	4.53
6	y=9.8x-38.91	0.14	4.99
7	y=9.37x-36.23	0.46	4.12
8	y=9.05x-34.28	0.46	5.33
9	y=8.64x-32.06	0.56	4.88

这里只有 10 个模型，或许还可以通过人为判断得到评价指标 $\boldsymbol{R}^2$、***MAE*** 的值均为最好的模型，那么有没有办法更为形象或者能够能由机器自动判断呢？首先仍然是要明确判断的标准。通常我们把要评价指标用其加权和来进行综合，如果有n个评价指标，则综合后的评价公式如下：

$$\begin{cases} Q = w_1 q_1 + \cdots + w_n q_n \\ w_1 + \cdots + w_n = 1 \end{cases} \tag{3-5}$$

根据式（3-5）来综合考察评价指标 $\boldsymbol{R}^2$、***MAE***，假定用q_1表示评价指标 $\boldsymbol{R}^2$，用q_2表示评价指标 ***MAE***，则可以得到式（3-6）：

$$\begin{cases} Q = w_1 q_1 + w_2 q_2 \\ w_1 + w_2 = 1 \end{cases} \tag{3-6}$$

假定两个评价指标同等重要，则取$w_1 = w_2 = 0.5$，得到综合评价指标计算公式如下：

$$Q = 0.5q_1 + 0.5q_2 \tag{3-7}$$

由于 $\boldsymbol{R}^2$的值在(0,1]范围，但 *MAE* 的值可能比 1 更大，说明两者度量不同，不能直接使用式（3-7），否则综合评价指标的值会更偏向于 ***MAE***。这时需要事先对 $\boldsymbol{R}^2$、***MAE*** 做数据**标准化**（也称为**归一化**）处理。最合适的标准化处理方式是做 Min-Max 标准化，计算公式如下：

$$x^* = \frac{x - Min}{Max - Min} \tag{3-8}$$

以表 3-6 中的评价指标 *MAE* 的 Min-Max 标准化为例，此时 $\mathrm{Max}(MAE) = 5.33$、$\mathrm{Min}(MAE) = 3.47$，则第 1 个 *MAE* 值经 Min-Max 标准化后，得到的值为：

$$x_1^* = \frac{x - Min}{Max - Min} = \frac{4.09 - 3.47}{5.33 - 3.47} \approx 0.333$$

Python 的 scikit-learn 库中提供了现成的 Min-Max 标准化方法可以直接使用。当然，理解了公式后，自己编一下函数也并不难。提倡大家使用已有的方法。来看如下的语句：

```
#导入预处理库
from sklearn import preprocessing
#生成 Min-Max 标准化类
minMaxScaler = preprocessing.MinMaxScaler()
#做 Min-Max 标准化
XMinMax = minMaxScaler.fit_transform(X)
```

可见使用起来是比较简单的，特别是用于对数据做预处理时比较简便。MinMaxScaler 的 fit_transform()的参数是一个二维数组，功能是针对数据项做 Min-Max 标准化处理，返回处理后的二维数组，这就形如图 3-16 所示。

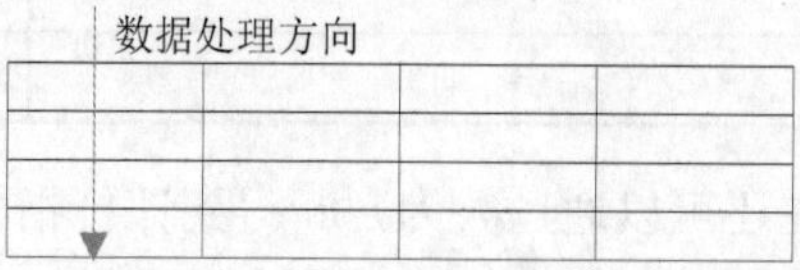

图 3-16　MinMaxScaler 的数据处理方向

如果要将标准化后的数据区间进行缩放，可使用 MinMaxScaler 初始化时的 feature_range 参数设置缩放后的区间，默认情况下为[0,1]。如果要缩放至[0,100]，则语句为：

```
preprocessing.MinMaxScaler(feature_range=(0, 100))
```

接下来，回答有什么办法更为形象或者能够由机器自动判断。第一种是作图，把 $\boldsymbol{R}^2$、***MAE*** 的值标准化（当然，也可以不标准化，但建议大家标准化）后作一个二维散点图，取最为右下角的点代表的模型即为最优的模型。为什么是右下角？因为目标是让 $\boldsymbol{R}^2$ 越大越好，***MAE*** 越小越好。第二种是做自动综合评价，综合评价的办法是采用式（3-5）来进行。这里只有两个评价指标，取$w_1 = w_2 = 0.5$，故直接使用式（3-7）。

先来看作散点图的源代码，如源代码 3-6 所示。程序运行结果如图 3-17 所示。从图中可以明显看出，第 4 个模型是最优的模型。

源代码 3-6　做模型评价指标 R^2、*MAE* 的散点图

```
#导入 numpy 库
import numpy as np
#从 sklearn 数据集库导入波士顿房屋价格数据集
from sklearn.datasets import load_boston
#导入 pandas 库
import pandas as pd
#导入数据划分函数
from sklearn.model_selection import train_test_split
#导入线性回归模型
from sklearn.linear_model import LinearRegression
#导入评价类
from sklearn import metrics
#导入预处理库
from sklearn import preprocessing
#导入 matplotlib 库
from matplotlib import pyplot as plt
#====加载数据====
#加载波士顿房屋价格数据集
boston=load_boston()
bos=pd.DataFrame(boston.data)
#获得 RM 特征项
X=np.array(bos.iloc[:,5:6])
#获得目标数据项
bos_target=pd.DataFrame(boston.target)
y=np.array(bos_target)
#====得到模型和其评价指标====
#生成随机数种子
randomSeeds=range(1,11)
r2List=[]
maeList=[]
modelList=[]
for randomSeed in randomSeeds:
    #根据随机数种子生成训练数据和测试数据
    XTrain,XTest,yTrain,yTest=\
        train_test_split(X,y,test_size=0.2,random_state=randomSeed)
    #训练模型
    model=LinearRegression()
    model.fit(XTrain, yTrain)
    #预测数据
    yPredResult=model.predict(XTest)
    #得到模型和评价指标
    r2=metrics.r2_score(yTest,yPredResult)
    r2List.append(r2)
    mae=metrics.mean_absolute_error(yTest,yPredResult)
```

```
    maeList.append(mae)
    modelList.append(model)
#====做 Min-Max 标准化处理====
#生成 Min-Max 标准化类
minMaxScaler = preprocessing.MinMaxScaler()
#做 Min-Max 标准化
r2MinMax = minMaxScaler.fit_transform(np.array([r2List]).T)
r2MinMaxOneDim=r2MinMax.T[0]
maeMinMax = minMaxScaler.fit_transform(np.array([maeList]).T)
maeMinMaxOneDim=maeMinMax.T[0]
#====作散点图====
#画散点
plt.scatter(r2MinMaxOneDim,maeMinMaxOneDim)
#作文字标注
index=0 #索引号
for r2 in r2MinMaxOneDim:
    plt.text(r2+0.01,maeMinMaxOneDim[index],"model"+str(index))
    index+=1
plt.xlabel("R2（MinMax 标准化之后的值）")
plt.ylabel("MAE（MinMax 标准化之后的值）")
#解决中文字符显示问题
from pylab import mpl
mpl.rcParams['font.sans-serif'] = ['SimHei'] # 指定默认字体
plt.show()
```


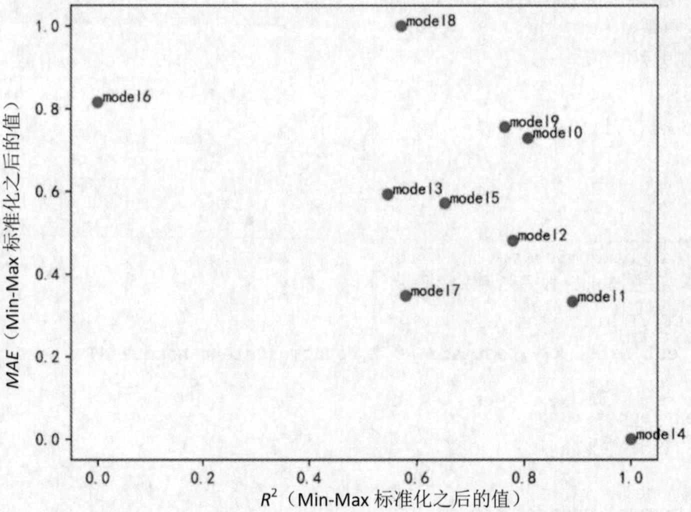

图 3-17　模型评价指标 $\boldsymbol{R}^2$、***MAE*** 的散点图

但有时可能得到的模型很多，需要编写程序自动做出评价。下面给出示例代码，代码的前面部分与源代码 3-6 相近，可以快速阅读掠过。在作 Min-Max 标准化处理时，考虑到评价指

标 ***MAE*** 越小越好，为让综合评价指标能根据越大越好的原则判断，应当调整评价指标 ***MAE*** 的数据方向，调整的办法是用 1 减去 ***MAE*** 的值。

源代码 3-7 自动做模型的综合评价

```
#导入 numpy 库
import numpy as np
#从 sklearn 数据集库导入波士顿房屋价格数据集
from sklearn.datasets import load_boston
#导入 pandas 库
import pandas as pd
#导入数据划分函数
from sklearn.model_selection import train_test_split
#导入线性回归模型
from sklearn.linear_model import LinearRegression
#导入评价类
from sklearn import metrics
#导入预处理库
from sklearn import preprocessing
#====加载数据====
#加载波士顿房屋价格数据集
boston=load_boston()
bos=pd.DataFrame(boston.data)
#获得 RM 特征项
X=np.array(bos.iloc[:,5:6])
#获得目标数据项
bos_target=pd.DataFrame(boston.target)
y=np.array(bos_target)
#====得到模型和其评价指标====
#生成随机数种子
randomSeeds=range(1,11)
r2List=[]
maeList=[]
modelList=[]
for randomSeed in randomSeeds:
    #根据随机数种子生成训练数据和测试数据
    XTrain,XTest,yTrain,yTest=\
        train_test_split(X,y,test_size=0.2,random_state=randomSeed)
    #训练模型
    model=LinearRegression()
    model.fit(XTrain, yTrain)
    #预测数据
    yPredResult=model.predict(XTest)
    #得到模型和评价指标
    r2=metrics.r2_score(yTest,yPredResult)
    r2List.append(r2)
    mae=metrics.mean_absolute_error(yTest,yPredResult)
    maeList.append(mae)
```

```
    modelList.append(model)
#====做 Min-Max 标准化处理====
#生成 Min-Max 标准化类
minMaxScaler = preprocessing.MinMaxScaler()
#做 Min-Max 标准化
r2MinMax = minMaxScaler.fit_transform(np.array([r2List]).T)
r2MinMaxOneDim=r2MinMax.T[0]
maeMinMax = minMaxScaler.fit_transform(np.array([maeList]).T)
maeMinMaxOneDim=maeMinMax.T[0]
#调整数据方向
maeMinMaxOneDim=1-maeMinMaxOneDim
#====做出自动评价====
#计算综合评价值
def caculateQuota(r2,mae):
    return 0.5*r2+0.5*mae
#得到综合评价值数组
compQuota=[]
index=0 #索引号
for r2 in r2MinMaxOneDim:
    quote=caculateQuota(r2,maeMinMaxOneDim[index])
    compQuota.append(quote)
    index+=1
bestModelNo=compQuota.index(max(compQuota))
print("第"+str(bestModelNo)+"个模型最优，综合评价值为：",\
      compQuota[bestModelNo])
```

程序的输出结果如图 3-18 所示，可见，在做 Min-Max 标准化处理后，最优的模型为第 4 个模型。

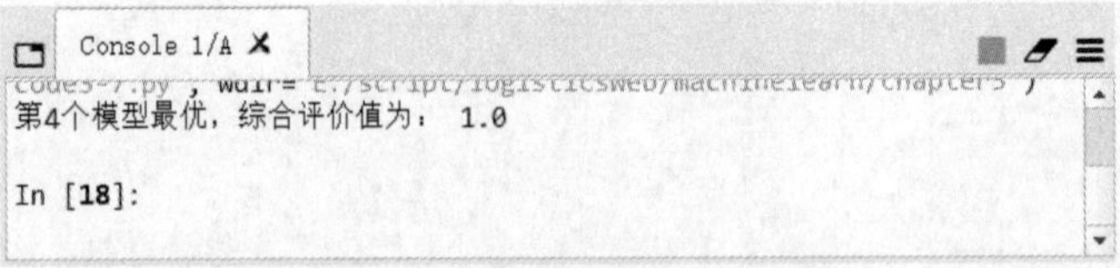

图 3-18　自动找到最优模型的结果

3.4　使用更复杂的线性回归模型

前面 3.3 节的讨论局限在模型为直线的情形，本节将讨论模型为一元高次方程、多元一次方程、多元高次方程这些更为复杂的情形。

3.4.1　以一元高次方程为模型

显然，一元高次方程（$y = \theta_0 + \theta_1 x + \cdots + \theta_n x^n$）比一元一次方程（$y = \theta_0 + \theta_1 x$）可以

拟合出二维空间中更为圆滑的曲线。从方程表面上来看，一元高次方程确实要复杂很多，看起来求解很麻烦。其实不然，求解很简单。

在前述的讨论中，着重提醒过大家，x是已知的数据，不是要求解的参数；要确定模型则真正要求解的是参数$\theta_0 \cdots \theta_n$。理解了这一点，下面的工作就比较简单了。

仍使用波士顿房屋价格数据集，假定我们准备使用一元三次方程（$y = \theta_0 + \theta_1 x + \theta_2 x^2 + \theta_3 x^3$）来拟合出更复杂的曲线。此时，特征项数据集应当有所变化。原来只有 1 个特征项，即 RM。现在要应模型的要求，变成 3 个特征项 RM、RM^2、RM^3 这 3 项，如图 3-19 所示。然后，可再运用同样的代码来做模型训练。下面给出程序源代码。

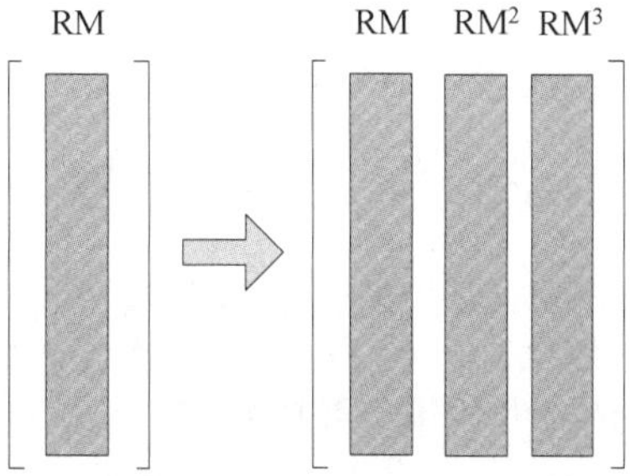

图 3-19　应模型要求数据集应做出的变化

源代码 3-8　拟合出一元三次方程并得到最优模型

```
#导入 matplotlib 库
import matplotlib.pyplot as plt
#导入 numpy 库
import numpy as np
#从 sklearn 数据集库导入波士顿房屋价格数据集
from sklearn.datasets import load_boston
#导入 pandas 库
import pandas as pd
#导入数据划分函数
from sklearn.model_selection import train_test_split
#导入线性回归模型
from sklearn.linear_model import LinearRegression
#====加载数据====
#加载波士顿房屋价格数据集
boston=load_boston()
bos=pd.DataFrame(boston.data)
#获得 RM 特征项
X=np.array(bos.iloc[:,5:6])
#应模型要求扩展 X
X=np.hstack((X,np.power(X,2),np.power(X,3)))
#获得目标数据项
```

```
bos_target=pd.DataFrame(boston.target)
y=np.array(bos_target)
#====得到模型和其评价指标====
#根据随机数种子生成训练数据和测试数据
XTrain,XTest,yTrain,yTest=\
    train_test_split(X,y,test_size=0.2,random_state=1)
model=LinearRegression()
model.fit(XTrain, yTrain)
#预测数据
yPredResult=model.predict(XTest)
#输出模型
equation= "y="+ str(round(model.intercept_[0],2))
if(model.coef_[0][0]>0):
    equation+="+"+str(round(model.coef_[0][0],2))+"x"
if(model.coef_[0][0]<0):
    equation+=str(round(model.coef_[0][0],2))+"x"
if(model.coef_[0][1]>0):
    equation+="+"+str(round(model.coef_[0][1],2))+"x^2"
if(model.coef_[0][1]<0):
    equation+=str(round(model.coef_[0][1],2))+"x^2"
if(model.coef_[0][2]>0):
    equation+="+"+str(round(model.coef_[0][2],2))+"x^3"
if(model.coef_[0][2]<0):
    equation+=str(round(model.coef_[0][2],2))+"x^3"
print("方程:",equation)
#定义方程
def equationFunction(x):
    return model.intercept_[0]+model.coef_[0][0]*x\
        +model.coef_[0][1]*np.power(x,2)\
        +model.coef_[0][2]*np.power(x,3)
#====作散点图====
#取 5 个训练数据作图
plt.scatter(XTrain.T[0][:5],yTrain.T[0][:5],\
            color="green",marker=".",label="训练数据")
#取 5 个测试数据作图，先画预测值，再画真实值
plt.scatter(XTest.T[0][:5],yPredResult.T[0][:5],\
            color="red",marker="*",label="测试数据预测值")
plt.scatter(XTest.T[0][:5],yTest.T[0][:5],\
            color="blue",marker="+",label="测试数据真实值")
#====画线性回归模型====
XMin=np.min(X.T[0])
XMax=np.max(X.T[0])
xValues=np.arange(XMin,XMax,0.05)
yPredValues=equationFunction(xValues)
plt.plot(xValues,yPredValues,color="red",label=u"$"+equation+"$")
#画训练数据到直线的距离线
```

```
index=0
for x in XTrain.T[0][:5]:
    yTrainElement=yTrain.T[0][index]
    yPredTrainElement=model.predict([[x,np.power(x,2),np.power(x,3)]])[0][0]
    plt.plot([x,x],[yTrainElement,yPredTrainElement],color="green",linestyle="--")
    index+=1
#画测试数据到直线的距离线
index=0
for x in XTest.T[0][:5]:
    yTestElement=yTest.T[0][index]
    yPredTestElement=model.predict([[x,np.power(x,2),np.power(x,3)]])[0][0]
    plt.plot([x,x],[yTestElement,yPredTestElement],color="red",linestyle="--")
    index+=1
#====解决中文字符显示问题====
plt.rcParams['font.sans-serif']=['SimHei'] #用来正常显示中文标签
plt.rcParams['axes.unicode_minus']=False #用来正常显示负号
plt.legend()
plt.xlabel("x")
plt.ylabel("y")
plt.show()
```

源代码中比较关键的语句是完成了图 3-19 所示的工作的语句，该语句如下：

```
#应模型要求扩展X
X=np.hstack((X,np.power(X,2),np.power(X,3)))
```

程序运行后可得到曲线的图形如图 3-20 所示。为便于理解，程序选取了训练数据、测试数据、预测结果的前 5 个数据作散点，并作散点到线性回归模型的距离连线。可以发现，一元高次方程的曲线更为光滑。

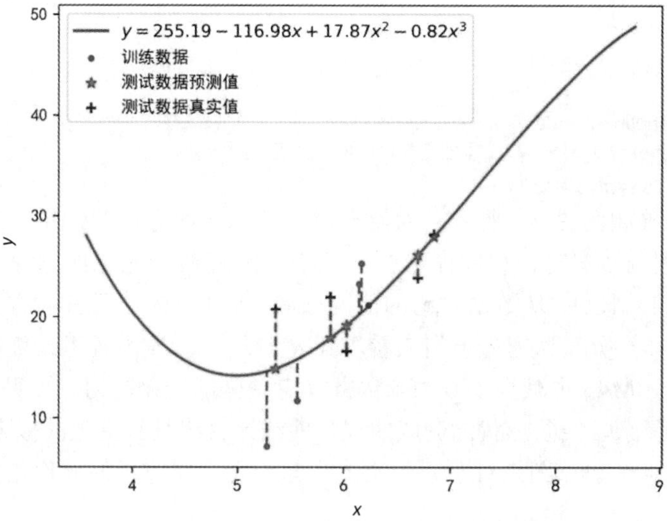

图 3-20　一元三次方程的图形

那么一元高次模型的泛化能力是否更好呢？下面仍计算 R^2、***MAE*** 这 2 个评价指标。这里的计算以种子 1～10 划分数据，再拟合出一元三次方程，分别计算这 2 个评价指标的值，再计算综合评价结果。考虑到源代码与 3.3 节中源代码 3-7 和本节中的源代码 3-8 绝大部分相同，不再重复列出相同的代码。下面主要列出不同的源代码。

源代码 3-9　拟合出一元三次方程并自动评价

```
#====此处省去与源代码 3-8 相同的导入语句====
#====此处省去与源代码 3-8 相同的“加载数据”语句====
#====此处省去与源代码 3-8 相同的“得到模型和其评价指标”的语句====
#====此处省去与源代码 3-8 相同的“输出模型”的语句====
#====做 Min-Max 标准化处理====
#生成 Min-Max 标准化类
minMaxScaler = preprocessing.MinMaxScaler()
#做 Min-Max 标准化
r2MinMax = minMaxScaler.fit_transform(np.array([r2List]).T)
r2MinMaxOneDim=r2MinMax.T[0]
maeMinMax = minMaxScaler.fit_transform(np.array([maeList]).T)
maeMinMaxOneDim=maeMinMax.T[0]
#调整数据方向
maeMinMaxOneDim=1-maeMinMaxOneDim
#====做出自动评价====
#计算综合评价值
def caculateQuota(r2,mae):
    return 0.5*r2+0.5*mae
#得到综合评价值数组
compQuota=[]
index=0 #索引号
for r2 in r2MinMaxOneDim:
    quote=caculateQuota(r2,maeMinMaxOneDim[index])
    compQuota.append(quote)
    index+=1
bestModelNo=compQuota.index(max(compQuota))
print("第"+str(bestModelNo)+"个模型最优，综合评价值为：",\
      compQuota[bestModelNo])
```

程序运行的结果如图 3-21 所示。为便于对比一元一次方程的结果，制作对比表格见表 3-7。由于这里在划分数据时，相同序号的一元一次方程与一元三次方程采用了相同的随机数种子，因此具有可对比性。从数据对比的情况来看，大部分的一元三次方程评价指标更优。

从最优的第 4 个一元三次方程模型来看，其 R^2 比一元一次方程里最优的第 4 个方程的 R^2 高出了 4 个百分点，***MAE*** 也减少了 0.11，因此具有更强的泛化能力。可见，使用更高次的方程，由于模型更为复杂，线条形状已变成曲线，曲线比直线具有更强的拟合能力和泛化能力。

大家可尝试作一个散点图来对一元一次方程与一元三次方程的评价指标进行对比分析，以更为直观地观察。

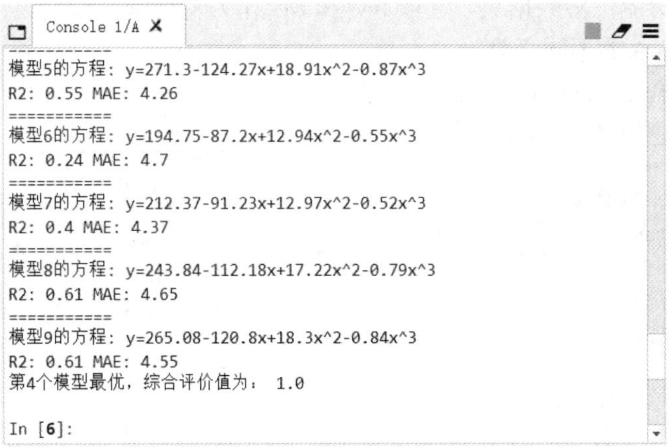
Console 1/A
===========
模型5的方程：y=271.3-124.27x+18.91x^2-0.87x^3
R2: 0.55 MAE: 4.26
===========
模型6的方程：y=194.75-87.2x+12.94x^2-0.55x^3
R2: 0.24 MAE: 4.7
===========
模型7的方程：y=212.37-91.23x+12.97x^2-0.52x^3
R2: 0.4 MAE: 4.37
===========
模型8的方程：y=243.84-112.18x+17.22x^2-0.79x^3
R2: 0.61 MAE: 4.65
===========
模型9的方程：y=265.08-120.8x+18.3x^2-0.84x^3
R2: 0.61 MAE: 4.55
第4个模型最优，综合评价值为： 1.0
In [6]:

图 3-21　对 10 个一元三次方程的综合评价

表 3-7　方程及其评价指标的对比

序号	一元一次方程			一元三次方程		
	模型	R^2	*MAE*	模型	R^2	*MAE*
0	*y*=8.76*x*-32.4	0.59	4.83	*y*=255.19-116.98*x*+17.87*x*^2-0.82*x*^3	0.66	4.29
1	*y*=8.75*x*-32.55	0.63	4.09	*y*=227.96-101.83*x*+15.19*x*^2-0.67*x*^3	0.69	3.89
2	*y*=9.01*x*-34.12	0.57	4.37	*y*=254.26-115.69*x*+17.53*x*^2-0.8*x*^3	0.69	3.91
3	*y*=8.93*x*-33.74	0.44	4.57	*y*=228.43-105.16*x*+16.1*x*^2-0.73*x*^3	0.52	4.32
4	*y*=8.82*x*-32.84	0.69	3.47	*y*=250.21-113.2*x*+17.04*x*^2-0.77*x*^3	0.73	3.36
5	*y*=9.04*x*-34.13	0.5	4.53	*y*=271.3-124.27*x*+18.91*x*^2-0.87*x*^3	0.55	4.26
6	*y*=9.8*x*-38.91	0.14	4.99	*y*=194.75-87.2*x*+12.94*x*^2-0.55*x*^3	0.24	4.7
7	*y*=9.37*x*-36.23	0.46	4.12	*y*=212.37-91.23*x*+12.97*x*^2-0.52*x*^3	0.4	4.37
8	*y*=9.05*x*-34.28	0.46	5.33	*y*=243.84-112.18*x*+17.22*x*^2-0.79*x*^3	0.61	4.65
9	*y*=8.64*x*-32.06	0.56	4.88	*y*=265.08-120.8*x*+18.3*x*^2-0.84*x*^3	0.61	4.55

说明：^2 表示 2 次方，^3 表示 3 次方。

提示：如果觉得 10 个模型不够用来挑选，可以使用更多的随机数来生成更多的模型以供挑选。

3.4.2　以多元一次方程为模型

通过此前的讨论我们已经知道，二元一次方程的图形为三维空间里的平面，三元（或更多元）一次方程的图形为四维空间（或更高维空间）里的超平面。考虑到四维及四维以上的空间无法进行图示，为便于图示和讨论，接下来以二元一次方程作为模型讨论。

仍使用波士顿房屋价格数据集，选取 RM 和 DIS 作为特征项。为避免重复列出源代码，下面仅给出与源代码 3-9 的不同之处。

源代码 3-10　拟合出二元一次方程并自动评价

```
#====此处省去与源代码 3-9 相同的导入语句====
#====加载数据====
#加载波士顿房屋价格数据集
boston=load_boston()
bos=pd.DataFrame(boston.data)
#获得 RM 和 DIS 特征项
X=np.array(bos[[5,7]])
#获得目标数据项
bos_target=pd.DataFrame(boston.target)
y=np.array(bos_target)
#====此处省去与源代码 3-9 相同的“得到模型和其评价指标”的语句====
#====输出模型====
index=0 #索引号
for model in modelList:
    #输出模型
    equation="y="+str(round(model.intercept_[0],2))
    if(model.coef_[0][0]>0):
        equation+="+"+str(round(model.coef_[0][0],2))+"x1"
    if(model.coef_[0][0]<0):
        equation+=str(round(model.coef_[0][0],2))+"x1"
    if(model.coef_[0][1]>0):
        equation+="+"+str(round(model.coef_[0][1],2))+"x2"
    if(model.coef_[0][1]<0):
        equation+=str(round(model.coef_[0][1],2))+"x2"
    print("===========")
    print("模型"+str(index)+"的方程:",equation)
    print("R2:",round(r2List[index],2),"MAE:",round(maeList[index],2))
index+=1
#====此处省去与源代码 3-9 相同的“做 Min-Max 标准化处理”的语句====
#====此处省去与源代码 3-9 相同的“做出自动评价”的语句====
```

可以发现，源代码 3-9 和源代码 3-8 的最大不同之处仍然是加载数据的语句。程序运行结果如图 3-22 所示。从评价的结果来看，第 4 个模型最优，其方程为“$y=-32.86+8.49x1+0.56x2$”，$\boldsymbol{R}^2$ 为“0.69”，***MAE*** 为“3.47”。可见这里的实验中，使用“多元一次方程”相对“一元一次方程”泛化能力没有明显的改善。

为方便对比分析，可分别得到一元一次方程、一元三次方程、二元一次方程的评价指标值，再作图进行对比分析，如图 3-23 所示。从这个图中的 2 个子图可以较明显地看出，多数情况下曲线模型（一元三次方程）2 个评价指标均更为理想，因为其 $\boldsymbol{R}^2$ 值通常更大、***MAE*** 值通常更小。

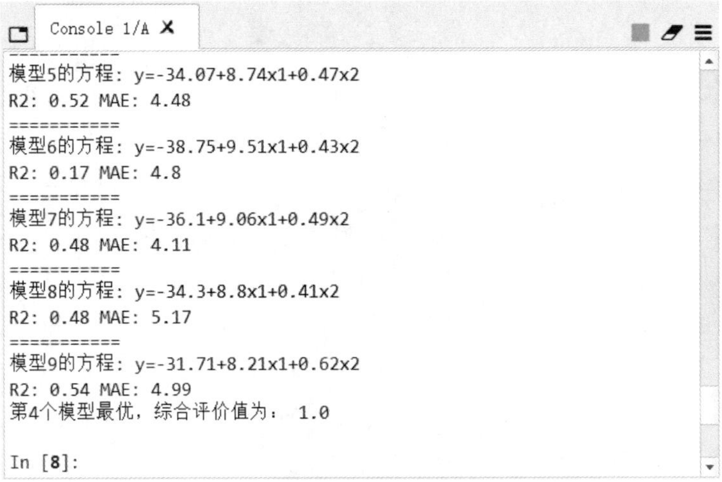

```
Console 1/A
===========
模型5的方程: y=-34.07+8.74x1+0.47x2
R2: 0.52 MAE: 4.48
===========
模型6的方程: y=-38.75+9.51x1+0.43x2
R2: 0.17 MAE: 4.8
===========
模型7的方程: y=-36.1+9.06x1+0.49x2
R2: 0.48 MAE: 4.11
===========
模型8的方程: y=-34.3+8.8x1+0.41x2
R2: 0.48 MAE: 5.17
===========
模型9的方程: y=-31.71+8.21x1+0.62x2
R2: 0.54 MAE: 4.99
第4个模型最优，综合评价值为： 1.0

In [8]:
```

图 3-22 对 10 个二元一次方程的综合评价

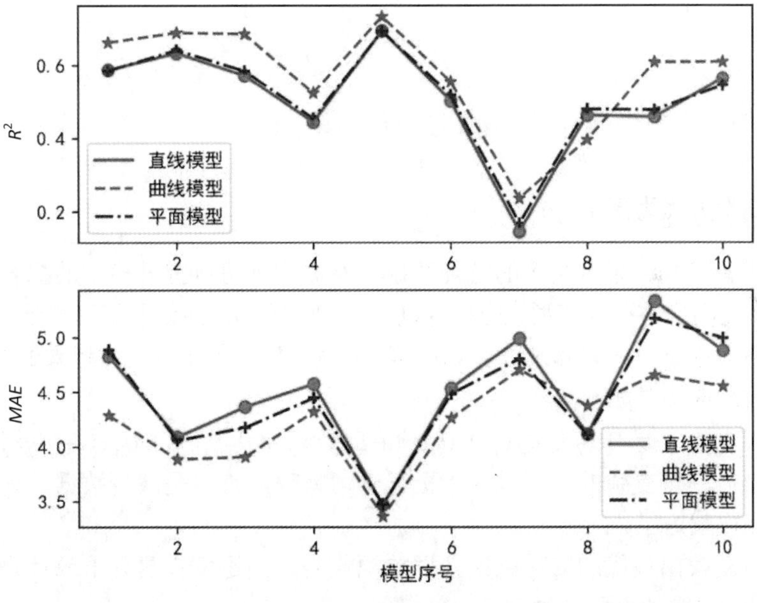

图 3-23 对比 3 种模型的评价指标

下面，为让大家在脑海里对多元一次方程留下深刻的印象，我打算选择最优的二元一次方程中的第 4 个模型来作出其在三维空间中的平面图，再从训练数据选择前 10 个、从测试数据中选择前 10 个画在图中，最后作出这 20 个散点到平面的误差线，如图 3-24 所示。看这个图时，虚线上没有画点的一端处于平面中。

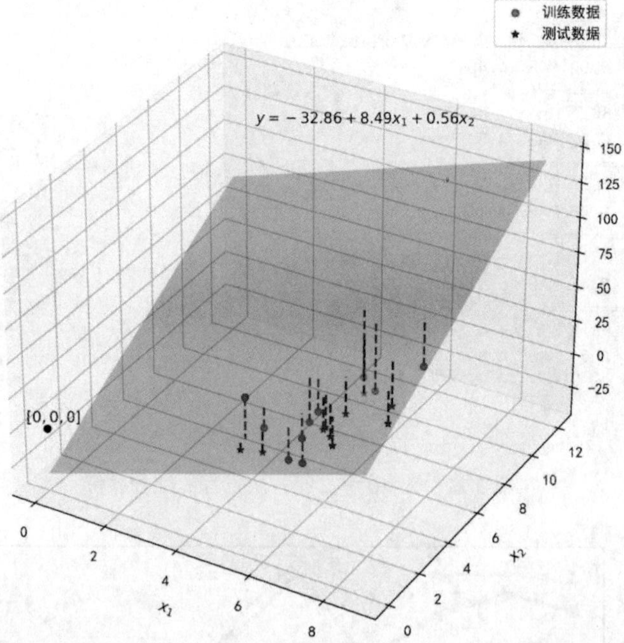

图 3-24　拟合出的平面

3.4.3　以多元高次方程为模型

从前面的讨论可知，采用更多的特征数据项及高次项可以提升模型的拟合能力和泛化能力。那如果以多元高次方程为模型，应该可以让模型更给力。为便于图形展示，下面仍以使用波士顿房屋价格数据集，选取 RM 和 DIS 作为特征项，采用二元三次方程来做拟合。

二元三次方程应该是如下的样子：

$$y = \theta_0 + \theta_1 x_1 + \theta_2 x_2 + \theta_3 x_1 x_2 + \theta_4 x_1^2 + \theta_5 x_2^2 + \theta_6 x_1^2 x_2 + \theta_7 x_1 x_2^2 + \theta_8 x_1^3 + \theta_9 x_2^3 \quad \text{（方程 3-7）}$$

看上去这个方程挺复杂的，不过对于机器学习来说，重点是改变数据，训练模型的工作交给计算机来完成就好了。

下面列出自动找出最优的二元三次方程的源代码。为避免重复列出源代码，下面的源代码仅给出与源代码 3-9 的不同之处。

源代码 3-11　拟合出二元三次方程并自动评价

```
#====此处省去与源代码 3-9 相同的导入语句====
#====加载数据====
#加载波士顿房屋价格数据集
boston=load_boston()
bos=pd.DataFrame(boston.data)
##获得方程的特征项
```

```
dataBos=np.array(bos[[5,7]])
X=np.hstack((dataBos[:,0:1],\
            dataBos[:,1:2],\
            np.multiply(dataBos[:,0:1],dataBos[:,1:2]),\
            np.power(dataBos[:,0:1],2),\
            np.power(dataBos[:,1:2],2),\
            np.multiply(np.power(dataBos[:,0:1],2),dataBos[:,1:2]),\
            np.multiply(dataBos[:,0:1],np.power(dataBos[:,1:2],2)),\
            np.power(dataBos[:,0:1],3),\
            np.power(dataBos[:,1:2],3)\
            ))
#获得目标数据项
bos_target=pd.DataFrame(boston.target)
y=np.array(bos_target)
#====此处省去与源代码 3-9 相同的“得到模型和其评价指标”的语句====
#====输出模型====
index=0 #索引号
for model in modelList:
    #输出模型
    equation="y="+str(round(model.intercept_[0],2))
    if(model.coef_[0][0]>0):
        equation+="+"+str(round(model.coef_[0][0],2))+"x1"
    if(model.coef_[0][0]<0):
        equation+=str(round(model.coef_[0][0],2))+"x1"
    if(model.coef_[0][1]>0):
        equation+="+"+str(round(model.coef_[0][1],2))+"x2"
    if(model.coef_[0][1]<0):
        equation+=str(round(model.coef_[0][1],2))+"x2"
    if(model.coef_[0][2]>0):
        equation+="+"+str(round(model.coef_[0][2],2))+"x1x2"
    if(model.coef_[0][2]<0):
        equation+=str(round(model.coef_[0][2],2))+"x1x2"
    if(model.coef_[0][3]>0):
        equation+="+"+str(round(model.coef_[0][3],2))+"x1^2"
    if(model.coef_[0][3]<0):
        equation+=str(round(model.coef_[0][3],2))+"x1^2"
    if(model.coef_[0][4]>0):
        equation+="+"+str(round(model.coef_[0][4],2))+"x2^2"
    if(model.coef_[0][4]<0):
        equation+=str(round(model.coef_[0][4],2))+"x2^2"
    if(model.coef_[0][5]>0):
        equation+="+"+str(round(model.coef_[0][5],2))+"x1^2*x2"
    if(model.coef_[0][5]<0):
        equation+=str(round(model.coef_[0][5],2))+"x1^2*x2"
    if(model.coef_[0][6]>0):
        equation+="+"+str(round(model.coef_[0][6],2))+"x1*x2^2"
```

```
    if(model.coef_[0][6]<0):
        equation+=str(round(model.coef_[0][6],2))+"x1*x2^2"
    if(model.coef_[0][7]>0):
        equation+="+"+str(round(model.coef_[0][7],2))+"x1^3"
    if(model.coef_[0][7]<0):
        equation+=str(round(model.coef_[0][7],2))+"x1^3"
    if(model.coef_[0][8]>0):
        equation+="+"+str(round(model.coef_[0][8],2))+"x2^3"
    if(model.coef_[0][8]<0):
        equation+=str(round(model.coef_[0][8],2))+"x2^3"
    print("===========")
    print("模型"+str(index)+"的方程:",equation)
    print("R2:",round(r2List[index],2),"MAE:",round(maeList[index],2))
index+=1
#====此处省去与源代码 3-9 相同的“做 Min-Max 标准化处理”的语句====
#====此处省去与源代码 3-9 相同的“做出自动评价”的语句====
```

程序运行的结果如图 3-25 所示。程序中其实最大的变化就是构造特征数据项的语句和生成方程字符串的语句。生成方程字符串的语句其实就是根据系数正负值来进行不同的字符串合并操作，阅读起来较为简单，不再过多解说。构造特征项数据的语句看起来比较复杂，下面详细解说。

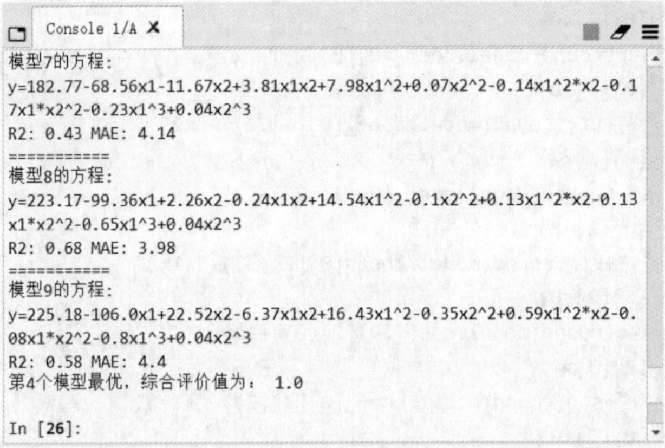

图 3-25　对 10 个二元三次方程的综合评价

np 的 hstack()方法可以将多个二维数组横向合并起来。要合并的二维数组如图 3-26 所示，从图中可以明显看出是哪些二维数组。

运行源代码 3-11，得到的结果表明第 4 个模型最优，这个模型是：

$$y = 218.58 - 95.55x_1 + 3.01x_2 - 1.08x_1x_2 + 13.83x_1^2 + 0.32x_2^2 + 0.25x_1^2x_2 \\ -0.19x_1x_2^2 - 0.62x_1^3 + 0.04x_2^3$$

这个二元三次方程的 $\boldsymbol{R}^2$ 值达到 0.75，比此前得到的最优的一元三次方程的 $\boldsymbol{R}^2$ 高出了 2 个百分点；***MAE*** 值为 3.19，比此前得到的最优的一元三次方程的 *MAE* 减少了 0.17。

```
##获得方程的特征项
dataBos=np.array(bos[[5,7]])
X=np.hstack((dataBos[:,0:1],\                                    ← x1
             dataBos[:,1:2],\                                    ← x2
             np.multiply(dataBos[:,0:1],dataBos[:,1:2]),\        ← x1x2
             np.power(dataBos[:,0:1],2),\                        ← x1^2
             np.power(dataBos[:,1:2],2),\                        ← x2^2
             np.multiply(np.power(dataBos[:,0:1],2),dataBos[:,1:2]),\   ← x1^2x2
             np.multiply(dataBos[:,0:1],np.power(dataBos[:,1:2],2)),\   ← x1x2^2
             np.power(dataBos[:,0:1],3),\                        ← x1^3
             np.power(dataBos[:,1:2],3)\                         ← x2^3
             ))
```

图 3-26　各个二维数组代数的特征项

接下来，请大家试试参考图 3-23 的源代码，试试也画出二元三次方程的评价指标图形，并和其他方程作出对比分析。

提示：能编写出画二元三次方程的评价指标图形的源代码，证明我们的功底已经较为深厚了，可以在使用 Python 作图、使用 Python 做线性回归模型的比较分析等应用上游刃有余了。事实上，现实工作中使用机器学习来解决问题的做法也是构建出各种模型、找到合适的参数，再在各种模型之间比较并做出选择。

下面，为让大家在脑海里对多元高次方程留下深刻的印象，我打算选择二元三次方程中最优的第 4 个模型来做出其在三维空间中的平面图，再从训练数据选择前 10 个、从测试数据中选择前 10 个画在图中，最后做出这 20 个散点到平面的误差线，如图 3-27 所示。

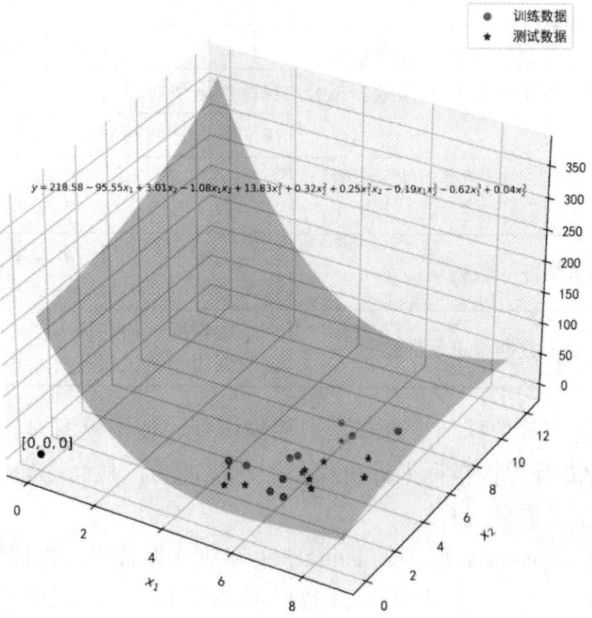

图 3-27　拟合出的曲面的图形

3.5 小结

通过这一章的学习，我们学会了有关线性回归的很多专业术语，下面用表格（表 3-8）对这些术语进行总结。

表 3-8 线性回归中的专业术语

术语	一句话总结	补充说明
回归	回到平均值	不必纠结回归与拟合的概念差异，会用就好
线性回归	用线性方程来做预测，预测的结果是数值	
拟合	套用某种模型，用已知数据来确定这种模型的参数后，获得这个模型	
线性拟合	套用的模型使用的是线性方程	
系数和截距	线性方程中的参数	
距离	机器学习中通常是指 y 的真实值与预测值之差的绝对值	
误差	预测值与真实值的差值	如果有很多行数据，则误差可以用误差绝对值之和来衡量，也可以使用误差绝对值的平均值、误差的平方和均值来衡量
平均绝对差值	用于表示误差。通常对测试数据，其值越小表明模型对未知数据的泛化能力越强	多行数据下，值为误差绝对值的平均值。记为 ***MAE***
均方误差		多行数据下，值为误差的平方和均值。记为 ***MSE***
均方根误差		在均方误差的基础上再开根。记为 ***RMSE***
拟合优度	值越接近 1 表明模型对未知数据的拟合能力越强	记为 R^2
特征数据	表示事务特征的数据项	实际工程中，可预先多准备一些特征项，再根据应用情况筛选
训练数据、验证数据、测试数据	用于对已知数据集进行数据划分	训练数据用于训练模型。验证数据用于调节模型。测试数据用于测试模型对未知数据的泛化能力

做线性回归要经历准备数据、拟合模型、输出模型、使用模型 4 个步骤。在拟合出模型后，还可使用 R^2、***MAE*** 等评价指标来评价模型的泛化能力，从而选择最为理想的模型。建议大家多拟合出一些模型后再做选择。

在使用 Python 的 scikit-learn 库中的 LinearRegression 拟合出线性回归模型前，应当根据模型来准备好特征数据。一元一次方程的特征数据项只有 1 个。一元多次方程使用 1 个特征项来根据模型的数据要求变换出多个特征数据项。多元一次方程有多个特征数据项。多元高次方程则要根据模型的数据要求用已知的多个特征数据项变换出更多的特征数据项。

求解线性回归模型，就是要根据模型和已知数据来求得参数（系数、截距）的值，而不是x的值。确定了参数，模型也就确定下来了，接下来就可以用模型和要预测的x值来预测y的值。

一元一次方程的图形为直线；一元多次方程的图形为曲线；多元一次方程的图形为平面或超平面；多元高次方程的图形为曲面或超曲面。通常认为，更多元数、更高次数的方程所表示的模型具有更强的拟合能力和泛化能力。

根据本章中所述的评价模型的做法，是不是对测试数据求出 R^2、MAE 这 2 个评价指标就可以选择出拟合度和泛化能力最好的模型呢？不完全是。因为最好的模型应该对训练数据、测试数据都具有良好的拟合能力，而且评价指标要收敛。至于怎么评价，在下一章学习好数学原理后，再在第 5 章中详细讲解怎么运用更为复杂一些的办法选择最好的线性回归模型。如果想成为机器学习的专业人士甚至是专家，大家可以尝试继续学习第 4 章和第 5 章，我会想办法用通俗的语言讲解高等数学知识和机器学习的专业知识。

第4章 学习线性回归背后的数学原理

图 4-1 为学习路线图，本章知识概览见表 4-1。

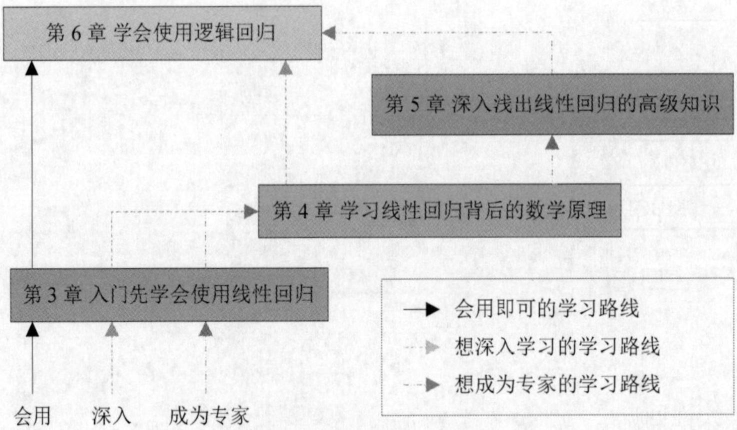

图 4-1　学习路线图

表 4-1　本章知识概览

知识点	难度系数	一句话学习建议
导数	★	建议结合图形理解导数的定义
求导法则	★	应该记住一些常用的求导法则
极限	★	会表示和求极限
复合函数的导数	★★★	应理解并会运用复合函数的求导法则
偏导数	★★	建议结合图形理解偏导数
行列式	★★	会计算行列式
向量	★	会表示和图示向量

续表

知识点	难度系数	一句话学习建议
向量的模	★	会计算向量的模
矩阵	★★	应理解单元矩阵、矩阵的秩，会对矩阵做加减法和乘法
线性方程组	★★★	先学会求解齐次线性方程组，再学会求解非齐次线性方程组；建议结合空间思维来理解求解的过程
最小二乘法	★★★	得从名称和原理上透彻地理解最小二乘法，因为这是机器学习中最基本的原理
求解一元一次方程模型的数学原理	★★★★	应能综合运用前述微积分和线性代数求解这些模型的参数
求解多元一次方程模型的数学原理	★★★★	
求解一元高次方程模型的数学原理	★★★★	
求解多元高次方程模型的数学原理	★★★★	
梯度	★★	建议结合图形理解梯度的含义
梯度下降法	★★★	会求梯度并能编程实现梯度下降法
梯度消失	★★★	建议结合图形理解梯度消失现象，能用加速度消除梯度消失现象
批量梯度下降法（BGD）	★★★	应能编程实现这 3 种梯度下降法，并能做对比分析
随机梯度下降法（SGD）	★★★	
小批量梯度下降法（MBGD）	★★★	

只有理解了线性回归背后的数学原理，才能对线性回归融会贯通。原理通了，还可以不局限于 Python 这种编程语言，甚至可以自己用其他语言来实现。为遵循知识的理解与运用的规律，本章先讲解必要的高等数学知识，主要涉及微积分和线性代数；再讲解最小二乘法和梯度下降法这两种线性回归背后的数学原理，并用 Python 编程实现。不同的人士学习本章的学习路线建议如图 4-1 所示。

如果高等数学基础较好，可以跳过对本章 4.1 节的学习。如果基础不好，建议跟着本章内容一点点学习。本章中会尽可能地做到通俗易懂，用形象的空间思维、几何图形、精炼语句来讲解高等数学知识，主要涉及导数、偏导数、极限、复合函数的导数、行列式、矩阵、线性方程组等知识。

最小二乘法和梯度下降法是拟合线性回归模型的两种方法，异曲同工，原理不同，其背后涉及大量的高等数学知识。在学习时，可一起来推导计算公式、理解数学计算中的每一点细节，再编程实现，观察二维图、三维图来理解各种拟合方法。

4.1 补充学习高等数学知识

要理解线性回归背后的数学原理，必然涉及微积分和线性代数的一些知识。为让学过的人能回想起高等数学的知识，没学过的人可以快速学懂，这里打算给大家补一下高等数学知识的火候。

提示：考虑到高等数学的知识十分广泛，在本书中不可能面面俱到，接下来只讲解与线性回归有关的高等数学知识。下面如果碰到大把的数学符号、公式，请大家不要紧张，跟随着本书的讲解一点点学习即可。本章中要学习的高等数学知识会多一点，后续章节会涉及得少一些，因为后续不必再重复学习。

4.1.1 导数的意义

讲起微积分，很多人都不知道是做什么的。我认为，这门数学之所以叫微积分，就是用**“微观的角度、积少成多的做法、动态的观点”**来分析和解决问题。导数就是从“微观的角度”来看待问题的。比如，原来我们看到的函数在图形上是一条线，现在用导数则可以着眼于线上的一个点，可以求出线上位于这个点时的最大变化率。

什么是导数呢？这是要导向什么呢？我的理解是，在函数图形中特定的点上的导数代表的是函数的值在这个点前进最快的方向，从而导向最快的发展节奏，如图 4-2 所示。

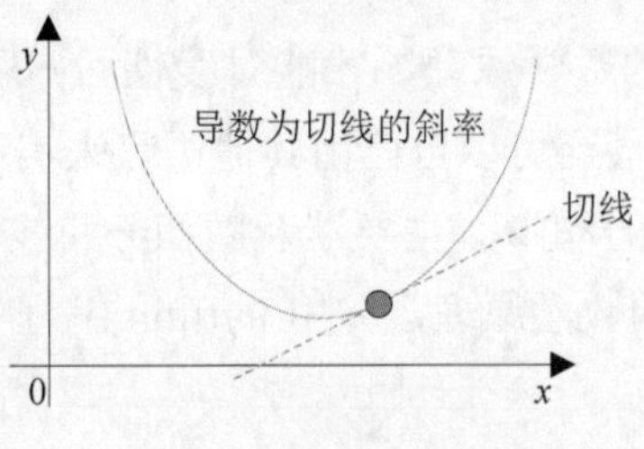

图 4-2 导数的几何意义

从几何意义上来讲，导数方向上通过当前点的线是函数在当前点上的切线，导数的值为切线的斜率（注意不是切线，而是切线的斜率）。

4.1.2 常用的求导法则

基于前人很多经验的总结，对特定形式的函数，通过求导可以得到它的导数的函数表达形式。对函数用求导法则后得到的函数称为**导函数**。表 4-2 所示的求导法则在机器学习中经常会用到，一定要掌握。习惯上，在函数右上角加一撇，表示求导运算。

表 4-2　机器学习中经常要用到的求导法则

序号	求导法则	序号	求导法则
1	$x' = 1$	5	$a' = 0$
2	$(ax)' = a$	6	$(\mathrm{e}^x)' = \mathrm{e}^x$
3	$(x^a)' = ax^{a-1}$	7	$(a^x)' = a^x \ln x$
4	$(\ln x)' = \dfrac{1}{x}$	8	$(\log_a x)' = \dfrac{1}{x \ln a}$

说明：1. a 是常数。

2. e 是常数，其值为一个近似于 2.71828183 的数。

3. ln$x$ 表示以 e 为底的对数。

提示：导函数并不是切线方程的等式右边的函数，而是函数在自己图形上位于无数个点时的切线斜率的通用表达式。这点请大家一定要记住并保持清晰的思路。鉴于此，如果无数个点的切线斜率的表达式通用不起来，也就不能得到导函数。

建议大家通过图形来理解表 4-2 的求导法则，一些示例如图 4-3 所示。函数怎么会有图形？通常在函数的左边加上"$y =$"就可以构建出方程，从而根据方程画出函数的图形。

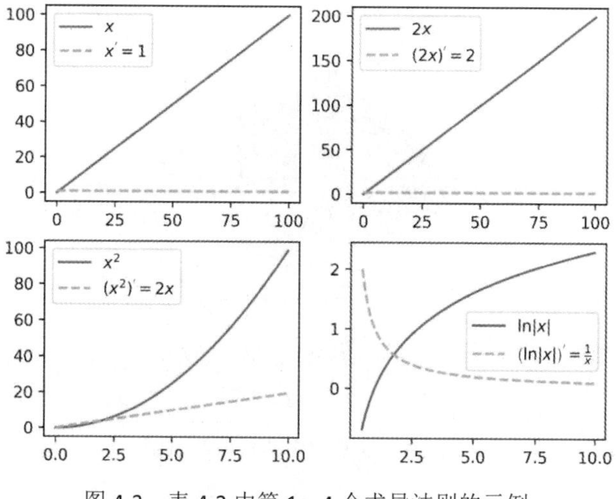

图 4-3　表 4-2 中第 1～4 个求导法则的示例

从图形来看，函数"x""$2x$"的图形是一条直线。因为"$y = x$"这条直线的斜率就是 1；"$y = 2x$"这条直线的斜率就是 2。可见，直线的导数是一个数值，这个数值就是"x"前的系数。其他函数及其导函数的图像就不再赘述了。

在函数的最大值或最小值的点，导函数的值必为 0。因为在函数的最大值或最小值处，切线平行于x轴，平行于x轴的线的斜率必定为 0。最小值的示例如图 4-4 所示。从几何意义上理解，处于最小值或最大值时，函数的变化率（也就是切线的斜率）为 0。哪怕是导函数不存在，只要函数存在最大值、最小值，那么几何意义上就可以这么理解。这是一个很重要的性质，后续在讲解线性回归模型的数学原理时还会用到这个性质。

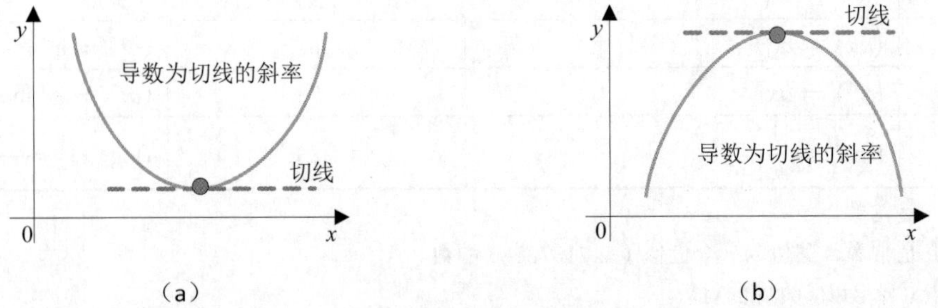

图 4-4　函数在最大值、最小值处的导数

函数可能存在多个极值。一个示例如图 4-5 所示，很明显这个函数在图形中就可以看出存在 2 个局部极大值、2 个局部极小值，这些值都是极值。对比所有局部极大值就可以得到全局的极大值，对比所有局部极小值就可以得到全局的极小值。

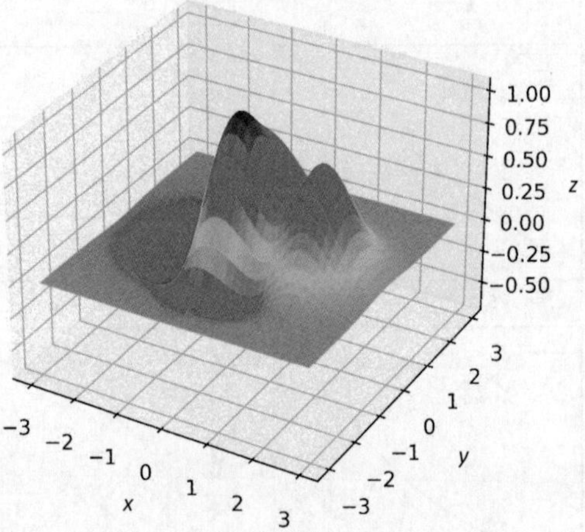

图 4-5　函数有多个极值的示例

图 4-5 实际上是以下方程的图形（等号右边是函数）：

$$z = \left(1 - \frac{x}{2} + x^5 + y^3\right) \mathrm{e}^{-x^2-y^2}$$

对于求导数运算，在机器学习领域还有 4 点是必须要掌握的，这 4 点接下来还会进行解析：

（1）会求某点的导数值。这又涉及极限知识，后续会进行较为简略的讲解。

（2）会运用函数乘法、除法、复函数的求导法则。

（3）会运用累加的求导法则。从此还要扩展到能对累乘运算符求导。

（4）会求偏导数。一并应当理解偏导数的几何意义。

4.1.3 求某点的导数值

先要会用符号来表达导数。除了用“′”表示导数外，还可以用“ $\frac{\mathrm{d}y}{\mathrm{d}x}$ ”来表示导数。“$\mathrm{d}y$”和“$\mathrm{d}x$”是微分上的用法，其含义分别表示y值和x值沿切线的微小变化。这种微小的变化是指x值的变化趋近于 0。这种含义用公式表述如下：

$$\frac{\mathrm{d}y}{\mathrm{d}x}=\lim_{\Delta x\to 0}\frac{\Delta y}{\Delta x}=\lim_{\Delta x\to 0}\frac{f(x+\Delta x)-f(x)}{\Delta x} \tag{4-1}$$

提示：注意结合图 4-6 来理解$\mathrm{d}y$与Δy的差别。很显然，Δy是指y沿函数的变化值，$\mathrm{d}y$是指y沿切线的变化值。

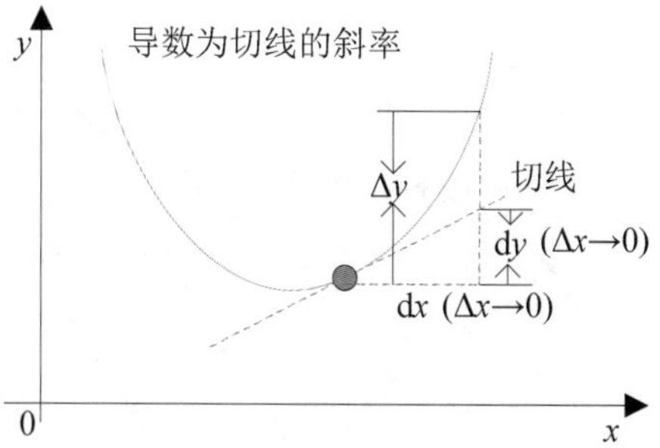

图 4-6　导数的含义示意图

怎么理解式（4-1）背后的含义呢？用图结合意义来理解最为深刻。

$\lim\limits_{\Delta x\to 0} f(x)$中的符号“lim”是英文单词“limit”的前 3 个字母，念“利米它”，这个单词的意思是“极限”。$\lim\limits_{\Delta x\to 0} f(x)$要表达的运算就是当$x$的变化趋近于 0 时，$f(x)$的值。$x$的变化用$\Delta x$表示，“Δ”表示变化。念“逮它”。大家不必纠结于这些名称的念法，这里给出的念法只是谐音，仅用于学习参考。

提示：什么符号表示什么含义，通常有约定俗成的做法，这样大家理解起来能够达成共识。数学中有很多约定俗成的做法，如：用“Δ”表示变化，用$f(x)$表示函数。f是“function”首字母，这个英文单词就是“函数、功能”的意思。

如果要求x为某个值时的函数极限值，从几何意义上理解是比较简单的。这种运算记为“$\lim\limits_{x\to a} f(x)$”。这时，如果函数是连续的，则“$\lim\limits_{x\to a} f(x)$”的结果就是$x=a$时函数的值：

$$\lim_{x\to a} f(x)=f(a) \tag{4-2}$$

提示：$\lim\limits_{\Delta x \to 0} f(x)$与$\lim\limits_{x \to 0} f(x)$表达着不同的含义，请大家注意区分。前者中的$\Delta x \to 0$表示$x$值的变化趋近于0；后者中的$x \to 0$表示$x$值近于0。

结合函数的图形来求极限和导数是最好的做法。来看个例子，如果要求$\lim\limits_{x \to -1} x^3$，怎么求得呢？$x^3$的图形如图4-7所示。要求$x$值趋近于某个值时函数的极限，则从左和从右两个方向来看函数的值。从左看，x值趋近于-1时，函数值为-2。从右看，x值趋近于-1时，函数值也为-2。因此，$\lim\limits_{x \to -1} x^3 = -2$。

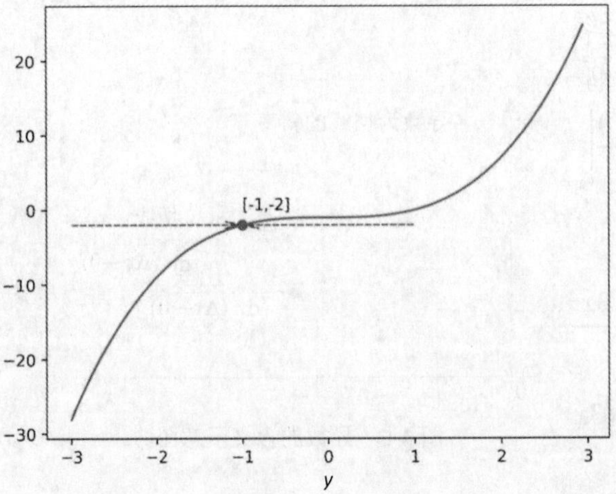

图 4-7　求$\lim\limits_{x \to -1} x^3$

其实，总结出来规律是：如果函数是连续的，x值趋近于某个值时函数的极限就是此时的函数值。但是，如果函数并不连续，则还是要从左看和从右看，如果从两个方向来看函数值趋近的值相等，则极限就是这个相等的值；如果从两个方向来看，函数值趋近的值不相等，则不能得到极限运算的值。

提示：在脑海中要用动态的观点来看待求极限的值。也就是说，极限是指x值趋近于某个值时函数从两个方向趋近于什么值。我认为，用动态的观点来看待极限是学会做极限运算的精髓。

如果函数中有 2 个参数，做极限运算时做法是一样的。例如要求$\lim\limits_{x \to -1,\ y \to 2} (x^3 + y^2)$，则可据类似的做法求得：

$$\lim_{x \to -1,\ y \to 2} (x^3 + y^2) = -1 + 4 = 3$$

求极限运算时还有很多更为复杂的情况，考虑这里不是一本专门讲解高等数学的图书，就不再一一讨论了，仅讨论机器学习中需要运用到的主要知识。接下来，结合图 4-6 回到对式（4-1）的讨论。

当$\Delta x \to 0$时，表示x值出现微小的变化，记为“$\mathrm{d}x$”；跟随这种变化，y值也会出现微小的变化，记为“$\mathrm{d}y$”。注意，y值的微小变化是跟随$\Delta x \to 0$产生的，而不是无缘无故产生的。同样，要用动态、微观的观点来看待这件事。有了这些观点，式（4-1）和图 4-6 就比较好理解了。

从图 4-6 来看，“$\mathrm{d}y$”和“Δx”长短是有区别的，但是在$\Delta x \to 0$时，也即“无限逼近”时，我们认为在当前点的时候，Δx就等同于$\mathrm{d}x$，Δy就等同于$\mathrm{d}y$。这就是从“微观的角度”和“动态的观点”来看待和解决问题的内涵了。但是，这些必须建立在函数可导的基础上。

因此可以把 $\frac{\mathrm{d}y}{\mathrm{d}x}$ 理解成“$\mathrm{d}y$”与“$\mathrm{d}x$”的比值，这个比值就是函数图形在当前点的切线的斜率。可以用一条竖线再加下标的表达方式来表示求函数在当前点的导数。如：$\left.\frac{\mathrm{d}y}{\mathrm{d}x}\right|_{x=a}$ 。下面以函数x^3为例来体验一下直接用式（4-1）求导数的过程。

$$\begin{aligned}\left.\frac{\mathrm{d}y}{\mathrm{d}x}\right|_{x=-1} &= \left.\frac{\mathrm{d}(x^3)}{\mathrm{d}x}\right|_{x=-1} = \lim_{\Delta x\to 0}\left.\frac{f(x+\Delta x)-f(x)}{\Delta x}\right|_{x=-1} = \lim_{\Delta x\to 0}\left.\frac{(x+\Delta x)^3-x^3}{\Delta x}\right|_{x=-1}\\ &= \lim_{\Delta x\to 0}\left.\frac{x^3+3x^2\Delta x+3(\Delta x)^2x+(\Delta x)^3-x^3}{\Delta x}\right|_{x=-1}\\ &= \lim_{\Delta x\to 0}\left.\frac{3x^2\Delta x+3(\Delta x)^2x+(\Delta x)^3}{\Delta x}\right|_{x=-1}\\ &= \lim_{\Delta x\to 0}\left.(3x^2+3\Delta x+(\Delta x)^2)\right|_{x=-1}\end{aligned}$$

运算到这一步，已经将分式变成了多项式。函数$(3x^2+3\Delta x+(\Delta x)^2)$显然是一个连续且**光滑的**函数，根据此前学习的求函数极限的知识，可以将$\Delta x=0$直接代入函数计算，得到：

$$\left.\frac{\mathrm{d}y}{\mathrm{d}x}\right|_{x=-1} = \lim_{\Delta x\to 0}\left.(3x^2+3\Delta x+(\Delta x)^2)\right|_{x=-1} = \lim_{\Delta x\to 0}\left.(3x^2)\right|_{x=-1}$$

此时，函数“$3x^2$”中已无Δx项，可以将“$\lim\limits_{\Delta x\to 0}$”符号去掉：

$$\left.\frac{\mathrm{d}y}{\mathrm{d}x}\right|_{x=-1} = \lim_{\Delta x\to 0}\left.(3x^2)\right|_{x=-1} = 3x^2|_{x=-1} = 3$$

这样计算看起来挺复杂的，但是我们得到了一条重要的规律：对于连续且光滑的函数，可以直接运用求导法则来简化运算。运用求导法则的计算过程如下：

$$\left.\frac{\mathrm{d}y}{\mathrm{d}x}\right|_{x=-1} = \left.\frac{\mathrm{d}(x^3)}{\mathrm{d}x}\right|_{x=-1} = (x^3)'|_{x=-1} = 3x^2|_{x=-1} = 3$$

上述求导过程中，突然加了一个“光滑的”是怎么回事呢？“光滑的”可理解为函数图形上因变量的值没有突变。有一条经典的语句**“可导一定连续，但连续不一定可导”**。函数图形有突变的一个简单示例如图 4-8 所示。

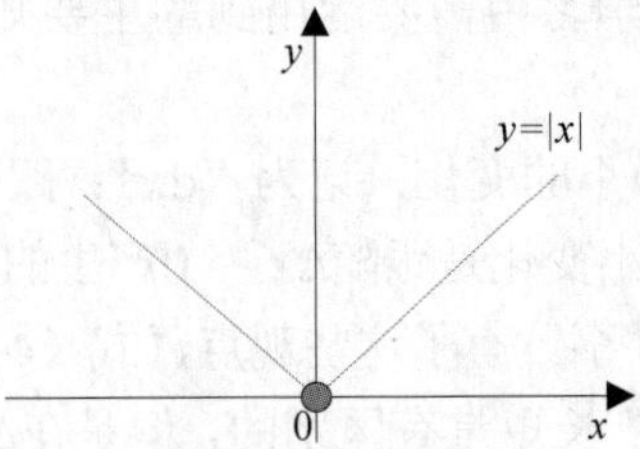

图 4-8　一个连续但不可导的函数示例

提示：很多人自变量和因变量这 2 个概念老是混淆不清。自变量即自行发生变化的量，因变量即因此而发生变化的量。故因变量通常是指函数值。

函数$|x|$的图形是连续的，在"$x=0$"时，函数图形有突变，也即"不光滑"。这时，"$\lim_{x\to 0}|x|$"的值是存在的，因为无论从左看还是从右看，函数的极限值都是 0，因此$\lim_{x\to 0}|x|=0$。但是此时，"$\lim_{\Delta x\to 0}\frac{f(x+\Delta x)-f(x)}{\Delta x}$"却是不存在的，因为从左边看，函数实际上是"$-x$"，斜率是-1，从右边看，函数实际上是"$x$"，斜率是 1，那导数值到底是多少？导函数选谁？相互之间产生了矛盾，此时也就意味着函数$|x|$不可导。

4.1.4　复合函数的导数

机器学习中还要运用到大量的复合函数求导法则，主要是乘法、除法的求导法则，累加、累乘的求导法则等，见表 4-3。这些公式都是常用的，且都经历过很多前人的经验总结，请大家加以掌握。下面先来看看公式。

表 4-3　机器学习常用的复合函数求导法则

法则名称	法则公式	公式编号
函数之间加法的求导法则	$(f(x)+g(x))'=f'(x)+g'(x)$	(4-3)
函数之间减法的求导法则	$(f(x)-g(x))'=f'(x)-g'(x)$	(4-4)
函数之间乘法的求导法则	$(f(x)\times g(x))'=f'(x)\times g(x)+f(x)\times g'(x)$	(4-5)
函数之间除法的求导法则	$\left(\frac{f(x)}{g(x)}\right)'=\frac{f'(x)\times g(x)-f(x)\times g'(x)}{g^2(x)}$	(4-6)
内含复合函数的求导法则	令$u=g(x)$，$f'(g(x))=f'(u)\times g'(x)$	(4-7)
累加的求导法则	$\left(\sum(f(x)+g(x))\right)'=\sum(f(x)+g(x))'=\sum(f'(x)+g'(x))$	(4-8)
累减的求导法则	$\left(\sum(f(x)-g(x))\right)'=\sum(f(x)-g(x))'=\sum(f'(x)-g'(x))$	(4-9)

注：累乘的求导方法会复杂一些，后面再详细解说。

表 4-3 中，应只有式（4-5）看起来不太好理解一点。学会运用的最好办法是做实例。下面一起来做一个。

$$(\mathrm{e}^{3x})' = \mathrm{e}^{3x}(3x)' = 3\mathrm{e}^{3x}$$

累乘要使用到大型运算符“Π”，这个符号实际上是“π”的大写，因此念“派”。符号中的下标表示累乘表达式中变量的起始值，上标表示累乘表达式中变量的结束值，这个变量也可以是累乘表达式中的元素下标、上标。如：

$$\prod_{i=1}^{n} i = 1 \times 2 \times \cdots \times n$$

$$\prod_{i=1}^{n} x^i = x^1 \times x^2 \times \cdots \times x^n$$

如果用函数之间乘法的求导法则来对累乘的求导做变换，那简直是一场计算的灾难。那怎么办呢？可以运用对数运算“ln”来解决这个问题，把累乘变成累加。假定：

$$F(x) = \prod_{i=1}^{n} f(x_i) = f(x_1) \times \cdots \times f(x_n)$$

先对函数取对数：

$$\ln F(x) = \ln\left(\prod_{i=1}^{n} f(x_i)\right) = \sum_{i=1}^{n} \ln f(x_i)$$

这就把累乘转换成了累加。因为对数据有公式：

$$\ln(a \times b) = \ln a + \ln b$$

接着再对累加求导就简单多了：

$$(\ln F(x))' = \left(\sum_{i=1}^{n} \ln f(x_i)\right)' = \sum_{i=1}^{n} (\ln f(x_i))' = \sum_{i=1}^{n}\left(\frac{1}{f(x_i)} f'(x_i)\right)$$

又由于：

$$F(x) = \mathrm{e}^{\ln F(x)}$$

所以有：

$$\begin{aligned} F'(x) &= \left(\mathrm{e}^{\ln F(x)}\right)' = \mathrm{e}^{\ln F(x)}(\ln F(x))' = \mathrm{e}^{\ln F(x)} \sum_{i=1}^{n}\left(\frac{1}{f(x_i)} f'(x_i)\right) \\ &= \mathrm{e}^{\ln\left(\prod_{i=1}^{n} f(x_i)\right)} \sum_{i=1}^{n}\left(\frac{1}{f(x_i)} f'(x_i)\right) \end{aligned} \tag{4-10}$$

式（4-10）中由于有分式，意味着$f(x_i)$不能为 0。式（4-10）看起来很复杂，其实理解并能综合运用已知的各种复合函数的求导法则就能消除计算中的一些不方便处理的问题，把导数运算一直化解到函数的最里层，从而方便计算。

提示：建议大家不要硬记式（4-10），而是在理解中去灵活运用导数的各种计算法则。

4.1.5 偏导数

从第 3 章的学习中我们已经知道，实际应用中未知变量可能有多个，只有一个变量的情况相对还是比较少见。有多个变量时，就可能要运用到偏导数。所谓偏，就是偏向某一个变量，而将其他的变量视同为常数。根据这种理解，偏导数就好计算了，因为这就是相对简单的一元函数的求导。

如果函数为$f(x,y)$，则对x的偏导数记为 $\dfrac{\partial f}{\partial x}$、$\dfrac{\partial f(x,y)}{\partial x}$或 $\dfrac{\partial}{\partial x}f(x,y)$。来做一个计算示例体验一下。以下面的函数为例：

$$z = f(x,y) = x^2 + y + y^2$$

据此可计算偏导数：

$$\frac{\partial z}{\partial x} = \frac{\partial f}{\partial x} = \frac{\partial}{\partial x}f(x,y) = \frac{\partial}{\partial x}(x^2 + y + y^2) = \frac{\partial}{\partial x}(x^2) = 2x$$

当向x求偏导数时，把y看成是常量，因此$(y + y^2)' = 0$。同理，可得：

$$\frac{\partial z}{\partial y} = \frac{\partial f}{\partial y} = \frac{\partial}{\partial y}f(x,y) = \frac{\partial}{\partial y}(x^2 + y + y^2) = \frac{\partial}{\partial y}(y + y^2) = 1 + 2y$$

设$x = 3$、$y = 3$，则$f(x,y) = x^2 + y + y^2 = 3^2 + 3 + 3^2 = 21$。下面求[3,3,21]这个点的偏导数。

$$\left.\frac{\partial f}{\partial x}\right|_{\substack{x=3\\y=3}} = 2x|_{\substack{x=3\\y=3}} = 6$$

$$\left.\frac{\partial f}{\partial y}\right|_{\substack{x=3\\y=3}} = (1 + 2y)|_{\substack{x=3\\y=3}} = 7$$

那偏导数表示了什么样的几何意义呢？以$\dfrac{\partial f}{\partial x}$为先来进行说明，仍以前面的例子来说明。由于计算$\dfrac{\partial f}{\partial x}$时把$y$看成是一个常量，以$y = 3$这个平面作为截面与$z = x^2 + y + y^2$这个曲面的交界上可以得到一条过点[3,3,21]的曲线，如图 4-9 所示。怎么$y = 3$就成了一个平面呢？难道不是直线吗？在二维空间中，$y = 3$是一条平行于y轴的直线；在三维空间中，$y = 3$则成了一个平行于 ***XOZ***（***O*** 表示原点）面的平面；在四维及更高维的空间中，$y = 3$是一个超平面，只是这时候用图表达不出来。

这条相交的曲线如果要用方程来表示，那就是：

$$\begin{cases} z = x^2 + y + y^2 \\ y = 3 \end{cases}$$

三维空间中的线要用联立方程组才能表示，因为如果只是一个方程则表达出来的会是一个面或曲面。这条相交线在[3,3,21]这个点的切线的斜率就是 $\left.\frac{\partial f}{\partial y}\right|_{\substack{x=3 \\ y=3}} = 6$。这条切线如图 4-9 中的虚线所示。

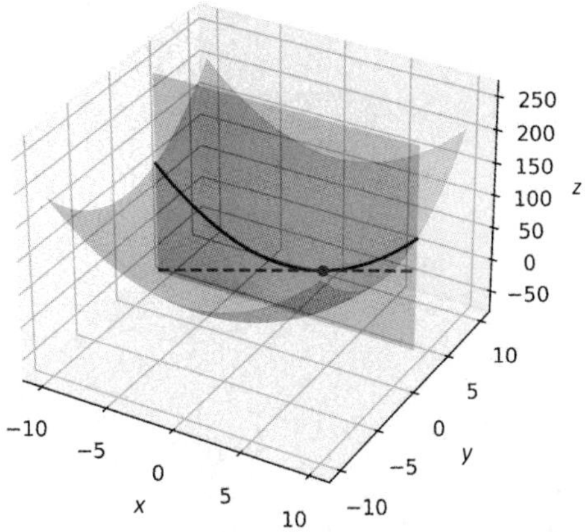

图 4-9　函数偏向x的导数

那切线的方程会是什么样子呢？此前的讨论已知，切线的斜率为 6，因此在$y = 3$这一前提下，$z = ax + b = 6x + b$。由于切线必定会过[3,3,21]这个点，可得$21 = 6 \times 3 + b$，解得$b = 3$。所以，切线方程为：

$$\begin{cases} z = 6x + 3 \\ y = 3 \end{cases}$$

同理，计算$\frac{\partial f}{\partial y}$时把$x$看成是一个常量，以$x = 3$这个平面作为截面与$z = x^2 + y + y^2$这个曲面的交界上可以得到一条过点[3,3,21]的曲线，如图 4-10 所示。这条相交的曲线如果要用方程来表示，那就是：

$$\begin{cases} z = x^2 + y + y^2 \\ x = 3 \end{cases}$$

这条相交线在[3,3,21]这个点的切线的斜率就是 $\left.\frac{\partial f}{\partial y}\right|_{\substack{x=3 \\ y=3}} = 7$。这条切线如图 4-10 中的虚线所示。切线方程为：

$$\begin{cases} z = 7y \\ x = 3 \end{cases}$$

与机器学习的线性回归有关的微积分知识就这么多，暂时还无需用到积分，因此并没有涉及深奥难懂的部分。后续机器学习算法涉及的其他微积分知识，会在后续章节中进行详细讲解。

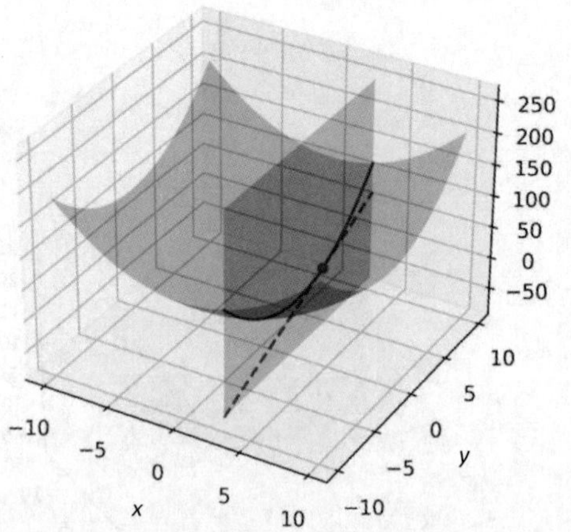

图 4-10　函数偏向y的导数

4.1.6　行列式及其计算方法

接下来学习与机器学习的线性回归有关的线性代数知识。机器学习里要涉及大量的矩阵运算，讲起矩阵运算就不得不先讲讲行列式。

之所以叫行列式，是因为它的样子是行和列构成的数据块，就像一个正方形，但是它却是一个表达式，其结果是一个数值。行列式常用符号“*Det*”或“*D*”来标识。为什么用这样的符号和字母呢？这是为了与矩阵的表达方式有所区别，“*Det*”是“Determine”的前 3 个字母，“Determine”的意思是“决定”，那决定了什么呢？行列式的值如果为 0，则决定了行列式对应的矩阵不满秩（“秩”的概念一会再讲解），矩阵不存在逆矩阵；矩阵对应的线性方程组不能直接用矩阵运算方式求解，解有无穷多个。如果暂时不能理解这其中的含义，本章后续还会讲解，先来学会计算行列式。

在机器学习里计算行列式最好的方法就是编写程序。在本书中不打算讲解对行列式做手工计算的各种方法，大家如果有兴趣可参考我的另一本图书《深入浅出线性代数》，这本书会让线性代数学习起来既容易又有味道。

行列式在数学上用符号“||”括起来，名称右下角如果标示“m”，则表示有m行m列，如：

$$Det_{3\times3}=\begin{vmatrix}1&2&2\\4&3&1\\7&5&2\end{vmatrix}$$

行列式的行数和列数必须相等，因此$\boldsymbol{Det}_{m\times m}$又可以写成$\boldsymbol{Det}_m$、$\boldsymbol{D}_{m\times m}$、$\boldsymbol{D}_m$。

提示：符号“||”看起来很像绝对值符号。这种现象在数学里称为符号的复用。如果碰到一个表达式里有多个同样的符号，请注意理解各种符号的含义。

求行列式值的代码如下：

```
import numpy as np
det=np.array([[1,2,2],[4,3,1],[7,5,2]])
detValue=np.linalg.det(det)
print(DetValue)
```

程序运行结果如图 4-11 所示。

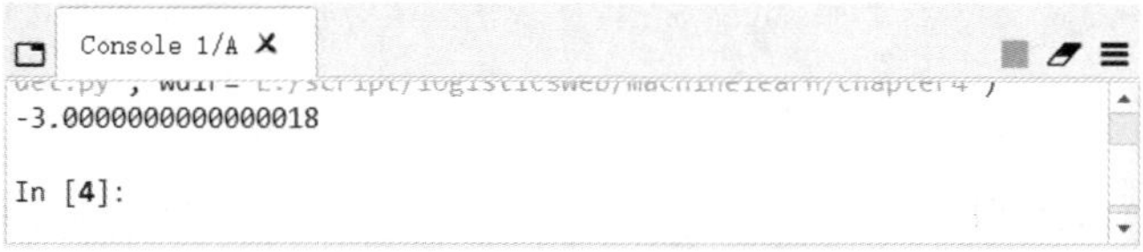

图 4-11 求行列式的值

在数学里，把行列式或矩阵的一行或一列都看成是一个**向量**，行就称为行向量，列就称为列向量，这样就可以把行和列图示出来。所谓向量，就是指有方向的量。如[1,2]从图形上就表示从原点出发，指向平面中[1,2]这个点的箭线，这条箭线的长度就是向量的长度，向量的长度称为**向量的模**。数学中表达向量有很多种方式，本书中用加粗的小写字母表示向量，也用$[x,y]$这种方式表示向量，还可能会用横向的$[x,y]$表示行向量，用纵向的$\begin{bmatrix}x\\y\end{bmatrix}$表示列向量。数学中有个重要的观点：两个向量如果方向相同、长度相同，就认为是同一个向量。

提示：各种图书中表示向量的符号可能不同，常见的有用字母加符号表示的：$\boldsymbol{r}$、$\overline{\boldsymbol{r}}$、$\vec{\boldsymbol{r}}$，本书用第 1 种表达方式；也有用箭线的两个点来表示的方法：$\overline{\boldsymbol{ab}}$、$\overrightarrow{\boldsymbol{ab}}$；还有用向量点的坐标值表示的 $[x,y]$、$\begin{bmatrix}x\\y\end{bmatrix}$、$\langle x,y\rangle$、$\left\langle\begin{matrix}x\\y\end{matrix}\right\rangle$。这些表达方式都是可以的，只要能让人看得明白，不至于产生歧义就行。

行列式的行向量如图 4-12（a）所示，列向量如图 4-12（b）所示。图 4-12 中，用r表示行，因为“row”的意思是行；用c表示列，因为“column”的意思是列。

从图 4-12（a）来看，似乎$\boldsymbol{r}_1$和$\boldsymbol{r}_2$在一条线上，其实不然，这是视觉上的差异问题。我们使用以下的语句调整视觉的角度（调整仰角和方位角参数）来看就会更加清晰：

```
# 调整视角
ax.view_init(elev=60,         #仰角
```

```
    azim=160         #方位角
)
```

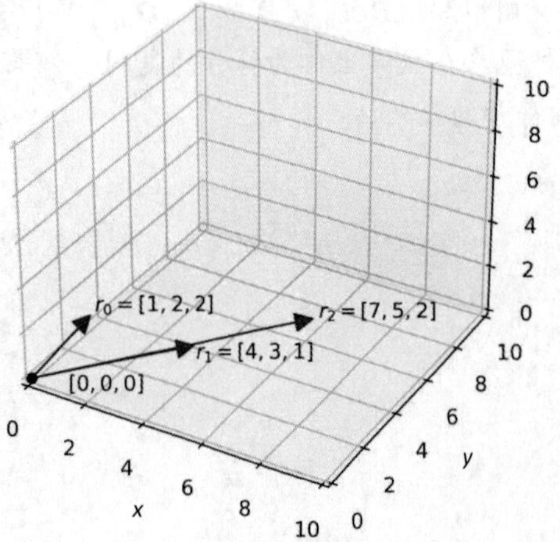

(a) 行向量

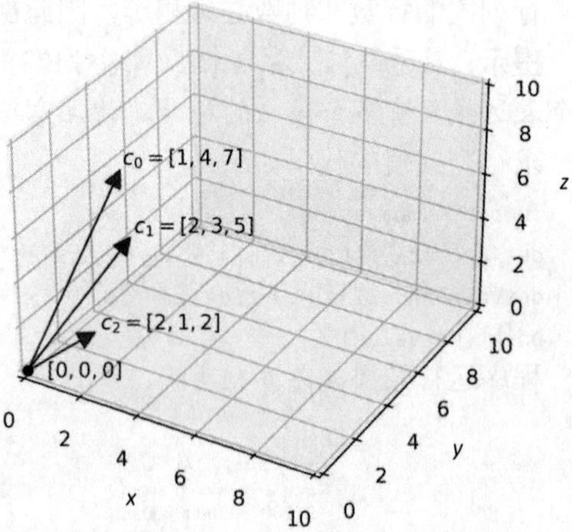

(b) 列向量

图 4-12 行列式的行向量与列向量

在图形上如果两个向量是平行的，那么就表示两个向量**线性相关**。线性相关用方程来表达两个向量的关系，是这样的：

$$k_0\boldsymbol{r}_0+k_1\boldsymbol{r}_1=\boldsymbol{0} \tag{4-11}$$

式（4-11）中，k_0、k_1不全为 0，即至少有一个不是 0。等式的右边用加粗的零表示零向量，这里对于$\boldsymbol{Det}_{3\times3}$零向量即$\begin{bmatrix}0\\0\\0\end{bmatrix}$。初次见到这个公式，很多人可能看不明白，这能体现什么呢？我们来将它变一下形，就会让人更明白了。

$$k_0\boldsymbol{r}_0+k_1\boldsymbol{r}_1=0\xrightarrow{\text{将}k_1\boldsymbol{r}_1\text{移动到等号右边}}k_0\boldsymbol{r}_0=-k_1\boldsymbol{r}_1\Rightarrow\boldsymbol{r}_0=-\frac{k_1}{k_0}\boldsymbol{r}_1$$

这个变化过程也可以是：

$$k_0\boldsymbol{r}_0+k_1\boldsymbol{r}_1=0\xrightarrow{\text{将}k_0\boldsymbol{r}_0\text{移动到等号右边}}k_1\boldsymbol{r}_1=-k_0\boldsymbol{r}_0\Rightarrow\boldsymbol{r}_1=-\frac{k_0}{k_1}\boldsymbol{r}_0$$

这个变化的结果有分式，分母不能为 0，故k_0、k_1不全为 0。变化结果表明，$\boldsymbol{r}_0$与$\boldsymbol{r}_1$这两个向量存在明显的倍乘关系。来看个例子。

$$\boldsymbol{Det}_{3\times3}=\begin{vmatrix}1&2&3\\4&5&6\\7&8&9\end{vmatrix}$$

经参照前文所述源代码求解行列式的值，可得如图 4-13 所示的结果。

图 4-13　求解行列式的值

提示：-9.51619735392994e-16 表示$-9.51619735392994\times10^{-16}$，这是一个很小的值，已经接近于 0。在 Python 中，很多的计算结果都是用一个很小的数表示 0。这一点要特别注意。还有就是，大家的计算机运行的结果可能和图 4-13 不同，但如果也是一个很小的值，这是正常的。

那这个行列式的结果为什么会是 0 呢？经过观察可以发现，这个行列式的行向量两两之间、列向量两两之间并不存在线性相关关系。从图形上来看，如图 4-14 所示，实线表示行向量、虚线表示列向量，行向量之间、列向量之间也均不存在平行关系。那行列式的结果为什么还会是 0 呢？

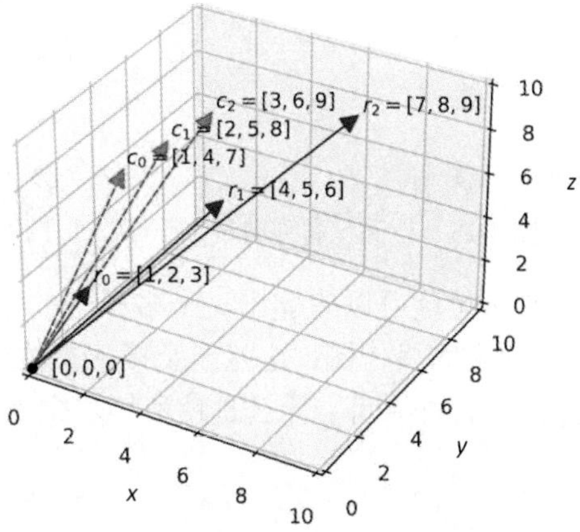

图 4-14　行列式的行向量和列向量

如果仔细观察可发现 3 个行向量之间存在以下线性相关关系：

$$\boldsymbol{r}_2-\boldsymbol{r}_1=\boldsymbol{r}_1-\boldsymbol{r}_0\Rightarrow\boldsymbol{r}_2-2\boldsymbol{r}_1+\boldsymbol{r}_0=0$$

那么，接下来我们可以把两个向量的线性相关关系扩展到n个向量：

$$k_0\boldsymbol{r}_0+k_1\boldsymbol{r}_1+\cdots+k_{n-1}\boldsymbol{r}_{n-1}=\boldsymbol{0} \tag{4-12}$$

3 个行向量线性相关又说明了什么呢？从几何意义上讲，3 个行向量位于同一个平面中，如图 4-15 所示。三维空间中两条直线就可以决定一个平台，因此，三条直线在一个平台中表明有一条直线是多余的，也就是说有一个向量是多余的。行列式中，如果有多余的向量，则这个行列式的值就会为 0。

同理，可分析出列向量之间存在以下线性相关关系：

$$\boldsymbol{c}_2 - 2\boldsymbol{c}_1 + \boldsymbol{c}_0 = 0$$

从图 4-15 中也可以看出，3 个列向量也都位于这个平面中。如果从图 4-15（a）来看，还看不太准 6 个向量是处于同一个平面，可以使用前述调整视角的语句再来看图形，如图 4-15（b）所示，此时可以明显看出 6 个向量处于同一个平面。

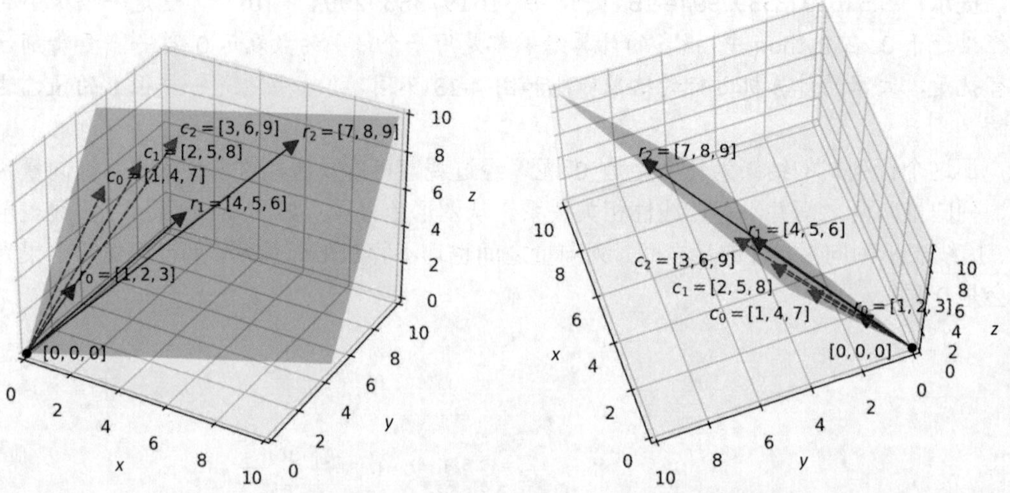

（a）未调视角时的图形　　（b）调整视角后的图形

图 4-15　行向量和列向量位于同一个平面

问题是，怎么知道这么多的向量可以构建出一个多少维的空间呢？二维、三维还好理解一点，因为可以在二维、三维的空间里作图。这就涉及接下来的矩阵知识了。矩阵的秩就决定了矩阵中的向量可以构建出多少维的空间。什么是秩？接着来学习。

4.1.7　矩阵及其计算方法

矩阵与行列式有点像的地方就是它们看上去都像一个数据块，四四方方，但是有很大的区别。

（1）行列式是一个表达式，结果是一个数值。矩阵是一个数据块，把很多的数据按行和列组合在一起。

（2）行列式的行数和列数必须相等，矩阵可以不相等。从外观形状上来看，行列式必须是正方形，矩阵可以是正方形和长方形（又称为矩形）。我认为这就是名称取为“矩阵”的原因。

（3）行列式用“||”符号表示，矩阵用“[ ]”符号表示。

通常用粗体的大写字母表示一个矩阵，用下标注明行数和列数，如果不影响交流理解矩阵的行数和列数，可以不用下标。

矩阵在实际工程中被广泛用到，如用来表示大量的数据。在机器学习里，习惯上用矩阵的列来表示数据项，用矩阵的行来表示数据样本。如表 3-2 就可以用以下的矩阵来表达：

$$\boldsymbol{B}=\begin{bmatrix}6.575 & 24.0\\6.421 & 21.6\\7.185 & 34.7\\6.998 & 33.4\\7.147 & 36.2\end{bmatrix}$$

学习矩阵需要掌握以下知识要点：

（1）理解一些特殊的矩阵。主要是单元矩阵、逆矩阵。

（2）理解并会用 Python 做矩阵的计算。主要计算是求转置矩阵、求逆矩阵、求矩阵的秩、矩阵的加减法、矩阵的乘法。

接下来一一学习。这里的学习主要是应机器学习需要掌握的知识而学习。大家如果有兴趣将线性代数学习得更为深入，可参考我的另一本图书《深入浅出线性代数》。

单元矩阵是指对角线上值为 1、其他位置为 0 的方阵，单元矩阵记为$\boldsymbol{I}$或$\boldsymbol{E}$，也可以增加下标来表示行数、列数。**方阵**是指行数和列数相等的矩阵，其数据块的形状就像正方形。所以，前面的矩阵$\boldsymbol{B}$不是方阵。如下是单元矩阵的表达形式：

$$\boldsymbol{E}=\begin{bmatrix}1 & 0 & \cdots & 0\\0 & \ddots & \ddots & \vdots\\\vdots & \ddots & \ddots & 0\\0 & \cdots & 0 & 1\end{bmatrix}$$

一个矩阵和它的逆矩阵相乘，结果为单元矩阵，记为：

$$\boldsymbol{AA}^{-1}=\boldsymbol{E}\tag{4-13}$$

式（4-13）的左边省略了乘号。这个式子要能成立，矩阵$\boldsymbol{A}$必须要存在逆矩阵，也就是说矩阵$\boldsymbol{A}$对应的行列式值不能为 0（或者说满秩），且必须要为方阵。所谓满秩，就是指方阵的秩与行数、列数均相等。那什么是秩呢？

提示：从上述表述来看，既然矩阵对应的行列式值不能为 0，说明要能求逆矩阵，该矩阵必为方阵。

秩的英文名称为“Rank”，所以后续常用“$\boldsymbol{R}()$”表示做求秩运算。但为什么叫“秩”呢？怎么求秩呢？求秩运算并不要求矩阵是方阵，所有矩阵都可以做求秩运算。求秩运算可以使用 numpy 的 linalg.matrix_rank()方法，以下是一个示例：

```
import numpy as np
matrix=np.array([[1,2,3],[4,5,6],[7,8,9]])
rank=np.linalg.matrix_rank(matrix)
print("矩阵的秩为：",rank)
```

程序运行的结果如图 4-16 所示。矩阵的秩为 2，表明矩阵的向量均位于一个平面中。矩阵$\boldsymbol{A}$有m行，则表明这个矩阵处在m维的空间，但其实质上所有向量都处在$\boldsymbol{R}(\boldsymbol{A})$维子空间中。如果矩阵的秩为 1 呢？表明矩阵的向量均位于一条直线上。

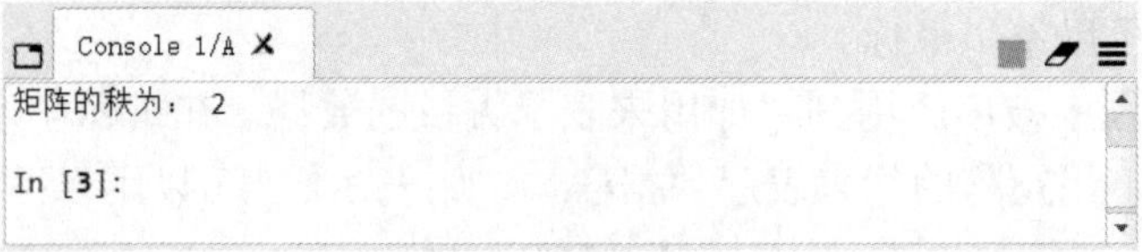

图 4-16　求矩阵的秩

矩阵的转置矩阵就是把矩阵的行号和列号互换以后的矩阵，如图 4-17 所示。

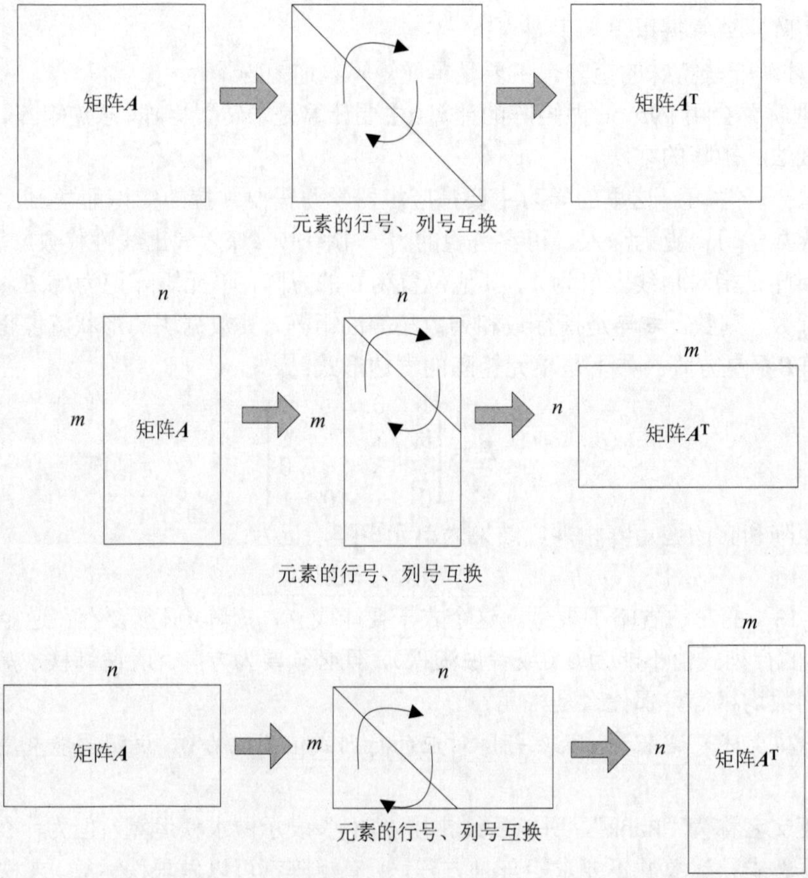

图 4-17　矩阵的转置

可见，从动作上来看，转置将矩阵沿着对角线进行了一次翻转。用 Python 做转置运算很简单，可直接使用矩阵的.T。一个计算示例代码如下：

```
import numpy as np
matrix=np.array([[1,2,3],[4,5,6],[7,8,9]])
reverse=matrix.T
print("矩阵的转置矩阵为：\n",reverse)
```

程序运行的结果如图 4-18 所示。

```
Console 1/A
矩阵的转置矩阵为：
 [[1 4 7]
 [2 5 8]
 [3 6 9]]

In [5]:
```

图 4-18 矩阵的转置运算结果

要求矩阵的逆矩阵，在线性代数里有复杂的计算方法，但在 Python 中可使用 numpy 的 linalg.inv()方法来求逆矩阵。一个计算示例如下：

```
import numpy as np
matrix1=np.array([[1,2,3],[4,5,6],[7,8,9]])
inverse1=np.linalg.inv(matrix1)
print("矩阵 matrix1 的逆矩阵为：\n",inverse1)
matrix2=np.array([[1,2,2],[4,3,1],[7,5,2]])
inverse2=np.linalg.inv(matrix2)
print("矩阵 matrix2 的逆矩阵为：\n",inverse2)
```

程序运行的结果如图 4-19 所示。

```
Console 1/A
矩阵matrix1的逆矩阵为：
 [[ 3.15251974e+15 -6.30503948e+15  3.15251974e+15]
 [-6.30503948e+15  1.26100790e+16 -6.30503948e+15]
 [ 3.15251974e+15 -6.30503948e+15  3.15251974e+15]]
矩阵matrix2的逆矩阵为：
 [[-0.33333333 -2.          1.33333333]
 [ 0.33333333  4.         -2.33333333]
 [ 0.33333333 -3.          1.66666667]]

In [10]:
```

图 4-19 求矩阵的逆矩阵

从计算结果来看，尽管在前述讨论中说过矩阵 matrix1 对应的行列式值为 0，该矩阵应该是没有逆矩阵的，那这里怎么又有了呢？理论与实际是有所不同的。在 Python 中，把一个很小的数当成 0 来处理，这就产生了精度问题，因此还是能计算出逆矩阵。但是，可以明显看出，matrix1 的逆矩阵的第 1 行和第 3 行、第 1 列和第 3 列是相同的，可见 matrix1 的逆矩阵的秩也为 2。

两个矩阵的加法就是把矩阵对应位置的值相加，减法亦如此。但是两个矩阵要能做加减法运算的前提条件是两个矩阵之间的行数、列数要相同，即两者形状相同。

两个矩阵之间的乘法计算稍显复杂一些。两个矩阵之间能做乘法运算的前提是前者的列数与后者的行数相等。

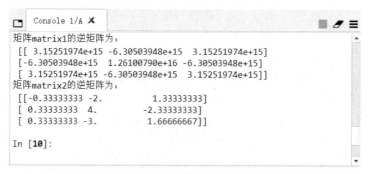

$$A_{m\times n} \times B_{n\times p} = C_{m\times p}$$

结果矩阵$\boldsymbol{C}$的行数为矩阵$\boldsymbol{A}$的行数，列数为矩阵$\boldsymbol{B}$的列数。那么，结果矩阵$\boldsymbol{C}$是怎么计算得来的呢？有公式如下：

$$c_{ij} = \sum_{k=0}^{n-1}(a_{ik} \times b_{kj}) \tag{4-14}$$

式（4-14）看起来复杂，说起来简单。就是将a的行号i不变，b的列号j不变，然后a的列号与b的行号同步变动，再作乘法计算，结果累加，得到c_{ij}。来做个计算的示例。计算过程如图 4-20 所示。

$$\boldsymbol{A} = \begin{bmatrix} 3 & -5 \\ 6 & 9 \end{bmatrix}, \quad \boldsymbol{B} = \begin{bmatrix} -4 & 8 & 1 \\ 5 & 2 & 3 \end{bmatrix}$$

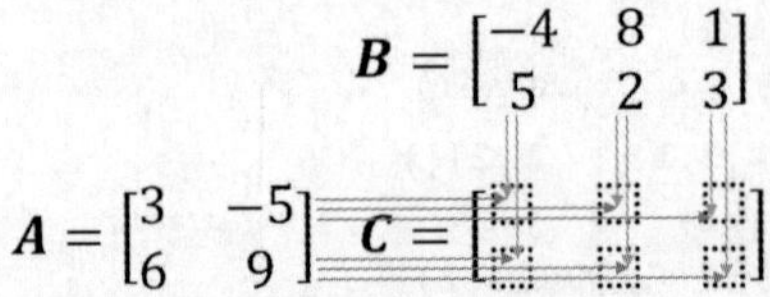

图 4-20　矩阵乘法的计算过程

$$\boldsymbol{A} \times \boldsymbol{B} = \boldsymbol{C} = \begin{bmatrix} 3\times(-4)+(-5)\times 5 & 3\times 8+(-5)\times 2 & 3\times 1+(-5)\times 3 \\ 6\times(-4)+9\times 5 & 6\times 8+9\times 2 & 6\times 1+9\times 3 \end{bmatrix}$$

$$= \begin{bmatrix} -37 & 14 & -12 \\ 21 & 66 & 33 \end{bmatrix}$$

那么$\boldsymbol{B} \times \boldsymbol{A}$呢？显然不能计算，因为$\boldsymbol{B}$的列数为 3，但$\boldsymbol{A}$的行数为 2，能做乘法的前提条件不满足。可见，$\boldsymbol{A} \times \boldsymbol{B} \neq \boldsymbol{B} \times \boldsymbol{A}$。

在 Python 中矩阵相乘可以使用 numpy 的 dot()方法，示例代码如下：

```
import numpy as np
A=np.array([[3,-5],[6,9]])
B=np.array([[-4,8,1],[5,2,3]])
matrixDot=np.dot(A,B)
print(matrixDot)
```

程序运行的结果如图 4-21 所示。

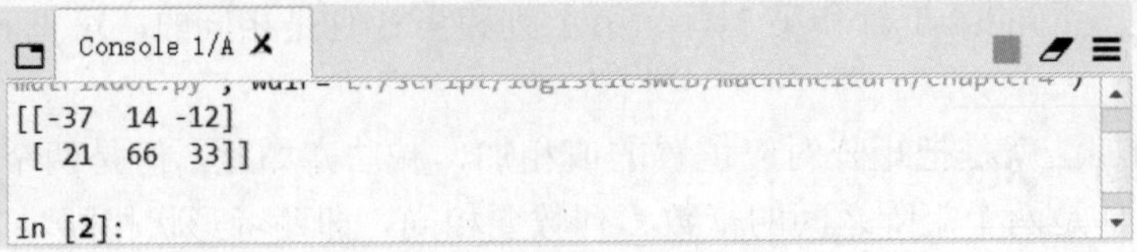

图 4-21　矩阵乘法的计算结果

4.1.8 线性方程组的解法

线性方程组有很多种解法，先要看明白线性方程组，再学会用 Python 来求解。解线性方程组，其实质上就是做矩阵运算。

线性方程组形式为：

$$\begin{cases} a_{00}x_0 + a_{01}x_1 + \cdots + a_{0(n-1)}x_{n-1} = b_0 \\ a_{10}x_0 + a_{11}x_1 + \cdots + a_{1(n-1)}x_{n-1} = b_1 \\ \cdots \\ a_{(m-1)0}x_0 + a_{(m-1)1}x_1 + \cdots + a_{(m-1)(n-1)}x_{n-1} = b_{m-1} \end{cases} \quad \text{（方程组 4-1）}$$

如果用矩阵来表达，则成为：

$$\begin{bmatrix} a_{00} & \cdots & a_{0(n-1)} \\ \vdots & \ddots & \vdots \\ a_{(m-1)0} & \cdots & a_{(m-1)(n-1)} \end{bmatrix} \begin{bmatrix} x_0 \\ \vdots \\ x_{n-1} \end{bmatrix} = \begin{bmatrix} b_0 \\ \vdots \\ b_{m-1} \end{bmatrix}$$

再简化一些，可表示为：

$$\boldsymbol{A}_{m\times n}\boldsymbol{X}_{n\times 1} = \boldsymbol{B}_{m\times 1}$$

如果$m = n$，则$\boldsymbol{A}$为方阵。如果不需要表达矩阵的维数，则上式可进一步简化表示为：

$$\boldsymbol{AX} = \boldsymbol{B} \quad \text{（方程组 4-2）}$$

从线性方程组的矩阵形式的表达方式$\boldsymbol{AX} = \boldsymbol{B}$来看，很容易让人想到可以等式两边同时左乘以$\boldsymbol{A}^{-1}$，就可以求解得到线性方程组的解了。

$$\boldsymbol{AX} = \boldsymbol{B} \Rightarrow \boldsymbol{A}^{-1}\boldsymbol{AX} = \boldsymbol{A}^{-1}\boldsymbol{B} \Rightarrow \boldsymbol{X} = \boldsymbol{A}^{-1}\boldsymbol{B} \quad \text{（方程组 4-3）}$$

看起来很简单，但是这里蕴含着能这样做的条件：$\boldsymbol{A}$必须是方阵，且满秩，否则$\boldsymbol{A}^{-1}$不存在。那如果$\boldsymbol{A}$不是方阵该怎么解呢？接下来回答这个问题。

如果$\boldsymbol{B}$是零向量，方程组 4-1 可以表述为：

$$\boldsymbol{A}_{m\times n}\boldsymbol{X}_{n\times 1} = \boldsymbol{0}_{m\times 1} \quad \text{（方程组 4-4）}$$

这种形式的线性方程组就称为**齐次线性方程组**。如果$\boldsymbol{B}$不是零向量，则线性方程组就称为**非齐次线性方程组**。这两种方程组的解的情况见表 4-4。

表 4-4 从空间思维理解方程组的解

方程组分类	情形	解的情况说明
齐次线性方程组	$\boldsymbol{R}(\boldsymbol{A}) = n$	只有零解。此时，矩阵 $\boldsymbol{A}$ 的列向量可以表达的空间为$\boldsymbol{R}(\boldsymbol{A})$维
	$\boldsymbol{R}(\boldsymbol{A}) < n$	有非零解，即有无穷个解。此时，矩阵 $\boldsymbol{A}$ 的列向量可以表达为$\boldsymbol{R}(\boldsymbol{A})$维。解可以表达的空间的维数为$n - \boldsymbol{R}(\boldsymbol{A})$
非齐次线性方程组	$\boldsymbol{R}(\boldsymbol{A}) = \boldsymbol{R}(\boldsymbol{G}) = n$	有唯一解。向量 $\boldsymbol{B}$ 处于矩阵 $\boldsymbol{A}$ 的列向量可以表达的空间中。向量 $\boldsymbol{X}$ 的维数与矩阵 $\boldsymbol{A}$ 的列向量可以表达的维数相等
	$\boldsymbol{R}(\boldsymbol{A}) = \boldsymbol{R}(\boldsymbol{G}) < n$	有无穷个解。向量 $\boldsymbol{B}$ 处于矩阵 $\boldsymbol{A}$ 的列向量可以表达的空间中
	$\boldsymbol{R}(\boldsymbol{A}) \neq \boldsymbol{R}(\boldsymbol{G})$	无解。此时向量 $\boldsymbol{B}$ 不处于矩阵 $\boldsymbol{A}$ 的列向量可以表达的空间中

说明：$\boldsymbol{G}$为增广矩阵，所谓增广矩阵是指矩阵$\boldsymbol{A}$和$\boldsymbol{B}$合并在一起的矩阵，即：$\boldsymbol{G}=[\boldsymbol{A}|\boldsymbol{B}]$，从矩阵的全貌来看就是：

$$\boldsymbol{G}=[\boldsymbol{A}|\boldsymbol{B}]=\begin{bmatrix} a_{00} & \cdots & a_{0(n-1)} & b_0 \\ \vdots & \ddots & \vdots & \vdots \\ a_{(m-1)0} & \cdots & a_{(m-1)(n-1)} & b_{m-1} \end{bmatrix}$$

矩阵的乘法从几何意义上来讲其本质是做向量的线性变换。这怎么理解呢？以方程组 4-2 为例，从几何意义上来讲其本质就是用左边的矩阵$\boldsymbol{A}$，对向量$\boldsymbol{X}$做线性变换，变换成向量$\boldsymbol{B}$。

向量的维数就是空间的维数，但并不一定是矩阵能构建的空间的维数。一个向量可以决定一条直线，也就是可以构建起一个一维空间。二个向量如果不重叠（也就是说两个向量不在一条直线上）的话，就可以构建起一个二维的空间。三个向量如果不是同时处在一个平面上，也没有任何两个向量在同一条直线上，就可以构建起一个三维的空间。以此类推。在这种空间思维的思路中，实际上矩阵中的向量能构建起多少维的空间是由它的秩来决定的。

齐次线性方程组 4-4 中，如果$\boldsymbol{R}(\boldsymbol{A})=n$，说明$\boldsymbol{A}_{m\times n}$可以构建起一个$n$维的空间。此时，$m$必然大于或等于$n$（即$m\geqslant n$），因为如果$m<n$，则矩阵$\boldsymbol{A}$的秩必然比$n$更小，不可能是$n$。$n$维的向量$\boldsymbol{X}$经过矩阵$\boldsymbol{A}$的线性变换后，映射到一个相同或更高维的空间中的零向量，无论多少维空间，反正原点只有一个，所以无论如何只有一个解，就是零解，即：

$$\boldsymbol{X}_{n\times 1}=\boldsymbol{0}_{n\times 1}$$

齐次线性方程组 4-4 中，如果$\boldsymbol{R}(\boldsymbol{A})<n$，说明$\boldsymbol{A}_{m\times n}$只能构建起一个$\boldsymbol{R}(\boldsymbol{A})$维的空间，在这个空间中，要把$n$维的$\boldsymbol{X}$向量映射到$m$维空间中的零向量（即原点），这就相当于把向量压缩了$n-\boldsymbol{R}(\boldsymbol{A})$维并压缩成一个点，所以有无穷个解。解的空间为压缩的维数，即$n-\boldsymbol{R}(\boldsymbol{A})$。举例如下：

$$\begin{cases} 3x_0+7x_1-3x_2=0 \\ -2x_0-5x_1+2x_2=0 \\ -4x_0-10x_1+4x_2=0 \end{cases}$$

此时，$\boldsymbol{R}(\boldsymbol{A})=2$、$m=n=3$。矩阵$\boldsymbol{A}$的 3 个列向量$\begin{bmatrix}3\\-2\\-4\end{bmatrix}$、$\begin{bmatrix}7\\-5\\-10\end{bmatrix}$、$\begin{bmatrix}-3\\2\\4\end{bmatrix}$只能构建起一个二维的空间，这是三维空间中的一个二维子空间，如图 4-22 所示。

由于向量$\boldsymbol{X}$是三维的，而列向量构建的空间是二维的，结果零向量亦位于这个空间中。要将三维的向量$\boldsymbol{X}$通过矩阵$\boldsymbol{A}$的变换作用变换到二维子空间中的原点（也就是标准坐标系中三维空间的原点），相当于做了“降维”操作，由三维降到了二维，降了一维。降了一维的情况就是指把一根直线压缩变换成一个点（这里是原点）。

这样，可以知道解空间的维度为 1。要求得这个齐次线性方程组的通解，可设$x_0=1$，再代入该方程组，再求得x_1和x_2，由此得到一个特解：

$$\boldsymbol{\xi}_0 = \begin{bmatrix} 1 \\ 0 \\ 1 \end{bmatrix}$$

再得到通解为：

$$\boldsymbol{X} = k_0 \boldsymbol{\xi_0} = k_0 \begin{bmatrix} 1 \\ 0 \\ 1 \end{bmatrix}$$

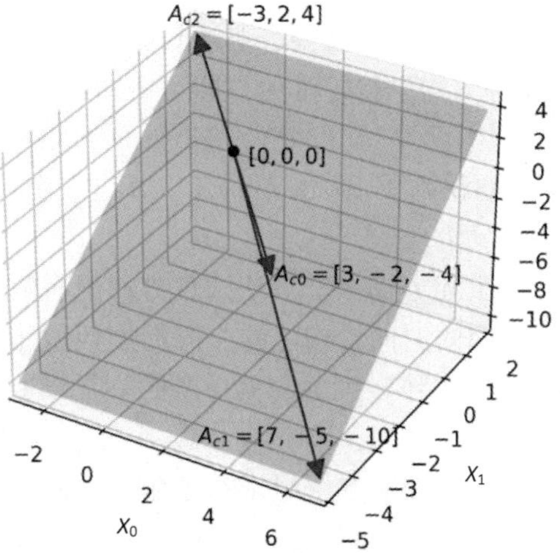

图 4-22　$\boldsymbol{R}(\boldsymbol{A}) = 2$、$m = n = 3$时矩阵$\boldsymbol{A}$的列向量及列空间

理解了怎么求解齐次线性方程组，再理解求解非齐次线性方程组就更为简便了。

在非齐次线性方程组中，当$\boldsymbol{R}(\boldsymbol{A}) = \boldsymbol{R}(\boldsymbol{G}) = n$，表明向量$\boldsymbol{B}$在矩阵$\boldsymbol{A}$的列向量构建的空间中，由于维数相等，故做线性变换时，点与点之间是一一对应的，所以只有唯一解。

在非齐次线性方程组中，当$\boldsymbol{R}(\boldsymbol{A}) = \boldsymbol{R}(\boldsymbol{G}) < n$时，说明矩阵$\boldsymbol{A}$只能构建起一个$\boldsymbol{R}(\boldsymbol{A})$维的空间，且向量$\boldsymbol{B}$位于这个空间之中。由于向量$\boldsymbol{X}$是$n$维的，这就相当于通过矩阵$\boldsymbol{A}$把向量$\boldsymbol{X}$降到了$\boldsymbol{R}(\boldsymbol{A})$维，降低了$n - \boldsymbol{R}(\boldsymbol{A})$维。这表明方程组有无穷个解。

在非齐次线性方程组中，当$\boldsymbol{R}(\boldsymbol{A}) \neq \boldsymbol{R}(\boldsymbol{G})$时，表明此时向量$\boldsymbol{B}$不处于矩阵$\boldsymbol{A}$的列向量可以表达的空间中，没有办法做出映射，此时方程组无解。举例如下：

$$\begin{cases} 3x_0 + 7x_1 - 3x_2 = 4 \\ -2x_0 - 5x_1 + 2x_2 = -3 \\ -4x_0 - 10x_1 + 4x_2 = -6 \end{cases}$$

此时，$\boldsymbol{R}(\boldsymbol{A}) = 2$、$m = n = 3$。矩阵$\boldsymbol{A}$的 3 个列向量只能构建起一个二维的列空间，如图

4-22 所示。首先，要判断向量$\begin{bmatrix}4\\-3\\-6\end{bmatrix}$是否处在矩阵$\boldsymbol{A}$的列向量构建的空间中。

考虑到$\boldsymbol{A}_{c1}=-\boldsymbol{A}_{c3}$，故只需要证明：

$$k_1\boldsymbol{A}_{c1}+k_2\boldsymbol{A}_{c2}=\boldsymbol{B}$$

即：

$$k_0\begin{bmatrix}3\\-2\\-4\end{bmatrix}+k_1\begin{bmatrix}7\\-5\\-10\end{bmatrix}=\begin{bmatrix}4\\-3\\-6\end{bmatrix}$$

难道又要解一个方程组？这倒是没有必要。上述其实也就是要证明$\boldsymbol{A}_{c1}$、$\boldsymbol{A}_{c2}$、$\boldsymbol{B}$这 3 个向量是否线性相关。是否线性相关只需求得矩阵的秩即可得知。

求得矩阵$\begin{bmatrix}3&7&4\\-2&-5&-3\\-4&-10&-6\end{bmatrix}$的秩为 2，因此，$\boldsymbol{A}_{c1}$、$\boldsymbol{A}_{c2}$、$\boldsymbol{B}$ 这 3 个向量线性相关，且向量$\boldsymbol{B}$在矩阵$\boldsymbol{A}$的列向量构建的空间中。至此可判断，非齐次线性方程组有解。

接着用向量$\boldsymbol{X}$的维数与矩阵$\boldsymbol{A}$的列向量构建的空间的维数做比较。可以发现，向量$\boldsymbol{X}$为三维，矩阵$\boldsymbol{A}$的列向量构建的空间为二维，因此对向量$\boldsymbol{X}$要降维，降低一维。至此可判断，非齐次线性方程组有无穷个解。

接下来，我们一起来为非齐次线性方程组求得通解。设$x_1=1$、$x_2=0$，可以得到一个特解：

$$\boldsymbol{\eta}_0=\begin{bmatrix}-1\\1\\0\end{bmatrix}$$

因此，解得对应的齐次线性方程组的通解（前述中有解的过程描述）为：

$$k_0\boldsymbol{\xi_0}=k_0\begin{bmatrix}1\\0\\1\end{bmatrix}$$

因此，非齐次线性方程组的通解为：

$$\boldsymbol{\eta}_0+k_0\boldsymbol{\xi_0}=\begin{bmatrix}-1\\1\\0\end{bmatrix}+k_0\begin{bmatrix}1\\0\\1\end{bmatrix}$$

也就是说，当非齐次线性方程组有无穷个解时，非齐次线性方程组的通解是对应的齐次线性方程组的通解与非齐次线性方程组的一个特解之和。因为：

设非齐次线性方程组$\boldsymbol{AX}=\boldsymbol{B}$的一个解为$\boldsymbol{\eta}_0$，对应的齐次线性方程组$\boldsymbol{AX}=\boldsymbol{0}$的通解为$k_0\boldsymbol{\xi_0}+k_1\boldsymbol{\xi_1}+\cdots+k_{i-1}\boldsymbol{\xi_{i-1}}$，可得：

$$A\boldsymbol{\eta}_0 = \boldsymbol{B}, \boldsymbol{A}(k_0\boldsymbol{\xi_0} + k_1\boldsymbol{\xi_1} + \cdots + k_{i-1}\boldsymbol{\xi_{i-1}}) = \boldsymbol{0}$$
$$\Rightarrow \boldsymbol{A}(\boldsymbol{\eta}_0 + (k_0\boldsymbol{\xi_0} + k_1\boldsymbol{\xi_1} + \cdots + k_{i-1}\boldsymbol{\xi_{i-1}})) = \boldsymbol{B}$$

至此，把线性回归涉及的微积分、线性代数中的主要高等数学知识进行了梳理。接下来我们学习有关线性回归较为深入的知识及线性回归背后的数学原理。

4.2 理解和使用最小二乘法

接下来，把思路从数学学习切换到线性回归上来。线性回归最为基础的数学原理就是最小二乘法，理解了最小二乘法再去学习其他更为深入的数学原理才能理解透彻。

4.2.1 为什么叫最小二乘法

最小二乘法是一种典型的数学优化技术，其目的是通过最小化误差函数（也称为成本函数、损失函数）而求得最优的解。名称中关键的词语就是“最小”“二乘”，名称的英文为“Least Squares”。所谓最小就是使误差函数最小，“二乘”就是指平方，因此，最小二乘法又称为最小平方法。

先来看最为简单的在平面中拟合直线方程的情况，这种情况下只需要找出 1 个系数和截距。这种情况下，最小二乘法使用的误差函数为：

$$J(\boldsymbol{\theta}) = \frac{1}{2m}\sum_{i=0}^{m-1}(y_{pi} - y_i)^2 \quad (4\text{-}15)$$

做线性拟合的目的就是要使$J(\boldsymbol{\theta})$这个误差函数的值尽可能小。值更小就表明预测值与真实值的差值更小。式（4-15）中，y_{pi}表示第i个预测值；y_i即y_{ti}，表示第i个真实值；m表示m个数据样本。由于i为变量，为了区分，本书有时将y_{pi}表述为$y_{p(i)}$，有时将y_{ti}表述为$y_{t(i)}$。因此，这个函数表示计算预测值与真实值的差的平方和后再求平均。

这里有 2 个问题要说明，这 2 个问题初次接触者很容易困惑。

第一个问题是式（4-15）中为什么要采用平方？一是因为平方计算后都变成了正数，就不必再担心预测值与真实值的差为负数的情况；二是平方后做导数计算，这还能有未知数存在；三是平方函数的图形是一根开口向上的抛物线，必有极小值。从$J(\boldsymbol{\theta})$来看要求的未知数是$\boldsymbol{\theta}$，但是式（4-15）中并未见θ？实际上是有的，只是隐含在y_{pi}中罢了。要拟合的直线模型为：

$$y = \theta_1 x + \theta_0 \quad \text{（方程 4-1）}$$

把方程 4-1 代入式（4-15）中，实际上就是：

$$J(\boldsymbol{\theta}) = \frac{1}{2m}\sum_{i=0}^{m-1}((\theta_1 x_i + \theta_0) - y_i)^2 \quad (4\text{-}16)$$

这样把拟合方程 4-1 就转化为了求得$J(\theta)$的最小值，在做最小值优化的过程中来求得最合适的θ_1、θ_0的值。

提示：再次提醒，求解模型是要求其中的θ_1、θ_0这些参数值，而不是x、y。x、y的值事先都是已知的值。

如果θ只有一次方，则求导数值就会变成 1，这就没有办法再求解下去了。假定采用的公式是：

$$J(\boldsymbol{\theta})=\frac{1}{2m}\sum_{i=0}^{m-1}((\theta_1 x_i+\theta_0)-y_i)$$

用这个公式对θ_0求偏导数：

$$\frac{\partial J(\boldsymbol{\theta})}{\partial\theta_0}=\frac{\partial}{\partial\theta_0}\left(\frac{1}{2m}\sum_{i=0}^{m-1}((\theta_1 x_i+\theta_0)-y_i)\right)=\frac{1}{2m}\sum_{i=0}^{m-1}\frac{\partial}{\partial\theta_0}((\theta_1 x_i+\theta_0)-y_i)$$

$$=\frac{1}{2m}\sum_{i=0}^{m-1}1=\frac{1}{2m}\times m=\frac{1}{2}$$

这就使得导数值变成了一个常数，这就违背了做优化的初衷。因为在极值点，$\frac{\partial J(\boldsymbol{\theta})}{\partial\theta_0}=0$，而这里$\frac{\partial J(\boldsymbol{\theta})}{\partial\theta_0}=\frac{1}{2}$，这就互相矛盾了。上述求导过程中，为什么$\frac{\partial}{\partial\theta_0}\left((\theta_1 x_i+\theta_0)-y_i\right)=1$？前述数学知识中我们已经学过，求偏导数时，把$\theta_0$看成未知数，则把$\theta_1$看成是常量，$x_i$、$y_i$是已知数，也看成是常量，常量的导数为 0，因此：

$$\frac{\partial}{\partial\theta_0}\left((\theta_1 x_i+\theta_0)-y_i\right)=\frac{\partial\theta_0}{\partial\theta_0}=1$$

同理，对θ_1求偏导数：

$$\frac{\partial J(\boldsymbol{\theta})}{\partial\theta_1}=\frac{\partial}{\partial\theta_1}\left(\frac{1}{2m}\sum_{i=0}^{m-1}((\theta_1 x_i+\theta_0)-y_i)\right)=\frac{1}{2m}\sum_{i=0}^{m-1}\frac{\partial}{\partial\theta_1}((\theta_1 x_i+\theta_0)-y_i)$$

$$=\frac{1}{2m}\sum_{i=0}^{m-1}\frac{\partial}{\partial\theta_1}(\theta_1 x_i)=\frac{1}{2m}\sum_{i=0}^{m-1}x_i$$

在极值点，$\frac{\partial J(\boldsymbol{\theta})}{\partial\theta_1}=\frac{1}{2m}\sum_{i=0}^{m-1}x_i=0$，这个表达式里已经没有了$\theta_1$，因此也没有办法求得$\theta_1$。

此外，在求误差时，参照图 3-3 来看，已知点的分布实际情况多会是分布在线的上下，如果θ只有一次方，误差值有正有负，做加法时会相互抵消，也会使误差值不真实。要使误差值不相互抵消，可能您会想到可以使用绝对值，即：

$$J(\boldsymbol{\theta})=\frac{1}{2m}\sum_{i=0}^{m-1}|(\theta_1x_i+\theta_0)-y_i|$$

但是这样做，会使这个函数变成一个不可导的函数。前面的数学知识中已经学过，在$|(\theta_1x_i+\theta_0)-y_i|$这个函数的极值点，$((\theta_1x_i+\theta_0)-y_i)$和$-((\theta_1x_i+\theta_0)-y_i)$的导数值不同，产生矛盾，因此不可导。

第二个问题是式(4-15)中系数$\frac{1}{2m}$为什么分母有个 2？这是为了简化计算，当求导数时，$\frac{\mathrm{d}\theta^2}{\mathrm{d}\theta}=2\theta$，这样就可以把$2\theta$前的 2 约掉。当然，不想要简化计算的话，用$\frac{1}{m}$也是可以的，因为并不影响求解参数$\theta_1$、$\theta_0$这 2 个参数的值，而且也不影响优化计算。在做优化过程中，函数前有系数$\frac{1}{2}$和没有系数$\frac{1}{2}$，使函数值往最小值的方向发展趋势是一样的。

讲了这么多，都是为了让大家解开心中对取式（4-15）这样的优化函数的疑团。我始终认为，只有清楚为什么这么做，才会对知识理解得透彻。

4.2.2　求解一元一次方程模型的参数

接下来，在采用式（4-15）这样的优化函数的情况下，一起来求解模型的参数。

在极值点必有导数值为 0，导数值为 0 则表明函数随未知变量的变化率为 0。下面先对θ_0求偏导数：

$$\frac{\partial J(\boldsymbol{\theta})}{\partial\theta_0}=\frac{\partial}{\partial\theta_0}\left(\frac{1}{2m}\sum_{i=0}^{m-1}\left((\theta_1x_i+\theta_0)-y_i\right)^2\right)=\frac{1}{2m}\sum_{i=0}^{m-1}\frac{\partial}{\partial\theta_0}\left((\theta_1x_i+\theta_0)-y_i\right)^2$$

$$=\frac{1}{2m}\sum_{i=0}^{m-1}\left(2\left((\theta_1x_i+\theta_0)-y_i\right)\frac{\partial}{\partial\theta_0}\left((\theta_1x_i+\theta_0)-y_i\right)\right)$$

$$=\frac{1}{2m}\sum_{i=0}^{m-1}\left(2\left((\theta_1x_i+\theta_0)-y_i\right)\frac{\partial}{\partial\theta_0}(\theta_1x_i+\theta_0)\right)$$

$$=\frac{1}{2m}\sum_{i=0}^{m-1}\left(2\left((\theta_1x_i+\theta_0)-y_i\right)\right)=\frac{1}{m}\sum_{i=0}^{m-1}\left((\theta_1x_i+\theta_0)-y_i\right)$$

$$= \frac{1}{2m}\sum_{i=0}^{m-1}\left(2\left((\theta_1 x_i + \theta_0) - y_i\right)\right) = \frac{1}{m}\sum_{i=0}^{m-1}\left((\theta_1 x_i + \theta_0) - y_i\right)$$

再对θ_1求偏导数：

$$\frac{\partial J(\boldsymbol{\theta})}{\partial \theta_1} = \frac{\partial}{\partial \theta_1}\left(\frac{1}{2m}\sum_{i=0}^{m-1}\left((\theta_1 x_i + \theta_0) - y_i\right)^2\right) = \frac{1}{2m}\sum_{i=0}^{m-1}\frac{\partial}{\partial \theta_1}\left((\theta_1 x_i + \theta_0) - y_i\right)^2$$

$$= \frac{1}{2m}\sum_{i=0}^{m-1}\left(2\left((\theta_1 x_i + \theta_0) - y_i\right)\frac{\partial}{\partial \theta_1}\left((\theta_1 x_i + \theta_0) - y_i\right)\right)$$

$$= \frac{1}{2m}\sum_{i=0}^{m-1}\left(2\left((\theta_1 x_i + \theta_0) - y_i\right)\frac{\partial}{\partial \theta_1}(\theta_1 x_i + \theta_0)\right)$$

$$= \frac{1}{2m}\sum_{i=0}^{m-1}\left(2\left((\theta_1 x_i + \theta_0) - y_i\right)\frac{\partial}{\partial \theta_1}(\theta_1 x_i)\right)$$

$$= \frac{1}{2m}\sum_{i=0}^{m-1}\left(2\left((\theta_1 x_i + \theta_0) - y_i\right)x_i\right) = \frac{1}{m}\sum_{i=0}^{m-1}\left(\left((\theta_1 x_i + \theta_0) - y_i\right)x_i\right)$$

$$= \frac{1}{m}\sum_{i=0}^{m-1}\left((\theta_1 x_i + \theta_0)x_i - y_i x_i\right)$$

由此，可得到方程组：

$$\begin{cases} \dfrac{\partial J(\boldsymbol{\theta})}{\partial \theta_0} = \dfrac{1}{m}\displaystyle\sum_{i=0}^{m-1}\left((\theta_1 x_i + \theta_0) - y_i\right) = 0 \\ \dfrac{\partial J(\boldsymbol{\theta})}{\partial \theta_1} = \dfrac{1}{m}\displaystyle\sum_{i=0}^{m-1}\left((\theta_1 x_i + \theta_0)x_i - y_i x_i\right) = 0 \end{cases} \qquad \text{（方程组 4-5）}$$

怎么求解这个方程组呢？可根据本方程组的第 1 个方程，得到：

$$\frac{1}{m}\sum_{i=0}^{m-1}\left((\theta_1 x_i + \theta_0) - y_i\right) = 0 \Rightarrow \frac{1}{m}\sum_{i=0}^{m-1}(\theta_1 x_i + \theta_0 - y_i) = 0$$

$$\Rightarrow \sum_{i=0}^{m-1}\theta_0 = \sum_{i=0}^{m-1}(y_i - \theta_1 x_i) \Rightarrow m\theta_0 = \sum_{i=0}^{m-1}(y_i - \theta_1 x_i)$$

$$\Rightarrow m\theta_0 = \sum_{i=0}^{m-1} y_i - \sum_{i=0}^{m-1}(\theta_1 x_i) \Rightarrow m\theta_0 = \sum_{i=0}^{m-1} y_i - \theta_1 \sum_{i=0}^{m-1} x_i$$

$$\Rightarrow \theta_0 = \frac{1}{m}\sum_{i=0}^{m-1} y_i - \frac{1}{m}\theta_1 \sum_{i=0}^{m-1} x_i$$

根据方程组 4-5 的第 2 个方程，可得：

$$\frac{1}{m}\sum_{i=0}^{m-1}\big((\theta_1 x_i + \theta_0)x_i - y_i x_i\big) = 0 \Rightarrow \sum_{i=0}^{m-1}\big((\theta_1 x_i + \theta_0)x_i - y_i x_i\big) = 0$$

$$\Rightarrow \sum_{i=0}^{m-1}(\theta_1 {x_i}^2 + \theta_0 x_i - y_i x_i) = 0 \Rightarrow \sum_{i=0}^{m-1}(\theta_0 x_i) = \sum_{i=0}^{m-1}(y_i x_i - \theta_1 {x_i}^2)$$

$$\Rightarrow \theta_0 \sum_{i=0}^{m-1} x_i = \sum_{i=0}^{m-1}(y_i x_i) - \theta_1 \sum_{i=0}^{m-1} {x_i}^2$$

$$\Rightarrow \theta_0 = \left(\sum_{i=0}^{m-1}(y_i x_i) - \theta_1 \sum_{i=0}^{m-1} {x_i}^2\right) \Bigg/ \sum_{i=0}^{m-1} x_i$$

因此，可得：

$$\frac{1}{m}\sum_{i=0}^{m-1} y_i - \frac{1}{m}\theta_1 \sum_{i=0}^{m-1} x_i = \left(\sum_{i=0}^{m-1}(y_i x_i) - \theta_1 \sum_{i=0}^{m-1} {x_i}^2\right) \Bigg/ \sum_{i=0}^{m-1} x_i$$

$$\Rightarrow \frac{1}{m}\sum_{i=0}^{m-1} y_i \sum_{i=0}^{m-1} x_i - \frac{1}{m}\theta_1 \sum_{i=0}^{m-1} x_i \sum_{i=0}^{m-1} x_i = \sum_{i=0}^{m-1}(y_i x_i) - \theta_1 \sum_{i=0}^{m-1} {x_i}^2$$

$$\Rightarrow \sum_{i=0}^{m-1} y_i \sum_{i=0}^{m-1} x_i - \theta_1 \sum_{i=0}^{m-1} x_i \sum_{i=0}^{m-1} x_i = m\sum_{i=0}^{m-1}(y_i x_i) - m\theta_1 \sum_{i=0}^{m-1} {x_i}^2$$

$$\Rightarrow m\theta_1 \sum_{i=0}^{m-1} {x_i}^2 - \theta_1 \sum_{i=0}^{m-1} x_i \sum_{i=0}^{m-1} x_i = m\sum_{i=0}^{m-1}(y_i x_i) - \sum_{i=0}^{m-1} y_i \sum_{i=0}^{m-1} x_i$$

$$\Rightarrow \theta_1 \left(m\sum_{i=0}^{m-1} {x_i}^2 - \sum_{i=0}^{m-1} x_i \sum_{i=0}^{m-1} x_i\right) = m\sum_{i=0}^{m-1}(y_i x_i) - \sum_{i=0}^{m-1} y_i \sum_{i=0}^{m-1} x_i$$

$$\Rightarrow \theta_1 = \left(m\sum_{i=0}^{m-1}(y_i x_i) - \sum_{i=0}^{m-1} y_i \sum_{i=0}^{m-1} x_i \right) \Bigg/ \left(m\sum_{i=0}^{m-1} {x_i}^2 - \sum_{i=0}^{m-1} x_i \sum_{i=0}^{m-1} x_i \right)$$

至此，已求解出直线模型的 2 个参数值为：

$$\begin{cases} \theta_1 = \left(m\sum_{i=0}^{m-1}(y_i x_i) - \sum_{i=0}^{m-1} y_i \sum_{i=0}^{m-1} x_i \right) \Bigg/ \left(m\sum_{i=0}^{m-1} {x_i}^2 - \sum_{i=0}^{m-1} x_i \sum_{i=0}^{m-1} x_i \right) \\ \theta_0 = \dfrac{1}{m}\sum_{i=0}^{m-1} y_i - \dfrac{1}{m}\theta_1 \sum_{i=0}^{m-1} x_i \end{cases}$$

（方程组 4-5 的解）

提示：$\sum_{i=0}^{m-1}(y_i x_i)$ 与 $\sum_{i=0}^{m-1} y_i \sum_{i=0}^{m-1} x_i$ 不同，只要将这 2 个式子展开就可以看得很清晰：

$$\sum_{i=0}^{m-1}(y_i x_i) = y_0 x_0 + \cdots + y_{m-1} x_{m-1}$$

$$\sum_{i=0}^{m-1} y_i \sum_{i=0}^{m-1} x_i = (y_0 + \cdots + y_{m-1})(x_0 + \cdots + x_{m-1})$$

这 2 个式子明显不同。再来看 $\sum_{i=0}^{m-1} {x_i}^2$ 和 $\sum_{i=0}^{m-1} x_i \sum_{i=0}^{m-1} x_i$，将这 2 个式子展开就可以看得很清晰：

$$\sum_{i=0}^{m-1} {x_i}^2 = {x_0}^2 + \cdots + {x_{m-1}}^2$$

$$\sum_{i=0}^{m-1} x_i \sum_{i=0}^{m-1} x_i = (x_0 + \cdots + x_{m-1})^2$$

这 2 个式子看起来也明显不同。

根据前述得到的方程组 4-5 的解，我们可以根据求解的公式先求θ_1，再求θ_0。接下来一起编程实现求解。

源代码 4-1　用最小二乘法拟合出一元一次方程

```
#====导入各种要用到的库、类====-
import numpy as np
import pandas as pd
from sklearn.datasets import load_boston
from sklearn.model_selection import train_test_split
```

```
from sklearn import metrics
from sklearn import preprocessing
#====定义根据线性方程求解 y 值的函数====
def lineEquation(x,theta1,theta0):
    return theta1*x+theta0
#====定义计算综合评价值的函数====
def caculateQuota(r2,mae):
    return 0.5*r2+0.5*mae
#====定义根据 r2List 和 maeList 计算出综合评价值数组的函数====
def caculateQuotaList(r2List,maeList):
    #生成 Min-Max 标准化类
    minMaxScaler = preprocessing.MinMaxScaler()
    #做 Min-Max 标准化
    r2MinMax = minMaxScaler.fit_transform(np.array([r2List]).T)
    r2MinMaxOneDim=r2MinMax.T[0]
    maeMinMax = minMaxScaler.fit_transform(np.array([maeList]).T)
    maeMinMaxOneDim=maeMinMax.T[0]
    #调整数据方向
    maeMinMaxOneDim=1-maeMinMaxOneDim
    #得到综合评价值数组
    quotaList=[]
    index=0 #索引号
    for r2 in r2MinMaxOneDim:
        quote=caculateQuota(r2,maeMinMaxOneDim[index])
        quotaList.append(quote)
        index+=1
    return quotaList
#====准备数据====
#加载波士顿房屋价格数据集
boston=load_boston()
bos=pd.DataFrame(boston.data)
#得到波士顿的房屋平均房间间数
X=np.array(bos.iloc[:,5:6])
#得到波士顿的房屋均价
bos_target=pd.DataFrame(boston.target)
y=np.array(bos_target)
#====得到模型和其评价指标=====
#生成随机数种子
randomSeeds=range(1,11)
modelList=[]#模型列表
r2ListTest=[]#测试数据的 R2 值列表
maeListTest=[]#测试数据的 MAE 值列表
r2ListTrain=[]#训练数据的 R2 值列表
maeListTrain=[]#训练数据的 MAE 值列表
for randomSeed in randomSeeds:
    #根据随机数种子生成训练数据和测试数据
```

```
    XTrain,XTest,yTrain,yTest=\
        train_test_split(X,y,test_size=0.2,random_state=randomSeed)
    #根据公式计算出模型的参数值
    m=XTrain.shape[0]
    theta1=(m*np.dot(XTrain.T,yTrain)[0][0]-\
            np.sum(XTrain)*np.sum(yTrain))/\
        (m*np.dot(XTrain.T,XTrain)[0][0]-np.sum(XTrain)**2)
    theta0=(1/m)*np.sum(yTrain)-(1/m)*theta1*np.sum(XTrain)
    #输出模型
    print("===================")
    lineEquationString=""
    if(theta0<0):
        lineEquationString="y="+str(round(theta1,2))+\
            "x"+str(round(theta0,2))
    if(theta0>=0):
        lineEquationString="y="+str(round(theta1,2))+\
            "x+"+str(round(theta0,2))
    print("方程为：",lineEquationString)
    modelList.append(lineEquationString)
    #输出评价指标
    #计算对训练数据的评价指标
    yPredResult=lineEquation(XTrain,theta1,theta0)
    r2=metrics.r2_score(yTrain,yPredResult)
    print("模型对训练数据的 R^2:",round(r2,2))
    r2ListTrain.append(r2)
    mae=metrics.mean_absolute_error(yTrain,yPredResult)
    maeListTrain.append(mae)
    print("模型对训练数据的 MAE:",round(mae,2))
    #计算对测试数据的评价指标
    yPredResult=lineEquation(XTest,theta1,theta0)
    r2=metrics.r2_score(yTest,yPredResult)
    print("模型对测试数据的 R^2:",round(r2,2))
    r2ListTest.append(r2)
    mae=metrics.mean_absolute_error(yTest,yPredResult)
    maeListTest.append(mae)
    print("模型对测试数据的 MAE:",round(mae,2))
#====评价模型====
#根据训练数据评价模型
compQuota=caculateQuotaList(r2ListTrain,maeListTrain)
bestModelNo=compQuota.index(max(compQuota))
print("根据训练数据对模型的综合评价指标判断，第"+str(bestModelNo)+\
     "个模型最优，综合评价值为：",round(compQuota[bestModelNo],2))
print("使用训练数据的模型综合评价结果：",compQuota)
#根据测试数据评价模型
compQuota=caculateQuotaList(r2ListTest,maeListTest)
bestModelNo=compQuota.index(max(compQuota))
```

```
print("根据测试数据对模型的综合评价指标判断，第"+str(bestModelNo)+\
      "个模型最优，综合评价值为：",round(compQuota[bestModelNo],2))
print("使用测试数据的模型综合评价结果：",compQuota)
```

关于如何计算评价模型的指标，如何评价模型，因为第 3 章已经学习过，所以这里不再重复说明。这段完整的源代码直接计算出模型的两个参数，先计算 theta1（即θ_1），再计算 theta0（即θ_0）。计算 theta1 和 theta0 的语句如下：

```
m=XTrain.shape[0]
theta1=(m*np.dot(XTrain.T,yTrain)[0][0]-\
        np.sum(XTrain)*np.sum(yTrain))/\
    (m*np.dot(XTrain.T,XTrain)[0][0]-np.sum(XTrain)**2)
theta0=(1/m)*np.sum(yTrain)-(1/m)*theta1*np.sum(XTrain)
```

第 2 句和第 3 句结尾的“\”表示本行代码未完，下行接续。

这段代码里面可能较难理解的地方就是 np.dot(XTrain.T,yTrain)[0][0]。这就是计算 $\sum_{i=0}^{m-1}(y_i x_i)$ 的表达式。XTrain 是一个m行 1 列的二维数组，XTrain.T 得到其转置矩阵，这个转置矩阵用一个 1 行m列的二维数组表示。yTrain 是一个m行 1 列的二维数组。因此，np.dot (XTrain.T,yTrain) 将得到一个 1 行 1 列的二维数组，这个数组中只有 1 个值，np.dot(XTrain.T,yTrain) [0][0]的值就是$\sum_{i=0}^{m-1}(y_i x_i)$。以此类推，np.dot(XTrain.T,XTrain)[0][0]得到的是$\sum_{i=0}^{m-1} {x_i}^2$。

程序运行的结果如图 4-23 所示。

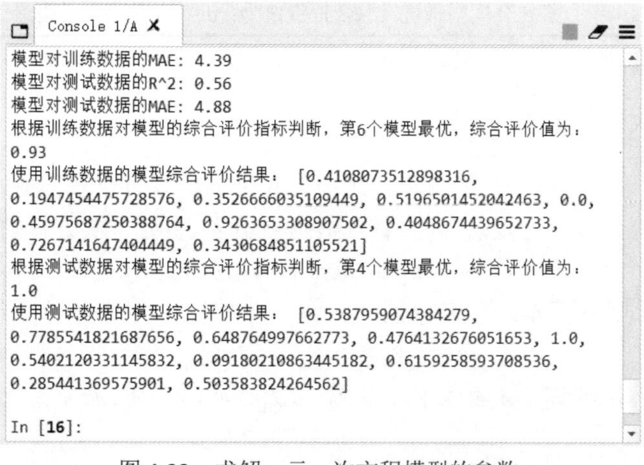

图 4-23　求解一元一次方程模型的参数

为便于大家分析，下面列出源代码 4-1 求解出的 10 个模型的评价结果，见表 4-5。

从表 4-5 的结果来看，对于训练数据，即便是综合评价值最优的第 6 个模型，其拟合度为 0.56；但是这个模型对测试数据的拟合度并不好，仅 0.14，综合评价值也仅 0.09。对于测试数据，即便是综合评价值最优的第 4 个模型，拟合度达到了 0.69；但是这个模型对于训练数据的拟合度却只有 0.43。

把表 4-5 与表 3-6 对比来看，公式直接求解出来的线性模型对于测试数据的评价指标值与使用 scikit-learn 库的 LinearRegression()方法求解线性模型是一样的，这是因为 scikit-learn 库的 LinearRegression()方法就是用的最小二乘法。

表 4-5　模型的评价结果

序号	拟合出的模型	训练数据			测试数据		
		R^2	*MAE*	综合	R^2	*MAE*	综合
0	y=8.76x-32.4	0.45	4.37	0.41	0.59	4.83	0.54
1	y=8.75x-32.55	0.44	4.56	0.19	0.63	4.09	0.78
2	y=9.01x-34.12	0.46	4.47	0.35	0.57	4.37	0.65
3	y=8.93x-33.74	0.49	4.43	0.52	0.44	4.57	0.48
4	y=8.82x-32.84	0.43	4.71	0.00	0.69	3.47	1.00
5	y=9.04x-34.13	0.48	4.43	0.46	0.5	4.53	0.54
6	y=9.8x-38.91	0.56	4.3	0.93	0.14	4.99	0.09
7	y=9.37x-36.23	0.49	4.52	0.40	0.46	4.12	0.62
8	y=9.05x-34.28	0.49	4.23	0.73	0.46	5.33	0.29
9	y=8.64x-32.06	0.44	4.39	0.34	0.56	4.88	0.50
评价结果		第 6 个模型最优，综合评价值为：0.93			第 4 个模型最优，综合评价值为：1.00		

说明：以上评价指标的值均四舍五入取 2 位小数。

4.2.3　求解多元一次方程模型的参数

从第 3 章的讨论中，我们已经知道，用更为复杂的模型可以获得更好的拟合效果。多元一次方程比一元一次方程更为复杂，因为特征数据项更多。多元一次方程的通用表达形式如下：

$$y = \theta_0 + \theta_1 x_1 + \cdots + \theta_n x_n \qquad \text{（方程 4-2）}$$

可以设$x_0 = 1$，则方程 4-2 可以变成：

$$y = \theta_0 x_0 + \theta_1 x_1 + \cdots + \theta_n x_n \qquad \text{（方程 4-3）}$$

提示： 再次提醒，求解模型是要求其中的$\theta_0 \cdots \theta_n$这些参数值，而不是求$x_0 \cdots x_n$。$x_0 \cdots x_n$、y的值都是已知的值。

如果换用矩阵中的向量方式来表达，可设：

$$\boldsymbol{x} = \begin{bmatrix} 1 \\ x_1 \\ \vdots \\ x_n \end{bmatrix} \quad \boldsymbol{\theta} = \begin{bmatrix} \theta_0 \\ \theta_1 \\ \vdots \\ \theta_n \end{bmatrix}$$

则方程 4-3 可简化表达为：

$$y = \boldsymbol{x}^{\mathrm{T}}\boldsymbol{\theta} \text{ 或 } y = \boldsymbol{\theta}^{\mathrm{T}}\boldsymbol{x} \qquad \text{（方程 4-4）}$$

仍采用误差函数：

$$J(\boldsymbol{\theta}) = \frac{1}{2m}\sum_{i=0}^{m-1}(y_{pi} - y_i)^2$$

把方程 4-4 代入，可得成本函数为：

$$J(\boldsymbol{\theta}) = \frac{1}{2m}\sum_{i=0}^{m-1}(y_{pi} - y_i)^2 = \frac{1}{2m}\sum_{i=0}^{m-1}(\boldsymbol{x}_i{}^{\mathrm{T}}\boldsymbol{\theta} - y_i)^2$$

其中，$\boldsymbol{x}_i{}^{\mathrm{T}}$表示第$i$个数据样本的所有特征数据项向量的值，也是$\boldsymbol{x}_i$做转置后的矩阵向量。

提示：$\boldsymbol{x}_i$是一个数据样本的所有特征数据项向量的纵向表达，$\boldsymbol{x}_i{}^{\mathrm{T}}$是一个数据样本的所有特征数据项向量的横向表达（即一个数据样本），即：

$$\boldsymbol{x}_i = \begin{bmatrix} 1 \\ x_{i1} \\ \vdots \\ x_{in} \end{bmatrix}$$

$$\boldsymbol{x}_i{}^{\mathrm{T}} = [1 \quad x_{i1} \quad \cdots \quad x_{in}]$$

提示：粗体的$\boldsymbol{x}$表示的是向量，不是粗体的x表示的是数值。

要使$J(\boldsymbol{\theta})$得到最小值，则其在各个方向上的导数值必为 0，以对θ_0、θ_1的偏导数做计算示例如下。

$$\frac{\partial J(\boldsymbol{\theta})}{\partial \theta_0} = \frac{\partial}{\partial \theta_0}\left(\frac{1}{2m}\sum_{i=0}^{m-1}(\boldsymbol{x}_i{}^{\mathrm{T}}\boldsymbol{\theta} - y_i)^2\right) = \frac{1}{m}\sum_{i=0}^{m-1}\left((\boldsymbol{x}_i{}^{\mathrm{T}}\boldsymbol{\theta} - y_i)\frac{\partial}{\partial \theta_0}(\boldsymbol{x}_i{}^{\mathrm{T}}\boldsymbol{\theta} - y_i)\right)$$

$$= \frac{1}{m}\sum_{i=0}^{m-1}\left((\boldsymbol{x}_i{}^{\mathrm{T}}\boldsymbol{\theta} - y_i)\frac{\partial}{\partial \theta_0}(\boldsymbol{x}_i{}^{\mathrm{T}}\boldsymbol{\theta})\right) = \frac{1}{m}\sum_{i=0}^{m-1}((\boldsymbol{x}_i{}^{\mathrm{T}}\boldsymbol{\theta} - y_i)x_{i0})$$

$$= \frac{1}{m}\sum_{i=0}^{m-1}(\boldsymbol{x}_i{}^{\mathrm{T}}\boldsymbol{\theta} - y_i)$$

这里，由于x_{i0}恒为 1，则使得 $\dfrac{\partial J(\boldsymbol{\theta})}{\partial \theta_0}$ 的最终表达式较为简单。但对θ_1的偏导数的求导过程会稍显复杂一点：

$$\frac{\partial J(\boldsymbol{\theta})}{\partial \theta_1}=\frac{\partial}{\partial \theta_1}\left(\frac{1}{2m}\sum_{i=0}^{m-1}({\boldsymbol{x}_i}^{\mathrm{T}}\boldsymbol{\theta}-y_i)^2\right)=\frac{1}{m}\sum_{i=0}^{m-1}\left(({\boldsymbol{x}_i}^{\mathrm{T}}\boldsymbol{\theta}-y_i)\frac{\partial}{\partial \theta_1}({\boldsymbol{x}_i}^{\mathrm{T}}\boldsymbol{\theta}-y_i)\right)$$

$$=\frac{1}{m}\sum_{i=0}^{m-1}\left(({\boldsymbol{x}_i}^{\mathrm{T}}\boldsymbol{\theta}-y_i)\frac{\partial}{\partial \theta_1}({\boldsymbol{x}_i}^{\mathrm{T}}\boldsymbol{\theta})\right)=\frac{1}{m}\sum_{i=0}^{m-1}\left(({\boldsymbol{x}_i}^{\mathrm{T}}\boldsymbol{\theta}-y_i)x_{i1}\right)$$

由于对于每个数据样本，x_{i1}的值有所不同，所以不能把x_{i1}作为公共项提取到Σ之外。同理，可得：

$$\frac{\partial J(\boldsymbol{\theta})}{\partial \theta_2}=\frac{1}{m}\sum_{i=0}^{m-1}\left(({\boldsymbol{x}_i}^{\mathrm{T}}\boldsymbol{\theta}-y_i)x_{i2}\right)$$

……

$$\frac{\partial J(\boldsymbol{\theta})}{\partial \theta_n}=\frac{1}{m}\sum_{i=0}^{m-1}\left(({\boldsymbol{x}_i}^{\mathrm{T}}\boldsymbol{\theta}-y_i)x_{in}\right)$$

综上，可得：

$$\frac{\partial J(\boldsymbol{\theta})}{\partial \theta_k}=\frac{1}{m}\sum_{i=0}^{m-1}\left(({\boldsymbol{x}_i}^{\mathrm{T}}\boldsymbol{\theta}-y_i)x_{ik}\right)=0\Rightarrow\sum_{i=0}^{m-1}\left(({\boldsymbol{x}_i}^{\mathrm{T}}\boldsymbol{\theta}-y_i)x_{ik}\right)=0$$

$$\Rightarrow\sum_{i=0}^{m-1}(y_i x_{ik})=\sum_{i=0}^{m-1}\left(({\boldsymbol{x}_i}^{\mathrm{T}}\boldsymbol{\theta})x_{ik}\right)$$

提示：上述等式两边Σ符号里的x_{ik}不能约掉，因为对于每个数据样本，x_{ik}的值有所不同。

这样可以组成一个联立方程组：

$$\begin{cases}\sum_{i=0}^{m-1}(y_i x_{i0})=\sum_{i=0}^{m-1}\left(({\boldsymbol{x}_i}^{\mathrm{T}}\boldsymbol{\theta})x_{i0}\right)\\ \vdots \\ \sum_{i=0}^{m-1}(y_i x_{in})=\sum_{i=0}^{m-1}\left(({\boldsymbol{x}_i}^{\mathrm{T}}\boldsymbol{\theta})x_{in}\right)\end{cases}$$ （方程组 4-6）

由于实际上：

$${\boldsymbol{x}_i}^{\mathrm{T}}\boldsymbol{\theta}=\sum_{j=0}^{n}(\boldsymbol{x}_{ij}\theta_j)$$

因此，可得：

$$\begin{cases}\sum_{i=0}^{m-1}(y_i x_{i0}) = \sum_{i=0}^{m-1}\left(\left(\sum_{j=0}^{n}(\boldsymbol{x}_{ij}\theta_j)\right)x_{i0}\right)\\ \vdots \\ \sum_{i=0}^{m-1}(y_i x_{in}) = \sum_{i=0}^{m-1}\left(\left(\sum_{j=0}^{n}(\boldsymbol{x}_{ij}\theta_j)\right)x_{in}\right)\end{cases} \qquad \text{（方程组 4-7）}$$

令：

$$\boldsymbol{Y} = \begin{bmatrix} y_0 \\ \vdots \\ y_{m-1}\end{bmatrix}$$

$$\boldsymbol{X} = \begin{bmatrix} \boldsymbol{x}_0{}^{\mathrm{T}} \\ \vdots \\ \boldsymbol{x}_{m-1}{}^{\mathrm{T}}\end{bmatrix} = \begin{bmatrix} x_{00} & \cdots & x_{0n} \\ \vdots & \ddots & \vdots \\ x_{(m-1)0} & \cdots & x_{(m-1)n}\end{bmatrix} = \begin{bmatrix} 1 & x_{01} & \cdots & x_{0n} \\ \vdots & \vdots & \ddots & \vdots \\ 1 & x_{(m-1)1} & \cdots & x_{(m-1)n}\end{bmatrix}$$

由于：

$$\boldsymbol{X\theta} = \begin{bmatrix} x_{00} & \cdots & x_{0n} \\ \vdots & \ddots & \vdots \\ x_{(m-1)0} & \cdots & x_{(m-1)n}\end{bmatrix}\begin{bmatrix}\theta_0 \\ \vdots \\ \theta_n\end{bmatrix} = \begin{bmatrix}\sum_{j=0}^{n}(x_{0j}\theta_j) \\ \vdots \\ \sum_{j=0}^{n}(x_{(m-1)j}\theta_j)\end{bmatrix}$$

$$\boldsymbol{X}^{\mathrm{T}}\boldsymbol{X\theta} = \begin{bmatrix} x_{00} & \cdots & x_{(m-1)0} \\ \vdots & \ddots & \vdots \\ x_{0n} & \cdots & x_{n(m-1)n}\end{bmatrix}\begin{bmatrix}\sum_{j=0}^{n}(x_{0j}\theta_j) \\ \vdots \\ \sum_{j=0}^{n}(x_{(m-1)j}\theta_j)\end{bmatrix} = \begin{bmatrix}\sum_{i=0}^{m-1}\left(\left(\sum_{j=0}^{n}(\boldsymbol{x}_{ij}\theta_j)\right)x_{i0}\right) \\ \vdots \\ \sum_{i=0}^{m-1}\left(\left(\sum_{j=0}^{n}(\boldsymbol{x}_{ij}\theta_j)\right)x_{in}\right)\end{bmatrix}$$

$$\boldsymbol{X}^{\mathrm{T}}\boldsymbol{Y} = \begin{bmatrix} x_{00} & \cdots & x_{(m-1)0} \\ \vdots & \ddots & \vdots \\ x_{0n} & \cdots & x_{n(m-1)n}\end{bmatrix}\begin{bmatrix} y_0 \\ \vdots \\ y_{m-1}\end{bmatrix} = \begin{bmatrix}\sum_{i=0}^{m-1}(y_i x_{i0}) \\ \vdots \\ \sum_{i=0}^{m-1}(y_i x_{in})\end{bmatrix}$$

采用矩阵表达方式，则方程组 4-7 可简化表达为：

$$X^{\mathrm{T}}X\theta = X^{\mathrm{T}}Y$$

由此，可解线性方程组，求得：

$$\theta = (X^{\mathrm{T}}X)^{-1}X^{\mathrm{T}}Y \qquad \text{（方程组 4-7 的解）}$$

实际应用中，矩阵X不太可能是方阵，因此很小概率能有逆矩阵，但$X^{\mathrm{T}}X$一定是方阵，行数、列数为$n+1$（多了一个恒为 1 的特征数据项）。但$X^{\mathrm{T}}X$就一定有逆矩阵吗？也不一定，只是不存在逆矩阵这件事是小概率事件，因为绝大多数情况下，现实采集的数据不太可能在向量上正好呈比例关系。为了防止$X^{\mathrm{T}}X$不存在逆矩阵这种情况发生，可以采用一些方法解决，本章后续还会讲解。

接下来的示例展示如何用公式直接求解多元一次方程模型的参数。仍以第 3 章中的多元一次方程中的例子来分析，以便做出对比，代码如下。

源代码 4-2　用最小二乘法拟合出多元一次方程

```
#====此处省略与源代码 4-1 中相同的“导入各种要用到的库、类”====-
#====定义根据线性方程求解 y 值的函数====
def lineEquation(x,theta):
return theta[0][0]+theta[1][0]*x[:,0]+theta[2][0]*x[:,1]
#====此处省略与源代码 4-1 中相同的“定义计算综合评价值的函数”====
#====此处省略与源代码 4-1 中相同的“定义根据 r2List 和 maeList 计算====
#出综合评价值数组的函数”====
#====加载数据====
#加载波士顿房屋价格数据集
boston=load_boston()
bos=pd.DataFrame(boston.data)
#获得 RM 和 DIS 特征项
X=np.array(bos[[5,7]])
#获得目标数据项
bos_target=pd.DataFrame(boston.target)
y=np.array(bos_target)
#====得到模型和其评价指标=====
#生成随机数种子
randomSeeds=range(1,11)
modelList=[]#模型列表
r2ListTest=[]#测试数据的 R2 值列表
maeListTest=[]#测试数据的 MAE 值列表
r2ListTrain=[]#训练数据的 R2 值列表
maeListTrain=[]#训练数据的 MAE 值列表
for randomSeed in randomSeeds:
    #根据随机数种子生成训练数据和测试数据
    XTrain,XTest,yTrain,yTest=\
        train_test_split(X,y,test_size=0.2,random_state=randomSeed)
    #在 XTrain 前插入全 1 的列
    m=XTrain.shape[0]
```

```
    onesArray=np.ones((m,1))
    XTrain=np.hstack((onesArray,XTrain))
    #根据公式计算出模型的参数值
    xtx=np.dot(XTrain.T,XTrain)
    theta=np.dot(np.dot(np.linalg.inv(xtx),XTrain.T),yTrain)
    #输出模型
    print("===================")
    equation="y="+str(round(theta[0][0],2))
    if(theta[1][0]>0):
        equation+="+"+str(round(theta[1][0],2))+"x1"
    if(theta[1][0]<0):
        equation+=str(round(theta[1][0],2))+"x1"
    if(theta[2][0]>0):
        equation+="+"+str(round(theta[2][0],2))+"x2"
    if(theta[2][0]<0):
        equation+=str(round(theta[2][0],2))+"x2"
    print("方程为：",equation)
    modelList.append(theta)
    #输出评价指标
    #计算对训练数据的评价指标
    XTrain=XTrain[:,1:]
    yPredResult=lineEquation(XTrain,theta)
    r2=metrics.r2_score(yTrain,yPredResult)
    print("模型对训练数据的 R^2:",round(r2,2))
    r2ListTrain.append(r2)
    mae=metrics.mean_absolute_error(yTrain,yPredResult)
    maeListTrain.append(mae)
    print("模型对训练数据的 MAE:",round(mae,2))
    #计算对测试数据的评价指标
    yPredResult=lineEquation(XTest,theta)
    r2=metrics.r2_score(yTest,yPredResult)
    print("模型对测试数据的 R^2:",round(r2,2))
    r2ListTest.append(r2)
    mae=metrics.mean_absolute_error(yTest,yPredResult)
    maeListTest.append(mae)
print("模型对测试数据的 MAE:",round(mae,2))
#====此处省略与源代码 4-1 中相同的“评价模型”====
```

提示：上述源代码为节约篇幅，省略了与源代码 4-1 中相同的部分代码。大家可结合源代码 4-1 来阅读。

源代码中最为关键的就是以下语句：

```
#在 XTrain 前插入全 1 的列
m=XTrain.shape[0]
onesArray=np.ones((m,1))
XTrain=np.hstack((onesArray,XTrain))
#根据公式计算出模型的参数值
```

```
xtx=np.dot(XTrain.T,XTrain)
theta=np.dot(np.dot(np.linalg.inv(xtx),XTrain.T),yTrain)
```

首先在训练数据的前面加入了 1 列值为全 1 的列，以使训练数据形如：

$$\boldsymbol{X}=\begin{bmatrix}1 & x_{01} & \cdots & x_{0n}\\ \vdots & \vdots & \ddots & \vdots\\ 1 & x_{(m-1)1} & \cdots & x_{(m-1)n}\end{bmatrix}$$

再根据$\boldsymbol{\theta}=(\boldsymbol{X}^{\mathrm{T}}\boldsymbol{X})^{-1}\boldsymbol{X}^{\mathrm{T}}\boldsymbol{Y}$直接求解多元一次方程的参数$\boldsymbol{\theta}$。在这里，$\boldsymbol{\theta}$是一个向量，里面包含$\theta_0$、$\theta_1$、$\theta_2$这 3 个参数，从而构建出模型$y=\theta_0+\theta_1x_1+\theta_2x_2$，因此线性方程求解$y$值的函数是这样的：

```
#====定义根据线性方程求解 y 值的函数====
def lineEquation(x,theta):
return theta[0][0]+theta[1][0]*x[:,0]+theta[2][0]*x[:,1]
```

程序运行的结果如图 4-24 所示。

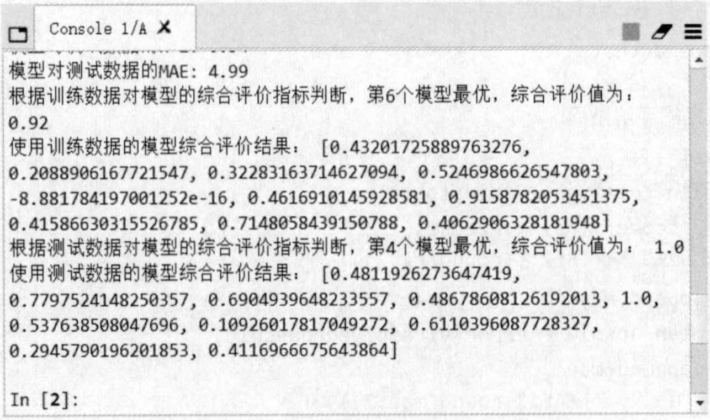

图 4-24　求解多元一次方程模型的参数

为便于对比分析，下面列出程序运行结果获得的 10 个模型及其评价结果，见表 4-6。

表 4-6　模型的评价结果

序号	拟合出的模型	训练数据			测试数据		
		R^2	MAE	综合	R^2	MAE	综合
0	y=-32.01+8.36x1+0.55x2	0.47	4.32	0.43	0.59	4.89	0.48
1	y=-32.84+8.49x1+0.51x2	0.46	4.5	0.21	0.64	4.06	0.78
2	y=-33.98+8.69x1+0.49x2	0.47	4.45	0.32	0.58	4.18	0.69
3	y=-33.79+8.65x1+0.49x2	0.51	4.38	0.52	0.45	4.45	0.49
4	y=-32.86+8.49x1+0.56x2	0.45	4.66	0.00	0.69	3.47	1.0
5	y=-34.07+8.74x1+0.47x2	0.49	4.37	0.46	0.52	4.48	0.54
6	y=-38.75+9.51x1+0.43x2	0.57	4.26	0.92	0.17	4.8	0.11

续表

序号	拟合出的模型	训练数据			测试数据		
		R^2	MAE	综合	R^2	MAE	综合
7	y=-36.1+9.06x1+0.49x2	0.5	4.46	0.42	0.48	4.11	0.61
8	y=-34.3+8.8x1+0.41x2	0.5	4.18	0.71	0.48	5.17	0.29
9	y=-31.71+8.21x1+0.62x2	0.46	4.31	0.41	0.54	4.99	0.41
评价结果		第 6 个模型最优，综合评价值为：0.92			第 4 个模型最优，综合评价值为：1.0		

说明：1．以上评价指标的值均四舍五入取 2 位小数。

2．$x1$表示x_1，$x2$表示x_2。

对比上一节学习的一元一次方程可以发现，使用多元一次方程的评价结果有明显的改善。

4.2.4 求解一元高次方程和多元高次方程模型的参数

理解了多元一次方程模型的参数求解方法，再理解一元高次方程和多元高次方程模型的参数求解方法就显得十分简单了。因为一元高次方程和多元高次方程无非就是增加了特征数据项，把特征数据项本身以外的其他高次项看成多生成的特征数据项，同样可以运用上一节所讨论的求解方法来求解参数向量$\boldsymbol{\theta}$。

仍同第 3 章中所述，假定打算以一元三次方程（$y = \theta_0 + \theta_1 x + \theta_2 x^2 + \theta_3 x^3$）来拟合出更复杂的曲线。此时，特征数据项数据集有所变化，如图 3-19 所示。原来只有 1 个特征数据项，即RM。现在要应模型的要求，变成特征数据项RM、RM^2、RM^3这 3 项。此时的矩阵$\boldsymbol{X}$变成了：

$$\boldsymbol{X} = \begin{bmatrix} 1 & x_{01} & {x_{01}}^2 & {x_{01}}^3 \\ \vdots & \vdots & \vdots & \vdots \\ 1 & x_{(m-1)1} & {x_{(m-1)1}}^2 & {x_{(m-1)1}}^3 \end{bmatrix}$$

求解方法仍然是使用以下的公式：

$$\boldsymbol{\theta} = (\boldsymbol{X}^{\mathrm{T}}\boldsymbol{X})^{-1}\boldsymbol{X}^{\mathrm{T}}\boldsymbol{Y}$$

考虑到方法相同，无非是矩阵更大，计算量更大而已，这些都可以交给计算机去完成，因此这里不再赘述。

4.2.5 多种模型之间的比较

为便于比较各种模型的评价指标，下面作折线图，如图 4-25 所示。这个图描述的是各种模型面向测试数据的评价指标，从图形来看，曲面要更为理想，因为 R^2 的值普遍更高，**MAE** 的值普遍更小，即拟合度更高、误差值更小。

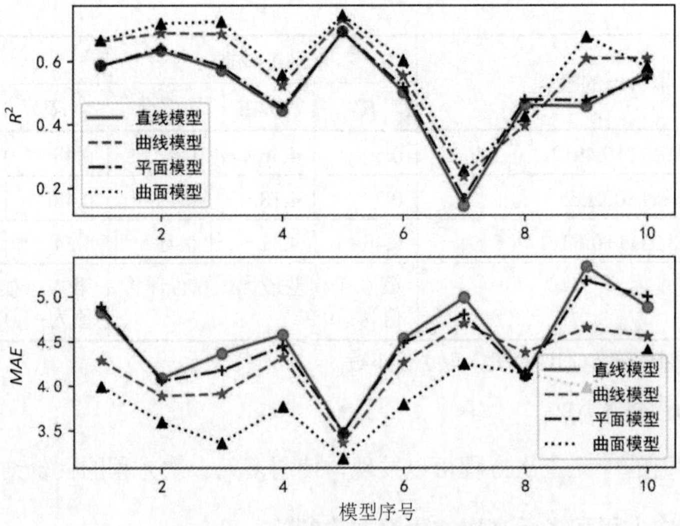

图 4-25　4 种模型的评价指标对比

图 4-25 中，直线模型是指一元一次方程；曲线模型是指一元高次方程；平面模型是指多元一次方程；曲面模型是指多元高次方程。

4.3　学习和使用梯度下降法

梯度下降法是机器学习中较为常用的，也是非常重要的一种优化方法。

4.3.1　什么是梯度和梯度下降法

在本章的知识学习中，我们已经知道函数在某点上的导数表示当前点的变化率，在几何意义上是函数图形的切线斜率，代表着函数值变化最快的方向。顺着这个方向走，就能最快地找到极值，沿着正方向能找到极大值，沿着负方向能找到极小值。这个极值是函数的局部极值。

如果把导数用向量形式表达出来，就是带有方向的量（即向量），这个向量就是**梯度**。如果是一元函数，直接用导数求得梯度；如果是多元函数，需要用到偏导数来求得梯度。之所以叫梯度和梯度下降法，是因为x的值每迭代一次，求得的y值就会下降一点，就好像人在走下降的楼梯，一直往下走就能得到函数的极小值。怎么进行迭代下降？接下来会详细讲解。先来看一个一元函数的例子。

$$f(x) = x^2 - 3x + 4$$

可以求得：

$$\frac{\mathrm{d}}{\mathrm{d}x}f(x)=\frac{\mathrm{d}}{\mathrm{d}x}(x^2-3x+4)=2x-3$$

来看一个点会更为形象。以$f(x)$上的点[6,22]为考察点，如图 4-26 所示，可知：

$$\left.\frac{\mathrm{d}}{\mathrm{d}x}f(x)\right|_{x=6}=2x-3|_{x=6}=9$$

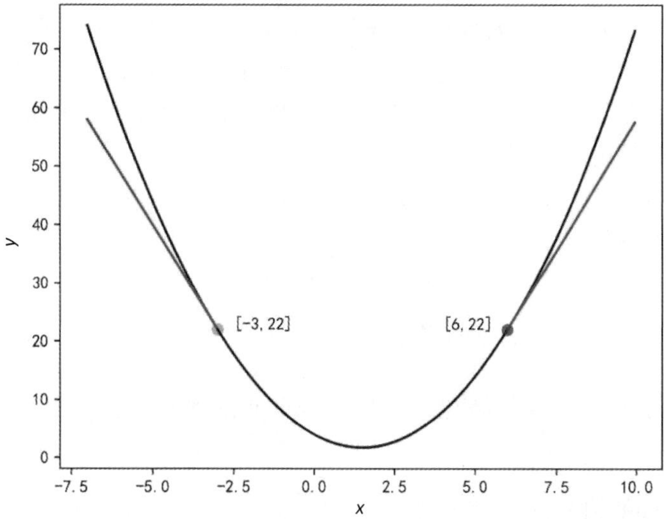

图 4-26　函数的梯度和切线

这说明沿着$f(x)$，在点[6,22]，切线的斜率为 9，函数的值往正向发展，x的值每增加 1，y的值就会增加 9。如果要往负向发展，即$-\frac{\mathrm{d}}{\mathrm{d}x}f(x)$，在点[6,22]，$x$的值每减少 1，$y$的值就会减少 9。当然这只针对当前[6,22]这个点而言，需要我们再用“微观的角度、动态的观点”来看待，这个斜率代表的是变化率，而且是瞬时变化率。

再来看一个点。以$f(x)$上的点[-3,22]为考察点，如图 4-26 所示，可知：

$$\left.\frac{\mathrm{d}}{\mathrm{d}x}f(x)\right|_{x=-3}=2x-3|_{x=-3}=-9$$

这说明沿着$f(x)$，在点[-3,22]，切线的斜率为-9，函数的值往负向发展。x的值每增加 1，y的值就会减少 9。沿着这个梯度方向就能找到极小值。关于值的时正时负的变化，这里要理解清楚的是，斜率是指x值的变化引导着y值的变化，我们的目的是要使y值往变小的方向发展，从而找到极小值。那怎么办呢？

结合对图 4-26 的观察可以发现，根据右边的切线，x值往梯度值反方向走，y值就会跟着变小；根据左边的切线，x值往梯度值反方向走（此时梯度值为负），y值也会跟着变小。因此，只要让x值往梯度值反方向走，y值就能找到极小值。理解这一点很重要。根据这个规律，就可以建立起梯度与x值变化的关系，从而控制y值的走向。关系如下：

$$x_{k+1} = x_k + \alpha\left(-\frac{\mathrm{d}}{\mathrm{d}x}f(x)\bigg|_{x=x_k}\right) = x_k + \alpha\left(-f'(x)|_{x=x_k}\right) = x_k - \alpha f'(x)|_{x=x_k} \tag{4-17}$$

这就是梯度下降法的计算公式。无论迭代的起始点在哪里，都可以通过这个公式迭代变化x的值来控制y往极小值方向走，不断地通过迭代更新x的值来找到y的极小值。公式中的系数α称为学习率（也有的书中称为步长），该值如果大一点，那么变化就会快一点；小一点就会变化慢一点。为什么叫学习率呢？这是机器学习里的名称叫法，因为需要通过这个系数来控制变化的快慢，从而用已有的数据学习出模型的参数。关于学习率设置为多少合适，后续还有详细的讨论，这里先理解梯度下降法的数学原理。

在机器学习中，绝大多数情况下是要寻找极小值，因为总是要想办法让误差函数的值更小，从而找到最优的模型。

同理，如果要找到 y 的极大值，则使用如下的公式：

$$x_{k+1} = x_k + \alpha\frac{\mathrm{d}}{\mathrm{d}x}f(x)\bigg|_{x=x_k} = x_k + \alpha f'(x)|_{x=x_k} \tag{4-18}$$

这里已经讨论了一元函数的情况，那如果是多元函数呢？稍显复杂一点，接下来一起讨论。

4.3.2 多元函数的梯度下降法

先讨论二元函数，再扩展到更多元的函数。二元函数形如：

$$z = f(x,y)$$

在此前的高等数学知识学习中，我们已经知道$\frac{\partial z}{\partial x}\Big|_{\substack{x=x_0\\y=y_0}}$代表着在$[x_0,y_0,z_0]$这个点沿$x$方向的切线斜率；$\frac{\partial z}{\partial y}\Big|_{\substack{x=x_0\\y=y_0}}$代表着在$[x_0,y_0,z_0]$这个点沿$y$方向的切线斜率。那么梯度和这些有什么关联吗？

三维空间中的曲面有很多方向导数，$\frac{\partial z}{\partial x}\Big|_{\substack{x=x_0\\y=y_0}}$和$\frac{\partial z}{\partial y}\Big|_{\substack{x=x_0\\y=y_0}}$只是其中的 2 个方向的导数，即分别是沿$x$轴方向的偏导数和沿$y$轴方向的偏导数。要想深刻理解导数和偏导数，我认为要从几何意义上来理解。某一点导数的计算结果在几何意义上来说，值的含义就是如果自变量变化了 1 个单位，因变量变化了多少。所以方向导数就是指沿着某个方向自变量变化了 1 个单位，因变量变化了多少。方向导数的方向只可能在 *XOY* 平面（或与其平行的平面）中给出，如图 4-27（a）所示。

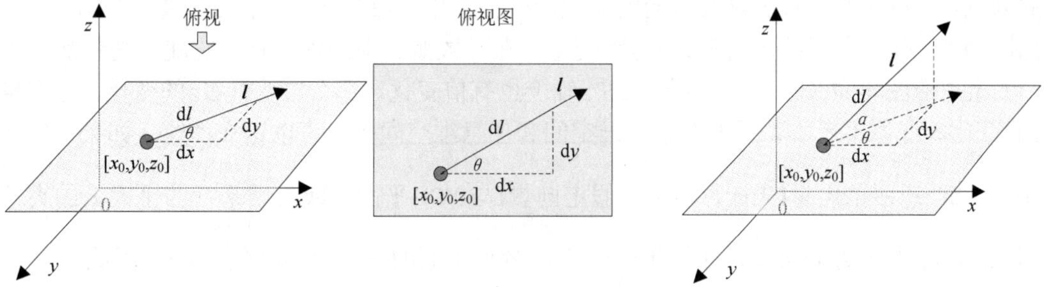

（a）　（b）

图 4-27　方向导数图示

俯视来看，方向导数 $\dfrac{\partial z}{\partial l}$ 中的微分关系如下：

$$(\mathrm{d}l)^2 = \sqrt{(\mathrm{d}x)^2 + (\mathrm{d}y)^2}$$

这就好像是把向量$\boldsymbol{l}$分解成了两个方向垂直的分量，这与物理学力学中力的分解类似。假定向量$\boldsymbol{l}$与x轴的夹角为θ，那么还可得到关联关系：

$$\begin{cases}\mathrm{d}x = \mathrm{d}l \times \cos\theta \\ \mathrm{d}y = \mathrm{d}l \times \sin\theta\end{cases}$$

从数量关系上来理解，如果沿向量$\boldsymbol{l}$的方向每变化 1 个单位，则在x轴方向上就会变化$\cos\theta$，在y轴方向上就会变化$\sin\theta$。那么这会导致z变化多少呢？因为x轴方向变化$\cos\theta$，会导致z变化 $\left.\dfrac{\partial z}{\partial x}\right|_{\substack{x=x_0\\y=y_0}}\cos\theta$；$y$轴方向变化$\sin\theta$，会导致$z$变化 $\left.\dfrac{\partial z}{\partial y}\right|_{\substack{x=x_0\\y=y_0}}\sin\theta$，所以$z$一共变化：

$$\left.\frac{\partial z}{\partial x}\right|_{\substack{x=x_0\\y=y_0}}\cos\theta + \left.\frac{\partial z}{\partial y}\right|_{\substack{x=x_0\\y=y_0}}\sin\theta$$

综合以上讨论来说，沿向量$\boldsymbol{l}$的方向每变化 1 个单位导致z变化的量就是方向导数的值：

$$\left.\frac{\partial z}{\partial l}\right|_{\substack{x=x_0\\y=y_0}} = \left.\frac{\partial z}{\partial x}\right|_{\substack{x=x_0\\y=y_0}}\cos\theta + \left.\frac{\partial z}{\partial y}\right|_{\substack{x=x_0\\y=y_0}}\sin\theta$$

变化到一般性情况，则为：

$$\frac{\partial z}{\partial l} = \frac{\partial z}{\partial x}\cos\theta + \frac{\partial z}{\partial y}\sin\theta = \begin{bmatrix}\dfrac{\partial z}{\partial x}\\ \dfrac{\partial z}{\partial y}\end{bmatrix}\cdot\begin{bmatrix}\cos\theta\\ \sin\theta\end{bmatrix}$$

可见，从几何意义上来理解方向导数还是比较容易的。接下来讲解一个很多人都感到困惑的问题：三维空间里代表导数方向的向量$\boldsymbol{l}$应该是如图 4-27（b）所示的向量才对啊，怎么就是如图 4-27（a）所示的向量呢？z是因变量，在导数概念中的理解是，它随自变量而产生变化，如果是沿图 4-27（b）所示的向量$\boldsymbol{l}$在z轴上也有值变化，那么自变量有z的变化，因变量也有z的变化，这岂不矛盾？同理，在二维空间和任意维空间中也可以这么理解。如果一定要沿图 4-27（b）所示的向量$\boldsymbol{l}$来计算 $\frac{\partial z}{\partial l}$，假定向量$\boldsymbol{l}$与 *XOY* 平面（或与其平行的平面）的夹角为$\alpha$，那么沿向量$\boldsymbol{l}$的方向每变化 1 个单位，它在 *XOY* 平面的投影就会变化$\cos\alpha$，因此：

$$\frac{\partial z}{\partial l}=\cos\alpha\left(\frac{\partial z}{\partial x}\cos\theta+\frac{\partial z}{\partial y}\sin\theta\right)=\cos\alpha\left(\begin{bmatrix}\frac{\partial z}{\partial x}\\ \frac{\partial z}{\partial y}\end{bmatrix}\cdot\begin{bmatrix}\cos\theta\\ \sin\theta\end{bmatrix}\right)$$

这里引入了向量之间的一种运算：向量的点积（·）。向量的点积结果是一个数值，结果等于对应位置的元素乘之和，也等于两个向量的模再乘以向量之间夹角的余弦。这是一个重要的定理，即：

$$\begin{bmatrix}a\\ b\end{bmatrix}\cdot\begin{bmatrix}c\\ d\end{bmatrix}=ac+bd=\left\|\begin{bmatrix}a\\ b\end{bmatrix}\right\|\times\left\|\begin{bmatrix}c\\ d\end{bmatrix}\right\|\times\cos\phi=\sqrt{a^2+b^2}\times\sqrt{c^2+d^2}\times\cos\phi$$

其中，ϕ 为两个向量之间的夹角。关于这个定理的推导，大家如果有兴趣可参考我的另一本图书《深入浅出线性代数》。

根据向量点积计算的定理，可得：

$$\left.\frac{\mathrm{dz}}{\mathrm{dt}}\right|_{\substack{x=x_0\\ y=y_0}}=\begin{bmatrix}\left.\frac{\partial z}{\partial x}\right|_{\substack{x=x_0\\ y=y_0}}\\ \left.\frac{\partial z}{\partial y}\right|_{\substack{x=x_0\\ y=y_0}}\end{bmatrix}\cdot\begin{bmatrix}\cos\theta\\ \sin\theta\end{bmatrix}=\left\|\begin{bmatrix}\left.\frac{\partial z}{\partial x}\right|_{\substack{x=x_0\\ y=y_0}}\\ \left.\frac{\partial z}{\partial y}\right|_{\substack{x=x_0\\ y=y_0}}\end{bmatrix}\right\|\times\left\|\begin{bmatrix}\cos\theta\\ \sin\theta\end{bmatrix}\right\|\times\cos\phi$$

$$=\left\|\begin{bmatrix}\left.\frac{\partial z}{\partial x}\right|_{\substack{x=x_0\\ y=y_0}}\\ \left.\frac{\partial z}{\partial y}\right|_{\substack{x=x_0\\ y=y_0}}\end{bmatrix}\right\|\times\sqrt{(\cos\theta)^2+(\sin\theta)^2}\times\cos\phi=\left\|\begin{bmatrix}\left.\frac{\partial z}{\partial x}\right|_{\substack{x=x_0\\ y=y_0}}\\ \left.\frac{\partial z}{\partial y}\right|_{\substack{x=x_0\\ y=y_0}}\end{bmatrix}\right\|\times 1\times\cos\phi$$

$$=\left\|\begin{bmatrix}\left.\frac{\partial z}{\partial x}\right|_{\substack{x=x_0\\ y=y_0}}\\ \left.\frac{\partial z}{\partial y}\right|_{\substack{x=x_0\\ y=y_0}}\end{bmatrix}\right\|\cos\phi$$

在三维空间里，把向量 $\begin{bmatrix}\left.\dfrac{\partial z}{\partial x}\right|_{\substack{x=x_0\\y=y_0}}\\ \left.\dfrac{\partial z}{\partial y}\right|_{\substack{x=x_0\\y=y_0}}\end{bmatrix}$ 称为梯度。在不引起歧义的前提下，可以简化表示为 $\begin{bmatrix}\dfrac{\partial z}{\partial x}\\ \dfrac{\partial z}{\partial y}\end{bmatrix}$。更多维的情况下可以再扩展这个向量，$n$维时可以写成 $\begin{bmatrix}\dfrac{\partial z}{\partial x_0}\\ \vdots\\ \dfrac{\partial z}{\partial x_{n-1}}\end{bmatrix}$，也可以横向来表示成 $\begin{bmatrix}\dfrac{\partial z}{\partial x_0} & \cdots & \dfrac{\partial z}{\partial x_{n-1}}\end{bmatrix}$。

提示：梯度向量中 $\dfrac{\partial z}{\partial x_0}$ 的x_0表示的是一个变量，而前述推导公式里$x = x_0$的x_0表示的是$[x_0 \quad y_0 \quad z_0]$这个点的$x$坐标值。

什么情况下可以使 $\left.\dfrac{\mathrm{d}z}{\mathrm{d}t}\right|_{\substack{x=x_0\\y=y_0}}$ 的值最大呢？因为$\cos\phi$ 的值最大就是 1，这时 $\begin{bmatrix}\dfrac{\partial z}{\partial x}\\ \dfrac{\partial z}{\partial y}\end{bmatrix}$ 和 $\begin{bmatrix}\cos\theta\\ \sin\theta\end{bmatrix}$ 这 2 个向量的夹角为0°。因此，使z的值变化最大的方向就是向量 $\begin{bmatrix}\dfrac{\partial z}{\partial x}\\ \dfrac{\partial z}{\partial y}\end{bmatrix}$。

数学中用下三角符号“∇”（读“奈不拉”，Nabla）表示梯度。∇f表示函数f的梯度。$\nabla f(x_0, y_0)$表示函数f在$[x_0, y_0, z_0]$这个点的梯度。

同一元函数类似，多元函数往其梯度的负方向（或者说反方向）走，就能通过迭代得到函数的极小值。对于二元函数$z = f(x, y)$，迭代公式为：

$$x_{k+1} = x_k - \alpha \left.\frac{\partial z}{\partial x}\right|_{\substack{x=x_k\\y=y_k}} \tag{4-19}$$

$$y_{k+1} = y_k - \alpha \left.\frac{\partial z}{\partial y}\right|_{\substack{x=x_k\\y=y_k}} \tag{4-20}$$

尽管是从x，y两个方向迭代更新值，从而引导z值往极小值方向走，但z值下降的方向瞬时只有一个，即梯度的负方向（或者说反方向）。

下面来看一个二元函数的例子会更为形象。

$$y = x_1^2 + 2x_1x_2 + 3x_2^2 + x_1 + 2x_2 - 3$$

函数的图形及迭代找极小值的过程如图 4-28 所示。先求偏导数：

$$\frac{\partial y}{\partial x_1} = \frac{\partial}{\partial x_1}(x_1^2 + 2x_1x_2 + 3x_2^2 + x_1 + 2x_2 - 3) = 2x_1 + 2x_2 + 1$$

$$\frac{\partial y}{\partial x_2} = \frac{\partial}{\partial x_2}(x_1^2 + 2x_1x_2 + 3x_2^2 + x_1 + 2x_2 - 3) = 2x_1 + 6x_2 + 2$$

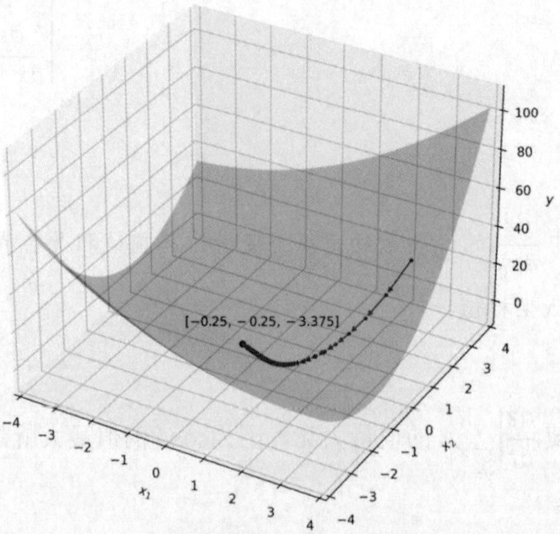

图 4-28　用梯度下降法求极小值

假定从曲面上的[3,2,37]为出发点，得到此时的梯度为：

$$\begin{bmatrix} \left.\frac{\partial y}{\partial x_1}\right|_{\substack{x_1=3\\x_2=2}} \\ \left.\frac{\partial y}{\partial x_2}\right|_{\substack{x_1=3\\x_2=2}} \end{bmatrix} = \begin{bmatrix} (2x_1 + 2x_2 + 1)|_{\substack{x_1=3\\x_2=2}} \\ (2x_1 + 6x_2 + 2)|_{\substack{x_1=3\\x_2=2}} \end{bmatrix} = \begin{bmatrix} 11 \\ 20 \end{bmatrix}$$

令$\alpha = 0.03$，则第一次迭代：

$$x_1 = 3 - 0.03 \times 11 = 2.67$$

$$x_2 = 2 - 0.03 \times 20 = 1.4$$

然后再得出新的梯度，再做x_1、x_2的值的迭代，以此类推。这里就不再重复计算了，迭代 200 次以后，得到的极小点为：

$$[x_1 \quad x_2 \quad y] = [-0.24845630565835308 - 0.25063941913246873 - 3.374998364572692]$$

实际上极小值点为$[-0.25 \quad -0.25 \quad -3.375]$。这说明经过 200 轮迭代后，求得的极小值与真实的极小值已经非常接近了。

下面做 200 轮迭代求得极小值，再做图 4-28 所示的迭代过程及函数图形。源代码如下所示。

源代码 4-3　用梯度下降法求二元函数的极小值

```
#====导入各种要用到的库、类====-
from matplotlib import pyplot as plt
import numpy as np
import sys
sys.path.append("..")
from common.common import Arrow3D
#====定义函数====
def func(x1,x2):
    return x1**2+2*x1*x2+3*x2**2+x1+2*x2-3
#对 x1 的偏导数
def px1Func(x1,x2):
    return 2*x1+2*x2+1
#对 x2 的偏导数
def px2Func(x1,x2):
return 2*x1+6*x2+2
#====定义值的迭代函数====
def iteration(x1,x2,lr,gradient):
    x1=x1-lr*gradient[0]
    x2=x2-lr*gradient[1]
    return (x1,x2)
#====设置 3D 图形基本参数====
fig = plt.figure(figsize=(8, 8))
ax = fig.gca(projection='3d')
#====画平面====
x1=np.arange(-4, 4, 0.05)
x2=np.arange(-4, 4, 0.05)
x1, x2= np.meshgrid(x1, x2)
y=func(x1,x2)
ax.plot_surface(x1, x2, y, alpha=0.3,color="blue")
#====画极小点====
ax.scatter(-0.25,-0.25,-3.375, c = 'black')
ax.text(-0.25-0.6,-0.25,-3.375-0.1,r"$[-0.25,-0.25,-3.375]$")
#====画出发的点====
x1Starter=3
x2Starter=2
yStarter=func(x1Starter,x2Starter)
ax.scatter(x1Starter,x2Starter,yStarter,color="green",s=5)
#====用梯度下降法求极小值====
lr=0.03#设置学习率
x1Older=x1Starter
x2Older=x2Starter
x1New=0
```

```
    x2New=0
    gradient=[px1Func(x1Starter,x2Starter),px2Func(x1Starter,x2Starter)]
    print("起点时的梯度：",gradient)
    #迭代求极小值
    for i in range(200):
        #更新 x1、x2 的值
        x1x2New=iteration(x1Older,x2Older,lr,gradient)
        x1New=x1x2New[0]
        x2New=x1x2New[1]
        #求得新的梯度
        gradient=[px1Func(x1New,x2New),px2Func(x1New,x2New)]
        #画新的点
        ax.scatter(x1New,x2New,func(x1New,x2New),color="green",s=5)
        #画值变化方向的箭线
        a=Arrow3D([x1Older,x1New],[x2Older,x2New],\
                  [func(x1Older,x2Older),func(x1New,x2New)],\
                  mutation_scale=8, lw=1, arrowstyle="-|>", color="red")
        ax.add_artist(a)
        x1Older=x1New
        x2Older=x2New
    print("极小值：",[x1New,x2New,func(x1New,x2New)])
    #====设置坐标轴范围====
    ax.set_xlim(-4,4)
    ax.set_ylim(-4,4)
    ax.set_zlim(-10,110)
    #====设置坐标轴文本====
    ax.set_xlabel(r"$x_1$")
    ax.set_ylabel(r"$x_2$")
    ax.set_zlabel(r"$y$")
    plt.show()
```


从图 4-28 还可以看出，当曲面的坡度比较陡时，在同样的学习率下，值下降得比较快；但当坡度比较缓时，值下降得比较慢。那么，要经历过多少轮迭代才能停止迭代呢？这就要设置迭代的出口，也就是停止迭代的条件。带着这个疑问，我们接着来学习。

4.3.3 设置迭代的出口和学习率

在上一个例子中，设置了迭代的次数为 200，然而每次都是 200？显然这不现实，需要设置合理的迭代出口。通常的做法有以下 3 种：

（1）设置两次迭代时一个合理的阈值。两次迭代之间，如果函数值的更新小于某个阈值，表明相差已经很小，目标值已经非常接近，可以退出迭代。

（2）梯度值已接近于 0。梯度的每个分量，表示各个方向上切线的斜率，如果梯度的模已经接近于 0，表明已逼近于极值点，可以退出迭代。

（3）达到迭代的次数最大值。设置一个最大的迭代次数，如到达即退出迭代。

以上 3 个条件只要满足一个即退出迭代。另外，还需要设置一个合适的学习率。所谓的合适，是指可以让函数的值快速收敛于极小值。学习率过大，会导致学习过程中跳过极值点，而产生振荡；学习率过小，会使下降缓慢，计算量也较大。仍以上一个例子来修改学习率，看看是什么效果。

当设置学习率为 0.3，迭代次数为 10 时，如图 4-29 所示，此时，前进的方向跳过了极值点，竟然越变越大，显然无法找到极小值。当设置学习率为 0.003，迭代次数为 1000 时，如图 4-30 所示，此时经过较长时间的运算，结果为：

$$[x_1 \quad x_2 \quad y] = [-0.19148919091352384, -0.27423596698088437, -3.3726504710076397]$$

可见，经过 1000 次迭代，仍然没有找到理想的极小值。经过很多前人的经验总结，大致可以 3 的倍数来变换学习率，以找到快合适的学习率。常用的学习率有：0.001、0.003、0.01、0.03、0.1、0.3、1、3 等，可以根据经验在这些数值中做出选择。目前寻找合适的学习率确实需要结合一些实际应用的经验，因此，需要多调试程序。

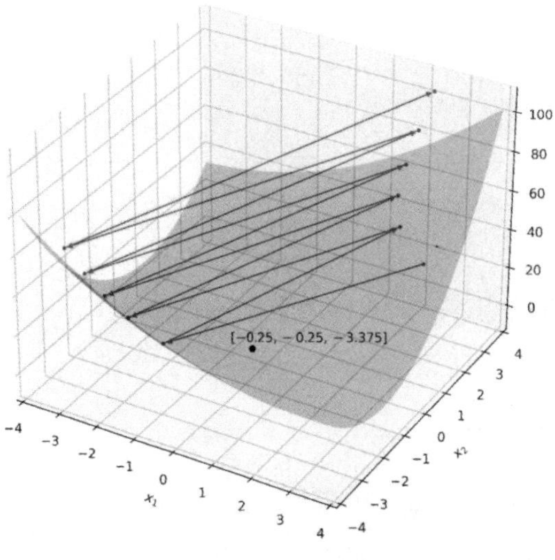

图 4-29　学习率过大时的情形

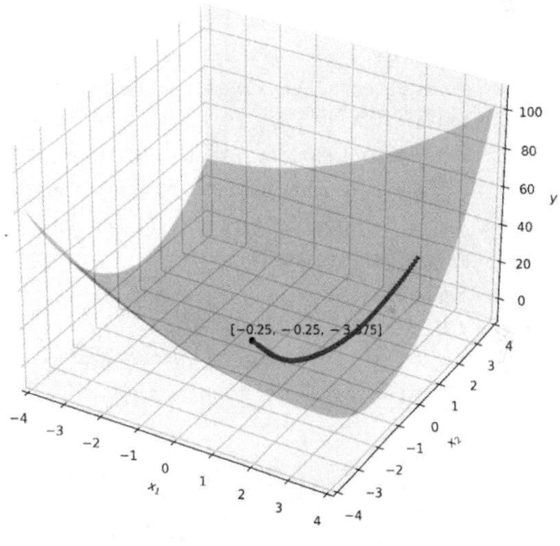

图 4-30　学习率过小时的情形

下面来编写上一次例子中的迭代出口代码：

```
#====用梯度下降法求极小值====
x1Older=x1Starter
x2Older=x2Starter
x1New=0
x2New=0
gradient=[px1Func(x1Starter,x2Starter),px2Func(x1Starter,x2Starter)]
print("起点时的梯度：",gradient)
lr=0.03#设置学习率
maxIteration=1000#最大迭代次数
```

```
minThreshold=0.00000001#阈值
minGradient=0.001#最小的梯度
#迭代求极小值
for i in range(maxIteration):
    #更新 x1、x2 的值
    x1x2New=iteration(x1Older,x2Older,lr,gradient)
    x1New=x1x2New[0]
    x2New=x1x2New[1]
    diffFunc=abs(func(x1New,x2New)-func(x1Older,x2Older))
    if(diffFunc<minThreshold):
        print("在第"+str(i+1)+\
              "次迭代退出,此时两次迭代函数值相差：",diffFunc)
        break #退出迭代
    #求得新的梯度
    gradient=[px1Func(x1New,x2New),px2Func(x1New,x2New)]
    mOfGradient=np.sqrt(gradient[0]**2+gradient[1]**2)
    if(mOfGradient<minGradient):
        print("在第"+str(i+1)+"次迭代退出,此时梯度的模：", mOfGradient)
        break #退出迭代
    #画新的点
    ax.scatter(x1New,x2New,func(x1New,x2New),color="green",s=5)
    #画值变化方向的箭线
    a=Arrow3D([x1Older,x1New],[x2Older,x2New],\
              [func(x1Older,x2Older),func(x1New,x2New)],\
              mutation_scale=8, lw=1, arrowstyle="-|>", color="red")
    ax.add_artist(a)
    x1Older=x1New
    x2Older=x2New
print("极小值：",[x1New,x2New,func(x1New,x2New)])
```

CHAP 4

修改后的程序运行结果如图 4-31 所示。

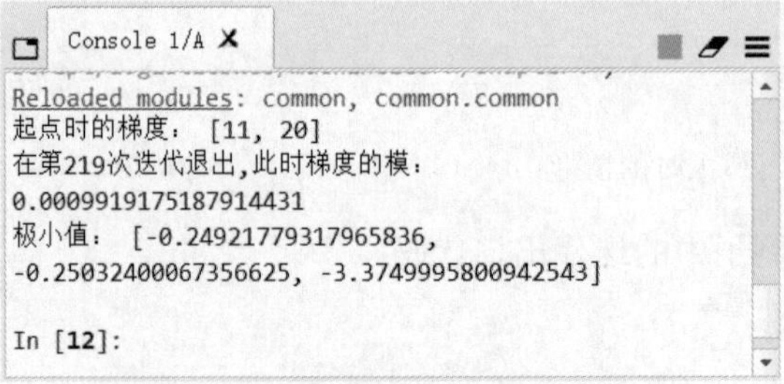

图 4-31　设置迭代出口时的运行结果

可以发现，经过 219 次迭代后因梯度的模已经小于 0.001 而退出迭代，此时极小值已经非常接近真实情况。

提示：为什么要对函数的所有自变量设置相同的学习率呢？以三维空间中的函数为例，

这时有 2 个自变量，在某一点处梯度是 $\begin{bmatrix}\frac{\partial z}{\partial x}\\ \frac{\partial z}{\partial y}\end{bmatrix}$。如果对 2 个自变量设置相同的学习率，则变化的方向就是 $\alpha\begin{bmatrix}\frac{\partial z}{\partial x}\\ \frac{\partial z}{\partial y}\end{bmatrix}=\begin{bmatrix}\alpha\frac{\partial z}{\partial x}\\ \alpha\frac{\partial z}{\partial y}\end{bmatrix}$，这就相当于对梯度向量做了拉伸处理，但梯度的方向并没有变，函数值总的方向还是会朝着极值方向走。如果对 2 个自变量设置不同的学习率，即 2 个方向上设置不同的学习率 $\begin{bmatrix}\alpha_x\\ \alpha_y\end{bmatrix}$，则变化的方向是 $\begin{bmatrix}\alpha_x\\ \alpha_y\end{bmatrix}\cdot\begin{bmatrix}\frac{\partial z}{\partial x}\\ \frac{\partial z}{\partial y}\end{bmatrix}=\begin{bmatrix}\alpha_x\frac{\partial z}{\partial x}\\ \alpha_y\frac{\partial z}{\partial y}\end{bmatrix}$。做向量的点积时，由于学习率不同，则 $\begin{bmatrix}\alpha_x\\ \alpha_y\end{bmatrix}$、$\begin{bmatrix}\frac{\partial z}{\partial x}\\ \frac{\partial z}{\partial y}\end{bmatrix}$ 这 2 个向量之间必有夹角，会使得函数值总的方向偏离极值方向。

还有一种情形需要在寻找函数极小值时考虑，这种情形就是函数有多个极小值。图 4-5 所示的函数就是这样的。此时，迭代寻找极小值找到的可能是局部极小值。因此，应设置多个起始点，然后分别寻找局部极小值，再比较谁的值更小，以最小的局部极小值作为函数的全局极小值。

4.3.4　线性回归的梯度下降法

学习完用梯度下降法求解函数极小值的方法再学习线性回归的梯度下降法就简单多了。但是，先要理解清楚的是，线性回归事先并不知道函数，只是以线性函数作为模型，要求解的是模型中的参数。要求解这些参数就要使误差函数找到最小值。在误差函数$J(\boldsymbol{\theta})$中，自变量是$\boldsymbol{\theta}$，而不是x。

误差函数的更新规则如下：

$$\theta_k=\theta_k-\alpha\frac{\partial}{\partial\theta_k}J(\boldsymbol{\theta})\tag{4-21}$$

提示：这里的迭代赋值左边不再用θ_{k+1}表示，而是用θ_k。式（4-21）可理解成将等式右边计算的结果赋值给等式左边，这就是θ_k的迭代计算公式。

以上公式表示迭代赋值。以多元一次方程为例，其通用的偏导数是这样的：

$$\frac{\partial J(\boldsymbol{\theta})}{\partial\theta_k}=\frac{1}{m}\sum_{i=0}^{m-1}((\boldsymbol{x}_i{}^{\mathrm{T}}\boldsymbol{\theta}-y_i)x_{ik})$$

提示：这里以多元一次方程为例的原因是不算太复杂，原理容易让人理解。更复杂的多元高次方程，如一个二元三次方程：

$$y=\theta_0+\theta_1x_1+\theta_2x_2+\theta_3x_1x_2+\theta_4x_1^2+\theta_5x_2^2+\theta_6x_1^2x_2+\theta_7x_1x_2^2+\theta_8x_1^3+\theta_9x_2^3 \quad (4\text{-}22)$$

在做线性回归前，通常会先用已知的x_1、x_2特征数据项样本数据计算后得到x_1x_2、x_1^2、$x_1^2x_2$、$x_1x_2^2$、x_1^3、x_2^3作为新的特征数据项样本数据，再合并成新的特征数据项数据矩阵。这样就相当于把这个二元三次方程变化成了：

$$y=\theta_0+\theta_1x_1+\theta_2x_2+\theta_3x_3+\theta_4x_4+\theta_5x_5+\theta_6x_6+\theta_7x_7+\theta_8x_8+\theta_9x_9$$

这样就可以运用多元一次方程的偏导数求导公式来进行计算了。

因此，误差函数的更新规则就是这样的：

$$\theta_k=\theta_k-\alpha\frac{\partial}{\partial\theta_k}J(\boldsymbol{\theta})=\theta_k-\alpha\frac{1}{m}\sum_{i=0}^{m-1}((\boldsymbol{x}_i{}^{\mathrm{T}}\boldsymbol{\theta}-y_i)x_{ik})$$

下面就来看一个使用多元一次方程模型做梯度下降法的迭代计算示例，代码如下。

提示：由于是自己编程实现线性回归的梯度下降法，所以代码会比较长一点。在源代码中我会尽可能多地增加注释来帮助大家阅读理解。如果阅读起来仍然比较困难，大家可以暂时跳过，因为后续还会有详细解析。

源代码 4-4　用线性回归的梯度下降法建立二元一次方程模型

```
#====导入各种要用到的库、类====-
import numpy as np
import random
import pandas as pd
from sklearn.datasets import load_boston
from sklearn.model_selection import train_test_split
from sklearn import metrics
from matplotlib import pyplot as plt
#====定义根据线性方程求解 y 值的函数====
#计算评价指标时用的函数
def lineEquation(x,theta):
    return theta[0][0]+theta[1][0]*x[:,0:1]+theta[2][0]*x[:,1:2]
#迭代时用的函数（比计算评价指标时多一个全 1 的列）
def lineEquationIteration(x,theta):
    return theta[0][0]*x[:,0:1]+theta[1][0]*x[:,1:2]\
        +theta[2][0]*x[:,2:3]
#====定义误差函数====
def errorFunc(x,yTrue,theta):
    yPred=lineEquationIteration(x,theta)
    errors=0
    for i in range(len(yPred)):
        errors+=(yPred[i][0]-yTrue[i][0])**2
    errors=(1/(2*len(x)))*errors
```

```
    return errors
#====定义误差函数的偏导函数====
def pThetaFunc(x,yTrue,theta):
    gradient=np.zeros((len(theta),1))
    for k in range(len(theta)):
        sumErrors=0
        for i in range(len(x)):
            sumErrors+=(np.dot(x[i:i+1,:],theta)-yTrue[i][0])*x[i,k]
        sumErrors=sumErrors/len(x)
        gradient[k][0]=sumErrors
return gradient
#====定义计算梯度模的函数====
def mOfGradient(gradient):
    sumGradients=0
    for i in range(len(gradient)):
        sumGradients+=gradient[i][0]**2
    return np.sqrt(sumGradients)
#====加载数据====
#加载波士顿房屋价格数据集
boston=load_boston()
bos=pd.DataFrame(boston.data)
#获得 RM 和 DIS 特征项
X=np.array(bos[[5,7]])
#获得目标数据项
bos_target=pd.DataFrame(boston.target)
y=np.array(bos_target)
#====生成训练数据和测试数据====
XTrain,XTest,yTrain,yTest=\
    train_test_split(X,y,test_size=0.2,random_state=1)
#在 XTrain 前插入全 1 的列
m=XTrain.shape[0]
onesArray=np.ones((m,1))
XTrain=np.hstack((onesArray,XTrain))
#====用梯度下降法求解参数====
#随机生成 theta 参数的初始值
theta=np.zeros((3,1))
for i in [0,1,2]:
    theta[i][0]=random.randint(-50,50)
lr=0.003#设置学习率
maxIteration=1000#最大迭代次数
minThreshold=0.0003#阈值
minGradient=0.01#梯度最小的模
errorsScatterX=[]#误差值的 x 坐标，即迭代次数序号
errorsScatterY=[]#误差值的 y 坐标，即误差值
errors=errorFunc(XTrain,yTrain,theta)#初始误差
errorsScatterX.append(0)
```

CHAP 4

```
    errorsScatterY.append(errors)
    thetaOld=theta#旧的 theta
    thetaNew=np.zeros((len(theta),1))#初始化新的 theta
    for i in range(maxIteration):
        #计算梯度
        gradient=pThetaFunc(XTrain,yTrain,thetaOld)
        if(mOfGradient(gradient)<minGradient):
            print("在第"+str(i+1)+"次迭代退出,此时梯度的模：",\
                  mOfGradient(gradient))
            print("此时误差为："+str(round(errorsScatterY[i])))
            break
        #更新参数
        thetaNew=thetaOld-lr*gradient
        #计算误差
        errors=errorFunc(XTrain,yTrain,thetaNew)
        errorsScatterX.append(i+1)
        errorsScatterY.append(errors)
        #根据两次迭代的误差值判断是否退出迭代
        diffErrors=abs(errorsScatterY[i+1]-errorsScatterY[i])
        if(diffErrors<minThreshold):
            print("在第"+str(i+1)+\
              "次迭代退出,此时两次迭代误差函数值相差：",diffErrors)
            print("此时误差为："+str(round(errorsScatterY[i+1])))
            break
        thetaOld=thetaNew
    theta=thetaNew
    #====输出模型====
    equation="y="+str(round(theta[0][0],2))
    if(theta[1][0]>0):
        equation+="+"+str(round(theta[1][0],2))+"x1"
    if(theta[1][0]<0):
        equation+=str(round(theta[1][0],2))+"x1"
    if(theta[2][0]>0):
        equation+="+"+str(round(theta[2][0],2))+"x2"
    if(theta[2][0]<0):
        equation+=str(round(theta[2][0],2))+"x2"
    print("方程为：",equation)
    #====输出评价指标====
    #计算对训练数据的评价指标
    XTrain=XTrain[:,1:]
    yPredResult=lineEquation(XTrain,theta)
    r2=metrics.r2_score(yTrain,yPredResult)
    print("模型对训练数据的 R^2:",round(r2,2))
    mae=metrics.mean_absolute_error(yTrain,yPredResult)
    print("模型对训练数据的 MAE:",round(mae,2))
    #计算对测试数据的评价指标
```

CHAP 4

```
yPredResult=lineEquation(XTest,theta)
r2=metrics.r2_score(yTest,yPredResult)
print("模型对测试数据的 R^2:",round(r2,2))
mae=metrics.mean_absolute_error(yTest,yPredResult)
print("模型对测试数据的 MAE:",round(mae,2))
#====画误差下降图====
plt.scatter(errorsScatterX,errorsScatterY,s=5,color="green")
plt.plot(errorsScatterX,errorsScatterY,color="red")
#====解决中文字符显示问题====
plt.rcParams['font.sans-serif']=['SimHei'] #用来正常显示中文标签
plt.rcParams['axes.unicode_minus']=False #用来正常显示负号
plt.xlabel("迭代次数")
plt.ylabel(r"$J(\theta)$")
plt.show()
```

程序首先定义了 4 个函数。lineEquation()用于在计算评价指标时根据$\boldsymbol{\theta}$向量计算出二元一次方程$y = \theta_0 + \theta_1 x_1 + \theta_2 x_2$的值。

```
#计算评价指标时用的函数
def lineEquation(x,theta):
    return theta[0][0]+theta[1][0]*x[:,0:1]+theta[2][0]*x[:,1:2]
```

函数参数 theta 是一个 3 行 1 列的二维数组，theta[0][0]表示θ_0；theta[1][0]表示θ_1；theta[2][0]表示θ_2。theta[1][0]*x[:,0:1]表示θ_1与矩阵$\boldsymbol{X}$的第 0 列相乘，theta[2][0]*x[:,1:2]表示θ_2与矩阵$\boldsymbol{X}$的第 1 列相乘。注意结果仍然是一个二维数组，只是这个二维数组中只有 1 列数据。

lineEquationIteration()用在迭代时计算二元一次方程$y = \theta_0 + \theta_1 x_1 + \theta_2 x_2$的值。为什么这段代码与前述的 lineEquation()不同？因为迭代时的矩阵$\boldsymbol{X}$比计算评价指标时多一个全 1 的列。

```
#迭代时用的函数（比计算评价指标时多一个全 1 的列）
def lineEquationIteration(x,theta):
    return theta[0][0]*x[:,0:1]+theta[1][0]*x[:,1:2]\
        +theta[2][0]*x[:,2:3]
```

errorFunc()函数定义了误差函数：

$$J(\boldsymbol{\theta}) = \frac{1}{2m}\sum_{i=0}^{m-1}(y_{p(i)} - y_i)^2 = \frac{1}{2m}\sum_{i=0}^{m-1}(\boldsymbol{x}_i{}^{\mathrm{T}}\boldsymbol{\theta} - y_i)^2$$

errorFunc()函数有 3 个参数。第 1 个参数x表示要计算误差的矩阵$\boldsymbol{X}$；第 2 个参数 yTrue 是指已知的结果数据项；第 3 个参数表示$\boldsymbol{\theta}$。

```
#====定义误差函数====
def errorFunc(x,yTrue,theta):
    yPred=lineEquationIteration(x,theta)
    errors=0
    for i in range(len(yPred)):
        errors+=(yPred[i][0]-yTrue[i][0])**2
    errors=(1/(2*len(x)))*errors
    return errors
```

pThetaFunc() 函数用于求解出误差函数的梯度。“ sumErrors+=(np.dot(x[i:i+1,:],theta)-yTrue[i][0])*x[i,j]” 语句表示如下表达式的值：

$$\sum_{i=0}^{m-1}\left((\boldsymbol{x}_i{}^{\mathrm{T}}\boldsymbol{\theta}-y_i)x_{ij}\right)$$

len(x)的参数如果是二维数组，则返回这个数组的行数。因此“sumErrors=sumErrors/len(x)”就表示了：

$$\frac{1}{m}\sum_{i=0}^{m-1}((\boldsymbol{x}_i{}^{\mathrm{T}}\boldsymbol{\theta}-y_i)x_{i1})$$

```
#====定义误差函数的偏导函数====
def pThetaFunc(x,yTrue,theta):
    gradient=np.zeros((len(theta),1))
    for k in range(len(theta)):
        sumErrors=0
        for i in range(len(x)):
            sumErrors+=(np.dot(x[i:i+1,:],theta)-yTrue[i][0])*x[i,k]
        sumErrors=sumErrors/len(x)
        gradient[k][0]=sumErrors
    return gradient
```

计算梯度向量的模公式为：

$$\left\|\begin{bmatrix}\dfrac{\partial y}{\partial x_1}\\ \dfrac{\partial y}{\partial x_2}\end{bmatrix}\right\|=\sqrt{\left(\frac{\partial y}{\partial x_1}\right)^2+\left(\frac{\partial y}{\partial x_2}\right)^2}$$

这个公式通过以下函数实现：

```
#====定义计算梯度模的函数====
def mOfGradient(gradient):
    sumGradients=0
    for i in range(len(gradient)):
        sumGradients+=gradient[i][0]**2
    return np.sqrt(sumGradients)
```

在做梯度下降法前要设置迭代的初始参数，代码如下所示：

```
#随机生成 theta 参数的初始值
theta=np.zeros((3,1))
for i in [0,1,2]:
    theta[i][0]=random.randint(-50,50)
lr=0.003#设置学习率
maxIteration=1000#最大迭代次数
minThreshold=0.0003#阈值
```

```
minGradient=0.01#梯度最小的模
```

由于误差函数会有很多的极小值，因此可先随机初始化θ的值，再尝试设置学习率、最大迭代次数、阈值、梯度最小的模等迭代控制参数。程序运行结果如图 4-32 所示，生成的误差函数值变化曲线如图 4-33 所示。

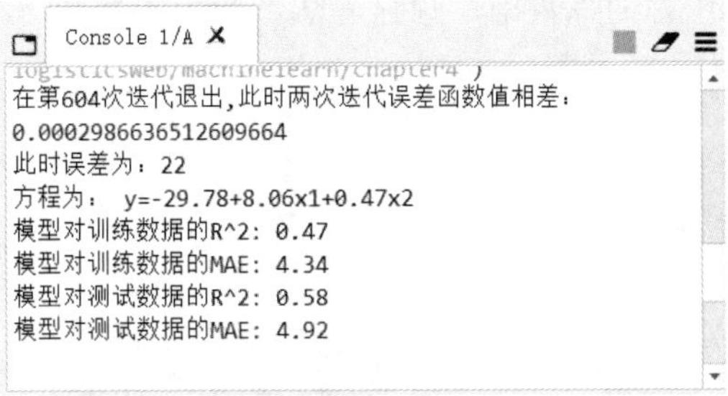

图 4-32　线性回归的梯度下降法程序运行的结果

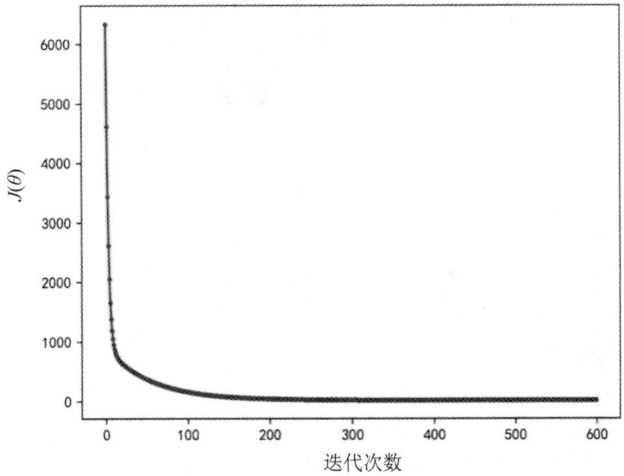

图 4-33　误差值变化的曲线

提示：我们在运行程序时得到的结果可能与图 4-32、图 4-33 有所不同，根本原因在于初始化的θ值不同。因为误差函数会有很多的极小值，程序找到的会是局部极小值。要找到相对较小的极小值，就要很多次地随机初始化θ值，然后进行比较，得到认为最优的模型。大家可以试试编写这样的程序。

4.3.5　由误差函数的图形引发对极小值的讨论

前述讨论到误差函数存在很多个极小值，需要多次运用梯度下降法才能找到更为理想的模型，那为什么会存在多个极小值呢？

以一元一次方程模型为例，误差函数是这样的：

$$J(\boldsymbol{\theta})=\frac{1}{2m}\sum_{i=0}^{m-1}((\theta_1 x_i+\theta_0)-y_i)^2$$

这里有 2 个自变量，即θ_1、θ_2，如果要把它的图形做出来，需要在三维空间中制作。如果用以下的源代码中的数据作为训练数据，则它的图形如图 4-34 所示。

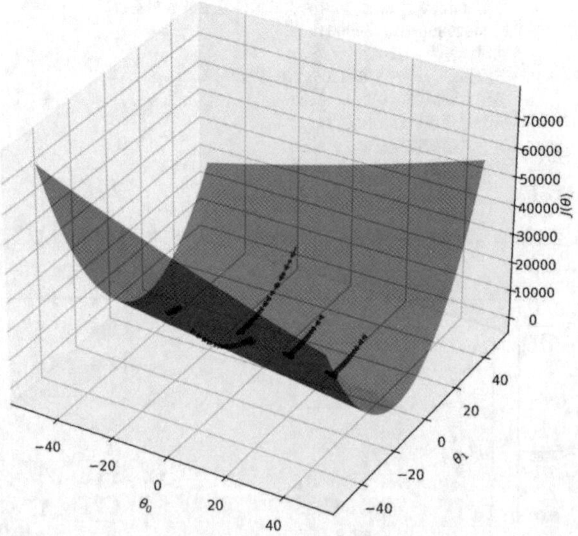

图 4-34　误差函数的图形

```
#====加载数据====
#加载波士顿房屋价格数据集
boston=load_boston()
bos=pd.DataFrame(boston.data)
#获得 RM 特征项
X=np.array(bos[[5]])
#获得目标数据项
bos_target=pd.DataFrame(boston.target)
y=np.array(bos_target)
#====生成训练数据和测试数据====
XTrain,XTest,yTrain,yTest=\
   train_test_split(X,y,test_size=0.2,random_state=1)
#在 XTrain 前插入全 1 的列
m=XTrain.shape[0]
onesArray=np.ones((m,1))
XTrain=np.hstack((onesArray,XTrain))
```

可见，误差函数的图形是一个抛物曲面，因为在抛物曲面的底部，在θ_0这个方向上坡度很缓，会导致梯度值很小，会找到无限多个极小值。如果做 5 次随机的梯度下降法，并把误差值的变化情况做在图上，如图 4-34 所示，会发现有 5 条下降的路线，找到了 5 个极小值，这时可以比较看哪个更小，就取哪个作为最小值，对应的模型就作为优选的模型。

提示：图 4-34 看上去似乎存在以下问题：

（1）梯度只沿着θ_1变化？其实不然，这是视觉效果的问题。实际上θ_1和θ_0两个方向上都有变化，只是θ_0方向上总体变化幅度较小，看上去不明显。为了图示都相对较为明显，可先将数据做 Min-Max 标准化。

（2）每次迭代最终梯度消失了？本来是打算沿着梯度方向下降，最终找到全局最小值，结果每次都找到一个局部极小值。一种可能的情况就是发生了梯度消失的情况，也就是说梯度的模减小到了一个很小的值，使得再往梯度方向迭代的步长很小。解决的办法有许多种：换求解方法，如最小二乘法、坐标轴下降法（后续还会学习）等；在每次梯度消失时，将梯度值再加上一个加速度，这样就可以借助加速度跳出局部极小值。加速度可以是函数的二阶偏导组成的向量。误差函数的二阶偏导求解通用表达的过程如下：

$$\frac{\partial^2}{\partial {\theta_k}^2}J(\boldsymbol{\theta}) = \frac{\partial}{\partial\theta_k}\left(\frac{1}{m}\sum_{i=0}^{m-1}\left(({\boldsymbol{x}_i}^{\mathrm{T}}\boldsymbol{\theta} - y_i)x_{ik}\right)\right)$$

$$= \frac{1}{m}\frac{\partial}{\partial\theta_k}\sum_{i=0}^{m-1} x_{ik}{\boldsymbol{x}_i}^{\mathrm{T}}\boldsymbol{\theta} - \frac{1}{m}\frac{\partial}{\partial\theta_k}\sum_{i=0}^{m-1} y_i x_{ik} = \frac{1}{m}\frac{\partial}{\partial\theta_k}\sum_{i=0}^{m-1} x_{ik}{\boldsymbol{x}_i}^{\mathrm{T}}\boldsymbol{\theta}$$

$$= \frac{1}{m}\sum_{i=0}^{m-1}\left(x_{ik}\frac{\partial}{\partial\theta_k}({\boldsymbol{x}_i}^{\mathrm{T}}\boldsymbol{\theta})\right) = \frac{1}{m}\sum_{i=0}^{m-1}\left(x_{ik}\frac{\partial}{\partial\theta_k}\sum_{j=0}^{n}(x_{ij}\theta_j)\right)$$

$$= \frac{1}{m}\sum_{i=0}^{m-1}\left(x_{ik}\frac{\partial}{\partial\theta_k}(x_{ik}\theta_k)\right) = \frac{1}{m}\sum_{i=0}^{m-1} {x_{ik}}^2$$

这样，在梯度消失点，迭代的方法是：

$$\theta_k = \theta_k - \alpha\left(\frac{\partial}{\partial\theta_k}J(\boldsymbol{\theta}) + \frac{\partial^2}{\partial{\theta_k}^2}J(\boldsymbol{\theta})\right)$$

$$= \theta_k - \alpha\frac{1}{m}\left(\sum_{i=0}^{m-1}\left(({\boldsymbol{x}_i}^{\mathrm{T}}\boldsymbol{\theta} - y_i)x_{ik}\right) + \sum_{i=0}^{m-1}{x_{ik}}^2\right)$$

如果画出误差函数的等高线，如图 4-35 所示。从图中可以看出，极小值并没有收缩到一个点，而是一条线，因此存在无限个极小值。显然，我们不可能穷举所有的极小值来寻求最小值。那怎么办呢？

Python 的 scikit-learn 库的 LinearRegression()并没有采用梯度下降法，而是采用最小二乘法直接就得到了拟合的结果。如果要采用梯度下降法试图又快又好地找到更为理想的模型，我们需要掌握更多的线性回归知识，继续一起来学习。

提示：如果模型中的参数多于 2 个，这时图形应处于四维及以上空间中，已经没有办法图示，但是可以在脑海中想象。四维及以上空间中的误差函数的图形就是一个抛物超曲面。

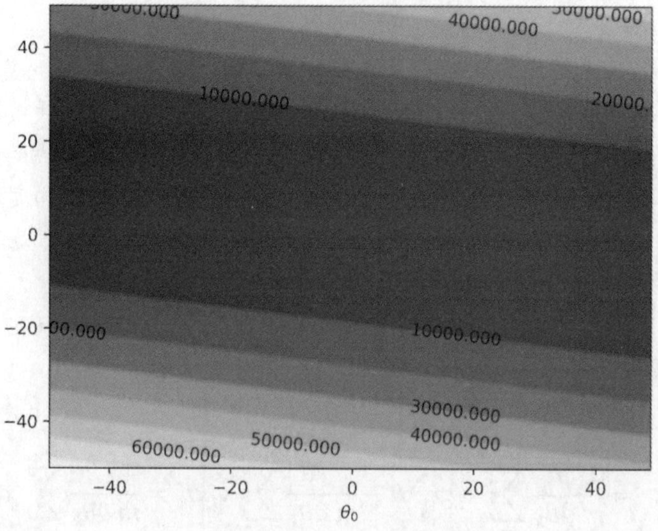

图 4-35　误差函数的等高线

4.3.6　遍历训练数据做线性回归的三种梯度下降法

根据梯度下降法遍历训练数据的策略不同，梯度下降法有 3 种：批量梯度下降法（Batch Gradient Descent，BGD）、随机梯度下降法（Stochastic Gradient Descent，SGD）、小批量梯度下降法（Mini-Batch Gradient Descent，MBGD）。第 3 种方法是前 2 种方法的折中。

BGD 方法的优点是每次迭代训练模型都使用了全部的训练数据，考虑到了用所有训练数据来找到误差函数的一个极小值，本章此前的学习内容都是使用的这种方法。但缺点也很明显，那就是如果要每次都使用到大量的训练数据，矩阵计算的量很大，对计算机的性能要求较高，会导致计算时间较长。我们在前述程序调试时，当有数千次的迭代时，就已经明显感觉到训练的时间有所延长。本章中的例子使用到的训练数据还只有数百条，实际工程应用中，训练的数据可能会达到数百万条级别，此时就需要使用小型机甚至超级计算机来进行计算，这对于平常只有微型计算机的用户来说有点奢侈。

SGD 每次迭代只使用一条训练数据进行计算，这样经过大量的迭代计算后，会使得误差函数的总体方向还是向极小值发展。但是训练过程中可能会导致在下降的过程中，误差值波动较大，且可能会跳过当前要寻找的极小值而找到其他的极小值。

接下来，我们就来使用这 3 种方法做梯度下降法的训练。为了便于观察，我们把迭代的最大次数设置为 100。

源代码 4-5　比较 3 种梯度下降法

```
#====导入各种要用到的库、类====-
import numpy as np
import random
import pandas as pd
from sklearn.datasets import load_boston
from sklearn.model_selection import train_test_split
from matplotlib import pyplot as plt
#====此处省略与源代码 4-4 中相同的
# “定义根据线性方程求解 y 值的函数” ====
#====此处省略与源代码 4-4 中相同的“定义误差函数” ====
#====此处省略与源代码 4-4 中相同的“定义误差函数的偏导函数” ====
#====此处省略与源代码 4-4 中相同的“定义计算梯度模的函数” ====
#====此处省略与源代码 4-4 中相同的“加载数据” ====
#====此处省略与源代码 4-4 中相同的“生成训练数据和测试数据” ====
#====定义 3 种梯度下降法====
#method="bgd"表示批量梯度下降法，此为默认值
#method="sgd"表示随机梯度下降法
#method="mbgd"表示小批量梯度下降法
def gradientDescent(errorsScatterX,errorsScatterY,theta,XTrain,\
                  yTrain,minGradient,minThreshold,maxIteration,\
                     lr,method="bgd"):
    #生成初始的训练数据
    #默认为 BGD，即使用全部训练数据
    XTrained=XTrain
    yTrained=yTrain
    #方法为 SGD，每次迭代随机使用 1 条训练数据
    if(method=="sgd"):
        mNo=random.randint(0,len(XTrain)-1)
        XTrained=XTrain[mNo:mNo+1,:]
        yTrained=yTrain[mNo:mNo+1,:]
    #方法为 mbgd，每次迭代随机使用 10 条训练数据
    if(method=="mbgd"):
        mNo=random.randint(0,len(XTrain)-10-1)
        XTrained=XTrain[mNo:mNo+10,:]
        yTrained=yTrain[mNo:mNo+10,:]
    errors=errorFunc(XTrained,yTrained,theta)#初始误差
    errorsScatterX.append(0)
    errorsScatterY.append(errors)
    thetaOld=theta#旧的 theta
    thetaNew=np.zeros((len(theta),1))#初始化新的 theta
    for i in range(maxIteration):
        #生成每次迭代的训练数据
        #默认为 BGD，即使用全部训练数据
```

```
        XTrained=XTrain
        yTrained=yTrain
        #方法为 SGD，每次迭代随机使用 1 条训练数据
        if(method=="sgd"):
            mNo=random.randint(0,len(XTrain)-1)
            XTrained=XTrain[mNo:mNo+1,:]
            yTrained=yTrain[mNo:mNo+1,:]
        #方法为 mbgd，每次迭代随机使用 10 条训练数据
        if(method=="mbgd"):
            mNo=random.randint(0,len(XTrain)-10-1)
            XTrained=XTrain[mNo:mNo+10,:]
            yTrained=yTrain[mNo:mNo+10,:]
        #计算梯度
        gradient=pThetaFunc(XTrained,yTrained,thetaOld)
        if(mOfGradient(gradient)<minGradient):
            print("在第"+str(i+1)+"次迭代退出,此时梯度的模：",\
                  mOfGradient(gradient))
            print("此时误差为："+str(round(errorsScatterY[i])))
            break
        #更新参数
        thetaNew=thetaOld-lr*gradient
        #计算误差
        errors=errorFunc(XTrained,yTrained,thetaNew)
        errorsScatterX.append(i+1)
        errorsScatterY.append(errors)
        #根据两次迭代的误差值判断是否退出迭代
        diffErrors=abs(errorsScatterY[i+1]-errorsScatterY[i])
        if(diffErrors<minThreshold):
            print("在第"+str(i+1)+\
              "次迭代退出,此时两次迭代误差函数值相差：",diffErrors)
            print("此时误差为："+str(round(errorsScatterY[i+1])))
            break
        thetaOld=thetaNew
    theta=thetaNew
    #输出模型
    equation="y="+str(round(theta[0][0],2))
    if(theta[1][0]>0):
        equation+="+"+str(round(theta[1][0],2))+"x1"
    if(theta[1][0]<0):
        equation+=str(round(theta[1][0],2))+"x1"
    if(theta[2][0]>0):
        equation+="+"+str(round(theta[2][0],2))+"x2"
    if(theta[2][0]<0):
        equation+=str(round(theta[2][0],2))+"x2"
    print("方程为：",equation)
#====使用 3 种梯度下降法====
```

```
theta=np.array([[5],[5],[5]])
lr=0.003#设置学习率
maxIteration=100#最大迭代次数
minThreshold=0.0003#阈值
minGradient=0.01#梯度最小的模
errorsScatterX=[]#误差值的 x 坐标，即迭代次数序号
errorsScatterY=[]#误差值的 y 坐标，即误差值
#使用 BGD
gradientDescent(errorsScatterX,errorsScatterY,theta,XTrain,\
                yTrain,minGradient,minThreshold,maxIteration,\
                   lr,method="bgd")
#画 BGD 的误差下降图
plt.scatter(errorsScatterX,errorsScatterY,s=5,color="green")
plt.plot(errorsScatterX,errorsScatterY,color="green",label="BGD")
#使用 SGD
theta=np.array([[5],[5],[5]])
errorsScatterX=[]#误差值的 x 坐标，即迭代次数序号
errorsScatterY=[]#误差值的 y 坐标，即误差值
gradientDescent(errorsScatterX,errorsScatterY,theta,XTrain,\
                yTrain,minGradient,minThreshold,maxIteration,\
                   lr,method="sgd")
#画 SGD 的误差下降图
plt.scatter(errorsScatterX,errorsScatterY,s=5,color="red")
plt.plot(errorsScatterX,errorsScatterY,\
       color="red",label="SGD",linestyle="--")
#使用 MBGD
theta=np.array([[5],[5],[5]])
errorsScatterX=[]#误差值的 x 坐标，即迭代次数序号
errorsScatterY=[]#误差值的 y 坐标，即误差值
gradientDescent(errorsScatterX,errorsScatterY,theta,XTrain,\
                yTrain,minGradient,minThreshold,maxIteration,\
                   lr,method="mbgd")
#画 MBGD 的误差下降图
plt.scatter(errorsScatterX,errorsScatterY,s=5,color="blue")
plt.plot(errorsScatterX,errorsScatterY,\
       color="blue",label="MBGD",linestyle=":")
plt.legend()
#====解决中文字符显示问题====
plt.rcParams['font.sans-serif']=['SimHei'] #用来正常显示中文标签
plt.rcParams['axes.unicode_minus']=False #用来正常显示负号
plt.xlabel("迭代次数")
plt.ylabel(r"$J(\theta)$")
plt.show()
```

源代码中，专门定义了一个梯度下降法的函数，通过参数 method 来设置梯度下降法的种类。程序生成的图形如图 4-36 所示。明显可见，BGD 处于稳定下降形状，曲线较为光滑；SGD

总体趋势下降，但曲线波动较大；MBGD 总体趋势也是下降，有一定的波动，波动的幅度介于 SGD 和 BGD 之间。此外，还可以明显看出，SGD、MBGD 最后产生的极小值相对 BGD 更小，SGD 最小。也正是因为如此，SGD 在日常工程应用中备受欢迎，因为它计算量更小，通过加大迭代的次数可以找到使误差函数值更小的模型。

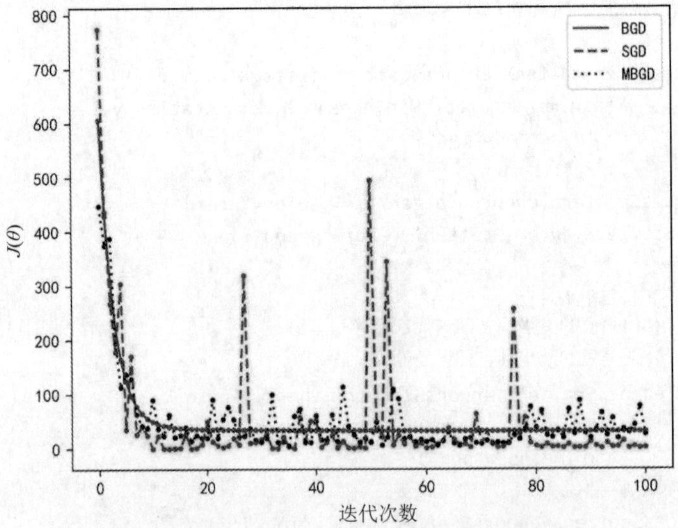

图 4-36　3 种梯度下降法误差下降过程的比较

4.4　小结

本章我们学习了有关微积分、线性代数的高等数学知识。这部分的重要术语总结见表 4-7。学习微积分的精髓就在于用**“微观的角度、积少成多的做法、动态的观点”**这 3 点来分析和解决问题。学习线性代数的精髓就在于用**“空间思维”**来理解。我认为用图来理解这些知识最为形象，在高等数学中就是要建立起自己脑海中的空间概念，从而使数学、机器学习的知识都鲜活起来。

最小二乘法是机器学习中的一种重要的求解最优模型的方法。在线性回归中，用最小二乘法可以拟合出一元一次方程模型、多元一次方程模型、一元高次方程模型和多元多次方程模型，模型越复杂通常越能获得更高的拟合度和更小的误差。但也并不是越复杂越好，因为当模型到达一定的复杂程度时，再增加复杂度已经很难再产生更高的拟合度和更小的误差；而且更为复杂的模型需要更为大量的矩阵运算。

表 4-7　线性回归涉及的高等数学重要术语

术语	一句话总结	补充说明
导数	切线的斜率	1.可导一定连续，但连续不一定可导。 2.极值处导数值必为 0，也就是说在极值点变化率为 0
导数的定义公式	当自变量变化值无限接近于 0 时，导数就是当前点的变化率	
简单函数的求导	必要的公式要记住并会灵活运用	
复合函数的求导	加减乘除、隐含的复合函数求导法则都要学会	
光滑的曲线	函数值没有突变	
偏导数	函数向某一个自变量的导数	
行列式	四方四正的一个数据块，结果是一个值	行列式、矩阵、向量是线性代数中的 3 个核心术语
矩阵	长方形的数据块，如果四方四正则是方阵	
向量	一个带有方向的量	
向量的模	就是向量的长度	
矩阵的秩	决定了矩阵中的向量可以构建的空间的维数；决定了矩阵中有多少个向量线性无关	向量之间线性无关才能一起构建更高维的空间
矩阵的乘法	前面的矩阵对后面的矩阵做线性变换	
线性方程组	得形象地用矩阵变换和空间思维来思考解的情况	

梯度下降法的目的就是通过不断地迭代使误差函数更小，从而找到更为理想的模型参数。梯度就是模型在各个方向上的导数相加而形成的向量，该向量的模就是梯度值。通过使用公式 $x_{k+1} = x_k - \alpha f'(x)|_{x=x_k}$ 就可以在自变量和因变量之间建立起迭代的变化关系，其中 α 是学习率。往梯度的负方向走就能找到极小值（只要存在），往梯度的正方向走就能找到极大值。梯度下降法需要设置迭代的出口，通常用设置最小的梯度值、最大的迭代次数、两次迭代函数值差值的最小值 3 种参数作为迭代出口的判定参数。由于误差函数是一个抛物曲面（或超抛物曲面），故因为梯度消失的原因可能会找到很多个极小值。

有 3 种梯度下降法，即批量梯度下降法（BGD）、随机梯度下降法（SGD）、小批量梯度下降法（MBGD）。其中，BGD 历次迭代使用全部训练数据；SGD 使用一条训练数据；MBGD 使用部分训练数据。BGD 使误差函数的下降更稳定，SGD 的误差函数下降通常不稳定，但总体上更有利于找到更小的极小值。MBGD 是前述 2 种方法的折中。

第5章 深入浅出线性回归的高级知识

图 5-1 为学习路线图，本章知识概览见表 5-1。

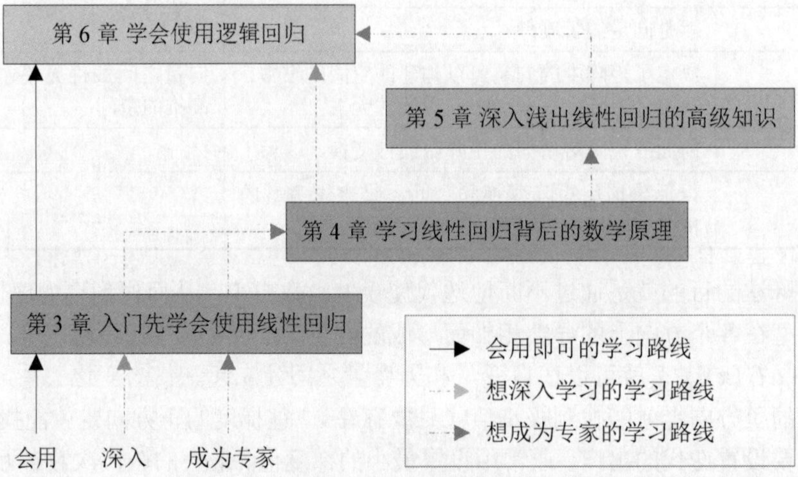

图 5-1 学习路线图

表 5-1 本章知识概览

知识点	难度系数	一句话学习建议
欠拟合、过拟合、恰当拟合	★	建议结合图形来理解这 3 个概念
岭回归	★★★	理解其数学原理就能理解其名称的由来
岭迹法	★★★	应能画出岭迹线并做分析
交叉验证法	★★★	建议结合原理图来理解交叉验证法
Lasso 回归	★★★★	建议结合图形和推导过程来理解 Lasso 回归
次导数、次微分、次梯度	★★★★	知识点超大学数学的纲了，但理解后能拓展思维和知识
坐标轴下降法	★★★★★	应能自己编程用坐标轴下降法实现 Lasso 回归

续表

知识点	难度系数	一句话学习建议
LinearRegression 类	★★	应熟悉其初始化参数、属性、常用方法及使用的流程
Ridge 类	★★	应能用该类做岭回归
RidgeCV 类	★★	应能用该类做岭回归的交叉验证
Lasso 类	★★	应能用该类做 Lasso 回归
LassoCV 类	★★	应能用该类做 Lasso 回归的交叉验证
ElasticNet 类	★★	应能用该类做弹性网络应用
ElasticNetCV 类	★★	应能用该类做弹性网络的交叉验证

本章的内容是有关线性回归的较为高级的知识。首先要理解清楚欠拟合、过拟合和恰当拟合这些术语，然后要学会解决欠拟合、过拟合的问题。第 3 章、第 4 章实质上都是在学会怎么解决欠拟合的问题，那么本章就着重学会怎么解决过拟合的问题，主要的办法就是对误差函数做惩罚。不同的人士学习本章的学习路线建议如图 5-1 所示。

在内容上，本章给出的经典的惩罚办法就是做岭回归、Lasso 回归和使用弹性网络。因此，本章会详细讲解这 3 种惩罚办法的数学原理，并用 Python 编程实现。

深入学习原理后会发现，最为简单的办法就是直接使用 scikit-learn 库里提供的类，包括做岭回归的 Ridge 类、做 Lasso 回归的 Lasso 类、使用弹性网络的 ElasticNet 类。为了获得较为理想的拟合度（或其他的目标评价值），可以使用交叉验证法。scikit-learn 库也提供了用 3 种惩罚办法做交叉验证的类，即 RidgeCV 类、LassoCV 类、ElasticNetCV 类。提倡在学习清楚数学原理后再使用上述类，这样可以事半功倍，程序运行效率也会更高。

5.1 模型优化要解决什么问题

从前述章节内容的学习中，用最小二乘法、梯度下降法都是为了找到让误差函数值最小的模型。但是，在计算误差函数值时，都是只针对训练数据，而没有针对测试数据。这是因为，我们认为对于模型来说，测试数据是模型还没有见过的数据，从而可以用测试数据来评价模型的泛化能力。

5.1.1 欠拟合、过拟合和恰当拟合

要让模型能用于做预测，就要想办法使模型对未见过的数据具有良好的泛化能力。有了模型后，对模型的评价结果存在 3 种定性的评价。为了让大家更为形象地理解这 3 种定性的评价，作出定性评价图，如图 5-2 所示。

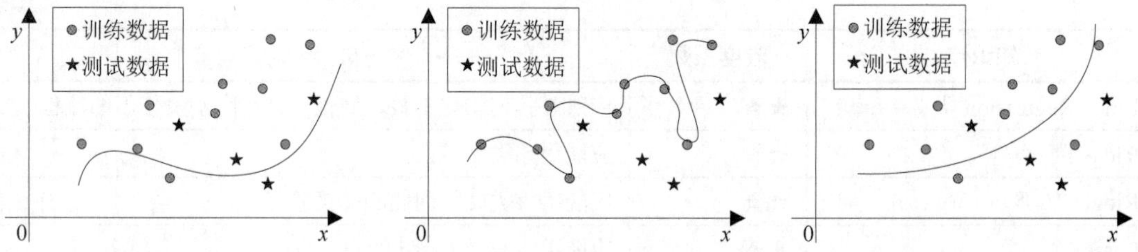

（a）欠拟合　（b）过拟合　（c）恰当拟合

图 5-2　对模型的 3 种定性评价

（1）欠拟合。欠拟合是指模型对训练数据的拟合度过低、误差值过大，自然泛化能力也不会怎么好。所谓泛化能力良好可以理解为模型对未知数据（如测试数据）的拟合度高、误差值小。就算发现泛化能力良好，也有可能是针对特定的测试数据而已。在表 4-5 所示的用最小二乘法拟合出的线性模型中就出现过这种情况，对测试数据拟合度达到 0.69 的第 4 个模型对训练数据的拟合度却只有 0.43。解决欠拟合问题的办法有：增大训练数据的样本数据数量、增大训练数据的特征数据项数量、采用更为复杂的线性模型等。

（2）过拟合。过拟合是指模型对训练数据的拟合度较好、误差值较小，但泛化能力并不好。在表 4-5 所示的用最小二乘法拟合出的线性模型中也出现过这种相近的情况，对训练数据拟合度为 0.56（还说不上有多高）的第 6 个模型对测试数据的拟合度却只有 0.14。解决过拟合问题的办法有：尽可能地减少训练数据的特征数据项数量、尽可能地采用较为简单的模型、对误差函数进行惩罚等。

（3）恰当拟合。恰当拟合就是指模型对训练数据和测试数据的拟合度均较高、误差值也均较小，而且模型还并不复杂。

5.1.2　怎么解决过拟合的问题

做线性回归模型的优化就是要让模拟达到恰当拟合的状态。怎么解决欠拟合的问题？其实前两章的内容都在做这件事，一直在不断地学习各种方法来采用更为复杂的模型使各种评价指标更为理想。那么接下来就应当学习怎么解决过拟合的问题，重点就是学会对误差函数进行惩罚，以提升模型的泛化能力。

惩罚的办法有很多种。最为常用的就是做正则化，做 Lasso 回归和岭回归。下面就来学习这些方法。

5.2　用岭回归对线性回归模型做惩罚

怎么理解岭回归？为什么叫岭回归？叙述如下。

5.2.1 做岭回归用最小二乘法时的数学原理

在前述章节的学习中，我们已经知道，如果用最小二乘法求解线性回归模型的参数，公式是这样的：

$$\boldsymbol{\theta} = (\boldsymbol{X}^{\mathrm{T}}\boldsymbol{X})^{-1}\boldsymbol{X}^{\mathrm{T}}\boldsymbol{Y}$$

其中：

$$\boldsymbol{X} = \begin{bmatrix} {\boldsymbol{x}_0}^{\mathrm{T}} \\ \vdots \\ {\boldsymbol{x}_{m-1}}^{\mathrm{T}} \end{bmatrix} = \begin{bmatrix} x_{00} & \cdots & x_{0n} \\ \vdots & \ddots & \vdots \\ x_{(m-1)0} & \cdots & x_{(m-1)n} \end{bmatrix} = \begin{bmatrix} 1 & x_{01} & \cdots & x_{0n} \\ \vdots & \vdots & \ddots & \vdots \\ 1 & x_{(m-1)1} & \cdots & x_{(m-1)n} \end{bmatrix}$$

$$\boldsymbol{\theta} = \begin{bmatrix} \theta_0 \\ \theta_1 \\ \vdots \\ \theta_n \end{bmatrix}$$

仍然采用误差函数：

$$J(\boldsymbol{\theta}) = \frac{1}{2m}\sum_{i=0}^{m-1}(y_{pi} - y_i)^2$$

误差函数的偏导数是这样的：

$$\begin{cases} \dfrac{\partial J(\boldsymbol{\theta})}{\partial \theta_0} = \dfrac{1}{m}\displaystyle\sum_{i=0}^{m-1}({\boldsymbol{x}_i}^{\mathrm{T}}\boldsymbol{\theta} - y_i) \\ \dfrac{\partial J(\boldsymbol{\theta})}{\partial \theta_k} = \dfrac{1}{m}\displaystyle\sum_{i=0}^{m-1}(({\boldsymbol{x}_i}^{\mathrm{T}}\boldsymbol{\theta} - y_i)x_{ik}) \end{cases}$$

用岭回归做惩罚时，不对θ_0做惩罚，做法是在误差函数中加入惩罚项 $\frac{1}{2m}\sum_{j=1}^{n}(\lambda{\theta_j}^2)$，其中$\lambda$为一个常数。则误差函数就变成了：

$$J(\boldsymbol{\theta}) = \frac{1}{2m}\left(\sum_{i=0}^{m-1}(y_{pi} - y_i)^2 + \sum_{j=1}^{n}(\lambda{\theta_j}^2)\right) \tag{5-1}$$

这样，误差函数的偏导数就变成了：

$$\begin{cases} \dfrac{\partial J(\boldsymbol{\theta})}{\partial \theta_0} = \dfrac{1}{m}\displaystyle\sum_{i=0}^{m-1}({\boldsymbol{x}_i}^{\mathrm{T}}\boldsymbol{\theta} - y_i) \\ \dfrac{\partial J(\boldsymbol{\theta})}{\partial \theta_k} = \dfrac{1}{m}\left(\displaystyle\sum_{i=0}^{m-1}(({\boldsymbol{x}_i}^{\mathrm{T}}\boldsymbol{\theta} - y_i)x_{ik}) + \lambda\theta_k\right) \end{cases}$$

提示：求 $\frac{\partial J(\boldsymbol{\theta})}{\partial \theta_k}$ 的过程中，把$\boldsymbol{\theta}$向量中θ_k以外的变量看成常量，因此：

$$\frac{\partial}{\partial \theta_k}\left(\frac{1}{2m}\sum_{j=1}^{n}\left(\lambda{\theta_j}^2\right)\right)=\frac{1}{m}\lambda\theta_k$$

如果用线性方程组的形式来表达，则方程组为：

$$\boldsymbol{X}^{\mathrm{T}}\boldsymbol{X}\boldsymbol{\theta}+\lambda\boldsymbol{\theta}=\boldsymbol{X}^{\mathrm{T}}\boldsymbol{Y}\Rightarrow(\boldsymbol{X}^{\mathrm{T}}\boldsymbol{X}+\lambda\boldsymbol{E})\boldsymbol{\theta}=\boldsymbol{X}^{\mathrm{T}}\boldsymbol{Y}\Rightarrow\boldsymbol{\theta}=(\boldsymbol{X}^{\mathrm{T}}\boldsymbol{X}+\lambda\boldsymbol{E})^{-1}\boldsymbol{X}^{\mathrm{T}}\boldsymbol{Y}$$

其中，$\boldsymbol{E}$表示单位矩阵，即只有对角线元素值为 1 的矩阵：

$$\boldsymbol{E}=\begin{bmatrix}1 & 0 & 0\\ 0 & \ddots & 0\\ 0 & 0 & 1\end{bmatrix}$$

由于不对θ_0做惩罚，线性方程组解的描述准确严谨的表达为：

$$\boldsymbol{\theta}=\left(\boldsymbol{X}^{\mathrm{T}}\boldsymbol{X}+\lambda\begin{bmatrix}0 & 0\\ 0 & \boldsymbol{E}\end{bmatrix}\right)^{-1}\boldsymbol{X}^{\mathrm{T}}\boldsymbol{Y} \tag{5-2}$$

因为单位矩阵中的向量是线性无关的，所以在做线性回归时，可以确保$\left(\boldsymbol{X}^{\mathrm{T}}\boldsymbol{X}+\lambda\begin{bmatrix}0 & 0\\ 0 & \boldsymbol{E}\end{bmatrix}\right)$是可逆的，从而可以使用式（5-2）来直接求解模型的$\boldsymbol{\theta}$参数值。

理解了岭回归的数学原理，接下来就讨论两个问题。第一个问题是为什么叫岭回归？因为在求得模型的$\boldsymbol{\theta}$参数值的式(5-2)中，加入了$\lambda\begin{bmatrix}0 & 0\\ 0 & \boldsymbol{E}\end{bmatrix}$这个项，这个项也就是$\begin{bmatrix}0 & 0 & \dots & 0\\ 0 & \lambda & \ddots & 0\\ \vdots & \ddots & \ddots & \vdots\\ 0 & \dots & 0 & \lambda\end{bmatrix}$，对角线上出现了许多的$\lambda$，沿对角线对折看起来，这就好像一座山峰的山岭，所以就形象地称为“**岭回归**”。此外，因为使用的惩罚项是平方项，且值为正值，因此这类使用正值做惩罚的方式就称为**正则化**，加入的惩罚项就称为**正则项**，岭回归中则对应称为 **L2 正则化**，加入的这个平方项的惩罚项就对应称为 **L2 正则项**。

第二个问题是怎么得到一个合适的λ值？接下来回答这个问题。

5.2.2 用岭迹法找到合适的λ值

没有加入惩罚项的误差函数图形是一个抛物曲面或抛物超曲面，那加入以后的图形是什么样子呢？

仍以此前做过的例子来讲解，取波士顿房价数据集的 RM 为特征数据，此时有 2 个模型参数$\boldsymbol{\theta}=\begin{bmatrix}\theta_0\\ \theta_1\end{bmatrix}$。如图 5-3 所示，最下面的凹曲面是惩罚项 $J(\boldsymbol{\theta})=\frac{1}{2m}\sum_{j=1}^{n}\left(\lambda{\theta_j}^2\right)$ 的图形；中间的

抛物曲面是不带惩罚项的误差函数 $J(\boldsymbol{\theta})=\frac{1}{2m}\sum_{i=0}^{m-1}(y_{pi}-y_i)^2$ 的图形；

上面的凹曲面是带惩罚项的误差函数 $J(\boldsymbol{\theta})=\frac{1}{2m}\left(\sum_{i=0}^{m-1}(y_{pi}-y_i)^2+\sum_{j=1}^{n}\left(\lambda\theta_j{}^2\right)\right)$ 的图形。

可见，带惩罚项的误差函数的图形是惩罚项和不带惩罚项的误差函数这两者图形的综合。

提示：带惩罚项的误差函数的图形不是加号两边式子图形相交的结果。其中，加号左边为不带惩罚项的误差函数，加号右边为惩罚项。请注意理解这一点。

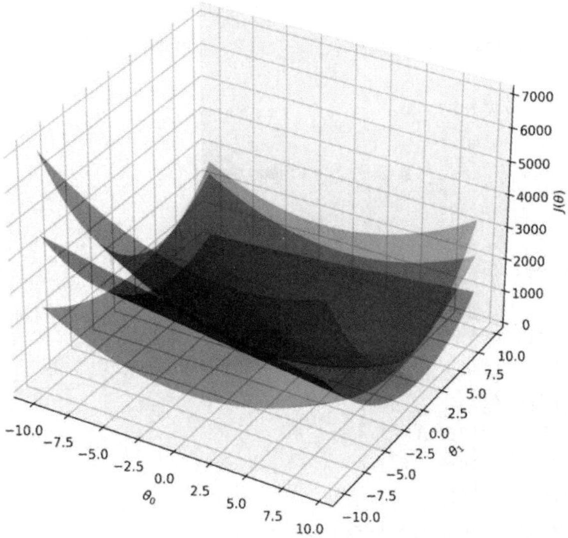

图 5-3　误差函数的图形

从图形来看，综合后的图形更好寻找最小值，因为带有了惩罚项的凹曲面图像基因。但这与找到合适的λ值又有什么关系呢？要找到合适的λ值需要使用到其他的办法。但是，我们先要在脑海里形成的一种印象就是加入惩罚项后，最小二乘法会试图找到加入惩罚项后的误差函数的极小值，会让惩罚项和不带惩罚项的误差函数都能找到极小值，从而才能得到最终的极小值。

寻找合适的λ值可以使用岭迹图法。从式（5-2）来看，$\boldsymbol{\theta}$是一个关于λ的函数，自变量只有一个，这时我们可以做出两者的关系图。

假定要拟合的模型为：

$$y=\theta_0+\theta_1x_1+\theta_2x_2+\theta_3x_1{}^2+\theta_4x_2{}^2+\theta_5x_1{}^3+\theta_6x_2{}^3$$

仍用波士顿房价数据集来分析，取 RM 和 DIS 特征项作为上面的模型中的x_1和x_2，画出岭迹图的源代码如下。

源代码 5-1　画岭迹图

```
#====导入各种要用到的库、类====-
import numpy as np
import pandas as pd
from sklearn.datasets import load_boston
from sklearn.model_selection import train_test_split
from matplotlib import pyplot as plt
#====加载数据====
#加载波士顿房屋价格数据集
boston=load_boston()
bos=pd.DataFrame(boston.data)
#获得 RM 和 DIS 特征项
X=np.array(bos[[5,7]])
#获得目标数据项
bos_target=pd.DataFrame(boston.target)
y=np.array(bos_target)
#====生成训练数据和测试数据====
XTrain,XTest,yTrain,yTest=\
    train_test_split(X,y,test_size=0.2,random_state=1)
#在 XTrain 前插入全 1 的列
m=XTrain.shape[0]
onesArray=np.ones((m,1))
#生成其他的特征项
XTrainModi=np.hstack((onesArray,\
            XTrain[:,0:1],\
            XTrain[:,1:2],\
            np.power(XTrain[:,0:1],2),\
            np.power(XTrain[:,1:2],2),\
            np.power(XTrain[:,0:1],3),\
            np.power(XTrain[:,1:2],3)\
            ))
#====画岭迹图====
lambdaMax=1000 #lambda 的最大值
#初始化岭迹图中各点的坐标值
xyArray=np.zeros((lambdaMax,XTrainModi.shape[1]))
for lambdaValue in range(1,lambdaMax):
    #根据式（5-2）计算出模型的参数值
    xtx=np.dot(XTrainModi.T,XTrainModi)
    eMatrix=np.eye(XTrainModi.shape[1])
    eMatrix[0][0]=0
    xtx=xtx+lambdaValue*eMatrix
    theta=np.dot(np.dot(np.linalg.inv(xtx),XTrainModi.T),yTrain)
    for i in range(XTrainModi.shape[1]):
        xyArray[lambdaValue][i]=theta[i][0]
#画岭迹线
```

```
#画 theta0 的岭迹线
#plt.plot(range(1,lambdaMax),xyArray[1:,0],label=r"$\theta_0$",\
#        color="blue",linestyle="--")
#画其他 theta 值的岭迹线
for i in range(1,XTrainModi.shape[1]):
    plt.plot(range(1,lambdaMax),xyArray[1:,i],label=r"$\theta_"+str(i)+"$")
plt.legend()
plt.show()
```

提示：（1）源代码运行可生成图 5-4（b），如果要生成图 5-4（a），将“画 theta0 的岭迹线”这部分源代码取消注释即可。

（2）如果书中的图是黑白的，不必纠结于一定要在图中按图例区分各条线，从图中看出各个θ值随λ变化而趋于稳定即可。

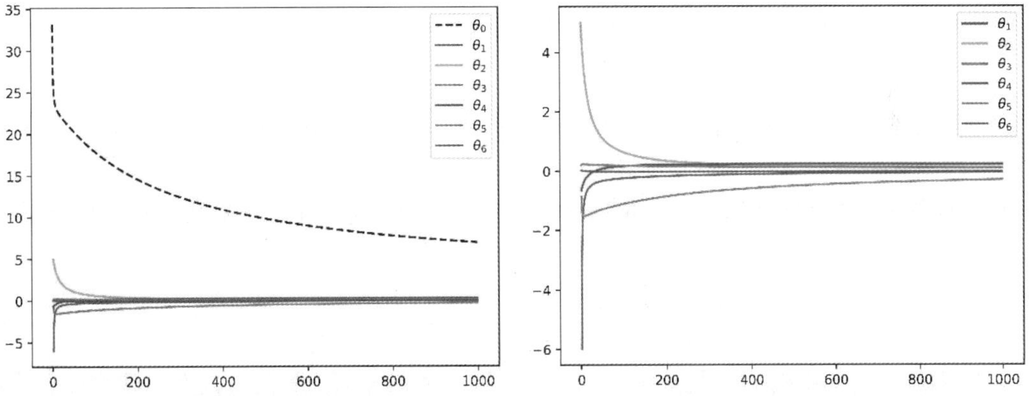

（a）带θ_0的岭迹图　　（b）不带θ_0的岭迹图

图 5-4　岭迹图

图 5-4 中，没有作出$\boldsymbol{\theta}$为零向量时的点。从图 5-4（a）可以看出，对θ_0不做惩罚，所以不会较快地趋向于一个稳定值。θ_1～θ_6的值在λ为 200 左右时就已经趋于稳定。从图 5-4（b）可看出，θ_1～θ_6的值并不会都为 0，但是会向这个方向缓慢地发展。

源代码中，eMatrix 代表$\lambda\begin{bmatrix}0 & 0\\0 & \boldsymbol{E}\end{bmatrix}$，因此使用了以下的语句来设置其值并参与运算：

```
eMatrix=np.eye(XTrainModi.shape[1])
eMatrix[0][0]=0
xtx=xtx+lambdaValue*eMatrix
```

其中，XTrainModi.shape[1]得到训练数据的列数，也即特征项个数。

5.2.3　做岭回归用梯度下降法时的数学原理

第 4 章讨论过，还有一种做线性回归的方法是梯度下降法。针对梯度下降法怎么做岭回归呢？

在误差函数中加入 L2 正则项之后，向量$\boldsymbol{\theta}$的迭代计算公式就相应所有变化。当然，由于对θ_0不做惩罚，θ_0的迭代公式没有变化，仍然为：

$$\theta_0 = \theta_0 - \alpha \frac{\partial}{\partial \theta_0} J(\boldsymbol{\theta}) = \theta_0 - \alpha \frac{1}{m} \sum_{i=0}^{m-1} (\boldsymbol{x}_i{}^{\mathrm{T}} \boldsymbol{\theta} - y_i)$$

我们重点关注向量$\boldsymbol{\theta}$中的其他参数的迭代公式。仍以具有代表性的多元一次方程来推导，因为其他线性回归模型都是多元一次方程的变换。

$$\theta_k = \theta_k - \alpha \frac{\partial}{\partial \theta_k} J(\boldsymbol{\theta}) = \theta_k - \alpha \frac{1}{m} \left(\sum_{i=0}^{m-1} \left((\boldsymbol{x}_i{}^{\mathrm{T}} \boldsymbol{\theta} - y_i) x_{ik} \right) + \lambda \theta_k \right)$$

$$= \left(1 - \alpha \frac{\lambda}{m}\right) \theta_k - \frac{\alpha}{m} \sum_{i=0}^{m-1} \left((\boldsymbol{x}_i{}^{\mathrm{T}} \boldsymbol{\theta} - y_i) x_{ik} \right) \tag{5-3}$$

用式（5-3）对比第 4 章中讨论过的迭代公式可以发现，变化的就是$\left(1 - \alpha \frac{\lambda}{m}\right) \theta_k$。实际应用中，$m$会比较大（即数据样本数量较多），$\left(1 - \alpha \frac{\lambda}{m}\right)$会是一个比 1 略小的值。也就是每次迭代，会使得$\theta_k$比上一轮迭代又缩小一点。

正因为迭代公式中θ_k的系数变成了$\left(1 - \alpha \frac{\lambda}{m}\right)$，使得梯度向量的方向有小幅变化。当$\lambda$值过大，惩罚力度过大时，会使得误差函数的值更偏向于 L2 正则项，图形也会更像 L2 正则项；当λ值过小，又难以起到惩罚作用时，怎么得到合适的λ值呢？根据我的经验，λ的值通常在m值的附近，其取值区间暂未见有人提出较好的定义。这样说还是难以找到一个准确的值，那怎么办呢？一种办法是使用前述讨论的岭迹法，但是这样需要做图来人工判断；另一种办法是使用交叉验证法，这实际上是一种目标导向的做法。接下来就一起学习交叉验证法。

5.2.4 用交叉验证法找到合适的λ值

交叉验证法名称的由来是根据其做法来命名的。交叉验证法从其本质上来说先是一种交叉划分数据集的方法，在划分好数据集后，再用划分的结果来验证建立的模型，所以就称这种方法为交叉验证法。交叉验证法有多种，最为常用的还是 K 折（K-Fold）交叉验证，下面就一起来学习。

提示：建议大家理解交叉验证法，这样就可以把这种方法应用在机器学习的很多场合，如：有了模型后，就可以用交叉验证法划分数据集，再针对不同数据集求得对模型的评价值，取评价值的平均值作为模型的评价值。

如图 5-5 所示，K-Fold 交叉验证法会将数据划分k次，每次都是不同的划分方法，得到k种划分结果。这些不同的划分方法是总有$k-1$份是训练数据，1 份是验证数据。

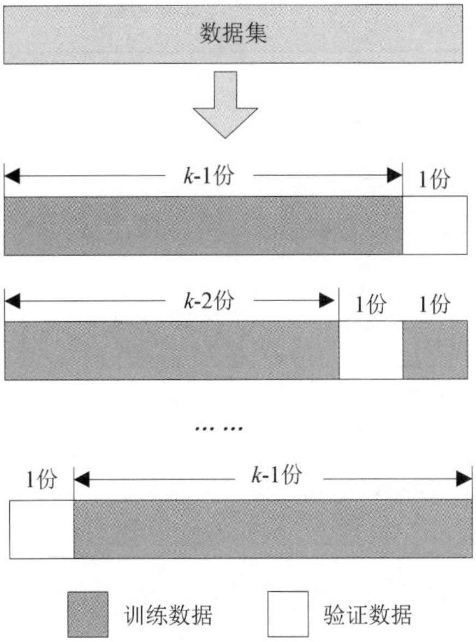

图 5-5 K-Fold 交叉验证法

Python 的 scikit-learn 库中已经提供了 K-Fold 交叉验证法的类，我们可以直接使用，而没有必要再自行编写程序了。使用之前应用以下的语句导入 KFold 类：

```
from sklearn.model_selection import KFold
```

KFold 类的初始化方法如下：

```
KFold(n_split=5, shuffle=False, random_state=None)
```

n_split 参数表示折数，默认为 5 折；shuffle 参数表示是否将传入的数据集顺序打乱，每次再随机地划分，默认为 False，表示不打乱；random_state 参数表示随机状态。

在使用 KFold 类初始化后可得到一个 KFold 对象，接下来就可以调用以下的方法得到划分结果：

```
trainIndex,verifyIndex=KFold.split(X)
```

参数X表示要划分的数据集。方法返回两个值，第 1 个是划分后的训练数据在数据集中的索引号（即行号）数组；第 2 个是划分后的验证数据在数据集中的索引号（即行号）数组。

提示：KFold.split(X)方法返回的划分结果是在原数据集中索引号（即行号）的数组，而不是数据。还有一点要说明的是，该方法是用 yield 关键字返回索引号数据组的，因此返回的结果不能直接用二维数组接受赋值，而应当迭代接受赋值。

接下来，一起来做个例子。仍以讨论岭迹法时的波士顿房价数据集为例。如图 5-6 所示，为了找到合适的λ值，可将已划分出的训练数据 XTrain 进一步使用 K-Fold 方法把数据集划分成训练数据、验证数据、测试数据 3 个部分。通常认为模型如果对验证数据有较好的泛化能力，则应该对测试数据有更好的泛化能力。也就是说，模型应对验证数据的拟合度高、误差小。

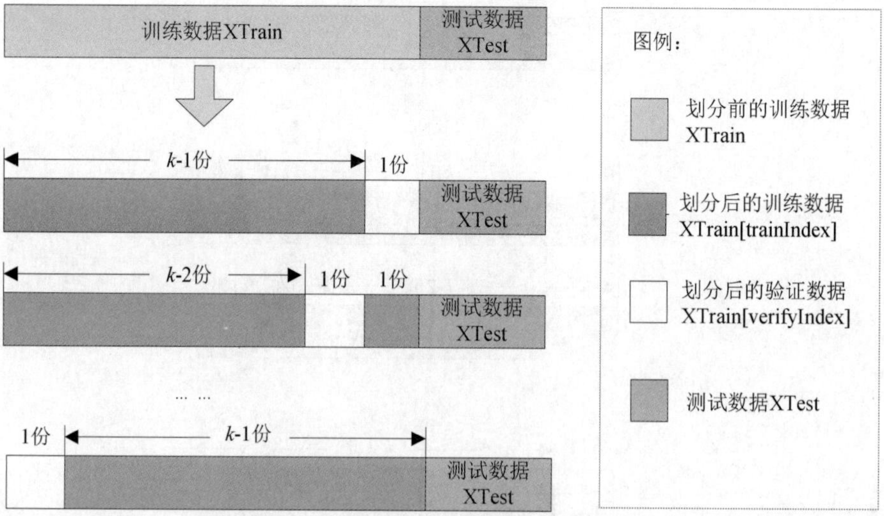

图 5-6　对训练数据使用 K-Fold 再做划分

源代码 5-2　用交叉验证法为最小二乘法找到合适的λ值

```
#====导入各种要用到的库、类=====-
import numpy as np
import pandas as pd
from sklearn.datasets import load_boston
from sklearn.model_selection import train_test_split
from sklearn import metrics
from sklearn.model_selection import KFold
from sklearn import preprocessing
from matplotlib import pyplot as plt
#====定义计算综合评价值的函数====
def caculateQuota(r2,mae):
    return 0.5*r2+0.5*mae
#====定义根据r2List和maeList计算出综合评价值数组的函数====
def caculateQuotaList(r2List,maeList):
    #生成Min-Max标准化类
    minMaxScaler = preprocessing.MinMaxScaler()
    #做Min-Max标准化
    r2MinMax = minMaxScaler.fit_transform(np.array([r2List]).T)
    r2MinMaxOneDim=r2MinMax.T[0]
    maeMinMax = minMaxScaler.fit_transform(np.array([maeList]).T)
    maeMinMaxOneDim=maeMinMax.T[0]
    #调整数据方向
    maeMinMaxOneDim=1-maeMinMaxOneDim
```

```
    #得到综合评价值数组
    quotaList=[]
    index=0 #索引号
    for r2 in r2MinMaxOneDim:
        quote=caculateQuota(r2,maeMinMaxOneDim[index])
        quotaList.append(quote)
        index+=1
    return quotaList
#====定义模型计算函数====
#XData 不包括全 1 的列
def modelFunc(XData,theta):
    return theta[0][0]+np.dot(XData,theta[1:,:])
#====加载数据====
#加载波士顿房屋价格数据集
boston=load_boston()
bos=pd.DataFrame(boston.data)
#获得 RM 和 DIS 特征项
X=np.array(bos[[5,7]])
#获得目标数据项
bos_target=pd.DataFrame(boston.target)
y=np.array(bos_target)
#====生成训练数据和测试数据====
XTrain,XTest,yTrain,yTest=\
    train_test_split(X,y,test_size=0.2,random_state=1)
#在 XTrain 前插入全 1 的列
m=XTrain.shape[0]
onesArray=np.ones((m,1))
XTrainModi=np.hstack((onesArray,XTrain))
#生成用于尝试的 lambda 值的数组
#lambdaList=[0.001,0.003,0.01,0.03,0.1,0.3,1,3,10,30,100,300,1000]
lambdaList=range(10)
lambdaMaeList=[]
lambdaR2List=[]
lambdaQuotaList=[]
#====将 XTrain 做 10 折划分====
kf = KFold(n_splits=10)
for lambdaValue in lambdaList:
    maeArray=[]
    r2Array=[]
    for trainIndex, verifyIndex in kf.split(XTrainModi):
        XTrainKFold, XVerifyKFold = XTrainModi[trainIndex], \
            XTrainModi[verifyIndex]
        yTrainKFold, yVerifyKFold = yTrain[trainIndex], \
            yTrain[verifyIndex]
        #根据式（5-2）计算出模型的参数值
        xtx=np.dot(XTrainKFold.T,XTrainKFold)
```

```
        eMatrix=np.eye(XTrainKFold.shape[1])
        eMatrix[0][0]=0
        xtx=xtx+lambdaValue*eMatrix
        theta=np.dot(np.dot(np.linalg.inv(xtx),\
                         XTrainKFold.T),yTrainKFold)
        #计算出模型对验证数据的 R2 值
        yPredResult=modelFunc(XVerifyKFold[:,1:],theta)
        r2=metrics.r2_score(yVerifyKFold,yPredResult)
        r2Array.append(r2)
        #计算出模型对验证数据的 MAE 值
        mae=metrics.mean_absolute_error(yVerifyKFold,yPredResult)
        maeArray.append(mae)
    #计算评价指标的平均值
    lambdaMae=np.average(np.array(maeArray))
    lambdaMaeList.append(lambdaMae)
    lambdaR2=np.average(np.array(r2Array))
    lambdaR2List.append(lambdaR2)
    print("lambda:",lambdaValue,"。MAE:",lambdaMae,"; R2:",lambdaR2)
#====计算综合评价指标并评价====
compQuota=caculateQuotaList(lambdaR2List,lambdaMaeList)
bestModelNo=compQuota.index(max(compQuota))
print("根据综合评价指标判断，第"+str(bestModelNo)+\
     "个 lambda 最优，lambda 值为："+str(lambdaList[bestModelNo])+\
     "，综合评价值为：",round(compQuota[bestModelNo],2))
#====画评价曲线图====
plt.plot(range(len(lambdaList)),compQuota,label="综合评价指标")
plt.plot(range(len(lambdaList)),\
      lambdaR2List,label=r"$R^2$",linestyle="--")
plt.plot(range(len(lambdaList)),\
      lambdaMaeList,label="MAE",linestyle="-.")
plt.legend()
plt.xlabel(r"$\lambda$")
#解决中文字符显示问题
from pylab import mpl
mpl.rcParams['font.sans-serif'] = ['SimHei'] # 指定默认字体
plt.show()
```

程序运行的结果如图 5-7 和图 5-8 所示。从控制台输出及图形来看，在λ值为 1～10 时，评价指标变化很小，总地来说，***MAE*** 变大，$\boldsymbol{R^2}$ 有缓慢上升。误差值怎么更大了呢？这是因为，此前我们使用最小二乘法求解模型的参数时，获得的误差值对于训练数据来说已经是最小了，通常对验证数据也会较小。还有一点要说明的是，此前用的最小二乘法针对的是训练数据 XTrain，这里用最小二乘法针对的是做交叉验证法后的得到的训练数据 XTrainKFold，训练的数据集不同。

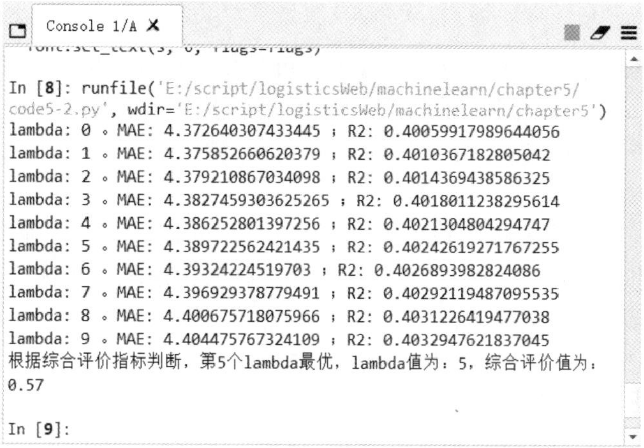

```
In [8]: runfile('E:/script/logisticsWeb/machinelearn/chapter5/
code5-2.py', wdir='E:/script/logisticsWeb/machinelearn/chapter5')
lambda: 0 。MAE: 4.372640307433445 ；R2: 0.40059917989644056
lambda: 1 。MAE: 4.375852660620379 ；R2: 0.4010367182805042
lambda: 2 。MAE: 4.379210867034098 ；R2: 0.4014369438586325
lambda: 3 。MAE: 4.3827459303625265 ；R2: 0.4018011238295614
lambda: 4 。MAE: 4.386252801397256 ；R2: 0.4021304804294747
lambda: 5 。MAE: 4.389722562421435 ；R2: 0.40242619271767255
lambda: 6 。MAE: 4.39324224519703 ；R2: 0.4026893982824086
lambda: 7 。MAE: 4.396929378779491 ；R2: 0.40292119487095535
lambda: 8 。MAE: 4.400675718075966 ；R2: 0.4031226419477038
lambda: 9 。MAE: 4.404475767324109 ；R2: 0.4032947621837045
根据综合评价指标判断，第5个lambda最优，lambda值为：5，综合评价值为：
0.57

In [9]:
```

图 5-7　运行源代码 5-2 后控制台的输出

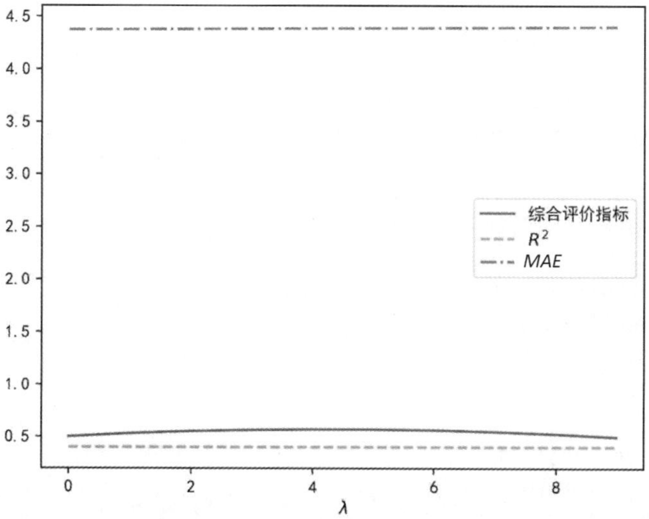

图 5-8　运行源代码 5-2 生成的图

源代码 5-2 中最关键的源代码是以下代码段：

```
for trainIndex, verifyIndex in kf.split(XTrainModi):
    XTrainKFold, XVerifyKFold = XTrainModi[trainIndex], \
        XTrainModi[verifyIndex]
    yTrainKFold, yVerifyKFold = yTrain[trainIndex], \
        yTrain[verifyIndex]
```

由于 kf.split(XTrainModi)方法是用 yield 返回划分结果的，所以用 for 循环接受返回的值，再用 XTrainModi[trainIndex],XTrainModi[verifyIndex]得到划分后的训练数据、验证数据，用 yTrain[trainIndex], yTrain[verifyIndex]得到划分后的训练数据对应的目标数据、验证数据对应的目标数据。

提示：λ不是得到的模型中的参数，而是在求解模型的过程中使用到的误差函数中的参数。

接着来讨论λ和α这 2 个参数。λ是误差函数中的参数，所以岭回归法、梯度下降法的误差函数中均有这个参数；而α只在梯度下降法做迭代$\boldsymbol{\theta}$时的迭代公式中有，最小二乘法中没有学习率α这个参数。

可以发现，在前述中用岭迹图找到的λ值偏大，且并不能马上找到一个比较确切的λ值，由此带来的误差值也会比较大。那用梯度下降法会是什么情况呢？用梯度下降法自己编程实现会复杂一些，需要保持清醒的头脑。下面就来实现。

源代码 5-3　用交叉验证法为梯度下降法找到合适的λ值

```
#====导入各种要用到的库、类====-
import numpy as np
import pandas as pd
import random
from sklearn.datasets import load_boston
from sklearn.model_selection import train_test_split
from sklearn import metrics
from sklearn.model_selection import KFold
from sklearn import preprocessing
from matplotlib import pyplot as plt
#====此处省略与源代码 5-2 相同的“定义计算综合评价值的函数”====
#====此处省略与源代码 5-2 相同的“定义根据 r2List 和
#====maeList 计算出综合评价值数组的函数”====
#====此处省略与源代码 5-2 相同的“定义模型计算函数”====
#====定义带惩罚项的误差函数====
def errorFuncAddPunish(x,yTrue,theta,lambdaValue):
    yPred=modelFunc(x[:,1:],theta)
    errors=0
    for i in range(len(yPred)):
        errors+=(yPred[i][0]-yTrue[i][0])**2
    sumPunish=0
    #theta[0][0]不惩罚
    for j in range(len(theta)):
        if(j==0):
            continue
        sumPunish+=theta[j][0]**2
    sumPunish=lambdaValue*sumPunish
    errors+=sumPunish
    errors=(1/(2*len(x)))*errors
    return errors
#====定义误差函数的偏导函数====
def pThetaFunc(x,yTrue,theta):
    gradient=np.zeros((len(theta),1))
    for k in range(len(theta)):
```

```
        sumErrors=0
        for i in range(len(x)):
            sumErrors+=(np.dot(x[i:i+1,:],theta)-yTrue[i][0])*x[i,k]
        sumErrors=sumErrors/len(x)
        gradient[k][0]=sumErrors
    return gradient
#====定义计算梯度模的函数====
def mOfGradient(gradient):
    sumGradients=0
    for i in range(len(gradient)):
        sumGradients+=gradient[i][0]**2
    return np.sqrt(sumGradients)
#====此处省略与源代码 5-2 相同的“加载数据”====
#====此处省略与源代码 5-2 相同的“生成训练数据和测试数据”====
#====用 BGD 找合适的 lambda 值====
lambdaList=range(10)
lambdaMaeList=[]
lambdaR2List=[]
lambdaQuotaList=[]
#====将 XTrain 做 10 折划分====
kf = KFold(n_splits=10)
for lambdaValue in lambdaList:
    maeArray=[]
    r2Array=[]
    #用交叉验证法重新划分训练数据
    for trainIndex, verifyIndex in kf.split(XTrain):
        XTrainKFold, XVerifyKFold = XTrain[trainIndex], \
            XTrain[verifyIndex]
        yTrainKFold, yVerifyKFold = yTrain[trainIndex], \
            yTrain[verifyIndex]
        #随机生成 theta 参数的初始值
        theta=np.zeros((3,1))
        for i in range(3):
            theta[i][0]=random.randint(-50,50)
        lr=0.003#设置学习率
        maxIteration=1000#最大迭代次数
        minThreshold=0.0003#阈值
        minGradient=0.01#梯度最小的模
        errorsArray=[]#误差值数组
        #初始误差
        errors=errorFuncAddPunish(XTrainKFold,yTrainKFold,theta,lambdaValue)
        errorsArray.append(errors)
        thetaOld=theta#旧的 theta
        thetaNew=np.zeros((len(theta),1))#初始化新的 theta
        for i in range(maxIteration):
            #计算梯度
```

```
            gradient=pThetaFunc(XTrainKFold,yTrainKFold,thetaOld)
            if(mOfGradient(gradient)<minGradient):
                break
            #根据 lambda 调整梯度,其中 theta[0][0]不调整
            for j in range(len(gradient)):
                if(i==0):
                    thetaNew[j][0]=thetaOld[j][0]-lr*gradient[j][0]
                    continue
                thetaNew[j][0]=(1-lr*lambdaValue/len(XTrainKFold))\
                    *thetaOld[j][0]-lr*gradient[j][0]
            #计算误差
            errors=errorFuncAddPunish(XTrainKFold,\
    yTrainKFold,thetaNew,lambdaValue)
            errorsArray.append(errors)
            #根据两次迭代的误差值判断是否退出迭代
            diffErrors=abs(errorsArray[i+1]-errorsArray[i])
            if(diffErrors<minThreshold):
                break
            thetaOld=thetaNew
        theta=thetaNew
        #计算出模型对验证数据的 R2 值
        yPredResult=modelFunc(XVerifyKFold[:,1:],theta)
        r2=metrics.r2_score(yVerifyKFold,yPredResult)
        r2Array.append(r2)
        #计算出模型对验证数据的 MAE 值
        mae=metrics.mean_absolute_error(yVerifyKFold,yPredResult)
        maeArray.append(mae)
    #计算评价指标的平均值
    lambdaMae=np.average(np.array(maeArray))
    lambdaMaeList.append(lambdaMae)
    lambdaR2=np.average(np.array(r2Array))
    lambdaR2List.append(lambdaR2)
    print("lambda:",lambdaValue,"。MAE:",lambdaMae,"; R2:",lambdaR2)
#====此处省略与源代码 5-2 相同的“计算综合评价指标并评价”====
#====此处省略与源代码 5-2 相同的“画评价曲线图”====
```

程序运行的结果如图 5-9 和图 5-10 所示。从控制台输出及图形来看，在λ值为 1～10 时，评价指标变化有一定的波动幅度。结果表明在λ值为 7 时，对验证数据的拟合度为 0.295。这个结果比用最小二乘法要差，而且用梯度下降法程序运行的时间也比较长，从源代码也可以看出，存在着三重循环。第 1 重循环用λ值控制，第 2 重循环用交叉验证法产生的数据集划分结果控制；第 3 重循环用于做梯度下降迭代。

在定义带惩罚项的误差函数时，要特别注意，对θ_0是不惩罚的，所以有：

```
#====定义带惩罚项的误差函数====
def errorFuncAddPunish(x,yTrue,theta,lambdaValue):
    yPred=modelFunc(x[:,1:],theta)
```

```
    errors=0
    for i in range(len(yPred)):
        errors+=(yPred[i][0]-yTrue[i][0])**2
    sumPunish=0
    #theta[0][0]不惩罚
    for j in range(len(theta)):
        if(j==0):
            continue
        sumPunish+=theta[j][0]**2
    sumPunish=lambdaValue*sumPunish
    errors+=sumPunish
    errors=(1/(2*len(x)))*errors
    return errors
```

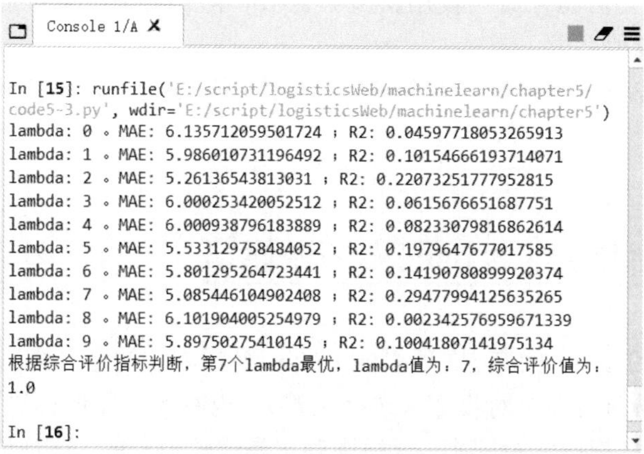

图 5-9　运行源代码 5-3 后控制台的输出

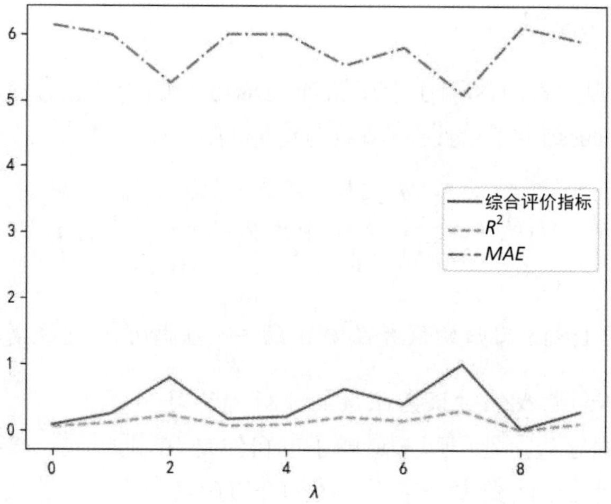

图 5-10　运行源代码 5-3 生成的图

提示：对源代码分析可以发现，对验证数据求误差值不能使用带惩罚的误差函数。一定要理解清楚的是，带惩罚的误差函数是用来求解模型的，不是用来求模型的误差值的。

这样看来，用最小二乘法和梯度下降法有很大的区别。梯度下降法相对不够稳定，根本原因在于初始化向量$\boldsymbol{\theta}$是随机的，迭代时得到的是局部极小值，就算是用交叉验证法，计算出来对验证数据的误差也好不到哪去。因此，要想快速得到较优的模型用最小二乘法更好，要想体验过程和编程的乐趣，那就可以尝试梯度下降法。

尽管在线性回归中最小二乘法相对更好用，但在机器学习的很多其他领域，不可能像线性回归中一样可以用最小二乘法直接求解模型的参数，需要用到梯度下降法来求解模型的参数。

接下来，就可以回答前述提出的问题了。怎么找到一个较为确切的λ值？建议用一连串的λ值去尝试，看哪个λ值对验证数据使用交叉验证法时得到的模型评价值更好，也就是说泛化能力更好，就用哪个λ值。

提示：直接指定λ值不太现实，需要我们根据应用场景的需求来不断地调试，找到合适的λ值。

5.3 用 Lasso 回归对线性回归模型做惩罚

接下来，我们学习 Lasso 回归。之所以叫 Lasso，是因为它的全名为 Least absolute shrinkage and selection operator（最小绝对收缩和选择运算）。也有人形象地称这种方法为“拉索”，就是把误差函数用一根拉索把它拉回来，这样讲确实是比较形象的。这种形象的说法后续我们会通过图形来讲解。

5.3.1 Lasso 回归的数学原理

Lasso 回归与岭回归的本质区别在于惩罚项。Lasso 回归的惩罚项是 1 次项且为正值，所以也称为“L1 正则项”。Lasso 回归的误差函数是这样的：

$$J(\boldsymbol{\theta}) = \frac{1}{2m}\left(\sum_{i=0}^{m-1}(y_{pi} - y_i)^2 + \lambda\sum_{j=1}^{n}|\theta_j|\right) \tag{5-4}$$

提示：有的书上把 Lasso 回归的误差函数中的 $\frac{1}{2m}$去掉了，这也是可以的。因为m只是一个已知的常量，这并不影响我们对误差函数的分析和使用。

要对式（5-4）求偏导数，处理起来最棘手的自然是 L1 正则项。在第 4 章的高等数学知识中我们就学到过$y = |x|$这个函数无法求导，因为在[0,0]这个点时，曲线不光滑。曲线的斜率在[0,0]这个点的左右两边截然不同，右边是 1，左边是-1，所以在[0,0]这个点求导时不知道听谁

的，导致不存在导数。事实上如图 5-11 所示，函数在[0,0]这个点是连续的，且为极小值。有没有办法能处理这种情况？这里引入**次梯度方法**来求偏导。

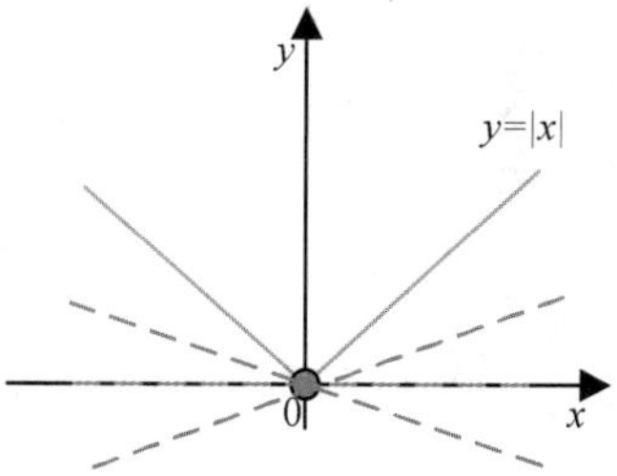

图 5-11　$y = |x|$的图形

实际上，在[0,0]这个点时，$y = |x|$存在很多条切线，如图 5-11 中的虚线所示，这些线的斜率区间为[-1,1]。其中就包括$y = 0$这条斜率为 0 的切线。推广到一般的情况，在线上的某点$[x_0, y_0]$，如果有：

$$\lim_{x \to x_0^-} \frac{f(x) - f(x_0)}{x - x_0} = \lim_{\Delta x \to 0^-} \frac{f(x_0 + \Delta x) - f(x_0)}{\Delta x} = a$$

$$\lim_{x \to x_0^+} \frac{f(x) - f(x_0)}{x - x_0} = \lim_{\Delta x \to 0^+} \frac{f(x_0 + \Delta x) - f(x_0)}{\Delta x} = b$$

也就是说a是从左边看向点$[x_0, y_0]$时$f(x)$的导数；b是从右边看向点$[x_0, y_0]$时$f(x)$的导数。如果满足$a \leqslant b$，则$c \in [a, b]$就称为**次导数**，集合$[a, b]$就称为**次微分**。

以$y = |x|$为例，在 [0,0]这个点时：

$$\lim_{x \to x_0^-} \frac{f(x) - f(x_0)}{x - x_0} = -1$$

$$\lim_{x \to x_0^+} \frac{f(x) - f(x_0)}{x - x_0} = 1$$

因此，当$x = 0$时，次微分为[-1,1]。当$x > 0$时，次微分为{1}；当$x < 0$时，次微分为{-1}。接下来就可以引出**次梯度**的概念了，取次导数求出的偏导而组成的向量就构成了次梯度。

接下来要讨论的问题是：既然当$x = 0$时，次微分为[-1,1]，这是一个区间，那怎么选择一个确切的值呢？

办法就是总是选择一个相对更小的梯度。来看面向θ_k的偏导，仍以具有代表性的多元一次方程来推导。

$$\frac{\partial}{\partial \theta_k} J(\boldsymbol{\theta}) = \frac{\partial}{\partial \theta_k} \left(\frac{1}{2m} \left(\sum_{i=0}^{m-1} \left(y_{pi} - y_i\right)^2 + \lambda \sum_{j=1}^{n} \left|\theta_j\right| \right) \right)$$

$$= \frac{1}{m}\left(\sum_{i=0}^{m-1}\left((\boldsymbol{x}_i{}^{\mathrm{T}}\boldsymbol{\theta} - y_i)x_{ik}\right) + \frac{\lambda}{2}\frac{\partial}{\partial\theta_k}\left(\sum_{j=1}^{n}|\theta_j|\right)\right)$$

$$= \frac{1}{m}\left(\sum_{i=0}^{m-1}\left((\boldsymbol{x}_i{}^{\mathrm{T}}\boldsymbol{\theta} - y_i)x_{ik}\right) + \frac{\lambda}{2}\frac{\partial}{\partial\theta_k}(|\theta_k|)\right)$$

$$= \frac{1}{m}\sum_{i=0}^{m-1}\left((\boldsymbol{x}_i{}^{\mathrm{T}}\boldsymbol{\theta} - y_i)x_{ik}\right) + \frac{\lambda}{2m}\frac{\partial}{\partial\theta_k}(|\theta_k|)$$

$$= \frac{1}{m}\sum_{i=0}^{m-1}\left((\boldsymbol{x}_i{}^{\mathrm{T}}\boldsymbol{\theta} - y_i)x_{ik}\right) + \frac{\lambda}{2m}\begin{cases}1 & \theta_k > 0\\ [-1\ 1] & \theta_k = 0\\ -1 & \theta_k < 0\end{cases}$$

在极小值处，$\frac{\partial}{\partial\theta_k}J(\boldsymbol{\theta}) = 0$，再把$\theta_k$从$\sum_{i=0}^{m-1}\left((\boldsymbol{x}_i{}^{\mathrm{T}}\boldsymbol{\theta} - y_i)x_{ik}\right)$中分离出来，则有：

$$\frac{1}{m}\sum_{i=0}^{m-1}\left((\boldsymbol{x}_i{}^{\mathrm{T}}\boldsymbol{\theta} - y_i)x_{ik}\right) + \frac{\lambda}{2m}\frac{\partial}{\partial\theta_k}(|\theta_k|) = 0$$

$$\Rightarrow \sum_{i=0}^{m-1}\left((\boldsymbol{x}_i{}^{\mathrm{T}}\boldsymbol{\theta} - y_i)x_{ik}\right) + \frac{\lambda}{2}\frac{\partial}{\partial\theta_k}(|\theta_k|) = 0$$

$$\Rightarrow \sum_{i=0}^{m-1}\left(\left(\sum_{\boldsymbol{j=0}}^{\boldsymbol{n}} x_{ij}\theta_j - y_i\right)x_{ik}\right) + \frac{\lambda}{2}\frac{\partial}{\partial\theta_k}(|\theta_k|) = 0$$

$$\Rightarrow \sum_{i=0}^{m-1}\left(\left(\sum_{\boldsymbol{j=0,j\neq k}}^{\boldsymbol{n}} x_{ij}\theta_j + x_{ik}\theta_k - y_i\right)x_{ik}\right) + \frac{\lambda}{2}\frac{\partial}{\partial\theta_k}(|\theta_k|) = 0$$

$$\Rightarrow \sum_{i=0}^{m-1}\left(x_{ik}\sum_{\boldsymbol{j=0,j\neq k}}^{\boldsymbol{n}} x_{ij}\theta_j + x_{ik}{}^2\theta_k - x_{ik}y_i\right) + \frac{\lambda}{2}\frac{\partial}{\partial\theta_k}(|\theta_k|) = 0$$

$$\Rightarrow \sum_{i=0}^{m-1}\left(x_{ik}\sum_{\boldsymbol{j=0,j\neq k}}^{\boldsymbol{n}} x_{ij}\theta_j\right) - \sum_{i=0}^{m-1}(x_{ik}y_i) + \sum_{i=0}^{m-1}(x_{ik}{}^2\theta_k) + \frac{\lambda}{2}\frac{\partial}{\partial\theta_k}(|\theta_k|) = 0$$

$$\Rightarrow \sum_{i=0}^{m-1}\left(x_{ik}\sum_{\boldsymbol{j=0,j\neq k}}^{\boldsymbol{n}} x_{ij}\theta_j\right) - \sum_{i=0}^{m-1}(x_{ik}y_i) + \theta_k\sum_{i=0}^{m-1}(x_{ik}{}^2) + \frac{\lambda}{2}\frac{\partial}{\partial\theta_k}(|\theta_k|) = 0$$

单从θ_k的角度来看，$\boldsymbol{X}$是已知的矩阵。下面假定$\boldsymbol{\theta}$中除θ_k以外的其他量当作固定的量，也就是说把$\boldsymbol{\theta}$中除θ_k以外的其他量也看成已知量。令：

$$\sum_{i=0}^{m-1}\left(x_{ik}\sum_{\boldsymbol{j=0,j\neq k}}^{\boldsymbol{n}}x_{ij}\theta_j\right)-\sum_{i=0}^{m-1}(x_{ik}y_i)=p_k$$

$$\sum_{i=0}^{m-1}(x_{ik}{}^2)=q_k$$

则可得：

$$p_k+\theta_k q_k+\frac{\lambda}{2}\frac{\partial}{\partial\theta_k}(|\theta_k|)=0$$

当$\theta_k>0$时：

$$p_k+\theta_k q_k+\frac{\lambda}{2}\frac{\partial}{\partial\theta_k}(|\theta_k|)=0\Rightarrow p_k+\theta_k q_k+\frac{\lambda}{2}=0\Rightarrow\theta_k=\frac{-p_k-\frac{\lambda}{2}}{q_k}$$

此时由于q_k必然大于0，因此 $-p_k-\frac{\lambda}{2}>0$，即$p_k<\frac{\lambda}{2}$ 。

当$\theta_k<0$时：

$$p_k+\theta_k q_k+\frac{\lambda}{2}\frac{\partial}{\partial\theta_k}(|\theta_k|)=0\Rightarrow p_k+\theta_k q_k-\frac{\lambda}{2}=0\Rightarrow\theta_k=\frac{-p_k+\frac{\lambda}{2}}{q_k}$$

此时由于q_k必然大于0，因此 $-p_k+\frac{\lambda}{2}<0$，即$p_k>\frac{\lambda}{2}$ 。

接下来讨论最复杂的情况，当$\theta_k=0$时：

$$p_k+\theta_k q_k+\frac{\lambda}{2}\frac{\partial}{\partial\theta_k}(|\theta_k|)=0\Rightarrow p_k+\frac{\lambda}{2}\frac{\partial}{\partial\theta_k}(|\theta_k|)=0\Rightarrow\frac{\partial}{\partial\theta_k}(|\theta_k|)=\frac{-2p_k}{\lambda}$$

由于此时 $\frac{\partial}{\partial\theta_k}(|\theta_k|)$ 的值处在区间$[-1\ 1]$，因此有$\frac{-2p_k}{\lambda}$的值处在区间$[-1\ 1]$。又因为λ的值必大于0，故可得：

$$-1\leqslant\frac{-2p_k}{\lambda}\leqslant1\Rightarrow\frac{\lambda}{-2}\leqslant p_k\leqslant\frac{\lambda}{2}$$

综合上述讨论，可得：

$$\theta_k = \begin{cases} \dfrac{-p_k - \dfrac{\lambda}{2}}{q_k} & p_k < \dfrac{\lambda}{2} \\ \dfrac{-p_k + \dfrac{\lambda}{2}}{q_k} & p_k > \dfrac{\lambda}{2} \\ 0 & -\dfrac{\lambda}{2} \leqslant p_k \leqslant \dfrac{\lambda}{2} \end{cases} \tag{5-5}$$

从式（5-5）也可以看到，当p_k的值到达$\left[-\frac{\lambda}{2}\ \frac{\lambda}{2}\right]$这个区间，$\theta_k$的值就会变成 0。那如果用梯度下降法怎么进行迭代呢？又怎么得到合适的λ值呢？接下来先看图形，讨论后再回答这 2 个问题。

5.3.2 从图形上理解 Lasso 回归

下面来看看误差函数的图形是什么样子。先看前半部分 $J(\boldsymbol{\theta}) = \dfrac{1}{2m}\sum\limits_{i=0}^{m-1}(y_{pi} - y_i)^2$ ，其图形如图 5-12 所示。这里的图形仍然是采用波士顿的房价数据为例做出的图形，假定使用 2 个特征数据项，不使用偏置项θ_0，因此有参数θ_1和θ_2。

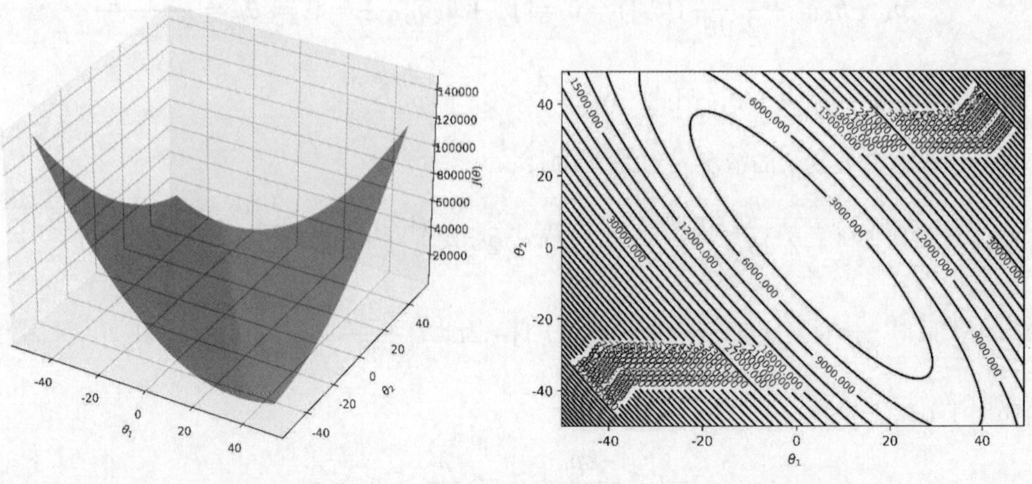

（a）3D 图　　　　（b）等高线图

图 5-12　Lasso 回归误差函数前半部分的图形

提示：这里的图形怎么和第 4 章的图形不同呢？这里的等高线图是一圈一圈的，而第 4

章中抛物曲面的等高线大多接近于直线。因为采用的模型参数不同，图 5-12 没有使用θ_0，而是使用的θ_1和θ_2。也就是说这里的模型是$y = \theta_1 x_1 + \theta_2 x_2$。

图 5-12（a）是$J(\boldsymbol{\theta}) = \dfrac{1}{2m}\sum_{i=0}^{m-1}(y_{p(i)} - y_i)^2$ 的 3D 图；图 5-12（b）是等高线图。两者结合起来看，对图 5-12（a）从上到下俯视，就会得到图 5-12（b）的结果。

后半部分 $J(\boldsymbol{\theta}) = \dfrac{1}{2m}\left(\lambda\sum_{j=1}^{n}\left|\theta_j\right|\right)$ 的图形如图 5-13（$\lambda = 100$）所示，可见其图形在等高线图中表现为一个个的菱形。

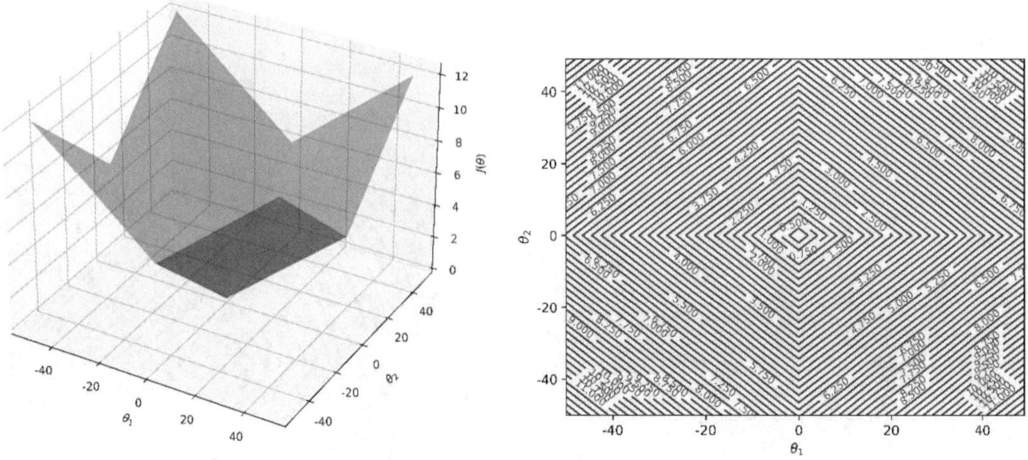

（a）3D 图　　　（b）等高线图

图 5-13　Lasso 回归误差函数后半部分的图形（$\lambda = 100$）

那误差函数整体的图形是什么样子呢？如图 5-14 所示。看上去图 5-14 和图 5-12 很接近，这是怎么回事呢？关键就在于λ的值。因为误差函数实际上是两个部分相加而成，在图形上表现来看也是两个类型的图形合成而来。合成的结果就看两个部分哪个影响更大，合成的图形就更偏向于像哪个部分的图形。也就是说，如果λ的值过小，L1 惩罚项起不到多大的作用，使图形会更接近于误差函数的前半部分的图形；如果λ的值过大，L1 惩罚项起到主要作用，使图形会更接近于惩罚项函数。

如果我们把λ值调大到1000000再绘制出误差函数的图形，如图 5-15 所示，可见图形更接近于图 5-13。

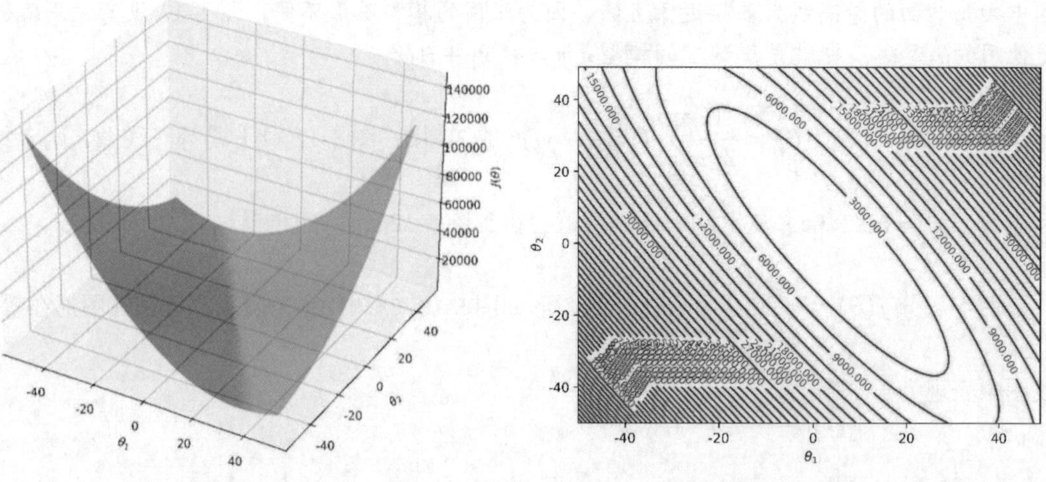

（a）3D 图　　（b）等高线图

图 5-14　Lasso 回归误差函数的图形（$\lambda = 100$）

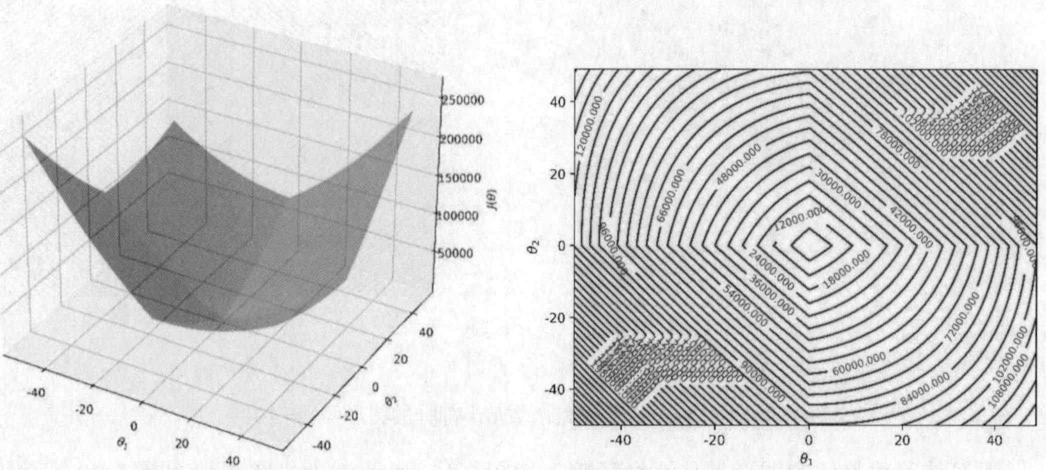

（a）3D 图　　（b）等高线图

图 5-15　Lasso 回归误差函数的图形（$\lambda = 1000000$）

5.3.3　用坐标轴下降法做 Lasso 回归

所谓坐标轴下降法就是一次迭代只沿一个坐标轴方向变化一个$\boldsymbol{\theta}$的值，不断迭代后得到 Lasso 回归误差函数的极小值，从而找到线性回归模型的参数值。

要用坐标轴下降法做 Lasso 回归，第 1 步还是要找到合适的λ值。从前述讨论我们已经知道，惩罚项过大，也就是说λ的值过大，误差函数的图像就会更偏向于惩罚项的图像；λ的值过小又起不到惩罚作用。来看个例子，边看代码边分析。

仍以波士顿房价数据集为例，取 RM 和 DIS 特征项，使用以下的线性模型：

$$y = \theta_1 x_1 + \theta_2 x_2 + \theta_3 {x_1}^2 + \theta_4 {x_2}^2$$

此时，模型需要求解 4 个参数，即θ_1、θ_2、θ_3、θ_4。来编制用坐标轴下降法做 Lasso 回归的程序，如下所示。

源代码 5-4　用坐标轴下降法做 Lasso 回归找到合适的λ值

```
#====导入各种要用到的库、类====-
import numpy as np
import pandas as pd
import random
from sklearn.datasets import load_boston
from sklearn.model_selection import train_test_split
from matplotlib import pyplot as plt
#====线性模型====
def lineEquationIteration(x,theta):
    return np.dot(x,theta)
#====定义误差函数====
def errorFunc(x,yTrue,theta):
    yPred=lineEquationIteration(x,theta)
    errors=0
    for i in range(len(yPred)):
        errors+=(yPred[i][0]-yTrue[i][0])**2
    errors=(1/(2*len(x)))*errors
    return errors
#====定义惩罚项函数====
def l1Func(x,lambdaValue,theta):
    return (1/(2*len(x)))*lambdaValue*np.sum(np.absolute(theta))
#====定义带惩罚项的误差函数====
def errorAddL1Func(x,yTrue,theta,lambdaValue):
    return errorFunc(x,yTrue,theta)+l1Func(x,lambdaValue,theta)
#====定义 theta 的迭代函数====
#定义计算 pk 的函数
def pkFunc(x,k,theta,yTrue):
    pkPart1=0
    for i in range(len(x)):
        pki=0
        for j in range(len(theta)):
            if(j==k):
                continue
            else:
                pki+=x[i][j]*theta[j][0]
        pkPart1+=x[i][k]*pki
    pkPart2=0
    for i in range(len(x)):
```

```
            pkPart2+=x[i][k]*yTrue[i][0]
        return pkPart1-pkPart2
#定义计算 qk 的函数
def qkFunc(x,k):
    qk=0
    for i in range(len(x)):
        qk+=x[i][k]**2
    return qk
#定义 theta 的迭代函数，每次更新第 k 个 theta 元素
def thetaIteration(x,theta,yTrue,lambdaValue,k):
    pk=pkFunc(x,k,theta,yTrue)
    qk=qkFunc(x,k)
    if(np.abs(qk)<1e-10):
        print("因 qk 为 0，故 theta 设为 0",lambdaValue,k)
        theta[k][0]=0
        return theta
    #print(pk,qk)
    if(pk<lambdaValue/2):
        theta[k][0]=(-pk-lambdaValue/2)/qk
    elif(pk>lambdaValue/2):
        theta[k][0]=(-pk+lambdaValue/2)/qk
    else:
        print("theta 设为 0",lambdaValue,k)
        theta[k][0]=0
    if(np.abs(theta[k][0])<1e-10):
        theta[k][0]=0
return theta#
====加载数据====
#加载波士顿房屋价格数据集
boston=load_boston()
bos=pd.DataFrame(boston.data)
#获得 RM 和 DIS 特征项
X=np.array(bos[[5,7]])
#获得目标数据项
bos_target=pd.DataFrame(boston.target)
y=np.array(bos_target)
#====生成训练数据和测试数据====
XTrain,XTest,yTrain,yTest=\
    train_test_split(X,y,test_size=0.2,random_state=1)
#生成其他的特征项
XTrainModi=np.hstack((\
            XTrain[:,0:1],\
            XTrain[:,1:2],\
            np.power(XTrain[:,0:1],2),\
            np.power(XTrain[:,1:2],2),\
            ))
```

```
#====变化 lambda 的值求解模型参数====
lambdaValueArray=[1,3,10,30,100,300,1000,3000]
#用坐标轴下降法做 Lasso 回归
maxIteration=40000#最大的迭代次数
minThreshold=0.0001#误差值阈值
thetaArray=np.zeros((XTrainModi.shape[1],len(lambdaValueArray)))
lambdaIndex=0
for lambdaValue in lambdaValueArray:
    iterationNo=0
    newErrors=0
    diffErrors=0
    #随机设置 theta 的初始值
    theta=np.zeros((XTrainModi.shape[1],1))
    for i in range(len(theta)):
        theta[i][0]=random.randint(-50,50)
    oldErrors=errorAddL1Func(XTrainModi,yTrain,theta,lambdaValue)
    for i in range(maxIteration):
        for k in range(len(theta)):
            if(np.abs(theta[k][0])<1e-10):
                continue
            theta=thetaIteration(XTrainModi,theta,yTrain,lambdaValue,k)
            iterationNo+=1
        newErrors=errorAddL1Func(XTrainModi,yTrain,theta,lambdaValue)
        diffErrors=np.abs(newErrors-oldErrors)
        if(diffErrors<minThreshold):
            print("跳出：",np.abs(newErrors-oldErrors),\
                      "lambda:",lambdaValue,"k:",k,\
                         "迭代次数:",iterationNo)
            break;
        oldErrors=newErrors
    thetaIndex=0
    for thetaIndex in range(len(theta)):
        thetaArray[thetaIndex,lambdaIndex]=theta[thetaIndex][0]
        thetaIndex+=1
    lambdaIndex+=1
    print(theta,errorFunc(XTrainModi,yTrain,theta),lambdaValue)
    print("==========")
#====画 lambda-theta 曲线====
linestyleArray=['-',":","-.","--"]
for i in range(len(thetaArray)):
    plt.plot(range(len(lambdaValueArray)),thetaArray[i,:],\
             label=r"$\theta_"+str(i)+"$",ls=linestyleArray[i])
plt.xticks(range(len(lambdaValueArray)),lambdaValueArray)
plt.legend()
plt.xlabel(r"$\lambda$")
plt.show()
```

程序代码运行的结果如图 5-16 所示。为了更清晰地查看在λ取值不同时，得到的$\boldsymbol{\theta}$值的情况，把结果列于表中（表 5-2）。习惯上我们对λ取值按[1,3,10,30,100,300,1000,3000]来进行观察。为了让运算速度快一点，我们只取了样本数据的 20%作为训练数据。

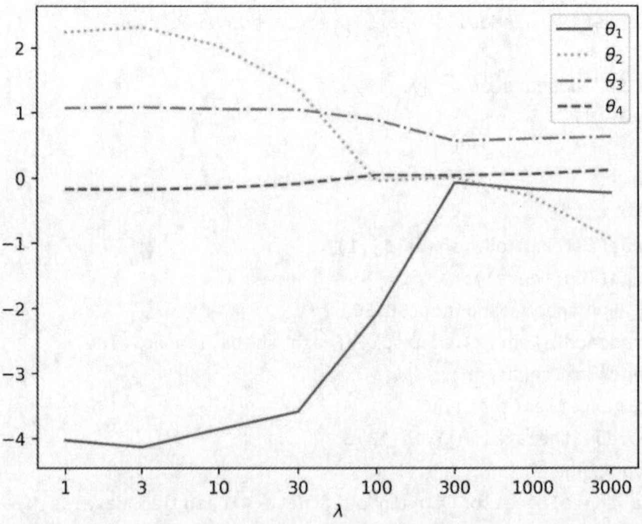

图 5-16　用坐标轴下降法做 Lasso 回归找到合适的λ值

表 5-2　λ取值不同时$\boldsymbol{\theta}$值的情况

λ	θ_1	θ_2	θ_3	θ_4	迭代次数	$J(\boldsymbol{\theta})=\frac{1}{2m}\sum_{i=0}^{m-1}(y_{pi}-y_i)^2$
1	-4.027	2.240	1.074	-0.167	2760	16.368
3	-4.130	2.319	1.086	-0.175	2748	16.364
10	-3.859	2.037	1.058	-0.148	2788	16.382
30	-3.587	1.386	1.049	-0.086	2680	16.482
100	-2.089	-0.044	0.888	0.046	40000	17.411
300	-0.070	0.008	0.569	0.041	2232	19.589
1000	-0.170	-0.286	0.602	0.062	40000	19.449
3000	-0.226	-0.934	0.633	0.122	40000	19.664

说明：$\boldsymbol{\theta}$值保留 3 位小数。

提示：因为程序代码采用的是随机生成 $\boldsymbol{\theta}$ 初始值的办法，所以我们运行的结果可能会有所不同。

从结果来看，θ_4的值最先趋近于 0，然后是θ_2、θ_1，但始终这 3 个参数的值没有为 0。这

CHAP 5

里还有一个问题要解答。λ取值为多少合适？这要看简化模型的需要，如果只要简化1个参数，可取λ值为10；如果要简化2个参数，可取λ值为100。

提示：使用Lasso回归时，在特征项很多且特征项数量明显多于样本数据数量的情况下，有一种趋势会更为明显：随λ值变大，图5-16中的$\boldsymbol{\theta}$值有的会陆续趋近于0。这样，Lasso回归就起到了筛选特征项的作用。

为了更为直观地理解Lasso回归，我们取2个特征值，修改源代码5-4，如下所示。

源代码5-5　取2个特征值用坐标轴下降法做Lasso回归找到合适的λ值

```
#====此处省略与源代码5-4相同的“导入各种要用到的库、类”====-
#====此处省略与源代码5-4相同的“线性模型”====
#====此处省略与源代码5-4相同的“定义误差函数”====
#====此处省略与源代码5-4相同的“定义惩罚项函数”====
#====此处省略与源代码5-4相同的“定义带惩罚项的误差函数”====
#====此处省略与源代码5-4相同的“定义theta的迭代函数”====
#====此处省略与源代码5-4相同的“加载数据”====
#====生成训练数据和测试数据====
XTrain,XTest,yTrain,yTest=\
train_test_split(X,y,test_size=0.2,random_state=1)
#====变化lambda的值求解模型参数====
lambdaValueArray=[1,3,10,30,100,300,1000,3000]
#用坐标轴下降法做Lasso回归
maxIteration=100000#最大的迭代次数
minThreshold=0.0001#误差值阈值
thetaArray=np.zeros((XTrain.shape[1],len(lambdaValueArray)))
lambdaIndex=0
for lambdaValue in lambdaValueArray:
    iterationNo=0
    newErrors=0
    diffErrors=0
    #随机设置theta的初始值
    theta=np.zeros((XTrain.shape[1],1))
    for i in range(len(theta)):
        theta[i][0]=random.randint(-50,50)
    oldErrors=errorAddL1Func(XTrain,yTrain,theta,lambdaValue)
    for i in range(maxIteration):
        for k in range(len(theta)):
            if(np.abs(theta[k][0])<1e-10):
                continue
            theta=thetaIteration(XTrain,theta,yTrain,lambdaValue,k)
            iterationNo+=1
        newErrors=errorAddL1Func(XTrain,yTrain,theta,lambdaValue)
        diffErrors=np.abs(newErrors-oldErrors)
        if(diffErrors<minThreshold):
            print("跳出：",np.abs(newErrors-oldErrors),\
```

```
                        "lambda:",lambdaValue,"k:",k,\
                           "迭代次数:",iterationNo)
                break;
            oldErrors=newErrors
        thetaIndex=0
        for thetaIndex in range(len(theta)):
            thetaArray[thetaIndex,lambdaIndex]=theta[thetaIndex][0]
            thetaIndex+=1
        lambdaIndex+=1
        print(theta,errorFunc(XTrain,yTrain,theta),lambdaValue)
    print("==========")
#====此处省略与源代码 5-4 相同的“画 lambda-theta 曲线”====
```

对比源代码 5-5 和源代码 5-4 来看，源代码 5-5 的变化只有 2 个：

（1）特征项只有 2 个，即θ_1、θ_2。使用的线性模型为：

$$y = \theta_1 x_1 + \theta_2 x_2$$

（2）训练数据使用 XTrain，由于线性模型中没有高次项，所以训练数据没有做变更处理。

源代码 5-5 的运行结果如图 5-17 所示。

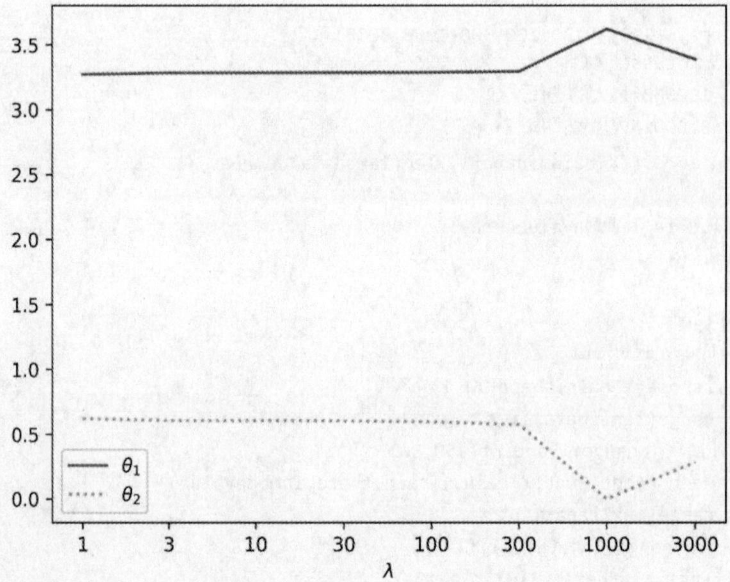

图 5-17　源代码 5-5 的运行结果

从图中可以明显看出，不论λ值为多少，θ_1的值总比θ_2大；当λ值为 1000 值，Lasso 回归结果表明θ_2值为 0。这说明，特征值 1 比特征值 2 更为重要。为便于用图来观察，取λ值为 1000，取θ_1、θ_2迭代的初始值均为 20。我们来编制程序绘制出带惩罚项的误差函数的图形及迭代的过程。程序代码如下。

源代码 5-6 绘制带惩罚项的误差函数的图形及迭代的过程

```
#====此处省略与源代码 5-4 相同的“导入各种要用到的库、类”====-
#====此处省略与源代码 5-4 相同的“线性模型”====
#====此处省略与源代码 5-4 相同的“定义误差函数”====
#====此处省略与源代码 5-4 相同的“定义惩罚项函数”====
#====此处省略与源代码 5-4 相同的“定义带惩罚项的误差函数”====
#====此处省略与源代码 5-4 相同的“定义 theta 的迭代函数”====
#====此处省略与源代码 5-4 相同的“加载数据”====
#====生成训练数据和测试数据====
XTrain,XTest,yTrain,yTest=\
    train_test_split(X,y,test_size=0.2,random_state=1)
#====求解模型参数并画出迭代的过程====
lambdaValue=1000
#用坐标轴下降法做 Lasso 回归
maxIteration=100000#最大的迭代次数
minThreshold=0.0001#误差值阈值
iterationNo=0
newErrors=0
diffErrors=0
#随机设置 theta 的初始值
theta=np.zeros((XTrain.shape[1],1))
for i in range(len(theta)):
    theta[i][0]=20
oldErrors=errorAddL1Func(XTrain,yTrain,theta,lambdaValue)
thetaArray=theta.copy()#表示 theta 的二维数组
errorsArray=[oldErrors]#表示带惩罚的误差数组
for i in range(maxIteration):
    for k in range(len(theta)):
        if(np.abs(theta[k][0])<1e-10):
            thetaArray=np.hstack((thetaArray,theta.copy()))
            errorsArray.append(errorAddL1Func(XTrain,\
                                  yTrain,theta,lambdaValue))
            continue
        theta=thetaIteration(XTrain,theta,yTrain,lambdaValue,k)
        thetaArray=np.hstack((thetaArray,theta.copy()))
        errorsArray.append(errorAddL1Func(XTrain,yTrain,theta,lambdaValue))
        iterationNo+=1
    newErrors=errorAddL1Func(XTrain,yTrain,theta,lambdaValue)
    diffErrors=np.abs(newErrors-oldErrors)
    if(diffErrors<minThreshold):
        print("跳出: ",np.abs(newErrors-oldErrors),\
                 "lambda:",lambdaValue,"k:",k,\
                    "迭代次数:",iterationNo)
        break;
    oldErrors=newErrors
```

```
#====画带惩罚项的误差函数的图形====
fig = plt.figure(figsize=(8, 8))
ax = fig.gca(projection='3d')
#生成坐标值
theta1=np.arange(-50,50,1)
theta2=np.arange(-50,50,1)
theta1,theta2=np.meshgrid(theta1,theta2)
jAddPunishValues=np.zeros((len(theta1),len(theta2)))
for i in range(len(theta1)):
    for j in range(len(theta2)):
        jAddPunishValues[i][j]=errorAddL1Func(XTrain,yTrain,\
                np.array([[theta1[i][j]],[theta2[i][j]]]),lambdaValue)
#画曲面
ax.plot_surface(theta1,theta2,\
                jAddPunishValues,alpha=0.5,color="red")
#====画迭代下降的过程====
#画下降过程中的点
errorsArray=np.array(errorsArray)
ax.scatter(thetaArray[0,:],thetaArray[1,:],errorsArray,color="green",s=5)
#画下降过程中的箭线
import sys
sys.path.append("..") #增加当前目录的上一级目录为当前路径
from common.common import Arrow3D
index=0
for errors in errorsArray:
    if(index==0):
        index+=1
        continue
    a = Arrow3D([thetaArray[0,index-1],thetaArray[0,index]],\
                [thetaArray[1,index-1],thetaArray[1,index]],\
                [errorsArray[index-1],errorsArray[index]],\
                mutation_scale=8, lw=1, arrowstyle="-|>", color="b")
    ax.add_artist(a)
    index+=1
ax.set_xlabel(r"$\theta_1$")
ax.set_ylabel(r"$\theta_2$")
ax.set_zlabel(r"$J(\theta)$")
plt.rcParams['axes.unicode_minus']=False #用来正常显示负号
plt.show()
```

程序运行的结果如图 5-18 所示。从图中可以看出，每次只变换一个方向的$\boldsymbol{\theta}$值，最终找到带惩罚项的误差函数的最小值。

接下来，我们把图 5-18 所示的迭代过程画在等高线图中，源代码如下。

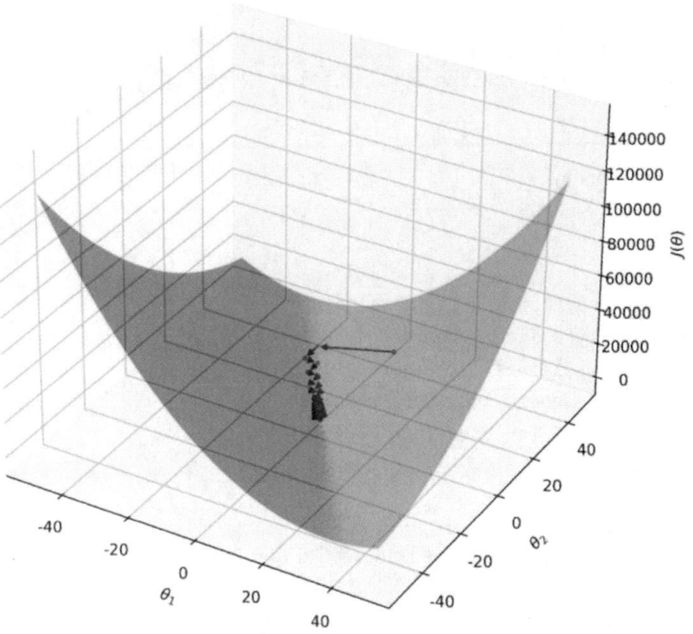

图 5-18　绘制带惩罚项的误差函数的图形及迭代的过程

源代码 5-7　用等高线图绘制带惩罚项的误差函数的图形及迭代的过程

```
#====此处省略与源代码 5-4 相同的“导入各种要用到的库、类”====-
#====此处省略与源代码 5-4 相同的“线性模型”====
#====此处省略与源代码 5-4 相同的“定义误差函数”====
#====此处省略与源代码 5-4 相同的“定义惩罚项函数”====
#====此处省略与源代码 5-4 相同的“定义带惩罚项的误差函数”====
#====此处省略与源代码 5-4 相同的“定义 theta 的迭代函数”====
#====此处省略与源代码 5-4 相同的“加载数据”====
#====此处省略与源代码 5-6 相同的“生成训练数据和测试数据”====
#====此处省略与源代码 5-6 相同的“求解模型参数并画出迭代的过程”====
#====画带惩罚项的误差函数的等高线图====
#生成坐标值
theta1=np.arange(-50,50,1)
theta2=np.arange(-50,50,1)
theta1,theta2=np.meshgrid(theta1,theta2)
jAddPunishValues=np.zeros((len(theta1),len(theta2)))
for i in range(len(theta1)):
    for j in range(len(theta2)):
        jAddPunishValues[i][j]=errorAddL1Func(XTrain,yTrain,\
                np.array([[theta1[i][j]],[theta2[i][j]]]),lambdaValue)
#画等高线
contour =plt.contour(theta1,theta2,jAddPunishValues,levels=30,colors='red')
#====画迭代下降的过程====
```

```
#画下降过程中的点
errorsArray=np.array(errorsArray)
plt.scatter(thetaArray[0,:],thetaArray[1,:],color="green",s=5)
#画下降过程中的箭线
index=0
for errors in errorsArray:
    if(index==0):
        index+=1
        continue
    plt.arrow(thetaArray[0,index-1],thetaArray[1,index-1],\
              thetaArray[0,index]-thetaArray[0,index-1],\
              thetaArray[1,index]-thetaArray[1,index-1],\
              width=0.3,length_includes_head=True,\
              shape="full",fc='blue',ec='blue',linewidth=0.5)
    index+=1
plt.xlabel(r"$\theta_1$")
plt.ylabel(r"$\theta_2$")
plt.rcParams['axes.unicode_minus']=False #用来正常显示负号
plt.show()
```

程序运行结果如图 5-19 所示。

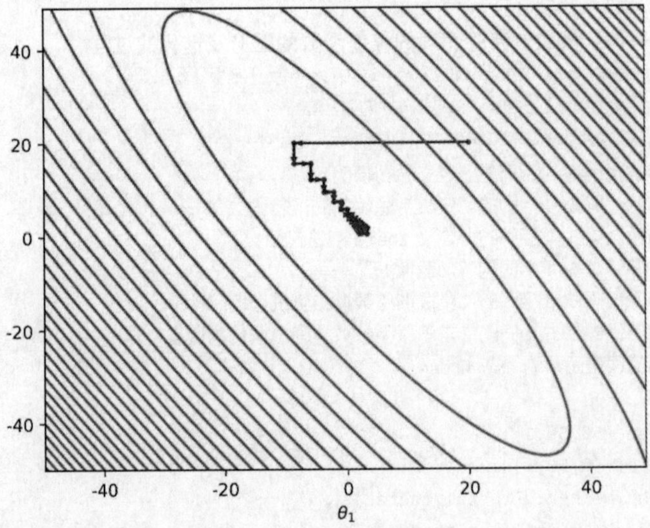

图 5-19　用等高线绘制带惩罚项的误差函数的图形及迭代的过程

为了更为直观地观察迭代下降的过程，我们把不带惩罚项的误差函数的图形、L1 惩罚项的图形、迭代的过程用等高线图绘制出来，源代码如下所示。

源代码 5-8　用等高线图绘制不带惩罚项的误差函数的图形、L1 惩罚项的图形、迭代的过程

```
#====此处省略与源代码 5-4 相同的“导入各种要用到的库、类”====-
#====此处省略与源代码 5-4 相同的“线性模型”====
```

```
#====此处省略与源代码 5-4 相同的“定义误差函数”====
#====此处省略与源代码 5-4 相同的“定义惩罚项函数”====
#====此处省略与源代码 5-4 相同的“定义带惩罚项的误差函数”====
#====此处省略与源代码 5-4 相同的“定义 theta 的迭代函数”====
#====此处省略与源代码 5-4 相同的“加载数据”====
#====此处省略与源代码 5-6 相同的“生成训练数据和测试数据”====
#====此处省略与源代码 5-6 相同的“求解模型参数并画出迭代的过程”====
#====画不带惩罚项的误差函数的等高线图====
#生成坐标值
theta1=np.arange(-50,50,1)
theta2=np.arange(-50,50,1)
theta1,theta2=np.meshgrid(theta1,theta2)
jValues=np.zeros((len(theta1),len(theta2)))
for i in range(len(theta1)):
    for j in range(len(theta2)):
        jValues[i][j]=errorFunc(XTrain,yTrain,\
                np.array([[theta1[i][j]],[theta2[i][j]]]))
#画不带惩罚项的误差函数的等高线
contour =plt.contour(theta1,theta2,jValues,levels=30,colors='red')
#====画 L1 惩罚项的等高线图====
#生成坐标值
punishValues=np.zeros((len(theta1),len(theta2)))
for i in range(len(theta1)):
    for j in range(len(theta2)):
        punishValues[i][j]=l1Func(XTrain,lambdaValue,\
                np.array([[theta1[i][j]],[theta2[i][j]]]))
#画 L1 惩罚项的等高线
contour =plt.contour(theta1,theta2,punishValues,levels=30,colors='green')
#====画迭代下降的过程====
#画下降过程中的点
errorsArray=np.array(errorsArray)
plt.scatter(thetaArray[0,:],thetaArray[1,:],color="green",s=5)
#画下降过程中的箭线
index=0
for errors in errorsArray:
    if(index==0):
        index+=1
        continue
    plt.arrow(thetaArray[0,index-1],thetaArray[1,index-1],\
            thetaArray[0,index]-thetaArray[0,index-1],\
            thetaArray[1,index]-thetaArray[1,index-1],\
            width=0.3,length_includes_head=True,\
            shape="full",fc='blue',ec='blue',linewidth=0.5)
    index+=1
plt.xlabel(r"$\theta_1$")
plt.ylabel(r"$\theta_2$")
```

```
plt.rcParams['axes.unicode_minus']=False #用来正常显示负号
plt.show()
```

程序运行结果如图 5-20 所示。

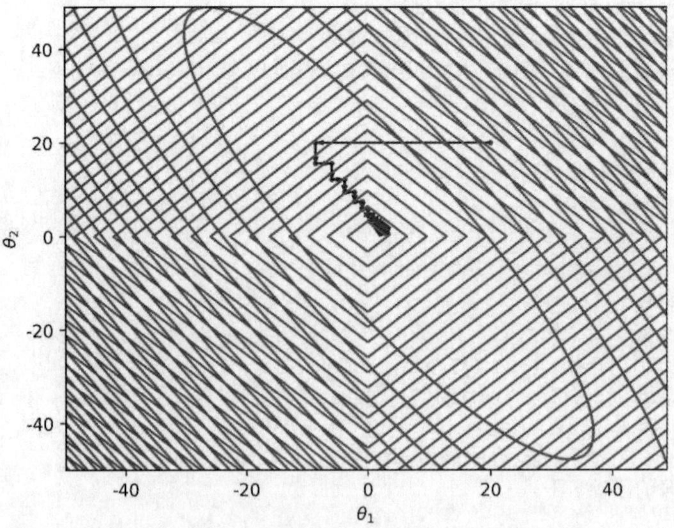

图 5-20　源代码 5-8 的运行结果

从图 5-20 可以非常直观地看出迭代的过程，最终的结果出现在菱形右边的尖角处，此处θ_2的值为 0。从这里就可以看出为什么使用 Lasso 回归可以选择更为重要的特征项；而且还可以看出，使用 Lasso 回归较好地解决了梯度消失的问题。

5.4　化繁为简使用 scikit-learn 库

scikit-learn 库里提供了很多现成的类供线性回归使用，这样更为简便。理解了背后的数学原理，再来使用 scikit-learn 库就会显得更为深刻和灵活。

5.4.1　用最小二乘法做线性回归

用最小二乘法做线性回归最先需要学习的就是 LinearRegression 类。在第 3 章中我们已经多次使用到这个类。

我们需要掌握 LinearRegression 类初始化时的 4 个参数和使用过程中要用到的 2 个属性。

```
sklearn.linear_model.LinearRegression(fit_intercept = True, \
normalize = False, copy_X = True, n_jobs = 1)
```

（1）fit_intercept。该参数指出训练的模型是否存在截距，默认为存在，截距项即为线性模型中的θ_0。

（2）normalize。该参数指出是否对训练数据进行标准化，默认为 False，表示不进行标准化。

（3）copy_X。该参数指出是否对训练数据进行拷贝，如果值为 True，则进行拷贝，训练过程中不会影响到原来的训练数据。

（4）n_jobs。该参数指出使用的 CPU 核数，默认为 1 个。多数情况下，我们不需要去设置这些参数值，所以第 3 章中的代码都没有设置其中的参数。

LinearRegression 类的第 1 个重要的属性是 coef_，这个属性给出的是训练后模型的$\boldsymbol{\theta}$值。这个属性的形状为(n_features,)或(n_targets,n_features)。n_features 为训练数据中特征项的个数，n_targets 为目标数据项的个数。那到底是什么形状呢？这得看目标数据项的表达了。假定训练数据是 100 行 2 列的数据集，即 100 个样本数据，2 个特征项。如果目标数据是一个 100 个元素的一维数组，那么 coef_就是一个 2 个元素的一维数组；如果目标数据是 100 行 1 列的二维数组，那么 coef_就是一个 1 行 2 列的二维数组；如果目标数据是 100 行 3 列的二维数组，那么 coef_就是一个 3 行 2 列的二维数组。习惯上，我们对训练数据、目标数据、coef_都使用二维数组，多数情况下目标数据是一个只有 1 列的二维数组。

LinearRegression 类的第 2 个重要的属性是 intercept_，这个属性给出训练后模型的θ_0值，也就是截距。如果目标数据是一个 n_targets 个数据项的二维数组，则 intercept_是一个有 n_targets 个元素的一维数组，如果目标数据是一个一维数组，则 intercept_是一个数值。习惯上，我们对训练数据、目标数据、coef_都使用二维数组，多数情况下目标数据是一个只有 1 列的二维数组，所以 intercept_会是一个只有一个元素的一维数组。

提示：以上如果理解有困难，不如动手试一试，会理解得更为深刻。

还要掌握 LinearRegression 类的 fit()方法，这个方法用于训练数据。

```
LinearRegression.fit(X, y)
```

参数X表示训练数据，常用二维数组表示。这个二维数组的一行表示一个数据样本；一列表示一个特征数据项。参数y表示目标数据，常用二维数组表示。这个二维数组的行数对应着目标数据保留的个数，也即训练数据的样本个数；一列表示一个目标数据项。

使用 LinearRegression 类是非常简便的，通常流程如图 5-21 所示。

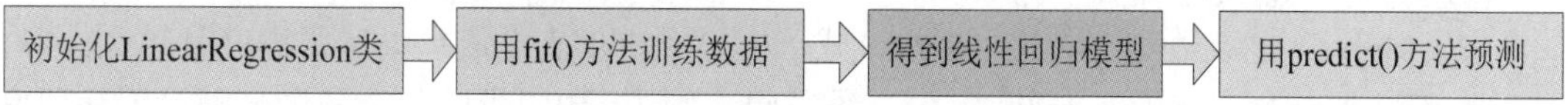

图 5-21　使用 LinearRegression 类的流程

LinearRegression 类的 predict()方法用于预测：

```
LinearRegression.predict(X)
```

参数X表示要做预测的数据，形状与训练数据类似，为二维数组。该方法返回预测的结果，形状与目标数据类似。

具体怎么使用这里就不再赘述了，在第 3 章中我们已经多次使用过了。

提示：需要特别指出的是，用 LinearRegression 类做训练时，使用的误差函数是：

$$J(\boldsymbol{\theta})=\frac{1}{2}\sum_{i=0}^{m-1}(y_{pi}-y_i)^2=\frac{1}{2}\sum_{i=0}^{m-1}(\boldsymbol{x}_i{}^{\mathrm{T}}\boldsymbol{\theta}-y_i)^2=\frac{1}{2}(\boldsymbol{X\theta}-\boldsymbol{Y})^{\mathrm{T}}(\boldsymbol{X\theta}-\boldsymbol{Y}) \tag{5-6}$$

对比之前学习的误差函数，发现分母少了m。这其实并不影响模型的求解，因为对于训练数据来说，m是已知量，且在求导数、偏导数方程时，m起不到作用。情景是这样的（这在第 4 章的讨论中已经详细推导过）：

$$\frac{\partial J(\boldsymbol{\theta})}{\partial\theta_k}=\frac{1}{m}\sum_{i=0}^{m-1}\left((\boldsymbol{x}_i{}^{\mathrm{T}}\boldsymbol{\theta}-y_i)x_{ik}\right)=0\Rightarrow\sum_{i=0}^{m-1}\left((\boldsymbol{x}_i{}^{\mathrm{T}}\boldsymbol{\theta}-y_i)x_{ik}\right)=0$$

5.4.2 做岭回归

scikit-learn 库里提供了 Ridge 类和 RidgeCV 类做岭回归，区别是前者是普通的岭回归，后者是带交叉验证的岭回归。先来看 Ridge 类。“ridge”这个单词就是“山脊、岭”的意思。

Ridge 类的误差函数为：

$$J(\boldsymbol{\theta})=\sum_{i=0}^{m-1}(y_{p(i)}-y_i)^2+\sum_{j=1}^{n}\left(\lambda\theta_j{}^2\right)=(\boldsymbol{X\theta}-\boldsymbol{Y})^{\mathrm{T}}(\boldsymbol{X\theta}-\boldsymbol{Y})+\lambda\|\boldsymbol{\theta}\|_2^2 \tag{5-7}$$

其中，相对此前我们讨论的岭回归，误差函数没有了$\frac{1}{2m}$因子，由于 m 是已知量，故而既不影响模型的求解，还可以简化误差函数；$\lambda\|\boldsymbol{\theta}\|_2^2$就是 L2 正则项，$\|\boldsymbol{\theta}\|$表示对向量$\boldsymbol{\theta}$各分量求平方和再开根，因此$\|\boldsymbol{\theta}\|^2$就表示向量$\boldsymbol{\theta}$各分量的平方和，下标 2 表示 L2 正则项。

Ridge 类使用的是最小二乘法，因此$\boldsymbol{\theta}$的求解公式为：

$$\boldsymbol{\theta}=\left(\boldsymbol{X}^{\mathrm{T}}\boldsymbol{X}+\lambda\begin{bmatrix}0&0\\0&\boldsymbol{E}\end{bmatrix}\right)^{-1}\boldsymbol{X}^{\mathrm{T}}\boldsymbol{Y} \tag{5-8}$$

首先要学会使用 Ridge 类的初始化方法：

```
sklearn.linear_model.Ridge(alpha=1.0, fit_intercept=True, normalize=False,\
copy_X=True, max_iter=None, tol=0.001, solver='auto', random_state=None)
```

（1）alpha。该参数对应着式（5-7）、式（5-8）中的λ值，值越大惩罚程度就越大。参数 alpha 也可以是一个形状为(n_targets,)的一维数组，则表示$\boldsymbol{\theta}$向量的各个分量分别设置惩罚度，但通常不这么做。在使用 Ridge 类时，我们不需要像自己编程实现那样去生成对应θ_0的全 1 列的训练数据，也就是说通常不对θ_0做惩罚。

（2）fit_intercept、normalize、copy_X。这些参数的含义与 LinearRegression 类的初始化方法类似，不再赘述。

（3）max_iter。该参数指出最大的迭代次数。

（4）tol。该参数指出解的精度。

（5）solver。该参数指出求解器。scikit-learn 库里提供了多种求解器，包括 svd（奇异值分解）、cholesky（使用标准的 scipy.linalg.solve 函数）等，默认值 auto 表示 scikit-learn 根据数据的情况自动选择求解器。通常情况下，这些参数我们不需要去设置，采用默认值就好。

（6）random_state。该参数指出伪随机数生成器的种子。该参数只有当求解器为 sag（随机平均梯度下降）时才使用。

综上，使用 Ridge 类的初始化方法最重要、最难的就是设置 alpha 参数。此前已经介绍过岭迹法、交叉验证法等方法。scikit-learn 库里已经提供了 RidgeCV 类可以用交叉验证法选择最为理想的 alpha 参数，一会再详细介绍。

Ridge 类的 coef_属性、intercept_属性、fit()方法、predict()方法与 LinearRegression 类使用方法相同，这里不再赘述。Ridge 类还有一个属性 n_iter_，返回迭代求解时的迭代次数，但如果不是使用的迭代求解的求解器，返回的是 None。

RidgeCV 类的初始化方法如下：

```
sklearn.linear_model.RidgeCV(alphas= (0.1, 1.0, 10.0), fit_intercept=True,\
 normalize=False, scoring=None, cv=None, gcv_mode=None,\
 store_cv_values=False,alpha_per_target=False)
```

（1）alphas。该参数用于给出使用交叉验证法验证的λ值清单，该参数默认值为(0.1, 1.0, 10.0)，RidgeCV 类在做训练时会自动选择最为理想的λ值。

（2）scoring。该参数指出评价模型的方法，前述所说“最为理想”就是基于此参数。此参数默认值为“None”，默认情况下使用的是**留一法**（leave-one-out cross-validation）做交叉验证，评价的指标使用的是 R^2。留一法名称的由来是出于对样本数据的划分，该方法每次验证时都留一个样本数据作为验证数据。因此，采用留一法对m个数据样本做交叉验证时，一共要对数据划分做m次划分和m次验证。该参数可以设置为字符串，也可以设置为评价模型的方法。如果使用字符串，由于目前我们还只学习过回归方法，可设置的部分字符串参数见表 5-3。

表 5-3　回归可设置的参数 scoring 的值

参数值	对应的评价模型的方法	说明
neg_mean_absolute_error	metrics.mean_absolute_error	即 ***MAE***
neg_mean_squared_error	metrics.mean_squared_error	即 ***MSE***
r2	metrics.r2_score	即 R^2

（3）cv。该参数指出使用的交叉验证法，值为“None”表示默认情况下使用留一法，为整数值时则指出 KFold 法中的 *K* 值。该参数也可以传入数据划分的对象。比较常用的划分方法有 KFold、ShuffleSplit 等。KFold 类在前面已经讲过，不再重复说明。ShuffleSplit 类的用法如下：

```
sklearn.model_selection.ShuffleSplit(n_splits=10, test_size=None, \
train_size =None,random_state= None)
```

这个初始化方法默认情况下表示把数据划分 10 次，每次划分测试数据的数量占比为 0.1（即 10%）。如果设置了 test_size 的值，则按 test_size 来设置测试数据的数量占比，如：

test_size=0.2 则表示测试数据的数量占比为 0.2（即 20%），训练数据的数量占比为 0.8（即 80%）。

RidgeCV 类的初始化方法的其他参数通常情况下我们不需要去改动，使用默认值即可。

RidgeCV 类有一些常用的属性。其中，coef_属性、intercept_属性与 Ridge 类用法相同，不再赘述。RidgeCV 类有一个属性 best_score_，用于得到使用最理想λ值时对模型的评价值。

提示： RidgeCV 类的初始化方法参数 scoring 设置为 neg_mean_absolute_error 或 neg_mean_squared_error 时，得到的 best_score_会是一个负的值，将 best_score_转化成正值后就与此前讨论的 ***MAE*** 值用法相同了。

有了 Ridge 类和 RidgeCV 类，我们就不必再自己编写矩阵运算、交叉验证的代码，直接使用即可。

为了更为直观地理解和使用 Ridge 类，下面以波士顿房价数据的 2 个特征数据项来构建数据集，变换λ值来看看 ***MAE***、R^2 的变化情况。源代码如下所示。

源代码 5-9　使用 Ridge 类看变换λ值后 ***MAE***、R^2 的变化情况

```
#====导入各种要用到的库、类====
import numpy as np
import pandas as pd
import matplotlib.pyplot as plt
from sklearn.datasets import load_boston
from sklearn.model_selection import train_test_split
from sklearn.linear_model import Ridge
from sklearn import metrics
#====加载数据====
#加载波士顿房屋价格数据集
boston=load_boston()
bos=pd.DataFrame(boston.data)
#获得 RM 和 DIS 特征项
X=np.array(bos[[5,7]])
#获得目标数据项
bos_target=pd.DataFrame(boston.target)
y=np.array(bos_target)
#====生成训练数据和测试数据====
XTrain,XTest,yTrain,yTest=\
    train_test_split(X,y,test_size=0.2,random_state=1)
#====用 Ridge 对象得到最优的模型和 lambda 值====
lambdaArray=range(1,100)
r2TrainArray=[]#对训练数据的拟合度
r2TestArray=[]#对测试数据的拟合度
maeTrainArray=[]#对训练数据的 MAE 值
maeTestArray=[]#对训练数据的 MAE 值
thetaArray=np.zeros((3,len(lambdaArray)))#模型参数
for lambdaValue in lambdaArray:
    ridge=Ridge(alpha=lambdaValue)#生成模型
    ridge.fit(XTrain,yTrain)#训练模型
```

```
    #记录模型评价指标
    r2TrainArray.append(ridge.score(XTrain,yTrain))
    r2TestArray.append(ridge.score(XTest,yTest))
    maeTrainArray.append(\
        metrics.mean_absolute_error(yTrain,ridge.predict(XTrain)))
    maeTestArray.append(\
        metrics.mean_absolute_error(yTest,ridge.predict(XTest)))
    #记录模型参数值
    thetaArray[0][lambdaValue-1]=ridge.intercept_[0]#theta0
    thetaArray[1][lambdaValue-1]=ridge.coef_[0][0]#theta1
    thetaArray[2][lambdaValue-1]=ridge.coef_[0][1]#theta2
#====画图====
plt.figure(1)
#画拟合度图
#图一包含3行1列子图，当前画在第1行第1列图上
plt.subplot(3,1,1)
plt.plot(lambdaArray,r2TrainArray,label="训练数据"+r"$R^2$")
plt.plot(lambdaArray,r2TestArray,label="测试数据"+r"$R^2$",linestyle="--")
plt.ylabel(r"$R^2$")
plt.legend()
#画MAE值变化曲线
#图一包含3行1列子图，当前画在第2行第1列图上
plt.subplot(3,1,2)
plt.plot(lambdaArray,maeTrainArray,label="训练数据MAE",linestyle="-.")
plt.plot(lambdaArray,maeTestArray,label="测试数据MAE",linestyle=":")
plt.ylabel("MAE")
plt.legend()
#画theta值变化曲线
#图一包含3行1列子图，当前画在第3行第1列图上
plt.subplot(3,1,3)
plt.plot(lambdaArray,thetaArray[0,:],label=r"$\theta_0$")
plt.plot(lambdaArray,thetaArray[1,:],label=r"$\theta_1$",linestyle="--")
plt.plot(lambdaArray,thetaArray[2,:],label=r"$\theta_2$",linestyle="-.")
plt.xlabel(r"$\lambda$")
plt.ylabel(r"$\theta$")
plt.legend()
#====解决中文字符显示问题====
plt.rcParams['font.sans-serif']=['SimHei'] #用来正常显示中文标签
plt.rcParams['axes.unicode_minus']=False #用来正常显示负号
plt.show()
```

程序运行的结果如图5-22所示。程序从1至100变换λ值，根据λ值来生成Ridge对象，再得到***MAE***、$\boldsymbol{R}^2$和$\boldsymbol{\theta}$。从图5-22来看，随着λ值的增大，惩罚力度更大，所以***MAE***值会变大，$\boldsymbol{R}^2$会降低。由于Ridge类是使用的最小二乘法直接计算出误差值最小的线性模型，所以对于同样的数据，使用岭回归时，误差值最小的线性模型自然是λ值为0时的线性模型。

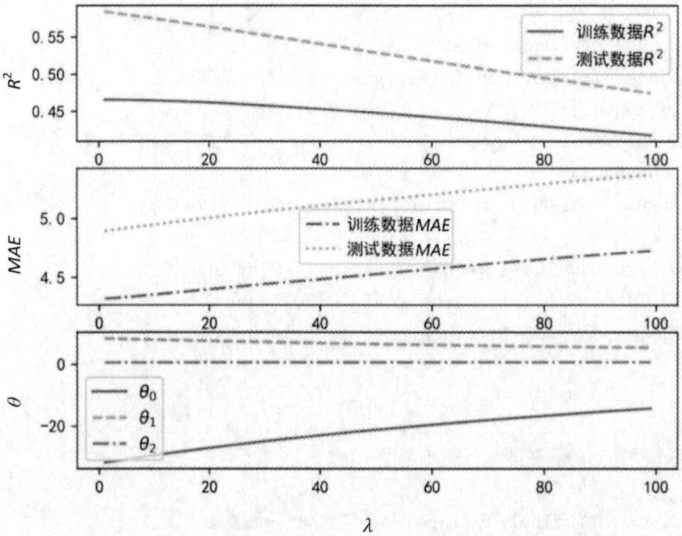

图 5-22　使用 Ridge 类看变换λ值后 ***MAE***、$\boldsymbol{R}^2$ 的变化情况

到底哪个λ值才是最好的呢？这就要用到 RidgeCV 类了。下面来使用 RidgeCV 类和 10 折交叉验证来寻找具有最好拟合度的线性模型。

提示：为什么不寻找具有最小的 ***MAE*** 值（也就是误差值）的线性模型呢？RidgeCV 类有能力这么做，只需按表 5-3 所示将其初始化参数 scoring 设置为 neg_mean_absolute_error 即可，只是没有必要这么做。因为误差值最小的线性模型肯定是λ值最小时的线性模型，不可能有比用最小二乘法直接计算出的线性模型误差值更小的线性模型。

源代码 5-10　使用 RidgeCV 类寻找具有最好的拟合度的线性模型

```
#====导入各种要用到的库、类====
import numpy as np
import pandas as pd
from sklearn.datasets import load_boston
from sklearn.model_selection import train_test_split
from sklearn.linear_model import RidgeCV
from sklearn import metrics
#====加载数据====
#加载波士顿房屋价格数据集
boston=load_boston()
bos=pd.DataFrame(boston.data)
#获得 RM 和 DIS 特征项
X=np.array(bos[[5,7]])
#获得目标数据项
bos_target=pd.DataFrame(boston.target)
y=np.array(bos_target)
#====生成训练数据和测试数据====
XTrain,XTest,yTrain,yTest=\
```

```
    train_test_split(X,y,test_size=0.2,random_state=1)
#====用 RidgeCV 得到最优的模型和 lambda 值====
lambdaArray=[0.01,0.03,0.1,0.3,1.0,3.0,10,30,100,300,1000]
ridgeCV=RidgeCV(alphas=lambdaArray,cv=10)#生成模型
ridgeCV.fit(XTrain,yTrain)#训练模型
#输出模型及其评价指标
print("最好的模型的 R2 值：",ridgeCV.best_score_)
print("最好的模型的 lambda 值：",ridgeCV.alpha_)
print("最好的模型的系数：",ridgeCV.coef_)
print("最好的模型的截距：",ridgeCV.intercept_)
print("最好的模型对测试数据的拟合度：",\
    metrics.r2_score(yTest,ridgeCV.predict(XTest)))
```

程序运行的结果如图 5-23 所示。

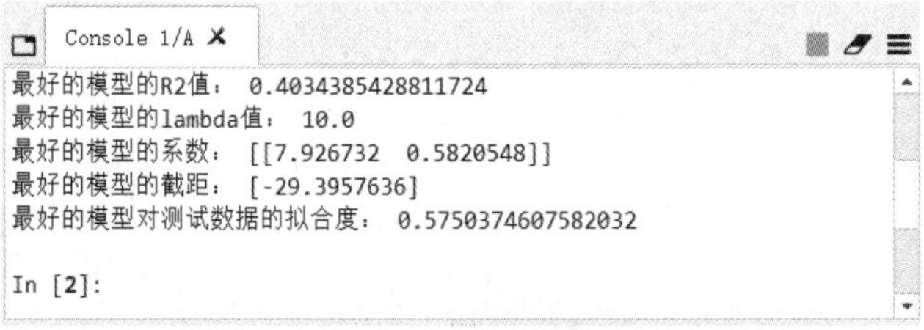

图 5-23　使用 RidgeCV 类寻找具有最好的拟合度的线性模型

从程序运行结果来看，最好的λ值为 10。习惯上我们以 3 的倍数来构建探索的λ值数组[0.01,0.03,0.1,0.3,1.0,3.0,10,30,100,300,1000]。在找到这个数组中最好的λ值后，如果需要再进一步寻找更好的λ值，可以在这个λ值的附近再寻找。这里可将源代码中的 lambdaArray 初始化语句改为以下语句：

```
lambdaArray=range(4,30)
```

再运行程序，可以得到如图 5-24 所示的运行结果。

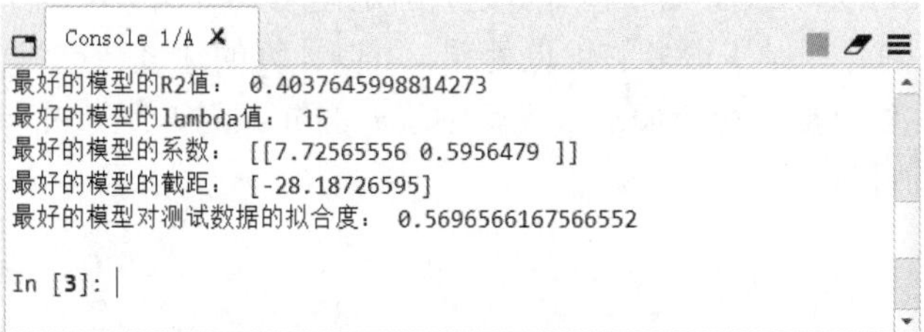

图 5-24　寻找更好的λ值

从程序运行结果来看，最好的λ值变成了 15。此时最好的模型的 R^2 值比λ值为 10 时的模型的 R^2 值稍有上涨，但面向测试数据的 R^2 值并没有上涨，反而有小幅的下降。这是因为用 RidgeCV 类构建模型只针对给定的已知数据集来进行，测试数据是模型训练时未见过的数据，并不能保证训练出的最好的模型就一定对测试数据也最好。

CHAP 5

那 RidgeCV 类是怎么构建出最好的模型的呢？请看图 5-25 的构建过程。可见，RidgeCV 先是力图变换λ值并用 KFold 做数据划分，根据划分结果对验证数据计算 R^2 值，以 10 次划分的 R^2 值作为对应的λ值的 R^2 值。再选择 R^2 值最大时对应的λ值作为最好模型的λ值，最终构建出 RidgeCV 模型。RidgeCV 模型的 best_score_实际上是构建出的 RidgeCV 模型针对训练数据（含验证数据）的 R^2 值。

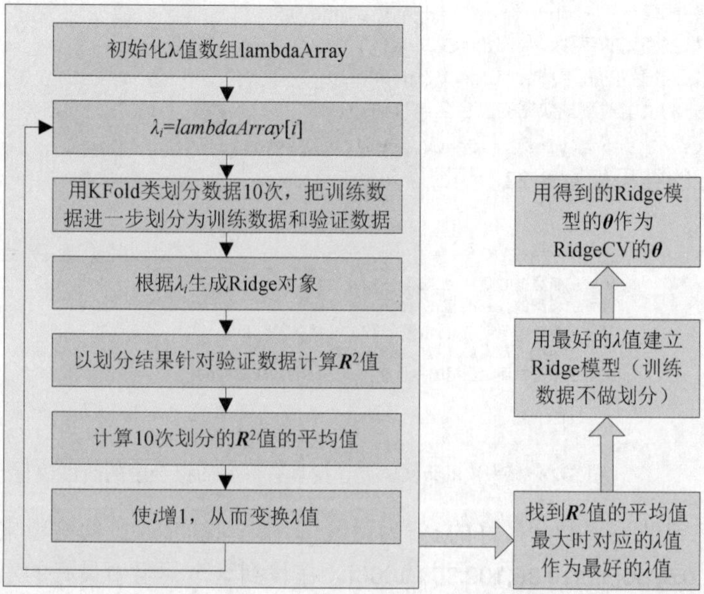

图 5-25　RidgeCV 构建最好的模型的过程

使用 RidgeCV 类实际上是把数据划分成了训练数据、验证数据、测试数据 3 个部分，认为模型对验证数据 R^2 值更好也会对测试数据 R^2 值更好。从源代码来看，使用 RidgeCV 类的代码是非常简洁的，因此，实际工程应用中我们更多的是使用 RidgeCV 类而不是 Ridge 类。此外，scikit-learn 库对矩阵的计算做了很多的优化处理，所以计算的速度会比我们自己编程实现岭回归要快很多。因此，建议多使用 scikit-learn 库中现成的 RidgeCV 类和 Ridge 类，而没有必要自己编程做较为原始的开发。

5.4.3　做 Lasso 回归

scikit-learn 库里提供了 Lasso 类和 LassoCV 类做 Lasso 回归，区别是前者是普通的 Lasso 回归，后者是带交叉验证的 Lasso 回归。先来看 Lasso 类。

Lasso 类的误差函数为：

$$J(\boldsymbol{\theta})=\frac{1}{2m}\sum_{i=0}^{m-1}(y_{p(i)}-y_i)^2+\lambda\sum_{j=1}^{n}\left|\theta_j\right|=\frac{1}{2m}(\boldsymbol{X\theta}-\boldsymbol{Y})^{\mathrm{T}}(\boldsymbol{X\theta}-\boldsymbol{Y})+\lambda\|\boldsymbol{\theta}\|_1 \tag{5-9}$$

其中，相对此前我们讨论的 Lasso 回归，误差函数没有把 L1 正则项乘以 $\frac{1}{2m}$ ，由于m是已知量，故而既不影响模型的求解，还可以简化误差函数；$\lambda\|\boldsymbol{\theta}\|_1$就是 L1 正则项，$\|\boldsymbol{\theta}\|_1$表示向量$\boldsymbol{\theta}$各分量的绝对值求和，下标 1 表示是 L1 正则项。

使用 Lasso 类、LassoCV 类的方法与使用 Ridge 类、RidgeCV 类的方法、参数都非常类似，这里对相同的地方不再赘述。LassoCV 类寻找最好的模型是根据 $\boldsymbol{R}^2$ 值。同样，我们更多的是使用 LassoCV 类。LassoCV 类没有 best_score_属性，而使用 score(X,y)方法来获得模型的拟合度（即 $\boldsymbol{R}^2$ 值）。

下面就使用 LassoCV 来找到最好的λ值及模型，源代码如下。

源代码 5-11　使用 LassoCV 类寻找具有最好的拟合度的线性模型

```
#====导入各种要用到的库、类====
import numpy as np
import pandas as pd
from sklearn.datasets import load_boston
from sklearn.model_selection import train_test_split
from sklearn.linear_model import LassoCV
from sklearn import metrics
#====加载数据====
#加载波士顿房屋价格数据集
boston=load_boston()
bos=pd.DataFrame(boston.data)
#获得 RM 和 DIS 特征项
X=np.array(bos[[5,7]])
#获得目标数据项
bos_target=pd.DataFrame(boston.target)
y=np.array(bos_target)
#====生成训练数据和测试数据====
XTrain,XTest,yTrain,yTest=\
   train_test_split(X,y,test_size=0.2,random_state=1)
#生成其他的特征项
XTrainModi=np.hstack((\
            XTrain[:,0:1],\
            XTrain[:,1:2],\
            np.power(XTrain[:,0:1],2),\
            np.power(XTrain[:,1:2],2),\
            ))
#====用 LassoCV 得到最优的模型和 lambda 值====
lambdaArray=[0.01,0.03,0.1,0.3,1.0,3.0,10,30,100,300,1000]
lassoCV=LassoCV(alphas=lambdaArray,cv=10)#生成模型
lassoCV.fit(XTrainModi,yTrain.flatten())#训练模型
#输出模型及其评价指标
print("最好的模型的 R2 值：",lassoCV.score(XTrainModi,yTrain))
```

```
print("最好的模型的 lambda 值：",lassoCV.alpha_)
print("最好的模型的系数：",lassoCV.coef_)
print("最好的模型的截距：",lassoCV.intercept_)
#生成其他的测试数据特征项
XTestModi=np.hstack((\
            XTest[:,0:1],\
            XTest[:,1:2],\
            np.power(XTest[:,0:1],2),\
            np.power(XTest[:,1:2],2),\
            ))
print("最好的模型对测试数据的拟合度：",\
    metrics.r2_score(yTest,lassoCV.predict(XTestModi)))
```

程序运行的结果如图 5-26 所示。

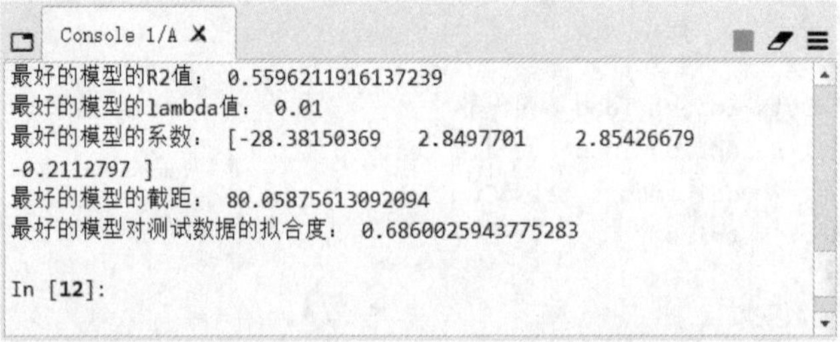

图 5-26　使用 LassoCV 类寻找具有最好的拟合度的线性模型

这里使用的线性模型为：

$$y = \theta_1 x_1 + \theta_2 x_2 + \theta_3 {x_1}^2 + \theta_4 {x_2}^2$$

因此对训练数据和测试数据的特征项做了变换，以得到 4 个特征项。由于采用的模型相对上节中做岭回归使用的模型更为复杂，得到的 $\boldsymbol{R}^2$ 值有所提升，模型对测试数据的拟合度也有所提升。

提示：源代码中，lassoCV.fit()方法的第 2 个参数为 yTrain.flatten()，flatten()方法用于把多维数据转化为一维数据。如果不转化，scikit-learn 库会发出警告，但并不影响程序的运行及其结果。

5.4.4　使用弹性网络做线性回归

弹性网络会综合使用岭回归和 Lasso 回归。之所以名称中有弹性二字，就是因为它在岭回归和 Lasso 回归这 2 种方法之间具有弹性，这源自于它的误差函数：

$$J(\boldsymbol{\theta}) = \frac{1}{2m}\sum_{i=0}^{m-1}(y_{p(i)} - y_i)^2 + r_{l1}\lambda\sum_{j=1}^{n}|\theta_j| + \frac{1}{2}(1 - r_{l1})\lambda\sum_{j=1}^{n}{\theta_j}^2$$

$$= \frac{1}{2m}(\boldsymbol{X\theta} - \boldsymbol{Y})^{\mathrm{T}}(\boldsymbol{X\theta} - \boldsymbol{Y}) + r_{l1}\lambda\|\boldsymbol{\theta}\|_1 + \frac{1}{2}(1 - r_{l1})\lambda\|\boldsymbol{\theta}\|_2^2 \quad (5\text{-}10)$$

其中，r_{l1}表示 L1 正则项的惩罚力度所占的比例，该参数值的范围为$0 \leqslant r_{l1} \leqslant 1$。如果$r_{l1} = 0$，则相当于只有 L2 正则项；如果$r_{l1} = 1$，则相当于只有 L1 正则项。

scikit-learn 库里提供了 ElasticNet 类和 ElasticNetCV 类来支持用弹性网络做线性回归。这 2 个类的使用方法与前述岭回归、Lasso 回归相关的类使用方法类似，不再赘述。同样的，我们更多的是使用 ElasticNetCV 类来找到最好的线性模型。ElasticNetCV 类初始化时有一个参数 l1_ratio 用于指出式（5-10）中的r_{l1}，这个参数也可以是一个一维数组，这样 ElasticNetCV 就能从中选取最好的r_{l1}。

下面编程对使用 RidgeCV、LassoCV、ElasticNetCV 做一个对比，源代码如下。

源代码 5-12　对比 RidgeCV、LassoCV、ElasticNetCV

```
#====导入各种要用到的库、类====
import numpy as np
import pandas as pd
from sklearn.datasets import load_boston
from sklearn.model_selection import train_test_split
from sklearn.linear_model import LassoCV
from sklearn.linear_model import ElasticNetCV
from sklearn.linear_model import RidgeCV
from sklearn import metrics
#====加载数据====
#加载波士顿房屋价格数据集
boston=load_boston()
bos=pd.DataFrame(boston.data)
#获得 RM 和 DIS 特征项
X=np.array(bos[[5,7]])
#获得目标数据项
bos_target=pd.DataFrame(boston.target)
y=np.array(bos_target)
#====生成训练数据和测试数据====
XTrain,XTest,yTrain,yTest=\
    train_test_split(X,y,test_size=0.2,random_state=1)
#====候选 lambda 值数组====
lambdaArray=[0.01,0.03,0.1,0.3,1.0,3.0,10,30,100,300,1000]
#====用 RidgeCV 得到最优的模型和 lambda 值====
ridgeCV=RidgeCV(alphas=lambdaArray,cv=10)#生成模型
ridgeCV.fit(XTrain,yTrain.flatten())#训练模型
#输出 RidgeCV 模型及其评价指标
print("======RidgeCV======")
print("最好的模型的 R2 值：",ridgeCV.score(XTrain,yTrain))
print("最好的模型的 lambda 值：",ridgeCV.alpha_)
print("最好的模型的系数：",ridgeCV.coef_)
print("最好的模型的截距：",ridgeCV.intercept_)
print("最好的模型对测试数据的拟合度：",\
    metrics.r2_score(yTest,ridgeCV.predict(XTest)))
```

```
#====用 LassoCV 得到最优的模型和 lambda 值====
lassoCV=LassoCV(alphas=lambdaArray,cv=10)#生成模型
lassoCV.fit(XTrain,yTrain.flatten())#训练模型
#输出 LassoCV 模型及其评价指标
print("======LassoCV======")
print("最好的模型的 R2 值：",lassoCV.score(XTrain,yTrain))
print("最好的模型的 lambda 值：",lassoCV.alpha_)
print("最好的模型的系数：",lassoCV.coef_)
print("最好的模型的截距：",lassoCV.intercept_)
print("最好的模型对测试数据的拟合度：",\
    metrics.r2_score(yTest,lassoCV.predict(XTest)))
#====用 ElasticNetCV 得到最优的模型和 lambda 值====
l1RatioArray=[0.001,0.003,0.01,0.03,0.1,0.2,\
    0.3,0.4,0.5,0.6,0.7,0.8,0.9,0.93,0.99]
elasticNetCV=ElasticNetCV(alphas=lambdaArray,\
    cv=10,l1_ratio=l1RatioArray)#生成模型
elasticNetCV.fit(XTrain,yTrain.flatten())#训练模型
#输出 ElasticNetCV 模型及其评价指标
print("======ElasticNetCV======")
print("最好的模型的 R2 值：",elasticNetCV.score(XTrain,yTrain))
print("最好的模型的 l1_ratio 值：",elasticNetCV.l1_ratio_)
print("最好的模型的 lambda 值：",elasticNetCV.alpha_)
print("最好的模型的系数：",elasticNetCV.coef_)
print("最好的模型的截距：",elasticNetCV.intercept_)
print("最好的模型对测试数据的拟合度：",\
    metrics.r2_score(yTest,elasticNetCV.predict(XTest)))
```

程序的运行结果如图 5-27 所示。从运行的结果来看，三者的模型 R^2 值差异不大，ElasticNet 由于兼容两者的特点，所以 R^2 值居中，对测试数据的拟合度（即 R^2）也是居中。

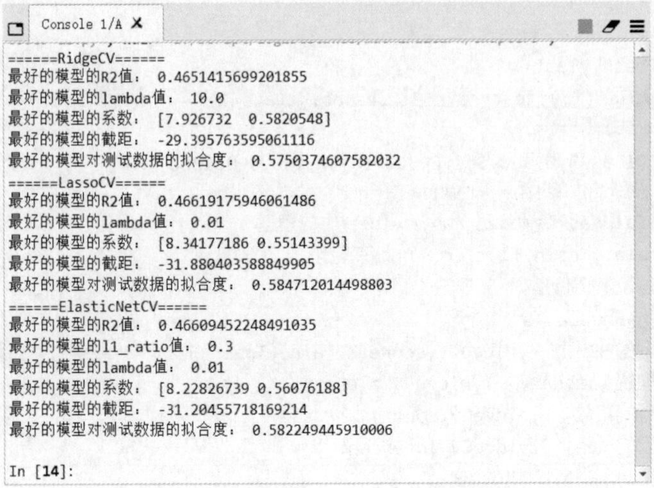

图 5-27　对比 RidgeCV、LassoCV、ElasticNetCV

5.5 小结

在本章中我们主要学习了欠拟合、过拟合和恰当拟合的概念，并给出了解决欠拟合和过拟合的办法。对这些知识的总结见表 5-4。

表 5-4　本章术语总结

术语	说明	对策
欠拟合	模型对训练数据的拟合度过低，泛化能力差	增大训练数据样本量和数据项数量，采用更为复杂的模型等
过拟合	模型对训练数据的拟合度较好，泛化能力差	简化模型，对误差函数做惩罚。典型的惩罚方法就是岭回归、Lasso 回归、弹性网络回归等
恰当拟合	模型对训练数据和测试数据的拟合度均较好	

本章知识的重点就在于用岭回归、Lasso 回归、弹性网络回归来解决过拟合。从原理上来讲，岭回归、Lasso 回归、弹性网络回归本质上都是对误差函数做惩罚，它们的误差函数见表 5-5。

表 5-5　误差函数

惩罚办法	误差函数
岭回归	$J(\boldsymbol{\theta})=\frac{1}{2m}\left(\sum_{i=0}^{m-1}(y_{pi}-y_i)^2+\sum_{j=1}^{n}(\lambda\theta_j{}^2)\right)$
Lasso 回归	$J(\boldsymbol{\theta})=\frac{1}{2m}\left(\sum_{i=0}^{m-1}(y_{pi}-y_i)^2+\lambda\sum_{j=1}^{n}\lvert\theta_j\rvert\right)$
scikit-learn 库里提供的 Ridge 类（岭回归）	$J(\boldsymbol{\theta})=\sum_{i=0}^{m-1}(y_{pi}-y_i)^2+\sum_{j=1}^{n}(\lambda\theta_j{}^2)$
scikit-learn 库里提供的 Lasso 类（Lasso 回归）	$J(\boldsymbol{\theta})=\frac{1}{2m}\sum_{i=0}^{m-1}(y_{pi}-y_i)^2+\lambda\sum_{j=1}^{n}\lvert\theta_j\rvert$
scikit-learn 库里提供的 ElasticNet 类（弹性网络）	$J(\boldsymbol{\theta})=\frac{1}{2m}\sum_{i=0}^{m-1}(y_{pi}-y_i)^2+r_{l1}\lambda\sum_{j=1}^{n}\lvert\theta_j\rvert+\frac{1}{2}(1-r_{l1})\lambda\sum_{j=1}^{n}\theta_j{}^2$

岭回归和 Lasso 回归的主要区别在正则项，前者是 L2 正则项，后者是 L1 正则项，采用 Lasso

回归可以用来减少（或者说选择）模型的参数。scikit-learn 库里提供的 Ridge 类、Lasso 类的误差函数从本质上与本章中理论讨论部分给出的岭回归、Lasso 回归的误差函数没有多大的差别，因为只是把 $\frac{1}{2m}$ 这个系数去掉了，一旦有了样本数据集，m的值也就成了一个常数。ElasticNet 类（弹性网络）综合了岭回归和 Lasso 回归的特点，因此弹性网络对测试数据的最佳拟合度通常处于岭回归和 Lasso 回归的最佳拟合度之间。

第 6 章

学会使用逻辑回归

图 6-1 为学习路线图，本章知识概览见表 6-1。

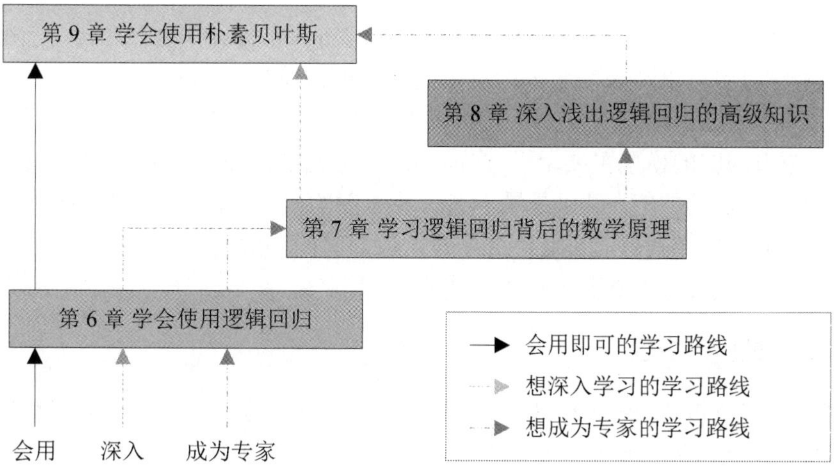

图 6-1　学习路线图

表 6-1　本章知识概览

知识点	难度系数	一句话学习建议
逻辑回归	★	应理解名称为什么叫逻辑回归
概率	★	应理解什么叫概率
线性分类	★★	建议结合图形来形象地理解逻辑回归是怎么做线性分类的，以及为什么要用逻辑回归这样的线性模型来做线性分类
模型的评估	★★★	会用准确度、混淆矩阵、查准率、查全率、宏平均、加权平均、F1 值来评估逻辑回归模型
One-Vs-All	★★★	建议结合实例及分类效果图来理解这 2 种多分类的办法
One-Vs-One	★★★	

本章是学习逻辑回归的入门章节。学习本章意在达到以下目标：理解逻辑回归有关的基本术语；理解逻辑回归模型的形式以及为什么要使用 sigmoid 函数；能用 scikit-learn 库中的类做逻辑回归；能评估逻辑回归模型；能用 One-Vs-All 和 One-Vs-One 这 2 种方法做多分类。

为了让普通的学习者也能使用逻辑回归，本章的内容不涉及高等数学的知识，但学习时应对逻辑回归模型、评价方法等知识点有全面的掌握，这样就可以做工程实践了。

6.1 初步理解逻辑回归

我们先从逻辑回归涉及的主要术语和为什么要使用 sigmoid 函数做逻辑回归来入门。

6.1.1 涉及的主要术语

说起“逻辑”一词，让人马上想到 Yes 或 No、True 或 False；也有的人马上就会想到要做推理；在机器学习中可以理解为通过构建模型推理出结果为二个中的一个。“回归”一词前述已经讲过，从本质上是回到平均值，回归的模型用于预测连续的值。那这岂不矛盾？在机器学习的模型中，逻辑回归的模型主要用于二分法分类，也就是说预测分类的结果是两种中的一种；但也可以用于预测连续的值，结果是属于某一种类别的概率值，因此这类模型的名称叫作“**逻辑回归**”。所谓**概率值**，就是对可能性的度量，值的区间为[0,1]，值越接近于 1（即 100%）表示可能性越大，值越接近于 0 表示可能性越小。

6.1.2 线性分类的图形表达

在前述学习线性回归知识的过程中，我们已经知道，线性回归实际上就是做已有数据的拟合，再用拟合出的线性模型来对新的数据做预测，那是不是也可以用线性的模型来做分类呢？就像图 6-2 所示。

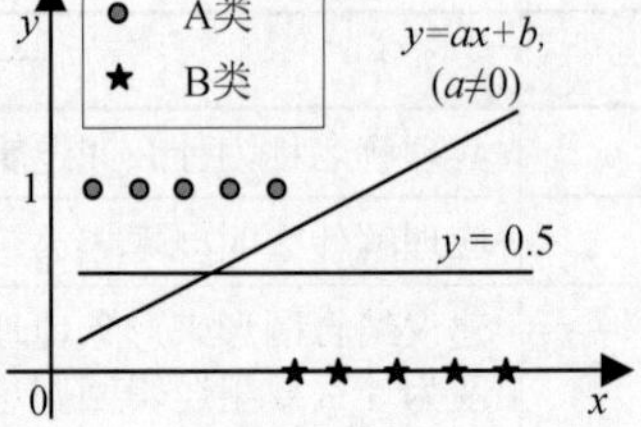

图 6-2　用线性模型来做二分法分类

在图 6-2 中，因为结果值只有 2 种，所以所有的 A 类数据都画在了$y = 1$这条线上，所有的 B 类数据都画在了$y = 0$这条线上。如果数据集的特征数据项更多，那就需要用更高维的空间来表达，这里以二维空间为例，其中特征数据项有 1 维，目标数据集有 1 维。看上去，用“$y=ax+b,(a\neq 0)$”和$y=0.5$这两条直线来做分类效果似乎挺好的，但真的好吗？

先看$y=0.5$这条直线，看上去分类效果很好，处于该条直线下面的点都是 B 类，处于该条直线上面的点都是 A 类;但实际上并没有在特征数据项和目标数据项之间建立起函数关系。这样，不论要进行预测的数据的特征数据项值是多少，都没有办法预测分类的结果。

再来看“$y=ax+b,(a\neq 0)$”这条直线。假定直线方程为“$y=x+1$”，当x值为 1 时，预测结果为$y=2$。那这样的结果表明预测的结果到底是 A 类还是 B 类呢？这没法判断，因为按照二分法分类的要求结果值只能是 0 和 1，但计算的结果却是 2。那为什么从图形上直观地来看又觉得“$y=ax+b,(a\neq 0)$”这条直线起到了分类作用呢？这就是一种错觉，初学者很容易产生这种错觉。这是因为，实际上起到分类作用的并不是“$y=ax+b,(a\neq 0)$”这样的函数，而是这样的函数在起到作用而使我们的直观感受产生了错觉：

$$\begin{cases} y=1,\ \ ax+b<0,(a>0) \\ y=0,\ \ ax+b>0,(a>0) \end{cases} \qquad \text{（方程组 6-1）}$$

为了便于分析和理解，我们假定$a>0$。当$ax+b=0$时，如果我们认为此时分类应为 A 类，则上面的方程组中的第 1 个方程就应改为“$y=1,\ ax+b\leqslant 0,(a>0)$”；同理，如果认为此时分类应为 B 类，则上面的方程组中的第 2 个方程就应改为“$y=0,\ ax+b\geqslant 0,(a>0)$”。为了简便，这里不考虑“$ax+b=0$”的情况。如果把方程组 6-1 做到图上，则如图 6-3 所示。

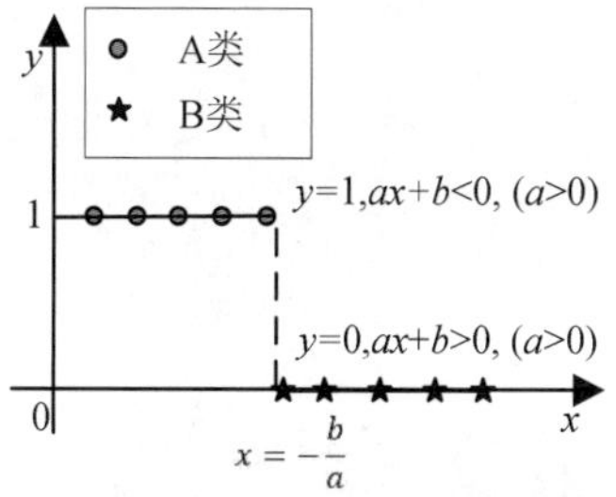

图 6-3　真正的分类函数的图示

提示：图 6-3 中，由于$x=-\dfrac{b}{a}$的值并不一定是正数。图 6-3 是一个相对直观的图示，要表达的本质含义就是y的取值是根据$ax+b$的正负来确定的。因此，A、B 两类数据以$x=-\dfrac{b}{a}$这条线为划分边界。

但是为什么总感觉图 6-3 中没有表达出“$ax+b$”？这也是一种错觉，其实图 6-3 中已经表达得很明确了，多观察几次就会理解得更为深刻。原来$x=-\dfrac{b}{a}$就是图 6-3 中的一条线。由于y的取值只有 0 和 1，在图形中我们可以省去y这一维，如图 6-4 所示。

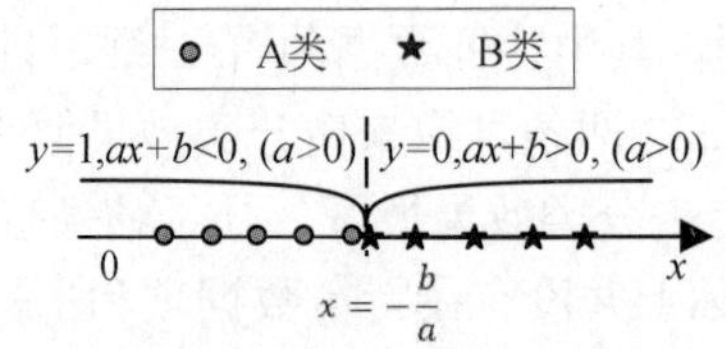

图 6-4 用一维来表示二分法分类

从图 6-4 来看，由于 A 类、B 类的点已用不同的图案来作图示，所以可以省去y这一维。凡为 A 类则表明$y=1$，也就是图中 $x<-\frac{b}{a}$ 的点；凡为 B 类则表明$y=0$，也就是图中 $x>-\frac{b}{a}$ 的点。在这个一维空间中，$x=-\frac{b}{a}$ 就是两个类的分界点。看起来，图 6-4 比图 6-3 更容易理解且更为直观，其实两个图表达的是同样的内涵。

可以想象一下，如果特征数据项有 2 个，也就是说“$ax+b$”变成了“$\theta_0+\theta_1x_1+\theta_2x_2$”时，图 6-3 就会变成一个三维的空间图。以下述的方程组 6-2 为例作图，如图 6-5 所示。

$$\begin{cases} y=1, & 2+3x_1+4x_2<0 \\ y=0, & 2+3x_1+4x_2>0 \end{cases} \quad \text{（方程组 6-2）}$$

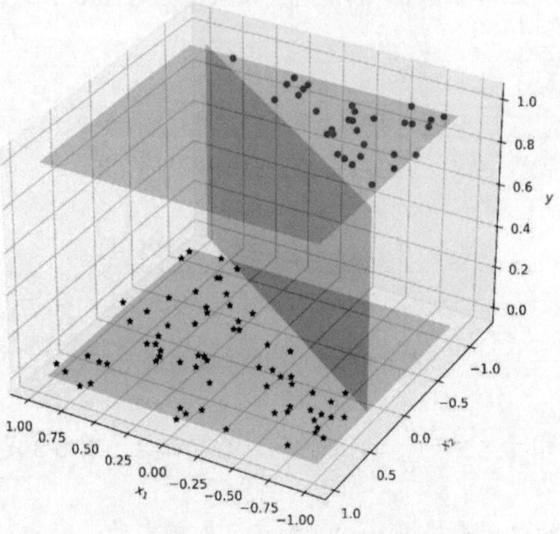

图 6-5 用三维空间表示分类函数

图中随机生成了一些点，可以看到$2+3x_1+4x_2=0$在三维空间里实际上是一个平面，这个平面作为分界面把 2 种类型的点区分开来。A 类的点位于$y=1$这个平面，B 类的点位于$y=0$这个平面。如果把方程组 6-2 用二维空间来图示，即可表示特征数据项的二维空间，目标数据项这一维用不同的图案来图示，可得到图 6-6。

提示： 由于生成的是随机数，程序运行时得到的图形可能与本书中不同。

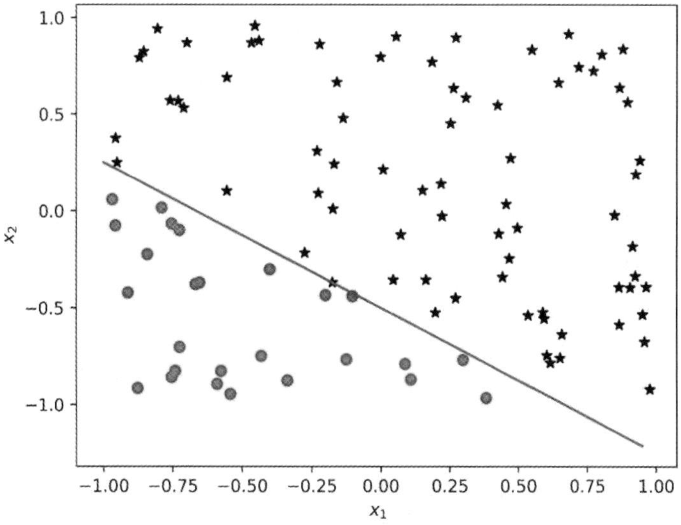

图 6-6 用二维空间表示分类函数

在图 6-5 中，如果从上往下俯视，就得到了图 6-6。在图 6-6 的二维空间里，分界平面变成了一条直线。显然图 6-6 非常直观地展示了分类的效果。正是因为如此，我们更偏向于采用如图 6-6 所示的二维空间来进行表达。

6.1.3 逻辑回归的图形表达

从前述分析可见，要能找到一个分界线（或面、超平面）的前提是数据可以做线性分类。但是要找到这样的分界线（或面、超平面）如果采用线性方程存在 3 个突出问题。

（1）表示分界线（或面、超平面）的方程与y值不存在对应关系。 来看图 6-3 中的分界线$ax + b = 0$，明显表明x值与y值没有对应关系。再来看图 6-5 中的分界面$2 + 3x_1 + 4x_2 = 0$，情况亦是如此。

（2）目标特征项的值只有 0 和 1 导致优化计算不便。 即便是可以找到一个函数做映射，用函数根据特征数据项的值映射到目标数据项的 0 和 1，那接下来如果要找到优化办法来计算时，总是在 0 和 1 之间进行加减法运算，不能用浮点数来进行更好的优化。

（3）映射函数的结果值不能控制到 0 和 1。 如果找到一个映射函数计算把特征数据项的值映射到目标数据项的 0 和 1，则是多对一的映射，这样的函数不存在反函数，因为自变量与因变量之间不是一一映射。而且，映射函数的计算结果可能处在[0,1]区间之外。

解决以上 3 个问题，使用逻辑回归就是一种办法。逻辑回归的模型是这样的：

$$y = \frac{1}{1 + \mathrm{e}^{-(\theta_0 + \theta_1 x)}} \quad \text{（方程 6-1）}$$

方程 6-1 的图形如图 6-7 所示。最为简单的情况是$\theta_0 = 0, \theta_1 = 1$时，方程为：

$$y = \frac{1}{1 + \mathrm{e}^{-x}} \quad \text{（方程 6-2）}$$

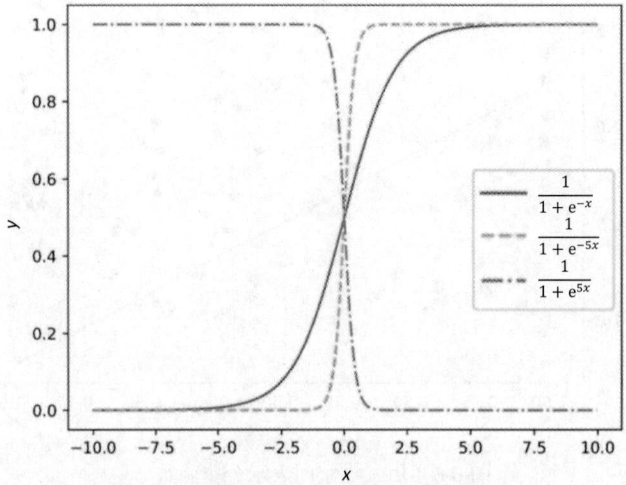

图 6-7　sigmoid 函数的图形

从图中可见，不论线性表达式“$\theta_0 + \theta_1 x$”怎么变，y的值都被映射到(0,1)区间；自变量和因变量是一一映射的；函数是单调的。这样就很好地解决了前述的 3 个问题。

形如方程 6-1 及方程 6-2 的函数称为 sigmoid 函数。sigmoid 这个英文单词的意思是“S形；S形的”，从图中也明显可见图形为S形的。

如果特征数据项有 2 个，则逻辑回归的模型是这样的：

$$y = \frac{1}{1 + \mathrm{e}^{-(\theta_0 + \theta_1 x_1 + \theta_2 x_2)}} \quad \text{（方程 6-3）}$$

绘制方程 6-3 的图形如图 6-8 所示，是一个S形的曲面。通常习惯上以y值为 0.5 作为分界点，这就意味着分界线在x_1和x_2构成的二维空间中显示时正是“$\theta_0 + \theta_1 x_1 + \theta_2 x_2 = 0$”这条线，因为此时：

$$y = \frac{1}{1 + \mathrm{e}^{-(\theta_0 + \theta_1 x_1 + \theta_2 x_2)}} = \frac{1}{1 + \mathrm{e}^{0}} = 0.5$$

实际上分界点是多少可以自定，然后通过不断地调节参数向量$\boldsymbol{\theta}$的值来得到一个比较好的分类效果。

还有一个担心大家纠结的问题是：既然 Sigmoid 函数值为 0.5 为分界线（也就是三维空间中$y = 0.5$和 $y = \frac{1}{1 + \mathrm{e}^{-(\theta_0 + \theta_1 x_1 + \theta_2 x_2)}}$ 的交线，交线就是“$\theta_0 + \theta_1 x_1 + \theta_2 x_2 = 0$”），俯视来看，分界线在$x_1$和$x_2$构成的二维空间里就是一条分界线。既然如此，那用直线方程来表示分界

线岂不更简单？何必这么麻烦还引入方程 6-3 来做逻辑回归呢？因为“$\theta_0 + \theta_1 x_1 + \theta_2 x_2 = 0$”没有表达出$x_1$、$x_2$和目标数据项$y$的关系，也就无法计算出是哪种分类的概率。后续要学习的支持向量机（Support Vector Machine，SVM）模型还会讨论到分界线的问题。

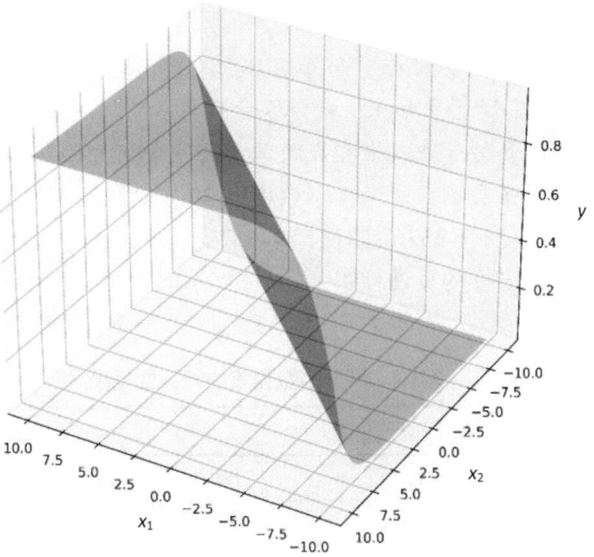

图 6-8　2 个自变量时的 sigmoid 函数的图形

接下来，总结关于分界线的讨论：如果特征数据项只有一维，那么在一维空间里起到分界作用的是一个点，即 $x = -\dfrac{b}{a}$；如果特征数据项为二维，那么在二维空间里起到分界作用的是一条直线，即“$\theta_0 + \theta_1 x_1 + \theta_2 x_2 = 0$”；如果特征数据项为三维，那么在三维空间里起到分界作用的是一个平面，即“$\theta_0 + \theta_1 x_1 + \theta_2 x_2 + \theta_3 x_3 = 0$”；如果特征数据项为四维，那么在四维空间里起到分界作用的是一个超平面，即“$\theta_0 + \theta_1 x_1 + \theta_2 x_2 + \theta_3 x_3 + \theta_4 x_4 = 0$”；以此类推。四维及四维以上空间已经没有办法图示，只能在脑海里想象，所以起到分界作用的面是一个超平面。为便于统一表达，无论是多少维空间，起到分界作用的线性方程代表的点、线、面、超平面我们统称为超平面。

6.2　用 scikit-learn 库做逻辑回归

用 scikit-learn 库做逻辑回归的过程与做线性回归的过程类似，都是先准备好训练数据和模型，再用训练数据求解出模型中的参数，最后用测试数据检验模型的效果。因此，接下来对这个过程不再赘述，直接进入 scikit-learn 库的学习环节。

6.2.1 引入乳腺癌数据集

在学习线性回归时我们引入过 scikit-learn 库中的波士顿房价数据集。接下来为了便于讨论各种分类模型，我们引入 scikit-learn 库中的乳腺癌数据集。这是一个典型的可用于学习二分法分类的数据集。

提示：要使用机器学习的各种模型和算法，需要我们理解应用场景的业务知识和数据含义。接下来，请不要担心不懂医学知识，我会尽量用易懂的描述来讲解。我学的也不是医学专业。实际项目中经常需要多种专业人士组成跨学科的联合研究团队。

这个数据集包含 569 条数据，每个样本数据有 30 个特征数据项和 2 个目标数据项，部分数据项见表 6-2。该数据集共有 357 个阳性样本（即患有乳腺癌，也称为恶性样本）、212 个阴性样本（即未患乳腺癌，也称为良性样本）。阳性样本的目标数据项值为 1，阴性样本的目标数据项值为 0。

表 6-2 乳腺癌数据集的特征数据项

在数据集中的特征项序号	特征项英文名	特征项中文名
0	mean radius	半径（点中心到边缘的距离）的平均值
1	mean texture	纹理（灰度值的标准差）的平均值
2	mean perimeter	周长的平均值
3	mean area	面积的平均值
4	mean smoothness	平滑程度（半径内的局部变化）的平均值
5	mean compactness	紧密度（=周长×周长/面积-1.0）的平均值
6	mean concavity	凹度（轮廓凹部的严重程度）的平均值
7	mean concave points	凹缝（轮廓的凹部分）的平均值
8	mean symmetry	对称性的平均值
9	mean fractal dimension	分形维数（=海岸线近似-1）的平均值
10	radius error	半径（点中心到边缘的距离）的标准差
11	texture error	纹理（灰度值的标准差）的标准差
12	perimeter error	周长的标准差
13	area error	面积的标准差
14	smoothness error	平滑程度（半径内的局部变化）的标准差
15	compactness error	紧密度（=周长×周长/面积-1.0）的标准差
16	concavity error	凹度（轮廓凹部的严重程度）的标准差
17	concave points error	凹缝（轮廓的凹部分）的标准差
18	symmetry error	对称性的标准差

续表

在数据集中的特征项序号	特征项英文名	特征项中文名
19	fractal dimension error	分形维数（=海岸线近似-1）的标准差
20	worst radius	半径（点中心到边缘的距离）的最大值
21	worst texture	文理（灰度值的标准差）的最大值
22	worst perimeter	周长的最大值
23	worst area	面积的最大值
24	worst smoothness	平滑程度（半径内的局部变化）的最大值
25	worst compactness	紧密度（=周长×周长/面积-1.0）的最大值
26	worst concavity	凹度（轮廓凹部的严重程度）的最大值
27	worst concave points	凹缝（轮廓的凹部分）的最大值
28	worst symmetry	对称性的最大值
29	worst fractal dimension	分形维数（=海岸线近似-1）的最大值

6.2.2 用逻辑回归预测乳腺癌

下面来编制程序，代码如下。

源代码 6-1 用逻辑回归预测乳腺癌

```
#====导入各种要用到的库、类====
from sklearn.datasets import load_breast_cancer
from sklearn.model_selection import train_test_split
from sklearn.preprocessing import StandardScaler
from sklearn.linear_model import LogisticRegression
from sklearn.metrics import classification_report
from sklearn.metrics import confusion_matrix
#====加载数据====
breast_cancer=load_breast_cancer()
X=breast_cancer.data
y=breast_cancer.target
#====预处理数据====
XTrain,XTest,yTrain,yTest=train_test_split(X,y,random_state=1,test_size=0.2)
preDealData=StandardScaler()
XTrain=preDealData.fit_transform(XTrain)
XTest=preDealData.transform(XTest)
#====建立逻辑回归模型并做训练====
lr=LogisticRegression()
lr.fit(XTrain,yTrain)
#====使用逻辑回归模型做预测====
yPredict=lr.predict(XTest)
#====评价预测结果====
```

```
print("准确度：",lr.score(XTest,yTest))
print(confusion_matrix(yTest,yPredict))
print(classification_report(yTest,yPredict,target_names=['良性','恶性']))
```

程序运行结果如图 6-9 所示。

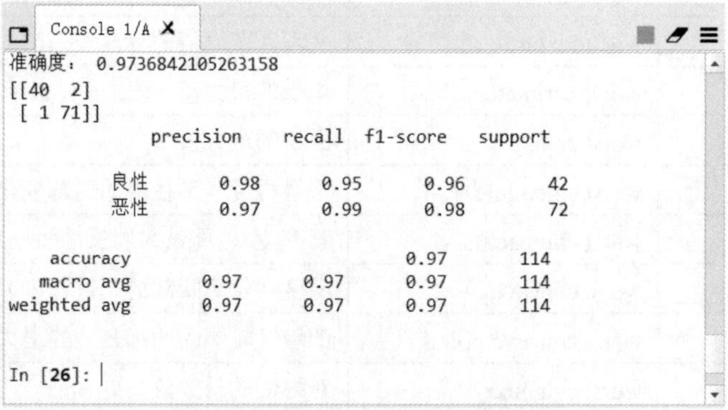

图 6-9　用逻辑回归预测乳腺癌

程序代码非常简洁。为帮助读者阅读代码，下面对部分代码适当做些说明。

StandardScaler 类用于做数据标准化处理，它会把特征数据项做标准差标准化，使处理的结果符合标准正态分布。所谓标准正态分布，是指均值为 0、标准差为 1。数据处理的方法为：

$$x^* = \frac{x - \bar{x}}{\sigma} \tag{6-1}$$

式中，$\bar{x}$为该特征数据项的均值；σ为该特征数据项的标准差。标准差的计算公式如下：

$$\sigma = \sqrt{\frac{\sum_{i=0}^{m-1}(x_i - \bar{x})^2}{m}} \tag{6-2}$$

式中，m为样本个数，也即该特征数据项的数值个数。为保持本书一直以来的编程和使用习惯，数据的下标从 0 开始。

例如，假定有以下两个特征数据项形成的二维数组：

$$X = \begin{bmatrix} 1 & 3 \\ 2 & 5 \\ -1 & 1 \end{bmatrix}$$

如果把第 0 个特征数据项记为$\boldsymbol{x}_0$，把第 1 个特征数据项记为$\boldsymbol{x}_1$，则经 StandardScaler 类做数据标准化处理的过程如下：

$$\overline{\boldsymbol{x}_0} = \frac{1 + 2 - 1}{3} = \frac{2}{3}$$

$$\overline{\boldsymbol{x}_1} = \frac{3+5+1}{3} = 3$$

$$\sigma_0 = \sqrt{\frac{\sum_{i=0}^{m-1}(x_{i0}-\overline{\boldsymbol{x}_0})^2}{m}} = \sqrt{\frac{\sum_{i=0}^{2}\left(x_{i0}-\frac{2}{3}\right)^2}{3}} = \sqrt{\frac{\left(\frac{1}{3}\right)^2+\left(\frac{4}{3}\right)^2+\left(-\frac{5}{3}\right)^2}{3}} = \sqrt{\frac{14}{9}} \approx 1.24721913$$

$$\sigma_1 = \sqrt{\frac{\sum_{i=0}^{m-1}(x_{i1}-\overline{\boldsymbol{x}_1})^2}{m}} = \sqrt{\frac{\sum_{i=0}^{2}(x_{i1}-3)^2}{3}} = \sqrt{\frac{0^2+2^2+2^2}{3}} = \sqrt{\frac{8}{3}} \approx 1.63299316$$

$$x_{00}^* = \frac{x_{00}-\overline{\boldsymbol{x}_0}}{\sigma_0} = \frac{1-\frac{2}{3}}{\sqrt{\frac{14}{9}}} \approx 0.26726124$$

$$x_{10}^* = \frac{x_{10}-\overline{\boldsymbol{x}_0}}{\sigma_0} = \frac{2-\frac{2}{3}}{\sqrt{\frac{14}{9}}} \approx 1.06904497$$

$$x_{20}^* = \frac{x_{20}-\overline{\boldsymbol{x}_0}}{\sigma_0} = \frac{-1-\frac{2}{3}}{\sqrt{\frac{14}{9}}} \approx -1.33630621$$

$$x_{01}^* = \frac{x_{01}-\overline{\boldsymbol{x}_1}}{\sigma_1} = \frac{3-3}{\sqrt{\frac{8}{3}}} = 0$$

$$x_{11}^* = \frac{x_{11}-\overline{\boldsymbol{x}_1}}{\sigma_1} = \frac{5-3}{\sqrt{\frac{8}{3}}} \approx 1.22474487$$

$$x_{21}^* = \frac{x_{21}-\overline{\boldsymbol{x}_1}}{\sigma_1} = \frac{1-3}{\sqrt{\frac{8}{3}}} \approx -1.22474487$$

如果使用 Python 计算标准差，可使用 numpy 的函数 std()，如下所示：

```
import numpy as np
XData=np.array([[1,3],
```

```
        [2,5],
        [-1,1]])
std=np.std(XData,axis=0)
print(std)
```

即可得到如图 6-10 所示的计算结果。

```
Console 1/A  ✕                          ■  ▰  ≡
[1.24721913 1.63299316]

In [18]:
```

图 6-10　计算标准差

如果使用 StandardScaler 类做标准化处理，语句如下：

```
import numpy as np
XData=np.array([[1,3],
        [2,5],
        [-1,1]])
from sklearn.preprocessing import StandardScaler
preDealData=StandardScaler()
print(preDealData.fit_transform(XData))
```

即可得到如图 6-11 所示的计算结果。

```
Console 1/A  ✕                          ■  ▰  ≡
[[ 0.26726124  0.        ]
 [ 1.06904497  1.22474487]
 [-1.33630621 -1.22474487]]

In [23]:
```

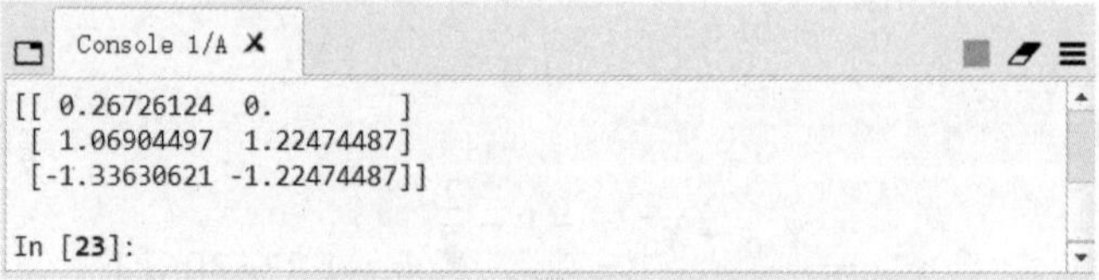

图 6-11　用 StandardScaler 类做标准化处理

StandardScaler 类的 fit_transform()函数和 transform()都可以用来做标准化处理。区别是 fit_transform()函数既做数据训练又做数据标准化，相当于既调用 fit()函数又调用 transform()函数，会记录下均值和标准差。因此，StandardScaler 类的对象调用了 fit_transform()函数后，就可以作为标准化的模型供其他数据处理使用。源代码 6-1 中，使用 StandardScaler 的 fit_transform()函数对 XTrain 数据集做标准化处理和训练后，这个标准化的模型就可以用同样的均值和标准差来对 XTest 数据集做预处理了，所以这时调用的是 transform()函数。

6.2.3　评估逻辑回归模型

评估逻辑回归模型最为常用的评价指标就是**准确度（Accuracy）**。在源代码 6-1 中，已经使用过准确度来做出评价，结果为 0.9736842105263158，即约为 97%，也就是说平均下来每 100 个样本中，有 97 个预测正确，3 个预测错误。

有准确度来评价逻辑回归模型还不够，我们还需要掌握更多的评价指标，后续再学习其他的二分法分类时，也是使用这些评价指标来做出评估。

首先，要理解**混淆矩阵**（Confusion Matrix），这是学习其他评价指标的基础。如果不采用一定的记忆方法，很容易真的被混淆起来。

表 6-3 中横向表示实际情况，纵向表示预测情况，两者之间的交叉就形成了混淆矩阵。矩阵中的字母 T 表示 True（正确的），字母 F 表示 False（错误的），字母 P 表示 Positive（正类），字母 N 表示 Negative（反类，也称为负类）。

TP 表示正确的正类数量；TN 表示正确的反类数量；FP 表示错误的正类数量；FN 表示错误的反类数量。在疾病预测应用中，TP 又称为真阳性；TN 又称为真阴性；FN 又称为假阴性；FP 又称为假阳性。从源代码 6-1 的运行结果来看，就有 2 例假阴性，1 例假阳性。

一句话可帮助记忆混淆矩阵“**横实纵预测，主对角正确**”。接下再来一起学习一些评价指标。

表 6-3 混淆矩阵

		预测的分类		合计
		正类，值为 1	负类，值为 0	
实际的分类	正类，值为 1	TP	FN	TP+FN
	负类，值为 0	FP	TN	FP+TN
合计		TP+FP	FN+TN	TP+FN+FP+TN

查准率（Precision），又称为精度、精确度，也称为 PPV（Positive Predictive Value）。为避免与准确度的名称冲突，建议用查准率这一名称。这一术语是相对预测值来说的，通常是指预测值的正类里有多少比例是真正的正类，计算公式为：

$$Precision = \frac{TP}{TP + FP} \tag{6-3}$$

可见，查准率是越高且越接近于 1 越好，则在疾病预测应用中，查出有病的准确程度越高。

查全率（Recall），又称为召回率、敏感度（Sensitivity），也称为 TPR（True Positive Rate）。这一术语是相对实际值来说的，通常是指实际的正类里有多少被预测为正类，计算公式为：

$$Recall = \frac{TP}{TP + FN} \tag{6-4}$$

可见，查全率也是越高且越接近于 1 越好，则在疾病预测应用中，有病漏检的人就会越少。然而，查准率和查全率是一对矛盾体。如在疾病预测应用中，把检测的条件做得严格一些，则查准率就越高，但会导致有病的人更有可能漏检，查全率就会降低。

一句话可帮助记忆查准率和查全率“**查准相对预测值，查全相对实际值**”。

同理，针对于反类也可以求得查准率和查全率，不再赘述。

那能否在查全率和查准率之间取得一个较好的平衡呢？办法就是采用 **F1 值**（F1-Score）这一评价指标，其计算公式如下：

$$F_1 = \frac{2}{\frac{1}{Precision} + \frac{1}{Recall}} = \frac{2Precision \times Recall}{Precision + Recall} \tag{6-5}$$

从式（6-5）可以看出，如果$Precision$不变，$Recall$越大，$\frac{1}{Recall}$就会越小，F_1就会越大；同理，如果$Recall$不变，$Precision$越大，F_1就会越大。

宏平均（Macro Average）是指各项指标的平均值。**加权平均**是指以各类实际的占比作为权重，再计算平均值。

下面再来看图 6-9 就比较清晰了。以乳腺癌良性为例，查准率（Precision）为 0.98，查全率（Recall）为 0.98，F1 值为 0.96，参与测试的样本数（Support）为 42 个。以乳腺癌恶性再做分析，查准率为 0.97，查全率为 0.99，F1 值为 0.98，参与测试的样本数为 72 个。可见，参与测试的总样本数为 114 个。

针对查准率的宏平均为 0.97，计算公式为：

$$MacroAvg_{Precision} = \frac{Precision_{良性} + Precision_{恶性}}{2} = 0.97$$

针对查准率的加权平均为 0.97，计算公式为：

$$WeightedAvg_{Precision} = \frac{Precision_{良性} \times \frac{Support_{良性}}{Support_{良性} + Support_{恶性}} + Precision_{恶性} \times \frac{Support_{恶性}}{Support_{良性} + Support_{恶性}}}{2}$$

$$= \frac{0.98 \times \frac{42}{42+72} + 0.97 \times \frac{72}{42+72}}{2} = 0.97$$

针对查全率的宏平均及加权平均，针对 F1 值的宏平均及加权平均不再重复计算和赘述。总体上来说，用逻辑回归来做乳腺癌的预测效果还是不错的。

6.2.4 得到模型参数

结合本章前述内容，我们可以把逻辑回归模型表达为：

$$\boldsymbol{y} = \frac{1}{1 + \mathrm{e}^{-(\boldsymbol{X\theta}^{\mathrm{T}})}} \tag{6-6}$$

这是模型的向量表达形式，其中：

$$\boldsymbol{X} = [\boldsymbol{x_0} \quad \boldsymbol{x_1} \quad \cdots \quad \boldsymbol{x_n}] = [\boldsymbol{1} \quad \boldsymbol{x_1} \quad \cdots \quad \boldsymbol{x_n}]$$

$$\boldsymbol{\theta} = [\theta_0 \quad \theta_1 \quad \dots \quad \theta_n]$$

n是特征数据项的个数；$\boldsymbol{x_0}$是全 1 的向量，向量中元素的个数为数据样本的个数；向量$\boldsymbol{x_1}$为第 1 个特征向量；向量$\boldsymbol{x_n}$为第n个特征向量。

如果对线性代数理解有困难，知道$\boldsymbol{X}$是已知的样本数据，$\boldsymbol{\theta}$是逻辑回归模型要求解的参数就可以了。特征数据项有n个，$\boldsymbol{\theta}$中就有$n+1$个参数。为什么多一个呢？多的就是θ_0。

LogisticRegression 类有 intercept_属性，用于得到θ_0；有 coef_属性，用于得到$\theta_1 \sim \theta_n$。如果我们在源代码 6-1 之后加入如下的代码即可得到这些逻辑回归模型的参数值：

```
#====输出模型参数====
print("theta0:",lr.intercept_)
print("theta1~thetan:",lr.coef_)
```

输出结果如图 6-12 所示。

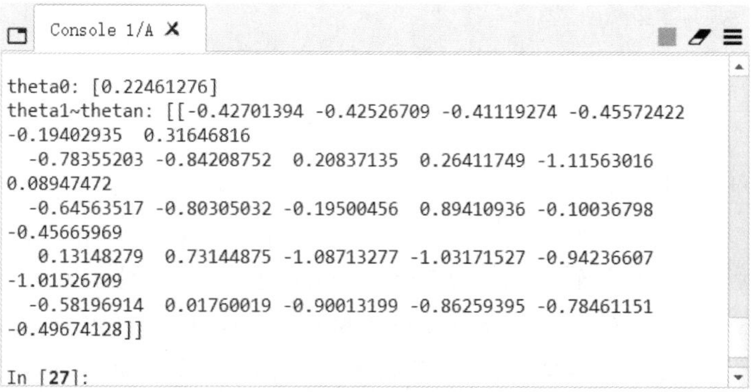

图 6-12 得到逻辑回归模型的参数

6.2.5 得到分类的可能性值

本章前述内容已讲到过，采用逻辑回归模型的计算结果实际上归到某个类别的可能性值，再以 0.5 为分界点确定分类的结果。那怎么得到可能性值呢？

LogisticRegression 类的 predict_proba()方法可用于得到预测的可能性值。如果我们在源代码 6-1 之后加入如下的代码即可得到预测的可能性值：

```
#====得到分类的可能性值====
print(lr.predict_proba(XTest))
```

输出结果如图 6-13 所示。从图 6-13 来看，可能性值是一个为 2 列的二维数组。第 1 列为负类（预测乳腺癌示例中为良性）的可能性，第 2 列为正类（预测乳腺癌示例中为恶性）的可能性。

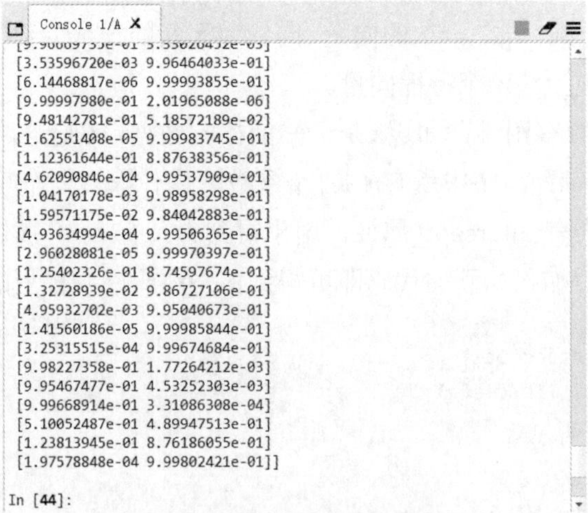

图 6-13　得到分类的可能性值

6.3　解决多分类的问题

前述我们已经学会了用逻辑回归解决二分法分类问题，那能否用逻辑回归解决多分类的问题呢？有 3 种常用的办法：第 1 种办法为 One-Vs-All；第 2 种办法为 One-Vs-One；第 3 种办法是使用 softmax 回归。考虑到 softmax 的计算稍显复杂一点，把 softmax 的讲解放到后续学习高等数学之后的更高级的内容里。这里先来讲解前 2 种方法。我们先来引入一个应用场景。

提示：scikit-learn 库中的逻辑回归类 LogisticRegression 可以直接支持多分类，用逻辑回归模型的 fit()方法做训练即可训练出多分类模型。直接做多分类的原理在后续学习中还会详细讲解。这里先学习怎么用已有的二分类来做多分类。

6.3.1　引入鸢尾花数据集

鸢尾花数据集也是 scikit-learn 库的一个数据集。这个数据集共有 150 个数据样本，4 个特征数据项，1 个目标数据项。这个目标数据项表示分类的结果，结果把鸢尾花分成 3 类，每类各有 50 个数据样本。鸢尾花数据集的特征数据项及目标数据的说明分别见表 6-4 和表 6-5。

表 6-4　鸢尾花数据集的特征数据项

在数据集中的特征项序号	特征项英文名	特征项中文名
0	sepal length（单位：cm）	花萼长度
1	sepal width（单位：cm）	花萼宽度
2	petal length（单位：cm）	花瓣长度
3	petal width（单位：cm）	花瓣宽度

表 6-5　鸢尾花数据集的目标数据项

类型值	类型
0	setosa
1	versicolor
2	virginica

6.3.2　用 One-Vs-All 解决多分类问题

下面以 3 分类为例来讲解。假定要分类的情况如图 6-14（a）所示。使用逻辑回归和 One-Vs-All 解决 3 分类问题的过程如下：

（1）把 A 类和其他 2 种类用逻辑回归做二分法分类，如图 6-14（b）所示。

（2）把 B 类和其他 2 种类用逻辑回归做二分法分类，如图 6-14（c）所示。

（3）把 C 类和其他 2 种类用逻辑回归做二分法分类，如图 6-14（d）所示。

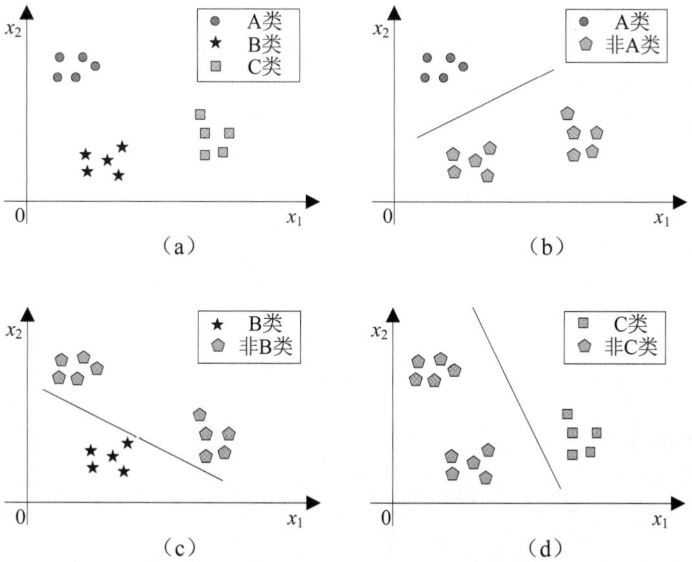

图 6-14　用 One-Vs-All 解决多分类问题

（4）根据前 3 步得到的 3 个模型分别对测试数据进行分类，得到分属于 3 种类的可能性值，取具有最高的可能性值的分类结果作为测试数据的分类结果。

由此可见要做n分类就需要建立起n个二分法分类模型才能解决多分类问题。因此每次建立的分类模型都是用其中一类和其他所有类做二分法分类，所以称为 One-Vs-All。

下面以鸢尾花数据集作为数据样本来用 One-Vs-All 和逻辑回归做 3 分类。为了便于图示和更好地理解逻辑回归，我们选取花瓣长度和花瓣宽度这 2 个数据特征项来进行分类。源代码如下。

源代码 6-2　用 One-Vs-All 做鸢尾花分类

```
#====导入各种要用到的库、类====
from sklearn.datasets import load_iris
from sklearn.model_selection import train_test_split
from sklearn.preprocessing import StandardScaler
from sklearn.linear_model import LogisticRegression
import numpy as np
import pandas as pd
#====加载数据====
iris=load_iris()
irisPd=pd.DataFrame(iris.data)
X=np.array(irisPd[[2,3]])
y=iris.target
#====标准化训练数据和测试数据====
XTrain,XTest,yTrain,yTest=train_test_split(X,y,random_state=1,test_size=0.2)
preDealData=StandardScaler()
XTrain=preDealData.fit_transform(XTrain)
XTest=preDealData.transform(XTest)
#====把第 1 类（setosa）和其他 2 种类用逻辑回归做二分法分类====
#把分类结果值为 1、2 的归成一类，值为 1
yTrainOfLr1=[]#第 1 个模型的训练样本的目标数据项值的列表
index=0
for yValue in yTrain:
    if(yValue>=1):
        yTrainOfLr1.append(1)
    else:
        yTrainOfLr1.append(0)
    index+=1
yTestOfLr1=[]#第 1 个模型的测试样本的目标数据项值的列表
index=0
for yValue in yTest:
    if(yValue>=1):
        yTestOfLr1.append(1)
    else:
        yTestOfLr1.append(0)
    index+=1
#建立逻辑回归模型并做训练
lr1=LogisticRegression()
lr1.fit(XTrain,yTrainOfLr1)
#使用逻辑回归模型做预测
yPredictProb1=lr1.predict_proba(XTest)
#评价预测结果
print("第 1 次分类的准确度：",lr1.score(XTest,yTestOfLr1))
#====把第 2 类（versicolor）和其他 2 种类用逻辑回归做二分法分类====
```

```
#把分类结果值为 0、2 的归成一类，值为 1
yTrainOfLr2=[]#第 2 个模型的训练样本的目标数据项值的列表
index=0
for yValue in yTrain:
    if(yValue>=2 or yValue<=0):
        yTrainOfLr2.append(1)
    else:
        yTrainOfLr2.append(0)
    index+=1
yTestOfLr2=[]#第 2 个模型的测试样本的目标数据项值的列表
index=0
for yValue in yTest:
    if(yValue>=2 or yValue<=0):
        yTestOfLr2.append(1)
    else:
        yTestOfLr2.append(0)
    index+=1
#建立逻辑回归模型并做训练
lr2=LogisticRegression()
lr2.fit(XTrain,yTrainOfLr2)
#使用逻辑回归模型做预测
yPredictProb2=lr2.predict_proba(XTest)
#评价预测结果
print("第 2 次分类的准确度：",lr2.score(XTest,yTestOfLr2))
#====把第 3 类（virginica）和其他 2 种类用逻辑回归做二分法分类====
#把分类结果值为 0、1 的归成一类，值为 1
yTrainOfLr3=[]#第 1 个模型的训练样本的目标数据项值的列表
index=0
for yValue in yTrain:
    if(yValue<=1):
        yTrainOfLr3.append(1)
    else:
        yTrainOfLr3.append(0)
    index+=1
yTestOfLr3=[]#第 3 个模型的测试样本的目标数据项值的列表
index=0
for yValue in yTest:
    if(yValue<=1):
        yTestOfLr3.append(1)
    else:
        yTestOfLr3.append(0)
    index+=1
#建立逻辑回归模型并做训练
lr3=LogisticRegression()
lr3.fit(XTrain,yTrainOfLr3)
#使用逻辑回归模型做预测
```

```
yPredictProb3=lr3.predict_proba(XTest)
#评价预测结果
print("第 3 次分类的准确度：",lr3.score(XTest,yTestOfLr3))
#====综合 3 个模型做出预测====
yPredict=[]#预测的分类值列表
yPredProb=[]#属于某种分类的可能性值的列表
index=0
for yPredictProb1Value in yPredictProb1[:,0]:
    yPredictValue=0
    yPredictProbValue=yPredictProb1Value
    if(yPredictProb2[index,0]>=yPredictProbValue):
        yPredictValue=1
        yPredictProbValue=yPredictProb2[index,0]
    if(yPredictProb3[index,0]>=yPredictProbValue):
        yPredictValue=2
        yPredictProbValue=yPredictProb3[index,0]
    yPredict.append(yPredictValue)
    yPredProb.append(yPredictProbValue)
    index+=1
print("测试样本的目标数据项值：\n",yTest)
print("One-Vs-All 的预测值：\n",np.array(yPredict))
isTrueCount=0#预测正确的分类个数
index=0
for yPredictValue in yPredict:
    if(yPredictValue==yTest[index]):
        isTrueCount+=1
    index+=1
print("预测正确的数量：",isTrueCount)
print("一共",len(yPredict),"个测试样本")
print("One-Vs-All 的准确度：",isTrueCount/len(yPredict))
```

程序运行的结果如图 6-15 所示。

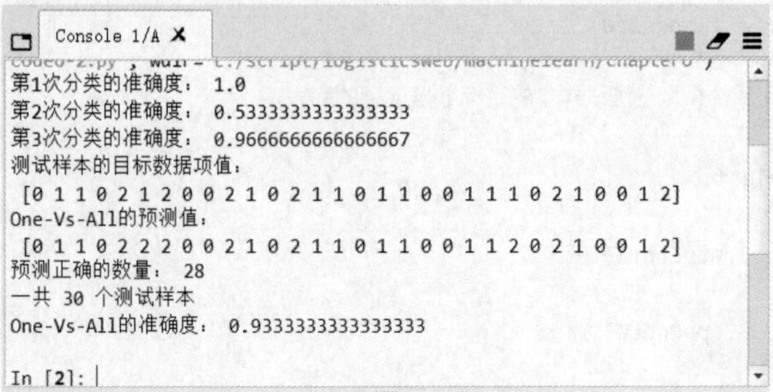

图 6-15　用 One-Vs-All 做鸢尾花分类

可见，每次分类的准确度有所不同，且第 1 次最高，第 2 次最低，综合后最终 One-Vs-All

的准确度达到了约 0.93。一起来分析源代码。

以第 1 次分类为例，以下的代码生成了训练样本的目标数据项值至 yTrainOfLr1 列表，生成的规律是：原有值大于等于 1（表示鸢尾花的类别为 versicolor 或 virginica）时，目标数据项值设为 1；否则目标数据项值设为 0。

```
yTrainOfLr1=[]
index=0
for yValue in yTrain:
    if(yValue>=1):
        yTrainOfLr1.append(1)
    else:
        yTrainOfLr1.append(0)
    index+=1
```

接下来，采用同样的办法生成了测试样本的目标数据项值至 yTestOfLr1 列表。第 2 次分类和第 3 次分类生成目标数据项值的做法与第 1 次分类类似，不再赘述。

综合 3 个模型做预测时，用 yPredict 列表记录预测的分类值，用 yPredProb 列表记录属于预测的分类的可能性值。接下来用以下的 for 循环生成了 yPredict 列表和 yPredProb 列表中的元素值，这段代码如下：

```
for yPredictProb1Value in yPredictProb1[:,0]:
    yPredictValue=0
    yPredictProbValue=yPredictProb1Value
    if(yPredictProb2[index,0]>=yPredictProbValue):
        yPredictValue=1
        yPredictProbValue=yPredictProb2[index,0]
    if(yPredictProb3[index,0]>=yPredictProbValue):
        yPredictValue=2
        yPredictProbValue=yPredictProb3[index,0]
    yPredict.append(yPredictValue)
    yPredProb.append(yPredictProbValue)
    index+=1
```

为什么 for 循环的 in 后用的是 yPredictProb1[:,0]呢？因为第 1 次分类得到的可能性值数组 yPredictProb1 是一个二维数组，这个数组的第 0 列记录的是属于 One-Vs-All 中 One 这种值类型（目标数据项值为 1）的可能性值。我们不需要使用数组 yPredictProb1 的第 2 列，因为第 2 列代表着属于某次分类中另 2 种鸢尾花的可能性值。接下来逐步对可能性值进行比较，找到可能性值最大的那一项，取其鸢尾花类型预测的结果及其可能性值作为预测的结果。

提示：如果分类的类型比较多，我们应使用一定的排序算法来找到可能性值最大的那一项，常用的排序算法有冒泡法、二分法等，不妨自行编程试试。

能否像图 6-14 一样做出每次分类的效果图呢？下面就给出源代码供参考。

源代码 6-3 用 One-Vs-All 做鸢尾花分类的效果图

```
#====此处省略源代码 6-2 的所有代码====
#====接下来作图====
```

```
from matplotlib import pyplot as plt
#====作测试数据的散点图====
plt.figure(1)
#图一包含 2 行 2 列子图，当前画在第 1 行第 1 列图上
plt.subplot(2,2,1)
setosaX=[]#测试数据集中 setosa 类型的鸢尾花的特征数据项
versicolorX=[]#测试数据集中 versicolor 类型的鸢尾花的特征数据项
virginicaX=[]#测试数据集中 virginica 类型的鸢尾花的特征数据项
index=0
for yValue in yTest:
    if(yValue==0):
        setosaX.append([XTest[index,0],XTest[index,1]])
    if(yValue==1):
        versicolorX.append([XTest[index,0],XTest[index,1]])
    if(yValue==2):
        virginicaX.append([XTest[index,0],XTest[index,1]])
    index+=1
#将列表置换成二维数组
setosaX=np.array(setosaX)
versicolorX=np.array(versicolorX)
virginicaX=np.array(virginicaX)
#画散点
plt.scatter(setosaX[:,0],setosaX[:,1],label="setosa",s=15)
plt.scatter(versicolorX[:,0],versicolorX[:,1],\
    label="versicolor",marker="*",s=15)
plt.scatter(virginicaX[:,0],virginicaX[:,1],\
    label="virginica",marker="s",s=15)
plt.ylabel("花瓣宽度")
plt.title("（a）")
plt.legend()
#====画第 1 次分类的效果图====
#图一包含 2 行 2 列子图，当前画在第 1 行第 2 列图上
plt.subplot(2,2,2)
#画散点
plt.scatter(setosaX[:,0],setosaX[:,1],label="setosa",s=15)
plt.scatter(versicolorX[:,0],versicolorX[:,1],\
    label="versicolor 和 virginica",marker="8",c="green",s=15)
plt.scatter(virginicaX[:,0],virginicaX[:,1],marker="8",c="green",s=15)
theta0=lr1.intercept_[0]
theta1And2=lr1.coef_[0]
#得到分界线的 x 坐标的最小值和最大值
xValue=np.array([np.min(XTest[:,0]),np.max(XTest[:,0])])
#得到 xValue 对应的 yValue
yValue=(-1*theta0-1*theta1And2[0]*xValue)/theta1And2[1]
#画分界线
plt.plot(xValue,yValue,label="分界线")
```

CHAP 6

```
plt.title("(b)")
plt.legend()
#====画第 2 次分类的效果图====
#图一包含 2 行 2 列子图，当前画在第 2 行第 1 列图上
plt.subplot(2,2,3)
#画散点
plt.scatter(setosaX[:,0],setosaX[:,1],\
    label="setosa 和 virginica",marker="8",c="green",s=15)
plt.scatter(versicolorX[:,0],versicolorX[:,1],\
    label="versicolor",marker="*",s=15)
plt.scatter(virginicaX[:,0],virginicaX[:,1],marker="8",c="green",s=15)
theta0=lr2.intercept_[0]
theta1And2=lr2.coef_[0]
#得到分界线的 x 坐标的最小值和最大值
xValue=np.array([np.min(XTest[:,0]),np.max(XTest[:,0])])
#得到 xValue 对应的 yValue
yValue=(-1*theta0-1*theta1And2[0]*xValue)/theta1And2[1]
#画分界线
plt.plot(xValue,yValue,label="分界线")
plt.xlabel("花瓣长度")
plt.ylabel("花瓣宽度")
plt.title("(c)",y=-0.4)
plt.legend()
#====画第 3 次分类的效果图====
#图一包含 2 行 2 列子图，当前画在第 2 行第 2 列图上
plt.subplot(2,2,4)
#画散点
plt.scatter(setosaX[:,0],setosaX[:,1],\
    label="setosa 和 versicolor",marker="8",c="green",s=15)
plt.scatter(versicolorX[:,0],versicolorX[:,1],marker="8",c="green",s=15)
plt.scatter(virginicaX[:,0],virginicaX[:,1],\
    label="virginica",marker="s",s=15)
theta0=lr3.intercept_[0]
theta1And2=lr3.coef_[0]
#得到分界线的 x 坐标的最小值和最大值
xValue=np.array([np.min(XTest[:,0]),np.max(XTest[:,0])])
#得到 xValue 对应的 yValue
yValue=(-1*theta0-1*theta1And2[0]*xValue)/theta1And2[1]
#画分界线
plt.plot(xValue,yValue,label="分界线")
plt.xlabel("花瓣长度")
plt.title("(d)",y=-0.4)
plt.legend()
#====解决中文字符显示问题====
plt.rcParams['font.sans-serif']=['SimHei'] #用来正常显示中文标签
plt.rcParams['axes.unicode_minus']=False #用来正常显示负号
plt.show()
```

源代码的运行结果如图 6-16 所示。

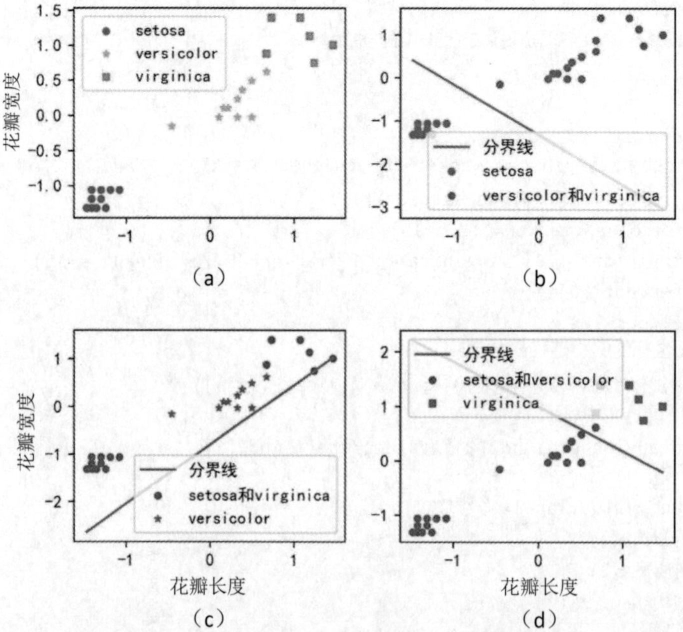

图 6-16　用 One-Vs-All 做鸢尾花分类的效果图

由于 One-Vs-All 是综合多次分类再做出分类决策的做法，只能做出每次分类的边界线，而不能做出总体的分界线。从图 6-16 来看，其实第 2 次分类［即图 6-16（c）］的分类效果并不理想，但是综合以后使最终的分类效果相对第 2 次的分类效果要好很多。

分界线的方程是怎么得到的呢？在此前学习的内容中我们已经学习过，分界线的方程实际上就是：

$$\theta_0 + \theta_1 x_1 + \theta_2 x_2 = 0$$

因此，可以得到：

$$x_2 = \frac{-\theta_0 - \theta_1 x_1}{\theta_2} \tag{6-7}$$

要作直线的图形，只需要计算出两个点的坐标值，然后再把两个点相连即可得到直线。以第 1 次分类为例，根据x_1计算出x_2的语句如下：

```
#得到 xValue 对应的 yValue
yValue=(-1*theta0-1*theta1And2[0]*xValue)/theta1And2[1]
```

那么有没有办法进一步提高 One-Vs-All 的准确度？最有效的办法当然还是采用更多特征数据项。读者不妨试试采用 4 个特征数据项来进行 One-Vs-All 分类。

提示：使用 4 个特征数据项时，已经无法用像图 6-15 这样的图形来画出分界，此时的分界是一个超平面，只能在脑海中想象了。但如果使用 3 个特征数据项，可在三维空间中画出分界面。

6.3.3 用 One–Vs–One 解决多分类问题

理解了 One-Vs-All 再理解 One-Vs-One 就比较简单了。之所以称为 One-Vs-One，是因为这种方法的做法是从类型中每次选择 2 个类型进行一对一的分类，再进行综合考虑确定最终的分类。

下面仍以 3 分类为例来讲解。假定要分类的情况如图 6-17（a）所示。使用逻辑回归和 One-Vs-One 解决 3 分类问题的过程如下：

（1）用逻辑回归对 A 类和 B 类做二分法分类，如图 6-17（b）所示。

（2）用逻辑回归对 A 类和 C 类做二分法分类，如图 6-17（c）所示。

（3）用逻辑回归对 B 类和 C 类做二分法分类，如图 6-17（d）所示。

（4）根据投票规则用前面得到的 3 种逻辑回归模型对新的数据样本做分类，看属于哪种类型的票数最多就确定样本属于哪种类型。

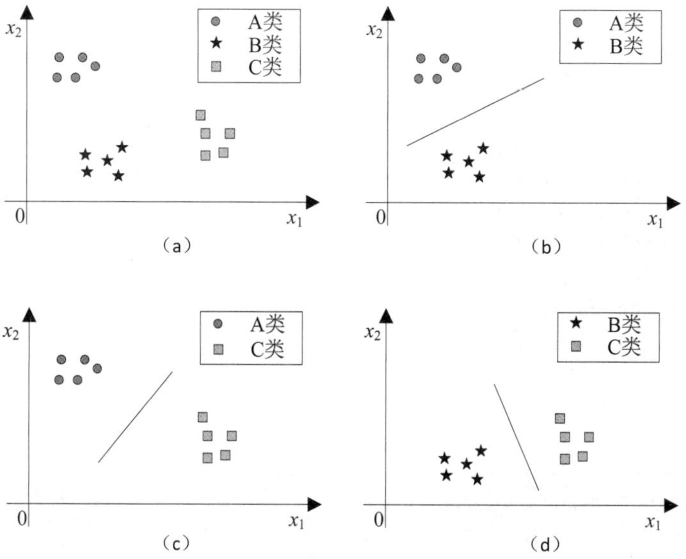

图 6-17 用 One-Vs-One 解决多分类问题

接下来，编制程序用 One-Vs-One 对鸢尾花数据集做 3 分类，源代码如下所示。

源代码 6-4 用 One-Vs-One 做鸢尾花分类

```
#====此处省略与源代码 6-2 相同的“导入各种要用到的库、类”====
#====此处省略与源代码 6-2 相同的“加载数据”====
#====此处省略与源代码 6-2 相同的“标准化训练数据和测试数据”====
#====定义二分法分类的方法====
#以参数 yValue1 作为第 1 种类型的目标数据项值
#以参数 yValue2 作为第 2 种类型的目标数据项值
```

```
#返回生成的逻辑回归模型
def logReg(yValue1,yValue2):
    #从训练数据中取出目标数据项值为 yValue1 和 yValue2 的样本
    XTrainLogReg=[]#训练样本的特征数据项
    yTrainLogReg=[]#训练样本的目标数据项
    index=0
    for yValue in yTrain:
        if(yValue==yValue1):
            XTrainLogReg.append(XTrain[index,:])
            yTrainLogReg.append(0)
        if(yValue==yValue2):
            XTrainLogReg.append(XTrain[index,:])
            yTrainLogReg.append(1)
        index+=1
    XTrainLogReg=np.array(XTrainLogReg)
    yTrainLogReg=np.array(yTrainLogReg)
    #建立逻辑回归模型并做训练
    lr=LogisticRegression()
    lr.fit(XTrainLogReg,yTrainLogReg)
    return lr
#====从类型中每次选择 2 个类型进行一对一的分类训练====
lr1=logReg(0,1)#setosa 和 versicolor
lr2=logReg(0,2)#setosa 和 virginica
lr3=logReg(1,2)#versicolor 和 virginica
#====根据投票规则对分类做出决策====
yPredict=[]#分类的预测结果
yPredict1=lr1.predict(XTest)
yPredict2=lr2.predict(XTest)
yPredict3=lr3.predict(XTest)
for i in range(len(yPredict1)):
    yPredict.append(-1)
    #判定为类型 0，即 setosa
    if(yPredict1[i]==0 and yPredict2[i]==0):
        yPredict[i]=0
    #判定为类型 1，即 versicolor
    if(yPredict1[i]==1 and yPredict3[i]==0):
        yPredict[i]=1
    #判定为类型 2，即 virginica
    if(yPredict2[i]==1 and yPredict3[i]==1):
        yPredict[i]=2
yPredict=np.array(yPredict)
#====输出预测结果及准确度====
print("测试样本的目标数据项值：\n",yTest)
print("One-Vs-One 的预测值：\n",yPredict)
isTrueCount=0#预测正确的分类个数
index=0
```

```
    for yPredictValue in yPredict:
        if(yPredictValue==yTest[index]):
            isTrueCount+=1
        index+=1
    print("预测正确的数量：",isTrueCount)
    print("一共",len(yPredict),"个测试样本")
    print("One-Vs-One 的准确度：",isTrueCount/len(yPredict))
```

程序运行结果如图 6-18 所示。

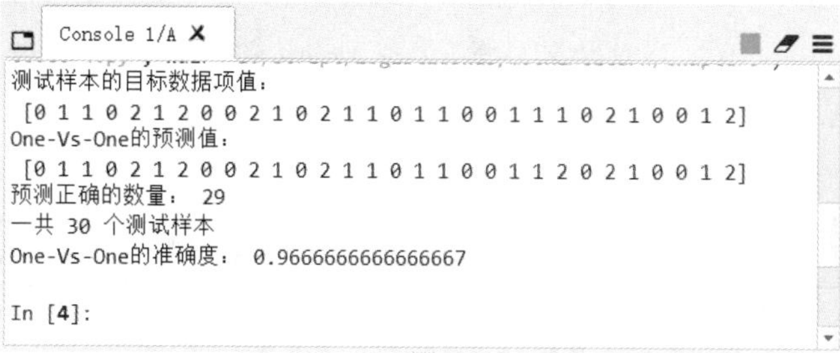

图 6-18　用 One-Vs-One 做鸢尾花分类

可见，One-Vs-One 的准确度比 One-Vs-All 更高。但是随着类型数量的增多，One-Vs-One 需要进行更多次数的二分法分类。如果有n种类型，One-Vs-All 要做的二分法分类次数是n次，但 One-Vs-One 要做的二分法分类次数是C_n^2次。C_n^2表示从n个类型中任意选择 2 个的方法的数量。

用 One-Vs-One 做鸢尾花分类的效果图这里就不再重复制作了，如果感兴趣可参考源代码 6-3 自行开发试试。

6.4　小结

通过做逻辑回归，可以得到属于某个分类的概率值作为结果，通常以 0.5 为阈值做二分类。

在评估逻辑回归模型时，最常用的评价指标和工具是混淆矩阵、准确度、查准率、查全率、F1 值等，我们应会理解和应用这些指标，并能画出三维及以下维度的分界。下面用表 6-6 总结这些评价指标和工具。

表 6-6　逻辑回归的常用评价指标及工具

评价指标或工具名称	计算公式	一句话总结
混淆矩阵		横实纵预测，主对角正确
准确度	$Accuracy=\dfrac{TP+TN}{TP+FN+FP+TN}$	预测结果中准确结果的比例

续表

评价指标或工具名称	计算公式	一句话总结
查准率	$Precision = \frac{TP}{TP+FP}$	查准相对预测值，查全相对实际值
查全率	$Recall = \frac{TP}{TP+FN}$	
F1 值	$\frac{2Precision \times Recall}{Precision + Recall}$	综合了查准率和查全率

有了二分类，就可以用二分类做多分类，One-Vs-All 和 One-Vs-One 就是这样的 2 种方法。下面用表 6-7 总结这 2 种方法。

表 6-7　One-Vs-All 和 One-Vs-One

多分类方法名称	一句话总结	补充说明
One-Vs-All	先对所有类型用一对多做二分法分类，再取最高可能性的类型	要做 n 次分类
One-Vs-One	先两两做二分法分类，再使用投票规则确定类型	准确度更高，但要做C_n^2次分类

第 7 章
学习逻辑回归背后的数学原理

图 7-1 为学习路线图，本章知识概览见表 7-1。

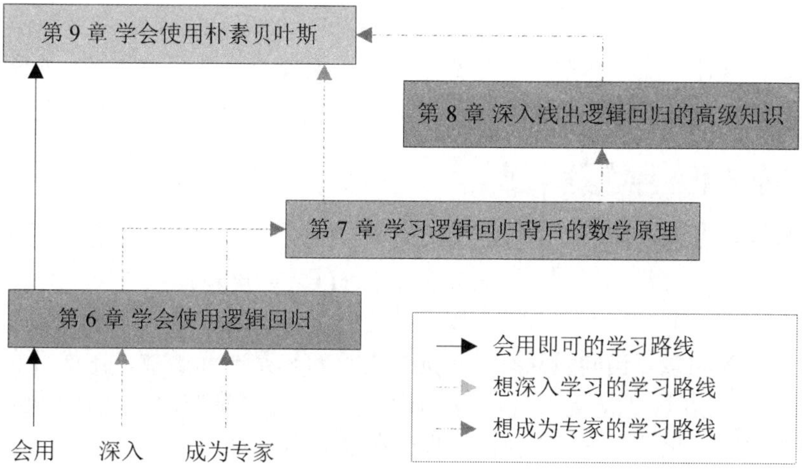

图 7-1　学习路线图

表 7-1　本章知识概览

知识点	难度系数	一句话学习建议
凸函数	★★	建议结合图形来理解
Hessian 矩阵	★★★★	至少要会求一元函数的 Hessian 矩阵
大数定律	★★	理解这 2 个知识点就能理解大数据分析的根基
中心极限定理	★★	
正态分布	★★	理解正态分布则统计学中很多知识可以迎刃而解
伯努利分布	★★	应理解其内涵和计算公式
条件概率和似然函数	★★★	这正是逻辑回归的数学原理核心知识点
逻辑回归的数学原理	★★★★	应理解逻辑回归的梯度下降法
自己编程实现逻辑回归	★★★★★	能自己编程实现那就理解得透彻了

机器学习中的很多模型都要构造出凸函数作为误差函数，再将模型的参数求解问题转为化对误差函数的优化问题。要学懂逻辑回归的数学原理，特别是优化原理，还需要掌握一些高等数学知识。

首先要学会判断一个函数是否是凸函数，会计算 Hessian 矩阵；其次，理解大数定律和中心极限定理，就能理解概率论和统计学中的正态分布、伯努利分布等知识；最后，我们需要进一步理解和掌握条件概率和似然函数这些知识点，这正是逻辑回归误差函数的理论基础。

尽管这些知识并不是很难，但要在一章的知识里跨越微积分、线性代数、概率论、统计学等多门数学分支学科的知识点，为便于轻松掌握，我会尽量通俗地讲解。

7.1 补充学习高等数学知识

接下来，为让大家学懂逻辑回归背后的数学原理，来讲解一些有必要掌握的高等数学知识。这些数学知识将跨越多个数学的分支学科，我会尽量通俗地讲解。赶紧一起来学习吧。

7.1.1 凸函数和 Hessian 矩阵

凸函数的特点用数学来表达就是：

$$f\left(\frac{\boldsymbol{x}_1+\boldsymbol{x}_2}{2}\right) \leqslant \frac{f(\boldsymbol{x}_1)+f(\boldsymbol{x}_2)}{2} \tag{7-1}$$

式中，$\boldsymbol{x}_1$、$\boldsymbol{x}_2$为向量。当向量只有一个元素时，$f(\boldsymbol{x})$是一元函数，图像可表达在二维空间；当向量有二个元素时，$f(\boldsymbol{x})$是二元函数，图像可表达在三维空间；向量如果有更多的元素，则需要更多的维数，此时不能做出图像，只能在脑海中想象。

以一元函数为例，图 7-2（a）所示的抛物线函数是一个凸函数，当用直线连接抛物线上的两点（函数图形上的任意两点）时，连线之间的函数图形都在连线的下方，这就是式（7-1）的直观理解。图 7-2（b）不是一个凸函数，图中画了一条两点的连线，函数的部分图形处于连线的下方，部分处于连线的上方。从图 7-2 也可以看出，凸函数的极值（顺着线往下走）就是全局最优解，但非凸函数存多个局部最优解，在做优化计算时，得到的最优解可能不是全局最优解。

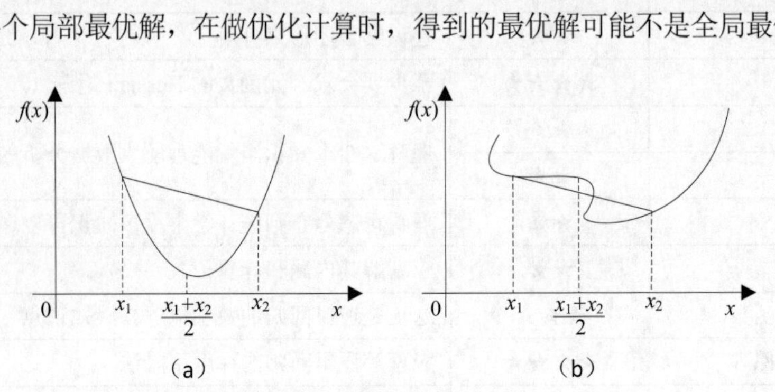

图 7-2 凸函数和非凸函数

接下来还有一个问题，如果图 7-2（a）所示的抛物线函数图形开口是向下的，要找到最大值怎么办？可以先把$f(\boldsymbol{x})$以x轴对称翻转过来，即$f(\boldsymbol{x}) = -f(\boldsymbol{x})$，这样就变成了一个凸函数，找到极小值后再将$f(\boldsymbol{x})$的符号变反就找到了原函数的极大值了。

除了观察图形外，还有如下的办法来判断是否是凸函数：

（1）如果$f(\boldsymbol{x})$是一元函数，则看它的二阶导数值是否总是大于或等于 0，即$f''(x) \geqslant 0$，如果满足则$f(\boldsymbol{x})$是凸函数。这怎么理解呢？二阶导数是一阶导数的导数，一阶导数表示图形的变化率，二阶导数表示变化率的变化率，如果二阶导数的值总是大于或等于 0，则表示函数下降的趋势总是越来越缓（或者说是上升的趋势越来越快）。例如，假定函数为$f(x) = x^2$，二阶导数$f''(x) = 2$，因此$f(x) = x^2$是凸函数。

（2）如果$f(\boldsymbol{x})$是多元函数，则看它的 Hessian 矩阵。如果 Hessian 矩阵是半正定的，说明$f(\boldsymbol{x})$是凸函数。这又怎么理解呢？Hessian 矩阵是由多元函数的二阶导数组成的方阵。一会再来说明所谓正定和半正定的含义。

Hessian 矩阵由德国数学家 Ludwig Otto Hesse 提出，故该矩阵以其名字命名。因为翻译的问题，所以中文中又称为黑塞矩阵、海森矩阵、海瑟矩阵、海塞矩阵，常用$\boldsymbol{H}(f)$表示。

如果$f(\boldsymbol{x})$中，$\boldsymbol{x} = [x_0 \quad \cdots \quad x_{n-1}]$，也就是说有$f(\boldsymbol{x})$为$n$元函数，则：

$$\boldsymbol{H}(f) = \begin{bmatrix} \dfrac{\partial^2 f}{(\partial x_0)^2} & \dfrac{\partial^2 f}{\partial x_0 \partial x_1} & \cdots & \dfrac{\partial^2 f}{\partial x_0 \partial x_{n-1}} \\ \dfrac{\partial^2 f}{\partial x_1 \partial x_0} & \dfrac{\partial^2 f}{(\partial x_1)^2} & \cdots & \dfrac{\partial^2 f}{\partial x_1 \partial x_{n-1}} \\ \vdots & \vdots & \ddots & \vdots \\ \dfrac{\partial^2 f}{\partial x_{n-1} \partial x_0} & \dfrac{\partial^2 f}{\partial x_{n-1} \partial x_1} & \cdots & \dfrac{\partial^2 f}{(\partial x_{n-1})^2} \end{bmatrix} \tag{7-2}$$

从式（7-2）来看，明显是一个对称矩阵。

所谓矩阵是正定的，从定义上来说这么理解：对于一个大小为$n \times n$的实对称矩阵$\boldsymbol{A}$，若对于任意长度为n的非零向量$\boldsymbol{x} = \begin{bmatrix} x_0 \\ \vdots \\ x_{n-1} \end{bmatrix}$，有$\boldsymbol{x}^{\mathrm{T}}\boldsymbol{A}\boldsymbol{x} > 0$恒成立，则矩阵$\boldsymbol{A}$是一个正定矩阵。

所谓矩阵是半正定的，就是把上述正定的定义中，改为要求恒成立的不等式为$\boldsymbol{x}^{\mathrm{T}}\boldsymbol{A}\boldsymbol{x} \geqslant 0$。

下面我们试图来形象地用几何意义来理解这两个定义。

首先要理解的是$\boldsymbol{x}^{\mathrm{T}}\boldsymbol{A}\boldsymbol{x}$这个式子。$\boldsymbol{A}\boldsymbol{x}$表达的含义就是用矩阵$\boldsymbol{A}$对向量$\boldsymbol{x}$做线性变换，变换的结果仍然是一个$n$维的向量，即$\boldsymbol{A}_{n\times n} \times \boldsymbol{x}_{n\times 1} = \boldsymbol{B}_{n\times 1}$。则有：

$$\boldsymbol{x}^{\mathrm{T}}\boldsymbol{A}\boldsymbol{x} = \boldsymbol{x}_{1\times n} \times \boldsymbol{B}_{n\times 1}$$

因此，结果会是一个数值。

其次，要理解的是$\boldsymbol{x}_{1\times n} \times \boldsymbol{B}_{n\times 1}$的计算实际就是向量$\boldsymbol{x}$和向量$\boldsymbol{B}$的点积运算，即：

$$x_{1\times n} \times B_{n\times 1} = \begin{bmatrix} x_0 \\ \vdots \\ x_{n-1} \end{bmatrix} \cdot \begin{bmatrix} B_0 \\ \vdots \\ B_{n-1} \end{bmatrix} = x_0 B_0 + \cdots + x_{n-1} B_{n-1} = |\boldsymbol{x}||\boldsymbol{B}| \cos\theta$$

既然$\boldsymbol{x}^{\mathrm{T}}\boldsymbol{A}\boldsymbol{x} > 0$恒成立，说明向量$\boldsymbol{x}$和向量 $\boldsymbol{B}$ 的夹角必小于 90°，因为：

$$|\boldsymbol{x}||\boldsymbol{B}| \cos\theta > 0 \Rightarrow \cos\theta > 0$$

这就意味着矩阵 $\boldsymbol{A}$ 的线性变换并没有对向量$\boldsymbol{x}$做转向角大于 90°的变换，也就是说函数在图像上从来就不会引入反方向上的分量，因此函数会是凸函数。理解了正定的几何意义，再来理解半正定的几何意义就比较容易了。矩阵 $\boldsymbol{A}$ 是半正定的，意味着函数在图像上最大也就引入 90°方向上的分量。

一起来看几个示例。先来看一元函数$f(x) = ax^2$。这个函数我们应该都很熟悉，如果$a > 0$，则抛物线开口向上，这是一个典型的凸函数。实际上我们可以把这个函数的表达式看成以下的计算：

$$f(x) = [x][a][x] = ax^2$$

如果$a > 0$且$x \neq 0$，则$ax^2 > 0$恒成立，因此矩阵$[a]$是正定的，$f(x)$是凸函数。

再来看一个多元函数：

$$f(x_0, x_1) = 2x_0^2 + 3x_1^2$$

它可以看成以下的计算：

$$f(x_0, x_1) = [x_0 \quad x_1]\begin{bmatrix} 2 & 0 \\ 0 & 3 \end{bmatrix}\begin{bmatrix} x_0 \\ x_1 \end{bmatrix}$$

如果$\begin{bmatrix} x_0 \\ x_1 \end{bmatrix}$是非零向量，那么$2x_0^2 + 3x_1^2 > 0$恒成立，因此矩阵$\begin{bmatrix} 2 & 0 \\ 0 & 3 \end{bmatrix}$是正定的，$f(x_0, x_1)$是凸函数。如果使用 Hessian 矩阵直接计算，则可得：

$$\boldsymbol{H}(f) = \begin{bmatrix} \dfrac{\partial^2 f}{(\partial x_0)^2} & \dfrac{\partial^2 f}{\partial x_0 \partial x_1} \\ \dfrac{\partial^2 f}{\partial x_1 \partial x_0} & \dfrac{\partial^2 f}{(\partial x_1)^2} \end{bmatrix} = \begin{bmatrix} 4 & 0 \\ 0 & 6 \end{bmatrix}$$

可见，$\boldsymbol{H}(f)$是正定的，因此$f(x_0, x_1)$是一个凸函数。

7.1.2 大数定律和中心极限定理

大数定律就是指大量重复的随机事件中必然蕴含着某种必然的规律。这种规律可以用概率进行解释。一个简单的例子就是抛硬币。硬币有正反两面，做少量次数的抛硬币实验，看不出明显的趋势，难以总结出结果是正面的次数占比；但是如果做大量的抛硬币实验，就可以发现结果是正面的次数占比值越来越趋近于 50%。

中心极限定理要表达的含义是：只要相互独立的随机实验次数的量足够大，会发现样本的均值总是围绕总体均值呈现正态分布。

7.1.3 正态分布和伯努利分布

正态分布，又叫常态分布，因为自然界中很多事务都像事先安排好的一样，正常的符合一种规律的分布，所以叫正态分布。正态分布又称为高斯分布（Gauss 分布），这是因为德国数学家 Gauss 对正态分布的研究贡献很大，故以其名字来命名。

曾有一所高校的教务处要求所有老师给出的学生成绩要符合正态分布。从规律本身来说，这是对的，因为学生的成绩最终总会在平均成绩周围分布，处在平均成绩附近的学生数量更多，成绩非常好、非常差的学生总是少数。不过，要求每个班的学生成绩都符合正态分布，这就有点不现实了，因为一个班学生样本数量并不多，还不足以达到大数定律要求的“大量”这个层面。

如果要用概率值来描述正态分布，经过很多前人的研究和总结，公式为：

$$f(x)=\frac{1}{\sqrt{2\pi}\sigma}\mathrm{e}^{-\frac{(x-\mu)^2}{2\sigma^2}}=\frac{1}{\sqrt{2\pi}\sigma}\exp\left(-\frac{(x-\mu)^2}{2\sigma^2}\right) \tag{7-3}$$

这里的随机变量是x；μ是位置参数，也就是均数；σ是尺度参数，也就是标准差。σ^2就是方差。在符号上我们把正态分布简记为$X\sim N(\mu,\sigma^2)$。标准正态分布是指$\mu=0$、$\sigma=1$时的正态分布，记为$X\sim N(0,1)$，它的图形如图 7-3 所示。

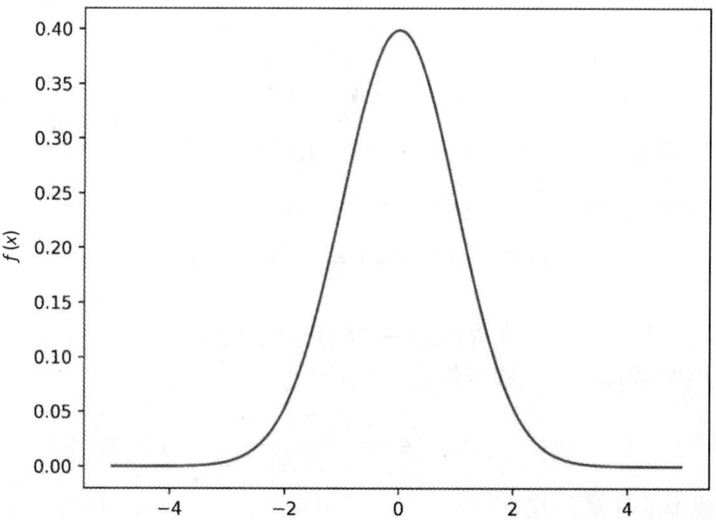

图 7-3 标准正态分布的图形

以科学家伯努利命名的分布又称为 0-1 分布，因为这种分布的每个随机实验的结果只有两种，即 0 和 1。伯努利分布记为$B(1,p)$，即结果值为 1 的概率值。如果$P(X==0)=p_0$、$P(X==1)=p_1$，则有$p_0+p_1=1$。

二项式分布则是指n次伯努利试验的结果，记为$X \sim B(n,p)$。概率计算公式为：

$$P(X == k) = C_n^k p^k (1-p)^{n-k} \tag{7-4}$$

7.1.4 条件概率和似然函数

很多事情是有相关性的，这时计算概率就要多考虑一些情况。来看个例子，边看例子边理解条件概率。

如图 7-4 所示，假定已知一个袋子里有 5 个球，其中 2 个白球，3 个黑球。A 事件为第 1 次取出白球，显然此事的概率 $P(A)=\frac{1}{5}=0.2$。B 事件为第 2 次取出白球，显然此时的概率 $P(B|A)=\frac{1}{4}=0.25$。两次事件是有相关性的，第 2 个事件的前提是已经发生了第 1 个事件，因此第 2 个事件记为$P(B|A)$。

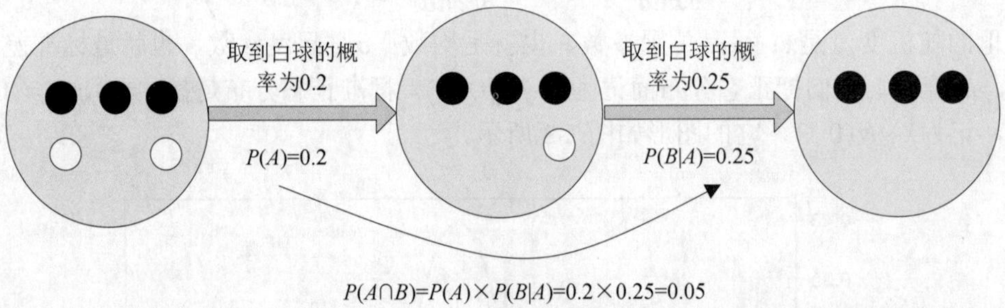

图 7-4 理解条件概率

那么如果要两个事件同时发生，则记为$P(B\cap A)$，有：

$$P(B\cap A) = P(A)\times P(B|A) = 0.2\times 0.25 = 0.05$$

公式记为：

$$P(B\cap A) = P(A)\times P(B|A) \tag{7-5}$$

如果把式（7-5）变换一下，则可得到：

$$P(B|A) = \frac{P(B\cap A)}{P(A)} \tag{7-6}$$

这就是条件概率的计算公式。

从定义上来讲，似然函数是指已知结果反推出取得某个参数值的可能性，记为$L(\boldsymbol{\theta}|Y)$。这个可能性自然是越大越好，说明参数$\boldsymbol{\theta}$是最有可能的取值。似然函数的计算表达式是这样的：

$$L(\boldsymbol{\theta}|Y) = f(Y|\boldsymbol{\theta}) \tag{7-7}$$

看上去，等式两边表达的含义是不同的，在数值计算时有它特有的内涵。

$f(Y|\boldsymbol{\theta})$是在认为已知$\boldsymbol{\theta}$的条件下，计算出取得Y值的可能性，从意义上来看，似乎与$L(\boldsymbol{\theta}|Y)$

正好相反。即$f(Y|\boldsymbol{\theta})$是关于Y的函数，$L(\boldsymbol{\theta}|Y)$是关于$\boldsymbol{\theta}$的函数。但是，我们有充足的理由相信，$f(Y|\boldsymbol{\theta})$得到更大的概率值，$L(\boldsymbol{\theta}|Y)$也能得到更大的概率值，也即此时取值为$\boldsymbol{\theta}$的可能性更大或者说更合理。如：

$$L(\boldsymbol{\theta_1}|Y) = f(Y|\boldsymbol{\theta_1}) = 0.8$$
$$L(\boldsymbol{\theta_2}|Y) = f(Y|\boldsymbol{\theta_2}) = 0.6$$

显然$L(\boldsymbol{\theta_1}|Y) > L(\boldsymbol{\theta_2}|Y)$，因此完全有理由相信使用参数$\boldsymbol{\theta_1}$更为合理。

7.2　理解逻辑回归的数学原理

逻辑回归的模型在第 6 章我们已经讲解过，这个模型就是：

$$\boldsymbol{y} = \frac{1}{1 + \mathrm{e}^{-(\boldsymbol{X\theta}^{\mathrm{T}})}}$$

现在的关键就是要找到一个类似于线性回归中的成本函数那样的用于优化的函数，求得这个函数的极值，也就找到了理想的参数$\boldsymbol{\theta}$。

7.2.1　找到合适的用于优化的函数

要找到一个合适的用于优化的函数，在线性回归中一直称为误差函数，这里延用这个名称，有很多书中称为成本函数。首先误差函数必须与模型函数有一定的关联关系，这样才便于优化求出模型参数的值；其次，这个函数必须是一个凸函数，这样才能运用一些优化算法来求得全局最优解；最后，通常构建的误差函数需要存在这样的特性：误差函数值越小，离优化的目标越近，也就找到了越为理想的模型参数值。

首先，在线性回归中使用的误差函数 $J(\boldsymbol{\theta}) = \dfrac{1}{2m}\sum\limits_{i=0}^{m-1}(y_{p(i)} - y_i)^2$ 在逻辑回归中已经不能使用，因为这个函数放到逻辑回归中已经不再是一个凸函数。因此，我们需要寻找新的误差函数。

在二分法分类中，目标数据项的值要么为 0 要么为 1，如果用$h_{\boldsymbol{\theta}}(\boldsymbol{x})$表示某个样本的结果取 1 的概率，则有：

$$p(y == 1|\boldsymbol{\theta};\boldsymbol{x}) = h_{\boldsymbol{\theta}}(\boldsymbol{x}) = \frac{1}{1 + \mathrm{e}^{-(\boldsymbol{X\theta}^{\mathrm{T}})}}$$

$$p(y == 0|\boldsymbol{\theta};\boldsymbol{x}) = 1 - h_{\boldsymbol{\theta}}(\boldsymbol{x}) = 1 - \frac{1}{1 + \mathrm{e}^{-(\boldsymbol{X\theta}^{\mathrm{T}})}} = \frac{\mathrm{e}^{-(\boldsymbol{X\theta}^{\mathrm{T}})}}{1 + \mathrm{e}^{-(\boldsymbol{X\theta}^{\mathrm{T}})}} = \frac{1}{1 + \mathrm{e}^{\boldsymbol{X\theta}^{\mathrm{T}}}}$$

提示：$p(y == 1|\boldsymbol{\theta};\boldsymbol{x})$表示的是一个条件概率，即已知$\boldsymbol{\theta}$和$\boldsymbol{x}$的前提下，$y$的值为 1 的概率。

把上述两式合二为一，可表达为：

$$p(y|\boldsymbol{\theta};\boldsymbol{x}) = \left(h_{\boldsymbol{\theta}}(\boldsymbol{x})\right)^{y}\left(1-h_{\boldsymbol{\theta}}(\boldsymbol{x})\right)^{1-y}$$

m个数据样本是已知的数据，它们的目标数据项取值的概率相乘就可得到似然函数：

$$L(\boldsymbol{\theta}|Y) = \prod_{i=0}^{m-1}\left(\left(h_{\boldsymbol{\theta}}(\boldsymbol{x}_i)\right)^{y_i}\left(1-h_{\boldsymbol{\theta}}(\boldsymbol{x}_i)\right)^{1-y_i}\right)$$

提示：符号$\prod$表示连乘，如：

$$\prod_{i=0}^{m-1}\boldsymbol{x}_i = \boldsymbol{x}_0 \times \boldsymbol{x}_1 \times \cdots \times \boldsymbol{x}_{m-1}$$

似然函数能不能作为误差函数？显然还不行，有连乘符号在，求导数的计算将处理起来十分棘手。办法是对似然函数取对数，这样可以把连乘变成累加；还有一点，对数函数是单调递增函数，$\ln f(x)$找到全局极小值则对应的$f(x)$也找到了全局极小值。

$$\begin{aligned}\ln L(\boldsymbol{\theta}|Y) &= \ln\prod_{i=0}^{m-1}\left(\left(h_{\boldsymbol{\theta}}(\boldsymbol{x}_i)\right)^{y_i}\left(1-h_{\boldsymbol{\theta}}(\boldsymbol{x}_i)\right)^{1-y_i}\right)\\ &= \sum_{i=0}^{m-1}\ln\left(\left(h_{\boldsymbol{\theta}}(\boldsymbol{x}_i)\right)^{y_i}\left(1-h_{\boldsymbol{\theta}}(\boldsymbol{x}_i)\right)^{1-y_i}\right)\\ &= \sum_{i=0}^{m-1}\left(y_i\ln h_{\boldsymbol{\theta}}(\boldsymbol{x}_i)+(1-y_i)\ln\left(1-h_{\boldsymbol{\theta}}(\boldsymbol{x}_i)\right)\right)\end{aligned}$$

据此，我们定义误差函数为：

$$J(\boldsymbol{\theta}) = -\frac{1}{m}\sum_{i=0}^{m-1}\left(y_i\ln h_{\boldsymbol{\theta}}(\boldsymbol{x}_i)+(1-y_i)\ln\left(1-h_{\boldsymbol{\theta}}(\boldsymbol{x}_i)\right)\right) \tag{7-8}$$

怎么前面又多了系数$-\frac{1}{m}$呢？因为以-1为系数则会使上述函数变成了一个凸函数，以$\frac{1}{m}$为系数是为了在样本数很多的情况下计算结果不至于太大。此外，Sigmoid函数有一条重要的性质，即：

$$S'(x) = S(x)(1-S(x)) \tag{7-9}$$

提示：这条性质在这里就不再推导了，有兴趣的话可运用此前所学的求导法则试试自行推导。

接下来讨论这个误差函数是否是凸函数。先仍以最简单的一元函数$h_{\boldsymbol{\theta}}(\boldsymbol{x}) = \dfrac{1}{1+\mathrm{e}^{-(\theta x)}}$为

例讨论，此时，只有 1 个数据特征项、1 个θ。有：

$$h_\theta{}'(x) = h_\theta(x)\big(1 - h_\theta(x)\big)(\theta x)' = h_\theta(x)\big(1 - h_\theta(x)\big)x$$

进而，有：

$$J'(\theta) = -\frac{1}{m}\sum_{i=0}^{m-1}\left(y_i \frac{1}{h_\theta(x_i)}h_\theta{}'(x_i) + (1 - y_i)\frac{1}{1 - h_\theta(x_i)}\big(1 - h_\theta(x_i)\big)'\right)$$

$$= -\frac{1}{m}\sum_{i=0}^{m-1}\Bigg(y_i \frac{1}{h_\theta(x_i)}h_\theta(x_i)\big(1 - h_\theta(x_i)\big)(\theta x_i)'$$

$$-(1 - y_i)\frac{1}{1 - h_\theta(x_i)}h_\theta(x_i)\big(1 - h_\theta(x_i)\big)(\theta x_i)'\Bigg)$$

$$= -\frac{1}{m}\sum_{i=0}^{m-1}\Big(y_i\big(1 - h_\theta(x_i)\big)x_i - (1 - y_i)h_\theta(x_i)x_i\Big)$$

$$= -\frac{1}{m}\sum_{i=0}^{m-1}\Big(\big(y_i - h_\theta(x_i)\big)x_i\Big)$$

$$J''(\theta) = \left(-\frac{1}{m}\sum_{i=0}^{m-1}\Big(\big(y_i - h_\theta(x_i)\big)x_i\Big)\right)' = -\frac{1}{m}\sum_{i=0}^{m-1}(-h_\theta(x_i)x_i)'$$

$$= \frac{1}{m}\sum_{i=0}^{m-1}\Big(h_\theta(x_i)\big(1 - h_\theta(x_i)\big)x_i^2\Big)$$

$h_\theta(x_i)$的值处于(0,1)区间，其值大于 0，$\big(1 - h_\theta(x_i)\big)$的值也大于 0；只要$x_i$的值不为 0，则$x_i^2$的值必大于 0。因此，$\Big(h_\theta(x_i)\big(1 - h_\theta(x_i)\big)x_i^2\Big)$恒大于 0，误差函数是凸函数。

如果$\boldsymbol{\theta}$有更多维，要判断$J(\boldsymbol{\theta})$是否是凸函数，得看它的 Hessian 矩阵。考虑到计算稍显复杂，这里就不再重复罗列讨论误差函数是否是凸函数了。后续内容的学习中，还可以继续观察误差函数的空间图形，可以得到更为形象的理解。

7.2.2 在逻辑回归中使用梯度下降法的数学原理

由于逻辑回归的模型相对线性回归要复杂一些，使误差函数的一阶导数为 0 的方法已经不能求解出$\boldsymbol{\theta}$，因此最小二乘法、岭回归法并不适用于逻辑回归模型的参数求解。但是梯度下降法仍是适用的。

假定使用如下的逻辑回归模型：

$$\boldsymbol{y}=\frac{1}{1+\mathrm{e}^{-(\boldsymbol{X}\boldsymbol{\theta}^{\mathrm{T}})}}$$

其中，矩阵$\boldsymbol{X}$包含全 1 的$\boldsymbol{x}_0$项，向量$\boldsymbol{\theta}$包含θ_0项。可以得到一阶偏导为：

$$\frac{\partial J}{\partial \theta_j}=\begin{cases}-\dfrac{1}{m}\displaystyle\sum_{i=0}^{m-1}\left(y_i-h_{\boldsymbol{\theta}}(\boldsymbol{x}_i)\right),\ j=0\\ -\dfrac{1}{m}\displaystyle\sum_{i=0}^{m-1}\left(\left(y_i-h_{\boldsymbol{\theta}}(\boldsymbol{x}_i)\right)x_{ij}\right),\ j>0\end{cases}$$

这样梯度下降法的迭代公式就成了：

$$\theta_j=\theta_j-\alpha\frac{\partial J}{\partial \theta_j}=\begin{cases}\theta_0+\dfrac{\alpha}{m}\displaystyle\sum_{i=0}^{m-1}\left(y_i-h_{\boldsymbol{\theta}}(\boldsymbol{x}_i)\right),\ j=0\\ \theta_j+\dfrac{\alpha}{m}\displaystyle\sum_{i=0}^{m-1}\left(\left(y_i-h_{\boldsymbol{\theta}}(\boldsymbol{x}_i)\right)x_{ij}\right),\ j>0\end{cases}\tag{7-10}$$

7.3 用梯度下降法求解逻辑回归模型

理解了梯度下降法的原理，接下来我们自己编程使用梯度下降法求解逻辑回归模型。

7.3.1 将鸢尾花分成两类

假定业务场景是这样的：自行编程用梯度下降法把鸢尾花分成 setosa 和非 setosa 两类，分类模型使用逻辑回归模型。

为了便于大家观察，我打算把误差函数的图形也画出来，并绘制出梯度下降的过程。为便于绘图，只考虑 2 个参数和 2 个数据特征项，模型如下：

$$\boldsymbol{y}=\frac{1}{1+\mathrm{e}^{-(\theta_1 x_1+\theta_2 x_2)}}$$

编程的程序源代码如下。

源代码 7-1 自行编程用梯度下降法把鸢尾花分成 setosa 和非 setosa 两类

```
#====导入各种要用到的库、类====
from sklearn.datasets import load_iris
from sklearn.model_selection import train_test_split
from sklearn.preprocessing import StandardScaler
from matplotlib import pyplot as plt
from sklearn.metrics import classification_report
import numpy as np
import pandas as pd
```

```
import sys
sys.path.append("..")
from common.common import Arrow3D
#====定义误差函数====
def errorFunc(X,y,theta):
    sumValue=0
    for i in range(X.shape[0]):
        h=sigmoid(X[i:i+1,:],theta)[0][0]
        epsilon = 1e-5
        iValue=y[i]*np.log(h+ epsilon)+(1-y[i])*np.log(1-h+ epsilon)
        sumValue+=iValue
    return (-1.0/X.shape[0])*sumValue
#====定义 sigmoid 函数====
def sigmoid(X,theta):
    value=1.0/(1.0+np.exp(-1*np.dot(X,theta.T)))
    return value
#====定义计算梯度的函数====
#不包括 theta0 项
def grandient(X,y,theta):
    grand=[]
    for j in range(X.shape[1]):
        sumValue=0.0
        for i in range(X.shape[0]):
            sumValue+=(y[i]-sigmoid(X[i:i+1,:],theta)[0][0])*X[i][j]
        grandi=(-1.0/X.shape[0])*sumValue
        grand.append(grandi)
    return np.array([grand])
#====设置 3D 图形基本参数====
fig=plt.figure(figsize=(8,8))
ax=fig.gca(projection='3d')
#====加载数据====
iris=load_iris()
irisPd=pd.DataFrame(iris.data)
X=np.array(irisPd[[2,3]])
y=iris.target
#====标准化训练数据和测试数据====
XTrain,XTest,yTrain,yTest=train_test_split(X,y,random_state=1,test_size=0.2)
preDealData=StandardScaler()
XTrain=preDealData.fit_transform(XTrain)
XTest=preDealData.transform(XTest)
#====调整目标数据项的值====
#把第 1 类（setosa）以外的其他类目标数据项值设为 1
index=0
for yValue in yTrain:
    if(yValue==2):
        yTrain[index]=1
```

```
    index+=1
index=0
for yValue in yTest:
    if(yValue==2):
        yTest[index]=1
    index+=1
#====用梯度下降法求解参数====
oldTheta=np.array([[-10,-10]])#初始化参数值
oldError=errorFunc(XTrain,yTrain,oldTheta)#计算初始误差函数值
ax.scatter(oldTheta[0][0],oldTheta[0][1],oldError,color="green",s=5)
newTheta=np.array([[-10,-10]])
newError=oldError
alpha=0.03#设置学习率
maxIter=1000#最大的迭代次数
minDiffError=0.001#两次迭代间误差函数值的退出条件
for i in range(maxIter):
    grand=grandient(XTrain,yTrain,oldTheta)
    newTheta=oldTheta-alpha*grand
    #计算误差函数值
    newError=errorFunc(XTrain,yTrain,newTheta)
    diffError=np.abs(newError-oldError)
    print("第",i+1,"次迭代,误差值为",newError,"，两次迭代差为",diffError)
    if(diffError<=minDiffError):
        break;
    #画新的点
    ax.scatter(newTheta[0][0],newTheta[0][1],newError,color="green",s=5)
    #画值变化方向的箭线
    a=Arrow3D([oldTheta[0][0],newTheta[0][0]],\
              [oldTheta[0][1],newTheta[0][1]],\
              [oldError,newError],\
              mutation_scale=8, lw=1, arrowstyle="-|>", color="red")
    ax.add_artist(a)
    oldTheta=newTheta.copy()
    oldError=newError
print("参数值：",newTheta)
#====作误差函数图====
theta1=np.arange(-15,20,0.5)
theta2=np.arange(-15,20,0.5)
theta1,theta2=np.meshgrid(theta1,theta2)
yComp=np.zeros((theta1.shape[0],theta1.shape[1]))
for i in range(theta1.shape[0]):
    for j in range(theta1.shape[1]):
        theta=np.array([[theta1[i,j],theta2[i,j]]])
        yComp[i,j]=errorFunc(XTrain,yTrain,theta)
ax.plot_surface(theta1,theta2,yComp,alpha=0.3,color='blue')
#====设置坐标轴文本====
```

```
ax.set_xlabel(r"$\theta_1$")
ax.set_ylabel(r"$\theta_2$")
ax.set_zlabel(r"$J(\theta)$")
#调整视角
ax.view_init(elev=30,   # 仰角
             azim=120   # 方位角
            )
plt.show()
#====根据参数预测值====
yPredictProb=sigmoid(XTest,newTheta)
yPredict=[]
for prob in yPredictProb:
    if(prob>=0.5):
        yPredict.append(1)
    else:
        yPredict.append(0)
yPredict=np.array(yPredict)
#====输出测试结果====
print("真实值：",yTest)
print("预测值：",yPredict)
print(classification_report(yTest,yPredict,\
    target_names=['setosa','非 setosa']))
```

程序运行的效果有 2 个部分：第 1 部分是误差函数的图形及下降过程，如图 7-5 所示；第 2 部分是控制台的输出，如图 7-6 所示。从控制台的输出来看，一共经历了 520 次迭代，使误差值已经降到了 0.29 左右，模型的准确度达到 0.97。

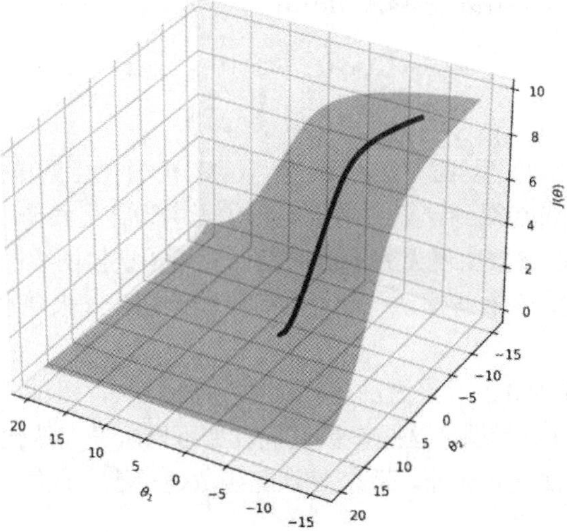

图 7-5　误差函数及梯度下降的过程

```
Console 1/A
第 517 次迭代,误差值为 0.29779521156906513 ，两次迭代差为
0.001038289476240073
第 518 次迭代,误差值为 0.2967713384721463 ，两次迭代差为
0.0010238730969188148
第 519 次迭代,误差值为 0.2957615883967735 ，两次迭代差为
0.001009750075372795
第 520 次迭代,误差值为 0.2947656756590386 ，两次迭代差为
0.0009959127377349164
参数值： [[0.92939968 0.61073482]]
真实值： [0 1 1 0 1 1 1 0 0 1 1 0 1 1 1 0 1 1 0 0 1 1 1 0 1 1 0 0 1
1]
预测值： [0 0 1 0 1 1 1 0 0 1 1 0 1 1 1 0 1 1 0 0 1 1 1 0 1 1 0 0 1
1]
               precision    recall  f1-score   support

      setosa       0.92      1.00      0.96        11
     非setosa       1.00      0.95      0.97        19

    accuracy                           0.97        30
   macro avg       0.96      0.97      0.96        30
weighted avg       0.97      0.97      0.97        30


In [9]:
```

图 7-6　做鸢尾花分类的控制台输出

下面一起来分析其中的关键源代码。先来看误差函数的定义。

```
#====定义误差函数====
def errorFunc(X,y,theta):
    sumValue=0
    for i in range(X.shape[0]):
        h=sigmoid(X[i:i+1,:],theta)[0][0]
        epsilon = 1e-5
        iValue=y[i]*np.log(h+ epsilon)+(1-y[i])*np.log(1-h+ epsilon)
        sumValue+=iValue
    return (-1.0/X.shape[0])*sumValue
```

由于 sigmoid 函数返回值是一个只有一个元素的二维数组，所以用 sigmoid(X[i:i+1,:],theta)[0][0]得到计算的结果。源代码中为什么要使用到“epsilon = 1e-5”呢？这是为了防止 np.log()的参数出现无穷小的问题。看懂了误差函数的定义，计算梯度的函数的定义就不再赘述了。建议在看程序源代码时，对照着计算公式来观察，以有针对性地理解并学习矩阵的计算方法。

程序设置了学习率为 0.03，最大的迭代次数为 1000 次，两次迭代间误差函数值最小相差 0.001。实际工作中，可自行调节这些参数试试。如可以将最大迭代次数调大、两次迭代间误差函数值最小相差 0.001 调得更小，就能使误差函数值更小，最终使分类的效果更好。

7.3.2　预测乳腺癌

下面我们来编程自行用梯度下降法来预测乳腺癌。程序源代码如下。

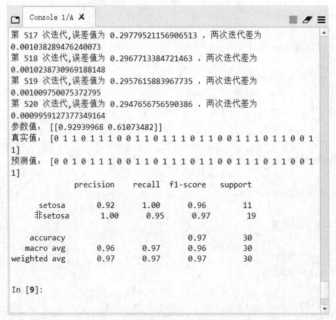

源代码 7-2　自行编程用梯度下降法预测乳腺癌

```
#====导入各种要用到的库、类====
from sklearn.datasets import load_breast_cancer
from sklearn.model_selection import train_test_split
from sklearn.preprocessing import StandardScaler
from sklearn.metrics import classification_report
import numpy as np
#====此处省略与源代码 7-1 相同的“定义误差函数”====
#====此处省略与源代码 7-1 相同的“定义 sigmoid 函数”====
#====此处省略与源代码 7-1 相同的“定义计算梯度的函数”====
#====加载数据====
breast_cancer=load_breast_cancer()
X=breast_cancer.data
y=breast_cancer.target
#====预处理数据====
XTrain,XTest,yTrain,yTest=train_test_split(X,y,random_state=1,test_size=0.2)
preDealData=StandardScaler()
XTrain=preDealData.fit_transform(XTrain)
XTest=preDealData.transform(XTest)
#====用梯度下降法求解参数====
oldTheta=np.array(np.ones((1,30))*5)#初始化参数值
oldError=errorFunc(XTrain,yTrain,oldTheta)#计算初始误差函数值
newTheta=np.array(np.ones((1,30))*5)
newError=oldError
alpha=0.03#设置学习率
maxIter=2000#最大的迭代次数
minDiffError=0.0001#两次迭代间误差函数值的退出条件
for i in range(maxIter):
    grand=grandient(XTrain,yTrain,oldTheta)
    newTheta=oldTheta-alpha*grand
    #计算误差函数值
    newError=errorFunc(XTrain,yTrain,newTheta)
    diffError=np.abs(newError-oldError)
    print("第",i+1,"次迭代,误差值为",newError,"，两次迭代差为",diffError)
    if(diffError<=minDiffError):
        break;
    oldTheta=newTheta.copy()
    oldError=newError
print("参数值：",newTheta)
#====根据参数预测值====
yPredictProb=sigmoid(XTest,newTheta)
yPredict=[]
for prob in yPredictProb:
    if(prob>=0.5):
        yPredict.append(1)
```

```
    else:
        yPredict.append(0)
yPredict=np.array(yPredict)
#=====输出测试结果====
print("真实值：",yTest)
print("预测值：",yPredict)
print(classification_report(yTest,yPredict,\
    target_names=['良性','恶性']))
```

程序中，我们修改了最大次数为 2000；两次迭代间误差函数值的退出条件更为严格，设置为相差 0.0001。由于向量$\boldsymbol{\theta}$有 30 维，这里已经不能做出误差函数的图形，也不能画出分界面，但可以输出预测的效果。程序运行结果如图 7-7 所示。经历过 1690 次迭代后退出了迭代，此时误差函数值已经降到了约 0.12。从图 7-7 来看，准确度已达到 0.96。

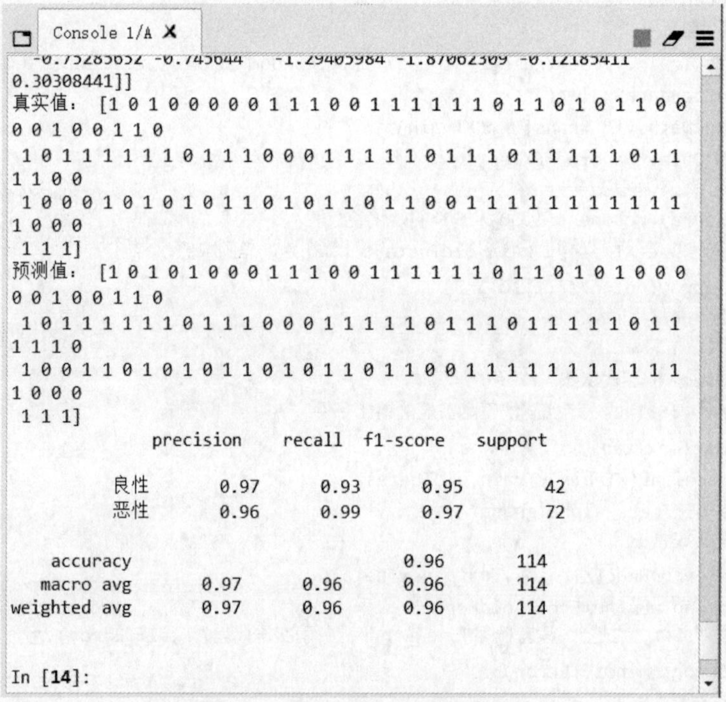

图 7-7　预测乳腺癌的控制台输出

CHAP 7

7.4 小结

这一章涉及的高等数学知识点不少，下面用表 7-2 来进行总结。

表 7-2　逻辑回归需要掌握的高等数学知识点

知识点	一句话总结	补充说明
凸函数	拐方向没拐过 90°	
Hessian 矩阵	二阶偏导构成的对称方阵	优化时还会用到
大数据定律	硬币抛多了正反会各占一半	实验次数越多规律越明显
中心极限定理	围绕总体均值呈正态分布	
正态分布	一条像山峰的曲线	很多自然而然的事情符合正态分布，如学生成绩的分布、人的身高分布
伯努利分布	结果要么为 0 要么为 1	
条件概率	有前提条件的情况发生新事件的概率	
似然函数	从结果反推取参数值的可能性	这是构造逻辑回归误差函数的理论基础

逻辑回归的误差函数是这样的：

$$J(\boldsymbol{\theta}) = -\frac{1}{m}\sum_{i=0}^{m-1}\Big(y_i \ln h_{\boldsymbol{\theta}}(\boldsymbol{x}_i) + (1-y_i)\ln\big(1-h_{\boldsymbol{\theta}}(\boldsymbol{x}_i)\big)\Big)$$

对其求偏导，得到一阶偏导为：

$$\frac{\partial J}{\partial \theta_j} = \begin{cases} -\dfrac{1}{m}\displaystyle\sum_{i=0}^{m-1}\big(y_i - h_{\boldsymbol{\theta}}(\boldsymbol{x}_i)\big), & j = 0 \\ -\dfrac{1}{m}\displaystyle\sum_{i=0}^{m-1}\Big(\big(y_i - h_{\boldsymbol{\theta}}(\boldsymbol{x}_i)\big)x_{ij}\Big), & j > 0 \end{cases}$$

这样就可用梯度下降法做寻找极小值：

$$\theta_j = \theta_j - \alpha\frac{\partial J}{\partial \theta_j} = \begin{cases} \theta_0 + \dfrac{\alpha}{m}\displaystyle\sum_{i=0}^{m-1}\big(y_i - h_{\boldsymbol{\theta}}(\boldsymbol{x}_i)\big), & j = 0 \\ \theta_j + \dfrac{\alpha}{m}\displaystyle\sum_{i=0}^{m-1}\Big(\big(y_i - h_{\boldsymbol{\theta}}(\boldsymbol{x}_i)\big)x_{ij}\Big), & j > 0 \end{cases}$$

第 8 章 深入浅出逻辑回归的高级知识

图 8-1 为学习路线图，本章知识概览见表 8-1。

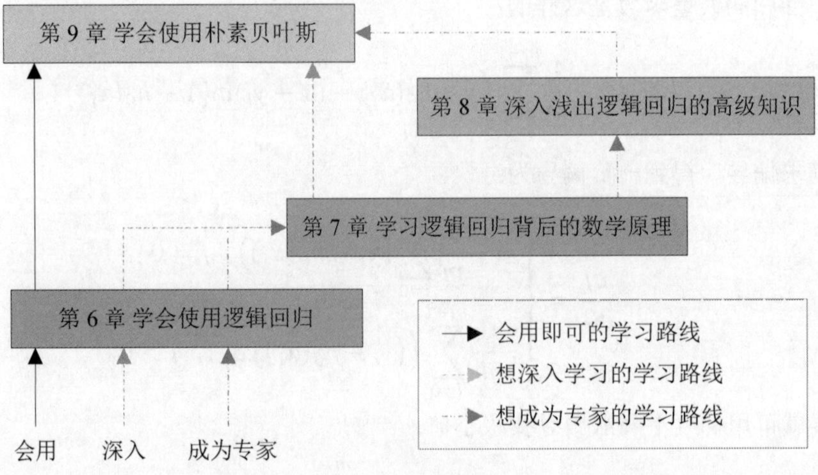

图 8-1 学习路线图

表 8-1 本章知识概览

知识点	难度系数	一句话学习建议
逻辑回归的 L2 正则化	★★★	应理解它的误差函数及梯度下降法的迭代公式
逻辑回归中 L2 正则化的实现和应用	★★★★	应能自己编程实现逻辑回归的 L2 正则化并能应用
逻辑回归的 L1 正则化	★★★	建议先理解它们的误差函数
逻辑回归的弹性网络	★★★	
LogisticRegression 类	★★★	应熟悉该类的初始化参数并能做回归分析和惩罚
SGDClassifier 类	★★★	应能用该类做分类

续表

知识点	难度系数	一句话学习建议
LogisticRegressionCV 类	★★★	应能用该类做分类的交叉验证
泰勒公式	★★★★	学会用泰勒公式近似地表达一元函数、二元函数和多元函数，其中由于二元函数和多元函数的近似表达要用到线性代数知识，所以学习起来会有一定的难度；建议先结合图形来理解一元函数的近似表达
牛顿法	★★★★★	学懂牛顿法需要综合运用微积分和线性代数知识
回溯法	★★★★	应理解这种算法的思想并会用它来找到合适的 t 参数
Hessian 矩阵	★★★★	能弄懂这个矩阵再理解牛顿法就不难了
拟牛顿法	★★★★	用近似的矩阵代替 Hessian 矩阵的逆矩阵
BFGS 算法	★★★★	用$\boldsymbol{B}_k$来近似地代替 Hessian 矩阵
sherman-morrism 公式	★★★★★	如果不能理解计算过程，那么会用就行了
newton-cg 优化方法	★★★★★	关键是要理解共轭梯度的内涵
最速下降法	★★★★	应学会找到梯度下降法中下降最快的α参数值
liblinear 优化方法	★★★★	这就是一种坐标下降法
sag 优化方法	★★★★★	应学懂它的更新方法
saga	★★★★★	应理解在 sag 的基础上改进了哪些地方
softmax 分类	★★★★★	应学懂它的分类原理并会应用

说明：1.本章的数学知识比较深入，需要综合运用到微积分和线性代数知识，请认真跟随学习。

2.如果学懂了本章内容，就可以达到对逻辑回归做研究的水平了。

3.如果实在没懂，就先要会用。会用就是要会设置参数，设置参数的注意要点在本章的小结部分有详细叙述。

学习本章知识首先是要学会对逻辑回归做惩罚，其次是要能用 scikit-learn 库里的 LogisticRegression 类、LogisticRegressionCV 类、SGDClassifier 类做二分类和多分类。学习这些类的使用可从 3 个方面着手：一是熟悉其初始化的方法和属性；二是熟悉使用的过程；三是动手做实例。这些类的使用方法非常相似，使用的过程通常是预处理数据、训练数据、测试模型、评价模型等步骤。

这一章还将补充较多的高级一些的数学知识，这些知识既和逻辑回归有关，又与以后要学的其他机器学习算法有关。内容将涉及与机器学习相关的一些重要的公式和优化方法。特别是泰勒公式，它用于形成多项式来近似地表达某点附近的函数。lbfgs、newton-cg、libnear、sag、saga 是 LogisticRegression 类里提供的 5 种逻辑回归的求解器，学习其原理就能对怎么使用它形成更深刻的印象，弄清了原理还可以自己编程实现。

最后，我们一起学习数学原理稍显复杂一些的 softmax 函数，并学会画出多分类的界线。

8.1 对逻辑回归做正则化

逻辑回归和线性回归的正则化比较类似，都是在误差函数的基础上增加惩罚项。一起来看看做正则化的数学原理。

8.1.1 理解 L2 正则化的数学原理

L2 正则化仍然是指在误差函数中加入一个二次项作为惩罚项，此时误差函数如下：

$$J(\boldsymbol{\theta}) = -\frac{1}{m}\sum_{i=0}^{m-1}\Big(y_i \ln h_{\boldsymbol{\theta}}(\boldsymbol{x}_i) + (1-y_i)\ln\big(1-h_{\boldsymbol{\theta}}(\boldsymbol{x}_i)\big)\Big) + \frac{\lambda}{2m}\sum_{j=1}^{n}\theta_j^2 \quad (8\text{-}1)$$

式（8-1）中，L2 正则项的求和运算符的下标是从 1 开始的，这表明并不对θ_0做惩罚。于是，用梯度下降法形成的迭代公式就是这样的：

$$\theta_j = \theta_j - \alpha\frac{\partial J}{\partial \theta_j} = \begin{cases} \theta_0 + \dfrac{\alpha}{m}\displaystyle\sum_{i=0}^{m-1}\big(y_i - h_{\boldsymbol{\theta}}(\boldsymbol{x}_i)\big),\ j=0 \\ \theta_j + \dfrac{\alpha}{m}\displaystyle\sum_{i=0}^{m-1}\Big(\big(y_i - h_{\boldsymbol{\theta}}(\boldsymbol{x}_i)\big)x_{ij}\Big) - \dfrac{\alpha\lambda}{m}\theta_j,\ j>0 \end{cases} \quad (8\text{-}2)$$

式（8-2）中的第 2 个公式可以变化为：

$$\theta_j = \theta_j + \frac{\alpha}{m}\left(\sum_{i=0}^{m-1}\Big(\big(y_i - h_{\boldsymbol{\theta}}(\boldsymbol{x}_i)\big)x_{ij}\Big) - \lambda\theta_j\right),\ j>0$$

8.1.2 用 L2 正则化预测乳腺癌

接下来，我们在源代码 7-2 的基础上修改源代码，用 L2 正则化来预测乳腺癌。

源代码 8-1 用逻辑回归的 L2 正则化预测乳腺癌

```
#====此处省略与源代码 7-2 相同的“导入各种要用到的库、类”====
#====此处省略与源代码 7-2 相同的“定义误差函数”====
#====此处省略与源代码 7-2 相同的“定义 sigmoid 函数”====
#====定义计算梯度的函数====
#不包括 theta0 项
def grandient(X,y,theta,lambdaValue):
    grand=[]
    for j in range(X.shape[1]):
        sumValue=0.0
        for i in range(X.shape[0]):
            sumValue+=(y[i]-sigmoid(X[i:i+1,:],theta)[0][0])*X[i][j]
```

```
            sumValue-=lambdaValue*theta[0][j]
            grandi=(-1.0/X.shape[0])*sumValue
            grand.append(grandi)
        return np.array([grand])
    #====此处省略与源代码 7-2 相同的“加载数据”====
    #====此处省略与源代码 7-2 相同的“预处理数据”====
    #====用梯度下降法求解参数====
    oldTheta=np.array(np.ones((1,30))*5)#初始化参数值
    oldError=errorFunc(XTrain,yTrain,oldTheta)#计算初始误差函数值
    newTheta=np.array(np.ones((1,30))*5)
    newError=oldError
    alpha=0.03#设置学习率
    maxIter=2000#最大的迭代次数
    minDiffError=0.0001#两次迭代间误差函数值的退出条件
    lambdaValue=5
    for i in range(maxIter):
        grand=grandient(XTrain,yTrain,oldTheta,lambdaValue)
        newTheta=oldTheta-alpha*grand
        #计算误差函数值
        newError=errorFunc(XTrain,yTrain,newTheta)
        diffError=np.abs(newError-oldError)
        print("第",i+1,"次迭代,误差值为",newError,", 两次迭代差为",diffError)
        if(diffError<=minDiffError):
            break;
        oldTheta=newTheta.copy()
        oldError=newError
    print("参数值: ",newTheta)
    #====此处省略与源代码 7-2 相同的“根据参数预测值”====
    #====此处省略与源代码 7-2 相同的“输出测试结果”====
```

对比源代码 8-1 和源代码 7-2，我只修改了少量代码。在计算梯度的函数中，只增加了如下的代码：

```
    sumValue-=lambdaValue*theta[0][j]
```

theta 是一个只有一行的二维数组，theta[0][j]代表着θ_j，因此 lambdaValue*theta[0][j]就表示$\lambda\theta_j$。

在用梯度下降法求解参数的过程中，设置了 lambdaValue（即λ）值为 5。实际实践中很难直接就确定$\lambda = 5$就是合适的值。但是可以根据目标来选择最合适的值，如为了准确度更高，则可事先准备一系列的λ值，用梯度下降法求解模型，再评估得到准确度最高的λ值。

提示： 还有一点要注意的是，目前没有做交叉验证，因此也还不能较好地确定所得到的模型就是相对较为理想的逻辑回归模型。后续我们再学习如何用交叉验证法找到更为理想的逻辑回归模型。

程序经历过 1366 次迭代后，误差值在 0.10 左右，运行结果如图 8-2 所示。可见，评价结果与没有做 L2 正则化时是比较接近的。

```
Console 1/A

 1 1 1]
              precision    recall  f1-score   support

          良性       0.97      0.93      0.95        42
          恶性       0.96      0.99      0.97        72

    accuracy                           0.96       114
   macro avg       0.97      0.96      0.96       114
weighted avg       0.97      0.96      0.96       114

In [4]:
```

图 8-2　用逻辑回归的 L2 正则化预测乳腺癌

8.1.3　用其他惩罚方式做逻辑回归

同线性回归类似，用 L1 正则化做逻辑回归需要在误差函数中加入一个一次项作为惩罚项。此时的误差函数如下：

$$J(\boldsymbol{\theta})=-\frac{1}{m}\sum_{i=0}^{m-1}\left(y_i\ln h_{\boldsymbol{\theta}}(\boldsymbol{x}_i)+(1-y_i)\ln\left(1-h_{\boldsymbol{\theta}}(\boldsymbol{x}_i)\right)\right)+\frac{\lambda}{2m}\sum_{j=1}^{n}|\theta_j| \tag{8-3}$$

如果用弹性网络来做逻辑回归则误差函数是这样的：

$$J(\boldsymbol{\theta})=-\frac{1}{m}\sum_{i=0}^{m-1}\left(y_i\ln h_{\boldsymbol{\theta}}(\boldsymbol{x}_i)+(1-y_i)\ln\left(1-h_{\boldsymbol{\theta}}(\boldsymbol{x}_i)\right)\right)+r_{l1}\lambda\sum_{j=1}^{n}|\theta_j|+\frac{1}{2}(1-r_{l1})\lambda\sum_{j=1}^{n}{\theta_j}^2 \tag{8-4}$$

这里不再赘述这些惩罚方式的迭代办法，也不再编码实现，有兴趣的读者可自行编码试试。更为简便的方法是使用 scikit-learn 库来做逻辑回归，少量代码即可实现类似的功能。

8.2　化繁为简使用 scikit-learn 库

理解了逻辑回归的数学原理再来使用 scikit-learn 库就相当简单了，主要工作就是设置各类参数、训练数据和使用模型。

8.2.1　熟悉并使用 LogisticRegression 类

LogisticRegression 类的初始化方法及其主要参数（未列出所有参数）如下：

```
sklearn.linear_model.LogisticRegression( penalty='l2', *, tol=1e-4,\
C=1.0,fit_intercept=True , solver='lbfgs', max_iter=100 ,\
vn_jobs=None,l1_ratio=None)
```

（1）penalty。该参数（“penalty”的意思为“惩罚”）指出用的是哪种惩罚方式，默认值为“l2”（即 L2 正则化）；其他取值还有“l1”（即 L1 正则化）、“elasticnet”（即弹性网络）、“none”（即不做惩罚）。

（2）tol。该参数指出停止迭代时的退出条件，退出条件是两次迭代的误差函数值相差要小于该参数值。该参数值默认为 1e-4（即 0.0001）。

（3）C。该参数用于设置正则化的强度，值应为正的小数，值越小表明正则化的强度越大，也即惩罚力度越大。该参数默认值为 1.0。

（4）fit_intercept。该参数指出逻辑回归模型中的$\boldsymbol{X_i}\boldsymbol{\theta}^{\mathrm{T}}$是否使用截距（或称为偏置项），即$\theta_0+\theta_1x_1+\cdots+\theta_nx_n$中的$\theta_0$。参数 fit_intercept 默认值为 True，表示使用偏置项。

（5）solver。该参数用于设置求解器，默认为'lbfgs'。这个参数可设置的值为{'newton-cg', 'lbfgs', 'liblinear', 'sag', 'saga'}。这些求解器各自适用不同的应用场景，后续还会详细讲解其原理。如果样本量少，建议使用'liblinear'；如果样本量巨大，使用'sag'和'saga'可以获得更快的速度。'newton-cg'、'sag'、'saga'、'lbfgs'可适用多分类场景；'liblinear'仅适用于 One-Vs-All 分类法。'newton-cg'、'lbfgs'、'sag'和'saga'可适用 L2 正则化或不做惩罚，'liblinear'和'saga'可适用 L1 正则化；'saga'还能支持弹性网络；'liblinear'不支持 penalty='none'设置，即不支持不做惩罚的情形。这些求解器的原理后续还会详细解说，解说完后还会再次进行总结。

（6）max_iter。该参数指出最大的迭代次数。

（7）vn_jobs。该参数指出参与运算的 CPU 核数。

（8）l1_ratio。该参数指出当使用弹性网络时，L1 正则项的影响比例。

LogisticRegression 类有 2 个重要的属性 coef_和 intercept_，前者为$\theta_0+\theta_1x_1+\cdots+\theta_nx_n$中的$\theta_1\sim\theta_n$，后者为$\theta_0+\theta_1x_1+\cdots+\theta_nx_n$中的$\theta_0$。LogisticRegression 类还有个常用的属性 n_iter_，用于得到实际迭代的次数。

例如，假定想用逻辑回归的 L1 正则化来预测乳腺癌，源代码如下。

源代码 8-2 用逻辑回归的 L1 正则化来预测乳腺癌

```
#====导入各种要用到的库、类====
from sklearn.datasets import load_breast_cancer
from sklearn.model_selection import train_test_split
from sklearn.preprocessing import StandardScaler
from sklearn.metrics import classification_report
from sklearn.linear_model import LogisticRegression
#====此处省略与源代码 7-2 相同的“加载数据”====
#====此处省略与源代码 7-2 相同的“预处理数据”====
#====建立逻辑回归模型并作训练====
lr=LogisticRegression(penalty='l1',max_iter=2000,solver='saga')
lr.fit(XTrain,yTrain)
```

```
#====使用逻辑回归模型做预测====
yPredict=lr.predict(XTest)
#====评价预测结果====
print("theta0:",lr.intercept_)
print("theta1~thetan:",lr.coef_)
print("迭代次数：",lr.n_iter_)
print(classification_report(yTest,yPredict,target_names=['良性','恶性']))
```

运行结果如图 8-3 所示。可见源代码非常简洁。从输出的$\theta_1 \sim \theta_n$的值来看，通过使用 L1 正则化我们把 15 个θ变成了 0，起到了良好的减少特征数据项的效果。

```
Console 1/A
theta0: [0.18323647]
theta1~thetan: [[ 0.          -0.19281065  0.          0.          0.
0.
  -0.3310692  -0.82546263  0.          0.          -1.65585383  0.
   0.          0.          -0.32756157  0.81016313  0.          0.
   0.          0.19905207 -2.00366625 -1.1546842  -1.45985123 -1.49130057
  -0.42747021  0.          -0.89699174 -1.33058797 -0.5191927   0.        ]]
迭代次数： [1129]
              precision    recall  f1-score   support

          良性       1.00      0.93      0.96        42
          恶性       0.96      1.00      0.98        72

    accuracy                           0.97       114
   macro avg       0.98      0.96      0.97       114
weighted avg       0.97      0.97      0.97       114


In [8]:
```

图 8-3　用逻辑回归的 L1 正则化来预测乳腺癌

8.2.2　熟悉并使用 SGDClassifier 类

SGDClassifier 中的 SGD 是指随机梯度下降法（Stochastic Gradient Descent），Classifier 的意思是分类器。这个类可用于逻辑回归、支持向量机（后续还会再学习）等机器学习算法。

SGDClassifier 类的初始化方法中有很多参数，下面仅介绍与逻辑回归算法有关的部分参数及其设置值，其他的参数在学习其他机器学习算法时再详细解说。

```
sklearn.linear_model.SGDClassifier(loss="hinge", *, penalty='l2', alpha=0.0001,\
l1_ratio=0.15,fit_intercept=True, max_iter=1000,tol=1e-3, shuffle=True,\
verbose=0, epsilon=DEFAULT_EPSILON, n_jobs=None,random_state=None)
```


参数 loss 指出误差函数，如果使用逻辑回归则应将该参数的值设置为“log”。此时，误差函数为：

$$J(\boldsymbol{\theta}) = \ln(1 + \mathrm{e}^{-y_i y_{pi}}) \qquad (8\text{-}5)$$

当真实值为 1 时，则：

$$J(\boldsymbol{\theta}) = \ln(1 + \mathrm{e}^{-y_i y_{pi}}) = \ln(1 + \mathrm{e}^{-y_{pi}})$$

于是$y_{p(i)} \to 0$时：

$$\lim_{y_{pi}\to 0} J(\boldsymbol{\theta}) = \lim_{y_{pi}\to 0} \ln(1+\mathrm{e}^{-y_{pi}}) \approx 0.693$$

$$\lim_{y_{pi}\to 1} J(\boldsymbol{\theta}) = \lim_{y_{pi}\to 0} \ln(1+\mathrm{e}^{-y_{pi}}) \approx 0.313$$

可见，当误差函数值越小时，y_{pi}的值越接近于 1；误差函数的值越大，$y_{p(i)}$的值越接近于 0。当真实值为 0 值，式（8-5）的值始终为$\ln 2$。因此，使$J(\boldsymbol{\theta})$值越小就越能准确地找出真实值为 1 的分类，因为分类为 0 的$J(\boldsymbol{\theta})$总是不变。可见，这个误差函数$J(\boldsymbol{\theta})$也还合适。

SGDClassifier 类初始化方法的其他常用参数及常用属性与 LogisticRegression 类接近，这里不再赘述。下面使用 SGDClassifier 类来预测乳腺癌。

源代码 8-3　用 SGDClassifier 类的 L1 正则化来预测乳腺癌

```
#====导入各种要用到的库、类====
from sklearn.datasets import load_breast_cancer
from sklearn.model_selection import train_test_split
from sklearn.preprocessing import StandardScaler
from sklearn.metrics import classification_report
from sklearn.linear_model import SGDClassifier
#====此处省略与源代码 7-2 相同的“加载数据”====
#====此处省略与源代码 7-2 相同的“预处理数据”====
#====建立逻辑回归模型并做训练====
lr=SGDClassifier(penalty='l1',max_iter=2000,loss='log',tol=1e-4)
lr.fit(XTrain,yTrain)
#====此处省略与源代码 8-2 相同的“使用逻辑回归模型做预测”====
#====此处省略与源代码 8-2 相同的“评价预测结果”====
```

程序运行结果如图 8-4 所示。

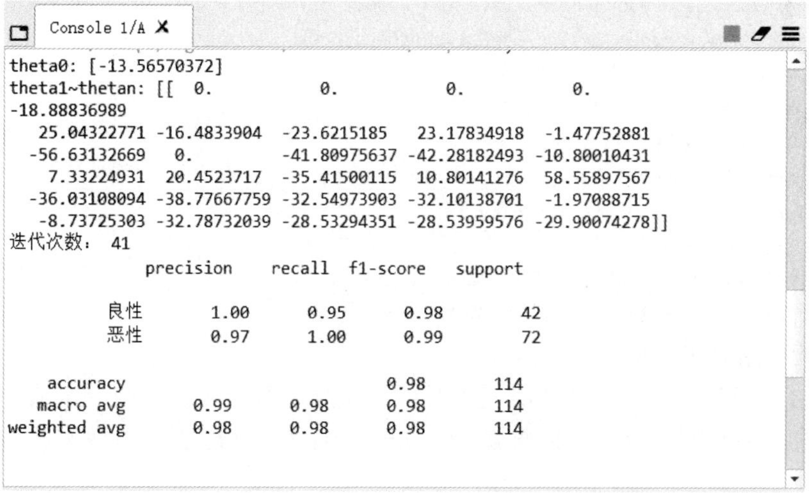

图 8-4　用 SGDClassifier 类的 L1 正则化来预测乳腺癌

源代码 8-3，相比于源代码 8-2 的变化很少，只变更了使用到的分类器类，但只迭代了 41 次就得到了较好的预测效果。不过，通过使用 L1 正则化只使 5 个θ变成了 0。

提示：在源代码 8-2 和 8-3 中，我们可以调节 max_iter 和 tol 这 2 个参数，把 max_iter 调得更大，把 tol 调得更小，就可以得到更好的预测效果。

8.2.3 熟悉并使用 LogisticRegressionCV 类

LogisticRegressionCV 类是 LogisticRegression 类对应的交叉验证类，其初始化方法如下：

```
sklearn.linear_model.LogisticRegressionCV(Cs=10, fit_intercept=True, cv=None,\
 dual=False, penalty='l2', scoring=None, solver='lbfgs', tol=1e-4,\
     max_iter=100, class_weight=None, n_jobs=None, verbose=0,\
     refit=True, intercept_scaling=1., multi_class='auto',\
  random_state=None, l1_ratios=None)
```

初始化方法中与此前讲过的其他类的方法相同的地方就不再重复解说了，但请一定要注意默认值。下面讲解一些特别需要注意设置的参数。

参数 Cs 用于设置正则化强度系数，值越小则正则化强度越强。参数 cv 表示做几折交叉验证。参数 scoring 指出评估模型的方法或方法的名称，默认情况下使用准确度。

下面使用 LogisticRegressionCV 类来做乳腺癌预测。

源代码 8-4　用 LogisticRegressionCV 类的 L1 正则化来预测乳腺癌

```
#====导入各种要用到的库、类====
from sklearn.datasets import load_breast_cancer
from sklearn.model_selection import train_test_split
from sklearn.preprocessing import StandardScaler
from sklearn.metrics import classification_report
from sklearn.linear_model import LogisticRegressionCV
#====此处省略与源代码 7-2 相同的“加载数据”====
#====此处省略与源代码 7-2 相同的“预处理数据”====
#====建立逻辑回归模型并做训练====
lr=LogisticRegressionCV(penalty='l1',max_iter=5000,\
cv=10,solver='saga',scoring='accuracy')
lr.fit(XTrain,yTrain)
#====此处省略与源代码 8-2 相同的“使用逻辑回归模型做预测”====
#====此处省略与源代码 8-2 相同的“评价预测结果”====
```

程序运行的结果如图 8-5 所示。

源代码 8-4 变动也很小，只是修改了类的初始化参数。从运行结果来看，有 18 个θ变成了 0，但查全率有所下降。可以尝试调节 max_iter 和 tol 这 2 个参数来提升准确度、查全率。

```
Console 1/A
theta0: [0.66713511]
theta1~thetan: [[ 0.          -0.01536528  0.          0.          0.          0.
  -0.25964199 -0.50061344  0.          0.          -0.38459871  0.
   0.          0.          -0.0036297   0.          0.          0.
   0.          0.          -3.42228454 -1.03457294 -0.43561417  0.
  -0.45901456  0.          -0.085997    -1.20001901 -0.30731831  0.         ]]
迭代次数： [[[   1    1    4  832 1311 1809 3884 1374  197   23]
  [   1    1    7 1245 1055 2716 3945 1765  505   72]
  [   1    1    6  562 2148 1544 3159 1247  167   19]
  [   1    1    5  821 2105 2209 2982 1612  233   34]
  [   1    1    3 1068 1400 2050 4455 1420  121   20]
  [   1    1    3  613 1903 2289 3869 1246  175   23]
  [   1    1    3  684 1590 1676 3893  927  247   29]
  [   1    1    6  569 2245 1915 3834 1822  271   32]
  [   1    1    4  671 1798 2422 2826 1277  251   30]
  [   1    1    4 1081 1975 1188 2457 1221  201   19]]]
              precision    recall  f1-score   support

          良性       1.00      0.90      0.95        42
          恶性       0.95      1.00      0.97        72

    accuracy                           0.96       114
   macro avg       0.97      0.95      0.96       114
weighted avg       0.97      0.96      0.96       114
```

图 8-5　用 LogisticRegressionCV 类的 L1 正则化来预测乳腺癌

8.2.4　用 LogisticRegression 类做多分类

用 LogisticRegression 类、LogisticRegressionCV 类、SGDClassifier 类也可以做多分类，下面就来用 LogisticRegression 类对鸢尾花做三分类。

源代码 8-5　用 LogisticRegression 类对鸢尾花做三分类

```
#====导入各种要用到的库、类====
from sklearn.datasets import load_iris
from sklearn.model_selection import train_test_split
from sklearn.preprocessing import StandardScaler
from sklearn.metrics import classification_report
from sklearn.linear_model import LogisticRegression
import numpy as np
import pandas as pd
#====加载数据====
iris=load_iris()
irisPd=pd.DataFrame(iris.data)
X=np.array(irisPd[[2,3]])
y=iris.target
#====预处理数据====
XTrain,XTest,yTrain,yTest=train_test_split(X,y,random_state=1,test_size=0.2)
preDealData=StandardScaler()
XTrain=preDealData.fit_transform(XTrain)
```

```
XTest=preDealData.transform(XTest)
#====建立逻辑回归模型并做训练====
lr=LogisticRegression(penalty='l1',max_iter=2000,solver='saga')
lr.fit(XTrain,yTrain)
#====使用逻辑回归模型做预测====
yPredict=lr.predict(XTest)
#====评价预测结果====
print("theta0:",lr.intercept_)
print("theta1~thetan:",lr.coef_)
print("迭代次数：",lr.n_iter_)
print(classification_report(yTest,yPredict,\
    target_names=['setosa','versicolor','virginica']))
```

程序代码十分简洁，看上去也较容易分析，运行结果如图 8-6 所示。

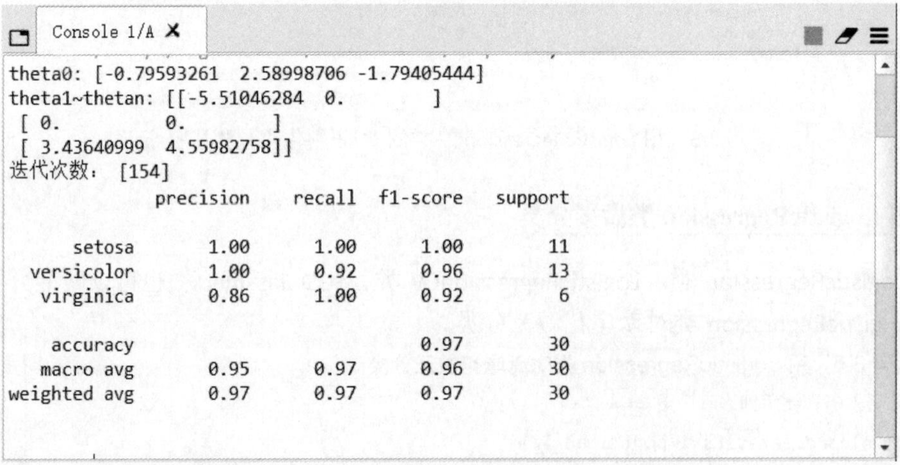

```
Console 1/A
theta0: [-0.79593261  2.58998706 -1.79405444]
theta1~thetan: [[-5.51046284  0.        ]
 [ 0.          0.        ]
 [ 3.43640999  4.55982758]]
迭代次数： [154]
              precision    recall  f1-score   support

      setosa       1.00      1.00      1.00        11
  versicolor       1.00      0.92      0.96        13
   virginica       0.86      1.00      0.92         6

    accuracy                           0.97        30
   macro avg       0.95      0.97      0.96        30
weighted avg       0.97      0.97      0.97        30
```

图 8-6　用 LogisticRegression 类对鸢尾花做三分类

从结果来看，经历了 154 次迭代，准确率达到 0.97，但是针对 virginica 类型的查准率还不是很高，为 0.86。从输出的$\boldsymbol{\theta}$参数值来看，为什么有 3 个θ_0，且有 3 组θ_1~θ_2呢？这是因为使用了 softmax 函数来解决多分类问题，其原理本章后续内容还会详细讲解。

8.3　补充学习一些更高级的数学知识

通过上一节的学习，我们已经会使用 scikit-learn 库中的 LogisticRegression 类、LogisticRegressionCV 类、SGDClassifier 类来进行正则化、二分法及多分类。会用不等于理解了，接下来我们就补充学习一些更高级的数学知识，以一起来将分类的原理理解得更为透彻。

8.3.1 泰勒公式

泰勒公式在机器学习领域有着重要的应用。这个公式由英国数学家 Brook Taylor 于 1712 年提出，因此这个公式就被命名为泰勒公式。这个公式是这样的：

$$f(x)=\frac{f(a)}{0!}(x-a)^0+\frac{f'(a)}{1!}(x-a)^1+\cdots+\frac{f^{(n)}(a)}{n!}(x-a)^n+R_n(x)$$

$$=f(a)+f'(a)(x-a)+\cdots+\frac{f^{(n)}(a)}{n!}(x-a)^n+R_n(x)$$

$$=\sum_{i=0}^{\infty}\frac{f^{(i)}(a)}{i!}(x-a)^i \quad (8\text{-}6)$$

式（8-6）中，a是x轴上的一个点；!表示阶乘运算，$0!=\frac{1}{1}=1$，$1!=\frac{2\times 1!}{2}=1$，$2!=\frac{3\times 2!}{3}=1\times 2=2$，以此类推；$R_n(x)$是高阶无穷小的量。如果$a=0$，泰勒公式就更简单了：

$$f(x)=f(0)+f'(0)x+\cdots+\frac{f^{(n)}(0)}{n!}x^n+R_n(x)=\sum_{i=0}^{\infty}\frac{f^{(i)}(0)}{i!}x^i \quad (8\text{-}7)$$

有了这个公式就可以通过$f(x)$上的一个点来用多项式近似地表达出$f(x)$，项越多表达就越近似，这真是太奇妙了。可以说是**“一点看透世界”**。

提示：从本质上来说，泰勒公式可以由微积分计算推导而来，我们可先学会用再说。

来看$f(x)=\sin x$这个函数，以$a=0$这个点来讨论。

$$f(0)=\sin 0=0$$
$$f'(0)=\cos 0=1$$
$$f''(0)=-\sin 0=0$$
$$f'''(0)=-\cos 0=-1$$
$$f''''(0)=\sin 0=0$$
$$f'''''(0)=\cos 0=1$$

因此根据式（8-7），可得：

$$\sin x=x-\frac{1}{3!}x^3+\frac{1}{5!}x^5+\cdots+\frac{f^{(n)}(0)}{n!}x^n+R_n(x)$$

函数图如图 8-7 所示。从图中可以看出，随着泰勒公式的展开，如果多项式越来越多，图形就会越来越相近于原函数的图形，而且是以$[a,f(a)]$这个点为中心呈扩散状（即越往这个点走，图形就越与原函数图形相近)。

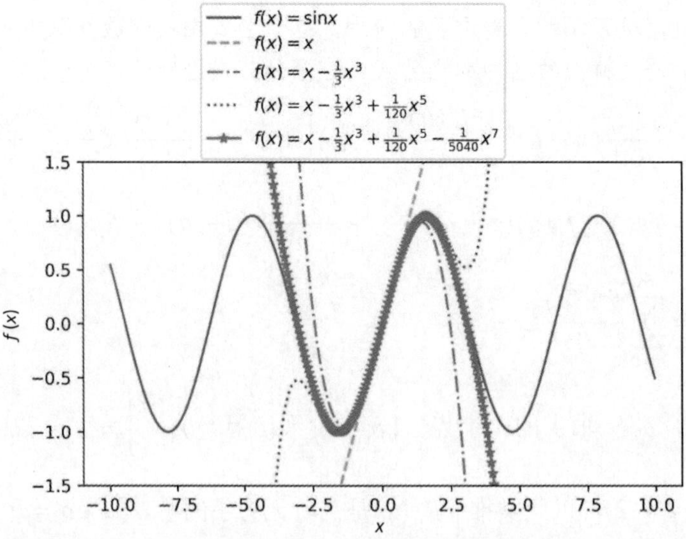

图 8-7　$f(x) = \sin x$的近似表达

那如何用泰勒公式来近似地表达多元函数呢？如果是二元函数，在点$[x_0, y_0, f(x_0, y_0)]$处的泰勒公式是这样的：

$$f(x,y) = f(x_0,y_0) + \left.\frac{\partial f}{\partial x}\right|_{x=x_0}(x-x_0) + \left.\frac{\partial f}{\partial y}\right|_{y=y_0}(y-y_0) + \frac{1}{2!}\left.\frac{\partial^2 f}{\partial x^2}\right|_{\substack{x=x_0\\y=y_0}}(x-x_0)^2$$

$$+\frac{1}{2!}\left.\frac{\partial^2 f}{\partial x \partial y}\right|_{\substack{x=x_0\\y=y_0}}(x-x_0)(y-y_0) + \frac{1}{2!}\left.\frac{\partial^2 f}{\partial y \partial x}\right|_{\substack{x=x_0\\y=y_0}}(x-x_0)(y-y_0)$$

$$+\frac{1}{2!}\left.\frac{\partial^2 f}{\partial y^2}\right|_{\substack{x=x_0\\y=y_0}}(y-y_0)^2 + \cdots + R_n(x,y) \tag{8-8}$$

这个公式如果用矩阵的形式来表达是这样的：

$$f(\boldsymbol{x}) = f(\boldsymbol{x}_{p0}) + \left(\nabla f(\boldsymbol{x}_{p0})\right)^{\mathrm{T}}(\boldsymbol{x}-\boldsymbol{x}_{p0}) + \frac{1}{2!}(\boldsymbol{x}-\boldsymbol{x}_{p0})^{\mathrm{T}}\boldsymbol{H}(\boldsymbol{x}_{p0})(\boldsymbol{x}-\boldsymbol{x}_{p0}) + R_n(\boldsymbol{x}_{p0}) \tag{8-9}$$

提示：式（8-9）可能和有的书上的表达不同，但含义是相同的。关键还是要理解其中各个符号表示的含义，特别是其中的向量、矩阵。

式（8-9）适用于n元函数。该公式中，$\boldsymbol{x}$向量表示多个未知量，即：

$$\boldsymbol{x}=\begin{bmatrix}x_{w0}\\ \vdots\\ x_{w(n-1)}\end{bmatrix},\boldsymbol{x}_{p0}=\begin{bmatrix}x_{00}\\ \vdots\\ x_{0(n-1)}\end{bmatrix}$$

因此x_{w0}实际上就代表着多元函数中的一元，其中的w是未知的拼音首字母。具体到向量$\boldsymbol{x}_{p0}$，就是空间中的一个点在各个维度上的坐标值，也就是空间中的一个点（不含$f(\boldsymbol{x}_{p0})$）。

因此，如果是二元函数，则：

$$\boldsymbol{x}_{p0}=\begin{bmatrix}x_{00}\\ x_{01}\end{bmatrix}$$

∇表示梯度，即：

$$\nabla f=\begin{bmatrix}\dfrac{\partial f}{\partial x_{w0}}\\ \vdots\\ \dfrac{\partial f}{\partial x_{w(n-1)}}\end{bmatrix}$$

则：

$$\nabla f(\boldsymbol{x}_{p0})=\left.\begin{bmatrix}\dfrac{\partial f}{\partial x_{w0}}\\ \vdots\\ \dfrac{\partial f}{\partial x_{w(n-1)}}\end{bmatrix}\right|_{\boldsymbol{x}_{p0}}$$

因此，如果是二元函数，则：

$$\nabla f(\boldsymbol{x}_{p0})=\begin{bmatrix}\left.\dfrac{\partial f}{\partial x_{w0}}\right|_{\boldsymbol{x}_{p0}}\\ \left.\dfrac{\partial f}{\partial x_{w1}}\right|_{\boldsymbol{x}_{p0}}\end{bmatrix}$$

$\boldsymbol{H}(\boldsymbol{x}_{p0})$就是第 7 章中讲过的 Hessian 矩阵。如果是二元函数，则：

$$\boldsymbol{H}(\boldsymbol{x}_{p0})=\begin{bmatrix}\left.\dfrac{\partial^2 f}{\partial x_{w0}^2}\right|_{\boldsymbol{x}_{p0}} & \left.\dfrac{\partial f}{\partial x_{w1}\partial x_{w0}}\right|_{\boldsymbol{x}_{p0}}\\ \left.\dfrac{\partial f}{\partial x_{w0}\partial x_{w1}}\right|_{\boldsymbol{x}_{p0}} & \left.\dfrac{\partial^2 f}{\partial x_{w1}^2}\right|_{\boldsymbol{x}_{p0}}\end{bmatrix}$$

为便于计算和分析，我们把 Hessian 矩阵简记为：

$$H(x_{p0})=\begin{bmatrix}\dfrac{\partial^2 f}{\partial x_{w0}^2} & \dfrac{\partial f}{\partial x_{w1}\partial x_{w0}}\\ \dfrac{\partial f}{\partial x_{w0}\partial x_{w1}} & \dfrac{\partial^2 f}{\partial x_{w1}^2}\end{bmatrix}$$

据此，可知：

$$\left(\nabla f(x_{p0})\right)^{\mathrm{T}}(x-x_{p0})=\begin{bmatrix}\left.\dfrac{\partial f}{\partial x_{w0}}\right|_{x_{p0}}\\ \left.\dfrac{\partial f}{\partial x_{w1}}\right|_{x_{p0}}\end{bmatrix}^{\mathrm{T}}\left(\begin{bmatrix}x_{w0}\\x_{w1}\end{bmatrix}-\begin{bmatrix}x_{00}\\x_{01}\end{bmatrix}\right)=\begin{bmatrix}\left.\dfrac{\partial f}{\partial x_{w0}}\right|_{x_{p0}} & \left.\dfrac{\partial f}{\partial x_{w1}}\right|_{x_{p0}}\end{bmatrix}\begin{bmatrix}x_{w0}-x_{00}\\x_{w1}-x_{01}\end{bmatrix}$$

$$=\left.\frac{\partial f}{\partial x_{w0}}\right|_{x_{p0}}(x_{w0}-x_{00})+\left.\frac{\partial f}{\partial x_{w1}}\right|_{x_{p0}}(x_{w1}-x_{01})$$

这样式（8-9）和式（8-8）的部分内容相对保持一致了。接下来再看另一部分内容的计算：

$$(x-x_{p0})^{\mathrm{T}}H(x_{p0})(x-x_{p0})$$

$$=\begin{bmatrix}x_{w0}-x_{00} & x_{w1}-x_{01}\end{bmatrix}\begin{bmatrix}\left.\dfrac{\partial^2 f}{\partial x_{w0}^2}\right|_{x_{p0}} & \left.\dfrac{\partial f}{\partial x_{w1}\partial x_{w0}}\right|_{x_{p0}}\\ \left.\dfrac{\partial f}{\partial x_{w0}\partial x_{w1}}\right|_{x_{p0}} & \left.\dfrac{\partial^2 f}{\partial x_{w1}^2}\right|_{x_{p0}}\end{bmatrix}\begin{bmatrix}x_{w0}-x_{00}\\x_{w1}-x_{01}\end{bmatrix}$$

$$\begin{bmatrix}\left.\dfrac{\partial^2 f}{\partial x_{w0}^2}\right|_{x_{p0}}(x_{w0}-x_{00})+\left.\dfrac{\partial f}{\partial x_{w1}\partial x_{w0}}\right|_{x_{p0}}(x_{w1}-x_{01})\\ \left.\dfrac{\partial f}{\partial x_{w0}\partial x_{w1}}\right|_{x_{p0}}(x_{w0}-x_{00})+\left.\dfrac{\partial^2 f}{\partial x_{w1}^2}\right|_{x_{p0}}(x_{w1}-x_{01})\end{bmatrix}\times\begin{bmatrix}x_{w0}-x_{00}\\x_{w1}-x_{01}\end{bmatrix}$$

$$=\left.\frac{\partial^2 f}{\partial x_{w0}^2}\right|_{x_{p0}}(x_{w0}-x_{00})^2+\left.\frac{\partial f}{\partial x_{w0}\partial x_{w1}}\right|_{x_{p0}}(x_{w1}-x_{01})(x_{w0}-x_{00})$$

$$+\left.\frac{\partial f}{\partial x_{w1}\partial x_{w0}}\right|_{x_{p0}}(x_{w0}-x_{00})(x_{w1}-x_{01})+\left.\frac{\partial^2 f}{\partial x_{w1}^2}\right|_{x_{p0}}(x_{w1}-x_{01})^2$$

可见，用式（8-9）来表示多元函数的泰勒公式更为简洁。

8.3.2 牛顿法和拟牛顿法的优化原理

此前我们已经学习过梯度下降法，下面来学习牛顿法。牛顿法并不是牛顿发明的，但牛顿曾提出过相近的优化思想。这种优化方法以伟大的科学家命名，一定有它的特别经典之处，事实上也确实如此。

以前学过的梯度下降法是每次都找到一个下降最快的方向（也就是梯度）并走一定的步长，这样就可以通过迭代找到最小值。牛顿法也需要做迭代来找到最小值，但迭代的方式不同。

上一节中，我们已经给出了式（8-9）。能否用式（8-9）的前 3 项来近似地表达原函数呢？即：

$$f(\boldsymbol{x}) \approx f(\boldsymbol{x}_{p0}) + \left(\nabla f(\boldsymbol{x}_{p0})\right)^{\mathrm{T}}(\boldsymbol{x}-\boldsymbol{x}_{p0}) + \frac{1}{2!}(\boldsymbol{x}-\boldsymbol{x}_{p0})^{\mathrm{T}}\boldsymbol{H}(\boldsymbol{x}_{p0})(\boldsymbol{x}-\boldsymbol{x}_{p0}) \quad (8\text{-}10)$$

结合函数的图形想象即可知道，至少在$\boldsymbol{x}_{p0}$这个点附近两者的图像是非常接近的。因此，我们就每次都以一个点作为考察点来用式（8-10）近似地代替原函数。极值点处的导数必为 0，从图形上理解就是极值点处的变化率必为 0，因此，可得：

$$\left(f(\boldsymbol{x}_{p0}) + \left(\nabla f(\boldsymbol{x}_{p0})\right)^{\mathrm{T}}(\boldsymbol{x}-\boldsymbol{x}_{p0}) + \frac{1}{2!}(\boldsymbol{x}-\boldsymbol{x}_{p0})^{\mathrm{T}}\boldsymbol{H}(\boldsymbol{x}_{p0})(\boldsymbol{x}-\boldsymbol{x}_{p0})\right)' = 0$$

因为$f(\boldsymbol{x}_{p0})$是一个数值，所以$f'(\boldsymbol{x}_{p0}) = 0$。可得：

$$\left(f(\boldsymbol{x}_{p0}) + \left(\nabla f(\boldsymbol{x}_{p0})\right)^{\mathrm{T}}(\boldsymbol{x}-\boldsymbol{x}_{p0}) + \frac{1}{2!}(\boldsymbol{x}-\boldsymbol{x}_{p0})^{\mathrm{T}}\boldsymbol{H}(\boldsymbol{x}_{p0})(\boldsymbol{x}-\boldsymbol{x}_{p0})\right)' = 0$$

$$\Rightarrow \left(\left(\nabla f(\boldsymbol{x}_{p0})\right)^{\mathrm{T}}(\boldsymbol{x}-\boldsymbol{x}_{p0})\right)' + \left(\frac{1}{2!}(\boldsymbol{x}-\boldsymbol{x}_{p0})^{\mathrm{T}}\boldsymbol{H}(\boldsymbol{x}_{p0})(\boldsymbol{x}-\boldsymbol{x}_{p0})\right)' = 0$$

$$\Rightarrow \nabla f(\boldsymbol{x}_{p0}) + \boldsymbol{H}(\boldsymbol{x}_{p0})(\boldsymbol{x}-\boldsymbol{x}_{p0}) = 0$$

下面以二元函数为例来详细解说最后一步的求导。

$$\left(\nabla f(\boldsymbol{x}_{p0})\right)^{\mathrm{T}}(\boldsymbol{x}-\boldsymbol{x}_{p0}) = \left.\frac{\partial f}{\partial x_{w0}}\right|_{\boldsymbol{x}_{p0}}(x_{w0}-x_{00}) + \left.\frac{\partial f}{\partial x_{w1}}\right|_{\boldsymbol{x}_{p0}}(x_{w1}-x_{01})$$

这是上一节中已经推导得到过的。在二元函数里，求导包括两个方向的偏导，即：

$$\frac{\partial}{\partial x_{w0}}\left(\left(\nabla f(\boldsymbol{x}_{p0})\right)^{\mathrm{T}}(\boldsymbol{x}-\boldsymbol{x}_{p0})\right) = \frac{\partial}{\partial x_{w0}}\left(\left.\frac{\partial f}{\partial x_{w0}}\right|_{x_{p0}}(x_{w0}-x_{00}) + \left.\frac{\partial f}{\partial x_{w1}}\right|_{x_{p0}}(x_{w1}-x_{01})\right)$$

在上式中，$\left.\frac{\partial f}{\partial x_{w0}}\right|_{x_{p0}}$、$x_{00}$是一个数值，$x_{w0}$是要求导的未知数。因为是向$x_{w0}$求偏导，所以$\left.\frac{\partial f}{\partial x_{w1}}\right|_{x_{p0}}(x_{w1}-x_{01})$就可以看成一个数值。因此：

$$\frac{\partial}{\partial x_{w0}}\left(\left(\nabla f(\boldsymbol{x}_{p0})\right)^{\mathrm{T}}(\boldsymbol{x}-\boldsymbol{x}_{p0})\right) = \left.\frac{\partial f}{\partial x_{w0}}\right|_{x_{p0}}$$

同理，可得：

$$\frac{\partial}{\partial x_{w1}}\left(\left(\nabla f\left(\boldsymbol{x}_{p0}\right)\right)^{\mathrm{T}}\left(\boldsymbol{x}-\boldsymbol{x}_{p0}\right)\right)=\left.\frac{\partial f}{\partial x_{w1}}\right|_{\boldsymbol{x}_{p0}}$$

结合上述 2 个偏导计算的结果，可得：

$$\left(\left(\nabla f\left(\boldsymbol{x}_{p0}\right)\right)^{\mathrm{T}}\left(\boldsymbol{x}-\boldsymbol{x}_{p0}\right)\right)'=\begin{bmatrix}\left.\frac{\partial f}{\partial x_{w0}}\right|_{\boldsymbol{x}_{p0}}\\ \left.\frac{\partial f}{\partial x_{w1}}\right|_{\boldsymbol{x}_{p0}}\end{bmatrix}=\nabla f\left(\boldsymbol{x}_{p0}\right)$$

推广到任意元数的函数，那就是：

$$\left(\left(\nabla f\left(\boldsymbol{x}_{p0}\right)\right)^{\mathrm{T}}\left(\boldsymbol{x}-\boldsymbol{x}_{p0}\right)\right)'=\left.\begin{bmatrix}\frac{\partial f}{\partial x_{w0}}\\ \vdots\\ \frac{\partial f}{\partial x_{w(n-1)}}\end{bmatrix}\right|_{\boldsymbol{x}_{p0}}=\nabla f\left(\boldsymbol{x}_{p0}\right)$$

再来看 $\left(\frac{1}{2!}\left(\boldsymbol{x}-\boldsymbol{x}_{p0}\right)^{\mathrm{T}}\boldsymbol{H}\left(\boldsymbol{x}_{p0}\right)\left(\boldsymbol{x}-\boldsymbol{x}_{p0}\right)\right)'$ 的计算。仍然以二元函数为例来详细解说。

$$\begin{aligned}&\left(\boldsymbol{x}-\boldsymbol{x}_{p0}\right)^{\mathrm{T}}\boldsymbol{H}\left(\boldsymbol{x}_{p0}\right)\left(\boldsymbol{x}-\boldsymbol{x}_{p0}\right)\\ &=\left.\frac{\partial^2 f}{\partial x_{w0}^2}\right|_{\boldsymbol{x}_{p0}}\left(x_{w0}-x_{00}\right)^2+\left.\frac{\partial f}{\partial x_{w0}\partial x_{w1}}\right|_{\boldsymbol{x}_{p0}}\left(x_{w1}-x_{01}\right)\left(x_{w0}-x_{00}\right)\\ &\quad+\left.\frac{\partial f}{\partial x_{w1}\partial x_{w0}}\right|_{\boldsymbol{x}_{p0}}\left(x_{w0}-x_{00}\right)\left(x_{w1}-x_{01}\right)+\left.\frac{\partial^2 f}{\partial x_{w1}^2}\right|_{\boldsymbol{x}_{p0}}\left(x_{w1}-x_{01}\right)^2\end{aligned}$$

这也是上一节推导得到的。在该式中，$\left.\frac{\partial^2 f}{\partial x_{w0}^2}\right|_{\boldsymbol{x}_{p0}}$、$\left.\frac{\partial f}{\partial x_{w0}\partial x_{w1}}\right|_{\boldsymbol{x}_{p0}}$、$\left.\frac{\partial f}{\partial x_{w1}\partial x_{w0}}\right|_{\boldsymbol{x}_{p0}}$、$\left.\frac{\partial^2 f}{\partial x_{w1}^2}\right|_{\boldsymbol{x}_{p0}}$ 都是一个数值，且 $\left.\frac{\partial f}{\partial x_{w0}\partial x_{w1}}\right|_{\boldsymbol{x}_{p0}}=\left.\frac{\partial f}{\partial x_{w1}\partial x_{w0}}\right|_{\boldsymbol{x}_{p0}}$。当向$x_{w0}$求偏导时，把$x_{w1}$看成一个数值；同理，当向$x_{w1}$求偏导时，把$x_{w0}$看成一个数值。因此，可得：

$$\frac{\partial}{\partial x_{w0}}\left(\left(\boldsymbol{x}-\boldsymbol{x}_{p0}\right)^{\mathrm{T}}\boldsymbol{H}\left(\boldsymbol{x}_{p0}\right)\left(\boldsymbol{x}-\boldsymbol{x}_{p0}\right)\right)=2\left.\frac{\partial^2 f}{\partial x_{w0}^2}\right|_{\boldsymbol{x}_{p0}}\left(x_{w0}-x_{00}\right)+2\left.\frac{\partial f}{\partial x_{w0}\partial x_{w1}}\right|_{\boldsymbol{x}_{p0}}\left(x_{w1}-x_{01}\right)$$

$$\frac{\partial}{\partial x_{w1}}\left(\left(\boldsymbol{x}-\boldsymbol{x}_{p0}\right)^{\mathrm{T}}\boldsymbol{H}\left(\boldsymbol{x}_{p0}\right)\left(\boldsymbol{x}-\boldsymbol{x}_{p0}\right)\right)=2\left.\frac{\partial^2 f}{\partial x_{w1}^2}\right|_{\boldsymbol{x}_{p0}}(x_{w1}-x_{01})+2\left.\frac{\partial f}{\partial x_{w0}\partial x_{w1}}\right|_{\boldsymbol{x}_{p0}}(x_{w0}-x_{00})$$

综合上述 2 个偏导计算的结果，可得：

$$\left(\frac{1}{2!}\left(\boldsymbol{x}-\boldsymbol{x}_{p0}\right)^{\mathrm{T}}\boldsymbol{H}\left(\boldsymbol{x}_{p0}\right)\left(\boldsymbol{x}-\boldsymbol{x}_{p0}\right)\right)'=\frac{1}{2}\begin{bmatrix}\frac{\partial}{\partial x_{w0}}\left(\left[\boldsymbol{x}-\boldsymbol{x}_{p0}\right]^{\mathrm{T}}\boldsymbol{H}\left(\boldsymbol{x}_{p0}\right)\left[\boldsymbol{x}-\boldsymbol{x}_{p0}\right]\right)\\ \frac{\partial}{\partial x_{w1}}\left(\left[\boldsymbol{x}-\boldsymbol{x}_{p0}\right]^{\mathrm{T}}\boldsymbol{H}\left(\boldsymbol{x}_{p0}\right)\left[\boldsymbol{x}-\boldsymbol{x}_{p0}\right]\right)\end{bmatrix}$$

$$=\begin{bmatrix}\left.\frac{\partial^2 f}{\partial x_{w0}^2}\right|_{\boldsymbol{x}_{p0}}(x_{w0}-x_{00})+\left.\frac{\partial f}{\partial x_{w0}\partial x_{w1}}\right|_{\boldsymbol{x}_{p0}}(x_{w1}-x_{01})\\ \left.\frac{\partial^2 f}{\partial x_{w1}^2}\right|_{\boldsymbol{x}_{p0}}(x_{w1}-x_{01})+\left.\frac{\partial f}{\partial x_{w0}\partial x_{w1}}\right|_{\boldsymbol{x}_{p0}}(x_{w0}-x_{00})\end{bmatrix}$$

$$=\begin{bmatrix}\left.\frac{\partial^2 f}{\partial x_{w0}^2}\right|_{\boldsymbol{x}_{p0}} & \left.\frac{\partial f}{\partial x_{w0}\partial x_{w1}}\right|_{\boldsymbol{x}_{p0}}\\ \left.\frac{\partial f}{\partial x_{w0}\partial x_{w1}}\right|_{\boldsymbol{x}_{p0}} & \left.\frac{\partial^2 f}{\partial x_{w1}^2}\right|_{\boldsymbol{x}_{p0}}\end{bmatrix}\begin{bmatrix}x_{w0}-x_{00}\\ x_{w1}-x_{01}\end{bmatrix}$$

$$=\boldsymbol{H}\left(\boldsymbol{x}_{p0}\right)\left[\boldsymbol{x}-\boldsymbol{x}_{p0}\right]$$

推广到任意元数的函数，那就是：

$$\left(\frac{1}{2!}\left(\boldsymbol{x}-\boldsymbol{x}_{p0}\right)^{\mathrm{T}}\boldsymbol{H}\left(\boldsymbol{x}_{p0}\right)\left(\boldsymbol{x}-\boldsymbol{x}_{p0}\right)\right)'=\boldsymbol{H}\left(\boldsymbol{x}_{p0}\right)\left(\boldsymbol{x}-\boldsymbol{x}_{p0}\right)$$

综上，可得：

$$\nabla f\left(\boldsymbol{x}_{p0}\right)+\boldsymbol{H}\left(\boldsymbol{x}_{p0}\right)\left(\boldsymbol{x}-\boldsymbol{x}_{p0}\right)=0 \tag{8-11}$$

提示：式（8-11）实际上是一个方程组，这个方程组包含n个方程。

得到式(8-11)非常重要，这奠定了牛顿法做迭代的关键理论基础。令$\boldsymbol{x}=\boldsymbol{x}_{k+1}$、$\boldsymbol{x}_{p0}=\boldsymbol{x}_k$，它们分别是最近两次迭代的向量。这样可以把式（8-11）变换为：

$$\begin{aligned}\nabla f(\boldsymbol{x}_k)+\boldsymbol{H}\left(\boldsymbol{x}_{p0}\right)\left(\boldsymbol{x}-\boldsymbol{x}_{p0}\right)=0 &\Rightarrow \boldsymbol{H}\left(\boldsymbol{x}_{p0}\right)\left(\boldsymbol{x}-\boldsymbol{x}_{p0}\right)=-\nabla f(\boldsymbol{x}_k)\\ &\Rightarrow \boldsymbol{x}_{k+1}-\boldsymbol{x}_k=-\boldsymbol{H}^{-1}(\boldsymbol{x}_k)\nabla f(\boldsymbol{x}_k)\Rightarrow\\ &\boldsymbol{x}_{k+1}=\boldsymbol{x}_k-\boldsymbol{H}^{-1}(\boldsymbol{x}_k)\nabla f(\boldsymbol{x}_k)\end{aligned} \tag{8-12}$$

其中，$\boldsymbol{H}^{-1}(\boldsymbol{x}_k)$表示 Hessian 矩阵的逆矩阵。式（8-12）可用于迭代得到向量$\boldsymbol{x}_{k+1}$。但是这种迭代的方向与梯度下降法不同，迭代的方向不一定是下降的方向，有可能导致结果不收敛。这怎么办呢？可以在$\boldsymbol{H}^{-1}(\boldsymbol{x}_k)$前增加一个系数$t$，以调节每次迭代的步长及确保往更小的方向发展，这样式（8-12）就变化为：

$$\boldsymbol{x}_{k+1}=\boldsymbol{x}_k-t\boldsymbol{H}^{-1}(\boldsymbol{x}_k)\nabla f(\boldsymbol{x}_k) \tag{8-13}$$

那系数t取值多少为宜？其实此前章节学习的梯度下降法也一直有这个问题，只是梯度下降法中把这个系数称为学习率。系数t取值太大，可能总是会跳过极小值，导致迭代过程中不停的“抖动”而不收敛；取值太小又可能导致迭代的次数太多而需要消耗很长的时间才能找到最小值。牛顿法和梯度下降法中要取得合适的t值，可采用一类叫线性搜索（Line Search）的办法，这类办法中有一种简单的办法就是回溯法（Backtracking Line Search）。

下面来看怎么用回溯法找到合适的t值，算法的思想如下。

```
#给定两个调节参数α的值（α ∈ (0,0.5)）和β的值（β ∈ (0,1.0)）
α = 0.25 #设置调节参数α的值为 0.25
β = 0.8 #设置调节参数β的值为 0.8
t = 1.0 #设置系数t的初始值为 1.0
while(f(x − t∇f(x)) > f(x) − αt‖∇f(x)‖₂²):
    t = tβ #调小系数t
```

从该示例中可以看出，while 循环的条件是“$f\left(\boldsymbol{x}-t\nabla f(\boldsymbol{x})\right)>f(\boldsymbol{x})-\alpha t\|\nabla f(\boldsymbol{x})\|_2^2$”。这个条件怎么理解呢？实际上该条件可以变化为：

$$f\left(\boldsymbol{x}-t\nabla f(\boldsymbol{x})\right)-f(\boldsymbol{x})>-\alpha t\|\nabla f(\boldsymbol{x})\|_2^2$$

提示：这里的α不是梯度下降法中的学习率α。

在使用当前系数t时，如果梯度下降后的函数值的下降值比“$-\alpha t\|\nabla f(\boldsymbol{x})\|_2^2$”要大，则可以调节$t$，使采用新的$t$后可以使函数值再多下降一些。$\|\nabla f(\boldsymbol{x})\|_2^2$的值是指梯度模的平方，即：

$$\|\nabla f(\boldsymbol{x})\|_2^2=\left\|\begin{matrix}\dfrac{\partial f}{\partial x_{w0}}\\ \vdots\\ \dfrac{\partial f}{\partial x_{w(n-1)}}\end{matrix}\right\|_2^2=\left(\frac{\partial f}{\partial x_{w0}}\right)^2+\cdots+\left(\frac{\partial f}{\partial x_{w(n-1)}}\right)^2$$

在源代码 4-3 中我们使用梯度下降法近似地求得了“$y=x_1^2+2x_1x_2+3x_2^2+x_1+2x_2-3$”的极小值。下面分别用原有的梯度下降法及回溯法来求得极小值，并作图演示寻找极小值的过程，源代码如下。

源代码 8-6　对比普通的梯度下降法和回溯法

```
#====此处省略与源代码 4-3 相同的“导入各种要用到的库、类”====-
#====此处省略与源代码 4-3 相同的“定义函数”====
#====此处省略与源代码 4-3 相同的“定义值的迭代函数”====
#====此处省略与源代码 4-3 相同的“设置 3D 图形基本参数”====
#====此处省略与源代码 4-3 相同的“画平面”====
#====此处省略与源代码 4-3 相同的“画极小点”====
#====此处省略与源代码 4-3 相同的“画出发的点”====
#====用梯度下降法求极小值====
x1Older=x1Starter
x2Older=x2Starter
x1New=0
x2New=0
```

```
print("====使用普通的梯度下降法（与源代码 4-3 相同）====")
gradient=[px1Func(x1Starter,x2Starter),px2Func(x1Starter,x2Starter)]
print("起点时的梯度：",gradient)
lr=0.03#设置学习率
maxIteration=1000#最大迭代次数
minThreshold=0.00001#阈值
#迭代求极小值
for i in range(maxIteration):
    #更新 x1、x2 的值
    x1x2New=iteration(x1Older,x2Older,lr,gradient)
    x1New=x1x2New[0]
    x2New=x1x2New[1]
    diffFunc=abs(func(x1New,x2New)-func(x1Older,x2Older))
    if(diffFunc<minThreshold):
        print("在第"+str(i+1)+\
              "次迭代退出,此时两次迭代函数值相差：",diffFunc)
        break #退出迭代
    #求得新的梯度
    gradient=[px1Func(x1New,x2New),px2Func(x1New,x2New)]
    #画新的点
    ax.scatter(x1New,x2New,func(x1New,x2New),color="red",s=5)
    #画值变化方向的箭线
    a=Arrow3D([x1Older,x1New],[x2Older,x2New],\
              [func(x1Older,x2Older),func(x1New,x2New)],\
              mutation_scale=8, lw=1, arrowstyle="-|>", color="red")
    ax.add_artist(a)
    x1Older=x1New
    x2Older=x2New
print("极小值：",[x1New,x2New,func(x1New,x2New)])
print("====使用回溯法====")
gradient=[px1Func(x1Starter,x2Starter),px2Func(x1Starter,x2Starter)]
print("起点时的梯度：",gradient)
alpha=0.25
beta=0.8
maxIteration=1000#最大迭代次数
minThreshold=0.00001#阈值
x1Older=x1Starter
x2Older=x2Starter
x1New=x1Starter
x2New=x2Starter
for i in range(maxIteration):
    #找到合适的系数 t
    t=1.0
    while func(x1Older-t*gradient[0],x2Older-t*gradient[1])\
        >func(x1Older,x2Older)-alpha*t*(gradient[0]**2+gradient[1]**2):
        t*=beta
```

```
        x1New=x1Older-t*gradient[0]
        x2New=x2Older-t*gradient[1]
        diffFunc=abs(func(x1New,x2New)-func(x1Older,x2Older))
        #print("t:",t,"函数值相差：",func(x1New,x2New)-func(x1Older,x2Older))
        if(diffFunc<minThreshold):
            print("在第"+str(i+1)+\
                  "次迭代退出,此时两次迭代函数值相差：",diffFunc)
            break #退出迭代
        #求得新的梯度
        gradient=[px1Func(x1New,x2New),px2Func(x1New,x2New)]
        #画新的点
        ax.scatter(x1New,x2New,func(x1New,x2New),color="green",s=5)
        #画值变化方向的箭线
        a=Arrow3D([x1Older,x1New],[x2Older,x2New],\
                  [func(x1Older,x2Older),func(x1New,x2New)],\
                  mutation_scale=8, lw=1, arrowstyle="-|>", color="green")
        ax.add_artist(a)
        x1Older=x1New
        x2Older=x2New
    print("极小值：",[x1New,x2New,func(x1New,x2New)])
    #====此处省略与源代码 4-3 相同的“设置坐标轴范围”====
    #====此处省略与源代码 4-3 相同的“设置坐标轴文本”====
```

程序运行后生成的图形如图 8-8 所示，在控制台的输出如图 8-9 所示。从图形对比来看，普通的梯度下降法有着明确的下降路线，下降过程看起来像一条比较规整的下降曲线；回溯法下降过程看起来比较杂乱，但实际上每次的迭代都较大可能地多下降一些。从图 8-9 所示的结果来看，回溯法的迭代次数更少，只用了 20 次就完成了迭代，迭代次数约为普通梯度下降法的 $\frac{1}{7}$。可见，回溯法收敛更快。

前述做法直接指定了α和β这两个调节参数的值分别为 0.25 和 0.8，但问题是怎么就知道这两个值要这么设置呢？这是根据经验来直接给出的，实际工程中，可以给出一个多重循环，让这两个调节参数在许可的区间内滑动，再找到较为理想的t值。参考伪代码如下：

```
滑动调节参数找到较为理想的 t 值
#给定两个调节参数α的可选列表（α ∈ (0,0.5)）和β的可选列表（β ∈ (0,1.0)）
α = [0.1, …,0.4]
β = [0.1, …,0.9]
t = 1.0  #设置系数t的初始值为 1.0
for α_i in α:
    for β_j in β:
while(f(x − t∇f(x)) > f(x) − α_i t‖∇f(x)‖_2^2):
            t = tβ_j
```

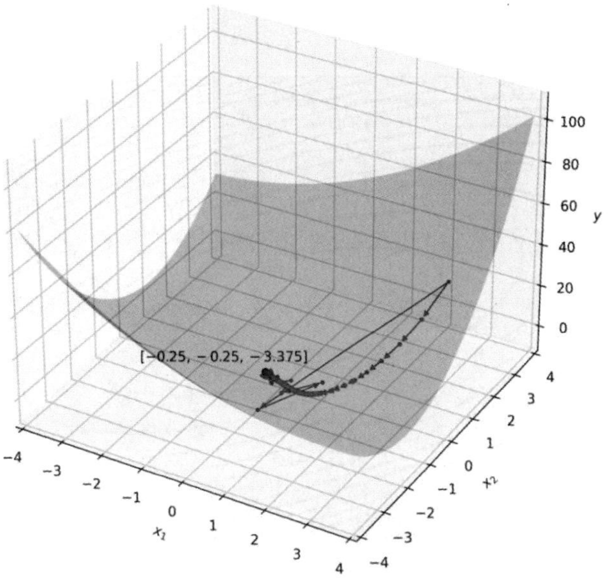

图 8-8　对比普通的梯度下降法和回溯法的下降过程

```
Console 1/A
Reloaded modules: common, common.common
====使用普通的梯度下降法（与源代码4-3相同）====
起点时的梯度： [11, 20]
在第139次迭代退出,此时两次迭代函数值相差： 9.542879446655661e-06
极小值： [-0.2363089680763057, -0.25567101110562496, -3.3748713585321575]
====使用回溯法====
起点时的梯度： [11, 20]
在第20次迭代退出,此时两次迭代函数值相差： 3.6978156727762723e-06
极小值： [-0.24776895652544315, -0.25029102593395375, -3.3749960669397536]

In [4]:
```

图 8-9　对比普通的梯度下降法和回溯法的结果

源代码 8-6 中的有关普通的梯度下降法的源代码就不再赘述了，可参考第 4 章中的说明。回溯法的源代码中最为关键的就是找到较为理想的t值的代码：

```
#找到合适的系数 t
t=1.0
while func(x1Older-t*gradient[0],x2Older-t*gradient[1])\
    >func(x1Older,x2Older)-alpha*t*(gradient[0]**2+gradient[1]**2):
    t*=beta
```

其中，“func(x1Older-t*gradient[0],x2Older-t*gradient[1])”计算的是“$f\left(\boldsymbol{x}-t\nabla f(\boldsymbol{x})\right)$”；“gradient[0]**2+gradient[1]**2”计算的是“$\|\nabla f(\boldsymbol{x})\|_2^2=\left(\frac{\partial f}{\partial x_{w0}}\right)^2+\left(\frac{\partial f}{\partial x_{w1}}\right)^2$”。

有的读者习惯从二维图上以等高线观察下降的过程，下面给出图 8-8 对应的二维图，如图 8-10 所示。

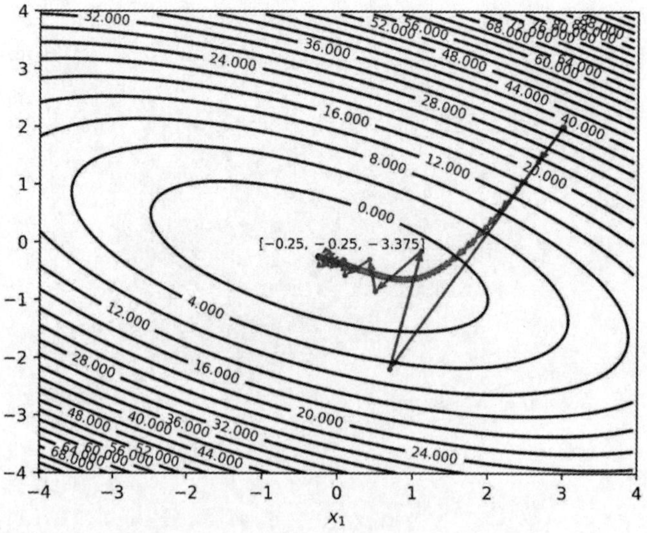

图 8-10　图 8-8 对应的二维图

如果把回溯法应用到牛顿法中，**while** 循环的条件应更改为：

$$f\left(\boldsymbol{x}-t\boldsymbol{H}^{-1}(\boldsymbol{x}_k)\nabla f(\boldsymbol{x}_k)\right)>f(\boldsymbol{x})-\alpha t\|\boldsymbol{H}^{-1}(\boldsymbol{x}_k)\nabla f(\boldsymbol{x}_k)\|_2^2$$

这样的做法实质上是找出这样的t：

$$\arg\min_t f\left(\boldsymbol{x}-t\boldsymbol{H}^{-1}(\boldsymbol{x}_k)\nabla f(\boldsymbol{x}_k)\right),t\geqslant 0$$

$\arg\min\limits_t f(x)$表示要找一个使$f(x)$值最小的t值。因此，上面的式子表示要找到使“$f\left(\boldsymbol{x}-t\boldsymbol{H}^{-1}(\boldsymbol{x}_k)\nabla f(\boldsymbol{x}_k)\right)$”取得最小值时的$t$值。

接下来，还有一个问题要解决：要求出 Hessian 矩阵的逆矩阵（即$\boldsymbol{H}^{-1}(\boldsymbol{x}_k)$）。然而，这并非易事。在只有少量的数据特征项时，这个矩阵并不大，即便是 100 个数据特征项，这个矩阵的大小也只不过是100×100。但是现实工程应用，如在自然语言处理、图像处理等机器学习的应用领域，会有上万个甚至上亿个数据特征项，以 10 万为例，假设一个元素占用的空间为 8 字节（Bytes），此时这个矩阵占用的内存大小为：

$$100{,}000\times100{,}000\times8\times8=640{,}000{,}000{,}000\text{bits}\approx74.506\text{GB}$$

需要这么大的内存仅存储一个矩阵（而且还要计算逆矩阵），现在一般的 PC 机、笔记本电脑都还达不到这样的内存配置，那还有没有别的办法？当然有，那就是使用一个近似的矩阵来代替$\boldsymbol{H}^{-1}(\boldsymbol{x}_k)$。也正是因为要使用近似的矩阵，这种方法就称为**拟牛顿法**。“拟”字有“拟合、近似的表达”的含义。接下来在 lbfgs 的原理中讲解近似的表达公式。

8.3.3 lbfgs 优化方法

L-BFGS 在上一节中用 LogisticRegression 类的初始化方法设置求解器时为“lbfgs”。“L”是指“limited”，意为“限制的”，表示控制算法需要使用的内存大小，从而使算法可以节约空间。BFGS 是 4 位科学家名字首字母的连写，这 4 位科学家共同在 1970 年提出了这种优化方法，他们的名字是 Broyden、Fletcher、Goldfard 和 Shanno。

先来看 BFGS 算法。此前的推导中我们已经得到了式（8-13）作为迭代公式，即：

$$\boldsymbol{x}_{k+1}=\boldsymbol{x}_k-t\boldsymbol{H}^{-1}(\boldsymbol{x}_k)\nabla f(\boldsymbol{x}_k)$$

这里的t我们已经学会了使用回溯法来确定一个相对较为理想的值，但是还没有求得$\boldsymbol{H}^{-1}(\boldsymbol{x}_k)$。BFGS 算法里提出了近似的求解$\boldsymbol{H}^{-1}(\boldsymbol{x}_k)$的方法。

设$\boldsymbol{s}_{k-1}=(\boldsymbol{x}_{k-1}-\boldsymbol{x}_{k-2})$，即表示向量$\boldsymbol{x}$各个维度的迭代变化值；设$\boldsymbol{y}_{k-1}=(\boldsymbol{g}_{k-1}-\boldsymbol{g}_{k-2})$，即表示梯度各个维度的迭代变化值。这些变化值相对第k轮迭代来说，都是上一轮的变化值，因此对于第k轮迭代，$\boldsymbol{s}_{k-1}$、$\boldsymbol{y}_{k-1}$是已知的向量。

BFGS 算法里用$\boldsymbol{B}_k$来近似地代替 Hessian 矩阵$\boldsymbol{H}(\boldsymbol{x}_k)$。$\boldsymbol{B}_k$的迭代计算公式如下：

$$\boldsymbol{B}_k=\boldsymbol{B}_{k-1}-\frac{\boldsymbol{B}_{k-1}\boldsymbol{s}_{k-1}{\boldsymbol{s}_{k-1}}^{\mathrm{T}}\boldsymbol{B}_{k-1}}{{\boldsymbol{s}_{k-1}}^{\mathrm{T}}\boldsymbol{B}_{k-1}\boldsymbol{s}_{k-1}}+\frac{\boldsymbol{y}_{k-1}{\boldsymbol{y}_{k-1}}^{\mathrm{T}}}{{\boldsymbol{y}_{k-1}}^{\mathrm{T}}\boldsymbol{s}_{k-1}} \tag{8-14}$$

既然用$\boldsymbol{B}_k$近似地代替$\boldsymbol{H}(\boldsymbol{x}_k)$，那自然可以用$\boldsymbol{B}_k^{-1}$近似地代替$\boldsymbol{H}^{-1}(\boldsymbol{x}_k)$。根据 sherman-morrism 公式（一个求逆矩阵的公式）可以求得：

$$\boldsymbol{B}_k^{-1}=\left(\boldsymbol{I}-\frac{\boldsymbol{s}_{k-1}{\boldsymbol{y}_{k-1}}^{\mathrm{T}}}{{\boldsymbol{y}_{k-1}}^{\mathrm{T}}\boldsymbol{s}_{k-1}}\right)\boldsymbol{B}_{k-1}^{-1}\left(\boldsymbol{I}-\frac{\boldsymbol{y}_{k-1}{\boldsymbol{s}_{k-1}}^{\mathrm{T}}}{{\boldsymbol{y}_{k-1}}^{\mathrm{T}}\boldsymbol{s}_{k-1}}\right)+\frac{\boldsymbol{s}_{k-1}{\boldsymbol{s}_{k-1}}^{\mathrm{T}}}{{\boldsymbol{y}_{k-1}}^{\mathrm{T}}\boldsymbol{s}_{k-1}} \tag{8-15}$$

式中，$\boldsymbol{I}$为单位矩阵。

提示：下面来讲解 sherman-morrism 公式。如果看不明白可以跳过，会用即可。sherman-morrism 公式以 Jack Sherman 和 Winifred J. Morrison 这二人的名字命名，用于求矩阵的逆矩阵。该公式的定义如下：

方阵$\boldsymbol{A}_n$可逆，$\boldsymbol{u}$和$\boldsymbol{v}$为 2 个n维的列向量，则当且仅当$1+\boldsymbol{v}^{\mathrm{T}}\boldsymbol{A}^{-1}\boldsymbol{u}\neq 0$时，矩阵“$\boldsymbol{A}+\boldsymbol{u}\boldsymbol{v}^{\mathrm{T}}$”可逆，该逆矩阵为：

$$(\boldsymbol{A}+\boldsymbol{u}\boldsymbol{v}^{\mathrm{T}})^{-1}=\boldsymbol{A}^{-1}-\frac{\boldsymbol{A}^{-1}\boldsymbol{u}\boldsymbol{v}^{\mathrm{T}}\boldsymbol{A}^{-1}}{1+\boldsymbol{v}^{\mathrm{T}}\boldsymbol{A}^{-1}\boldsymbol{u}}$$

这个公式中明显分母不能为 0，即$1+\boldsymbol{v}^{\mathrm{T}}\boldsymbol{A}^{-1}\boldsymbol{u}\neq 0$。

要证明这个公式也很简单，只需证明$(\boldsymbol{A}+\boldsymbol{u}\boldsymbol{v}^{\mathrm{T}})(\boldsymbol{A}+\boldsymbol{u}\boldsymbol{v}^{\mathrm{T}})^{-1}=I$且$(\boldsymbol{A}+\boldsymbol{u}\boldsymbol{v}^{\mathrm{T}})^{-1}(\boldsymbol{A}+\boldsymbol{u}\boldsymbol{v}^{\mathrm{T}})=I$即可知公式正确。

$$\begin{aligned}(\boldsymbol{A}+\boldsymbol{u}\boldsymbol{v}^{\mathrm{T}})(\boldsymbol{A}+\boldsymbol{u}\boldsymbol{v}^{\mathrm{T}})^{-1}&=(\boldsymbol{A}+\boldsymbol{u}\boldsymbol{v}^{\mathrm{T}})\left(\boldsymbol{A}^{-1}-\frac{\boldsymbol{A}^{-1}\boldsymbol{u}\boldsymbol{v}^{\mathrm{T}}\boldsymbol{A}^{-1}}{1+\boldsymbol{v}^{\mathrm{T}}\boldsymbol{A}^{-1}\boldsymbol{u}}\right)\\&=\boldsymbol{A}\boldsymbol{A}^{-1}+\boldsymbol{u}\boldsymbol{v}^{\mathrm{T}}\boldsymbol{A}^{-1}-\boldsymbol{A}\frac{\boldsymbol{A}^{-1}\boldsymbol{u}\boldsymbol{v}^{\mathrm{T}}\boldsymbol{A}^{-1}}{1+\boldsymbol{v}^{\mathrm{T}}\boldsymbol{A}^{-1}\boldsymbol{u}}-\boldsymbol{u}\boldsymbol{v}^{\mathrm{T}}\frac{\boldsymbol{A}^{-1}\boldsymbol{u}\boldsymbol{v}^{\mathrm{T}}\boldsymbol{A}^{-1}}{1+\boldsymbol{v}^{\mathrm{T}}\boldsymbol{A}^{-1}\boldsymbol{u}}\end{aligned}$$

$$= \boldsymbol{I} + \boldsymbol{u}\boldsymbol{v}^{\mathrm{T}}\boldsymbol{A}^{-1} - \frac{\boldsymbol{A}\boldsymbol{A}^{-1}\boldsymbol{u}\boldsymbol{v}^{\mathrm{T}}\boldsymbol{A}^{-1} + \boldsymbol{u}\boldsymbol{v}^{\mathrm{T}}\boldsymbol{A}^{-1}\boldsymbol{u}\boldsymbol{v}^{\mathrm{T}}\boldsymbol{A}^{-1}}{1 + \boldsymbol{v}^{\mathrm{T}}\boldsymbol{A}^{-1}\boldsymbol{u}}$$

$$= \boldsymbol{I} + \boldsymbol{u}\boldsymbol{v}^{\mathrm{T}}\boldsymbol{A}^{-1} - \frac{\boldsymbol{u}\boldsymbol{v}^{\mathrm{T}}\boldsymbol{A}^{-1} + \boldsymbol{u}\boldsymbol{v}^{\mathrm{T}}\boldsymbol{A}^{-1}\boldsymbol{u}\boldsymbol{v}^{\mathrm{T}}\boldsymbol{A}^{-1}}{1 + \boldsymbol{v}^{\mathrm{T}}\boldsymbol{A}^{-1}\boldsymbol{u}}$$

$$= \boldsymbol{I} + \boldsymbol{u}\boldsymbol{v}^{\mathrm{T}}\boldsymbol{A}^{-1} - \frac{\boldsymbol{u}(1 + \boldsymbol{v}^{\mathrm{T}}\boldsymbol{A}^{-1}\boldsymbol{u})\boldsymbol{v}^{\mathrm{T}}\boldsymbol{A}^{-1}}{1 + \boldsymbol{v}^{\mathrm{T}}\boldsymbol{A}^{-1}\boldsymbol{u}}$$

$$= \boldsymbol{I} + \boldsymbol{u}\boldsymbol{v}^{\mathrm{T}}\boldsymbol{A}^{-1} - \boldsymbol{u}\boldsymbol{v}^{\mathrm{T}}\boldsymbol{A}^{-1} = \boldsymbol{I}$$

请注意，分子和分母中，由于$1 + \boldsymbol{v}^{\mathrm{T}}\boldsymbol{A}^{-1}\boldsymbol{u}$的结果为一个数值，所以才能上下同时约掉。根据上述证明思路，同理可证$(\boldsymbol{A} + \boldsymbol{u}\boldsymbol{v}^{\mathrm{T}})^{-1}(\boldsymbol{A} + \boldsymbol{u}\boldsymbol{v}^{\mathrm{T}}) = \boldsymbol{I}$。至此，公式得证。

用同样的方法，也可以算算式（8-14）右边和式（8-15）右边的乘积是否为I。不过，不提倡这么麻烦地去计算，理解和会应用就行。

BFGS 算法还有一点需要说明，首次迭代时，$\boldsymbol{B}_0^{-1}$被设为单元矩阵，这样多次迭代后，$\boldsymbol{B}_k^{-1}$会越来越近似$\boldsymbol{H}^{-1}(\boldsymbol{x}_k)$。

如果要在计算机的内存中存储$\boldsymbol{B}_k$或$\boldsymbol{B}_k^{-1}$，这都可能占用大量的内存。办法是依次存储"$\boldsymbol{s}_0,\cdots,\boldsymbol{s}_{k-1}$"和"$\boldsymbol{y}_0,\cdots,\boldsymbol{y}_{k-1}$"，在需要用到$\boldsymbol{B}_k^{-1}$时就通过计算得到，这样就可以节约出大量的内存。所以这样的算法就称为 L-BFGS。

再补充说明一点，为什么使用 L-BFGS 优化方法不能用 L1 正则化？在上一节中使用 LogisticRegression 类做初始化时就不能这么设置参数。这是因为加入 L1 正则项后，误差函数将变得不是连续可导的，而 L-BFGS 优化方法在迭代过程中又需要不断地计算一阶导数、二阶导数。

8.3.4 newton–cg 优化方法

newton 就是指牛顿，cg 是指 conjugate gradient，名为共轭梯度，说明 newton-cg 是牛顿法中的一种，只是使用的是共轭梯度法。怎么理解共轭呢？共轭本是指两匹马组成一辆马车，马背上都放上一个称之为"轭"的工具，从而调整车的平衡组成一辆马车，因此共轭引意为成双成对。那有成双成对的梯度？

此前我们学习过的梯度下降法，普通的办法是沿着负梯度的方向下降，设置一个学习率，再一步一步找到极小值；拟牛顿法可以减少迭代的次数，但麻烦是要近似地求解$\boldsymbol{H}^{-1}(\boldsymbol{x}_k)$。能否不求解这个逆矩阵？newton-cg 就不需要求解这个逆矩阵，而且收敛速度更快。一起来理解其原理就明白了。

通过迭代做最优化的关键就在于把握每次下降多少，所以需要找到一个合适的系数（普通的梯度下降法中就是指的学习率）。共轭梯度是相对相互正交（也就是垂直，注意是相对，并不是两个向量直接正交）的向量，用公式表达如下：

$$\boldsymbol{u}^{\mathrm{T}}\boldsymbol{A}\boldsymbol{v} = 0 \tag{8-16}$$

其中，向量$\boldsymbol{u}=\begin{bmatrix}u_0\\ \vdots \\ u_{n-1}\end{bmatrix}$、$\boldsymbol{v}=\begin{bmatrix}v_0\\ \vdots \\ v_{n-1}\end{bmatrix}$，这样$\boldsymbol{u}^{\mathrm{T}}\boldsymbol{A}\boldsymbol{v}$相乘的结果就是一个数值。满足式（8-16）就称向量$\boldsymbol{u}$和向量$\boldsymbol{v}$相对于矩阵$\boldsymbol{A}$共轭。那为什么不是$\boldsymbol{u}^{\mathrm{T}}\boldsymbol{v}=\boldsymbol{0}$呢？$\boldsymbol{u}^{\mathrm{T}}\boldsymbol{v}$的计算就相当于两个向量做点积，如下所示：

$$\boldsymbol{u}^{\mathrm{T}}\boldsymbol{v}=\boldsymbol{u}\cdot\boldsymbol{v}=|\boldsymbol{u}||\boldsymbol{v}|\cos\theta$$

θ是两个向量之间的夹角，点积为 0，说明夹角为 90°，也就是说两个向量之间是相互垂直的关系。但共轭关系中间还有一个线性变换。$\boldsymbol{A}\boldsymbol{v}$就相当于用矩阵$\boldsymbol{A}$对向量$\boldsymbol{v}$做线性变换，变换后的结果向量$\boldsymbol{A}\boldsymbol{v}$与向量$\boldsymbol{u}$垂直。还有一点不同的是，使用矩阵$\boldsymbol{A}$做变换后，每次都会得到一个新的向量，能保证每次得到的新向量与以前所生成的所有向量都垂直。

再形象一点来讲，矩阵$\boldsymbol{A}$实际上代表着一组基向量表示的线性空间，用矩阵$\boldsymbol{A}$对向量$\boldsymbol{v}$做线性变换就是把向量$\boldsymbol{v}$变换到这个线性空间里。平时我们能用肉眼看见、看得准的都是标准的坐标系且需要低于（或等于）三维。看看二维空间中的一个例子就明白了。假定：

$$\boldsymbol{u}=\begin{bmatrix}4\\3\end{bmatrix}、\boldsymbol{v}=\begin{bmatrix}1\\3\end{bmatrix}、\boldsymbol{A}=\begin{bmatrix}2&1\\3&1\end{bmatrix}$$

在标准坐标系下，也即$\begin{bmatrix}1&0\\0&1\end{bmatrix}$这个单位矩阵中，以列向量$\begin{bmatrix}1\\0\end{bmatrix}$和$\begin{bmatrix}0\\1\end{bmatrix}$为基向量建立的空间中，向量$\boldsymbol{u}$如图 8-11 所示。矩阵$\boldsymbol{A}$对向量$\boldsymbol{v}$做线性变换，计算如下：

$$\boldsymbol{A}\boldsymbol{v}=\begin{bmatrix}2&1\\3&1\end{bmatrix}\begin{bmatrix}1\\3\end{bmatrix}=\begin{bmatrix}5\\6\end{bmatrix}$$

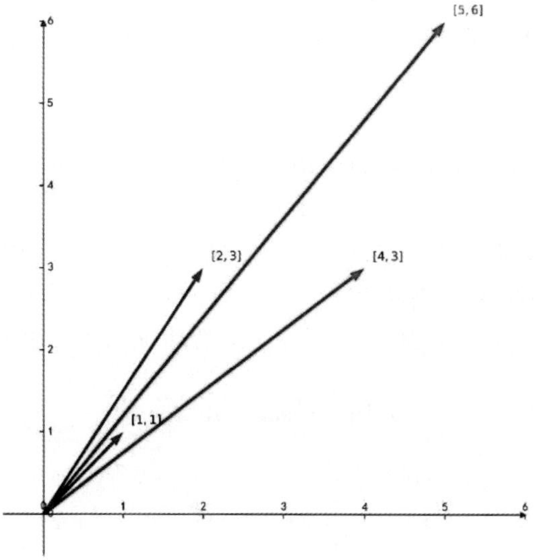

图 8-11　向量的图示

以矩阵$\boldsymbol{A}$的 2 个列向量$\begin{bmatrix}2\\3\end{bmatrix}$和$\begin{bmatrix}1\\1\end{bmatrix}$为基向量可以建立起一个二维空间，在这个空间中的度量与标准坐标系完全不同。这个空间中的向量$\begin{bmatrix}1\\3\end{bmatrix}$实际上就是标准坐标系中的$\begin{bmatrix}5\\6\end{bmatrix}$，所以，从我们肉眼可见且可度量的标准坐标系来看，这 2 个空间中的向量实质上就是一个向量。如果要更进一步理解，$\boldsymbol{Av}$的计算中实际上隐含了标准线性变换，如下所示：

$$\begin{bmatrix}1 & 0\\0 & 1\end{bmatrix}\begin{bmatrix}2 & 1\\3 & 1\end{bmatrix}\begin{bmatrix}1\\3\end{bmatrix}=\begin{bmatrix}1 & 0\\0 & 1\end{bmatrix}\begin{bmatrix}5\\6\end{bmatrix}$$

也就是说，向量最终还是变回到标准坐标系中来了。

提示：矩阵乘以向量，其本质就是用矩阵做线性变换，也可以理解为从矩阵的列向量构建的空间中把向量变换到标准坐标系中来，但向量其实还是那个向量。理解这一点是学习线性代数的精髓所在。

言归正传，之前我们学习过普通的梯度下降法的下降公式：

$$\boldsymbol{x}_{k+1}=\boldsymbol{x}_k-\alpha\nabla f(\boldsymbol{x}_k)$$

提示：这种迭代在机器学习中的自变量是$\boldsymbol{\theta}$，迭代公式是这样的：

$$\boldsymbol{\theta}_{k+1}=\boldsymbol{\theta}_k-\alpha\nabla f(\boldsymbol{\theta}_k)$$

每次迭代的学习率α都是一成不变的，有这么 2 个潜在的问题：

（1）α需要手动调节，因此需要尝试。前述学习过用线性搜索（如回溯法）的办法改进，使每次迭代得到并使用不同的、更为理想的α值。

（2）由于α一成不变，下降的幅度会随着下降的方向而不断减小，导致迭代的次数很多。

接下来，再学一种**最速下降法**。办法就是把每次迭代得到新值的函数$f(\boldsymbol{x}_{k+1})=f\big(\boldsymbol{x}_k-\alpha\nabla f(\boldsymbol{x}_k)\big)$看成一个以$\alpha$为自变量（对于此次迭代，$\boldsymbol{x}_k$和$\nabla f(\boldsymbol{x}_k)$都是已知的量）的函数，再运用最优化理论或导数为 0 的做法，求得α的最值。然后，再进行迭代，这样可以大大减少迭代的次数，化解上述 2 个问题。

然而，最速下降法仍有改进的空间。接下来就正式进入共轭梯度法的学习。共轭梯度法将比最速下降法更快。

提示：有关机器学习梯度下降法的优化方法还有很多种，我们这里讲解一部分。理解这里讲解的方法再去看其他的方法就不难了。

函数的前面加上min表示优化的目标是寻找函数的极小值，来看如下的优化问题：

$$\min\frac{1}{2}\boldsymbol{x}^{\mathrm{T}}\boldsymbol{A}\boldsymbol{x}-\boldsymbol{b}^{\mathrm{T}}\boldsymbol{x}+c$$

这是一个二次函数，其中，$\boldsymbol{x}=\begin{bmatrix}x_0\\\vdots\\x_{n-1}\end{bmatrix}$，为需要优化的向量；$\boldsymbol{A}=\begin{bmatrix}a_{00} & \cdots & a_{0(n-1)}\\\vdots & \ddots & \vdots\\a_{(n-1)0} & \cdots & a_{(n-1)(n-1)}\end{bmatrix}$；

$\boldsymbol{b}=\begin{bmatrix} b_0 \\ \vdots \\ b_{n-1} \end{bmatrix}$；$c$表示一个数值。矩阵$\boldsymbol{A}$和向量$\boldsymbol{b}$都是已知的。可见“$\frac{1}{2}\boldsymbol{x}^{\mathrm{T}}\boldsymbol{A}\boldsymbol{x}-\boldsymbol{b}^{\mathrm{T}}\boldsymbol{x}+c$”的结果是一个值。怎么会是这样？以$n=3$为例，这个式子展开后是这样的：

$$\frac{1}{2}\boldsymbol{x}^{\mathrm{T}}\boldsymbol{A}\boldsymbol{x}-\boldsymbol{b}^{\mathrm{T}}\boldsymbol{x}+c=\frac{1}{2}[x_0 \quad x_1 \quad x_2]\begin{bmatrix} a_{00} & a_{01} & a_{02} \\ a_{10} & a_{11} & a_{12} \\ a_{20} & a_{21} & a_{22} \end{bmatrix}\begin{bmatrix} x_0 \\ x_1 \\ x_2 \end{bmatrix}-[b_0 \quad b_1 \quad b_2]\begin{bmatrix} x_0 \\ x_1 \\ x_2 \end{bmatrix}+c$$

$$=\frac{1}{2}[x_0a_{00}+x_1a_{10}+x_2a_{20} \quad x_0a_{01}+x_1a_{11}+x_2a_{21} \quad x_0a_{02}+x_1a_{12}+x_2a_{22}]$$

$$\times\begin{bmatrix} x_0 \\ x_1 \\ x_2 \end{bmatrix}-(b_0x_0+b_1x_1+b_2x_2)+c$$

$$=\frac{1}{2}(a_{00}x_0^2+a_{10}x_1x_0+a_{20}x_2x_0+a_{01}x_0x_1+a_{11}x_1^2+a_{21}x_2x_1+a_{02}x_0x_2$$

$$+a_{12}x_1x_2+a_{22}x_2^2)-b_0x_0-b_1x_1-b_2x_2+c$$

$$=\frac{1}{2}a_{00}x_0^2+\frac{1}{2}a_{11}x_1^2+\frac{1}{2}a_{22}x_2^2+\frac{1}{2}(a_{10}+a_{01})x_0x_1+\frac{1}{2}(a_{12}+a_{21})x_1x_2$$

$$+\frac{1}{2}(a_{20}+a_{02})x_0x_2-b_0x_0-b_1x_1-b_2x_2+c$$

据此，可以对一个二次函数凑出$\frac{1}{2}\boldsymbol{x}^{\mathrm{T}}\boldsymbol{A}\boldsymbol{x}-\boldsymbol{b}^{\mathrm{T}}\boldsymbol{x}$这样的式子。如：

$$f(\boldsymbol{x})=x_0^2+3x_0x_1+x_1^2+2x_1x_2+3x_2^2+x_1+2x_2-3$$

可见，$a_{00}=2, a_{11}=2, a_{22}=6$；$\frac{1}{2}(a_{10}+a_{01})=3$，$\frac{1}{2}(a_{12}+a_{21})=2$，$\frac{1}{2}(a_{20}+a_{02})=0$；$b_0=0$，$b_1=-1$，$b_2=-2$；$c=-3$。为简化计算并方便应用，通常我们认为矩阵$\boldsymbol{A}$是一个对称矩阵，故可得$a_{10}=a_{01}=3$、$a_{12}=a_{21}=4$、$a_{20}=a_{02}=0$。由此，可得：

$$\boldsymbol{A}=\begin{bmatrix} 2 & 3 & 4 \\ 3 & 2 & 0 \\ 4 & 0 & 6 \end{bmatrix}、\boldsymbol{b}=\begin{bmatrix} 0 \\ -1 \\ -2 \end{bmatrix}、c=-3$$

这样就凑出了“$\frac{1}{2}\boldsymbol{x}^{\mathrm{T}}\boldsymbol{A}\boldsymbol{x}-\boldsymbol{b}^{\mathrm{T}}\boldsymbol{x}+c$”这个式子：

$$\frac{1}{2}\boldsymbol{x}^{\mathrm{T}}\boldsymbol{A}\boldsymbol{x}-\boldsymbol{b}^{\mathrm{T}}\boldsymbol{x}+c=\frac{1}{2}\boldsymbol{x}^{\mathrm{T}}\begin{bmatrix} 2 & 3 & 4 \\ 3 & 2 & 0 \\ 4 & 0 & 6 \end{bmatrix}\boldsymbol{x}-[0 \quad -1 \quad -2]\boldsymbol{x}+(-3)$$

如果要求得“$f(\boldsymbol{x})=\frac{1}{2}\boldsymbol{x}^{\mathrm{T}}\boldsymbol{A}\boldsymbol{x}-\boldsymbol{b}^{\mathrm{T}}\boldsymbol{x}+c$”的极小值，那就要使$\nabla f(\boldsymbol{x})=0$。仍以三维向量$\boldsymbol{x}=\begin{bmatrix}x_0\\x_1\\x_2\end{bmatrix}$为例，可分别求偏数：

$$\frac{\partial f}{\partial x_0}=\frac{\partial f}{\partial}\Big(\frac{1}{2}a_{00}x_0^2+\frac{1}{2}a_{11}x_1^2+\frac{1}{2}a_{22}x_2^2+\frac{1}{2}(a_{10}+a_{01})x_0x_1+\frac{1}{2}(a_{12}+a_{21})x_1x_2$$
$$+\frac{1}{2}(a_{20}+a_{02})x_0x_2-b_0x_0-b_1x_1-b_2x_2+c\Big)$$
$$=a_{00}x_0+\frac{1}{2}(a_{10}+a_{01})x_1+\frac{1}{2}(a_{20}+a_{02})x_2-b_0$$
$$\frac{\partial f}{\partial x_1}=a_{11}x_1+\frac{1}{2}(a_{10}+a_{01})x_0+\frac{1}{2}(a_{12}+a_{21})x_2-b_1$$
$$\frac{\partial f}{\partial x_2}=a_{22}x_2+\frac{1}{2}(a_{12}+a_{21})x_1+\frac{1}{2}(a_{20}+a_{02})x_0-b_2$$

可得：

$$\nabla f(\boldsymbol{x})=\begin{bmatrix}\dfrac{\partial f}{\partial x_0}\\\dfrac{\partial f}{\partial x_1}\\\dfrac{\partial f}{\partial x_2}\end{bmatrix}=\begin{bmatrix}a_{00}x_0+\frac{1}{2}(a_{10}+a_{01})x_1+\frac{1}{2}(a_{20}+a_{02})x_2-b_0\\a_{11}x_1+\frac{1}{2}(a_{10}+a_{01})x_0+\frac{1}{2}(a_{12}+a_{21})x_2-b_1\\a_{22}x_2+\frac{1}{2}(a_{12}+a_{21})x_1+\frac{1}{2}(a_{20}+a_{02})x_0-b_2\end{bmatrix}$$

因为矩阵$\boldsymbol{A}$是一个对称矩阵，因此：

$$\nabla f(\boldsymbol{x})=\begin{bmatrix}a_{00}x_0+a_{01}x_1+a_{02}x_2-b_0\\a_{01}x_0+a_{11}x_1+a_{12}x_2-b_1\\a_{02}x_0+a_{21}x_1+a_{22}x_2-b_2\end{bmatrix}=\boldsymbol{A}\boldsymbol{x}-\boldsymbol{b}$$

推广到n维，上述推导结论仍成立。因此，可以把优化问题“$\min\frac{1}{2}\boldsymbol{x}^{\mathrm{T}}\boldsymbol{A}\boldsymbol{x}-\boldsymbol{b}^{\mathrm{T}}\boldsymbol{x}+c$”转化成求以下方程组的解：

$$\boldsymbol{A}\boldsymbol{x}-\boldsymbol{b}=0$$

这真是神奇，接着来继续学习。求方程组解的方法有很多，共轭梯度法就是其中一种，求解方法如下。

设方程组的正解为$\boldsymbol{x}^*$，$\boldsymbol{e}$是我们想要减少的误差，如图 8-12 所示，于是有$\boldsymbol{x}-\boldsymbol{x}^*=\boldsymbol{e}$。

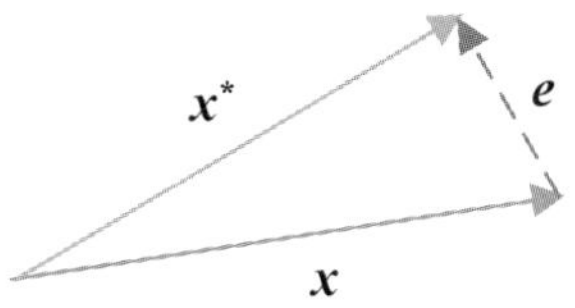

图 8-12　解与中间向量的误差

图 8-12 表达的是向量之间的差，只是在多维空间的情况下，这个差是多维空间中的有向线段，这需要去形象地理解。通过迭代，我们可以不断地缩小$\boldsymbol{Ax}$与$\boldsymbol{b}$的差，这个差称为残差$\boldsymbol{r}$，最终让$\boldsymbol{x}$逼近$\boldsymbol{x}^*$。那怎么缩小残差$\boldsymbol{r}$呢？第k次的残差是这样的：

$$\boldsymbol{r}_k = \boldsymbol{b} - \boldsymbol{A}\boldsymbol{x}_k = \boldsymbol{b} - \boldsymbol{A}(\boldsymbol{x}^* + \boldsymbol{e}_k) = \boldsymbol{b} - \boldsymbol{A}\boldsymbol{x}^* - \boldsymbol{A}\boldsymbol{e}_k = -\boldsymbol{A}\boldsymbol{e}_k \tag{8-17}$$

前述已经提到过，为简化计算，通常我们把矩阵$\boldsymbol{A}$作为对称矩阵，而且是正定的，这时总能找到一组n（n为矩阵$\boldsymbol{A}$的秩）个向量与矩阵$\boldsymbol{A}$共轭。想想看，为什么能？根本原因还是矩阵$\boldsymbol{A}$可以构建出一个n维的空间。假定一组与矩阵$\boldsymbol{A}$共轭的向量为$\{\boldsymbol{d}_0,\cdots,\boldsymbol{d}_{n-1}\}$，迭代的起始点为向量$\boldsymbol{x}_{s0}$，则经过$n$次迭代后把起始向量$\boldsymbol{x}_{s0}$在$\{\boldsymbol{d}_0,\cdots,\boldsymbol{d}_{n-1}\}$这些共轭向量上的分量都去掉，即可得到起始向量$\boldsymbol{x}_{s0}$与方程组的正解$\boldsymbol{x}^*$的误差：

$$\boldsymbol{e} = \boldsymbol{x}^* - \boldsymbol{x}_{s0} = [\alpha_0 \quad \cdots \quad \alpha_{n-1}]\begin{bmatrix}\boldsymbol{d}_0\\ \vdots \\ \boldsymbol{d}_{n-1}\end{bmatrix} = \alpha_0\boldsymbol{d}_0 + \cdots + \alpha_{n-1}\boldsymbol{d}_{n-1} \tag{8-18}$$

其中向量$\boldsymbol{\alpha}$表示在共轭向量各个方向上要伸缩的倍数。

提示：很多书中把系数α称为步长，我认为不太准确。因为步长一般是指一个长度的数据，因此我认为还是称为系数、倍数（在机器学习中称为学习率）更为妥当。

在公式两边左乘向量$\boldsymbol{d}_k^{\mathrm{T}}\boldsymbol{A}$，可得：

$$\boldsymbol{d}_k^{\mathrm{T}}\boldsymbol{A}(\boldsymbol{x}^* - \boldsymbol{x}_{s0}) = \boldsymbol{d}_k^{\mathrm{T}}\boldsymbol{A}(\alpha_0\boldsymbol{d}_0 + \cdots + \alpha_{n-1}\boldsymbol{d}_{n-1}) = \alpha_0\boldsymbol{d}_k^{\mathrm{T}}\boldsymbol{A}\boldsymbol{d}_0 + \cdots + \alpha_{n-1}\boldsymbol{d}_k^{\mathrm{T}}\boldsymbol{A}\boldsymbol{d}_{n-1}$$

因为$\{\boldsymbol{d}_0,\cdots,\boldsymbol{d}_{n-1}\}$是与矩阵$\boldsymbol{A}$共轭的向量，故有：

$$\boldsymbol{d}_i^{\mathrm{T}}\boldsymbol{A}\boldsymbol{d}_j = 0, i \neq j$$

接下来继续化简：

$$\boldsymbol{d}_k^{\mathrm{T}}\boldsymbol{A}(\boldsymbol{x}^* - \boldsymbol{x}_{s0}) = \alpha_k\boldsymbol{d}_k^{\mathrm{T}}\boldsymbol{A}\boldsymbol{d}_k$$

如此，可求得α_i：

$$\alpha_k = \frac{\boldsymbol{d}_k^{\mathrm{T}}\boldsymbol{A}(\boldsymbol{x}^* - \boldsymbol{x}_{s0})}{\boldsymbol{d}_k^{\mathrm{T}}\boldsymbol{A}\boldsymbol{d}_k}$$

但是这个等式里，向量$\boldsymbol{x}^*$事先并不知道，要想办法把等式右边都变成当次迭代已知的向量或量。继续变换：

$$\alpha_k=\frac{\boldsymbol{d}_k^{\mathrm{T}}\boldsymbol{A}(\boldsymbol{x}^*-\boldsymbol{x}_{s0})}{\boldsymbol{d}_k^{\mathrm{T}}\boldsymbol{A}\boldsymbol{d}_k}=\frac{\boldsymbol{d}_k^{\mathrm{T}}\boldsymbol{A}(\boldsymbol{x}^*-\boldsymbol{x}_k+\boldsymbol{x}_k-\boldsymbol{x}_{s0})}{\boldsymbol{d}_k^{\mathrm{T}}\boldsymbol{A}\boldsymbol{d}_k}=\frac{\boldsymbol{d}_k^{\mathrm{T}}\boldsymbol{A}(\boldsymbol{x}^*-\boldsymbol{x}_k)}{\boldsymbol{d}_k^{\mathrm{T}}\boldsymbol{A}\boldsymbol{d}_k}+\frac{\boldsymbol{d}_k^{\mathrm{T}}\boldsymbol{A}(\boldsymbol{x}_k-\boldsymbol{x}_{s0})}{\boldsymbol{d}_k^{\mathrm{T}}\boldsymbol{A}\boldsymbol{d}_k}$$
$$=\frac{\boldsymbol{d}_k^{\mathrm{T}}\boldsymbol{A}(\boldsymbol{x}^*-\boldsymbol{x}_k)}{\boldsymbol{d}_k^{\mathrm{T}}\boldsymbol{A}\boldsymbol{d}_k}+\frac{\boldsymbol{d}_k^{\mathrm{T}}\boldsymbol{A}(\alpha_0\boldsymbol{d}_0+\cdots+\alpha_{n-1}\boldsymbol{d}_{k-1})}{\boldsymbol{d}_k^{\mathrm{T}}\boldsymbol{A}\boldsymbol{d}_k}=\frac{\boldsymbol{d}_k^{\mathrm{T}}\boldsymbol{A}(\boldsymbol{x}^*-\boldsymbol{x}_k)}{\boldsymbol{d}_k^{\mathrm{T}}\boldsymbol{A}\boldsymbol{d}_k}$$
$$=\frac{\boldsymbol{d}_k^{\mathrm{T}}(\boldsymbol{A}\boldsymbol{x}^*-\boldsymbol{A}\boldsymbol{x}_k)}{\boldsymbol{d}_k^{\mathrm{T}}\boldsymbol{A}\boldsymbol{d}_k}=\frac{\boldsymbol{d}_k^{\mathrm{T}}(\boldsymbol{b}-\boldsymbol{A}\boldsymbol{x}_k)}{\boldsymbol{d}_k^{\mathrm{T}}\boldsymbol{A}\boldsymbol{d}_k}=-\frac{\boldsymbol{d}_k^{\mathrm{T}}(\boldsymbol{A}\boldsymbol{x}_k-\boldsymbol{b})}{\boldsymbol{d}_k^{\mathrm{T}}\boldsymbol{A}\boldsymbol{d}_k}$$

而$\nabla f(\boldsymbol{x})=\boldsymbol{A}\boldsymbol{x}-\boldsymbol{b}$，如果把$\nabla f(\boldsymbol{x})$简记为$\boldsymbol{g}$（即梯度），上式可进一步变换为：

$$\alpha_k=-\frac{\boldsymbol{d}_k^{\mathrm{T}}\boldsymbol{g}_k}{\boldsymbol{d}_k^{\mathrm{T}}\boldsymbol{A}\boldsymbol{d}_k} \tag{8-19}$$

这就是求解当次迭代的共轭向量伸缩倍数的公式。接下来就可知本轮迭代的公式：

$$\boldsymbol{x}_{k+1}=\boldsymbol{x}_k-\frac{\boldsymbol{d}_k^{\mathrm{T}}\boldsymbol{g}_k}{\boldsymbol{d}_k^{\mathrm{T}}\boldsymbol{A}\boldsymbol{d}_k}\boldsymbol{d}_k \tag{8-20}$$

式（8-20）的含义就是要把误差$\boldsymbol{e}$在共轭向量$\boldsymbol{d}_k$方向上的分量一次性全部减掉，如此只需迭代n次就把各个方向上的误差都去掉了，也就得到了解。每次迭代的计算办法如下：

$$\boldsymbol{g}_k=\boldsymbol{A}\boldsymbol{x}_k-\boldsymbol{b}$$
$$\alpha_k=-\frac{\boldsymbol{d}_k^{\mathrm{T}}\boldsymbol{g}_k}{\boldsymbol{d}_k^{\mathrm{T}}\boldsymbol{A}\boldsymbol{d}_k}$$
$$\boldsymbol{x}_{k+1}=\boldsymbol{x}_k-\alpha_k\boldsymbol{d}_k$$

接下来，还要解决一个问题：怎么得到一组与矩阵$\boldsymbol{A}$共轭的向量$\{\boldsymbol{d}_0,\cdots,\boldsymbol{d}_{n-1}\}$？可以在迭代的过程中动态地生成这组向量。尽管初始向量$\boldsymbol{d}_0$的值可以随机给出，但为了做得更好，我们建议以初始负梯度作为初始向量$\boldsymbol{d}_0$的值，即：

$$\boldsymbol{d}_0=-\boldsymbol{g}_0$$

接着，可以迭代求得后续的与矩阵$\boldsymbol{A}$共轭的向量：

$$\boldsymbol{d}_1=-\boldsymbol{g}_1+\beta_i\boldsymbol{d}_0=-\boldsymbol{g}_1+\frac{\boldsymbol{d}_0^{\mathrm{T}}\boldsymbol{A}\boldsymbol{g}_0}{\boldsymbol{d}_0^{\mathrm{T}}\boldsymbol{A}\boldsymbol{d}_0}\boldsymbol{d}_0$$
$$\boldsymbol{d}_2=-\boldsymbol{g}_2+\frac{\boldsymbol{d}_0^{\mathrm{T}}\boldsymbol{A}\boldsymbol{g}_2}{\boldsymbol{d}_0^{\mathrm{T}}\boldsymbol{A}\boldsymbol{d}_0}\boldsymbol{d}_0+\frac{\boldsymbol{d}_1^{\mathrm{T}}\boldsymbol{A}\boldsymbol{g}_2}{\boldsymbol{d}_1^{\mathrm{T}}\boldsymbol{A}\boldsymbol{d}_1}\boldsymbol{d}_1$$

以此类推，这怎么理解呢？用通用的公式来表达就是：

$$\boldsymbol{d}_k=-\boldsymbol{g}_k+\sum_{i<k}\frac{\boldsymbol{d}_i^{\mathrm{T}}\boldsymbol{A}\boldsymbol{g}_k}{\boldsymbol{d}_i^{\mathrm{T}}\boldsymbol{A}\boldsymbol{d}_i}\boldsymbol{d}_i \tag{8-21}$$

式（8-21）变换一下，可得：

$$\boldsymbol{d}_k=-\boldsymbol{g}_k-\sum_{i<k}\frac{\boldsymbol{d}_i^{\mathrm{T}}\boldsymbol{A}(-\boldsymbol{g}_k)}{\boldsymbol{d}_i^{\mathrm{T}}\boldsymbol{A}\boldsymbol{d}_i}\boldsymbol{d}_i$$

也就是说在当前梯度的基础上，要把当前负梯度在过去已知的共轭向量$\{\boldsymbol{d}_0,\cdots,\boldsymbol{d}_{k-1}\}$各个方向上的分量都减掉，这样就可以确保当前的向量$\boldsymbol{d}_k$与过去已知的共轭向量$\{\boldsymbol{d}_0,\cdots,\boldsymbol{d}_{k-1}\}$都是相对矩阵$\boldsymbol{A}$共轭的。

那每次迭代应该怎么计算呢？首次迭代时，应随机给出初始点$\boldsymbol{x}_0$，据此就可以计算出$\boldsymbol{g}_0$、$\boldsymbol{d}_0$、α_0；然后就可以计算$\boldsymbol{x}_1$，再据此计算出$\boldsymbol{g}_1$、$\boldsymbol{d}_1$、α_1；以此类推。

最后，还要思考一个问题：怎么凑出二次函数呢？机器学习中有很多误差函数本身就是二次函数，所以这还比较好凑一点，但如果不是二次函数的呢？那就可以使用泰勒公式的二阶展开，不过每次迭代还是得计算海森矩阵，只不过计算的次数可以少一些，因为每次迭代都要用新的泰勒二阶展开式来近似地表达。所以说，共轭梯度法是介于普通梯度法和 L-BFGS 之间的一种优化方法。网上及关于专门讨论优化理论的书中还会有很多改进的算法，理解了我们在这里讲解的原理，再看那些改进的算法应该就比较好懂了。

由于 newton-cg 可能还要用到二阶导数，故这种求解器仍然不能使用 L1 正则项来做惩罚。

8.3.5 liblinear 优化方法

LogisticRegression 类的初始化方法中提供了 liblinear 求解器，这种优化方法本质上是一种坐标下降法（Coordinate Descent），这不是一种梯度下降法。

这种方法也是通过迭代的方式求得极小值，核心思想是把复杂的问题分解为多个单个的简单问题来依次分别解决。

坐标下降法的迭代过程是每次选一个自变量作为一元函数的自变量求极小值，再依次迭代求极小值直至达到迭代出口条件。出口条件通常为达到最大迭代次数或两次迭代间函数的差值达到最小值。求解一元函数最小值的办法是使这个一元函数的导数为 0，再行求解。

下面仍以函数“$y=x_1^2+2x_1x_2+3x_2^2+x_1+2x_2-3$”为例，使用坐标下降法来求得极小值，源代码如下。

源代码 8-7 使用坐标下降法来求极小值

```
#====导入各种要用到的库、类====-
from matplotlib import pyplot as plt
import numpy as np
#====定义函数====
def func(x1,x2):
    return x1**2+2*x1*x2+3*x2**2+x1+2*x2-3
#====画函数的等高线图====
x1=np.arange(-4, 4, 0.05)
x2=np.arange(-4, 4, 0.05)
x1, x2= np.meshgrid(x1, x2)
y=func(x1,x2)
#画等高线
contour =plt.contour(x1,x2,y,levels=30,colors='blue')
#等高线上标明 z（即高度）的值
```

```
plt.clabel(contour,fontsize=8,colors='blue')
#====画极小点====
plt.scatter(-0.25,-0.25, c = 'black',s=10)
plt.text(-0.25-0.6,-0.25,r"$[-0.25,-0.25,-3.375]$",fontsize=8)
#====画出发的点====
x1Starter=3
x2Starter=2
yStarter=func(x1Starter,x2Starter)
plt.scatter(x1Starter,x2Starter,color="green",s=10)
#====用坐标下降法求极小值====
maxIteration=1000#最大迭代次数
minThreshold=0.00001#阈值
x1Older=x1Newer=x1Starter
x2Older=x2Newer=x2Starter
funcOlder=funcNewer=yStarter
diffValues=0
#迭代求极小值
for i in range(maxIteration):
    for j in [1,2]:
        #对以 x1 为自变量的一元函数求极小值
        if(j==1):
            #设 x1 为自变量的一元函数的导函数为 0，建立方程并求解
            x1Newer=(-2*x2Older-1)/2
            x2Newer=x2Older
        #对以 x2 为自变量的一元函数求极小值
        if(j==2):
            #设 x2 为自变量的一元函数的导函数为 0，建立方程并求解
            x2Newer=(-2*x1Older-2)/6
            x1Newer=x1Older
        funcNewer=func(x1Newer,x2Newer)
        #画新的点
        plt.scatter(x1Newer,x2Newer,color="red",s=5)
        #画值变化方向的箭线
        plt.arrow(x1Older,x2Older,x1Newer-x1Older,x2Newer-x2Older,\
                  width=0.04,length_includes_head=True,\
                  shape="full",fc='red',ec='red',linewidth=0.02)
        diffValues=abs(funcNewer-funcOlder)
        if(diffValues<=minThreshold):
            print("在第"+str((i)*2+j)+\
              "次迭代退出,此时两次迭代函数值相差：",diffValues)
            break #退出迭代
        x1Older=x1Newer
        x2Older=x2Newer
        funcOlder=funcNewer
    if(diffValues<=minThreshold):
        break
```

```
print("极小值：",[x1Newer,x2Newer,func(x1Newer,x2Newer)])
#====设置坐标轴范围====
plt.xlim(-4,4)
plt.ylim(-4,4)
#====设置坐标轴文本====
plt.xlabel(r"$x_1$")
plt.ylabel(r"$x_2$")
plt.show()
```

源代码中做了等高线图，并画出了迭代的过程，运行后生成的图形如图 8-13 所示。可见，每次迭代都会沿着一个坐标轴方向下降，直到找到极小值。一共仅经历 15 次迭代就找到了极小值，说明这种方法相对简单而收敛较快。

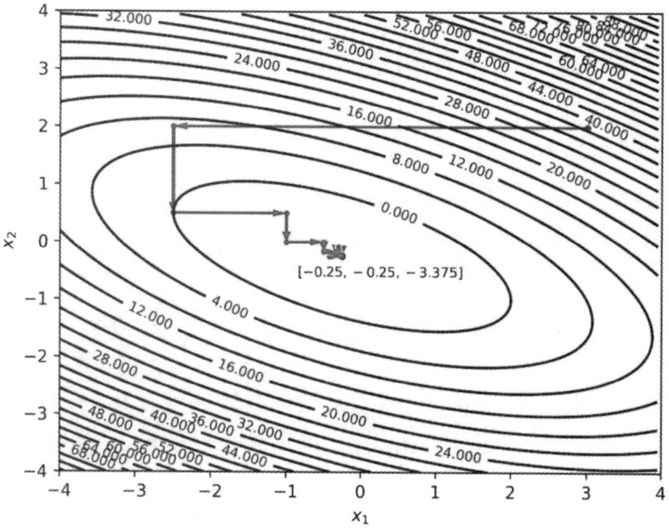

图 8-13　使用坐标下降法来求极小值

这种方法针对可导函数可以较为方便地求得极小值，但不可导的函数在不可导的点处（如断点）就可能陷入停顿，因为此时随便从坐标轴哪个方向走都已经找不到更小的值了。

由于坐标轴下降法没有用到二阶导数和梯度进行计算，所以这种方法可以支持使用 L1 惩罚项和 L2 惩罚项做惩罚。

8.3.6　sag 和 saga 优化方法

sag 是指 Stochastic Average Gradient，意为"随机平均梯度法"。这种优化方法既有 SGD 优化方法的计算量小的特点，收敛速度又相对 SGD 更快，可以说是 SGD 的改进。

saga 是指 Stochastic Average Gradient Accelerator，意为"随机平均梯度的加速法"。这种方法在 sag 的基础上再予以加速。下面讲解这 2 种方法，再编程实现。

sag 的自变量向量迭代式如下：

$$\boldsymbol{x}_{k+1} = \boldsymbol{x}_k - \frac{\alpha}{m}\sum_{i=0}^{m-1}\boldsymbol{g}_{ik} \tag{8-22}$$

这里的$\boldsymbol{g}_{ik}$是指在第k次迭代时内存中记录的第i个数据样本的梯度。$\frac{1}{m}\sum_{i=0}^{m-1}\boldsymbol{g}_{ik}$得到的是在第$k$次迭代时内存中记录的所有数据样本梯度的平均值。

sag 算法会在内存中记录所有数据样本的梯度，每次迭代随机选中第i个数据样本，再更新其中第i个梯度。这里的i与$\frac{1}{m}\sum_{i=0}^{m-1}\boldsymbol{g}_{ik}$中的$i$不同。更新的方法如下：

$$\boldsymbol{g}_{ik} = \begin{cases}\nabla f_i(\boldsymbol{x}_k), & i = k \\ \boldsymbol{g}_{i(k-1)}, & i \neq k\end{cases} \tag{8-23}$$

式（8-23）要表达的意思是只更新第i个梯度，其他的梯度仍为上一次迭代时的梯度。每次迭代中，先使用式（8-23），再使用式（8-22）。

saga 算法对 sag 算法做了一点改进。在每次迭代时，将会随机选中第i个数据样本来计算梯度$\boldsymbol{g}_{ik(\text{new})}$，再根据以下公式进行迭代：

$$\boldsymbol{x}_{k+1} = \boldsymbol{x}_k - \alpha\left(\boldsymbol{g}_{ik(\text{new})} - \boldsymbol{g}_{ik} + \frac{1}{m}\sum_{i=0}^{m-1}\boldsymbol{g}_{ik}\right) \tag{8-24}$$

也就是说先用新计算出的梯度$\boldsymbol{g}_{ik(\text{new})}$减去原来存储的梯度$\boldsymbol{g}_{ik}$，再加上原来存储的梯度的平均值，再行得到$\boldsymbol{x}_{k+1}$。此后，还要将$\boldsymbol{g}_{ik(\text{new})}$更新到存储的$\boldsymbol{g}_{ik}$。更新的方法如下：

$$\boldsymbol{g}_{ik} = \begin{cases}\boldsymbol{g}_{ik(\text{new})}, & i = k \\ \boldsymbol{g}_{i(k-1)}, & i \neq k\end{cases} \tag{8-25}$$

上述对算法的描述阅读起来有困难？不如动手来实践。下面就一起来编程实现 sag 和 saga，并做对比分析。仍以预测乳腺癌为例。

源代码 8-8　使用 sag 做梯度下降法

```
#====导入各种要用到的库、类====
from sklearn.datasets import load_breast_cancer
from sklearn.model_selection import train_test_split
from sklearn.preprocessing import StandardScaler
import numpy as np
import random
#====定义误差函数====
def errorFunc(X,y,theta):
    sumValue=0
    for i in range(X.shape[0]):
        h=sigmoid(X[i:i+1,:],theta)
        epsilon = 1e-5
```

```
        iValue=y[i]*np.log(h+ epsilon)+\
            (1-y[i])*np.log(1-h+ epsilon)
        sumValue+=iValue
    return (-1.0/X.shape[0])*sumValue
#====定义 sigmoid 函数====
def sigmoid(X,theta):
    multiValue=np.dot(X,theta.T)[0][0]
    if(multiValue>=0):#对 sigmoid 函数的优化，以避免出现极大的数据溢出
        return 1.0 / (1 + np.exp(-multiValue))
    else:
        return np.exp(multiValue) / (1 + np.exp(multiValue))
#====定义计算梯度的函数====
#不包括 theta0 项
def grandient(X,y,theta):
    grand=[]
    for j in range(X.shape[1]):
        sumValue=0.0
        for i in range(X.shape[0]):
            sumValue+=(y[i]-sigmoid(X[i:i+1,:],theta))*X[i][j]
        grandi=(-1.0/X.shape[0])*sumValue
        grand.append(grandi)
    return np.array([grand])
#====定义计算梯度模的函数====
def mOfGradient(gradient):
    sum=0
    for i in range(gradient.shape[1]):
        sum+=gradient[0][i]**2
    return np.sqrt(sum)
#====加载数据====
breast_cancer=load_breast_cancer()
X=breast_cancer.data
y=breast_cancer.target
#====预处理数据====
XTrain,XTest,yTrain,yTest=train_test_split(X,y,random_state=1,test_size=0.2)
preDealData=StandardScaler()
XTrain=preDealData.fit_transform(XTrain)
XTest=preDealData.transform(XTest)
#====sag 算法====
print("====sag 算法====")
oldTheta=np.array(np.ones((1,30))*5)#初始化参数值
error=errorFunc(XTrain,yTrain,oldTheta)#计算初始误差函数值
newTheta=np.array(np.ones((1,30))*5)#初始化参数值
alpha=0.1#设置学习率
maxIter=200#最大的迭代次数
m=XTrain.shape[0]#数据样本个数
n=XTrain.shape[1]#特征项个数
```

```
    #记录每个数据样本的梯度
    g=np.array(np.zeros((m,n)))#梯度矩阵
    gSum=np.array(np.zeros((1,n)))#梯度之和
    for i in range(m):
        grand=grandient(XTrain[i:i+1,:],yTrain[i:i+1],oldTheta)
        for j in range(n):
            g[i][j]=grand[0][j]
            gSum[0][j]+=grand[0][j]
    errorsSag=[]#记录误差值
    errorsSag.append(error)
    for k in range(maxIter):
        #随机选中第 i 个数据样本
        i=random.randint(0,m-1)
        #计算第 i 个数据样本的梯度
        grand=grandient(XTrain[i:i+1,:],yTrain[i:i+1],oldTheta)
        #更新 theta
        gSum+=grand-g[i:i+1,:]
        newTheta=oldTheta-alpha*(gSum)/m
        #更新记录的第 i 个数据样本的梯度
        for j in range(n):
            g[i][j]=grand[0][j]
        error=errorFunc(XTrain,yTrain,newTheta)
        errorsSag.append(error)
    oldTheta=newTheta.copy()
    if(k==100):
        print("经过 100 次迭代，误差值为",error)
    print("经过 200 次迭代，误差值为",error)
```

前面的函数定义及数据处理代码不再重复解释，大家可参考此前学习过的代码进行分析。下面讲解 sag 算法的关键代码。

首先用以下的 **for** 循环在二维数组g中记录下每个数据样本的梯度。这个二维数组的行数与训练数据集的样本数相同，列数与特征数据项的个数相同，即每一行对应训练数据集的一个样本。

```
    g=np.array(np.zeros((m,n)))#梯度矩阵
    gSum=np.array(np.zeros((1,n)))#梯度之和
    for i in range(m):
        grand=grandient(XTrain[i:i+1,:],yTrain[i:i+1],oldTheta)
        for j in range(n):
            g[i][j]=grand[0][j]
            gSum[0][j]+=grand[0][j]
```

这段代码中，用 gSum 这个向量记录下了所有梯度的和，即 $\sum_{i=0}^{m-1} \boldsymbol{g}_{ik}$ 。如下的语句：

```
#更新 theta
gSum+=grand-g[i:i+1,:]
newTheta=oldTheta-alpha*(gSum)/m
```

第 1 句更改了 gSum 值，第 2 句语句就对应着式（8-22）“ $\boldsymbol{x}_{k+1}=\boldsymbol{x}_k-\frac{\alpha}{m}\sum_{i=0}^{m-1}\boldsymbol{g}_{ik}$ ”。

提示：在误差函数中，自变量是$\boldsymbol{\theta}$，对应着公式中的$\boldsymbol{x}$。

如果要改为 saga 算法，只需要修改以下更新 theta 部分的关键源代码：

```
#更新 theta
newTheta=oldTheta-alpha*(gSum/m+grand-g[i:i+1,:])
#更新 gSum
gSum+=grand-g[i:i+1,:]
```

第 1 句相当于式（8-24）“ $\boldsymbol{x}_{k+1}=\boldsymbol{x}_k-\alpha\left(\boldsymbol{g}_{ik(\text{new})}-\boldsymbol{g}_{ik}+\frac{1}{m}\sum_{i=0}^{m-1}\boldsymbol{g}_{ik}\right)$ ”。第 2 句再改 gSum 值。

提示：本例的完整源代码包括 sag、saga、sgd 这 3 种算法及其运行效果输出、图形输出功能的实现，大家可参考本书随附资源中的源代码。

如果记录下 sag、saga、sgd 的误差值下降过程，输出迭代 200 次以后的结果，如图 8-14 所示；如果画出误差值的变化曲线如图 8-15 所示。

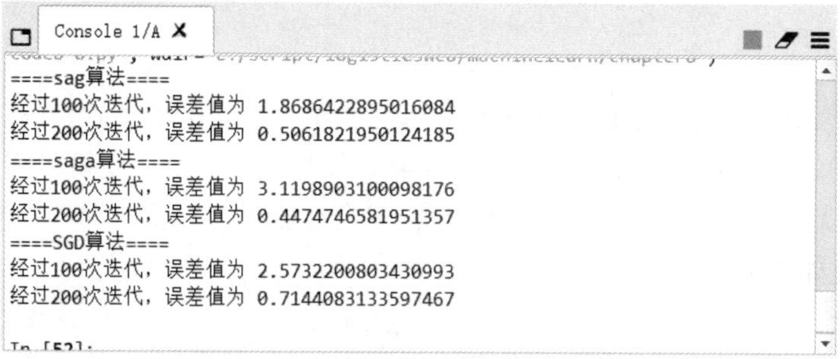

图 8-14　200 次迭代后控制台的输出

从图 8-15 来看，sag 的误差值曲线比较光滑；3 种方法的变化速度相差不大。有的书上说 saga 算法对 sag 算法有所加速，从这里来看并不明显。不过，原理明白了，开发就不难。这里不打算做过多的对比分析，也不打算详细解析更多的梯度下降算法，因为梯度下降算法的种类实在太多。相信会编写程序了，再阅读和理解别的梯度下降算法就不是难事。

提示：因为选用的数据样本是随机的，所以大家每次运行的结果可能都与图 8-14、图 8-15 有所不同。

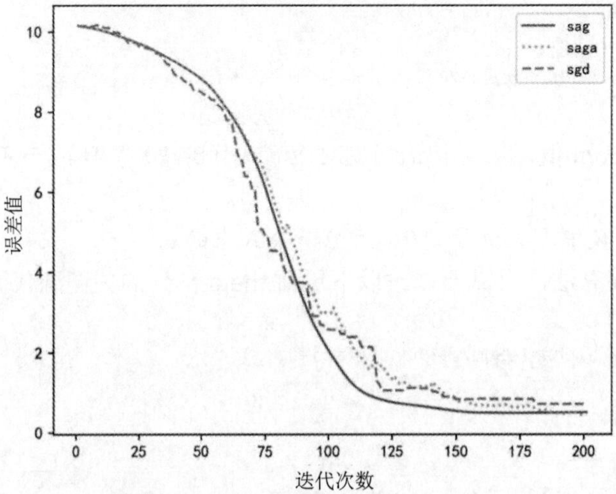

图 8-15　3 种算法的误差值变化曲线

8.4　用 softmax 解决多分类问题

实际上，在前述内容中我们已经使用过 LogisticRegression 类做过多分类，那做多分类的原理是怎样的呢？其本质就是使用了 softmax 函数。

8.4.1　多分类的原理

从名称来看，softmax 是 soft 和 max 两个单词的组合。soft 是“软性的”意思，反意词为“hard”（硬性的），这意味着 softmax 函数的变换是软性的，变换后还可以变回来。max 是“最大的”意思，也就是说 softmax 函数会把软件的变换都放大，以更加利于分类。

softmax 函数如下：

$$S_i = \frac{\mathrm{e}^{z_i}}{\sum_{i=1}^{l} \mathrm{e}^{z_i}} \tag{8-26}$$

式中，l为种类的个数；z_i通常为线性函数，用矩阵形式表达就是$z_i = \boldsymbol{X\theta}^{\mathrm{T}}$。怎么理解这个公式呢？下面进一步解说。

首先，式（8-26）的分母为求和表达式，分子为求和表达式中的一部分，这就确保了S_i的值位于区间[0,1]，也就是说仍然是一个概率值。其次，指数函数的图形如图 8-16 所示，从图中可以看出，自变量的值域为$[-\infty,+\infty]$，但因函数值始终为正，函数值在过[0,1]这个点后，变化虽然是单调的，但线变得越来越陡，也就是说自变量增大少许，函数值就会增大较多，这样可以把值放大，而增加对类别的区分度。

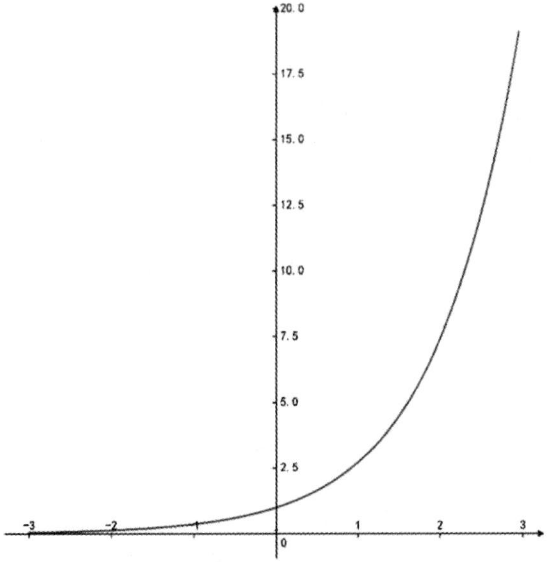

图 8-16　指数函数的图形

举例：如图 8-17 所示，softmax 函数的计算过程如下。

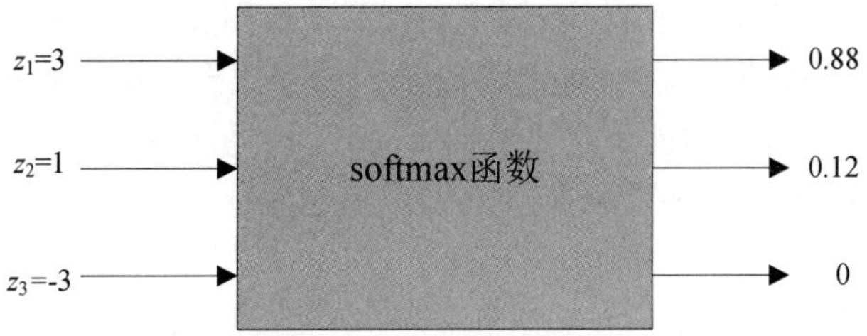

图 8-17　softmax 的计算效果

$$S_1=\frac{e^{z_1}}{\sum_{i=1}^{l}e^{z_i}}=\frac{e^3}{e^3+e^1+e^{-3}}\approx 0.88$$

$$S_2=\frac{e^{z_2}}{\sum_{i=1}^{l}e^{z_i}}=\frac{e^1}{e^3+e^1+e^{-3}}\approx 0.12$$

$$S_3 = \frac{e^{z_3}}{\sum_{i=1}^{l} e^{z_i}} = \frac{e^{-3}}{e^3 + e^1 + e^{-3}} \approx 0$$

从分类应用的角度来理解，说明有 88%的可能性是属于第 1 种分类。可见，计算的结果是 3 个值都变到了区间[0,1]，且加和为 1。如果不使用 softmax 函数，使用普通的占比求概率的办法，则为：

$$p_1 = \frac{z_1}{\sum_{i=1}^{l} z_i} = \frac{3}{3 + 1 + (-3)} = 3$$

$$p_2 = \frac{z_2}{\sum_{i=1}^{l} z_i} = \frac{1}{3 + 1 + (-3)} = 1$$

$$p_3 = \frac{z_3}{\sum_{i=1}^{l} z_i} = \frac{-3}{3 + 1 + (-3)} = -3$$

这样既没有把值缩放到区间[0,1]，又没有解决好负数问题。如果把 3 个初始值都增加 3，则可都变成非负数，从而解决了这 2 个问题。但是，计算结果会是$p_1 = 0.6$、$p_2 = 0.4$、$p_3 = 0$。这种结果对区分分类仍不明显，因此还是使用 softmax 函数更好些。

接下来讨论 softmax 函数的误差函数。其误差函数为：

$$J(\boldsymbol{\theta}) = -\frac{1}{m}\left(\sum_{i=0}^{m-1}\sum_{j=1}^{l}\left(1\{y_i == j\}\ln\frac{e^{X\boldsymbol{\theta}_j^{\mathrm{T}}}}{\sum_{i=1}^{l} e^{X\boldsymbol{\theta}_i^{\mathrm{T}}}}\right)\right) \tag{8-27}$$

式（8-27）中，$1\{y_i == j\}$是新定义的一种运算，如果大括号里的关系表达式结果为 True 则值为 1，否则值为 0。如，$1\{1 == 1\}$的值为 1，$1\{2 == 1\}$的值为 0。也就是说结果是这种分类则值为 1，不是则值为 0。

参数l表示有多少种分类，分类的结果为$1,\cdots,l$。因此，$\sum_{j=1}^{l}\left(1\{y_i == j\}\ln\frac{e^{X\boldsymbol{\theta}_j^{\mathrm{T}}}}{\sum_{i=0}^{l} e^{X\boldsymbol{\theta}_i^{\mathrm{T}}}}\right)$对分类

结果的值进行了累加。如果只有 2 种分类，式（8-27）就变成：

$$J(\boldsymbol{\theta})=-\frac{1}{m}\left(\sum_{i=0}^{m-1}\sum_{j=1}^{2}\left(1\{y_i==j\}\ln\frac{\mathrm{e}^{X\boldsymbol{\theta}_j^{\mathrm{T}}}}{\sum_{i=1}^{2}\mathrm{e}^{X\boldsymbol{\theta}_i^{\mathrm{T}}}}\right)\right)$$

$$\frac{\mathrm{e}^{X\boldsymbol{\theta}_j^{\mathrm{T}}}}{\sum_{i=1}^{2}\mathrm{e}^{X\boldsymbol{\theta}_i^{\mathrm{T}}}}=\frac{\mathrm{e}^{X\boldsymbol{\theta}_j^{\mathrm{T}}}}{\mathrm{e}^{X\boldsymbol{\theta}_1^{\mathrm{T}}}+\mathrm{e}^{X\boldsymbol{\theta}_2^{\mathrm{T}}}}$$

对于分类 1：

$$\frac{\mathrm{e}^{X\boldsymbol{\theta}_1^{\mathrm{T}}}}{\sum_{i=1}^{2}\mathrm{e}^{X\boldsymbol{\theta}_i^{\mathrm{T}}}}=\frac{\mathrm{e}^{X\boldsymbol{\theta}_1^{\mathrm{T}}}}{\mathrm{e}^{X\boldsymbol{\theta}_1^{\mathrm{T}}}+\mathrm{e}^{X\boldsymbol{\theta}_2^{\mathrm{T}}}}=\frac{1}{1+\mathrm{e}^{X\left(\boldsymbol{\theta}_2^{\mathrm{T}}-\boldsymbol{\theta}_1^{\mathrm{T}}\right)}}$$

对于分类 2：

$$\frac{\mathrm{e}^{X\boldsymbol{\theta}_2^{\mathrm{T}}}}{\sum_{i=1}^{2}\mathrm{e}^{X\boldsymbol{\theta}_i^{\mathrm{T}}}}=\frac{\mathrm{e}^{X\boldsymbol{\theta}_2^{\mathrm{T}}}}{\mathrm{e}^{X\boldsymbol{\theta}_1^{\mathrm{T}}}+\mathrm{e}^{X\boldsymbol{\theta}_2^{\mathrm{T}}}}=1-\frac{1}{1+\mathrm{e}^{X\left(\boldsymbol{\theta}_2^{\mathrm{T}}-\boldsymbol{\theta}_1^{\mathrm{T}}\right)}}$$

合并两者，得到：

$$\frac{1}{\sum_{i=1}^{2}\mathrm{e}^{X\boldsymbol{\theta}_i^{\mathrm{T}}}}\begin{bmatrix}\mathrm{e}^{X\boldsymbol{\theta}_1^{\mathrm{T}}}\\ \mathrm{e}^{X\boldsymbol{\theta}_2^{\mathrm{T}}}\end{bmatrix}=\begin{bmatrix}\dfrac{1}{1+\mathrm{e}^{X\left(\boldsymbol{\theta}_2^{\mathrm{T}}-\boldsymbol{\theta}_1^{\mathrm{T}}\right)}}\\ 1-\dfrac{1}{1+\mathrm{e}^{X\left(\boldsymbol{\theta}_2^{\mathrm{T}}-\boldsymbol{\theta}_1^{\mathrm{T}}\right)}}\end{bmatrix}$$

令$\boldsymbol{\theta}^{\mathrm{T}}=\left(\boldsymbol{\theta}_1^{\mathrm{T}}-\boldsymbol{\theta}_2^{\mathrm{T}}\right)$，可得：

$$\frac{1}{\sum_{i=1}^{2}\mathrm{e}^{X\boldsymbol{\theta}_i^{\mathrm{T}}}}\begin{bmatrix}\mathrm{e}^{X\boldsymbol{\theta}_1^{\mathrm{T}}}\\ \mathrm{e}^{X\boldsymbol{\theta}_2^{\mathrm{T}}}\end{bmatrix}=\begin{bmatrix}\dfrac{1}{1+\mathrm{e}^{-X\boldsymbol{\theta}^{\mathrm{T}}}}\\ 1-\dfrac{1}{1+\mathrm{e}^{-X\boldsymbol{\theta}^{\mathrm{T}}}}\end{bmatrix}$$

这正是逻辑回归的二分法分类模型，也就是说求得样本是第 1 种分类的概率的模型是：

$$y=\frac{1}{1+\mathrm{e}^{-X\boldsymbol{\theta}^{\mathrm{T}}}}$$

求得样本是第 2 种分类的概率的模型是：

$$y = 1 - \frac{1}{1 + \mathrm{e}^{-X\theta^{\mathrm{T}}}}$$

至此，误差函数就讨论清楚了。再来看看误差函数的一阶导数。

$$\frac{\partial J(\boldsymbol{\theta})}{\partial \theta_k} = -\frac{1}{m}\frac{\partial}{\partial \theta_k}\left(\sum_{i=0}^{m-1}\sum_{j=1}^{l}\left(1\{y_i == j\}\ln\frac{\mathrm{e}^{X\boldsymbol{\theta}_j^{\mathrm{T}}}}{\sum_{i=1}^{l}\mathrm{e}^{X\boldsymbol{\theta}_i^{\mathrm{T}}}}\right)\right)$$

当$y_i \neq j$时，$1\{y_i == j\} = 0$，因此只考虑保留$1\{y_i == j\} = 1$时的项。先不考虑$k = 0$的情况（即先不考虑线性表达式中的偏置项），对于j类型：

$$\frac{\partial J(\boldsymbol{\theta})}{\partial \theta_k} = -\frac{1}{m}\sum_{i=0}^{m-1}\left(\left(1\{y_i == j\} - \frac{\mathrm{e}^{X\boldsymbol{\theta}_j^{\mathrm{T}}}}{\sum_{i=1}^{l}\mathrm{e}^{X\boldsymbol{\theta}_i^{\mathrm{T}}}}\right)x_{ik}\right)$$

因此，考虑偏置项时，对于 j 类型：

$$\frac{\partial J(\boldsymbol{\theta})}{\partial \theta_k} = \begin{cases} -\dfrac{1}{m}\displaystyle\sum_{i=0}^{m-1}\left(1\{y_i == j\} - \frac{\mathrm{e}^{X\boldsymbol{\theta}_j^{\mathrm{T}}}}{\sum_{i=1}^{l}\mathrm{e}^{X\boldsymbol{\theta}_i^{\mathrm{T}}}}\right), & k = 0 \\ -\dfrac{1}{m}\displaystyle\sum_{i=0}^{m-1}\left(\left(1\{y_i == j\} - \frac{\mathrm{e}^{X\boldsymbol{\theta}_j^{\mathrm{T}}}}{\sum_{i=1}^{l}\mathrm{e}^{X\boldsymbol{\theta}_i^{\mathrm{T}}}}\right)x_{ik}\right), & k > 0 \end{cases}$$

有了偏导数公式后，就可以使用梯度下降法去想办法求误差函数的极小值，从而得到此时的$\boldsymbol{\theta}$。至于使用什么样的梯度下降法，那就“仁者见仁，智者见智”，可以轮到学懂学通的您来大显身手了。

当然，如果上述数学原理没看明白，可以先学会用 scikit-learn 库中的类做多分类，再慢慢理解其中的原理。

8.4.2 画出多分类的界线

画出逻辑回归的二分法分类的分界线很容易，把线性方程在图中画出来就可以了。画多分类的分界线实例如下。

以源代码 8-5 为基础，该例用 LogisticRegression 类已对鸢尾花做了三分类，分类的源代码不再重复列出，下面给出分类后分界线的作图源代码。

源代码 8-9　对鸢尾花的三分类画分类界线

```
#====此处省略源代码 8-5 的所有源代码====
#====导入作图要用到的库、类====
from matplotlib import pyplot as plt
from matplotlib.colors import ListedColormap
#====定义画分界线并填充各类型块不同的颜色的函数====
#参数 model 为分类模型；参数 axis 为坐标轴上下界,
#axis[0]为横坐标下界，axis[1]为横坐标上界,
#axis[2]为纵坐标下界，axis[3]为纵坐标上界。
def plot_decision_boundary(model,axis):
    x0,x1 = np.meshgrid(
        np.linspace(axis[0],axis[1],int((axis[1]-axis[0])*100)),
        np.linspace(axis[2],axis[3],int((axis[3]-axis[2])*100))
    )
    x_new = np.c_[x0.ravel(),x1.ravel()]
    y_predict = model.predict(x_new)#对每个点都预测分类
    #转换数组 zz 的形状与 x0 的形状保持一致
    zz = y_predict.reshape(x0.shape)
    custom_cmap = ListedColormap(['#EF9A9A','#FFF59D','#90CAF9'])
    plt.contourf(x0,x1,zz,cmap=custom_cmap)#填充等高线之间的色块
#====画分界线并填充各类型块不同的颜色====
XAll=preDealData.transform(X)
plot_decision_boundary(lr,axis=[np.min(XAll[:,0]),\
    np.max(XAll[:,0]),np.min(XAll[:,1]),np.max(XAll[:,1])])
#====分别得到 3 种分类====
setosaNum=0
versicolorNum=0
virginicaNum=0
for i in range(XAll.shape[0]):
    if(y[i]==0):
        setosaNum+=1
    if(y[i]==1):
        versicolorNum+=1
    if(y[i]==2):
        virginicaNum+=1
setosaX=np.zeros((setosaNum,XAll.shape[1]))
versicolorX=np.zeros((versicolorNum,XAll.shape[1]))
virginicaX=np.zeros((virginicaNum,XAll.shape[1]))
setosaIndex=0
versicolorIndex=0
virginicaIndex=0
for i in range(XAll.shape[0]):
    if(y[i]==0):
        for j in range(XAll.shape[1]):
```

```
            setosaX[setosaIndex][j]=XAll[i][j]
        setosaIndex+=1
    if(y[i]==1):
        for j in range(XAll.shape[1]):
            versicolorX[versicolorIndex][j]=XAll[i][j]
        versicolorIndex+=1
    if(y[i]==2):
        for j in range(XAll.shape[1]):
            virginicaX[virginicaIndex][j]=XAll[i][j]
        virginicaIndex+=1
#====画散点====
plt.scatter(setosaX[:,0],setosaX[:,1],\
    label="setosa",c="red")
plt.scatter(versicolorX[:,0],versicolorX[:,1],\
    label="versicolor",c="green",marker="*")
plt.scatter(virginicaX[:,0],virginicaX[:,1],\
    label="virginica",c="blue",marker="^")
plt.legend()
plt.xlabel("花瓣长度")
plt.ylabel("花瓣宽度")
plt.xlim(np.min(XAll[:,0]),np.max(XAll[:,0]))
plt.ylim(np.min(XAll[:,1]),np.max(XAll[:,1]))
plt.rcParams['font.sans-serif']=['SimHei'] #用来正常显示中文标签
plt.rcParams['axes.unicode_minus']=False #用来正常显示负号
plt.show()
```

源代码中最为关键的是 plot_decision_boundary 函数，这个函数先生成横坐标和纵坐标中的点，再用模型得到预测值，通过画等高线来画出分界线并填充各个类型不同的色块。程序运行结果如图 8-18 所示。

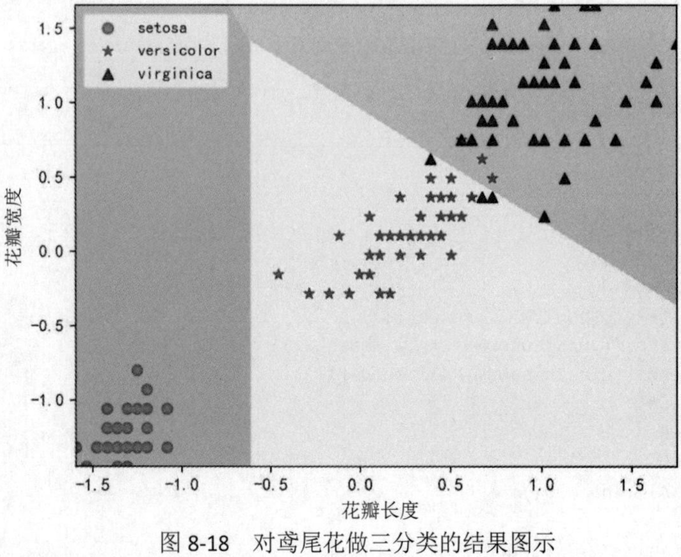

图 8-18　对鸢尾花做三分类的结果图示

8.5 小结

本章学习了有关逻辑回归的高级知识，补充学习了部分较为高级的数学知识，内容十分丰富，很多知识点在后续章节中仍然适用。

逻辑回归的正则化主要是 L1 正则化、L2 正则化、弹性网络 3 种。LogisticRegression 类、LogisticRegressionCV 类可用于二分类和多分类；SGDClassifier 类是专门的随机梯度下降法分类器，也可用于逻辑回归。LogisticRegression 类主要有 lbfgs、newton-cg、liblinear、sag、saga 这 5 类求解器，下面用表 8-2 做出总结。

表 8-2　LogisticRegression 类的求解器

求解器	lbfgs	newton-cg	liblinear	sag	saga
求解方式	拟牛顿法，需要近似求 Hessian 矩阵	牛顿法和共轭梯度法，需要用到二阶导数(含 Hessian 矩阵)来迭代求解	坐标下降法	随机平均梯度下降法	随机平均梯度下降法的改进
支持的惩罚项	L2	L2	L1、L2	L2	L1、L2
是否支持 One-Vs-One	是	是	否	是	是
是否支持 One-Vs-All	是	是	是	是	是
是否支持二分类	是	是	是	是	是

本章补充学习了很多的高等数学知识和优化方法。泰勒公式可用于在某一点形成可微函数的近似多项式。在讲解 lbfgs、newton-cg、liblinear、sag、saga 这 5 类求解器时也补充了许多的高等数学知识。下面用表 8-3 总结这些知识点。

表 8-3　本章补充学习的主要高级数学知识

知识点	一句话总结	补充说明
泰勒公式	一点看透世界	多元函数的展开式：$f(\boldsymbol{x})=f(\boldsymbol{x}_{p0})+\left(\nabla f(\boldsymbol{x}_{p0})\right)^{\mathrm{T}}(\boldsymbol{x}-\boldsymbol{x}_{p0})+\frac{1}{2!}(\boldsymbol{x}-\boldsymbol{x}_{p0})^{\mathrm{T}}\boldsymbol{H}(\boldsymbol{x}_{p0})(\boldsymbol{x}-\boldsymbol{x}_{p0})+R_n(\boldsymbol{x}_{p0})$
牛顿法	用 Hessian 矩阵的逆矩阵和梯度来迭代	$\boldsymbol{x}_{k+1}=\boldsymbol{x}_k-\boldsymbol{H}^{-1}(\boldsymbol{x}_k)\nabla f(\boldsymbol{x}_k)$
回溯法	找到更理想的t值来减少迭代的次数	$\boldsymbol{x}_{k+1}=\boldsymbol{x}_k-t\boldsymbol{H}^{-1}(\boldsymbol{x}_k)\nabla f(\boldsymbol{x}_k)$
BFGS 算法	用$\boldsymbol{B}_k^{-1}$近似地代替$\boldsymbol{H}^{-1}(\boldsymbol{x}_k)$	$\boldsymbol{B}_k^{-1}$的求解公式有点复杂

CHAP 8

续表

知识点	一句话总结	补充说明
L-BFGS	用计算和时间替换存储空间	需要时就计算出$\boldsymbol{B}_k^{-1}$而不存储$\boldsymbol{B}_k^{-1}$
sherman-morrism 公式	一种用于求逆矩阵的方法	
共轭向量	经矩阵$\boldsymbol{A}$线性变换后两个向量正交	$\boldsymbol{u}^{\mathrm{T}}\boldsymbol{A}\boldsymbol{v}=0$
最速下降法	把$f(\boldsymbol{x}_{k+1})=f\left(\boldsymbol{x}_k-\alpha\nabla f(\boldsymbol{x}_k)\right)$看成$\alpha$的一元函数，从而求得$\alpha$的极值	
共轭梯度法	凑出一个二次函数（不行就用二阶泰勒展开式）再求解$\boldsymbol{A}\boldsymbol{x}=\boldsymbol{b}$	$\frac{1}{2}\boldsymbol{x}^{\mathrm{T}}\boldsymbol{A}\boldsymbol{x}-\boldsymbol{b}^{\mathrm{T}}\boldsymbol{x}+c$
坐标轴下降法	反复沿坐标轴下降	没有用到二阶导数和梯度
sag 和 saga	先记录所有样本的梯度，再迭代更新梯度和下降	都是随机梯度法

softmax 函数用于多分类，它的模型把结果转化成[0,1]的概率值，哪种分类的概率值更高就判断属于哪种分类。如果 softmax 函数用于二分类，实际上就退化成了 sigmoid 函数。如果要画出多分类的分界线，可使用画等高线的函数。

第9章 学会使用朴素贝叶斯

图 9-1 为学习路线图，本章知识概览见表 9-1。

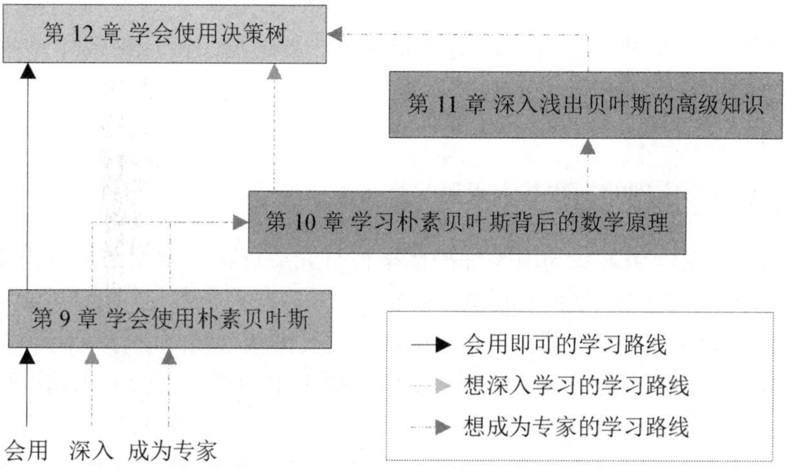

图 9-1 学习路线图

表 9-1 本章知识概览

知识点	难度系数	一句话学习建议
条件概率	★	理解这些基本术语很有必要，这是后续深入学习和讨论的基础
联合概率	★	
先验概率	★	
后验概率	★	
条件概率公式	★★	没忍住还是讲了点公式，那就来学习条件概率公式吧
朴素贝叶斯公式	★★	先会用就行了，第 10 章会讲推导过程
GuassianNB 类	★★	应会用这些类的默认初始化参数生成对象并做分类
MultinomialNB 类	★★	
BernoulliNB 类	★★	

在学习逻辑回归模型时我们已经对概率有了一些接触，接下来要学习的朴素贝叶斯模型则完全是从概率的观点来看待要解决的问题并做出分类的决策。

本章还是有少量的为辅助讲解朴素贝叶斯知识的数学知识，但都很简单。本章立意在于理解朴素贝叶斯的基本术语，如条件概率、联合概率等；然后就学会用 scikit-learn 库中的 3 种类分 3 种场景来训练模型和用模型做预测。

9.1 初步理解朴素贝叶斯

什么是朴素贝叶斯？18 世纪的英国数学家 Thomas Bayes 提出了著名的贝叶斯定理，这个定理用于计算后验概率。所谓朴素是指计算概率的事件之间是独立的，这怎么能叫朴素呢？朴素有简单、单纯的含义，朴素贝叶斯自然就是指贝叶斯理论体系中比较简单的理论了，要简单的前提就是事件之间独立、互不影响。我们先来讨论一些有关朴素贝叶斯定理的基本术语。

9.1.1 朴素贝叶斯定理的一些基本术语

朴素贝叶斯定理认为要知道事件的概率得有先后逻辑，根据已发生的事件统计出来的概率就可以越来越准确地预知后来的事件的发生概率。根据大数定律，一个硬币抛出正、反面的概率都是 0.5；如果只进行少量的实验，根据已进行的实验结果进行统计，很可能不会是 0.5；但如果根据已有的实验结果来推导新的实验结果发生的概率将会越来越准确。这就必然涉及**条件概率**这个术语。

在第 7 章中我们曾讲解过条件概率的计算，这里不再做太多的讲解，但想用图形化的方式来更为形象地表达。如图 9-2 所示，事件 A 发生的概率和事件 B 发生的概率可分别用$P(A)$和$P(B)$来表示。那么事件 A 和事件 B 同时发生的概率就是两个圆的相交部分，即$P(A \cap B)$，这就叫**联合概率**，也可表示为$P(A,B)$。

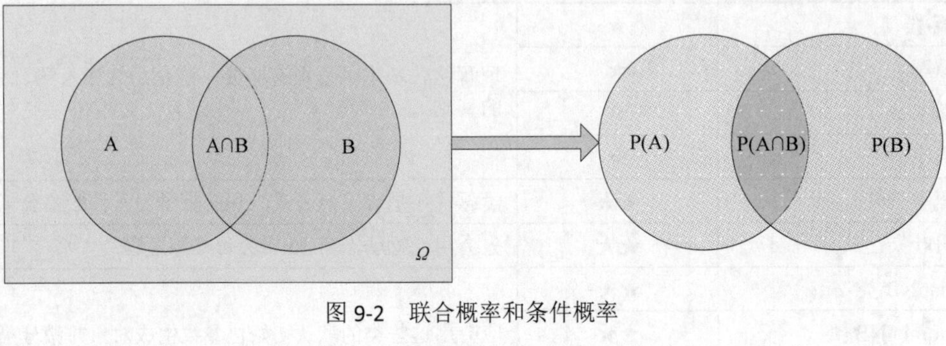

图 9-2　联合概率和条件概率

提示：只有事件之间才能做集合运算，概率是数值，概率之间不能做集合运算。

在事件A发生的前提下再发生事件B的概率就是条件概率$P(B|A)$，把条件写在竖线的后面，前面写结果事件。那么，条件概率$P(B|A)$的值就是联合概率与$P(A)$的比值，即交叉部分事件的联合概率比先验概率，公式如下：

$$P(B|A) = \frac{P(A \cap B)}{P(A)} \tag{9-1}$$

提示：如果进一步用图 9-2 来理解式（9-1），那就是条件概率$P(B|A)$是$P(A \cap B)$这个面积与$P(A)$这个面积的比值，相当于$P(A \cap B)$占$P(A)$的百分比。需要特别注意的是，概率不能做集合运算，所以不能加方框（方框表示全集Ω）。

先知道的概率就称为**先验概率**；后来才知道的概率就称为**后验概率**。因此，对于式（9-1）来说，$P(A \cap B)$和$P(A)$是先验概率，$P(B|A)$是后验概率。据此明显可知，条件概率就是后验概率，因为条件概率总是需要有事件先发生，据此再调整目标事件的概率值。同理，可以得到$P(A|B)$的计算公式：

$$P(A|B) = \frac{P(A \cap B)}{P(B)} \tag{9-2}$$

结合式（9-1）和（9-2）来看，它们的右边的分子是相同的，所以可得：

$$P(B|A)P(A) = P(A|B)\,P(B) = P(A \cap B) \tag{9-3}$$

这就是条件概率公式。式（9-3）可以变形一下，得到：

$$P(B|A) = \frac{P(A|B)\,P(B)}{P(A)} \tag{9-4}$$

$$P(A|B) = \frac{P(B|A)P(A)}{P(B)} \tag{9-5}$$

式（9-1）～式（9-5）经过互相变换可以得到，懂一个即可懂其他的。式（9-4）、式（9-5）中，$P(B|A)$、$P(A|B)$都是后验概率；$P(A)$、$P(B)$是先验概率。

当新来一个数据样本时，朴素贝叶斯公式可以用来求出属于某一个类的概率。朴素贝叶斯公式为：

$$P(\boldsymbol{Y} == c_i|\boldsymbol{X} == \boldsymbol{x}_{r0}) = \frac{P(\boldsymbol{X} == \boldsymbol{x}_{r0}|\boldsymbol{Y} == c_i) \times P(\boldsymbol{Y} == c_i)}{\sum_{i=0}^{k-1}(P(\boldsymbol{X} == \boldsymbol{x}_{r0}|\boldsymbol{Y} == c_i) \times P(\boldsymbol{Y} == c_i))} \tag{9-6}$$

式（9-6）中，$P(\boldsymbol{Y} == c_i|\boldsymbol{X} = \boldsymbol{x}_{r0})$表示新来一个数据样本$\boldsymbol{x}_{r0}$时结果$\boldsymbol{Y}$为类别$i$的概率，$c_i$表示类别$i$的取值，一共有$k$种取值。两个等号（==）表示相等的关系运算符，如果两边相等则返回 True。$\boldsymbol{x}_{r0}$中的r表示 row（行），也就是说一个样本数据就是一行数据。

提示：考虑到朴素贝叶斯公式有点复杂，这里打算把朴素贝叶斯公式的讲解和推导放到第 10 章中讲解。

9.1.2 朴素贝叶斯怎么得出属于某一类的概率

假定业务场景的应用需求如图 9-3 所示，这个例子仅用于讨论。有个姑娘想找对象，就很多次去相亲，于是就列出相亲的男方的特征数据项为月收入和相熟度（实际上会更多），根据这 2 项特征数据项来判断接下来的结交选择。数据特征项和目标数据项的取值都是 3 个，如图 9-3 中的标示。

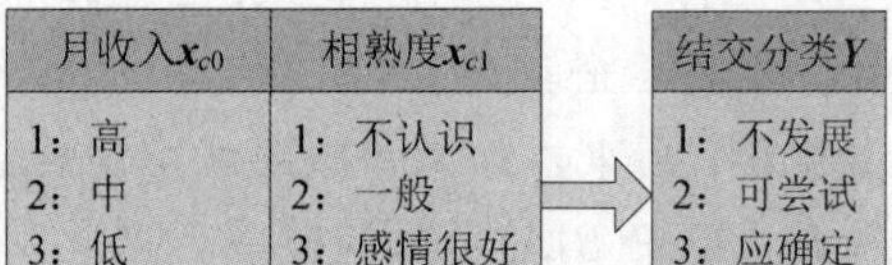

图 9-3　相亲的应用场景描述

有时，姑娘自己都不知道怎么判断，这时可以根据她以前做过的选择（或模拟男方情况再征求姑娘的选择意见）制作一个已有的数据表，假定如表 9-2 所示。

表 9-2　某姑娘相亲的结交对策

月收入$\boldsymbol{x}_{c0}$	相熟度$\boldsymbol{x}_{c1}$	结交分类$\boldsymbol{Y}$
高（1）	不认识（1）	可尝试（2）
高（1）	一般（2）	可尝试（2）
高（1）	感情很好（3）	应确定（3）
中（2）	一般（2）	可尝试（2）
低（3）	不认识（1）	不发展（1）
低（3）	感情很好（3）	不发展（1）
高（1）	不认识（1）	不发展（1）

假定事件$\boldsymbol{x}_{c0}$ = 月收入、$\boldsymbol{x}_{c1}$ = 相熟度、$\boldsymbol{Y}$ = 结交分类。可见，$P(\boldsymbol{Y})$是先验概率，它的值很容易根据表 9-2 统计并计算出来。由于$P(\boldsymbol{Y})$代表着全部结果，所以$P(\boldsymbol{Y}) = 1$。

$$P(\boldsymbol{Y} == 1) = \frac{3}{7}、\ P(\boldsymbol{Y} == 2) = \frac{3}{7}、P(\boldsymbol{Y} == 3) = \frac{1}{7}$$

在Y确定后，可进一步得到后验概率$P(X_{c1}|Y)$、$P(X_{c2}|Y)$，如：

$$P(\boldsymbol{x}_{c0} == 1|\boldsymbol{Y} == 1) = \frac{P(\boldsymbol{x}_{c0} == 1 \cap \boldsymbol{Y} == 1)}{P(\boldsymbol{Y} == 1)} = \frac{\frac{1}{7}}{\frac{3}{7}} = \frac{1}{3}$$

这意味着，如果与男方不发展，则男方有 $\frac{1}{3}$ 的可能性是收入高了。用同样的方法，可以计算出相熟度与结交分类形成的各个后验概率。例如：

$$P(\boldsymbol{x}_{c1}==1|\boldsymbol{Y}==1)=\frac{P(\boldsymbol{x}_{c1}==1\cap\boldsymbol{Y}==1)}{P(\boldsymbol{Y}==1)}=\frac{\frac{2}{7}}{\frac{3}{7}}=\frac{2}{3}$$

由于月收入、相熟度两个事件独立，所以：

$$P(\boldsymbol{x}_{c0}==1,\boldsymbol{x}_{c1}==1|\boldsymbol{Y}==1)=P(\boldsymbol{x}_{c0}==1|\boldsymbol{Y}==1)\times P(\boldsymbol{x}_{c1}==1|\boldsymbol{Y}==1)=\frac{2}{9}$$

考虑两个问题：第 1 个是$P(\boldsymbol{x}_{c0}==1,\boldsymbol{x}_{c1}==1|\boldsymbol{Y}==1)=P((\boldsymbol{x}_{c0}==1\cap\boldsymbol{x}_{c1}==1)|\boldsymbol{Y}==1)$？第 2 个问题是如果这样成立，明显从表格中可以看出，$\boldsymbol{Y}==1$的数据样本条数有 3 条，在此前提下，满足$(\boldsymbol{x}_{c0}==1\cap\boldsymbol{x}_{c1}==1)$的有 1 条（也就是说月收入高且不认识的人），那不就是$P((\boldsymbol{x}_{c0}==1\cap\boldsymbol{x}_{c1}==1)|\boldsymbol{Y}==1)=\frac{1}{3}$。

第 1 个问题的回答是正确的，两个事件的联合概率就是指“$P(A,B)=P(A\cap B)$”。

第 2 个问题的回答是不能这么计算。因为如果这样就破坏了月收入、相熟度两个事件独立的前提。因为月收入、相熟度两个事件独立，所以根据第 1 个问题的回答，可得：

$$P(\boldsymbol{x}_{c0}==1\cap\boldsymbol{x}_{c1}==1)=P(\boldsymbol{x}_{c0}==1)\times P(\boldsymbol{x}_{c1}==1)$$

$$P((\boldsymbol{x}_{c0}==1\cap\boldsymbol{x}_{c1}==1)|\boldsymbol{Y}==1)=P(\boldsymbol{x}_{c0}==1|\boldsymbol{Y}==1)\times P(\boldsymbol{x}_{c1}==1|\boldsymbol{Y}==1)$$

$$=\frac{1}{3}\times\frac{2}{3}=\frac{2}{9}$$

据此，下面给出两个独立的事件A和B之间的联合概率计算公式：

$$P(A,B)=P(A\cap B)=P(A)\times P(B) \tag{9-7}$$

同理，还可以求得：

$$P(\boldsymbol{x}_{c0}==1,\boldsymbol{x}_{c1}==1|\boldsymbol{Y}==2)=P(\boldsymbol{x}_{c0}==1|\boldsymbol{Y}==2)\times P(\boldsymbol{x}_{c1}==1|\boldsymbol{Y}==2)=\frac{2}{9}$$

$$P(\boldsymbol{x}_{c0}==1,\boldsymbol{x}_{c1}==1|\boldsymbol{Y}==3)=P(\boldsymbol{x}_{c0}==1|\boldsymbol{Y}==3)\times P(\boldsymbol{x}_{c1}==1|\boldsymbol{Y}==3)=0$$

接下来，运用朴素贝叶斯公式求得：

$$P(\boldsymbol{Y}==1|\boldsymbol{x}_{c0}==1,\boldsymbol{x}_{c1}==1)=\frac{P(\boldsymbol{Y}==1)\times P(\boldsymbol{x}_{c0}==1,\boldsymbol{x}_{c1}==1|\boldsymbol{Y}==1)}{\sum_{i=1}^{3}\left(P(\boldsymbol{Y}==i)\times P(\boldsymbol{x}_{c0}==1,\boldsymbol{x}_{c1}==1|\boldsymbol{Y}==i)\right)}$$

$$=\frac{\frac{3}{7}\times\frac{2}{9}}{\frac{3}{7}\times\frac{2}{9}+\frac{3}{7}\times\frac{2}{9}+0}=\frac{1}{2}$$

可见，基于当前已知数据的认识，如果新来一个相亲的男士，月收入为高，相熟度为不认识，则这位姑娘有一半的可能性会选择不发展。

提示：上述过程如果理解有困难，请不要着急，因为其中用到了全概率公式及更为复杂一些的朴素贝叶斯定理，使得阅读起来可能有点困难。这一章只要知道朴素贝叶斯公式可用来求得分类模型并做预测就可以了，更为详细的公式推导会在第 10 章中进行详细讲解。

9.2 用 scikit-learn 做朴素贝叶斯分类

使用 scikit-learn 来做朴素贝叶斯分类主要有 3 种形式，它们是高斯型、多项式型、伯努利型，使用时分别对应着 GuassianNB 类、MultinomialNB 类、BernoulliNB 类。类名中的 NB 就是指 Naive Bayes（朴素贝叶斯）。下面来学习如何使用它们。

9.2.1 使用 GuassianNB 类做鸢尾花分类

该类更适用于特征数据项是连续值的应用场景。该类会自动根据目标数据项有多少个值来将每个特征数据项分成对应个数的高斯分布（即正态分布）。下面就使用 GuassianNB 类来对鸢尾花做三分类。

源代码 9-1　使用 GuassianNB 类对鸢尾花做三分类

```
#====导入各种要用到的库、类====
from sklearn.datasets import load_iris
from sklearn.model_selection import train_test_split
from sklearn.metrics import classification_report
from sklearn.naive_bayes import GaussianNB
import numpy as np
import pandas as pd
#====加载数据====
iris=load_iris()
irisPd=pd.DataFrame(iris.data)
X=np.array(irisPd[[2,3]])
y=iris.target
#====预处理数据====
XTrain,XTest,yTrain,yTest=train_test_split(X,y,random_state=1,test_size=0.2)
#====建立朴素贝叶斯模型并做训练====
gnb=GaussianNB()
gnb.fit(XTrain,yTrain)
#====使用朴素贝叶斯模型做预测====
yPredict=gnb.predict(XTest)
yPredictProb=gnb.predict_proba(XTest)
print(yPredict)
print(yPredictProb)
print(classification_report(yTest,yPredict,\
    target_names=['setosa','versicolor','virginica']))
```

可以看到程序代码非常简洁，通常情况下，不需要在 GaussianNB 类的初始化方法中设置参数。程序运行结果如图 9-4 所示。模型类的对象 gnb 与逻辑回归模型类的对象类似，使用模型的 predict_proba()可以得到一个表示属于某种分类的可能性的二维数组。从图 9-4 可看出，这个二维数组的每一行值就是对应的数据样本属于 3 种分类的概率值，且每行的 3 个概率值相加为 1。图 9-4 中最后 1 行第 1 列的值为 7.34237102e-162，这表示一个很小的数；最后 1 行第 2 列 6.95294528e-003 的值约为 0.0069529；最后 1 行第 3 列的值为 9.93047055e-001，这表示值约为 0.993；这 3 个值相加的结果为 1；我们把概率值最大的类型作为分类的结果，也就是说，最后一行的所有列的最大值是 9.93047055e-001。

```
Console 1/A
 [3.08426338e-149 1.30779471e-001 8.69220529e-001]
 [1.00000000e+000 1.83267245e-015 2.64881038e-022]
 [1.24123122e-224 8.04117153e-005 9.99919588e-001]
 [4.76778248e-082 9.99080297e-001 9.19702900e-004]
 [1.00000000e+000 2.63115919e-016 6.04633949e-023]
 [1.00000000e+000 1.53373081e-014 2.39137210e-021]
 [5.86218548e-108 9.93960093e-001 6.03990658e-003]
 [7.34237102e-162 6.95294528e-003 9.93047055e-001]]
              precision    recall  f1-score   support

      setosa       1.00      1.00      1.00        11
  versicolor       1.00      0.92      0.96        13
   virginica       0.86      1.00      0.92         6

    accuracy                           0.97        30
   macro avg       0.95      0.97      0.96        30
weighted avg       0.97      0.97      0.97        30
```

图 9-4　使用 GuassianNB 类对鸢尾花做三分类

从结果来看，“virginica”类型的鸢尾花分类的查准率稍差，仅 0.86；但总体分类效果与第 8 章中 LogisticRegression 类的分类效果相当。如果要画出分类的界线，则如图 9-5 所示。从中可见，分类的界线不再是直线，而是不规则的曲线。

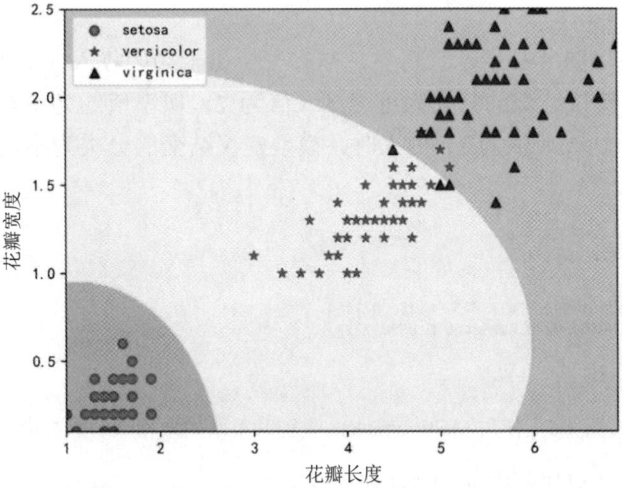

图 9-5　GuassianNB 类对鸢尾花做三分类的效果图

提示：8.4.2 节中有画出分类界线的源代码程序供参考，这里不再赘述。有兴趣的读者也可以参考本书提供的网络资源包中的源代码。

9.2.2 使用 MultinomialNB 类和 BernoulliNB 类

前文所述表 9-2 给出了某姑娘相亲后决定结交分类的初始数据，是一种典型的 MultinomialNB 类可应用的场景。MultinomialNB 类适用于特征数据项和目标数据项都是离散型数据的场景。如果不是离散型数据，建议事先做好数据的预处理，把连续的数据转变成离散的数据。如：假定一个人的月收入可分成 3 个档次，月收入在 10 万元以上为高收入，离散的数值为 1；月收入在 0.5 万至 10 万元为中收入，离散的数值为 2；月收入在 0.5 万元以下为低收入，离散的数值为 3。

源代码 9-2　使用 MultinomialNB 类辅助某姑娘做相亲后的结交分类决策

```
#====导入各种要用到的库、类====
from sklearn.naive_bayes import MultinomialNB
import numpy as np
#====加载数据====
X=np.array([[1,1],[1,2],[1,3],[2,2],\
            [3,1],[3,3],[1,1]])
y=np.array([2,2,3,2,1,1,1])
#====建立朴素贝叶斯模型并做训练====
gnb=MultinomialNB()
gnb.fit(X,y)
#====使用朴素贝叶斯模型做预测====
XTest=np.array([[2,3],[2,1]])
yPredict=gnb.predict(XTest)
yPredictProb=gnb.predict_proba(XTest)
print(yPredict)
print(yPredictProb)
```

程序运行的结果如图 9-6 所示。可见，当有一位男士为中收入（值为 2）、感情很好（值为 3）的人时，模型建议结交的分类为可尝试（值为 2，概率值约为 0.48）；当有一位男士为中收入（值为 2）、不认识（值为 1）的人时，模型建议结交的分类为不发展（值为 1，概率值约为 0.50）。

图 9-6　使用 MultinomialNB 类辅助某姑娘做相亲后的决策

如果要画出分类的界线，则如图 9-7 所示。图中为了更为直观地显示，把横轴和纵轴分别拉长了一点点，这样可以清楚地看到图形的边界上的数据点。从图中可以看出，这个模型很少做出“应确定”的决策建议，而且很多数据处在边界上。这是因为数据样本太少，随着数据样本的增多，也就是说朴素贝叶斯模型掌握的先验知识越多，模型将越准确。

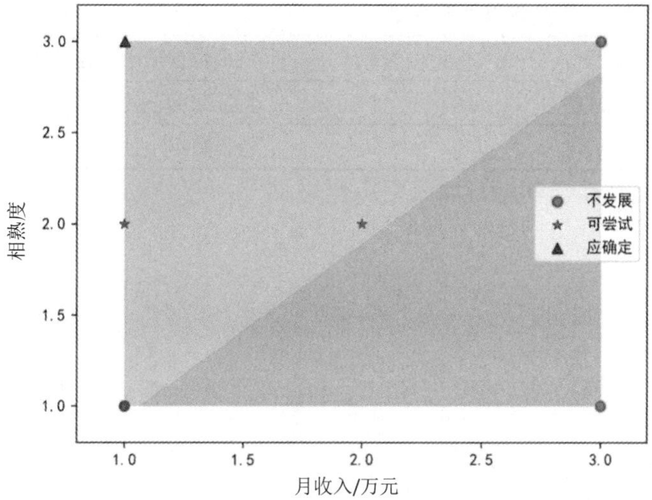

图 9-7 MultinomialNB 类辅助某姑娘做相亲后的决策效果图

BernoulliNB 类适用于特征数据项和目标数据项都是二值类型数据（即 0 和 1）的场景。如果样本数据不是二值类型的数据，需要事先做好数据转换，采用指定的阈值把数据转换成二值类型的数据。考虑到 BernoulliNB 类的使用比较简单，这里不再赘述。

9.3 小结

既然本章的学习目标是让您在掌握较少知识点的情况下学会用朴素贝叶斯来做应用，下面还是要用简单的表格（表 9-3）来总结这些知识点。

表 9-3 朴素贝叶斯的知识点

知识点	一句话总结	补充说明
朴素贝叶斯中的朴素	事件之间独立	独立即互不影响
条件概率	一个事件发生的前提下另一个事件发生的概率	
先验概率	先知道的概率	
后验概率	后知道的概率	条件概率就是后验概率

使用 scikit-learn 来做朴素贝叶斯分类主要有 3 种形式，它们是高斯型、多项式型、伯努利

型，使用时分别对应着 GuassianNB 类、MultinomialNB 类、BernoulliNB 类。表 9-4 是这 3 种类型的总结。

表 9-4　scikit-learn 中朴素贝叶斯的 3 种形式

类	朴素贝叶斯类型	应用场景
GuassianNB	高斯型	特征数据项中有连续值
MultinomialNB	多项式型	特征数据项为离散值
BernoulliNB	伯努利型	特征数据项为二分值

第10章 学习朴素贝叶斯背后的数学原理

图 10-1 为学习路线图，本章知识概览见表 10-1。

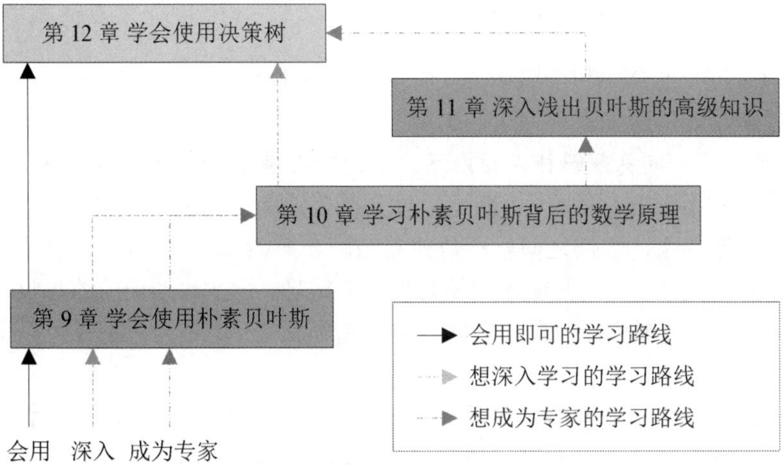

图 10-1 学习路线图

表 10-1 本章知识概览

知识点	难度系数	一句话学习建议
朴素的内涵	★	深刻理解这个内涵很重要
全概率公式	★★	建议结合图形来理解公式
朴素贝叶斯公式	★★★	应能用全概率公式、条件概率公式、朴素的内涵推导出朴素贝叶斯公式
GuassianNB 类	★★★	应理解为什么 GuassianNB 类能用于连续值的分类
MultinomialNB 类	★★★	应理解为什么 MultinomialNB 类擅长于处理离散值的分类
邮件分类	★★★	应能用 3 种朴素贝叶斯模型做垃圾邮件和非垃圾邮件分类

要学懂朴素贝叶斯背后的数学原理，主要需掌握 3 个重要的公式：第 1 个是条件概率公式；第 2 个是全概率公式；第 3 个自然是朴素贝叶斯公式。提倡在理解中学习这 3 个公式。要理解这些公式，建议把握住“朴素”一词的内涵并放到应用场景中去思考。

本章讲解朴素贝叶斯的数学原理及预测的计算过程；讲解高斯型、多项式型、伯努利型计算预测结果的过程。最后，用一个实例来对比分析 3 种类型的准确率。这个实例是用朴素贝叶斯来区分垃圾邮件和非垃圾邮件。

10.1 理解朴素贝叶斯分类的数学原理

学懂朴素贝叶斯分类主要需要学习概率论与统计学的一些知识，这些知识在第 7 章中已经学习过，这里不再重复讲解，下面直接来学习紧密相关的数学原理。

10.1.1 理解全概率公式并推导朴素贝叶斯公式

很多人学习贝叶斯公式和全概率公式时总是理解不透。我觉得有 2 个要点一定要做到，做到了就会理解得非常透彻。

第 1 个要点是一定要理解朴素的内涵。所谓朴素是指两个事件相互独立，怎样才叫相互独立呢？那就是互不影响。很显然，能运用贝叶斯公式的先验概率来求后验概率，说明它们之间存在一定的因果关系，它们之间就不是独立的。在第 9 章中，有一个例子用朴素贝叶斯公式来辅助某姑娘做交往决策。要能运用朴素贝叶斯定理，特征数据项中的月收入和相熟度之间就不存在因果关系，否则特征数据项之间就并不相互独立；但是因果关系可以运用到特征数据项与目标数据项之间。

第 2 个要点是一定要放到机器学习的应用场景里来理解。这个场景通常如图 10-2 所示。为了方便表达和沟通，我们与前文保持一致，用$\boldsymbol{x}_{c0},\cdots,\boldsymbol{x}_{c(n-1)}$表示 n个特征数据项，其中特征数据项的数据矩阵$\boldsymbol{X}$是一个二维矩阵，每一列就是一个数据项，因此用$\boldsymbol{x}_{c0}$表示第 0 列，下标从 0 开始，故最后一个特征数据项为$\boldsymbol{x}_{c(n-1)}$。

数据矩阵$\boldsymbol{X}$一共有m行，从名称上它还代表着所有的样本数据。第 1 个样本数据$\boldsymbol{x}_{r0}$的最后一项为$x_{(m-1)0}$，最后一个（即第$m-1$个）样本数据$\boldsymbol{x}_{c(n-1)}$的最后一项为$x_{(m-1)(n-1)}$。

目标数据项是一个向量$\boldsymbol{Y}$，共有m项数据，分别为$y_0,\cdots,y_{m-1}$。

假定目标数据项$\boldsymbol{Y}$有k种值，即k种分类，其值为$c_0,\cdots,c_{k-1}$，全概率公式为：

$$P(\boldsymbol{X}==\boldsymbol{x}_{r0})=\sum_{i=0}^{k-1}(P(\boldsymbol{X}==\boldsymbol{x}_{r0}|\boldsymbol{Y}==c_i)\times P(\boldsymbol{Y}==c_i)) \tag{10-1}$$

因为$\boldsymbol{Y}$代表着所有的结果，所以$P(\boldsymbol{Y})=1$。如图 10-3 所示，假定新来一行数据样本$\boldsymbol{x}_{r0}$，全概率公式就可用来求得$P(\boldsymbol{X}==\boldsymbol{x}_{r0})$。

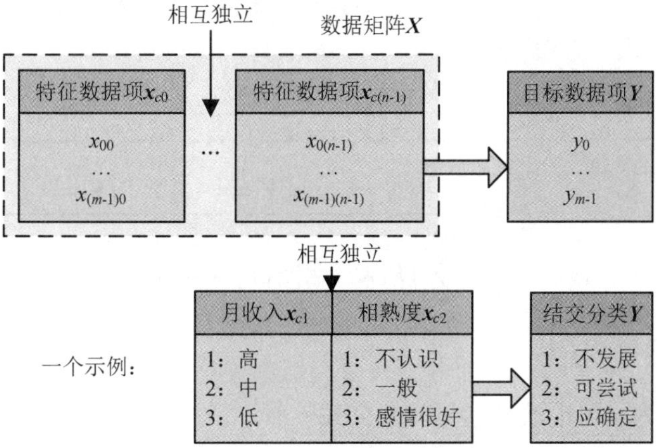

图 10-2 机器学习的应用场景

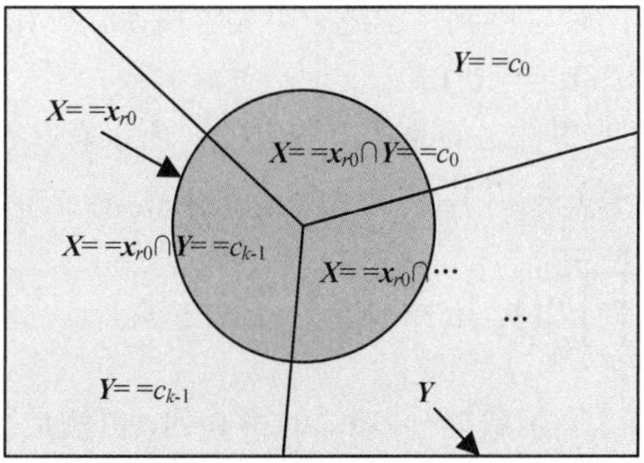

图 10-3 全概率公式的图示

提示：用$P(\boldsymbol{Y})$和$P(\boldsymbol{X} == \boldsymbol{x}_{r0})$作图，因为$P(\boldsymbol{Y}) = 1$，且事件$\boldsymbol{X} == \boldsymbol{x}_{r0}$和事件$\boldsymbol{Y}$存在先后关系。$\boldsymbol{X}$的各个特征数据项之间不能画出图 10-3 这样的图，因为朴素贝叶斯应用的前提条件是各个特征数据项代表的事件之间独立。

根据条件概率公式，可得：

$$P(\boldsymbol{X} == \boldsymbol{x}_{r0}|\boldsymbol{Y} == c_i) \times P(\boldsymbol{Y} == c_i) = P(\boldsymbol{X} == \boldsymbol{x}_{r0}) \cap P(\boldsymbol{Y} == c_i)$$

所以：

$$\sum_{i=0}^{k-1}(P(\boldsymbol{X} == \boldsymbol{x}_{r0}|\boldsymbol{Y} == c_i) \times P(\boldsymbol{Y} == c_i)) = \sum_{i=0}^{k-1}\left(P(\boldsymbol{X} == \boldsymbol{x}_{r0}) \cap P(\boldsymbol{Y} == c_i)\right)$$

观察图 10-3：

$$\sum_{i=0}^{k-1}\left(P(\boldsymbol{X} == \boldsymbol{x}_{r0}) \cap P(\boldsymbol{Y} == c_i)\right) = P(\boldsymbol{X} == \boldsymbol{x}_{r0})$$

由此可推导出式（10-1）。但是由式（10-1）还不能求出我们想要的结果，我们想要的结

果是求出$P(\boldsymbol{Y}==c_i|\boldsymbol{X}==\boldsymbol{x}_{r0})$，即来一个数据样本$\boldsymbol{x}_{r0}$时，计算出结果为$c_i$的概率。

根据条件概率公式，可得：

$$P(\boldsymbol{Y}==c_i|\boldsymbol{X}==\boldsymbol{x}_{r0})=\frac{P(\boldsymbol{Y}==c_i\cap\boldsymbol{X}==\boldsymbol{x}_{r0})}{P(\boldsymbol{X}==\boldsymbol{x}_{r0})}$$

$$=\frac{P(\boldsymbol{X}==\boldsymbol{x}_{r0}|\boldsymbol{Y}==c_i)\times P(\boldsymbol{Y}==c_i)}{\sum_{i=0}^{k-1}(P(\boldsymbol{X}==\boldsymbol{x}_{r0}|\boldsymbol{Y}==c_i)\times P(\boldsymbol{Y}==c_i))} \tag{10-2}$$

由此，我们便推导出了朴素贝叶斯公式。

10.1.2 利用朴素的内涵再推演朴素贝叶斯公式

有了式（10-2）还不能直接计算，因为等式右边还有$P(\boldsymbol{X}==\boldsymbol{x}_{r0}|\boldsymbol{Y}==c_i)$这一项没有找到办法来计算。$P(\boldsymbol{Y}==c_i)$比较好得到，这是一个先验概率，统计训练数据样本的目标数据项的值就可以得到每个分类的$P(\boldsymbol{Y}==c_i)$。

由于特征数据项所代表的事件之间是相互独立的，所以有：

$$P(\boldsymbol{X}==\boldsymbol{x}_{r0}|\boldsymbol{Y}==c_i)=P\left(\boldsymbol{x}_{c0}==\boldsymbol{x}_{r0c0},\cdots,\boldsymbol{x}_{c(n-1)}==\boldsymbol{x}_{r0c(n-1)}\,|\boldsymbol{Y}==c_i\right)$$

$$=\prod_{j=0}^{n-1}P\left(\boldsymbol{x}_{c(j)}==\boldsymbol{x}_{r0c(j)}\,|\boldsymbol{Y}==c_i\right)$$

上面的推导过程中，$\boldsymbol{x}_{r0c0}$表示数据样本$\boldsymbol{x}_{r0}$的第 0 列，也就是数据向量$\boldsymbol{x}_{r0}$的第 0 个元素。因此，朴素贝叶斯公式可演化为：

$$P(\boldsymbol{Y}==c_i|\boldsymbol{X}==\boldsymbol{x}_{r0})=\frac{P(\boldsymbol{X}==\boldsymbol{x}_{r0}|\boldsymbol{Y}==c_i)\times P(\boldsymbol{Y}==c_i)}{\sum_{i=0}^{k-1}(P(\boldsymbol{X}==\boldsymbol{x}_{r0}|\boldsymbol{Y}==c_i)\times P(\boldsymbol{Y}==c_i))} \tag{10-3}$$

$$=\frac{P(\boldsymbol{Y}==c_i)\times\prod_{j=0}^{n-1}P\left(\boldsymbol{x}_{c(j)}==\boldsymbol{x}_{r0c(j)}\,|\boldsymbol{Y}==c_i\right)}{\sum_{i=0}^{k-1}\left(P(\boldsymbol{Y}==c_i)\times\prod_{j=0}^{n-1}P\left(\boldsymbol{x}_{c(j)}==\boldsymbol{x}_{r0c(j)}\,|\boldsymbol{Y}==c_i\right)\right)}$$

式（10-3）可以直接用于求解$P(\boldsymbol{Y}==c_i|\boldsymbol{X}==\boldsymbol{x}_{r0})$。

提示：还有一点值得注意，对于任意一个要做预测的、新来的数据样本$\boldsymbol{x}_{r0}$，式（10-3）的分母都相同。因此，如果不需要求概率值，只需要给出分类决策的结果，那就看式（10-3）

中分子 $P(\boldsymbol{Y} == c_i) \times \prod_{j=0}^{n-1} P\left(\boldsymbol{x}_{c(j)} == \boldsymbol{x}_{r0c(j)} \mid \boldsymbol{Y} == c_i\right)$ 的计算结果，取分子值更大的那个类作为决策的结果。

10.2　进一步说明 scikit-learn 中做朴素贝叶斯分类的类

理解了朴素贝叶斯分类的数学原理，再看 scikit-learn 中做朴素贝叶斯分类的类的属性及方法就会更清晰明了。

10.2.1　再看 GuassianNB 类

GuassianNB 类擅长处理特征数据项为连续值的应用场景，它的做法实际上是把属于某种类别的数据特征项的值转设为正态分布计算的结果，即：

$$P\left(\boldsymbol{x}_{c(j)} == \boldsymbol{x}_{r0c(j)} \mid \boldsymbol{Y} == c_i\right) = \frac{1}{\sqrt{2\pi\sigma_{i(j)}^2}} \exp\left(-\frac{(x-\mu_{i(j)})^2}{2\sigma_{i(j)}^2}\right) \tag{10-4}$$

式（10-4）中，$\mu_{i(j)}$为第j个数据特征项的第i个类别的平均值；$\sigma_{i(j)}$为第j个数据特征项的第i个类别的标准差。

使用 GuassianNB 类的初始化方法通常不设参数，但它有一些属性和方法需要进一步学习和使用。主要属性如下：

（1）class_prior_。以一维数组形式存放有各个类别的先验概率$P(\boldsymbol{Y} == c_i)$，数组长度为类别的个数。

（2）class_count_。以一维数组形式存放有各个类别的训练样本数目。

（3）theta_。以二维数组形式存放有各个类别的特征均值$\mu_{i(j)}$，横向长度为特征数据项的数量，纵向长度为类型的数量，形状如图 10-4 所示。

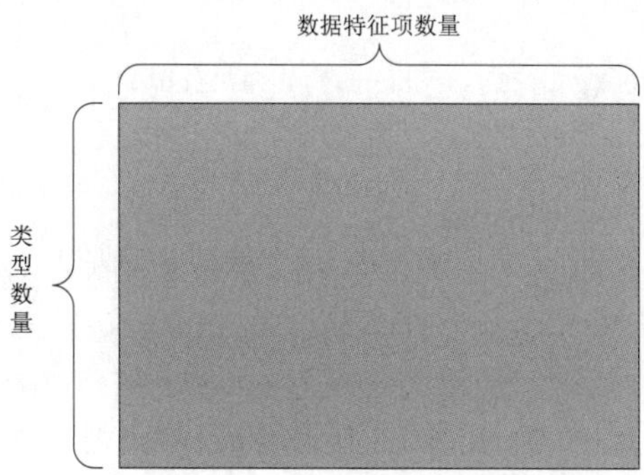

图 10-4　GuassianNB.theta_和 GuassianNB.sigma_的形状

（4）sigma_。以二维数组形式存放在各个类别的标准差$\sigma_{i(j)}$，横向长度为特征数据项的数量，纵向长度为类型的数量，形状如图 10-4 所示。

（5）classes_。标示分类的标签。

GuassianNB 类的主要方法有 fit()、score()、predict()、predict_proba()等，用法与此前学过的模型相同，不再赘述。

下面使用这些属性来计算预测分类的结果，并与模型预测的结果做出比较。

源代码 10-1　用 GuassianNB 的属性来做朴素贝叶斯分类

```
#====此处省略与源代码 9-1 相同的“导入各种要用到的库、类”====
#====此处省略与源代码 9-1 相同的“加载数据”====
#====此处省略与源代码 9-1 相同的“预处理数据”====
#====此处省略与源代码 9-1 相同的“建立朴素贝叶斯模型并做训练”====
#====使用朴素贝叶斯模型做预测====
print("各个类别的先验概率：",gnb.class_prior_)
print("各个类别的训练样本数：",gnb.class_count_)
print("特征数据项在各个类别的平均值：\n",gnb.theta_)
print("特征数据项在各个类别的标准差：\n",gnb.sigma_)
yPredictProb=gnb.predict_proba(XTest[0:1,:])
print("模型预测值：",yPredictProb)
#====运用朴素贝叶斯公式计算====
#根据均值、标准差,求指定范围的正态分布概率值
def normFun(x,mu,sigma):
    pdf=np.exp(-((x-mu)**2)/(2*sigma**2))/(sigma*np.sqrt(2*np.pi))
    return pdf
#计算各种类型的数据特征项的后验概率之积
pxijyki=np.ones((1,len(gnb.class_count_))).flatten()
for i in range(len(gnb.class_count_)):#i 为类型索引号
    for j in range(XTest.shape[1]):#j 为特征数据项索引号
        pxijyki[i]*=normFun(XTest[0,j],gnb.theta_[i,j],gnb.sigma_[i,j])
#计算贝叶斯公式的分母值
fMu=0
for i in range(len(gnb.class_count_)):#i 为类型索引号
    fMu+=gnb.class_prior_[i]*pxijyki[i]
#计算属于各个分类的概率值
compRates=np.zeros((1,len(gnb.class_count_))).flatten()
for i in range(len(gnb.class_count_)):#i 为类型索引号
    compRates[i]=gnb.class_prior_[i]*pxijyki[i]/fMu
print("计算出来的预测值：",compRates)
```

程序运行结果如图 10-5 所示。从结果来看，模型预测值与计算出来的预测值是一样的，两种方法都认为测试集中的第一个数据样本是第 0 种类型。模型预测值的第 1 项和第 2 项的值表达时自动使用了科学计数法，幂次项分别为 e 的-17 次方（表示的就是 10 的-17 次方）和 e 的-23 次方（表示的就是 10 的-23 次方），在 Python 中认为是与 0 十分接近的正数。

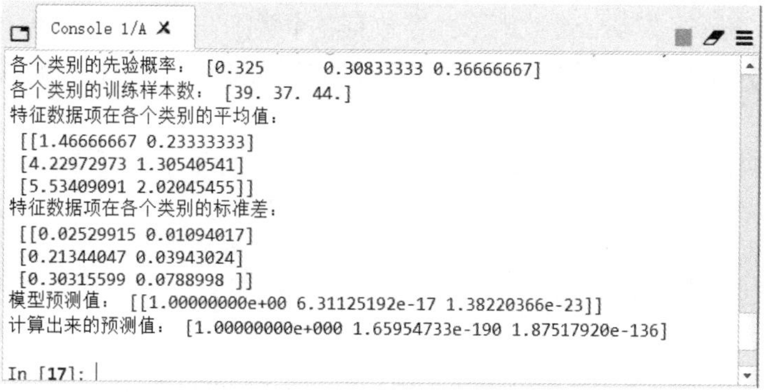

```
Console 1/A
各个类别的先验概率： [0.325      0.30833333 0.36666667]
各个类别的训练样本数： [39. 37. 44.]
特征数据项在各个类别的平均值：
 [[1.46666667 0.23333333]
 [4.22972973 1.30540541]
 [5.53409091 2.02045455]]
特征数据项在各个类别的标准差：
 [[0.02529915 0.01094017]
 [0.21344047 0.03943024]
 [0.30315599 0.0788998 ]]
模型预测值： [[1.00000000e+00 6.31125192e-17 1.38220366e-23]]
计算出来的预测值： [1.00000000e+000 1.65954733e-190 1.87517920e-136]

In [17]:
```

图 10-5　用 GuassianNB 的属性来做朴素贝叶斯分类

10.2.2　再看 MultinomialNB 类和 BernoulliNB 类

MultinomialNB 类擅长处理特征数据项为离散值的应用场景，它的做法实际上是把属于某种类别的数据特征项的值转成用以下公式统计的结果：

$$P\left(\boldsymbol{x}_{c(j)} == \boldsymbol{x}_{r0c(j)}\,|\boldsymbol{Y} == c_i\right) = \frac{N_{i(j)} + \alpha}{N_i + m\alpha} \tag{10-5}$$

式（10-5）中，$N_{i(j)}$为训练样本中第j个数据特征项的第i个类别的个数；N_i为训练样本中第i个类别的个数。

如果采用$P\left(\boldsymbol{x}_{c(j)} == \boldsymbol{x}_{r0c(j)}\,|\boldsymbol{Y} == c_i\right) = \frac{N_{i(j)}}{N_i}$来统计并计算这个条件概率，则有可能出现$N_{i(j)} = 0$的情况，第 9 章中辅助某姑娘做相亲后的决策时就出现了这个问题。改进的办法就是采用式（10-5）中的做法，分子、分母分别加上α、$m\alpha$。m是训练样本的数量，α被称为平滑因子，当$\alpha = 0$时，表示不做平滑处理；当$\alpha = 1$时，我们称这种平滑方法为拉普拉斯（Laplace）平滑。

拉普拉斯是法国的数学家、物理学家，他在天体力学、概率论等学科做出了卓越贡献，所以用他的名字命名这种平滑。拉普拉斯平滑确保了式（10-5）中分子不为 0，且当样本数据中各个类型的数量足够大时，可以把$P\left(\boldsymbol{x}_{c(j)} == \boldsymbol{x}_{r0c(j)}\,|\boldsymbol{Y} == c_i\right)$为 0 的情况变成一个很小的量。

MultinomialNB 类的初始化方法有 2 个主要的参数：

（1）alpha。平滑因子，默认值为 1，即默认采用拉普拉斯平滑。

（2）fit_prior。是否计算贝叶斯公式中的先验概率$P(\boldsymbol{Y} == c_i)$，默认为 True，表示计算。如果不计算先验概率$P(\boldsymbol{Y} == c_i)$，则表示用均匀分布代替，即各个类型的样本数量相同。

由此可见，通常情况下 MultinomialNB 类的初始化方法不需要设置参数。MultinomialNB 类有以下主要属性：

（1）class_count_。以一维数组形式存放有各个类别的训练样本数目。

（2）feature_count_。以二维数组形式存放有各个类别在各个特征数据项中的训练样本数目。二维数组大小为(k,n)（即k行n列），其中k为类型的数量，n为特征数据项的数量。

（3）classes_。标示分类的标签。

BernoulliNB 类的使用方法与 MultinomialNB 类相似，这里不再赘述。

10.3 做区分垃圾邮件和非垃圾邮件的项目实战

朴素贝叶斯分类在文本分类中的应用较多，区分垃圾邮件应是一种典型的应用场景。首先需要有数据集，我们可从以下网址得到一个：

https://archive.ics.uci.edu/ml/machine-learning-databases/spambase/spambase.data

下面就运用朴素贝叶斯的 3 种分类方法来看看分类的效果。

10.3.1 理解 spambase 数据集

spambase.data 是加利福尼亚大学尔湾分校在网站上提供的一个现成的表述邮件特征的数据集。这个数据集共 4601 条数据、57 个特征数据项，数据集的最后 1 列为目标数据项。目标数据项的值为 0 表示不是垃圾邮件，值为 1 表示是垃圾邮件。

做文本分类需要先做数据预处理，主要的工作是从文本中提取出各种可以用于区分文本的特征数据项。特征数据项中，有的使用文本出现的频次表示特征，也有的使用词频-逆文本频率指数（term frequency–inverse document frequency，TF-IDF）表示特征。spambase.data 中的特征数据项见表 10-2。

表 10-2　spambase.data 中的特征数据项

编号	名称	中文意思	数据类型
0	word_freq_make	单词 make 出现的百分比	连续值
…	…	…	…
47	word_freq_conference	单词 conference 出现的百分比	连续值
48	har_freq_;	符号;出现的百分比	连续值
…	…	…	…
53	char_freq_#	符号#出现的百分比	连续值
54	capital_run_length_average	大写字母连续序列的平均长度	连续值
55	capital_run_length_longest	最长的大写字母连续序列的长度	连续值
56	capital_run_length_total	邮件中大写字母的总数	连续值

第 0 项至第 47 项特征数据项是某个单词在邮件正文中出现的百分比，计算公式为：

$$某个单词出现的百分比 = \frac{该单词在邮件正文中出现的次数}{邮件正文的总单词数} \times 100$$

第 48 项至第 53 项特征数据项是一些特殊字符在邮件正文中出现的百分比，计算公式为：

$$某个特殊字符出现的百分比 = \frac{该字符在邮件正文中出现的次数}{邮件正文的总字符数} \times 100$$

这些特殊字符是“;([!$#”。第 54 项至第 56 项特征数据项的说明见表 10-2。可见特征数据项都是连续值，且都是小数。因此，在朴素贝叶斯模型中最好选用高斯模型。

10.3.2 使用 3 种朴素贝叶斯模型区分垃圾邮件和非垃圾邮件

下面来编制程序区分垃圾邮件和非垃圾邮件。

源代码 10-2 用 3 种朴素贝叶斯模型区分垃圾邮件和非垃圾邮件

```
#====导入各种要用到的库、类====
import numpy as np
from sklearn.naive_bayes import GaussianNB
from sklearn.naive_bayes import MultinomialNB
from sklearn.naive_bayes import BernoulliNB
from sklearn.model_selection import train_test_split
from sklearn.metrics import classification_report
#====加载数据并做预处理====
#第 1 个参数是数据文件所在的目录
data=np.loadtxt('D:/系务工作/data/spambase.data',delimiter=",")
XGuass=data[:,:57]#用于高斯模型的特征数据项
XMulti=XGuass#用于多项式模型的特征数据项
XBo=np.where(XMulti>0,1,0)#用于伯努利模型的特征数据项
y=data[:,57].astype(np.int32)#目标数据项
#====使用朴素贝叶斯模型做预测====
#使用高斯模型
XTrain,XTest,yTrain,yTest=train_test_split(XGuass,y,\
    random_state=1,test_size=0.2)
gnb=GaussianNB()
gnb.fit(XTrain,yTrain)
yPredict=gnb.predict(XTest)
print("====高斯模型====")
print(classification_report(yTest,yPredict,\
    target_names=['非垃圾邮件','垃圾邮件']))
#使用多项式模型
XTrain,XTest,yTrain,yTest=train_test_split(XMulti,y,\
    random_state=1,test_size=0.2)
mnb=MultinomialNB()
mnb.fit(XTrain,yTrain)
```

```
yPredict=mnb.predict(XTest)
print("====多项式模型====")
print(classification_report(yTest,yPredict,\
    target_names=['非垃圾邮件','垃圾邮件']))
#使用伯努利模型
XTrain,XTest,yTrain,yTest=train_test_split(XBo,y,\
    random_state=1,test_size=0.2)
bnb=BernoulliNB()
bnb.fit(XTrain,yTrain)
yPredict=bnb.predict(XTest)
print("====伯努利模型====")
print(classification_report(yTest,yPredict,\
    target_names=['非垃圾邮件','垃圾邮件']))
```

源代码中用 numpy 的 loadtxt()方法来加载数据，因数据文件把每一行的特征数据项值用“,”进行分隔，所以该方法的第 2 个参数为“,”。“data[:,:57]”可得到第 0 项至第 56 项特征数据项。numpy 的 where(XMulti>0,1,0)方法将凡是大于 0 的数据值设置为 1，否则设置为 0，这样得到的二维数组就可以用于伯努利模型。

程序运行结果如图 10-6 所示。从结果来看，伯努利模型的准确度最高，达到 0.89；多项式模型的准确度最低，为 0.78。那到底使用哪种模型更好？计算最为简单的当数伯努利模型，而且只要能将特征数据项都转化为二值型数据，自然使用伯努利模型更好。多项式模型处理这种百分比的小数数据显然能力有所欠缺。

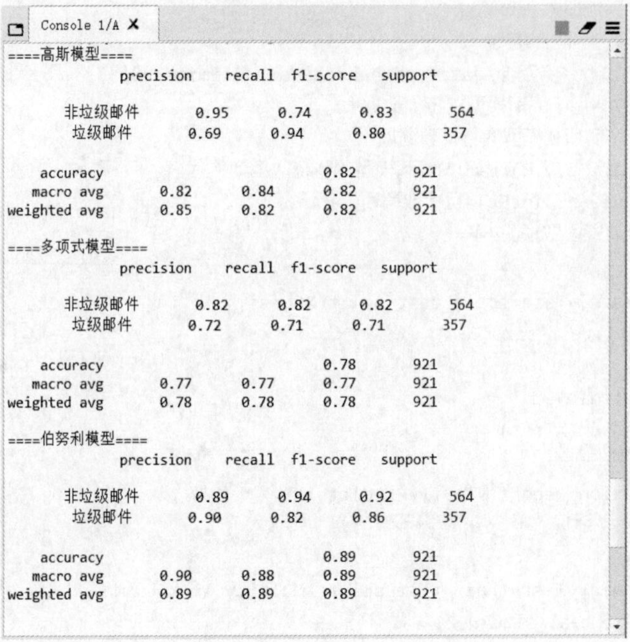
```
Console 1/A
====高斯模型====
              precision    recall  f1-score   support

       非垃圾邮件       0.95      0.74      0.83       564
        垃圾邮件       0.69      0.94      0.80       357

    accuracy                           0.82       921
   macro avg       0.82      0.84      0.82       921
weighted avg       0.85      0.82      0.82       921

====多项式模型====
              precision    recall  f1-score   support

       非垃圾邮件       0.82      0.82      0.82       564
        垃圾邮件       0.72      0.71      0.71       357

    accuracy                           0.78       921
   macro avg       0.77      0.77      0.77       921
weighted avg       0.78      0.78      0.78       921

====伯努利模型====
              precision    recall  f1-score   support

       非垃圾邮件       0.89      0.94      0.92       564
        垃圾邮件       0.90      0.82      0.86       357

    accuracy                           0.89       921
   macro avg       0.90      0.88      0.89       921
weighted avg       0.89      0.89      0.89       921
```

图 10-6　用 3 种朴素贝叶斯模型区分垃圾邮件和非垃圾邮件

10.4　小结

本章重点要理解并循序渐进地用好 3 个公式，总结见表 10-3。

表 10-3　朴素贝叶斯中的 3 个重要公式

公式	一句话总结	补充说明
条件概率公式	先验概率及以其事件为条件的条件概率之积为联合概率	$P(B\|A)=\frac{P(A\cap B)}{P(A)}$
全概率公式	请记住全概率公式的图示	
朴素贝叶斯公式	用条件概率和全概率 2 个公式可推导出朴素贝叶斯公式	不能破坏“朴素”这一前提

用高斯型朴素贝叶斯 GuassianNB 类做分类，实际上会先把属于某种类别的数据特征项的值转设为正态分布计算的结果。在使用 MultinomialNB 类和 BernoulliNB 类做分类前，建议把已有的训练数据集、测试数据集先按设定的规则转化成离散的数据或二分值数据。

第 11 章

深入浅出贝叶斯的高级知识

图 11-1 为学习路线图，本章知识概览见表 11-1。

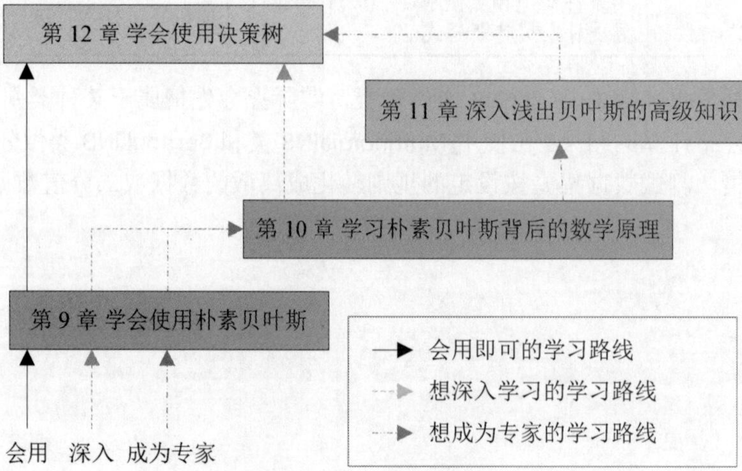

图 11-1　学习路线图

表 11-1　本章知识概览

知识点	难度系数	一句话学习建议
独立和互斥	★★	一定要深刻理解两者的概念和区别，建议结合图示来理解
有向无环图	★★	应能画出简单的有向无环图来表达贝叶斯网络
贝叶斯网络的 3 种基本结构	★★★	应能结合这 3 种基本结构的图形做独立和条件独立的推导、判断
贝叶斯球	★★★★	应能通过打贝叶斯球来判断独立和条件独立
下载和安装 pgmpy	★★	应能下载、能安装
用 pgmpy 构建贝叶斯网络	★★★	应能编写程序构建起自己定义的贝叶斯网络
用 pgmpy 做预测	★★★	在构建好贝叶斯网络后能做预测
用 pgmpy 自动学习	★★★	应能学习出条件概率表

朴素贝叶斯由于“朴素”而应用范围有限，如果特征数据项之间存在依赖关系，则应当用贝叶斯网络来分析和解决问题。然而，学习贝叶斯网络需要掌握更多的数学基础知识。

贝叶斯网络怎么用有向无环图来表达？在本章中，有 3 种贝叶斯网络的基本结构需要学习，还要学会打贝叶斯球。我们还将学会使用 pgmpy 开源工具来建模贝叶斯网络、学习贝叶斯网络的参数。

11.1　会用有向图表达贝叶斯网络

此前学习的朴素贝叶斯是学习贝叶斯网络的基础。贝叶斯网络用图形化形式来表达特征数据项和目标数据项之间的因果关系（或者说依赖关系）。在学习贝叶斯网络之前我们再来一起温习和深刻理解一些基本概念。

11.1.1　深刻理解独立和互斥的概念

理解好**独立**和**互斥**这两个概念，学习贝叶斯网络才能理解得更为透彻。此前我们已经学习过，独立是指两个事件之间互不影响，要互不影响则两者之间没有关系。那么问题来了：互不影响的两个事件有交集吗？

这个问题经常困扰我们。因为此前已经讲过独立的两个事件的联合概率公式：

$$P(A,B)=P(A\cap B)=P(A)\times P(B)$$

通常情况下，$P(A)>0$且$P(B)>0$，因此A、B这两个事件总是有一定概率同时出现，也就是说$P(A\cap B)>0$，那是不是说明A、B这两个事件就有交集呢？我认为不能这么理解。因为两个事件如果独立，它们就不应在一个全集空间中来考虑集合运算，就好像图 11-2 所示。

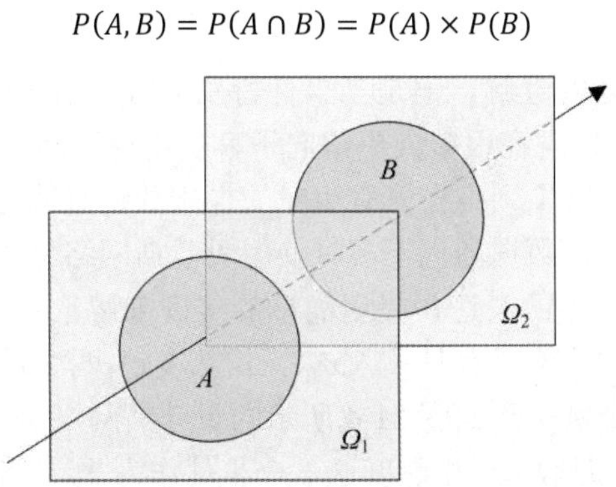

图 11-2　两个独立的事件

两个处在不同全集空间中的事件同时发生就好像用一根箭线把这两个事件串联起来，它们之间仍然互不影响，但同时发生的概率得用两个事件的概率来做乘积。因此，这两个事件之间根本就不能做交集运算，$(A \cap B)$表示的含义是两者同时发生。

那如果两个独立的事件中有一个事件的概率为 0 呢？或者说有一个事件为空（$A = \emptyset$或$B = \emptyset$）呢？空集和其他集合的交集结果为空集；而且只要有一个独立事件的概率为 0，那它和其他事件概率的乘积一定为 0，也就是说两者的联合概率也是 0。这也好理解，两个独立事件中的一个事件不可能发生，那么两个独立事件同时发生自然也是不可能的事情。

互斥是指两个事件不可能同时发生，从集合的观点来看，这两个事件处在同一个全集空间中，如图 11-3（a）所示；因此此时$A \cap B = \emptyset$且$P(A,B) = P(A \cap B) = 0$，$P(A \cup B) = P(A) + P(B)$。**对立**是互斥的一种特例，是指两个事件的并集为全集，即：$A + B = A \cup B = \Omega$；因此此时，$P(A \cup B) = P(A) + P(B) = 1$，如图 11-3（b）所示。

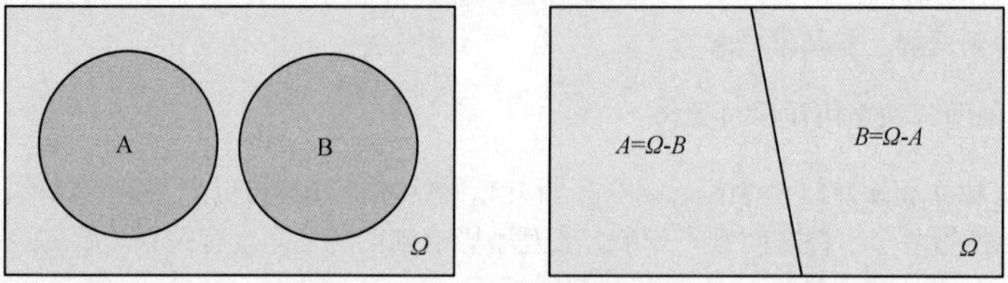

（a）　　（b）

图 11-3　两个互斥的事件

11.1.2　用有向无环图表达贝叶斯网络

用有向无环图（Directed Acyclic Graph，DAG）表达贝叶斯网络的基本方法是：用结点表示事件（特征数据项和目标数据项），用带方向的箭线表示事件之间的因果（或者说是依赖）关系，箭线之间不能连接成环。

这种表达方法还是比较好理解，但是当事件特别多时，这个网络将变得异常复杂，这就是这种方法的不足之处，所以现在很多人更偏向于喜欢用神经网络、支持向量机等机器学习算法来解决问题。不过，由于贝叶斯网络在只有少量的样本数据时就可以建立起较为理想的模型，因而当样本数据量不多、特征数据项也不多时使用贝叶斯网络仍然是较好的选择。

下面继续讨论贝叶斯网络的表达，先用简单的实例来讨论。前两章中曾做过某姑娘相亲后决定结交分类的例子，这个例子有月收入$\boldsymbol{x}_{c0}$、相熟度$\boldsymbol{x}_{c1}$两个特征数据项和结交分类$\boldsymbol{Y}$一个目标数据项。实际上，这个例子是如图 11-4 所示的贝叶斯网络。

从因果关系上来理解，月收入、相熟度这 2 个事件作为“因”来推导结交分类这个“果”。用概率来表达结交分类这个事件的后验概率就是$P(\boldsymbol{Y}|\boldsymbol{x}_{c0},\boldsymbol{x}_{c1})$。如果图 11-4 中的 3 个事件都发生，联合概率为$P(\boldsymbol{x}_{c0},\boldsymbol{x}_{c1},\boldsymbol{Y})$。图 11-4 中有两条箭线，表达了 2 个条件概率，即$P(\boldsymbol{Y}|\boldsymbol{x}_{c0})$和$P(\boldsymbol{Y}|\boldsymbol{x}_{c1})$。通常我们从箭头处的结点往箭尾看来表达条件概率，把指向同一个结点的条件概率

写在一起。因此$P(\boldsymbol{Y}|\boldsymbol{x}_{c0})$和$P(\boldsymbol{Y}|\boldsymbol{x}_{c1})$可表达为$P(\boldsymbol{Y}|\boldsymbol{x}_{c0},\boldsymbol{x}_{c1})$。

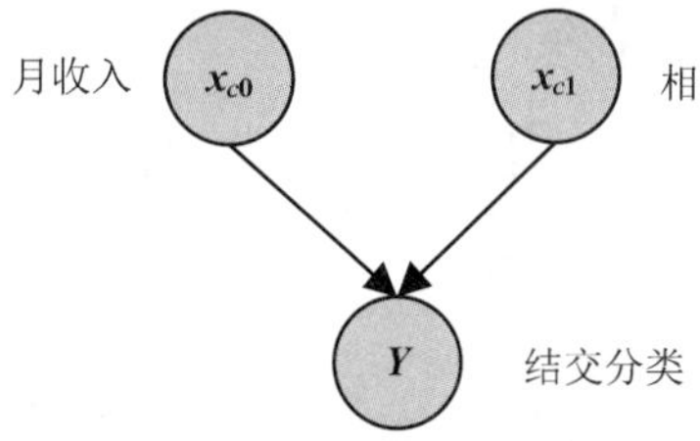

图 11-4 “某姑娘相亲后决定结交分类”的贝叶斯网络

箭尾结点称为箭头结点的父结点，箭头结点称为箭尾结点的子结点。图 11-4 中，$\boldsymbol{x}_{c0}$和$\boldsymbol{x}_{c1}$就是$\boldsymbol{Y}$的父结点，$\boldsymbol{Y}$就是$\boldsymbol{x}_{c0}$和$\boldsymbol{x}_{c1}$的子结点。在当前结点再往父结点的上层父结点方向走，父结点之上的结点统称为祖父结点。在当前结点往子结点的下层子结点方向走，子结点之下的结点统称为子孙结点。

没有箭线的箭头指向的结点称为起始结点或根结点，没有箭线的箭尾引出的结点称为叶子结点。图 11-4 中，$\boldsymbol{x}_{c0}$和$\boldsymbol{x}_{c1}$就是起始结点，$\boldsymbol{Y}$就是叶子结点。图 11-4 的联合概率为：

$$P(\boldsymbol{x}_{c0},\boldsymbol{x}_{c1},\boldsymbol{Y}) = P(\boldsymbol{x}_{c0}) \times P(\boldsymbol{x}_{c1}) \times P(\boldsymbol{Y}|\boldsymbol{x}_{c0},\boldsymbol{x}_{c1})$$

通常表达时乘号可省略，即为：

$$P(\boldsymbol{x}_{c0},\boldsymbol{x}_{c1},\boldsymbol{Y}) = P(\boldsymbol{x}_{c0})P(\boldsymbol{x}_{c1})P(\boldsymbol{Y}|\boldsymbol{x}_{c0},\boldsymbol{x}_{c1})$$

来讨论复杂一点的情况，如图 11-5 所示。假定有 2 个起始结点，2 个叶子结点。男士的“月收入”会决定其是否买得起房，“有房吗”事件有 2 个值“True”（有房）或“False”（无房）；实际上决定结交分类的是“相熟度”和“有房吗”这 2 个事件。“女方父母是否喜欢”以男士“月收入”和“有房吗”这 2 个事件作为起因。

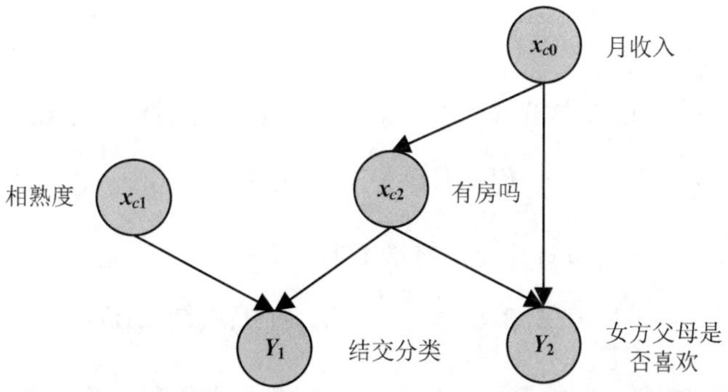

图 11-5 更复杂一点的贝叶斯网络

提示：现实情况可能会更复杂一些，如女方父母是否喜欢也会成为“结交分类”决策的原因，还会有更多的特征数据项等。这里用来理解贝叶斯网络的原理就行，暂不讨论过于复杂的场景。如果觉得这个例子太现实了点，可以改成“男士帅吗？”“男士幽默吗？”等更为有趣的特征数据项。

11.1.3 理解贝叶斯网络的 3 种基本结构

图 11-5 涵盖了贝叶斯网络的 3 种基本结构，下面一一讨论。这 3 种基本结构如图 11-6 所示。

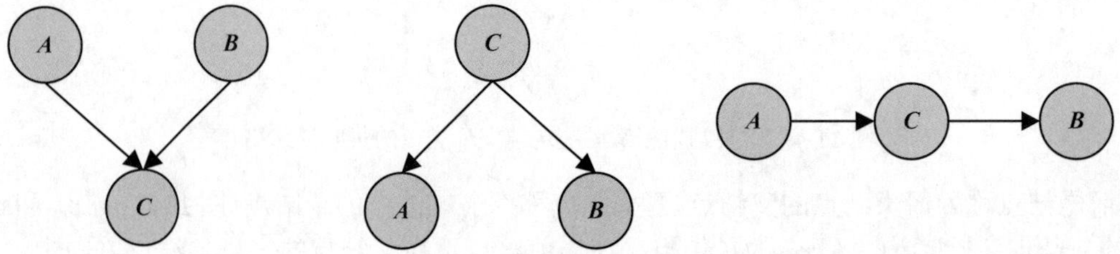

图 11-6　贝叶斯网络的 3 种基本结构

如果以事件$\boldsymbol{C}$是否已知来分 2 种情况判断其他 2 个结点的独立性，这 2 种情况分别是事件$\boldsymbol{C}$已知和事件$\boldsymbol{C}$未知。下面将 3 种基本结构分别分 2 种情况来讨论。

1. 图 11-6（a）所示的结构

这种情况因两个箭线的箭头都指向结点$\boldsymbol{C}$，故又称为 head-to-head 结构。从图形可得联合概率：

$$P(\boldsymbol{A},\boldsymbol{B},\boldsymbol{C})=P(\boldsymbol{A})P(\boldsymbol{B})P(\boldsymbol{C}|\boldsymbol{A},\boldsymbol{B})$$

（1）不知事件$\boldsymbol{C}$是否发生，即$P(\boldsymbol{C})$未知的情况。此时如果能证明联合概率$P(\boldsymbol{A},\boldsymbol{B})=P(\boldsymbol{A})P(\boldsymbol{B})$，则表明事件$\boldsymbol{A}$和事件$\boldsymbol{B}$独立。此时：

$$P(\boldsymbol{A},\boldsymbol{B})=\sum_{\boldsymbol{C}}P(\boldsymbol{A},\boldsymbol{B},\boldsymbol{C})=\sum_{\boldsymbol{C}}\big(P(\boldsymbol{A})P(\boldsymbol{B})P(\boldsymbol{C}|\boldsymbol{A},\boldsymbol{B})\big)=P(\boldsymbol{A})P(\boldsymbol{B})\sum_{\boldsymbol{C}}P(\boldsymbol{C}|\boldsymbol{A},\boldsymbol{B})=P(\boldsymbol{A})P(\boldsymbol{B})$$

因此，事件$\boldsymbol{A}$和事件$\boldsymbol{B}$独立。

提示：推导过程学习起来有困难？在这里一一讲解推导过程。根据全概率公式可得：

$$P(\boldsymbol{A},\boldsymbol{B})=\sum_{\boldsymbol{C}}P(\boldsymbol{A},\boldsymbol{B},\boldsymbol{C})$$

根据图 11-6（a）这个已知的贝叶斯网络图形可得：

$$\sum_{\boldsymbol{C}}P(\boldsymbol{A},\boldsymbol{B},\boldsymbol{C})=\sum_{\boldsymbol{C}}\big(P(\boldsymbol{A})P(\boldsymbol{B})P(\boldsymbol{C}|\boldsymbol{A},\boldsymbol{B})\big)$$

$P(\boldsymbol{A})P(\boldsymbol{B})$是先验概率，事件已知，故可以作为数值提取到$\Sigma$符号之外，可得：

$$\sum_{\boldsymbol{C}}\big(P(\boldsymbol{A})P(\boldsymbol{B})P(\boldsymbol{C}|\boldsymbol{A},\boldsymbol{B})\big)=P(\boldsymbol{A})P(\boldsymbol{B})\sum_{\boldsymbol{C}}P(\boldsymbol{C}|\boldsymbol{A},\boldsymbol{B})$$

根据全概率公式，可知：

$$\sum_{\boldsymbol{C}} P(\boldsymbol{C}|\boldsymbol{A},\boldsymbol{B}) = 1$$

也就是说，在事件$\boldsymbol{A}$和事件$\boldsymbol{B}$的前提下，事件$\boldsymbol{C}$必然发生，因为只有事件$\boldsymbol{A}$和事件$\boldsymbol{B}$指向事件$\boldsymbol{C}$。

综上，可得到推导结果$P(\boldsymbol{A},\boldsymbol{B}) = P(\boldsymbol{A})P(\boldsymbol{B})$。

（2）事件$\boldsymbol{C}$已经发生，即$P(\boldsymbol{C})$已知的情况。此时如果能证明$P(\boldsymbol{A},\boldsymbol{B}|\boldsymbol{C}) = P(\boldsymbol{A}|\boldsymbol{C})P(\boldsymbol{B}|\boldsymbol{C})$，则说明事件$\boldsymbol{A}$和事件$\boldsymbol{B}$条件独立。此时：

$$P(\boldsymbol{A},\boldsymbol{B}|\boldsymbol{C}) = \frac{P(\boldsymbol{A},\boldsymbol{B},\boldsymbol{C})}{P(\boldsymbol{C})} = \frac{P(\boldsymbol{A})P(\boldsymbol{B})P(\boldsymbol{C}|\boldsymbol{A},\boldsymbol{B})}{P(\boldsymbol{C})}$$

此时，不能推导出$P(\boldsymbol{A},\boldsymbol{B}|\boldsymbol{C}) = P(\boldsymbol{A}|\boldsymbol{C})P(\boldsymbol{B}|\boldsymbol{C})$，则说明事件$\boldsymbol{A}$和事件$\boldsymbol{B}$非条件独立。

根据条件概率公式，可得：

$$P(\boldsymbol{A},\boldsymbol{B}|\boldsymbol{C}) = \frac{P(\boldsymbol{A},\boldsymbol{B},\boldsymbol{C})}{P(\boldsymbol{C})}$$

2. 图 11-6（b）所示的结构

这种情况因两个箭线的箭尾都出自结点$\boldsymbol{C}$，故又称为 tail-to-tail 结构。从图形可得联合概率：

$$P(\boldsymbol{A},\boldsymbol{B},\boldsymbol{C}) = P(\boldsymbol{C})P(\boldsymbol{A}|\boldsymbol{C})\,P(\boldsymbol{B}|\boldsymbol{C})$$

（1）不知事件$\boldsymbol{C}$是否发生，即$P(\boldsymbol{C})$未知的情况。此时不能推导出联合概率$P(\boldsymbol{A},\boldsymbol{B}) = P(\boldsymbol{A})P(\boldsymbol{B})$，故事件$\boldsymbol{A}$和事件$\boldsymbol{B}$不独立。

（2）事件$\boldsymbol{C}$已经发生，即$P(\boldsymbol{C})$已知的情况。此时：

$$P(\boldsymbol{A},\boldsymbol{B}|\boldsymbol{C}) = \frac{P(\boldsymbol{A},\boldsymbol{B},\boldsymbol{C})}{P(\boldsymbol{C})} = \frac{P(\boldsymbol{C})P(\boldsymbol{A}|\boldsymbol{C})\,P(\boldsymbol{B}|\boldsymbol{C})}{P(\boldsymbol{C})} = P(\boldsymbol{A}|\boldsymbol{C})\,P(\boldsymbol{B}|\boldsymbol{C})$$

因此，事件$\boldsymbol{A}$和事件$\boldsymbol{B}$条件独立。这说明，在事件$\boldsymbol{C}$发生的条件下，事件$\boldsymbol{A}$和事件$\boldsymbol{B}$互不影响。

3. 图 11-6（c）所示的结构

这种情况结点$\boldsymbol{C}$一个箭头进一个箭尾出，故又称为 head-to-tail 结构。从图形可得联合概率：

$$P(\boldsymbol{A},\boldsymbol{B},\boldsymbol{C}) = P(\boldsymbol{A})P(\boldsymbol{C}|\boldsymbol{A})\,P(\boldsymbol{B}|\boldsymbol{C})$$

（1）不知事件$\boldsymbol{C}$是否发生，即$P(\boldsymbol{C})$未知的情况。此时不能推导出联合概率$P(\boldsymbol{A},\boldsymbol{B}) = P(\boldsymbol{A})P(\boldsymbol{B})$，故事件$\boldsymbol{A}$和事件$\boldsymbol{B}$不独立。

（2）事件$\boldsymbol{C}$已经发生，即$P(\boldsymbol{C})$已知的情况。此时：

$$P(\boldsymbol{A},\boldsymbol{B}|\boldsymbol{C}) = \frac{P(\boldsymbol{A},\boldsymbol{B},\boldsymbol{C})}{P(\boldsymbol{C})} = \frac{P(\boldsymbol{A})P(\boldsymbol{C}|\boldsymbol{A})\,P(\boldsymbol{B}|\boldsymbol{C})}{P(\boldsymbol{C})} = \frac{P(\boldsymbol{A},\boldsymbol{C})\,P(\boldsymbol{B}|\boldsymbol{C})}{P(\boldsymbol{C})} = \frac{P(\boldsymbol{A},\boldsymbol{C})}{P(\boldsymbol{C})}\,P(\boldsymbol{B}|\boldsymbol{C})$$
$$= P(\boldsymbol{A}|\boldsymbol{C})\,P(\boldsymbol{B}|\boldsymbol{C})$$

因此，事件$\boldsymbol{A}$和事件$\boldsymbol{B}$条件独立。

贝叶斯网络 3 种基本结构的简要总结见表 11-2。

表 11-2　贝叶斯网络的 3 种基本结构

基本结构	事件*C*未知	事件*C*已知
head-to-head	事件**A**和事件**B**独立	事件**A**和事件**B**非条件独立
tail-to-tail	事件**A**和事件**B**不独立	事件**A**和事件**B**条件独立
head-to-tail	事件**A**和事件**B**不独立	事件**A**和事件**B**条件独立

当 3 种基本结构中的事件**A**和事件**B**独立、条件独立时，这条路径将发生被称为**阻断**的现象，也就是说事件**A**和事件**B**互相之间不影响。这种阻断的现象又称为 D-Separation（D-分离）。因此表 11-2 如果以事件**C**为考察点，可以用一句话来总结“未知仅头头独立，已知也仅头头非条件独立”。

接下来，我们用这 3 种基本结构来解释图 11-5 所示的业务场景。如图 11-7 所示，方框内是一个 head-to-head 结构。根据表 11-2，这种结构当结交分类未知时，“相熟度”和“有房吗”这 2 个事件是独立的，就好像在“相熟度”和“有房吗”之间放置了一道门 D-Separation，这道门两边互不相越，概率没有机会流动过去；当“结交分类”已知时，“相熟度”和“有房吗”这 2 个事件就建立起了条件相关关系。从场景上来说，当不知道“结交分类”时，这名女士与男士的“相熟度”“有房吗”情况是没有关联的，但一旦有了分类结果，那就都有关联了。

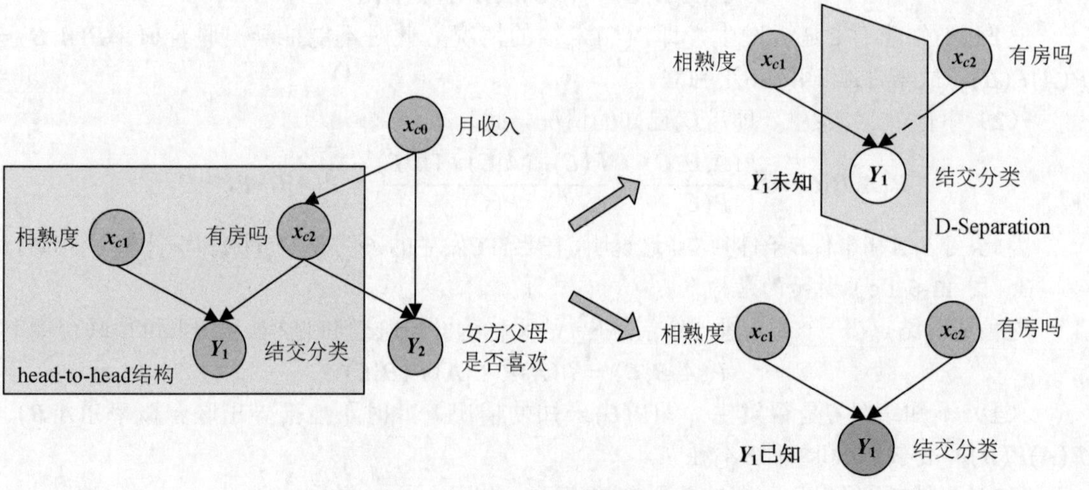

图 11-7　head-to-head 结构的示例

如图 11-8 所示的 tail-to-tail 结构，当男士是否有房的情况不知道时，认为女士的“结交分类”和“女方父母是否喜欢”是有关联的；但一旦知道男士是否有房，这位女士的“结交分类”和其“父母是否喜欢”将各自决策，互不影响。

提示：有人可能会反驳上述分析，难道这位女士做决策不看自己的父母是否喜欢？现实生活中可能是会与父母商量，只是这里的贝叶斯图中没有体现。如果要体现，就需要修改贝叶斯图。

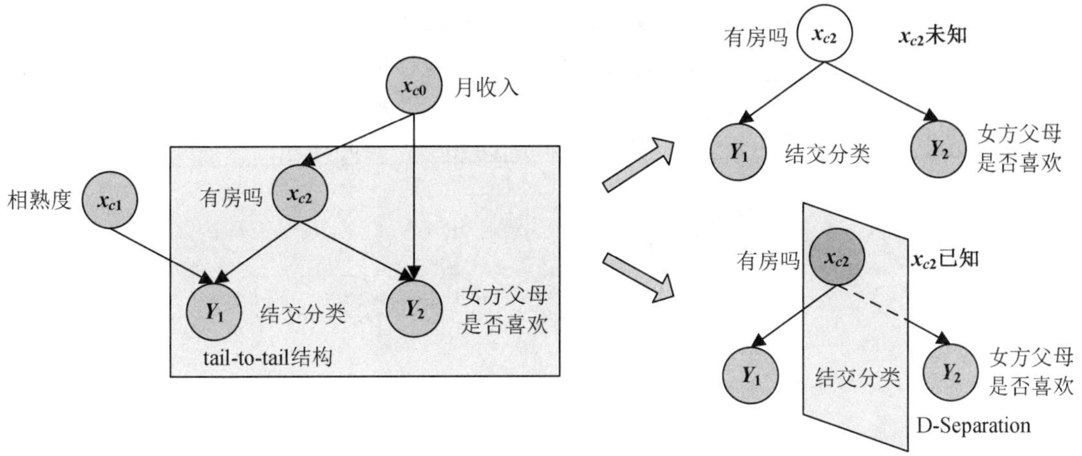

图 11-8　tail-to-tail 结构的示例

如图 11-9 所示的 head-to-tail 结构，当男士是否有房的情况不知道时，认为女士的“结交分类”和男士的“月收入”是有关联的；但一旦知道男士是否有房，这位女士的“结交分类”决策将与“月收入”无关，因为信息只来自于“有房吗”这个事件。

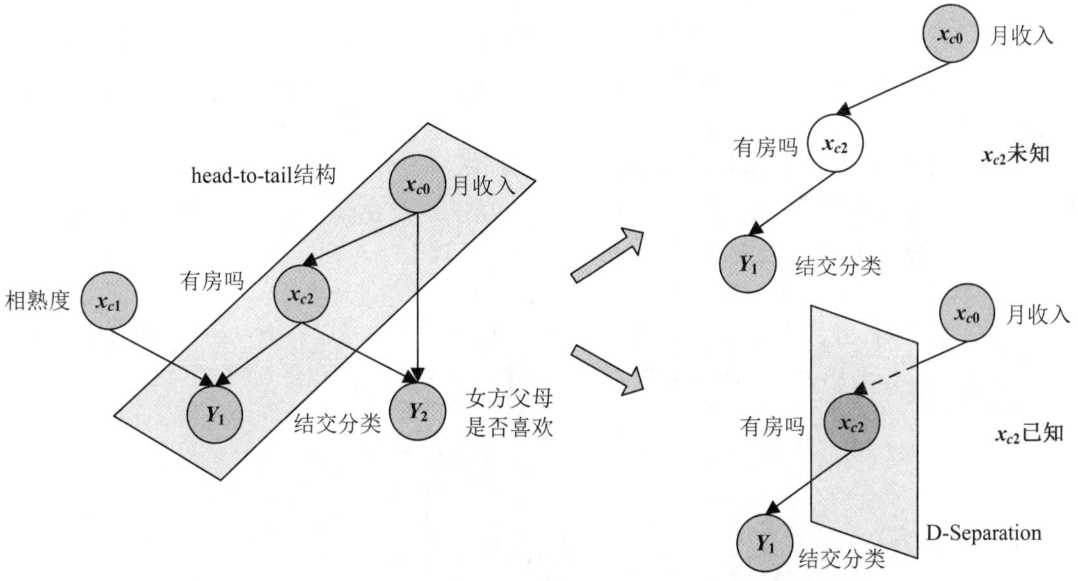

图 11-9　head-to-tail 结构的示例

11.1.4　打贝叶斯球来分析两个事件是否关联

要分析贝叶斯网络中的两个事件是否关联，可以用打贝叶斯球的方式。要会打贝叶斯球，接下来还要学习一系列的规则。打贝叶斯球一共有 10 条规则。

图 11-10 中的（a1）～（c2）所示的是 3 种基本结构对应的 6 条规则。怎么判断一个贝叶斯球能否打过去？球能打过就表示有关联关系，信息互相之间会流动。因此，只要没有 D-Separation，贝叶斯球就能打过去；如果有 D-Separation，贝叶斯球就通不过。

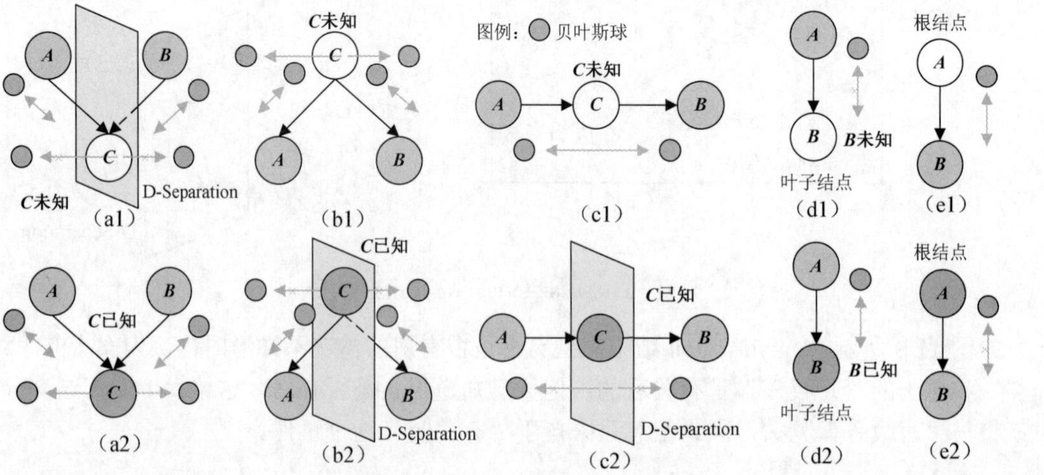

图 11-10　3 种基本结构对应的 6 条规则

提示：打贝叶斯球不是顺着箭头方向流动，而是要分析有没有 D-Separation，然后再看是否打得过去。

还有 4 条规则如图 11-10 中的（d1）-（e2）所示。当叶子结点 ***B*** 未知，则贝叶斯球上下不通；当叶子结点 ***B*** 已知，则贝叶斯球上下可通，由于结点 ***B*** 信息仅来源于结点 ***A***，因此会带动结点 ***A*** 成为已知事件。当根结点 ***A*** 未知，则贝叶斯球上下可通；当根结点 ***A*** 已知，则贝叶斯球上下不通，因为根结点 ***A*** 已知没有给结点 ***B*** 带来任何信息增益。

下面一起来打一次贝叶斯球。如图 11-11 所示的贝叶斯网络，假定已知事件$\boldsymbol{Y_1}$，试判断事件$\boldsymbol{x_{c0}}$和事件$\boldsymbol{x_{c1}}$是否相关。打贝叶斯球的过程如图 11-11 所示。

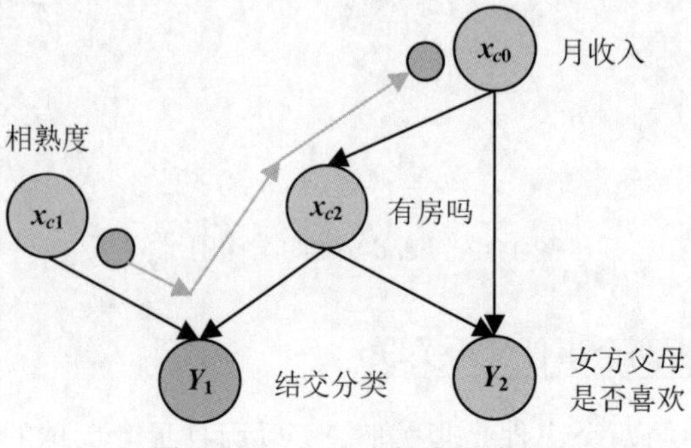

图 11-11　打贝叶斯球的过程

贝叶斯球从$\boldsymbol{x}_{c0}$出发，由于事件$\boldsymbol{Y}_1$已知，根据图 11-10（a2）的规则，贝叶斯球可以通过事件$\boldsymbol{Y}_1$抵达事件$\boldsymbol{x}_{c2}$。再根据图 11-10（c1）的规则，贝叶斯球可以通过事件$\boldsymbol{x}_{c2}$抵达$\boldsymbol{x}_{c0}$。因此，事件$\boldsymbol{x}_{c0}$和事件$\boldsymbol{x}_{c1}$相关。这表明在已知该女士结交分类的情况下，与男士的“相熟度”“月收入”这 2 个事件具有相关性。

11.2 使用 pgmpy 建模贝叶斯网络

scikit-learn 库中没有提供贝叶斯网络的模型类库，因此，我们需要寻找 Python 的第三方类库。pgmpy 是一款开源的可用于建模贝叶斯网络的工具。名称的前 3 个字母是 Probabilistic Graphical Model（概率图模型）的首字母，后 2 个字母是指 Python。有了前面学习的理论基础，下面一起来学习怎么使用它。

11.2.1 安装 pgmpy

pgmpy 需要有以下软件工具作为安装的基础：Python 3.6 或更高的版本、networkX、scipy、numpy、pytorch、tqdm、pandas、pyparsing、statsmodels、joblib。

如果您的开发环境里没有这些软件工具，需先安装它们。如果安装过程很慢则有 3 种办法，第 1 种办法是泡杯咖啡或休息会，慢慢等；第 2 种办法是设置环境中下载库的地址到国内，通常用清华大学的比较多，如要下载 pytorch，把 Anaconda Navigator 中的 Channels 设置为以下地址优先后速度会快很多：

https://mirrors.tuna.tsinghua.edu.cn/anaconda/cloud/pytorch/win-64/

第 3 种办法是将软件包下载下来再安装。至于安装用什么命令，最好看看软件的 Readme 文件中的说明，根据说明中的指引来安装。如果使用的是 Anaconda 开发工具，可使用如下的命令安装 pgmpy：

```
conda install -c ankurankan pgmpy
```

11.2.2 构建某女士结交男友决策的贝叶斯网络

这个应用场景的贝叶斯网络前述已讨论过多次，这里不再赘述。先来熟悉怎么建模，再来看源代码。

pgmpy 中的 pgmpy.models.BayesianNetwork 类就是建模贝叶斯网络最为常用的类。这个类初始化方法如下：

```
pgmpy.models.BayesianNetwork(data=None, latents=set())
```

第 1 个参数用于设置贝叶斯网络的图形结构；第 2 个参数用于设置贝叶斯网络的条件概率分布。如果初始化方法不带参数，则会创建一个空的贝叶斯网络。通常的做法先把图形的结构构建起来。如：

```
BayesianNetwork([(A, B)])
```

这个语句就创建了一个形如图 11-12 所示的简单的贝叶斯网络。可见，第 1 个参数的数据结构就是一个字典。

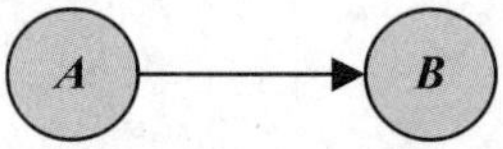

图 11-12　创建的简单的贝叶斯网络

还可以使用 add_node('A')方法增加一个结点；使用 add_nodes_from(['A', 'B'])方法一次性增加多个结点。

还可以使用 add_edge('A', 'B')增加一条边；使用 add_edges_from([('A', 'B'), ('B', 'C')])方法一次性增加多条边。

BayesianNetwork 类还提供了 remove_node(node)、remove_nodes_from(nodes)方法来删除结点。删除结点会一并删除与这个结点连接的边。

TabularCPD 类表示贝叶斯网络中一个结点的条件概率分布表。它的初始化方法及其常用参数如下：

```
pgmpy.factors.discrete.TabularCPD(variable,variable_card,values,evidence=None,\
evidence_card=None)
```


第 1 个参数 variable 通常为结点的名称；第 2 个参数 variable_card 为整数，表示这个结点的状态个数（值的类型个数）；第 3 个参数 values 即为结点的条件概率分布表，是一个二维数组；第 4 个参数 evidence 为一个列表，表示概率值与哪些结点直接关联；第 5 个参数 evidence_card 很少使用，用于指出 evidence 中对应结点的状态个数。

有了结点的条件概率分布表后，就可用 BayesianNetwork 类的 add_cpds()方法把条件概率分布表加载到贝叶斯网络图中。

BayesianNetwork 类和 TabularCPD 类还有很多方法，这里不再一一说明，下面先通过例子理解它们的使用，在后续中使用到其他方法时再做解析。

源代码 11-1　构建某女士结交男友决策的贝叶斯网络

```
#====导入各种要用到的库、类====
from pgmpy.models import BayesianNetwork
from pgmpy.factors.discrete import TabularCPD
import networkx as nx
from matplotlib import pyplot as plt
#====定义贝叶斯网络的结构=====
girlDecisionModel=BayesianNetwork([('Familiarity', 'Association'),
                                   ('Income', 'House'),
                                   ('House', 'Association'),
                                   ('Income', 'Parentslike'),
                                   ('House', 'Parentslike')])
#====设置条件概率分布的参数====
cpdFamiliarity=TabularCPD(variable='Familiarity', variable_card=3,\
```

```
        values=[[0.2],[0.3],[0.5]])
    cpdIncome=TabularCPD(variable='Income', variable_card=3,\
        values=[[0.2],[0.5],[0.3]])
    cpdHouse=TabularCPD(variable='House', variable_card=2,\
        values=[[0.8,0.5,0.1],[0.2,0.5,0.9]],\
        evidence=['Income'],evidence_card=[3])
    cpdAssociation=TabularCPD(variable='Association', variable_card=3,\
        values=[[0.1,0.2,0.3,0.3,0.4,0.4],\
                [0.3,0.3,0.4,0.4,0.5,0.5],\
                [0.6,0.5,0.3,0.3,0.1,0.1]],\
        evidence=['Familiarity','House'],evidence_card=[3,2])
    cpdParentslike=TabularCPD(variable='Parentslike', variable_card=2,\
        values=[[0.9,0.5,0.7,0.2,0.3,0.1],\
                [0.1,0.5,0.3,0.8,0.7,0.9]],\
        evidence=['Income','House'],evidence_card=[3,2])
    girlDecisionModel.add_cpds(cpdFamiliarity,cpdIncome,cpdHouse,\
        cpdAssociation,cpdParentslike)
    #====检查贝叶斯网络====
    print(girlDecisionModel.check_model())
    #====输出贝叶斯网络的依赖关系====
    print(girlDecisionModel.get_independencies())
    #====显示贝叶斯网络的图形====
    nx.draw(girlDecisionModel,with_labels=True,node_size=2000,\
        font_weight="bold",node_color="yellow")
    plt.show()
```

程序中输出了检查贝叶斯网络的结果及所有的依赖关系，控制台输出的结果如图 11-13 所示，生成的贝叶斯网络图如图 11-14 所示。接下来分析每一句源代码，以让大家更清晰地理解。

```
Console 1/A
True
(Association ⊥ Income, Parentslike | House)
(Association ⊥ Income, Parentslike | Familiarity, House)
(Association ⊥ Parentslike | Income, House)
(Association ⊥ Income | Parentslike, House)
(Association ⊥ Parentslike | Familiarity, Income, House)
(Association ⊥ Income | Familiarity, Parentslike, House)
(Familiarity ⊥ Income, Parentslike, House)
(Familiarity ⊥ Income, Parentslike | House)
(Familiarity ⊥ Parentslike, House | Income)
(Familiarity ⊥ Income, House | Parentslike)
(Familiarity ⊥ Parentslike | Income, House)
(Familiarity ⊥ Income | Parentslike, House)
(Familiarity ⊥ Income, Parentslike | Association, House)
(Familiarity ⊥ House | Income, Parentslike)
(Familiarity ⊥ Parentslike | Association, Income, House)
(Familiarity ⊥ Income | Association, Parentslike, House)
(Income ⊥ Familiarity)
(Income ⊥ Familiarity, Association | House)
(Income ⊥ Familiarity | Parentslike)
(Income ⊥ Association | Familiarity, House)
```

图 11-13　构建的贝叶斯网络的依赖关系

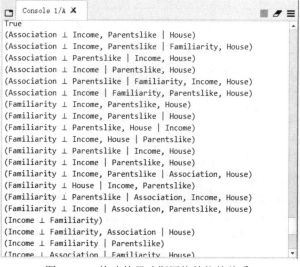

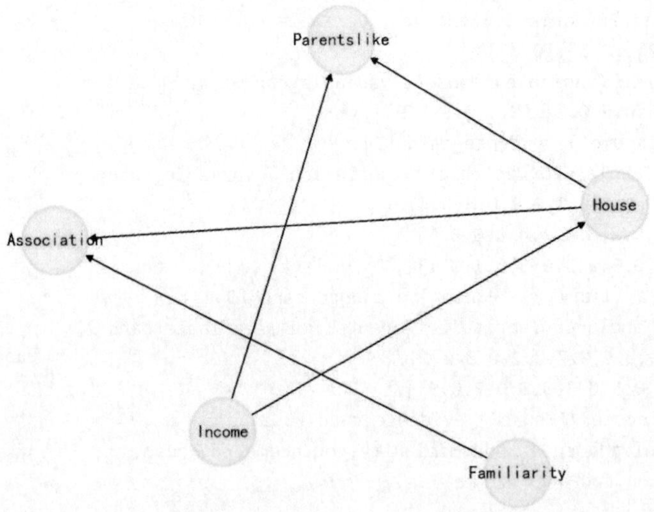

图 11-14　构建的贝叶斯网络的结构

因为 pgmpy 暂时对结点名称用中文的支持不够理想，我们用英文名称，对应见表 11-3。

表 11-3　结点名称的中英文对照

结点中文名称	结点英文名称	英文名称简称
相熟度	Familiarity	F
月收入	Income	I
有房吗	House	H
结交分类	Association	A
女方父母是否喜欢	Parentslike	P

如果把图 11-14 中的元素调整下位置，可以得到与图 11-5 等价的贝叶斯网络图。为了便于大家一起分析贝叶斯网络，来看调整后的图，如图 11-15 所示。

提示：软件自动生成的贝叶斯网络图形自然没有那么漂亮，不必纠结于一定要生成漂亮的图，重点在于理解其中的内涵。

生成贝叶斯网络结构的程序代码比较好理解，不再详细解说。估计大家对生成条件概率分布表的程序代码比较难以理解，下面来讲解。如下的语句：

```
cpdFamiliarity=TabularCPD(variable='Familiarity', variable_card=3,\
    values=[[0.2],[0.3],[0.5]])
```

因为没有设置 evidence 参数，说明这是一个根结点；variable_card=3 说明“Familiarity”这个事件有 3 个值，因此“values”参数也要有 3 个值，分别表示不认识、一般、感情很好 3 种值的概率。我们可以用如下的语句把这个结点的概率分布表输出来看看：

```
print(cpdFamiliarity)
```

结果如图 11-16 所示。

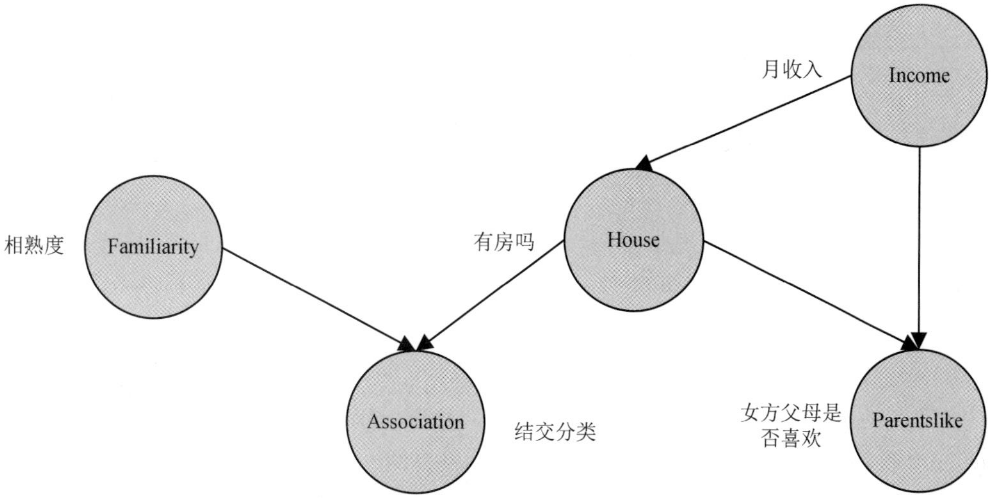

图 11-15 调整后等价的贝叶斯网络

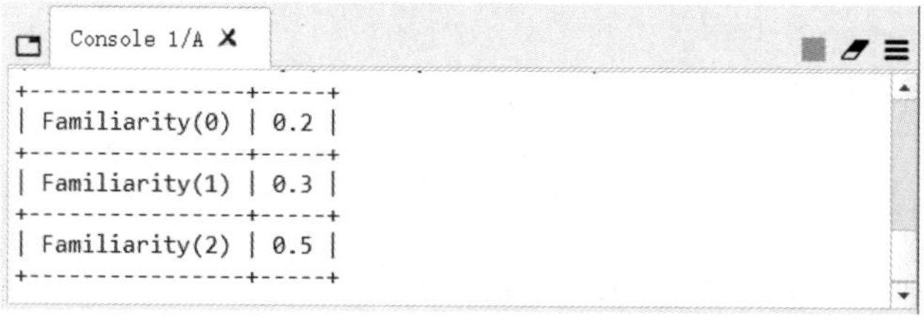


```
+----------------+-----+
| Familiarity(0) | 0.2 |
+----------------+-----+
| Familiarity(1) | 0.3 |
+----------------+-----+
| Familiarity(2) | 0.5 |
+----------------+-----+
```

图 11-16 结点 Familiarity 的概率分布表

以使用贝叶斯网络对象的 get_cpds()方法得到这个概率分布表：

```
print(girlDecisionModel.get_cpds('Familiarity'))
```

再来看一个中间结点 House，生成其条件概率分布表的语句如下：

```
cpdHouse=TabularCPD(variable='House', variable_card=2,\
    values=[[0.8,0.5,0.1],[0.2,0.5,0.9]],\
    evidence=['Income'],evidence_card=[3])
```

variable_card 参数说明“House”这个事件有 2 个值；evidence 参数说明“House”事件只与“Income”事件有关；evidence_card 参数说明“Income”事件有 3 个值。因此，参数 values 是一个 2 行 3 列的二维数组。我们把“House”结点的条件概率表输出来，如图 11-17 所示。

如果要解读这个条件概率表则是这样的：“月收入”低的男士“无房”的概率是 0.8，“有房”的概率是 0.2；“月收入”中的男士“无房”的概率是 0.5，“有房”的概率是 0.5；“月收入”高的男士“无房”的概率是 0.1，“有房”的概率是 0.9。

再来分析一个更复杂一点的结点条件概率分布表——“Association”结点的条件概率表。

我们把这个条件概率表输出来，如图 11-18 所示。

Income	Income(0)	Income(1)	Income(2)
House(0)	0.8	0.5	0.1
House(1)	0.2	0.5	0.9

In [24]:

图 11-17　“House”结点的条件概率表

Familiarity	Familiarity(0)	...	Familiarity(2)	Familiarity(2)
House	House(0)	...	House(0)	House(1)
Association(0)	0.1	...	0.4	0.4
Association(1)	0.3	...	0.5	0.5
Association(2)	0.6	...	0.1	0.1

In [25]:

图 11-18　“Association”结点的条件概率表

生成“Association”结点的条件概率表是这样的：

```
cpdAssociation=TabularCPD(variable='Association', variable_card=3,\
    values=[[0.1,0.2,0.3,0.3,0.4,0.4],\
            [0.3,0.3,0.4,0.4,0.5,0.5],\
            [0.6,0.5,0.3,0.3,0.1,0.1]],\
    evidence=['Familiarity','House'],evidence_card=[3,2])
```

variable_card 参数说明“Association”事件有 3 个值，所以这个条件概率表的行数为 3 行；evidence 参数说明“Association”事件与“Familiarity”事件、“House”事件有关，所以 evidence_card 参数的值为[3,2]，这是因为“Familiarity”事件有 3 个值、“House”事件有 2 个值。如此，“Association”结点的条件概率表的列数为 evidence 参数中的第 1 个事件的个数值乘以第 2 个事件的个数值。把图 11-18 的条件概率表整理一下，见表 11-4。

表 11-4 第 1 列的内涵是：在男士的“相熟度”为不认识且“有房吗”为无房的情况下，“结交分类”结果为不发展的概率为 0.1，可尝试的概率为 0.3，应确定的概率为 0.6。

提示：是不是觉得不对劲？在男士的“相熟度”为不认识且“有房吗”为无房的情况下，“结交分类”结果为不发展的概率为 0.1，这岂不是更低？因为这只是我人为设置的条件概率值。要想更为真实，得用已有的数据来学习出条件概率表，后续还会学习这部分知识。

表 11-4 “Association”结点的条件概率表

Familiarity	Familiarity(0)		Familiarity(1)		Familiarity(2)	
House	House(0)	House(1)	House(0)	House(1)	House(0)	House(1)
Association(0)	0.1	0.2	0.3	0.3	0.4	0.4
Association(1)	0.3	0.3	0.4	0.4	0.5	0.5
Association(2)	0.6	0.5	0.3	0.3	0.1	0.1

还有 2 个结点的条件概率表没有分析，留给读者自行分析。接下来，我们继续剖析源代码。

贝叶斯网络对象的 check_model()方法用于检查网络是否正确，如果不正确就会抛出异常，如果正确就会返回 True。那检查哪些地方呢？一是检查条件概率表。如果结点是根结点，就看所有状态的概率之和是否为 1；如果不是根结点，就检查条件概率表这个二维数组的每一列之和是否为 1。二是检查结点与父结点的设置是否一致。如 evidence_card 参数中设置某个父结点的值个数为 3，再看这个父结点的 variable_card 参数值是否为 3，如果不一致则报错。

贝叶斯网络对象的 get_independencies()方法用于得到所有的依赖关系。先来看输出依赖关系中的一个例子：

```
Association ⊥ Income, Parentslike | House
```

符号“|”表示条件概率。符号“⊥”表示独立或条件独立。这个例子表示的含义是：已知“House”时，“Association”事件与“Income”“Parentslike”这 2 个事件条件独立。

如图 11-19 所示，先来看已知“House”时，“Association”事件与“Income”事件的独立性。把贝叶斯球从“Income”事件出发，如果走左边的路，存在 D-Separation 这扇门，贝叶斯球打不过去；如果走右边的路，仍然存在 D-Separation 这扇门，贝叶斯球还是打不过去。可见，此时“Association”事件与“Income”不相关，也即在已知“House”事件时条件独立。

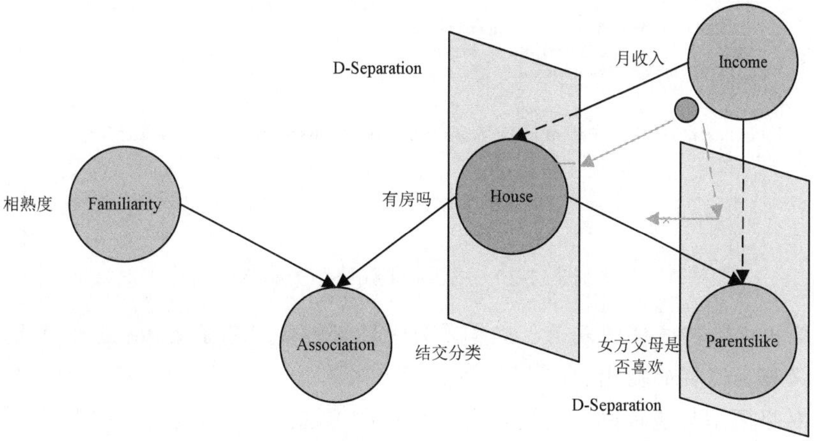

图 11-19 已知“House”事件时“Association”事件与“Income”事件的独立性

再来看已知“House”时，“Association”事件与“Parentslike”事件的独立性。明显可看出，贝叶斯球打不过去。

其他的依赖关系就不再赘述了，读者可尝试再分析几个。

11.2.3 用贝叶斯网络做预测

本章前文所讲的对贝叶斯网络建模、设置条件概率表，都是为了用来做预测。下面我们来做个预测。

源代码 11-2 用某女士结交男友决策的贝叶斯网络模型做预测

```
#====导入各种要用到的库、类====
from pgmpy.models import BayesianNetwork
from pgmpy.factors.discrete import TabularCPD
import numpy as np
import pandas as pd
#====此处省略与源代码 11-1 相同的“定义贝叶斯网络的结构”=====
#====此处省略与源代码 11-1 相同的“设置条件概率分布的参数”====
#====用贝叶斯网络做预测====
print("所有结点：",girlDecisionModel.nodes())
print("叶子结点：",girlDecisionModel.get_leaves())
data= pd.DataFrame(np.array([[1,2,1],[0,1,0]]),\
    columns=['Familiarity','Income','House'])
print(girlDecisionModel.predict(data))
print(girlDecisionModel.predict_probability(data))
```

程序运行结果如图 11-20 所示，5 个结点中有 2 个叶子结点。要做预测，需要我们先生成一个 DataFrame 数据。DataFrame 类的初始化方法中第 1 个参数是二维数组，第 2 个参数是二维数组列的名称。贝叶斯网络模型会根据列的名称来匹配结点。

```
Console 1/A
所有结点： ['Familiarity', 'Association', 'Income', 'House', 'Parentslike']
叶子结点： ['Association', 'Parentslike']
  0%|          | 0/2 [00:00<?, ?it/s]
   Parentslike  Association
0            1            1
1            0            2
   Parentslike_0  Parentslike_1  Association_0  Association_1  Association_2
0            0.1            0.9            0.3            0.4            0.3
1            0.7            0.3            0.1            0.3            0.6

In [40]: |
```

图 11-20 用贝叶斯网络预测的结果

提示：输出中有??这样的表示，这是因为做预测时使用到了 tqdm 这个用于显示进度条的模块。请不必理会这样的输出。

贝叶斯网络模型与逻辑回归类似，有 2 种预测方法：一种是 predict()方法，返回的是预测的分类结果；另一种是 predict_probability()，返回的是一个概率值，实际上 predict()方法以概率值最大的类型作为分类的结果。

那怎么预测出来的呢？一起来分析。当输入[1,2,1]，也就是"Familiarity=1, Income=2, House=1"时，表明这名男士与这名女士"相熟度"一般、男士"月收入"为高、"有房吗"为有房。

根据此前我们所学的知识来分析，这个图里有 4 个 D-Separation，如图 11-21 所示，这表明"Association"事件此时不受"Income"事件的影响。由于"Familiarity"事件与"House"事件独立，因此预测的结果实际上就是：

$$P(Association|Familiarity == 1, Income == 2, House == 1)$$
$$= P(Association|Familiarity == 1, House == 1)$$

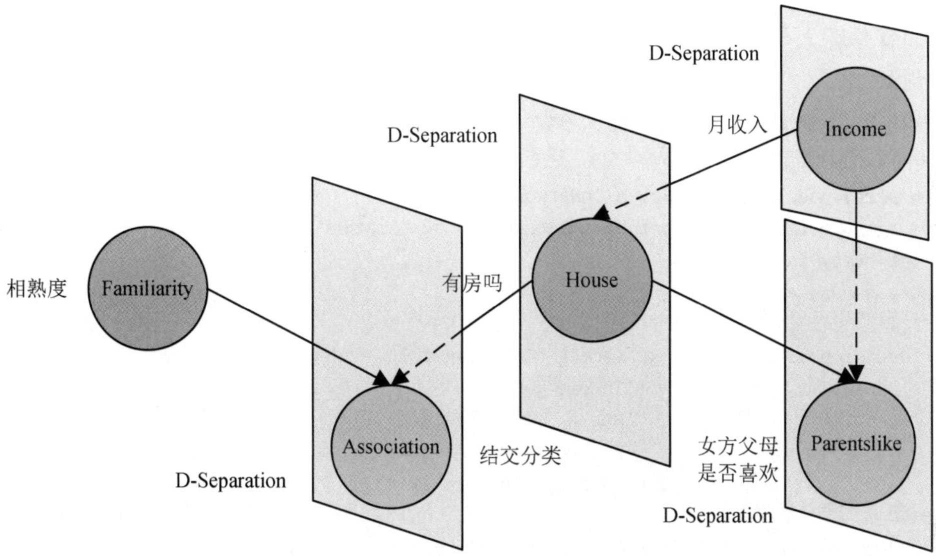

图 11-21　加上 D-Separation 的贝叶斯网络

$P(Association|Familiarity == 1,\ House == 1)$的值可查"$Association$"结点的条件概率表，可得：

$$P(Association|Familiarity == 1, House == 1) = \begin{bmatrix}0.3\\0.4\\0.3\end{bmatrix}$$

实际上就是表 11-4 中的第 4 列。由于 0.4 最大，即结果值为 1 的可能性最大，所以将分类的结果定为 1。同理，做第 2 次预测时，可得：

$$P(Association|Familiarity == 0, Income == 2, House == 0)$$

$$= P(Association|Familiarity == 0, House == 0) = \begin{bmatrix}0.1\\0.3\\0.6\end{bmatrix}$$

所以将分类的结果定为 2。读者不妨用同样的方法试分析一下如何得到“Parentslike”的分类结果。

提示：目前只有少量的特征数据项，所以我们用简单的贝叶斯网络图来分析。但如果特征数据项很多时，贝叶斯网络图会更为复杂，这时就需要有算法来求解。典型的算法有变量消去法，这实质上就是利用贝叶斯网络做推理。鉴于数学分析较为复杂，这里不再赘述，有兴趣的读者可参考网上的说明或有关贝叶斯网络、概率图的专著。学习了本章的知识，再学习这些专论就会容易理解得多。

11.2.4 让贝叶斯网络自动学习到条件概率表

下面就是输入一些训练数据，编写程序让贝叶斯网络自动学习到每个结点的条件概率表，再来做预测。

源代码 11-3 自动学习贝叶斯网络的参数

```
#====导入各种要用到的库、类====
from pgmpy.models import BayesianNetwork
from pgmpy.estimators import MaximumLikelihoodEstimator
import numpy as np
import pandas as pd
#====定义贝叶斯网络的结构=====
girlDecisionModel=BayesianNetwork([('Familiarity', 'Association'),
                            ('Income', 'House'),
                            ('House', 'Association'),
                            ('Income', 'Parentslike'),
                            ('House', 'Parentslike')])
#====加载数据并学习参数====
dataArray=np.array([[0,0,0,0,0],[0,1,0,1,0],[0,2,1,0,1],[1,1,1,0,1],\
                   [2,0,0,0,0],[2,2,1,2,1],[0,0,0,0,0]])
data=pd.DataFrame(dataArray,columns=\
    ['Familiarity','Income','House','Association','Parentslike'])
girlDecisionModel.fit(data,estimator=MaximumLikelihoodEstimator)
for cpd in girlDecisionModel.get_cpds():
    print("CPD of {variable}:".format(variable=cpd.variable))
    print(cpd)
#====用贝叶斯网络做预测====
print("所有结点：",girlDecisionModel.nodes())
print("叶子结点：",girlDecisionModel.get_leaves())
data= pd.DataFrame(np.array([[1,2,1],[0,1,0]]),\
    columns=['Familiarity','Income','House'])
print(girlDecisionModel.predict(data))
print(girlDecisionModel.predict_probability(data))
```

程序运行结果如图 11-22 所示。BayesianNetwork 提供以 fit()方法来加载数据并做训练。这个方法的 estimator 参数指出采用何种贝叶斯估计器来学习参数，这里使用的是“Maximum-

LikelihoodEstimator”，即最大似然估计器。学习到条件概率表后，就可以来做预测了。预测的结果表明，如果该男士“相熟度”一般、“月收入”高、“有房吗”有，则预测结交分类的结果是“不发展”，“女方父母是否喜欢”的预测结果确是“喜欢”。

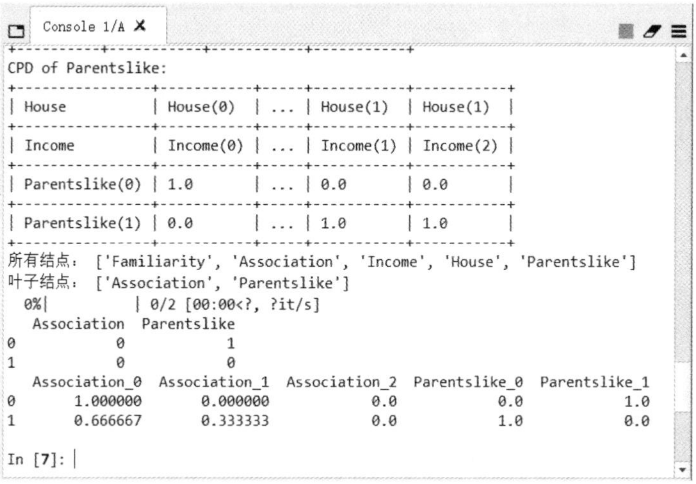

```
Console 1/A
+-----------+-----------+------------+------------+
CPD of Parentslike:
+-----------------+-------------+-----+------------+-------------+
| House           | House(0)    | ... | House(1)   | House(1)    |
+-----------------+-------------+-----+------------+-------------+
| Income          | Income(0)   | ... | Income(1)  | Income(2)   |
+-----------------+-------------+-----+------------+-------------+
| Parentslike(0)  | 1.0         | ... | 0.0        | 0.0         |
+-----------------+-------------+-----+------------+-------------+
| Parentslike(1)  | 0.0         | ... | 1.0        | 1.0         |
+-----------------+-------------+-----+------------+-------------+
所有结点： ['Familiarity', 'Association', 'Income', 'House', 'Parentslike']
叶子结点： ['Association', 'Parentslike']
  0%|          | 0/2 [00:00<?, ?it/s]
   Association  Parentslike
0            0            1
1            0            0
   Association_0  Association_1  Association_2  Parentslike_0  Parentslike_1
0       1.000000       0.000000            0.0            0.0            1.0
1       0.666667       0.333333            0.0            1.0            0.0

In [7]: 
```

图 11-22　自动学习贝叶斯网络的参数

11.3　小结

贝叶斯网络的知识点还有很多没有展开讲解，如贝叶斯估计（用来学习贝叶斯网络的参数）及其算法、学习贝叶斯网络（根据训练数据生成贝叶斯网络）、马尔科夫毯等。对于想要学得很深的读者，估计这章的内容学得还不过瘾，建议找上几本贝叶斯网络的专著或硕士、博士论文读一读，学了本章的知识再去阅读就会轻松很多。

本章首先让大家深刻理解独立和互斥的概念，再学习如何用 DAG 来表达贝叶斯网络，下面用表 11-5 来总结这些知识点。

表 11-5　贝叶斯网络的知识点

知识点	一句话总结	补充说明
独立	事件之间互不影响	计算联合概率用乘积
互斥	事件之间不能同时出现	联合概率为 0
DAG	图形有向无环	
贝叶斯网络的基本结构	未知仅头头独立，已知也仅头头非条件独立	头头（head-to-head）、尾尾（tail-to-tail）、头尾（head-to-tail）
贝叶斯球	打不打得过去得看通道上的门（D-Separation）	有门就挡住了

pgmpy 是一款开源的概率图模型工具，支持贝叶斯网络的建模、学习、推理，使用起来十分简便。通常的做法是先用 BayesianNetwork 类来建模贝叶斯网络；再设置每个结点的条件概率表，当然也可以用训练数据来训练贝叶斯网络，让它学习出条件概率表；再用贝叶斯网络来做预测。

第12章 学会使用决策树

图 12-1 为学习路线图，本章知识概览见表 12-1。

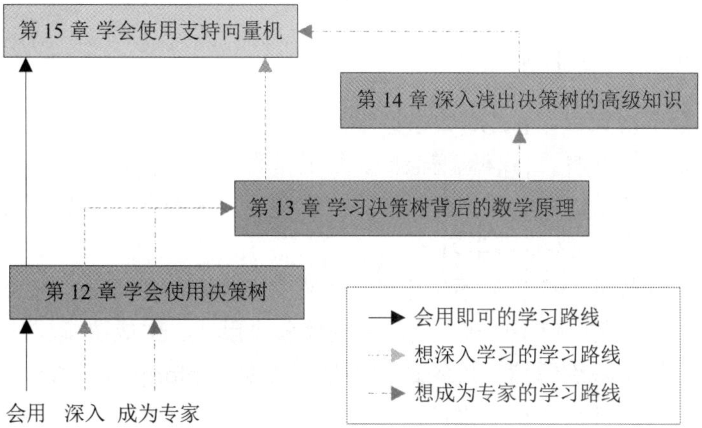

图 12-1 学习路线图

表 12-1 本章知识概览

知识点	难度系数	一句话学习建议
信息熵	★	应懂得信息熵是用来衡量不确定性的量
信息增益	★	应懂得信息增益是用来衡量减少了多少不确定性的量
决策树	★	应知道是用来做决策的一棵倒立的树
信息增益比	★	应知道是谁和谁的比值
基尼指数	★	应知道是衡量不纯度的量
ID3、C4.5、CART 算法的用途	★	知道 3 种算法分别用什么量做决策分叉；知道 ID3、C4.5 算法用于分类；CART 算法既可用于分类又可用于回归
决策树分类	★★	应能用 scikit-learn 中的 DecisionTreeClassifier 类设置用信息增益做分类；应能画出决策树

要学会使用决策树，首先应该理解信息熵、信息增益比、决策树的形状、基尼指数等基本概念。这一章不打算给大家讲解计算的公式和计算方法，只要理解基本概念就可以。其次应该知道决策树理论探讨时使用得最多的 ID3、C4.5、CART 算法分别用什么指标来做决策分叉。然后，我们就可以用 scikit-learn 中的 DecisionTreeClassifier 类来做分类应用了。当然，要想应对更复杂的应用场景，要想能调节决策树的参数，就得学习后续章节中决策树的数学原理及学会怎么调参、剪枝。

12.1 初步理解决策树

决策树从思维上来理解非常直观，就像一棵倒立的树，顺着这棵树就可以进行不断的决策，直到到达叶子结点。

12.1.1 决策树中的一些专业术语

如果只想学会用决策树，不必对数学原理做深入的探究，但还是需要理解一些基本术语。即应该理解信息熵、信息增益、信息增益比、基尼指数、多叉树、二叉树这些基本术语，但是要彻底理解则要学会计算。这里打算在解释这些术语后，就来学习怎么用 scikit-learn 做决策树分类。详细的计算放到第 13 章再学习。

信息熵用来衡量数据中信息的不确定性，值越大则不确定性越强。怎么理解不确定性呢？就是不能明确属于哪一类，越不明确，信息熵的值就会越大。生成决策树的过程就是不断地减少信息熵的过程，每次减少的信息熵的量称为**信息增益**（Information Gain）。算法通常会优先选择信息增益值最大的特征数据项来做决策分叉。最终形成的树主要有两种——多叉树和二叉树。这两种图如图 12-2 所示。

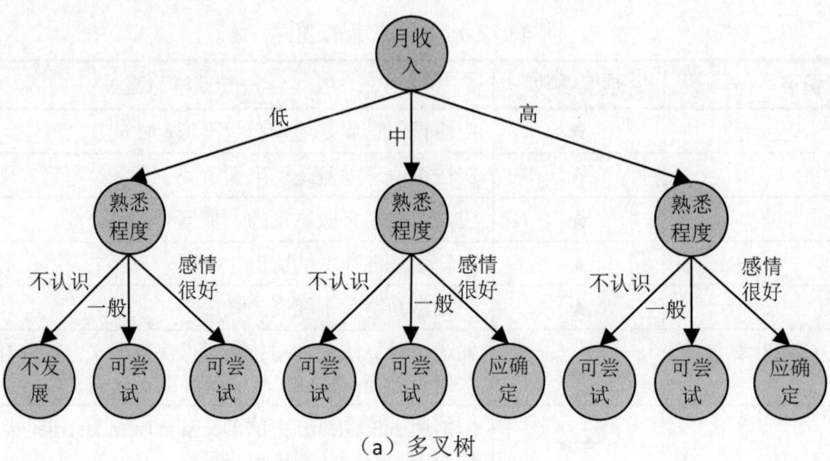

（a）多叉树

图 12-2　多叉树和二叉树

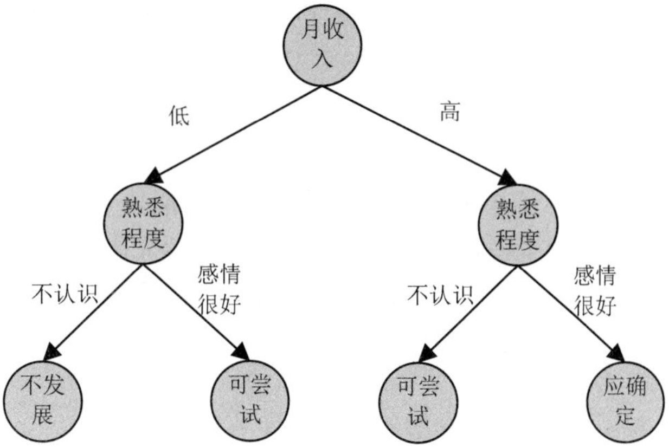

（b）二叉树

图 12-2 多叉树和二叉树（续图）

看起来，多叉树和二叉树是很好区分的，二叉树在每次做决策时只有 2 个分支；多叉树每次做决策时可能存在 2 个以上的分支。

信息增益比是指某个结点信息增益值与其信息熵的比值。**基尼指数**用来衡量数据中信息的混乱程度（或者说不纯度），值越大就表示越混乱，值越小就表明越集中地属于某一个类别。做决策的过程就是把基尼指数变小的过程，直到所有特征数据项都用完或不能再行分叉。

12.1.2 常见的 3 种决策树算法

我们常用 3 种算法来讨论决策树。第 1 种是 ID3 算法，英文全名为 Iterative Dichotomiser 3，中文意思是“迭代二叉树第 3 代”。后面又出过第 4 代、第 5 代，只不过 ID3 比较经典，所以常用 ID3 来作为学习决策树的基础算法。ID3 算法使用信息增益来做选择特征数据项的依据，每次选择信息增益值最大的特征数据项来作为分叉。

第 2 种是 C4.5 算法。这个算法是 ID3 的改进，但是并没有称为 IDx，因为发明者想换一下名称。4.5 自然是指算法的版本了，后续还出现过 5.0 版本的算法，即 C5.0。C4.5 算法使用信息增益比来作为选择特征数据项的依据。

第 3 种是 CART 算法。分类和回归树（Classification And Regression Tree，CART）算法从名称来看就知道它既可以用于分类，也可以用于回归。CART 算法使用基尼指数或平方误差作为分叉的依据。

12.2 用 scikit-learn 做决策树分类

为简单并便于理解，我们用决策树来辅助某姑娘做相亲后的决策。由于特征数据项都是离散的值，scikit-learn 中没有准确的使用 ID3 和 C4.5 这 2 种算法的设置，但是有用信息增益来做二叉树分类的参数选项，所以接下来我们用 scikit-learn 来做分类。

12.2.1 用信息增益做分类

某姑娘做相亲后的决策示例中的特征数据项及目标数据项就不再重复说明了。如果觉得示例中的特征数据项比较现实了些，您可以把特征数据项改成诸如“帅不帅”“会唱歌吗”等好玩一些的特征数据项。接下来看看用信息增益做分类的源代码。

源代码 12-1 用决策树辅助某姑娘做相亲后的决策

```
#====导入各种要用到的库、类====
from sklearn.tree import DecisionTreeClassifier
import numpy as np
#====加载数据====
X=np.array([[1,1],[1,2],[1,3],[2,2],\
           [3,1],[3,3],[1,1]])
y=np.array([2,2,3,2,1,1,1])
#====建立决策树模型并做训练====
dtc=DecisionTreeClassifier(criterion='entropy')
dtc.fit(X,y)
#====使用决策树模型做预测====
XTest=np.array([[2,3],[2,1]])
yPredict=dtc.predict(XTest)
yPredictProb=dtc.predict_proba(XTest)
print(yPredict)
print(yPredictProb)
```


源代码十分简单，运行结果如图 12-3 所示。从运行的结果来看，当有一位男士为中收入（值为 2）、感情很好（值为 3）的人时，模型建议结交的分类为可“应确定”（值为 3，概率值约为 1）；当有一位男士为中收入（值为 2）、不认识（值为 1）的人时，模型建议结交的分类为“不发展”（值为 1，概率值约为 0.5）。

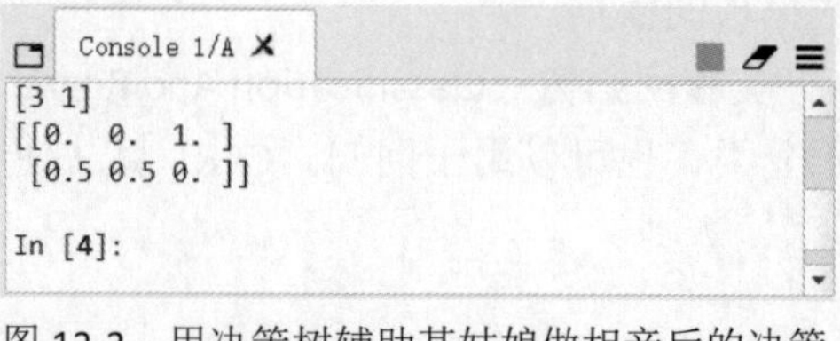

图 12-3 用决策树辅助某姑娘做相亲后的决策

如果要画出分类的界线，则如图 12-4 所示。图中为了更为直观地显示，把横轴和纵轴分别拉长了一点点，这样可以清楚地看到图形边界上的数据点。

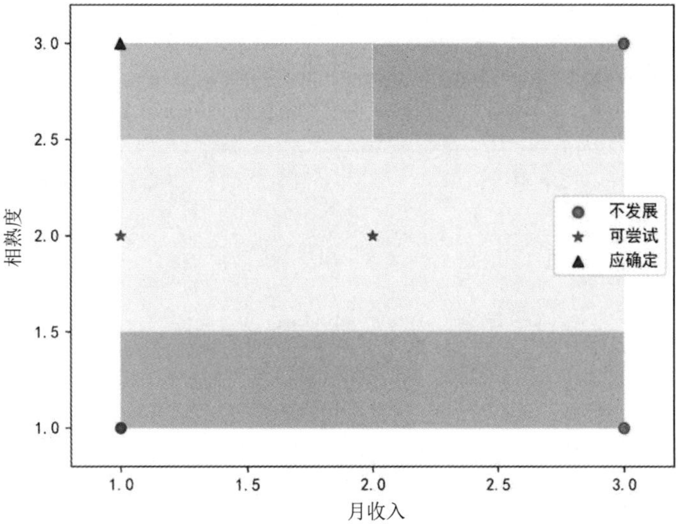

图 12-4 DecisionTreeClassifier 类辅助某姑娘做相亲后的决策效果图

12.2.2 用基尼指数做分类

下面用基尼指数对鸢尾花做分类，源代码如下。

源代码 12-2 用基尼指数做鸢尾花分类

```
#====导入各种要用到的库、类====
from sklearn.datasets import load_iris
from sklearn.model_selection import train_test_split
from sklearn.metrics import classification_report
from sklearn.tree import DecisionTreeClassifier
import numpy as np
import pandas as pd
#====加载数据====
iris=load_iris()
irisPd=pd.DataFrame(iris.data)
X=np.array(irisPd[[2,3]])
y=iris.target
#====预处理数据====
XTrain,XTest,yTrain,yTest=train_test_split(X,y,\
    random_state=1,test_size=0.2)
#====建立决策树模型并做训练====
dtc=DecisionTreeClassifier()
dtc.fit(XTrain,yTrain)
#====使用决策树模型做预测====
yPredict=dtc.predict(XTest)
yPredictProb=dtc.predict_proba(XTest)
print(yPredict)
```

```
    print(yPredictProb)
    print(classification_report(yTest,yPredict,\
        target_names=['setosa','versicolor','virginica']))
```

程序代码比较简单明了，不再过多分析。程序运行结果如图 12-5 所示。

```
Console 1/A
[0. 1. 0.]
[1. 0. 0.]
[1. 0. 0.]
[0. 1. 0.]
[0. 0. 1.]]
              precision    recall  f1-score   support

      setosa       1.00      1.00      1.00        11
  versicolor       1.00      0.92      0.96        13
   virginica       0.86      1.00      0.92         6

    accuracy                           0.97        30
   macro avg       0.95      0.97      0.96        30
weighted avg       0.97      0.97      0.97        30

In [6]:
```

图 12-5　用决策树做鸢尾花分类

从结果来看，对“setosa”“versicolor”的分类效果还不错，对“virginice”的查准率稍差。如果要画出分类的界线，则如图 12-6 所示。可以看出，决策树可以画出不规则的分界线，如图中“virginice”的分界线所示。

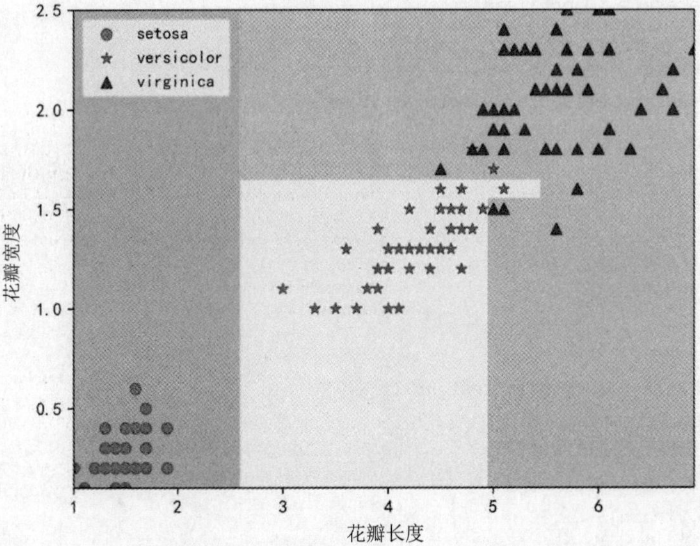

图 12-6　画出决策树对鸢尾花分类的分界线

提示：如果想要提升对“virginice”的查准率，可增多特征数据项。只是增加特征数据项后，不能用图形来画出分界线而已。

12.2.3 画出决策树

为画出决策树，需要用到 graphviz 库，请先到 Anaconda 的 Navigator 中安装这个模块。安装好后才能在 Anaconda Sypder 中使用。如果不是使用的 Anaconda 作为开发工具，可离线下载 graphviz 库或用 pipinstall 命令安装，具体如何安装建议先看 graphviz 的 Readme 文档。graphviz 库的官方网址为 https://graphviz.org/。

得到决策树图形的源代码如下。

源代码 12-3 画某姑娘相亲后决策的决策树

```
#====此处省略与源代码 12-1 相同的“导入各种要用到的库、类”====
#====此处省略与源代码 12-1 相同的“加载数据”====
#====此处省略与源代码 12-1 相同的“建立决策树模型并做训练”====
#====此处省略与源代码 12-1 相同的“使用决策树模型做预测”====
#====导入作图要用到的库、类====
from sklearn import tree
import graphviz
#====生成决策树的图形====
#特征数据项名称
featureNames=['Income','Familiarity']
#分类结果名称
classNames=['noDevelopment(1)','canTry(2)','shouldDetermine(3)']
dotData=tree.export_graphviz(dtc,out_file=None,\
    feature_names=featureNames,class_names=classNames,\
    filled=True, rounded=True)
graph=graphviz.Source(dotData)
#使用时请根据您需要保存的路径修改 filename 参数
graph.render(view=True,format="jpg",filename="D:/系务工作/pic/decisionTree")
```

生成的决策树图形如图 12-7 所示。该图清晰地表达了决策树做决策的过程。我们要能看懂这棵决策树。我解释一个结点，其他的读者可自行阅读。根结点中，“Familiarity<=2.5”表示以特征数据项 Familiarity 的值 2.5 为界，左边的子树为“Familiarity<=2.5”的值为 True 时的子树，右边的子树为“Familiarity<=2.5”的值为 False 时的子树；“entropy=1.449”表示此时的信息熵（entropy）为 1.449；“samples=7”表示共有 7 个样本数据；“value=[3,3,1]”表示结果分类有 3 种，这 7 个样本数据中这 3 类的个数分别为 3 个、3 个、1 个；“class=noDevelopment(1)”表示如果在当前结点决策，则结果分类为“noDevelopment(1)”（即“不发展”）。

我们可以采用同样的方法得到鸢尾花分类的决策树，如图 12-8 所示。我解释一个结点，其他的读者可自行阅读。根结点中，“petalLength<=2.6”表示以特征数据项 petalLength（即花瓣长度）的值为 2.6 为界；“gini=0.665”表示此时基尼指数为 0.665；“samples=120”表示一共 120 个数据样本；“value=[39,37,44]”表示这 120 个数据样本分成 3 类，这 3 类的个数分别为 39 个、37 个、44 个；“class=virginica”表示如果在当前结点决策，则结果分类为“virginica”。

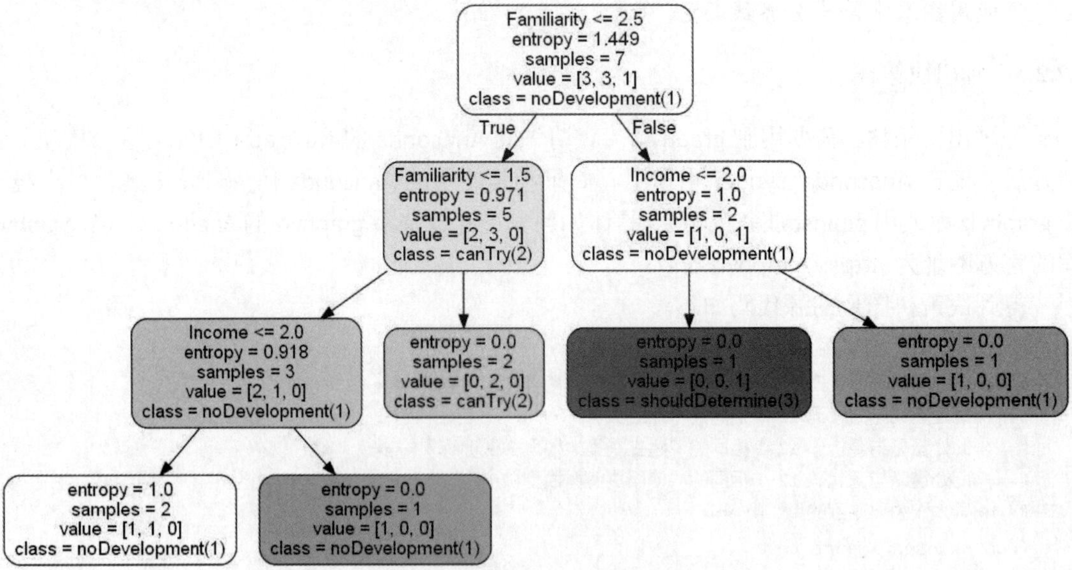

图 12-7　某姑娘相亲后决策的决策树

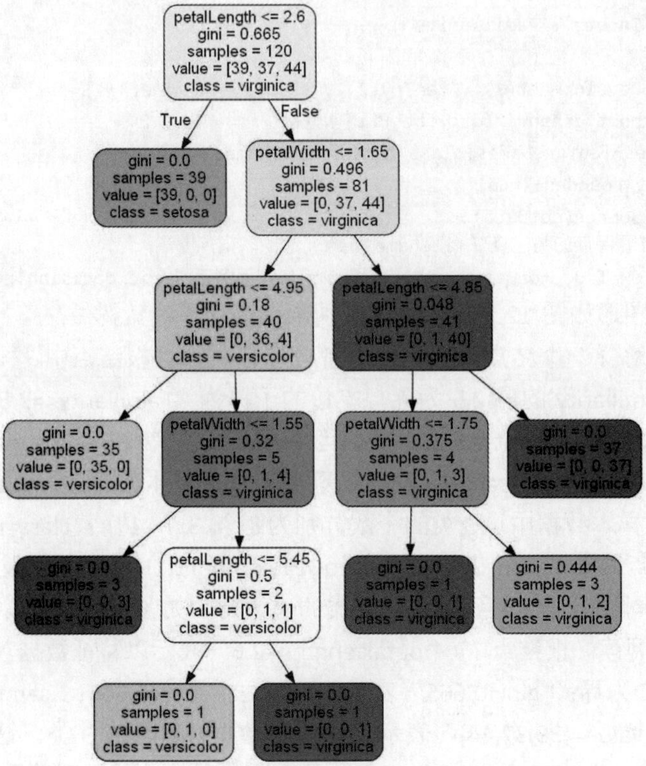

图 12-8　鸢尾花分类的决策树

提示：如果对决策树的生成过程及原理感兴趣，可接着阅读第 13 章的内容。第 13 章需要用到一些概率论和累加计算的数学知识，学习难度并不大，可再去学习和认真领会。

12.3 小结

本章介绍了一些决策树有关的专业术语，要会用，先理解即可，详细的计算方法第 13 章会再进行讲解。下面用表格来总结这些专业术语，见表 12-2。

表 12-2 决策树有关的一些专业术语

专业术语	一句话总结	补充说明
信息熵	衡量信息的不确定性	越大则不确定性越强
信息增益	衡量信息熵减少的程度	越大则减少得越多
信息增益比	结点的信息增益与其信息熵的比值	
基尼指数	衡量信息的杂乱程度	越大越杂乱
二叉树	每次决策的分叉只有 2 个	

用 scikit-learn 做决策树分类，主要就是使用 DecisionTreeClassifier 类。初始化该类时设置 criterion 值为 entropy 则表示用信息增益做分类，不设置则默认用基尼指数做分类。下面将决策树的算法和使用 scikit-learn 总结于表表 12-3。

表 12-3 决策树的算法

算法	一句话总结	补充说明
ID3	用信息增益做分叉决策	将 scikit-learn 库 DecisionTreeClassifier 类的初始化方法中参数 criterion 设为 entropy
C4.5	用信息增益比做分叉决策	
CART	用基尼指数做分叉决策	可以用于回归

第 13 章

学习决策树背后的数学原理

图 13-1 为学习路线图，本章知识概览见表 13-1。

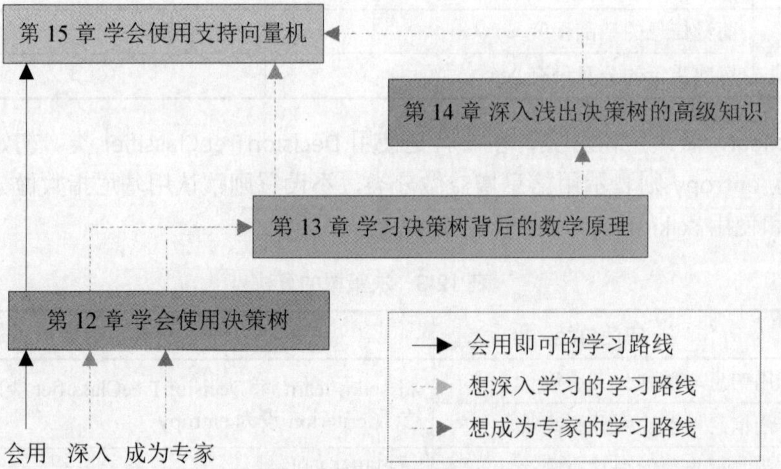

图 13-1 学习路线图

表 13-1 本章知识概览

知识点	难度系数	一句话学习建议
计算信息熵的方法	★★	结合 2 种取值时的图形来理解这种方法最为形象
计算信息增益的方法	★★★	应先理解条件熵
计算信息增益比的方法	★	应会计算信息熵和信息增益，之后再学会计算信息增益比就很容易了
计算基尼指数的方法	★★	如果结合基尼指数的图形对比信息增益的图形会更为形象
计算基尼指数增加值	★	应重点学会 CART 算法中基尼指数增加值的计算方法

续表

知识点	难度系数	一句话学习建议
ID3 决策树算法	★★	应重点理解该算法根据什么指标做决策树分叉
C4.5 算法	★	应懂得与 ID3 算法的区别是分叉依据的指标不同
CART 算法	★★★	应懂得该算法怎么在实例中计算基尼指数、标准差
分类应用	★★	应会用 scikit-learn 的 DecisionTreeClassifier 类设置参数做分类
回归应用	★★	会应用 scikit-learn 的 DecisionTreeRegressor 类设置参数做回归分析

这一章要涉及很多有关决策树的计算公式，如信息熵的计算公式、信息增益的计算公式等。要理解和会用这些计算公式，建议不要死记，结合图形及公式的内涵来理解，理解之后再学后续的算法原理就比较容易了。

由于 ID3 和 C4.5 并没有在 scikit-learn 中实现，但可以理解这些算法的思想，以为自己学习更为复杂的算法打好基础。scikit-learn 中使用的都是二叉树和 CART 算法，建议重点理解 CART 算法的原理并会用 scikit-learn 的 DecisionTreeClassifier 类和 DecisionTreeRegressor 类设置参数分别做分类和回归分析应用。学习本章的应用实例后，应当能举一反三地应用到其他工程实践中。

13.1 学会计算决策树的专业术语表示的量

下面来学习计算信息熵、信息增益、信息增益比、基尼指数。在计算过程中，可以跟随计算过程一并理解决策树算法的原理。

13.1.1 计算信息熵

从第 12 章的学习中我们已经知道，信息熵是用来衡量信息的不确定程度，那怎么计算呢？计算公式如下：

$$H(\boldsymbol{Y})=-\sum_{i=0}^{k-1}(p_i\log p_i) \tag{13-1}$$

式中，数据项$\boldsymbol{Y}$有k种取值，也可以理解为分成k类；p_i为第i类的概率；log表示取对数。在计算信息熵时，对数用多少为底数都可以，只是计算的过程中一定要统一用这个底数，通常为简便计算取底数为 2 或 e。本章的讨论中，我们均取底数为 2。

提示：本章接下来的讨论中，如果不特别申明，$\log x$就是指以 2 为底数的对数$\log_2 x$。

公式怎么会是这个样子呢？继续来讨论。如果数据项$\boldsymbol{Y}$只有 2 种取值，则式（13-1）的形式如下：

$$H(\boldsymbol{Y}) = -\sum_{i=0}^{1}(p_i \log p_i) = -(p_0 \log p_0 + p_1 \log p_1) = -(p_0 \log p_0 + (1-p_0)\log(1-p_0))$$

首先，因为概率p_i是[0,1]区间的数值，如果做对数运算，则$\log p_i$的值为$(-\infty, 0]$区间的数值，因而要把结果变成正数以便讨论，所以式（13-1）中出现了负号。其次，来看以下的 2 种特殊情况：

（1）**数据只有 1 种取值时。**数据项$\boldsymbol{Y}$只有 1 种取值（也就是说都归于这一类），则要么$p_0 = 0$，要么$p_1 = 0$，这两种情况下都有$H(\boldsymbol{Y}) = 0$，因为此时不存在不确定性，很明确的是取值只有那么一个。

（2）**数据只有 2 种取值且概率相同时。**此时$p_0 = p_1 = 0.5$，可得$\log p_0 = \log p_1 = -1$，所以有：

$$\begin{aligned} H(\boldsymbol{Y}) &= -(p_0 \log p_0 + (1-p_0)\log(1-p_0)) = -(0.5 \times \log 0.5 + 0.5 \times \log 0.5) \\ &= -\big(-0.5 + (-0.5)\big) = 1 \end{aligned}$$

从图 13-2 来看，此时$H(\boldsymbol{Y})$的值取大，值为 1。这说明这时的不确定性最大，也就是说，最难确定结果到底是哪个取值。例如：在一个布袋里，有 10 个白球，10 个黑球，伸手去取，那取出来的是白球还是黑球？各有一半的机会，这时最难确定到底是白球还是黑球。这样应该理解发明式（13-1）的高明之处了吧？这得感谢信息论之父 C. E. Shannon（香农），他在 1948 年就提出了这个量化的公式，所以式（13-1）又称为香农公式。

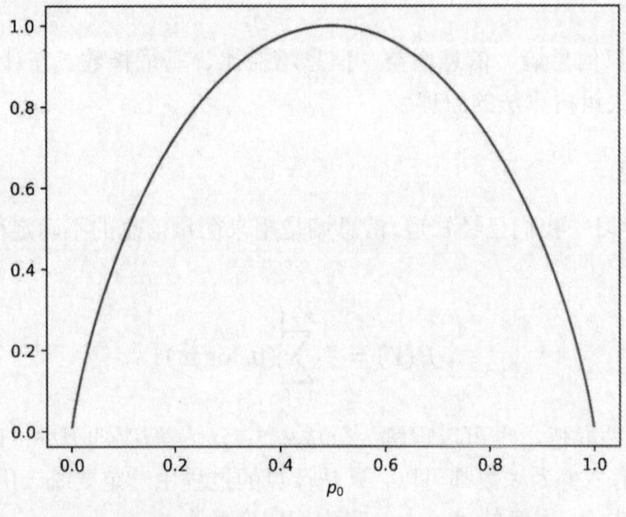

图 13-2　数据项只有 2 种取值时式（13-1）的图形

那如果数据项$\boldsymbol{Y}$有3种取值呢？p_0、p_1、p_2中只要知道其中 2 个的值，第 3 个的值就可以用 1 减去这 2 个之和而得到。需要注意，在这种情况下，$H(\boldsymbol{Y})$的最大值并不是 1，而是 3 个值的

概率均相等且均为 $\frac{1}{3}$ 时：

$$
\begin{aligned}
H(\boldsymbol{Y}) &= -(p_0 \log p_0 + p_1 \log p_1 + (1-p_0-p_1)\log(1-p_0-p_1)) \\
&= -\left(\frac{1}{3}\times\log\frac{1}{3}+\frac{1}{3}\times\log\frac{1}{3}+\frac{1}{3}\times\log\frac{1}{3}\right)\approx 1.585
\end{aligned}
$$

为什么是 $p_0 = p_1 = p_2 = \frac{1}{3}$ 时，$H(\boldsymbol{Y})$取得最大值？来对$H(\boldsymbol{Y})$求偏导数即可知：

$$
\begin{aligned}
\frac{\partial H(\boldsymbol{Y})}{\partial p_0} &= -\frac{\partial}{\partial p_0}(p_0 \log p_0 + p_1 \log p_1 + (1-p_0-p_1)\log(1-p_0-p_1)) \\
&= -p_0' \log p_0 - p_0(\log p_0)' - (1-p_0-p_1)'\log(1-p_0-p_1) \\
&\quad -(1-p_0-p_1)(\log(1-p_0-p_1))' \\
&= -\log p_0 - \frac{1}{\ln 2} + \log(1-p_0-p_1) + \frac{1}{\ln 2} \\
&= -\log p_0 + \log(1-p_0-p_1)
\end{aligned}
$$

用上述同样的方法可推导出$\frac{\partial H(\boldsymbol{Y})}{\partial p_1}$的表达式。要求得极值，则偏导为 0。据此，可得到以下方程组：

$$
\begin{cases}
-\log p_0 + \log(1-p_0-p_1) = 0 \\
-\log p_1 + \log(1-p_0-p_1) = 0
\end{cases}
$$

方程组中上下两式相减，得到：

$$\log p_0 = \log p_1$$

即：

$$p_0 = p_1$$

再代入到方程组中的第 1 个方程，可得：

$$
\begin{aligned}
-\log p_0 + \log(1-p_0-p_1) = 0 &\Rightarrow -\log p_0 + \log(1-2p_0) = 0 \\
&\Rightarrow \log p_0 = \log(1-2p_0) \Rightarrow p_0 = 1-2p_0 \Rightarrow p_0 = \frac{1}{3}
\end{aligned}
$$

至此，可得极值点时：

$$p_0 = p_1 = p_2 = \frac{1}{3}$$

以次类推，可知：当数据项$\boldsymbol{Y}$有k种取值，每种取值的概率值为 $p_i = \frac{1}{k}$ 时，最不确定最终取值是哪一个，所以$H(\boldsymbol{Y})$取得极大值，也就是说此时不确定性最大。

13.1.2 计算信息增益

要计算信息增益，首先得理解条件熵。条件熵就是在事件$\boldsymbol{X}$发生的前提下另一个事件$\boldsymbol{Y}$的信息熵。通常，这样会减少事件$\boldsymbol{Y}$的不确定性，量化出减少的值就是信息增益。先来看条件熵怎么计算：

$$H(\boldsymbol{Y}|\boldsymbol{X}) = -\sum_{x\in \boldsymbol{X}}\sum_{y\in \boldsymbol{Y}}(p(x,y)\log p(y|x)) \tag{13-2}$$

估计有人看到这个公式就懵了，可能有两个原因：一是两个$\sum$放在一起有点抽象；二是没理解这个公式。下面来一一讲透。

先来看两个$\sum$放在一起怎么计算。以最简单的计算入门，始终要记住$\sum$表示的是求和。

$$\begin{aligned}\sum_{y=0}^{m-1}\sum_{x=0}^{n-1}(xy) &= \sum_{y=0}^{m-1}(0\times y+1\times y+\cdots+(n-1)\times y)\\ &= 0\times\sum_{y=0}^{m-1}y+1\times\sum_{y=0}^{m-1}y+\cdots+(m-1)\times\sum_{y=0}^{m-1}y\\ &= 0\times 0+0\times 1+\cdots+0\times(m-1)+1\times 0+1\times 1\\ &\quad+\cdots+1\times(m-1)+\cdots+(n-1)\times 0\\ &\quad+(n-1)\times 1+\cdots+(n-1)\times(m-1)\end{aligned}$$

可见，把两个$\sum$展开就能清晰地理解了。以下是式（13-2）的推导过程：

$$H(\boldsymbol{Y}|\boldsymbol{X}) = \sum_{x\in \boldsymbol{X}}\big(p(x)H(\boldsymbol{Y}|\boldsymbol{X}==x)\big)$$

也就是说条件熵是事件$\boldsymbol{X}$的每个取值的条件熵之和。根据式（13-1），可继续推导。如果把$\boldsymbol{X}==x$简化地表达为x，因为$H(\boldsymbol{Y}|\boldsymbol{X}==x)=H(\boldsymbol{Y}|x)=-\sum_{y\in \boldsymbol{Y}}(p(y|x)\log p(y|x))$，所以有：

$$H(\boldsymbol{Y}|\boldsymbol{X}) = \sum_{x\in \boldsymbol{X}}\big(p(x)H(\boldsymbol{Y}|\boldsymbol{X}==x)\big) = -\sum_{x\in \boldsymbol{X}}\left(p(x)\sum_{y\in \boldsymbol{Y}}(p(y|x)\log p(y|x))\right)$$

对于$\sum_{y\in \boldsymbol{Y}}(p(y|x)\log p(y|x))$之外的$p(x)$来说，相当于$p(x)$是一个数值，因此可以放到$\sum_{y\in \boldsymbol{Y}}(p(y|x)\log p(y|x))$里面来，所以有：

$$H(\boldsymbol{Y}|\boldsymbol{X}) = \sum_{x\in \boldsymbol{X}}\big(p(x)H(\boldsymbol{Y}|\boldsymbol{X}==x)\big) = -\sum_{x\in \boldsymbol{X}}\left(p(x)\sum_{y\in \boldsymbol{Y}}(p(y|x)\log p(y|x))\right)$$

$$= -\sum_{x \in X}\left(\sum_{y \in Y}(p(x)p(y|x)\log p(y|x))\right) = \sum_{x \in X}\sum_{y \in Y}(p(x)p(y|x)\log p(y|x))$$

根据联合概率公式，$p(x)p(y|x) = p(x,y)$，所以有：

$$H(\boldsymbol{Y}|\boldsymbol{X}) = \sum_{x \in X}(p(x)H(\boldsymbol{Y}|\boldsymbol{X} == x)) = -\sum_{x \in X}\left(p(x)\sum_{y \in Y}(p(y|x)\log p(y|x))\right)$$

$$= -\sum_{x \in X}\left(\sum_{y \in Y}(p(x)p(y|x)\log p(y|x))\right) = -\sum_{x \in X}\sum_{y \in Y}(p(x,y)\log p(y|x))$$

信息增益的公式为：

$$IG(\boldsymbol{Y},\boldsymbol{X}) = H(\boldsymbol{Y}) - H(\boldsymbol{Y}|\boldsymbol{X}) = -\sum_{y \in Y}(p(y)\log p(y)) - \left(-\sum_{x \in X}\sum_{y \in Y}(p(x,y)\log p(y|x))\right) \tag{13-3}$$

看了这么多公式及其推导，不如接下来动手做计算实例。仍以某姑娘相亲后的结交分类决策为例，按表 9-2 已知的数据来分析。先来计算$H(\boldsymbol{Y})$。

$$H(\boldsymbol{Y}) = -\sum_{y \in Y}(p(y)\log p(y)) = -\frac{3}{7}\times\log\frac{3}{7} - \frac{3}{7}\times\log\frac{3}{7} - \frac{1}{7}\times\log\frac{1}{7} \approx 1.4488$$

接下来，一起来计算一个条件熵：事件“相熟度$\boldsymbol{x}_{c1}$”已知时的条件熵。

$$\begin{aligned}
H(\boldsymbol{Y}|\boldsymbol{x}_{c1}) &= -\sum_{x \in \boldsymbol{x}_{c1}}\sum_{y \in Y}(p(x,y)\log p(y|x)) \\
&= -\sum_{x \in \boldsymbol{x}_{c1}}(p(x,y == 1)\log p(y == 1|x) + p(x,y == 2) \\
&\log p(y == 2|x) + p(x,y == 3)\log p(y == 3|x)) \\
&= -(p(x == 1,y == 1)\log p(y == 1|x == 1) \\
&+p(x == 2,y == 1)\log p(y == 1|x == 2) \\
&+p(x == 3,y == 1)\log p(y == 1|x == 3) \\
&+p(x == 1,y == 2)\log p(y == 2|x == 1) \\
&+p(x == 2,y == 2)\log p(y == 2|x == 2) \\
&+p(x == 3,y == 2)\log p(y == 2|x == 2) \\
&+p(x == 1,y == 3)\log p(y == 3|x == 1) \\
&+p(x == 2,y == 3)\log p(y == 3|x == 2) \\
&+p(x == 3,y == 3)\log p(y == 3|x == 3))
\end{aligned}$$

$$= -\left(\frac{2}{7}\log\frac{2}{3} + 0 + \frac{1}{7}\log\frac{1}{2} + \frac{1}{7}\log\frac{1}{3} + \frac{2}{7}\log 1 + 0 + 0 + 0 + \frac{1}{7}\log\frac{1}{2}\right)$$
$$\approx 0.6793$$

此时的信息增益：

$$IG(\boldsymbol{Y}, \boldsymbol{x}_{c1}) = H(\boldsymbol{Y}) - H(\boldsymbol{Y}|\boldsymbol{x}_{c1}) \approx 1.4488 - 0.6793 \approx 0.7695$$

提示：先不急着算完整的例子，下一节中会完整体验。

用同样的方法，可计算出事件“相熟度$\boldsymbol{x}_{c0}$”已知时的条件熵：

$$H(\boldsymbol{Y}|\boldsymbol{x}_{c0}) = -\sum_{x\in x_{c0}}\sum_{y\in Y}(p(x,y)\log p(y|x))$$
$$= -\left(\frac{1}{7}\log\frac{1}{4} + 0 + \frac{2}{7}\log 1 + \frac{2}{7}\log\frac{1}{2} + \frac{1}{7}\log 1 + 0 + \frac{1}{7}\log\frac{1}{4} + 0 + 0\right)$$
$$= 0.8571$$

$$IG(\boldsymbol{Y}, \boldsymbol{x}_{c0}) = H(\boldsymbol{Y}) - H(\boldsymbol{Y}|\boldsymbol{x}_{c0}) \approx 1.4488 - 0.8571 \approx 0.5917$$

由此，可见$IG(\boldsymbol{Y}, \boldsymbol{x}_{c1})$比$IG(\boldsymbol{Y}, \boldsymbol{x}_{c0})$更大。如果选用 ID3 算法来做决策树分叉的特征数据项，应选择“相熟度$\boldsymbol{x}_{c1}$”。

13.1.3 计算信息增益比

如果像 ID3 算法那样采用信息增益更大的特征数据项来分叉，有个突出的问题是 ID3 算法会偏向于选择值的个数更多的特征数据项，因为值个数更多，意味着这个特征数据项能消除更多的不确定性。改进的办法是使用信息增益比。信息增益比的计算公式为：

$$IGR(\boldsymbol{Y}, \boldsymbol{X}) = \frac{IG(\boldsymbol{Y}, \boldsymbol{X})}{H(\boldsymbol{X})} \tag{13-4}$$

值数更多的特征数据项的$H(\boldsymbol{X})$相对会更大，因此会把其$IGR(\boldsymbol{Y}, \boldsymbol{X})$调小一些，使得使用信息增益比来做分叉决策更趋合理。这看上去比较简单明了，就不再重复演示计算了。

13.1.4 计算基尼指数

基尼指数（又称为基尼系数）用来衡量信息的不纯度，值在[0,1]区间。越不纯说明数据所属的类别越杂乱，越纯说明越集中地属于某一类。基尼指数值越大表明越不纯；值越小表明越纯，当值为 0 时，表明只属于一个类。基尼指数的计算公式如下：

$$Gini = \sum_{i=0}^{k-1}(p_i(1-p_i)) = \sum_{i=0}^{k-1}(p_i - p_i^2) = 1 - \sum_{i=0}^{k-1}p_i^2 \tag{13-5}$$

我们来看看计算示例，一起体验基尼指数的含义。假定数据只分成 1 种类别，则：

$$Gini = 1 - 1 = 0$$

此时数据非常纯正，所以基尼指数值为 0。如果有 2 种类别，概率对半开，则：

$$Gini = 1 - \sum_{i=0}^{k-1} p_i^2 = 1 - \sum_{i=0}^{1} \left(\frac{1}{2}\right)^2 = \frac{1}{2}$$

如果有 3 种类别，概率等分，则：

$$Gini = 1 - \sum_{i=0}^{k-1} p_i^2 = 1 - \sum_{i=0}^{2} \left(\frac{1}{3}\right)^2 = 1 - \frac{1}{3} = \frac{2}{3}$$

如果有 4 种类别，概率等分，则：

$$Gini = 1 - \sum_{i=0}^{k-1} p_i^2 = 1 - \sum_{i=0}^{3} \left(\frac{1}{4}\right)^2 = 1 - \frac{1}{4} = \frac{3}{4}$$

可见，分类越多，基尼指数就越大。

提示：$\sum_{i=0}^{k-1} p_i^2$ 的值不可能大于 1，因为和为 1 的概率值都处在[0,1]区间，其平方会使得每个值更小，所以其和值不可能大于 1。

以二分的情况为例，满足$p_0 + p_1 = 1$，故：

$$Gini = 1 - \sum_{i=0}^{1} p_i^2 = 1 - p_0^2 - (1 - p_0)^2 = 2p_0 - 2p_0^2$$

该函数的图形如图 13-3 所示。可见，基尼指数的图形与信息熵的一半很接近，基尼指数也可以用于信息不确定性的度量。

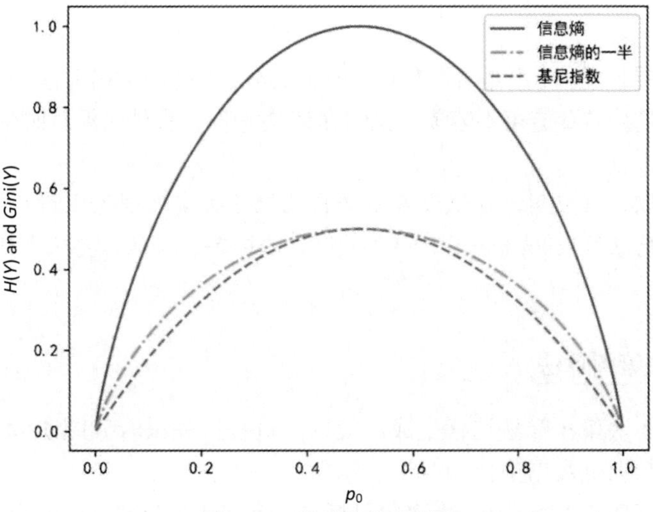

图 13-3 基尼指数的图形

13.1.5 计算基尼指数增加值

如果给定一个数据样本集合 $\boldsymbol{D}$，它分成k个类别，则其基尼指数为：

$$Gini(\boldsymbol{D}) = 1 - \sum_{i=0}^{k-1}\left(\frac{|\boldsymbol{D}_i|}{|\boldsymbol{D}|}\right)^2 \tag{13-6}$$

式中，$\boldsymbol{D}_i$为属于第i个类别的数据样本的集合；$|\boldsymbol{D}_i|$为数据样本集$\boldsymbol{D}_i$的样本个数；$|\boldsymbol{D}|$为数据样本集 $\boldsymbol{D}$ 的样本个数。

在做分叉决策时，如果是根据特征数据项$\boldsymbol{X}$的某个值x_i来把数据样本集 $\boldsymbol{D}$ 分成$\boldsymbol{D}_0$和$\boldsymbol{D}_1$两个部分，则此时的基尼指数为：

$$Gini(\boldsymbol{D},\boldsymbol{X}) = \frac{|\boldsymbol{D}_0|}{|\boldsymbol{D}|}Gini(\boldsymbol{D}_0) + \frac{|\boldsymbol{D}_1|}{|\boldsymbol{D}|}Gini(\boldsymbol{D}_1) \tag{13-7}$$

在 CART 算法中，因为使用的是二叉树，所以分叉时都是把数据样本集分成两个部分。由以上讨论可得，基尼指数增加值（Gini Gain）的计算公式：

$$\begin{aligned} GG = Gini(\boldsymbol{D}) - Gini(\boldsymbol{D},\boldsymbol{X}) &= 1 - \sum_{i=0}^{1}\left(\frac{|\boldsymbol{D}_i|}{|\boldsymbol{D}|}\right)^2 - \frac{|\boldsymbol{D}_0|}{|\boldsymbol{D}|}Gini(\boldsymbol{D}_0) - \frac{|\boldsymbol{D}_1|}{|\boldsymbol{D}|}Gini(\boldsymbol{D}_1) \\ &= 1 - \left(\frac{|\boldsymbol{D}_0|}{|\boldsymbol{D}|}\right)^2 - \left(\frac{|\boldsymbol{D}_1|}{|\boldsymbol{D}|}\right)^2 - \frac{|\boldsymbol{D}_0|}{|\boldsymbol{D}|}Gini(\boldsymbol{D}_0) - \frac{|\boldsymbol{D}_1|}{|\boldsymbol{D}|}Gini(\boldsymbol{D}_1) \end{aligned} \tag{13-8}$$

13.2 理解 3 种决策树算法

理解算法先要看描述，而不是看源代码。scikit-learn 中的决策树算法相关的类都是开源的，可以看到源代码，但看懂看透可不容易。我的建议是先理解算法，再对照生成的决策树来理解迭代生成决策树的过程。

提示：如果是做工程应用，建议大家不必自己编程去实现理论上讨论的 ID3、C4.5、CART 这些算法，理解和能应用 scikit-learn 中的决策树算法即可。当然，要从事研究工作，自己写写算法也未尝不可。

13.2.1 理解 ID3 决策树算法

下面描述出 ID3 决策树算法迭代生成决策树的过程。先来看如图 13-4 所示的当前训练数据集的图示。以这个训练数据集作为算法的输入。

图中训练数据集$\boldsymbol{D}$包括特征数据集$\boldsymbol{X}$和目标数据集$\boldsymbol{Y}$这 2 个部分。$\boldsymbol{x}_{c0}$中的c表示列，因此$\boldsymbol{x}_{c0}$

表示第 0 个特征数据项，下标从 0 开始；$\boldsymbol{x}_{c(n-1)}$表示第$n-1$个特征数据项；训练数据集$\boldsymbol{D}$一共有n个特征数据项。$\boldsymbol{x}_{r0}$中的r表示行，因此$\boldsymbol{x}_{r0}$表示第 0 个数据样本，下标从 0 开始；$\boldsymbol{x}_{r(m-1)}$表示第$m-1$个数据样本；训练数据集$\boldsymbol{D}$一共有m个数据样本。接着来阅读算法。

训练数据集$\boldsymbol{D}$	特征数据项$\boldsymbol{x}_{c0}$	…	特征数据项$\boldsymbol{x}_{c(n-1)}$	目标数据项$\boldsymbol{Y}$
样本$\boldsymbol{x}_{r0}$	x_{r0c0}	…	$x_{r0c(n-1)}$	y_0
…	…	…	…	…
样本$\boldsymbol{x}_{r(m-1)}$	$x_{r(m-1)c0}$	…	$x_{r(m-1)c(n-1)}$	Y_{m-1}

目标数据项$\boldsymbol{Y}$的取值有k种，这些取值的集合为$\boldsymbol{C}=\{c_0, \cdots, c_{k-1}\}$

图 13-4 当前训练数据集的图示

提示：我们需要逐步熟悉这种描述性的语言描述的算法，以便于在研发人员之间沟通算法，有利于开发人员的编程实现。描述算法没有太多固定的表述规定，以方便沟通、容易看懂为原则。描述算法有一些约定俗成的做法，如：开头要给出算法名称、输入、输出；算法中的伪代码应尽量加一些帮助阅读者理解的注释。

算法：ID3 决策树算法——*tree* decisionTreeID3Algorithm(***D***, *ε*)。

输入：1. 训练数据集 ***D***。

2. 决策树停止分叉的信息增益阈值*ε*。

输出：生成的决策树 *tree*。

```
#如果训练数据集 D 中的所有样本都已经属于同一类型，则返回单结点树 tree
#返回的单结点的类型为该唯一类型
if len(distinct D.Y)==1 then
    node.type=yi #结点类型为该样本的唯一类型
    return treeSingleNode(node) #生成一棵单结点树并返回
end if
#如果训练数据集 D 中的所有样本不属于同一类型，且只有一个特征数据项，
#则返回单结点树 tree，返回的单结点的类型为样本中数量最多的类型
if len(distinct D.Y)>1 and D.n==1  then
node.type=maxNumOfY(D.Y.C) #结点类型为样本中数量最多的类型
return treeSingleNode(node) #生成一棵单结点树并返回
end if
ig =calculateIG(D) #计算所有特征数据项的信息增益
xcmax=selectMaxIG(D, ig) #选择信息增益最大的特征数据项
#如果信息增益小于信息增益阈值ε，则返回单结点树 tree
#返回的单结点的类型为样本中数量最多的类型
if xcmax.ig<ε then
node.type=maxNumOfY(D.Y.C) #结点类型为样本中数量最多的类型
return treeSingleNode(node) #生成一棵单结点树并返回
```

```
end if
#按特征数据项x_cmax的取值切分训练数据集 D 并去除特征数据项x_cmax
#切分的结果是一个训练数据集数组
DArray=splitDAndExceptXcmax(D,x_cmax)
#在当前树中增加一个非叶子结点
tree=new Tree() #生成一棵新树
node=newNode(D,x_cmax) #生成一个非叶子结点
tree.addRootNode(node) #以生成的非叶子结点作为当前树的根结点
node.type=maxNumOfY(D.Y.C) #当前结点类型为样本中数量最多的类型
#对树作分叉并递归调用算法
for D_i in DArray:
childTree= decisionTreeID3Algorithm(D_i, ε)  #递归调用算法
node.addChildNode(childTree) #把子树作为子结点加入到当前结点
end for
return tree #返回生成的决策树
```

接下来，一起用这个算法生成某姑娘相亲后的结交分类的决策树。设置$\varepsilon = 0.01$。第 1 次调用 decisionTreeID3Algorithm($\boldsymbol{D}$,ε)，训练数据集$\boldsymbol{D}$中的所有样本不属于同一类型，且尚有 2 个特征数据项，因此需要计算这 2 个特征数据项的信息增益。在上一节中已经计算过，可知：

$$H(\boldsymbol{Y}) = -\sum_{y\in \boldsymbol{Y}} (p(y)\log p(y)) \approx 1.4488$$

$$H(\boldsymbol{Y}|\boldsymbol{x}_{c0}) = -\sum_{x\in \boldsymbol{x}_{c0}}\sum_{y\in \boldsymbol{Y}} (p(x,y)\log p(y|x)) = 0.8571$$

$$IG(\boldsymbol{Y},\boldsymbol{x}_{c0}) = H(\boldsymbol{Y}) - H(\boldsymbol{Y}|\boldsymbol{x}_{c0}) \approx 1.4488 - 0.8571 \approx 0.5917$$

$$H(\boldsymbol{Y}|\boldsymbol{x}_{c1}) = -\sum_{x\in \boldsymbol{x}_{c1}}\sum_{y\in \boldsymbol{Y}} (p(x,y)\log p(y|x)) \approx 0.6793$$

$$IG(\boldsymbol{Y},\boldsymbol{x}_{c1}) = H(\boldsymbol{Y}) - H(\boldsymbol{Y}|\boldsymbol{x}_{c1}) \approx 1.4488 - 0.6793 \approx 0.7695$$

因此，$\boldsymbol{x}_{\text{cmax}}$=$\boldsymbol{x}_{c1}$。接着生成一个非叶子结点，记录下 entropy、samples、value、class 的值，如图 13-5 所示。entropy 表示当前的信息熵。samples 表示当前的样本个数。value 表示各种类型的样本个数，value = [3,3,1]表示$\boldsymbol{Y} == 1$的样本个数有 3 个，$\boldsymbol{Y} == 2$的样本个数有 3 个，$\boldsymbol{Y} == 3$的样本个数有 1 个。class 表示如果在当前结点分类则结果属于哪一类，class = noDevelopment(1)表示如果在当前结点分类则结果为“不发展（结果值为 1）”，这是在程序中设置的结果提示符，可参考源代码 12-3 中的设置。

选择特征数据项“相熟度$\boldsymbol{x}_{c1}$”做分叉后，按照特征数据项“相熟度$\boldsymbol{x}_{c1}$”切分训练数据集$\boldsymbol{D}$，并去除特征数据项“相熟度$\boldsymbol{x}_{c1}$”，得到如图 13-5 所示的训练数据集$\boldsymbol{D}$的 3 个子集。

接着先是递归调用 decisionTreeID3Algorithm($\boldsymbol{D}_0$, ε)，如图 13-6 所示。根据算法，此时尽

管训练数据集$\boldsymbol{D}$中的所有样本不属于同一类型，但已经只有一个特征数据项，故生成一棵单结点树并返回。返回前记录下 entropy、samples、value、class 的值：

$$H(\boldsymbol{Y})=-\sum_{y\in\boldsymbol{Y}}(p(y)\log p(y))=-\frac{2}{3}\times\log\frac{2}{3}-\frac{1}{3}\times\log\frac{1}{3}\approx 0.6988$$

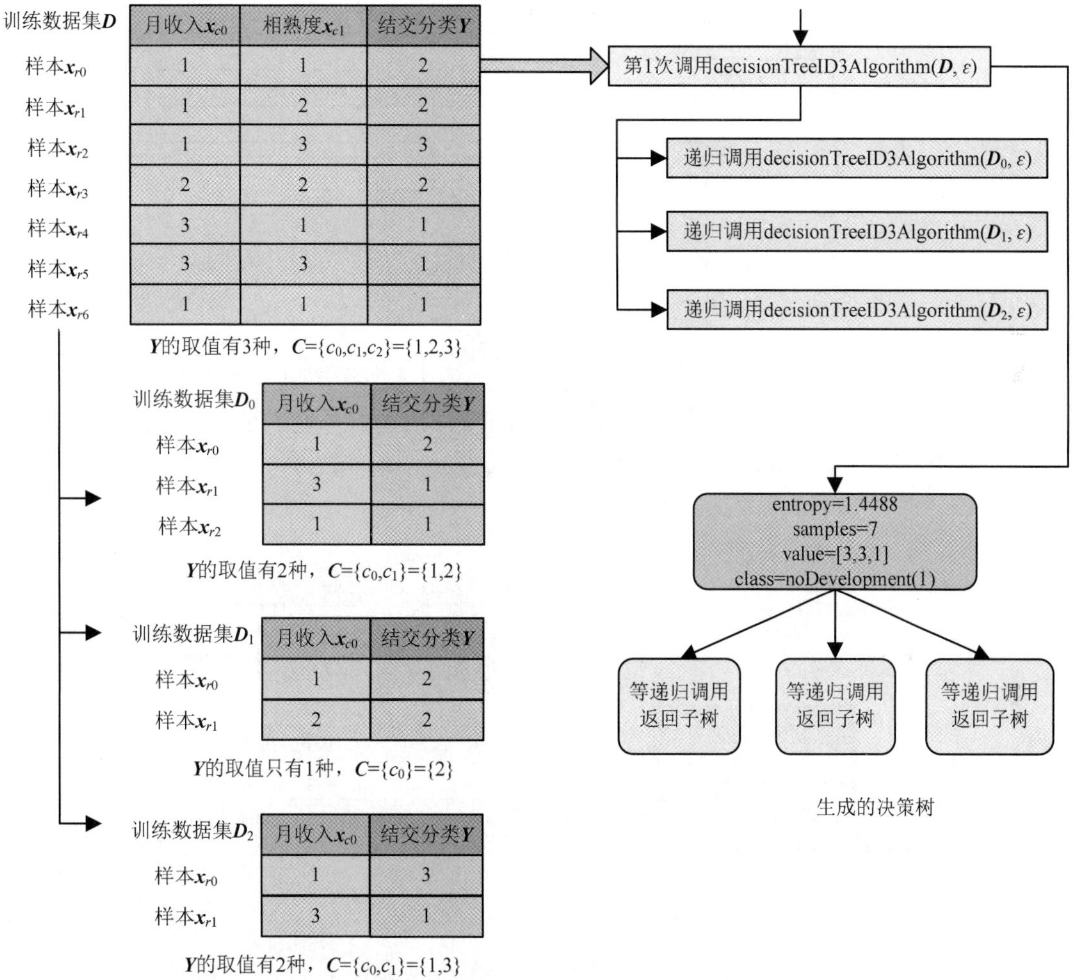

图 13-5　第 1 次调用 decisionTreeID3Algorithm($\boldsymbol{D}$, ε)

继续递归调用 decisionTreeID3Algorithm($\boldsymbol{D}_1$, ε)、decisionTreeID3Algorithm($\boldsymbol{D}_2$, ε)，不再赘述，过程如图 13-7 和图 13-8 所示。

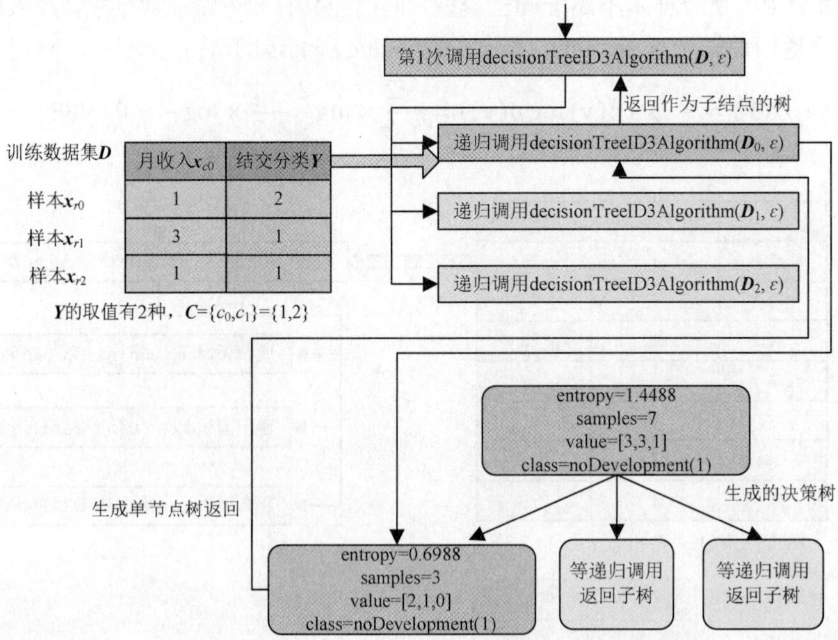

图 13-6　递归调用 decisionTreeID3Algorithm(D_0，ε)

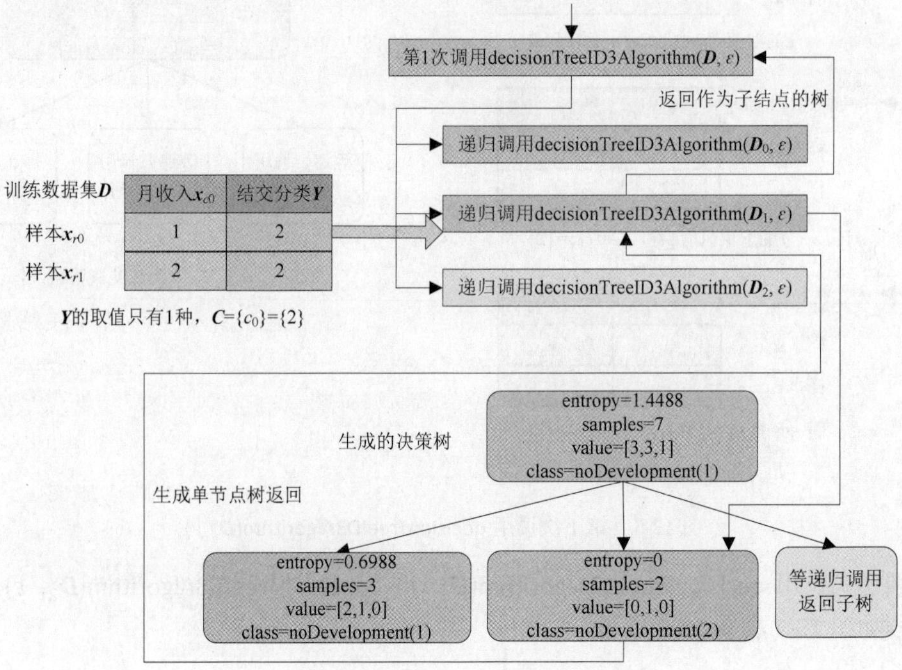

图 13-7　递归调用 decisionTreeID3Algorithm(D_1，ε)

CHAP 13

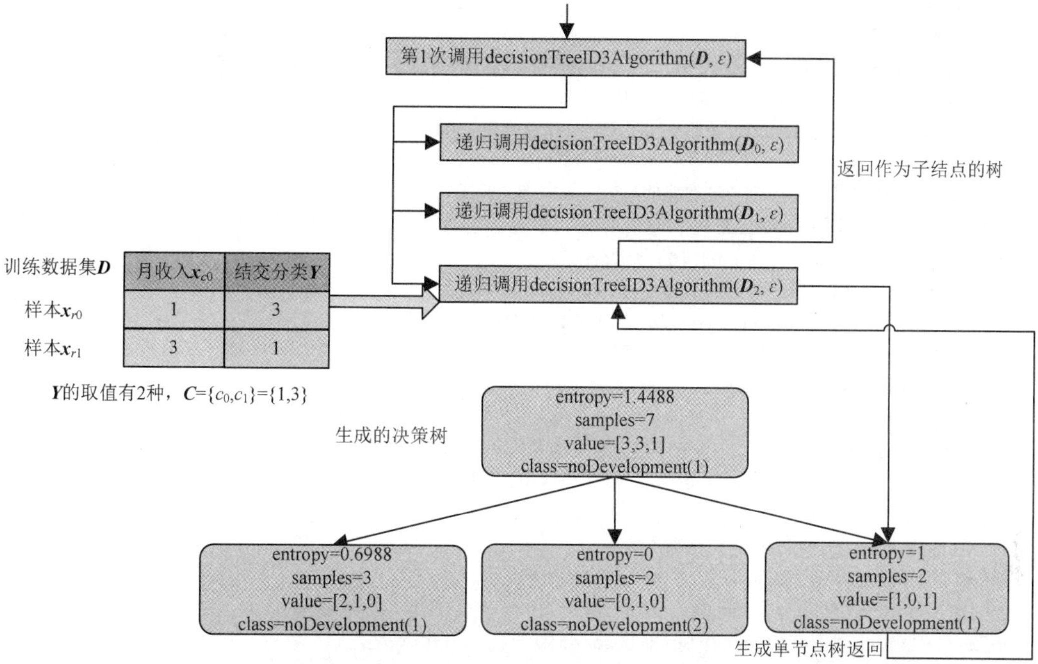

图 13-8　递归调用 decisionTreeID3Algorithm($\boldsymbol{D}_2$, ε)

从图 13-8 中最终生成的决策树来看，有多少个特征数据项，树就有多少层。这棵决策树是一棵多叉树。这里有个突出的问题，相信眼尖的您也看出来了，这根本就不会有值为 3 的决策结果。还有，这棵树怎么和使用 scikit-learn 库生成的决策树长得不一样呢？因为 scikit-learn 库使用的是二叉树。下面就来讲解 scikit-learn 库使用二叉树对 ID3 算法的改进情况。

13.2.2　scikit-learn 库用信息增益生成决策树的算法

对 scikit-learn 库做逆向工程可不是一件容易的事。scikit-learn 库还有决策树类 DecisionTreeRegressor 可用于做回归。scikit-learn 库中 DecisionTreeRegressor 类和 DecisionTreeClassifier 类面向各种应用场景统一采用的是二叉树，且实际上是改进的 CART 算法，但可以用于根据信息增益来生成决策树。因此，根据信息增益生成决策树时，实际上对 ID3 算法做了改进，可以理解成下面的算法。

算法： DecisionTreeClassifier 类用信息增益时生成决策树的算法。
——*tree* decisionTreeID3AlgorithmOfScikitLearn($\boldsymbol{D}$, ε)。
输入： 1．训练数据集 $\boldsymbol{D}$。
　　　2．决策树停止分叉的信息增益阈值ε。
输出： 生成的决策树 *tree*。

```
#如果训练数据集 D 中的所有样本都已经属于同一类型，则返回单结点树 tree
#返回的单结点的类型为该唯一类型
if len(distinct D.Y)==1 then
    node.type=y_i #结点类型为该样本的唯一类型
    return treeSingleNode(node) #生成一棵单结点树并返回
end if
←改进之处（删除了只剩一个特征数据项时返回单结点树的语句）
#计算所有特征数据项所有切分方式（均为二分法）的信息增益
ig =calculateIGOfScikitLearn (D) ←改进之处
#选择信息增益最大的特征数据项和切分方案作为分叉
x_cmax=selectMaxIGOfScikitLearn (D, ig) ←改进之处
#如果信息增益小于信息增益阈值ε，则返回单结点树 tree
#返回的单结点的类型为样本中数量最多的类型
if x_cmax.ig<ε then
node.type=maxNumOfY(D.Y.C) #结点类型为样本中数量最多的类型
return treeSingleNode(node) #生成一棵单结点树并返回
end if
#按特征数据项x_cmax的取值切分训练数据集 D,
#并去除切分出去的特征数据项x_cmax的那一部分样本数据
#切分的结果是一个训练数据集数组
D_0,D_1=splitDAndExceptXcmaxOfScikitLearn (D,x_cmax) ←改进之处
#在当前树中增加一个非叶子结点
tree=new Tree() #生成一棵新树
node=newNode(D,x_cmax) #生成一个非叶子结点
tree.addRootNode(node) #以生成的非叶子结点作为当前树的根结点
node.type=maxNumOfY(D.Y.C) #当前结点类型为样本中数量最多的类型
#对树做二分叉并递归调用算法←改进之处
leftChildTree= decisionTreeID3AlgorithmOfScikitLearn (D_0, ε) #递归调用算法
node.addLeftChildNode(leftChildTree) #把子树作为左子结点加入到当前结点
rightChildTree=decisionTreeID3AlgorithmOfScikitLearn(D_1, ε) #递归调用算法
node.addRightChildNode(rightChildTree) #把子树作为右子结点加入到当前结点
return tree #返回生成的决策树
```

提示：算法中对改进的地方用“**←改进之处**”做了标记。这里的算法只是有助于理解 scikit-learn 库中 DecisionTreeClassifier 类的做法而已，实际上 DecisionTreeClassifier 类实现的是改进的 CART 算法。

可见，算法 decisionTreeID3AlgorithmOfScikitLearn(*D*, *ε*)做了 3 点改进：

（1）去除了只剩一个特征数据项时返回单结点树的语句。可见，只剩一个特征数据项时仍要继续分叉。

（2）需要更多地计算信息增益。因为切分和分叉的方式不同，需要更多地计算信息增益。分叉是做二分叉。切分也是做二切分，但不是对每个特征数据项只做一次二切分。而是针对每个特征数据项，先按值排好序，再取每对相邻的值的中间值作为切分点，形成多种切分方案，

再计算所有切分方案的信息增益。

（3）切分和分叉的方式不同。选取信息增益最大的切分方案进行切分和分叉。切分时，只去除切分出去的特征数据项$\boldsymbol{x}_{c\max}$的那一部分样本数据。这怎么理解呢？仍以前述例子进行分析。

第 1 次调用 decisionTreeID3AlgorithmOfScikitLearn(***D***, ε)，先对所有特征数据项的值进行排序：

相熟度（Familiarity）$\boldsymbol{x}_{c1} = \{1,2,3\}$

月收入（Income）$\boldsymbol{x}_{c0} = \{1,2,3\}$

相熟度$\boldsymbol{x}_{c1}$的切分点均为 1.5 和 2.5。如果切分点是 1.5，其本质是分成 2 个部分，即{1}和{2,3}。如果切分点是 2.5，其本质是分成 2 个部分，即{1,2}和{3}。

下面接着对相熟度$\boldsymbol{x}_{c1}$的 2 种切分方案求信息增益。相熟度$\boldsymbol{x}_{c1}$的第 0 种切分方案（式中$\boldsymbol{x}_{c1-0}$表示第 0 种切分方案下的$\boldsymbol{x}_{c1}$）：

$$
\begin{aligned}
H(\boldsymbol{Y}|\boldsymbol{x}_{c1-0}) &= -\sum_{x\in\boldsymbol{x}_{c1-0}}\sum_{y\in\boldsymbol{Y}}(p(x,y)\log p(y|x)) \\
&= -\sum_{x\in\boldsymbol{x}_{c1-0}}(p(x,y==1)\log p(y==1|x) \\
&\quad +p(x,y==2)\log p(y==2|x)+p(x,y==3)\log p(y==3|x)) \\
&= -(p(x>1.5,y==1)\log p(y==1|x>1.5) \\
&\quad +p(x\leqslant 1.5,y==1)\log p(y==1|x\leqslant 1.5) \\
&\quad +p(x>1.5,y==2)\log p(y==2|x>1.5) \\
&\quad +p(x\leqslant 1.5,y==2)\log p(y==2|x\leqslant 1.5) \\
&\quad +p(x>1.5,y==3)\log p(y==3|x>1.5) \\
&\quad +p(x\leqslant 1.5,y==3)\log p(y==3|x\leqslant 1.5)) \\
&= -\left(\frac{1}{7}\log\frac{1}{4}+\frac{2}{7}\log\frac{2}{3}+\frac{2}{7}\log\frac{1}{2}+\frac{1}{7}\log\frac{1}{3}+\frac{1}{7}\log\frac{1}{4}+0\right) \\
&\approx 1.2507
\end{aligned}
$$

$$IG(\boldsymbol{Y},\boldsymbol{x}_{c1-0}) = H(\boldsymbol{Y}) - H(\boldsymbol{Y}|\boldsymbol{x}_{c1-0}) \approx 1.4488 - 1.2507 \approx 0.1981$$

同理，可计算得到：

$$
\begin{aligned}
H(\boldsymbol{Y}|\boldsymbol{x}_{c1-1}) &= -\sum_{x\in\boldsymbol{x}_{c1-0}}\sum_{y\in\boldsymbol{Y}}(p(x,y)\log p(y|x)) \\
&= -(p(x>2.5,y==1)\log p(y==1|x>2.5) \\
&\quad +p(x\leqslant 2.5,y==1)\log p(y==1|x\leqslant 2.5) \\
&\quad +p(x>2.5,y==2)\log p(y==2|x>2.5) \\
&\quad +p(x\leqslant 2.5,y==2)\log p(y==2|x\leqslant 2.5) \\
&\quad +p(x>2.5,y==3)\log p(y==3|x>2.5) \\
&\quad +p(x\leqslant 2.5,y==3)\log p(y==3|x\leqslant 2.5))
\end{aligned}
$$

$$= -\left(\frac{1}{7}\log\frac{1}{2} + \frac{2}{7}\log\frac{2}{5} + 0 + \frac{3}{7}\log\frac{3}{5} + \frac{1}{7}\log\frac{1}{2} + 0\right) \approx 0.9793$$

$$IG(\boldsymbol{Y}, \boldsymbol{x}_{c1-1}) = H(\boldsymbol{Y}) - H(\boldsymbol{Y}|\boldsymbol{x}_{c1-1}) \approx 1.4488 - 0.9793 \approx 0.4695$$

月收入$\boldsymbol{x}_{c0}$的切分点亦均为 1.5 和 2.5。接着对月收入$\boldsymbol{x}_{c0}$的 2 种切分方案求信息增益：

$$H(\boldsymbol{Y}|\boldsymbol{x}_{c0-0}) = -\sum_{x\in\boldsymbol{x}_{c0-0}}\sum_{y\in\boldsymbol{Y}}(p(x,y)\log p(y|x))$$

$$= -\left(\frac{2}{7}\log\frac{2}{3} + \frac{1}{7}\log\frac{1}{4} + \frac{1}{7}\log\frac{1}{3} + \frac{2}{7}\log\frac{2}{3} + 0 + \frac{1}{7}\log\frac{1}{4}\right) \approx 1.1321$$

$$IG(\boldsymbol{Y}, \boldsymbol{x}_{c0-0}) = H(\boldsymbol{Y}) - H(\boldsymbol{Y}|\boldsymbol{x}_{c0-0}) \approx 1.4488 - 1.1321 \approx 0.3167$$

$$H(\boldsymbol{Y}|\boldsymbol{x}_{c0-1}) = -\sum_{x\in\boldsymbol{x}_{c0-1}}\sum_{y\in\boldsymbol{Y}}(p(x,y)\log p(y|x))$$

$$= -\left(\frac{2}{7}\log 1 + \frac{1}{7}\log\frac{1}{5} + 0 + \frac{3}{7}\log\frac{3}{5} + 0 + \frac{1}{7}\log\frac{1}{5}\right) \approx 0.9793$$

$$IG(\boldsymbol{Y}, \boldsymbol{x}_{c0-1}) = H(\boldsymbol{Y}) - H(\boldsymbol{Y}|\boldsymbol{x}_{c0-1}) \approx 1.4488 - 0.9793 \approx 0.4695$$

可见：

$$\max\left(IG(\boldsymbol{Y}, \boldsymbol{x}_{c1-0}), IG(\boldsymbol{Y}, \boldsymbol{x}_{c1-1}), IG(\boldsymbol{Y}, \boldsymbol{x}_{c0-0}), IG(\boldsymbol{Y}, \boldsymbol{x}_{c0-1})\right) = 0.4695$$

比较有意思的是，这里恰好$IG(\boldsymbol{Y}, \boldsymbol{x}_{c0-1})$和$IG(\boldsymbol{Y}, \boldsymbol{x}_{c1-1})$是相同的。scikit-learn 的 DecisionTreeClassifier 类选择哪种切分方案要看在计算机中的计算结果哪个更大，我们笔算算出的小数型的结果在计算机里会有很微小的差异，尽管计算式 $\frac{1}{7}\log\frac{1}{2} + \frac{2}{7}\log\frac{2}{5} + \frac{3}{7}\log\frac{3}{5} + \frac{1}{7}\log\frac{1}{2}$ 和 $\frac{1}{7}\log\frac{1}{5} + \frac{3}{7}\log\frac{3}{5} + \frac{1}{7}\log\frac{1}{5}$ 是等同的。于是在这一步得到了如图 13-9 所示的决策树。

提示： $\frac{1}{7}\log\frac{1}{2} + \frac{2}{7}\log\frac{2}{5} + \frac{3}{7}\log\frac{3}{5} + \frac{1}{7}\log\frac{1}{2}$ 和 $\frac{1}{7}\log\frac{1}{5} + \frac{3}{7}\log\frac{3}{5} + \frac{1}{7}\log\frac{1}{5}$ 怎么会是等同的呢？根据对数的以下 2 个计算公式：

$$\log(a \times b) = \log a + \log b \tag{13-9}$$

$$a\log b = \log b^a \tag{13-10}$$

可得：

$$\frac{1}{7}\log\frac{1}{2} + \frac{2}{7}\log\frac{2}{5} + \frac{3}{7}\log\frac{3}{5} + \frac{1}{7}\log\frac{1}{2} = \frac{1}{7} \times \left(\log\frac{1}{2} + \log\left(\frac{2}{5}\right)^2 + \log\left(\frac{3}{5}\right)^3 + \log\frac{1}{2}\right)$$

$$= \frac{1}{7} \times \log\left(\frac{1}{2} \times \frac{4}{25} \times \frac{27}{125} \times \frac{1}{2}\right)$$

$$= \frac{1}{7} \times \log\left(\frac{27}{25 \times 125}\right)\frac{1}{7}\log\frac{1}{5} + \frac{3}{7}\log\frac{3}{5} + \frac{1}{7}\log\frac{1}{5}$$

$$=\frac{1}{7}\times\left(\log\frac{1}{5}+\log\left(\frac{3}{5}\right)^{3}+\log\frac{1}{5}\right)$$

$$=\frac{1}{7}\times\log\left(\frac{1}{5}\times\frac{27}{125}\times\frac{1}{5}\right)=\frac{1}{7}\times\log\left(\frac{27}{25\times125}\right)$$

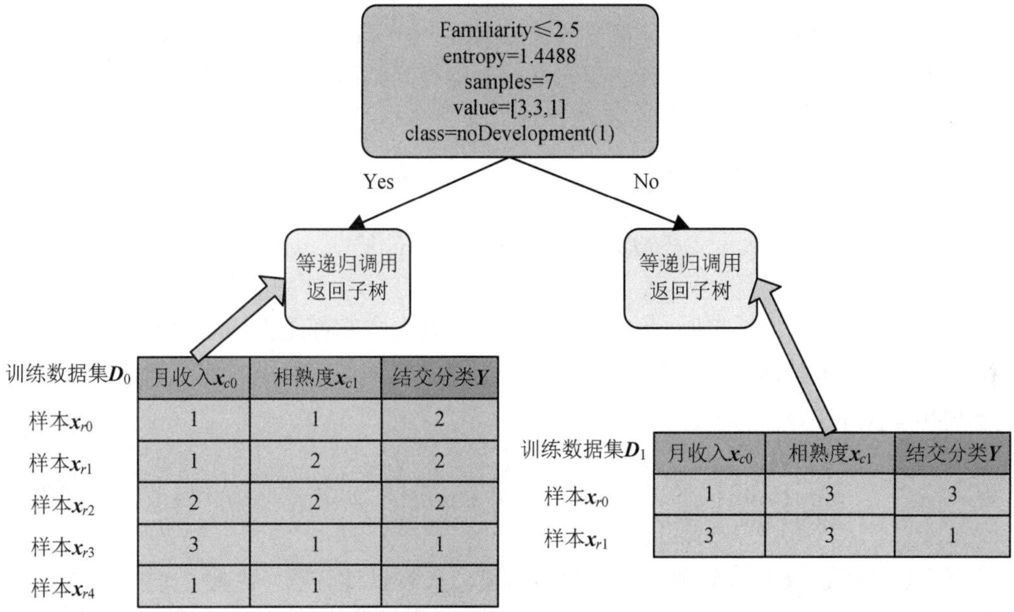

图 13-9　第 1 次分叉及切分方案

根据$IG(\boldsymbol{Y},\boldsymbol{x}_{c1-1})$把训练数据集切分成了$\boldsymbol{D}_0$和$\boldsymbol{D}_1$这 2 个子集，如图 13-9 所示。接着递归调用 decisionTreeID3AlgorithmOfScikitLearn($\boldsymbol{D}_0$, ε)和 decisionTreeID3AlgorithmOfScikitLearn($\boldsymbol{D}_1$, ε)，生成左子树和右子树。接下来的分叉和切分不再赘述，您可参照算法描述继续进行递归调用。

13.2.3 理解 CART 算法

C4.5 算法只是在 ID3 的基础上把选择特征数据项的评判指标由信息增益变成了信息增益比，所以这里不再重复讲解。ID3 和 C4.5 都有个突出的问题，目标数据项不能是连续的值，都只能用于分类；ID3 只能处理离散的值，而且会优先选择值个数较多的特征数据项。如果要让 ID3 和 C4.5 可以处理连续的特征数据项，可以事先将连续数据进行离散化。那有没有办法不做离散化就可以处理连续的特征数据项呢？这就可以用 CART 算法。

CART 算法处理连续的特征数据项的办法是：先把特征数据项的所有值进行排序，然后取相邻的两个值的平均值作为切分点，这样可以形成许多种切分方案；再针对所有特征数据项都形成切分方案；计算所有特征数据项的切分方案的基尼指数；比较基尼指数增加值，选择基尼指数增加值最大的切分方案（也就是基尼指数最小的方案）来分叉。

那么，100 个数据样本的一个特征数据项如果值都不同，则有 99 种切分方案。假设当前执行的 CART 算法的训练数据集有m个数据样本n个特征数据项，那使用 CART 算法当前就会有$(m-1)\times n$种切分方案，要计算$(m-1)\times n$次基尼指数增加值，所以 CART 算法的缺点就是计算量比较大。不过，这正好可以发挥计算机计算能力强的优点。如果正在使用的计算机性能不够就用性能更好的计算机，甚至计算机集群、云平台、超级计算机。

提示：当然，CART 算法还可做很多的优化来减少计算的量，这里先学习其基本原理。

接下来还有一个问题，CART 算法是怎么做到能做回归的呢？办法就是采用均方误差 ***MSE*** 作为评判切分方案的指标，每次切分都选择均方误差最小的切分方案。为免大家忘记了，这里再列出均方误差 ***MSE*** 的计算公式：

$$\boldsymbol{MSE}=\frac{1}{m}\sum_{i=0}^{m-1}\left(y_{pi}-y_{ti}\right)^2 \tag{13-11}$$

式中，y_p为预测值；y_t为真实值。由于 CART 算法的切分方案都是把样本数据集切分成了 2 个部分，因此目标是要使两个部分的 ***MSE*** 都最小，两者之和也要最小，这个最小的目标我们在前面加 min 进行标示：

$$\min_{\boldsymbol{x}_{cn},S_k}\left(\min_{y_{p0}}\left(\sum_{\boldsymbol{x}_{ri}\in\boldsymbol{D}_0}\left(y_{p0}-y_i\right)^2\right)+\min_{y_{p1}}\left(\sum_{\boldsymbol{x}_{rj}\in\boldsymbol{D}_1}\left(y_{p1}-y_j\right)^2\right)\right) \tag{13-12}$$

这个表达式看起来有点复杂，首先要读得懂。S_k表示切分点，在某个切分点把训练数据集切分成$\boldsymbol{D}_0$和$\boldsymbol{D}_1$这 2 个部分。$\boldsymbol{D}_0$部分目标数据项的预测值为y_{p0}，每个样本的目标数据真实值为y_i。$\boldsymbol{x}_{ri}\in\boldsymbol{D}_0$表示每个数据样本都要属于切分得到的训练数据集$\boldsymbol{D}_0$。CART 算法会将切分出的训练数据集目标数据项的预测值设置为相同的值。

提示：阅读$\min_{y_{p0}}\left(\sum_{\boldsymbol{x}_{ri}\in\boldsymbol{D}_0}\left(y_{p0}-y_i\right)^2\right)$这样的表达式，要注意 min 的意思是指 min 中的表达值最小，使之最小的办法是调节或变换 min 下方标示的参数，这个表达式中调节或变换的参数即为y_{p0}。不同的切分方案会得到不同的y_{p0}。请切勿将表达式理解成使参数y_{p0}最小。

那y_{p0}、y_{p1}的值又是多少呢？对于$\boldsymbol{D}_0$和$\boldsymbol{D}_1$这 2 个部分，y_{p0}、y_{p1}的值分别为：

$$y_{p0}=\frac{1}{m_0}\sum_{x_{ri}\in\boldsymbol{D}_0}y_i=\frac{1}{|\boldsymbol{D}_0|}\sum_{x_{ri}\in\boldsymbol{D}_0}y_i$$

$$y_{p1}=\frac{1}{m_1}\sum_{x_{ri}\in\boldsymbol{D}_1}y_i=\frac{1}{|\boldsymbol{D}_1|}\sum_{x_{ri}\in\boldsymbol{D}_1}y_i$$

也就是说，目标数据项预测值为该样本数据集目标数据项真实值的均值。

13.2.4　用 CART 算法做分类

用 CART 算法做分类的算法描述如下所示。

算法： DecisionTreeClassifier 类用基尼指数时生成决策树的算法。

——*tree* decisionTreeCARTGiniOfScikitLearn(***D***, ε)。

输入： 1．训练数据集 ***D***。

2．决策树停止分叉的基尼指数阈值ε。

输出： 生成的决策树 *tree*。

```
#如果训练数据集 D 中的所有样本都已经属于同一类型，则返回单结点树 tree
#返回的单结点的类型为该唯一类型
if len(distinct D.Y)==1 then
    node.type=y_i #结点类型为该样本的唯一类型
    return treeSingleNode(node) #生成一棵单结点树并返回
end if
#计算所有特征数据项所有切分方式（均为二分法）的基尼指数
gini =calculateGiniOfScikitLearn (D)
#选择基尼指数增加值最大的特征数据项和切分方案作为分叉
x_cmax=selectMaxGiniOfScikitLearn (D, gini)
#如果基尼指数增加值小于基尼指数增加值阈值ε，则返回单结点树 tree
#返回的单结点的类型为样本中数量最多的类型
if x_cmax.gini<ε then
node.type=maxNumOfY(D.Y.C) #结点类型为样本中数量最多的类型
return treeSingleNode(node) #生成一棵单结点树并返回
end if
#按特征数据项x_cmax的取值切分训练数据集 D,
#并去除切分出去的特征数据项x_cmax的那一部分样本数据
#切分的结果是一个训练数据集数组
D_0,D_1=splitDAndExceptXcmaxOfScikitLearn (D,x_cmax)
#在当前树中增加一个非叶子结点
tree=new Tree() #生成一棵新树
node=newNode(D,x_cmax) #生成一个非叶子结点
tree.addRootNode(node) #以生成的非叶子结点作为当前树的根结点
node.type=maxNumOfY(D.Y.C) #当前结点类型为样本中数量最多的类型
#对树做二分叉并递归调用算法
leftChildTree=decisionTreeCARTGiniOfScikitLearn(D_0, ε) #递归调用算法
node.addLeftChildNode(leftChildTree) #把子树作为左子结点加入到当前结点
rightChildTree=decisionTreeCARTGiniOfScikitLearn(D_1, ε) #递归调用算法
node.addRightChildNode(rightChildTree) #把子树作为右子结点加入到当前结点
return tree #返回生成的决策树
```

从 CART 算法的描述来看，相对 decisionTreeID3AlgorithmOfScikitLearn 算法，只是将信息增益换成了使用基尼指数增加值。

提示：decisionTreeCARTGiniOfScikitLearn 算法的描述只是用来帮助大家理解 DecisionTreeClassifier 类的决策树算法。DecisionTreeClassifier 类的决策树算法比这要复杂得多，参数也多得多。

13.2.5 用 CART 算法做回归

用 CART 算法做回归的算法描述如下所示。

算法： DecisionTreeRegressor 类用标准差时生成决策树的算法。

——*tree* decisionTreeCARTMSEOfScikitLearn(***D***, *ε*)。

输入： 1．训练数据集 ***D***。

2．决策树停止分叉的标准差阈值*ε*。

输出： 生成的决策树 *tree*。

```
#如果训练数据集 D 中的所有样本目标数据项的值都相同或
#已经只有一个样本，则返回单结点树 tree
#返回的单结点的预测值为样本目标数据项的值
if len(D.Y)==1 or isEqual(D.Y) then
    node.predictValue=y_i #预测值为当前结点的目标数据项值
    return treeSingleNode(node) #生成一棵单结点树并返回
end if
#计算所有特征数据项所有切分方式（均为二分法）的标准差
mse=calculateMSEOfScikitLearn (D)
#选择切分后两部分标准差最小且和标准差之和也最小的特征数据项和
#切分方案作为分叉
x_cmin=selectMinMSEOfScikitLearn (D, mse)
#如果标准差小于阈值ε，则返回单结点树 tree
#返回的单结点的预测值为样本目标数据项的平均值
if x_cmin.mse<ε then
node.predictValue=1/|D| Σ_{x_ri∈D} y_i
return treeSingleNode(node) #生成一棵单结点树并返回
end if
#按特征数据项x_cmin的取值切分训练数据集 D，
#并去除切分出去的特征数据项x_cmin的那一部分样本数据
#切分的结果是一个训练数据集数组
D_0,D_1=splitDAndExceptXcminOfScikitLearn (D,x_cmin)
#在当前树中增加一个非叶子结点
tree=new Tree() #生成一棵新树
node=newNode(D,x_cmin) #生成一个非叶子结点
tree.addRootNode(node) #以生成的非叶子结点作为当前树的根结点
#当前结点的预测值为样本目标数据项的平均值
node.predictValue=1/|D| Σ_{x_ri∈D} y_i
#对树做二分叉并递归调用算法
```

```
leftChildTree=decisionTreeCARTMSEOfScikitLearn(D_0, ε) #递归调用算法
node.addLeftChildNode(leftChildTree) #把子树作为左子结点加入到当前结点
rightChildTree=decisionTreeCARTMSEOfScikitLearn(D_1, ε) #递归调用算法
node.addRightChildNode(rightChildTree) #把子树作为右子结点加入到当前结点
return tree #返回生成的决策树
```

把算法的描述对比 decisionTreeCARTGiniOfScikitLearn 来看，有 2 个变化：

（1）使用 ***MSE*** 作为评价最优切分点的指标。

（2）以当前训练数据集样本目标数据项的平均值作为当前结点的预测值。

提示：decisionTreeCARTGiniOfScikitLearn 算法的描述只是用来帮助大家理解 DecisionTree-Regressor 类的决策树算法。DecisionTreeRegressor 类的决策树算法比这要复杂得多，参数也多得多。

根据上述算法做回归，如果最终决策树叶子结点的个数为l个，也就是说把训练数据集分成了l份，则决策树总的标准差为：

$$\boldsymbol{MSE}=\sum_{j=0}^{l-1}\sum_{\boldsymbol{x}_{ri}\in\boldsymbol{D}_j}\left(y_{pj}-y_i\right)^2=\sum_{j=0}^{l-1}\sum_{\boldsymbol{x}_{ri}\in\boldsymbol{D}_j}\left(\frac{1}{|\boldsymbol{D}_j|}\sum_{\boldsymbol{x}_{ri}\in\boldsymbol{D}_j}y_i-y_i\right)^2$$

13.3 深入学习用 scikit-learn 做决策树分类和回归

本节主要就是学习 DecisionTreeClassifier 类和 DecisionTreeRegressor 类的属性、方法及其参数。

13.3.1 DecisionTreeClassifier 类的方法和属性

在第 12 章中我们都是使用 DecisionTreeClassifier 类做分类，下面就要详细讲解这个类。DecisionTreeClassifier 类的初始化方法及其主要参数如下：

```
sklearn.tree.DecisionTreeClassifier(criterion="gini",splitter="best",\
max_depth=None, min_samples_split=2,min_samples_leaf=1,\
    max_features=None,max_leaf_nodes=None,min_impurity_decrease=0.,\
min_impurity_split=None)
```

1.criterion。该参数指出用于决策的标准。单词 criterion 的中文意思就是“标准、规范”。该参数默认值为“gini”，表示基尼指数，此时使用基尼指数增加值来做决策。还可设置为“entropy”，表示信息熵，单词 entropy 的中文意思就是“熵”，此时使用信息增益来做决策。遗憾的是 DecisionTreeClassifier 类没有实现 ID3 和 C4.5 算法，那它是使用的什么算法？您可以参考本章此前的讨论。

（2）splitter。该参数指出切分点的选择方法。该参数默认值为“best”，表示选择最优的

切分点。通常我们不需要更改这个参数值，如果数据量确实过大，需要加快训练速度，可将该参数设置为“random”。

（3）max_depth。该参数指出决策树的最大深度。该参数默认为“None”，表示不限制决策树的深度。

（4）min_samples_split。该参数指出当前结点要做切分所需的最少样本数。如果当前结点的样本数小于该参数的值，决策树在当前结点将不再分叉。该参数默认值为2，表示至少要有 2 个样本才做分叉。

（5）min_samples_leaf。该参数指出叶子结点的最少样本数。该参数默认值为 1，表示叶子结点至少有 1 个样本。如果当前结点的样本数小于该参数的值，决策树在当前结点将不再分叉。

（6）max_features。该参数指出每次寻找最优切分时要考察的最大特征数据项个数。该参数默认值为“None”，表示考察所有特征数据项。如果该参数设置为“log2”，表示考察的特征数据项个数为$\log_2 n$（n为训练数据集的特征数据项的个数）。如果该参数值设为“sqrt”或“auto”，则考察的特征数据项个数为$\sqrt{n}$。

（7）max_leaf_nodes。该参数指出最大的叶子结点数。该参数默认值为“None”，表示不限制。

（8）min_impurity_decrease。该参数指出当前结点要做分叉所需的最小增加值。这里的增加值根据参数 criterion 的设置，可以是基尼指数增加值（criterion="gini"）、信息增益（criterion="entropy"）。

（9）min_impurity_split。该参数指出当前结点要做分叉所需的最小不纯度。这里的不纯度根据参数 criterion 的设置，可以是基尼指数（criterion="gini"）、信息熵（criterion="entropy"）。

从以上参数的说明来看，在初始化时如果设置 max_depth、min_samples_split、min_samples_leaf、max_leaf_nodes、min_impurity_decrease、min_impurity_split 等参数的值，就能控制决策树的规模，起到在建立决策树的过程中就“剪枝”的作用。这种方法我们称之为“预剪枝”。如果是在决策树建立好之后再“剪枝”，则称之为“后剪枝”。

DecisionTreeClassifier 类的属性主要如下：

（1）classes_。该属性为类型标签的数组。如果有多个目标数据项，则该属性为一个类型标签数组的列表。

（2）feature_importances_。该属性为特征数据项重要性的数组，值越大表示越重要。重要性可量化表示为特征的增益值，可以是基尼指数增加值（criterion="gini"）、信息增益（criterion="entropy"）。

（3）max_features_。该属性为每次寻找最优切分时要考察的最大特征数据项个数。

（4）n_classes_。如果目标数据项只有 1 个，则该属性为目标数据项分类的个数。如果目标数据项为多个，则该属性为目标数据项分类个数的列表。

（5）n_features_。该属性为特征数据项的个数。

（6）n_outputs_。该属性为目标数据项的个数。

（7）tree_。该属性为生成的决策树。

DecisionTreeClassifier 类的方法有 fit()、score()、predict()、predict_proba()等，考虑到这些方法与其他模型方法使用类似，不再赘述。

13.3.2 DecisionTreeRegressor 类的方法和属性

因为 DecisionTreeRegressor 类与 DecisionTreeClassifier 类的很多初始化方法中的参数、属性、方法类似，主要的不同之处就在于 criterion 参数。

DecisionTreeRegressor 类初始化方法中的 criterion 参数指出用于决策的标准，取值有“mse”“friedman_mse”“mae”“poisson”4 种，默认为“mse”。取值为“mse”表示使用均方误差；取值为“friedman_mse”表示使用费尔德曼均方误差；取值为“mae”表示使用绝对平均误差；取值为“poisson”表示泊松误差。

MSE、***MAE*** 这 2 个评价指标在此前我们已经学习过，这里不再赘述。通常我们使用“mse”即可。费尔德曼是人名，费尔德曼均方误差的计算方法与均方误差的计算方法不同。决策树的当前结点均方误差的计算公式如下：

$$\boldsymbol{MSE} = Var_{\text{left}} + Var_{\text{right}} = \frac{1}{m_{\text{left}}}\sum_{i=0}^{m_{\text{left}}-1}\left(y_{pi} - y_{ti}\right)^2 + \frac{1}{m_{\text{right}}}\sum_{i=0}^{m_{\text{right}}-1}\left(y_{pi} - y_{ti}\right)^2$$

Var_{left}表示当前结点左子树的方差；Var_{right}表示当前结点右子树的方差。但如果使用费尔德曼均方误差，则计算过程如下：

$$Diff = Mean_{\text{left}} - Mean_{\text{right}}$$

$$MSE_{\text{friedman}} = \frac{m_{\text{left}} \times m_{\text{right}} \times Diff^2}{m_{\text{left}} + m_{\text{right}}}$$

其中，$Mean_{\text{left}}$表示当前结点左子树的平均误差；$Mean_{\text{right}}$表示当前结点右子树的平均误差，也即：

$$Mean_{\text{left}} = \frac{1}{m_{\text{left}}}\sum_{i=0}^{m_{\text{left}}-1}\left|y_{pi} - y_{ti}\right|$$

$$Mean_{\text{right}} = \frac{1}{m_{\text{right}}}\sum_{i=0}^{m_{\text{right}}-1}\left|y_{pi} - y_{ti}\right|$$

泊松误差计算公式如下：

$$Loss_{\text{poisson}} = \frac{1}{m}\sum_{i=0}^{m-1}\left(2\left(y_{ti}\log_{10}\frac{y_{ti}}{y_{pi}} + y_{pi} - y_{ti}\right)\right) = \frac{2}{m}\sum_{i=0}^{m-1}\left(y_{ti}\lg\frac{y_{ti}}{y_{pi}} + y_{pi} - y_{ti}\right)$$

13.3.3 用决策树做鸢尾花分类

下面我们尝试用 DecisionTreeRegressor 类初始化时的 max_depth 参数来控制树的规模，看看做鸢尾花分类时的情况。这次我们使用花萼宽度和花瓣长度这 2 个特征数据项，这样既便于图示，又不致大家对数据有视觉疲劳感。

控制树的深度的语句如下：

```
#dtc=DecisionTreeClassifier() #不限制树的深度
#dtc=DecisionTreeClassifier(max_depth=6) #树的深度最大为 6
#dtc=DecisionTreeClassifier(max_depth=5) #树的深度最大为 5
dtc=DecisionTreeClassifier(max_depth=4) #树的深度最大为 4
```

根据以上代码，我们分不限制树的深度、树的深度最大为 6、树的深度最大为 5、树的深度最大为 4 这 4 种情形来考察分类的效果并作图示，图形如图 13-10 所示。

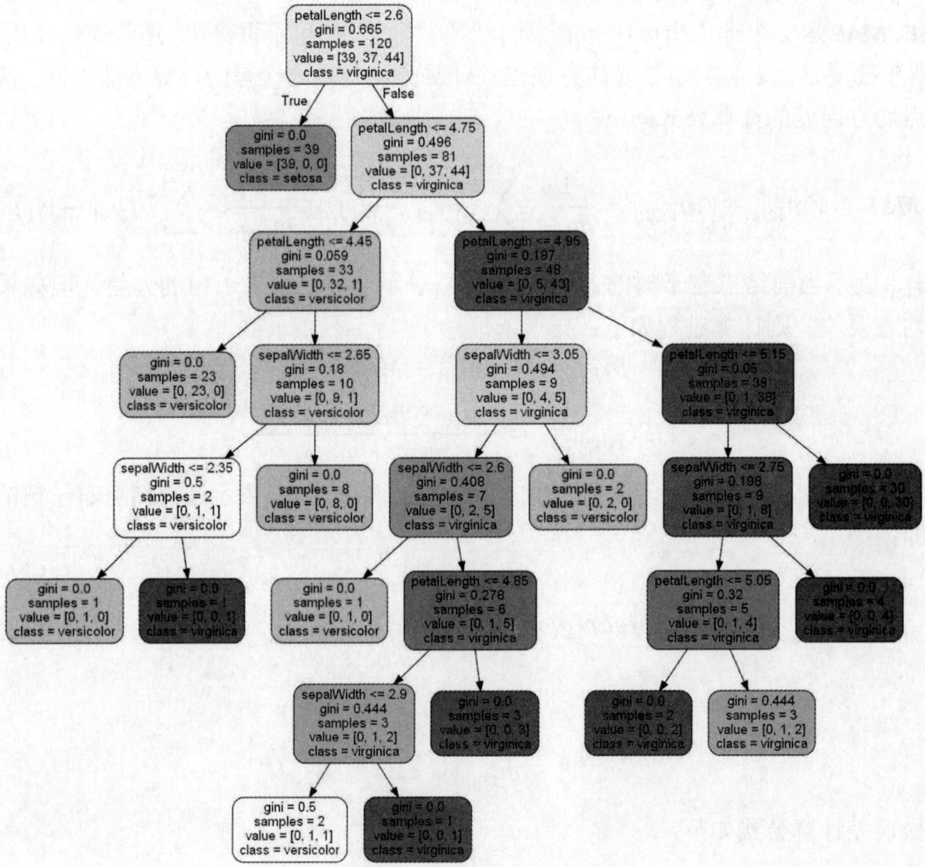

（a）不限制树的深度时的决策树

图 13-10　鸢尾花分类的决策树及分类效果

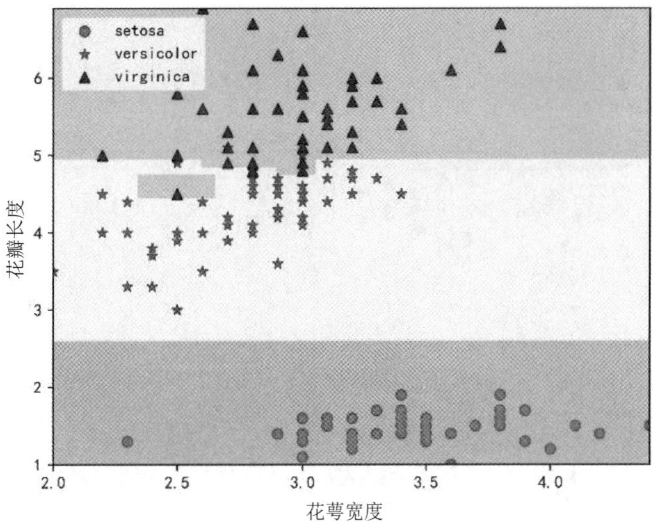

（b）不限制树的深度时的分类效果

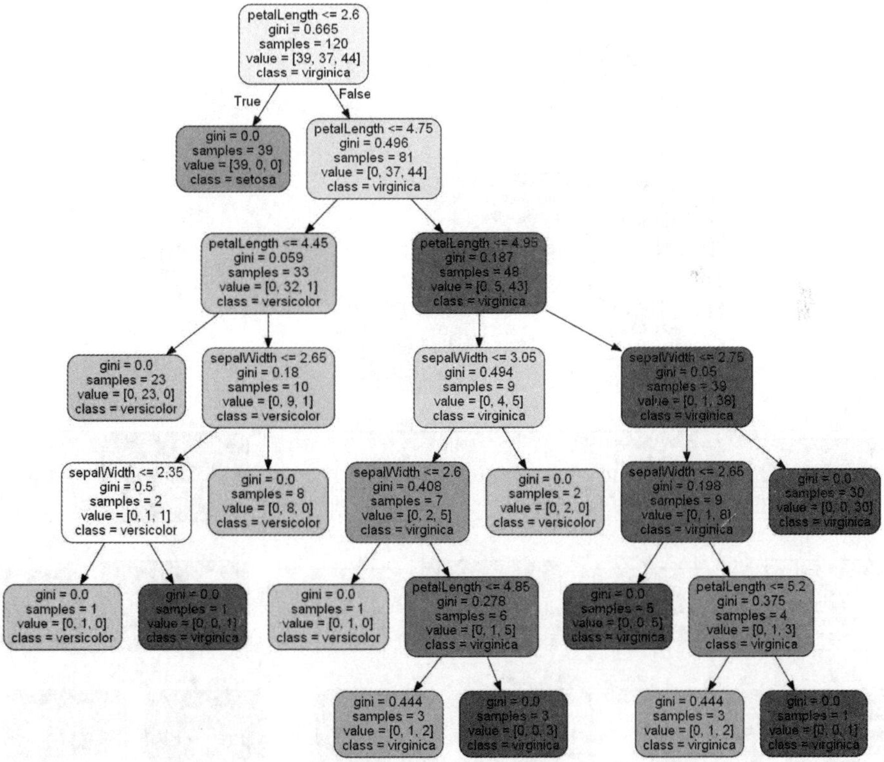

（c）树的深度最大为 6 时的决策树

图 13-10　鸢尾花分类的决策树及分类效果（续图）

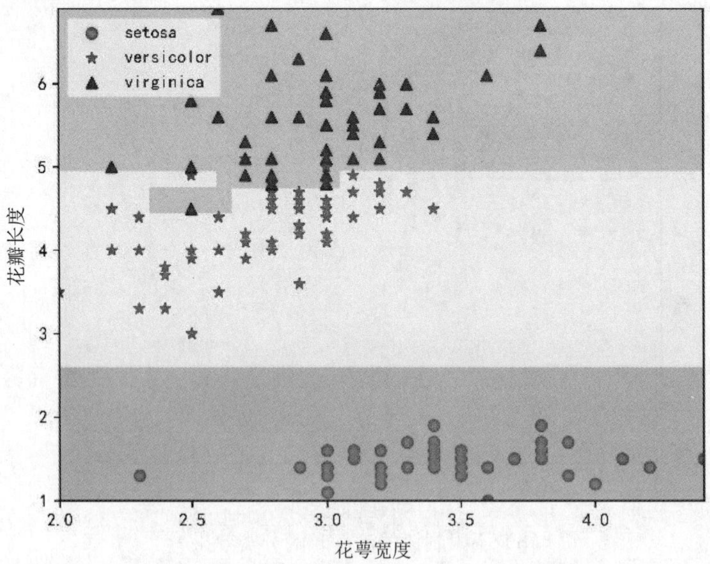

（d）树的深度最大为 6 时的分类效果

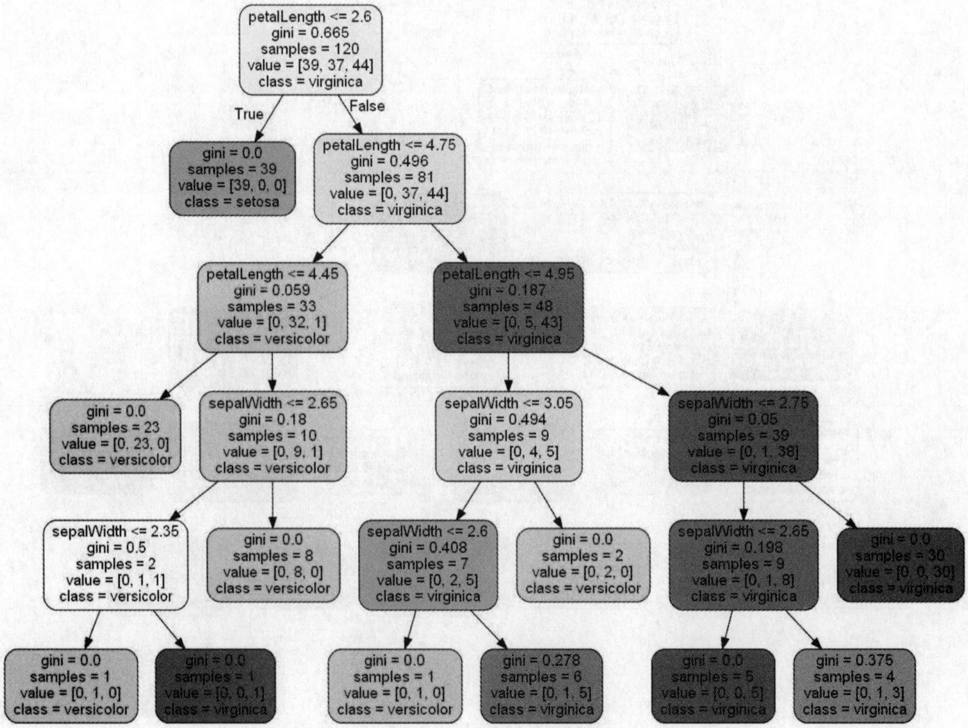

（e）树的深度最大为 5 时的决策树

图 13-10　鸢尾花分类的决策树及分类效果（续图）

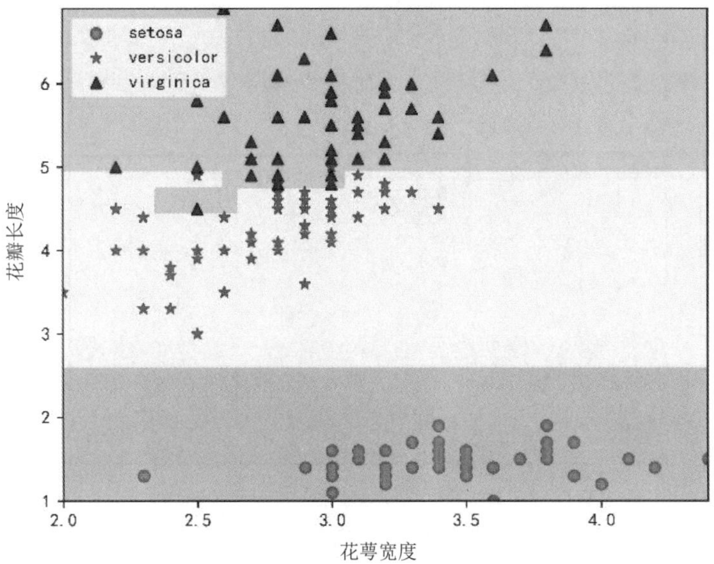

（f）树的深度最大为 5 时的分类效果

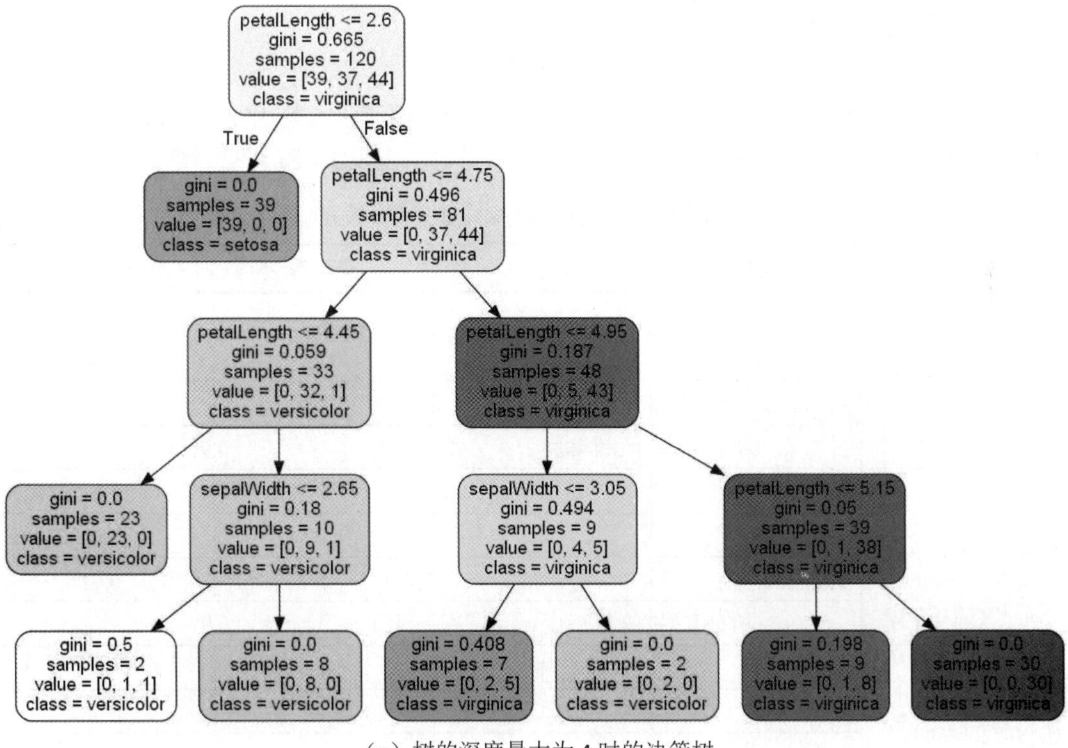

（g）树的深度最大为 4 时的决策树

图 13-10　鸢尾花分类的决策树及分类效果（续图）

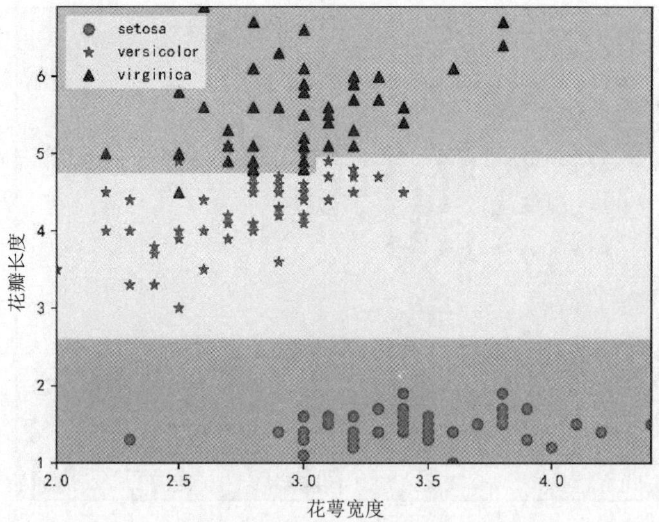

（h）树的深度最大为 4 时的分类效果

图 13-10　鸢尾花分类的决策树及分类效果（续图）

在划分数据集时使用了如下的语句：

```
XTrain,XTest,yTrain,yTest=train_test_split(X,y,\
    random_state=1,test_size=0.2)
```

这说明，测试数据集占 20%，划分的随机种子为 1。由于没有使用交叉验证法，只是使用固定的划分方法，因此接下来给出的分类效果仅供讨论，见表 13-2。

表 13-2　用决策树对鸢尾花做分类的效果

场景	类型	查准率	查全率	F1-Score
不限制树的深度	setosa	1	1	1
	versicolor	1	0.92	0.96
	virginica	0.86	1	0.92
	所有类型的总准确度		0.97	
树的深度最大为 6	setosa	1	1	1
	versicolor	1	0.92	0.96
	virginica	0.86	1	0.92
	所有类型的总准确度		0.97	
树的深度最大为 5	setosa	1	1	1
	versicolor	1	0.92	0.96
	virginica	0.86	1	0.92
	所有类型的总准确度		0.97	

续表

场景	类型	查准率	查全率	F1-Score
树的深度最大为 4	setosa	1	1	1
	versicolor	1	0.92	0.96
	virginica	0.86	1	0.92
	所有类型的总准确度		0.97	

用表 13-2 的结果结合图 13-10，可发现：

（1）4 种场景下查准率、查全率、F1-Score 及总准确度都没变化。

（2）树的最大深度越小，分界线越规则；最大深度越大，分界线越不规则，这就会出现过拟合的现象。

过拟合到什么程度，得用交叉验证法来做验证，这部分内容将在第 14 章中讲述。那这些参数到底取多少为宜？这需要调节模型的参数，熟悉调节参数的原理，这部分内容也会在第 14 章中讲述。

13.3.4 用决策树做房价回归分析

下面我们用决策树做房价回归分析，仍使用波士顿房屋数据集。为清晰地展示决策树及回归的效果，我们选用一个特征数据项 RM（房屋平均房间间数）。由于我们第一次使用决策树来做回归分析，下面给出完整的源代码。

源代码 13-1 用决策树做房价回归分析

```
#====导入各种要用到的库、类====
import numpy as np
from sklearn.datasets import load_boston
import pandas as pd
from sklearn.model_selection import train_test_split
from sklearn.tree import DecisionTreeRegressor
#====加载数据====
#加载波士顿房屋价格数据集
boston=load_boston()
bos=pd.DataFrame(boston.data)
#获得 RM 特征项
X=np.array(bos.iloc[:,5:6])
#获得目标数据项
bos_target=pd.DataFrame(boston.target)
y=np.array(bos_target)
#====划分数据集====
XTrain,XTest,yTrain,yTest=train_test_split(X,y,test_size=0.2,random_state=3)
#====建立决策树模型并做训练====
dtr=DecisionTreeRegressor() #不限制树的深度
dtr13=DecisionTreeRegressor(max_depth=13) #树的深度最大为 13
```

```
dtr3=DecisionTreeRegressor(max_depth=3) #树的深度最大为 3
dtr.fit(XTrain,yTrain)
dtr13.fit(XTrain,yTrain)
dtr3.fit(XTrain,yTrain)
#====评价模型====
#导入评价类
from sklearn import metrics
def evaluateModel(model,modelName):
    #输出 R^2
    print(str(modelName)+"对训练数据的 R^2:",\
          metrics.r2_score(yTrain,model.predict(XTrain)))
    print(str(modelName)+"对测试数据的 R^2:",\
          metrics.r2_score(yTest,model.predict(XTest)))
    #输出 MSE
    print(str(modelName)+"对训练数据的 MSE:",\
          metrics.mean_squared_error(yTrain,model.predict(XTrain)))
    print(str(modelName)+"对测试数据的 MSE:",\
          metrics.mean_squared_error(yTest,model.predict(XTest)))
evaluateModel(dtr,"不限制深度的决策树")
evaluateModel(dtr13,"深度为 13 的决策树")
evaluateModel(dtr3,"深度为 3 的决策树")
#====导入作图要用到的库、类(画决策树)====
from sklearn import tree
import graphviz
#====生成决策树的图形====
def genDecisionTreeGraph(dtr):
    #特征数据项名称
    featureNames=['RM']
    dotData=tree.export_graphviz(dtr,out_file=None,\
        feature_names=featureNames,filled=True, rounded=True)
    graph=graphviz.Source(dotData)
    #使用时请根据您需要保存的路径修改 filename 参数
    graph.render(view=True,format="jpg",\
        filename="D:/系务工作/pic/chart13-11-"+str(dtr.get_depth()))
genDecisionTreeGraph(dtr)
genDecisionTreeGraph(dtr13)
genDecisionTreeGraph(dtr3)
#====画拟合线和散点====
from matplotlib import pyplot as plt
#画散点
plt.scatter(XTrain[:,0],yTrain,label="训练样本",s=10,alpha=0.5)
plt.scatter(XTest[:,0],yTest,marker="*",label="测试样本",s=10,alpha=0.5)
#画拟合线
x=np.arange(np.min(X[:,0]),np.max(X[:,0])+0.05,0.05)
x=np.array([x]).T
plt.plot(x,dtr.predict(x),label="不限制树的深度")
plt.plot(x,dtr13.predict(x),label="树的深度最大为 13",ls="--")
```

```
plt.plot(x,dtr3.predict(x),label="树的深度最大为 3",ls="-.")
#显示并保存图
plt.legend()
plt.xlabel("RM(房屋平均房间间数)")
plt.ylabel("price(房屋价格)")
plt.rcParams['font.sans-serif']=['SimHei'] #用来正常显示中文标签
plt.rcParams['axes.unicode_minus']=False #用来正常显示负号
plt.show()
 #使用时请根据您需要保存的路径修改 savefig 方法的第 1 个参数
plt.savefig('D:/系务工作/pic/chart13-12.jpg',dpi = 500,\
    bbox_inches = 'tight')
```

程序并不复杂，且程序中已经有较为详尽的注释说明，这里不再解释。生成的决策树如图 13-11 所示。

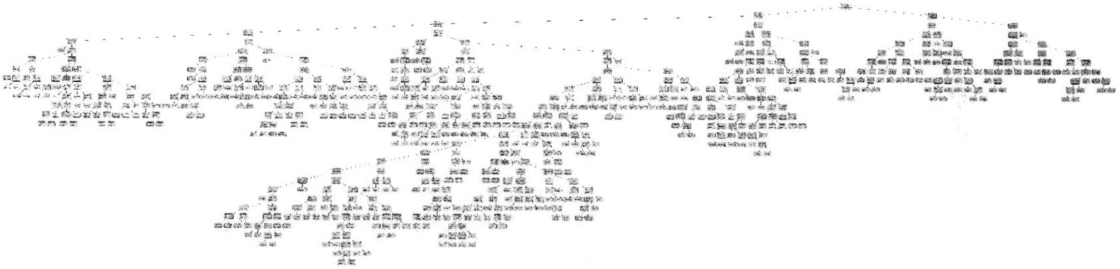

（a）不限制树的深度时的决策树

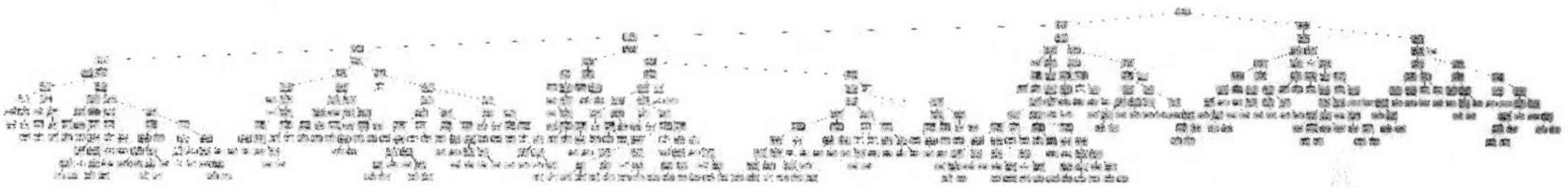

（b）树的深度最大为 13 时的决策树

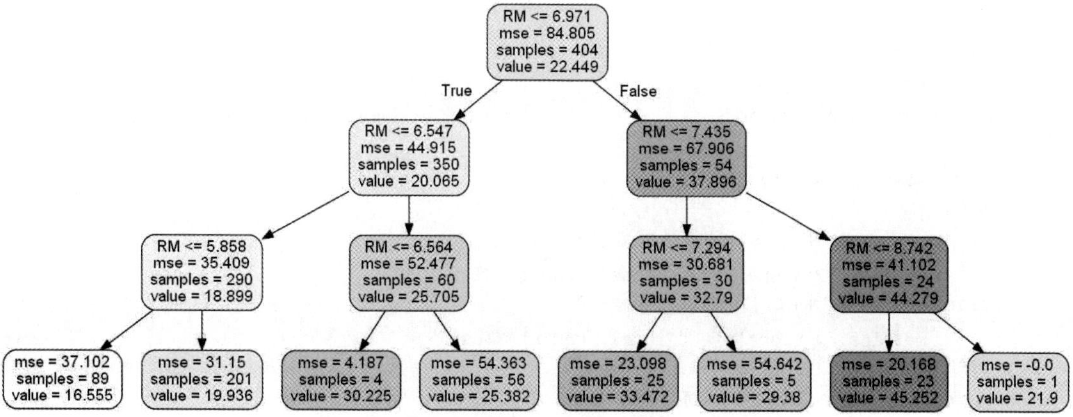

（c）树的深度最大为 3 时的决策树

图 13-11　房价回归分析的决策树

可见，不限制树的深度时，决策树比较复杂，如图 13-11（a）所示，已经看不清每个结点中的标示，此时决策树的深度为 28。图 13-11（b）所示的决策树的深度为 13，此时仍然较为复杂。图 13-11（c）所示的决策树的深度为 3，此时倒是较为清晰。这 3 种情形下的拟合情况如图 13-12 所示。

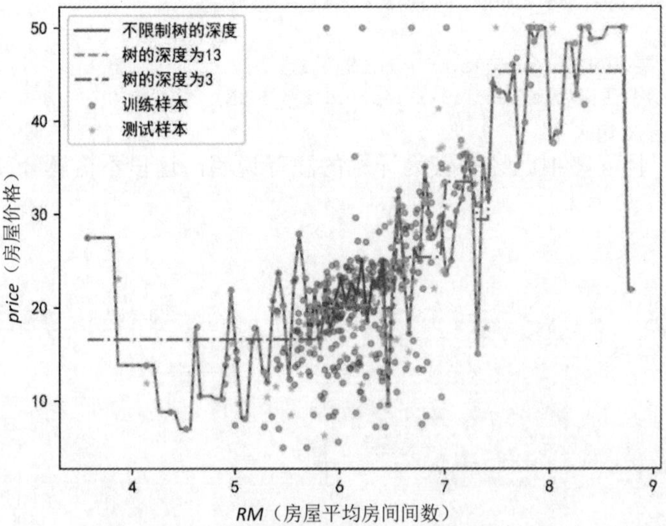

图 13-12　房价回归分析的决策树的拟合情况

可见，不限制深度时的决策树拟合出的线非常曲折，远比一般的多项式要复杂。当决策树的深度为 13 时，拟合出的线相对稍简单一些，但有相当一部分是与不限制深度时的线重叠。当决策树的深度为 3 时，拟合出的线倒是简单了，但拟合度和泛化能力如何？

提示：这里只是为了使对比分析更为明显，才选择了树的深度为 13 和 3 时的决策树。

我们可以用 R^2、***MSE*** 来评价拟合度，语句如下：

```
#====评价模型====
#导入评价模块
from sklearn import metrics
#定义评价模型的方法
def evaluateModel(model,modelName):
    #输出 R^2
    print(str(modelName)+"对训练数据的 R^2:",\
          metrics.r2_score(yTrain,model.predict(XTrain)))
    print(str(modelName)+"对测试数据的 R^2:",\
          metrics.r2_score(yTest,model.predict(XTest)))
    #输出 MSE
    print(str(modelName)+"对训练数据的 MSE:",\
          metrics.mean_squared_error(yTrain,model.predict(XTrain)))
    print(str(modelName)+"对测试数据的 MSE:",\
          metrics.mean_squared_error(yTest,model.predict(XTest)))
```

```
evaluateModel(dtr,"不限制深度的决策树")
evaluateModel(dtr13,"深度为 13 的决策树")
evaluateModel(dtr3,"深度为 3 的决策树")
```

这段代码得到的评价结果见表 13-3。

表 13-3 用决策树做房价回归分析后的拟合度和误差值

决策树的深度	训练数据		测试数据	
	R^2	*MSE*	R^2	*MSE*
不限制（实际为 28）	0.948	4.440	0.202	66.009
13	0.856	12.202	0.368	52.338
3	0.593	34.502	0.727	22.612

说明：结果四舍五入保留 3 位小数。

如果只是从这个测试数据来看，随着决策树深度的减少，针对训练数据的拟合度降低了，误差在变大；但针对测试数据的拟合度却提高了，误差也在变小。这说明，决策树深度较大时，尽管拟合得很好，但泛化能力并不好，这就是典型的过拟合现象。那到底深度为多少为宜？第 14 章中再做详细的原理和办法讲解。

13.4 小结

本章对决策树背后的数学原理做了详尽的讲解。下面先用表格总结有关的一些专业术语表示的量是如何计算的，见表 13-4。

表 13-4 怎么计算决策树的一些专业术语表示的量

专业术语	计算方法的一句话总结	补充说明
信息熵	概率乘概率的对数再求和，最后反符号	$H(\boldsymbol{Y})=-\sum_{i=0}^{k-1}(p_i\log p_i)$
信息增益	信息熵减条件熵	$IG(\boldsymbol{Y},\boldsymbol{X})=H(\boldsymbol{Y})-H(\boldsymbol{Y}\mid\boldsymbol{X})$
信息增益比	信息增益比信息熵	$IGR(\boldsymbol{Y},\boldsymbol{X})=\dfrac{IG(\boldsymbol{Y},\boldsymbol{X})}{H(\boldsymbol{X})}$
基尼指数	图形与信息增益的一半比较接近	$Gini=1-\sum_{i=0}^{k-1}p_i^2$
基尼指数增加值	基尼指数减少了多少	$GG=Gini(\boldsymbol{D})-Gini(\boldsymbol{D},\boldsymbol{X})$

从理论上讨论 ID3 决策树算法，该算法会用递归的方式生成一棵多叉树；但 scikit-learn 中

的 DecisionTreeClassifier 类生成的是二叉树，且每次分叉都会选择信息增益最大的特征数据项和切分方案。

从理论上讨论 CART 算法，它既可用于做分类，也可用于做回归。当用于做分类时，决策依据是基尼指数增加值；当用于做回归时，决策依据是标准差。scikit-learn 中的 DecisionTreeClassifier 类用于做分类，使用的算法是改进的 CART 算法；scikit-learn 中的 DecisionTreeRegressor 类用于做回归，使用的算法也是改进的 CART 算法。

用决策树做分类和回归如果不控制树的规模，很容易产生过拟合现象，导致决策树模型泛化能力不够。解决的办法是对决策树做预剪枝和后剪枝。scikit-learn 中的 DecisionTreeClassifier 类和 DecisionTreeRegressor 类提供了 max_depth、min_samples_split 等参数来预先控制树的规模。

第14章 深入浅出决策树的高级知识

图 14-1 为学习路线图，本章知识概览见表 14-1。

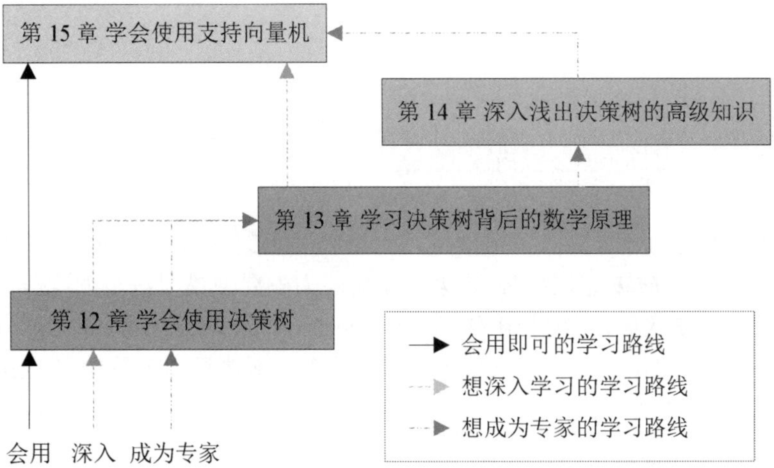

图 14-1 学习路线图

表 14-1 本章知识概览

知识点	难度系数	一句话学习建议
交叉验证工具 cross_val_score	★★	应学会使用该工具，并学会画验证结果图
参数调度工具 GridSearchCV	★★	应会用该工具来找到决策树的最佳参数
后剪枝的 MEP 策略	★★★★★	如果想要开发就要了解决策树的底层细节
决策树的底层知识	★★★★	应重点学会使用决策树的那些属性数组及用这些数组来做剪枝
用堆栈遍历决策树	★★★	应在理解堆栈数据结构的基础上再理解如何做遍历
根据深度遍历决策树	★★★	应先学会得到深度值数组，再学会如何做深度遍历

续表

知识点	难度系数	一句话学习建议
用递归法剪枝	★★★	关键是要理解递归的思想
后剪枝的 REP 策略	★★	学懂基本原理即可
后剪枝的 PEP 策略	★★★	先要学懂怎么判断是否要剪枝
后剪枝的 CCP 策略	★★★★★	先弄懂怎么求得中间结点的α值

通过第 13 章的学习我们知道，决策树 DecisionTreeRegressor 和 DecisionTreeClassifier 初始化时就有很多的参数，那这些参数值设为多少合适？本章就来学习调节参数。一个一个地去试显然不现实，我们要学会使用工具。本章将要学习的工具有 cross_val_score、GridSearchCV。

由于决策树建模时很容易过拟合，这就要做惩罚，办法就是剪枝。调节参数相当于做预剪枝，还有一种办法是做后剪枝。后剪枝学习起来会难一些，因为需要理解剪枝的原理并需要理解 scikit-learn 中决策树的一些底层知识。我们将学习 MEP、REP、PEP、CCP 这 4 种后剪枝的策略，再编程实现这 4 种策略。

14.1 学会选择和调节决策树模型的参数

怎样才能找到更为理想的决策树模型？一是应确定更为理想的使用什么指标来评价模型。回归分析通常使用 R^2、*MSE* 等，要提升模型的泛化能力就要使模型对验证数据的 R^2 越高越好，*MSE* 越小越好。二是应确定要调节哪些参数。DecisionTreeRegressor 和 DecisionTreeClassifier 已经提供了很多参数可用于调节。三是应使用何种工具来选择和调节参数。cross_val_score 和 GridSearchCV 就是这样的工具。

14.1.1 用交叉验证法选择更好的参数

在第 13 章中，我们把数据集划分为训练数据和测试数据时，都是只使用了一个随机种子，这样来评价模型通常被认为是片面的。这就可以使用交叉验证法。scikit-learn 中没有直接提供决策树有关的交叉验证法的类，但如果懂交叉验证法的话，我们就可以自己编写程序。下面就来尝试自己编写，源代码如下。

源代码 14-1 用交叉验证法选择回归分析模型最好的 max_depth 参数

```
#====导入各种要用到的库、类====
import numpy as np
from sklearn.datasets import load_boston
import pandas as pd
from sklearn.model_selection import train_test_split
from sklearn.tree import DecisionTreeRegressor
```

```
from sklearn.model_selection import cross_val_score
#====加载数据====
#加载波士顿房屋价格数据集
boston=load_boston()
bos=pd.DataFrame(boston.data)
#获得 RM 特征项
X=np.array(bos.iloc[:,5:6])
#获得目标数据项
bos_target=pd.DataFrame(boston.target)
y=np.array(bos_target)
#====划分数据集====
XTrain,XTest,yTrain,yTest=train_test_split(X,y,test_size=0.2,random_state=3)
#====训练不限制树的深度时的模型，得到树的深度值====
dtr=DecisionTreeRegressor() #不限制树的深度
dtr.fit(XTrain[0:int(len(XTrain)*0.9),:],yTrain[0:int(len(yTrain)*0.9),:])
maxDepth=dtr.get_depth()
#====将 XTrain 划分为训练数据集和验证数据集,再做评价====
averageArray=np.zeros(maxDepth)#记录平均值的数组
maxArray=np.zeros(maxDepth)#记录最大值的数组
minArray=np.zeros(maxDepth)#记录最小值的数组
for i in range(1,maxDepth+1):
    dtr=DecisionTreeRegressor(max_depth=i)
    #对模型做交叉验证
    scores=cross_val_score(dtr,XTrain,yTrain,cv=10)
    averageArray[i-1]=np.average(scores)#平均值
    maxArray[i-1]=np.max(scores)#最大值
    minArray[i-1]=np.min(scores)#最小值
#====作图====
from matplotlib import pyplot as plt
x=range(1,maxDepth+1)
plt.plot(x,maxArray,color="blue")#画最大值线
plt.plot(x,minArray,color="blue")#画最小值线
plt.plot(x,averageArray,color="red")#画平均值线
#在最大值与最小值之间填充颜色
plt.fill_between(x,minArray,maxArray,facecolor="green",\
    interpolate=True,alpha=0.3)
#找到平均值的最大值再在图中标明
ind=np.argmax(averageArray)
plt.text(ind+1+0.5,averageArray[ind],"树的深度为"+str(ind+1)+\
    ",平均值中的最大值为"+str(round(averageArray[ind],2)))
plt.scatter(ind+1,averageArray[ind],marker="*",color="red",s=30)
plt.xlabel("树的深度")
plt.ylabel(r"$R^2$")
plt.rcParams['font.sans-serif']=['SimHei'] #用来正常显示中文标签
plt.rcParams['axes.unicode_minus']=False #用来正常显示负号
plt.show()
```

这段代码使用的数据仍然是波士顿房屋数据集。一起来看其中的关键代码，程序中在加载数据后，把数据划分成了训练数据集和测试数据集。使用交叉验证法需要把训练数据集进一步划分成训练数据和验证数据，为此我们需要先得到做交叉验证时决策树的最大深度值，使用了如下的语句：

```
#====训练不限制树的深度时的模型，得到树的深度值====
dtr=DecisionTreeRegressor() #不限制树的深度
dtr.fit(XTrain[0:int(len(XTrain)*0.9),:],yTrain[0:int(len(yTrain)*0.9),:])
maxDepth=dtr.get_depth()
```

考虑到后续要使用 10 折交叉验证法，即 90%的样本用于训练，10%的样本用于验证，因此这段代码在不限制树的深度时，使用 fit()方法训练的数据取 90%。得到的 maxDepth 后续可用于控制生成模型的数量。

接下来用 for 循环来生成不同深度的决策树模型。生成模型后不必训练，因为在 cross_val_score()方法中会调用模型的 fit()方法训练数据。在 cross_val_score()方法中，每次验证都会克隆决策树模型，再训练数据，得到评价指标值。cross_val_score()方法的主要参数如下：

```
sklearn.model_selection.cross_val_score(estimator, X, y=None, scoring=None,\
cv=None)
```

estimator 参数为要验证的模型。*X* 为要使用到的特征数据集，做交叉验证时会切分数据再做训练和验证。如果使用的是 10 折交叉验证，则会把 *X* 切分 10 次，每次切分成 *X* 的 90%和 *X* 的 10%这 2 个部分，前者用于训练数据，后者用于验证数据。切分 10 次就会训练和验证 10 次，最终得到对验证数据的评价结果，因此 cross_val_score()方法返回的验证结果是一个长度为 10 的数组。*y* 参数为目标数据集。scoring 参数指出验证的评价指标，对于回归分析，默认评价指标为 R^2；如果将该参数设置为“neg_mean_squared_error”，则表示为 ***MSE*** 的负值，我们在使用时需要再用负号把得到的值变号。cv 参数指出使用何种交叉验证法，默认情况下使用 5 折交叉验证法，cv=10 则表示使用 10 折交叉验证法。

提示： 如果忘记了交叉验证法，可回头再看看本书第 5 章中的相关内容。

接下来制作出不同深度的决策树的评价指标图形，如图 14-2 所示。可见，当决策的深度为 2 时，R^2 值的平均值最大，达到 0.51，此时泛化能力最好。如果要查看不同深度的决策树的 ***MSE*** 值，可修改 cross_val_score()方法的 scoring 参数为“neg_mean_squared_error”，再将评价值变号，结果如图 14-3 所示，仍可见当决策的深度为 2 时，误差值的平均值最小。

前述我们得到的是针对回归分析最优的决策树模型及其 max_depth 参数值，那如果要针对分类选择最优的决策树模型及其 max_depth 参数值要怎么办呢？我们仍然可以使用交叉验证法，以鸢尾花的分类为例，源代码如下。

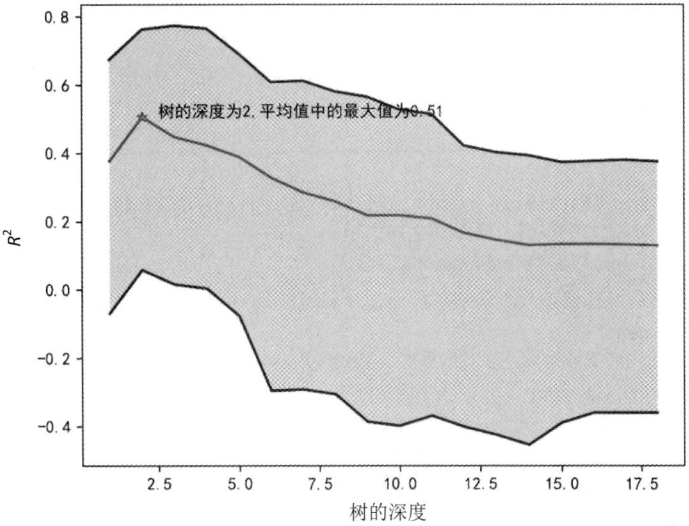

图 14-2　不同深度的决策树的 R^2

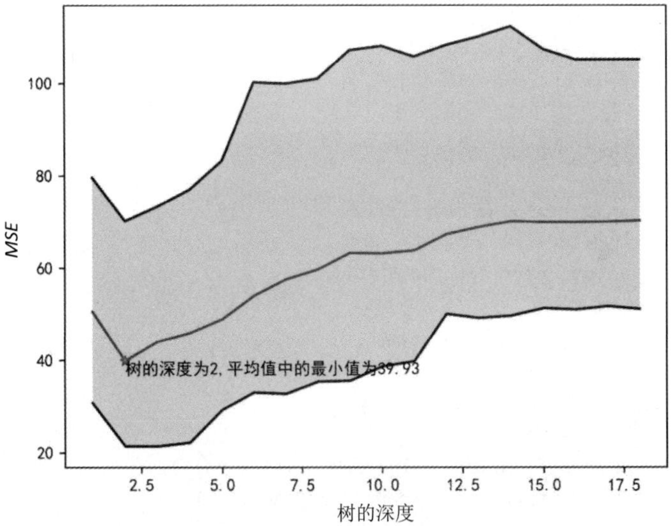

图 14-3　不同深度的决策树的 *MSE*

源代码 14-2　用交叉验证法选择分类模型最好的 max_depth 参数

```
#====导入各种要用到的库、类====
import numpy as np
from sklearn.datasets import load_iris
import pandas as pd
from sklearn.model_selection import train_test_split
from sklearn.tree import DecisionTreeClassifier
from sklearn.model_selection import cross_val_score
```

```
#====加载数据====
iris=load_iris()
irisPd=pd.DataFrame(iris.data)
X=np.array(irisPd[[1,2]])
y=iris.target
#====划分数据集====
XTrain,XTest,yTrain,yTest=train_test_split(X,y,test_size=0.2,random_state=1)
#====训练不限制树的深度时的模型，得到树的深度值====
dtc=DecisionTreeClassifier() #不限制树的深度
dtc.fit(XTrain[0:int(len(XTrain)*0.9),:],yTrain[0:int(len(yTrain)*0.9)])
maxDepth=dtc.get_depth()
#====将 XTrain 划分为训练数据集和验证数据集,再做评价====
averageArray=np.zeros(maxDepth)#记录平均值的数组
maxArray=np.zeros(maxDepth)#记录最大值的数组
minArray=np.zeros(maxDepth)#记录最小值的数组
for i in range(1,maxDepth+1):
    dtc=DecisionTreeClassifier(max_depth=i)
    #对模型做交叉验证
    scores=cross_val_score(dtc,XTrain,yTrain,cv=10)
    averageArray[i-1]=np.average(scores)#平均值
    maxArray[i-1]=np.max(scores)#最大值
    minArray[i-1]=np.min(scores)#最小值
#====作图====
from matplotlib import pyplot as plt
x=range(1,maxDepth+1)
plt.plot(x,maxArray,color="blue")#画最大值线
plt.plot(x,minArray,color="blue")#画最小值线
plt.plot(x,averageArray,color="red")#画平均值线
#在最大值与最小值之间填充颜色
plt.fill_between(x,minArray,maxArray,facecolor="green",\
    interpolate=True,alpha=0.3)
#找到平均值的最大值再在图中标明
ind=np.argmax(averageArray)
plt.text(ind,averageArray[ind]+0.02,"树的深度为"+str(ind+1)+\
    ",平均值中的最大值为"+str(round(averageArray[ind],2)))
plt.scatter(ind+1,averageArray[ind],marker="*",color="red",s=30)
plt.xlabel("树的深度")
plt.ylabel("accuracy(准确度)")
plt.rcParams['font.sans-serif']=['SimHei'] #用来正常显示中文标签
plt.rcParams['axes.unicode_minus']=False #用来正常显示负号
plt.show()
```

如果读懂了源代码 14-1，则源代码 14-2 阅读起来就比较容易了。这里不做过多的说明，仅说明一点，针对分类决策树，默认的评价指标是 accuracy（准确度），做交叉验证的目的就是要找到准确度最高的模型。

程序运行结果如图 14-4 所示，当树的深度为 4 时，准确度的平均值最大，达到了 0.92。

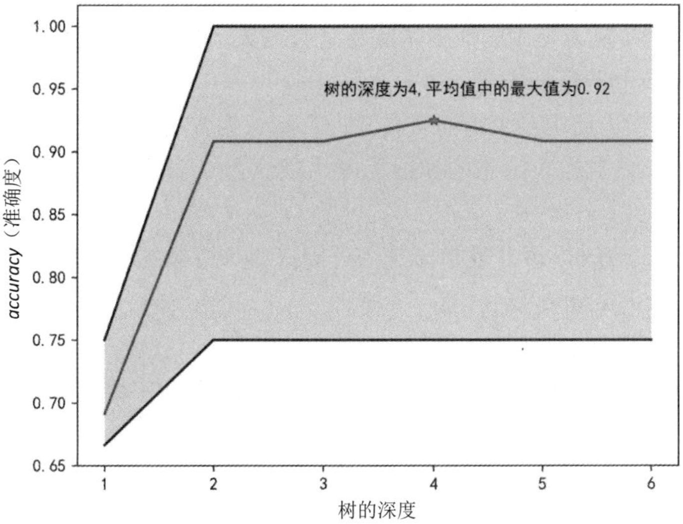

图 14-4　不同深度的决策树的准确度

14.1.2　用 GridSearchCV 类调节参数模型

前述我们一起调节的参数是决策树的 max_depth 参数，但实际上决策树的参数很多，如果要一个一个地调节，不太现实，而且单个参数的调节有可能出现相互影响的情况，即单个参数调节下找到的最优参数值，在其他参数变更时可能就不会是最优的参数值。那有什么办法同时调节多个参数吗？scikit-learn 库中就有这样的利器，那就是 GridSearchCV 类。

从名称上来看，Grid 是网格的意思，Search 是搜索的意思，CV（Cross Validation）是交叉验证的意思，因此 GridSearchCV 就是要在参数网格中用交叉验证法找到最优的参数。

一起来学习 GridSearchCV 类。这个类的初始化方法如下：

```
sklearn.model_selection.GridSearchCV(estimator, param_grid, scoring=None,\
n_jobs=None, refit=True, cv=None,verbose=0, return_train_score=False)
```

（1）estimator。该参数指出要调节参数的模型。可见，GridSearchCV 不仅可以适用于决策树模型，也可以适用于其他机器学习模型。

（2）param_grid。该参数指出要调节的参数网格。这些参数用字典或字典列表的形式给出，这些参数通常是 estimator 参数指出的模型的初始化参数。如果是字典，则参数名称为 key，以要尝试的参数值的一个列表作为 value。如果是字典列表，则 GridSearchCV 会依次使用这些字典进行调参。这里的说明如果没看明白，接下来学习做实例时就会理解了。

（3）scoring。该参数指出调参的评价指标。默认情况下，scoring 参数使用的就是 estimator 参数指出的模型的 scoring 参数。

（4）n_jobs。该参数指出并行的作业数，也即使用的 CPU 核数。

（5）refit。通常用布尔值来设置该参数，默认值为 True，表示搜索参数后用搜到的最优参数重新训练一次模型，此时使用的数据集是整个数据集。这里的整个数据集是指做交叉验证法中用到的训练集数据和验证数据集的并集。

（6）cv。该参数指出使用多少折的交叉验证，默认为 5 折。

（7）verbose。该参数指出消息的详细程度，默认为 0 表示不显示消息，值越大消息越详细。

（8）return_train_score。该参数指出是否返回针对训练数据集的评价指标值。返回的结果在 GridSearchCV 的 cv_results_属性中。

GridSearchCV 类有以下主要属性：

1）cv_results_。该属性是一个记录交叉验证结果的字典。字典的 key 为结果项的名称，value 为一个数组（numpy ndarray）或者是带有掩码的数组（numpy masked ndarray）。什么是带有掩码的数组？它实际上是数据数组和掩码数据的结合，如果掩码数组的第 i 个元素值为 True，则屏蔽数据数组的第 i 个元素。例如：

```
{ 'param_kernel': masked_array(data = ['poly', 'poly', 'rbf', 'rbf'],\
mask = [False False False False]),\
'param_gamma': masked_array(data = [0 0 0.1 0.2],\
mask = [True True False False]),\
'split0_test_score' : [0.80, 0.70, 0.80, 0.93] }
```

这对应着表 14-2。

表 14-2　带有掩码的数组中的数据示例

param_kernel	param_gamma	split0_test_score
poly		0.80
poly		0.70
rbf	0.1	0.80
rbf	0.2	0.93

2）best_estimator_。该属性表示找到的最优模型。如果 GridSearchCV 的 refit 参数值为 False，则该属性不可用。

3）best_score_。该属性表示最优的评价指标值。

4）best_params_。该属性表示最优的参数值。

5）best_index_。该属性表示最优模型的索引号。

6）n_splits_。该属性表示使用的是多少折的交叉验证。

7）refit_time_。该属性表示再次训练花费的时间，单位为秒。如果 GridSearchCV 的 refit

参数值为 False，则属性无效。

GridSearchCV 同其他多数机器学习一样提供了 fit()、predict()、predict_proba()方法，但只有当 refit 参数值为 True 时，predict()、predict_proba()这 2 个方法才是可用的。

下面我们就用 GridSearchCV 来调节决策树模型的参数，源代码如下。

源代码 14-3 用 GridSearchCV 调节决策树模型的参数

```
#====导入各种要用到的库、类====
import numpy as np
from sklearn.datasets import load_boston
import pandas as pd
from sklearn.model_selection import train_test_split
from sklearn.tree import DecisionTreeRegressor
from sklearn.model_selection import GridSearchCV
#====加载数据====
#加载波士顿房屋价格数据集
boston=load_boston()
bos=pd.DataFrame(boston.data)
#获得 RM 特征项
X=np.array(bos.iloc[:,5:6])
#获得目标数据项
bos_target=pd.DataFrame(boston.target)
y=np.array(bos_target)
#====划分数据集====
XTrain,XTest,yTrain,yTest=train_test_split(X,y,test_size=0.2,random_state=3)
#====调节参数====
dtr=DecisionTreeRegressor() #不限制树的深度
dtr.fit(XTrain[0:int(len(XTrain)*0.9),:],yTrain[0:int(len(yTrain)*0.9),:])
maxDepth=dtr.get_depth()
parameters={'max_depth':range(maxDepth-1,maxDepth+1),\
    'min_samples_split':range(2,4),\
    'min_samples_leaf':range(1,3)}
dtr=DecisionTreeRegressor()
modelSearch=GridSearchCV(dtr,parameters,return_train_score=True,cv=10)
modelSearch.fit(XTrain,yTrain)
print("最优的模型是：",modelSearch.best_estimator_)
print("最好的成绩(R2)是：",modelSearch.best_score_)
print("最优的参数是：",modelSearch.best_params_)
print("最好成绩的模型索引号是：",modelSearch.best_index_)
print("执行的是几折交叉验证：",modelSearch.n_splits_)
print("结果列表：",sorted(modelSearch.cv_results_.keys()))
print("结果：\n",modelSearch.cv_results_)
```

可见，使用 GridSearchCV 特别简单，也使源代码更为简洁。为分析简便，我们仅调节 3

个参数。我们给每个参数取 2 个值，则经过排列组合可形成 8 种参数方案。上述程序中，调节的是 max_depth、min_samples_split、min_samples_leaf 这 3 个参数，采用的是 10 折交叉验证法。程序运行结果如图 14-5 所示。

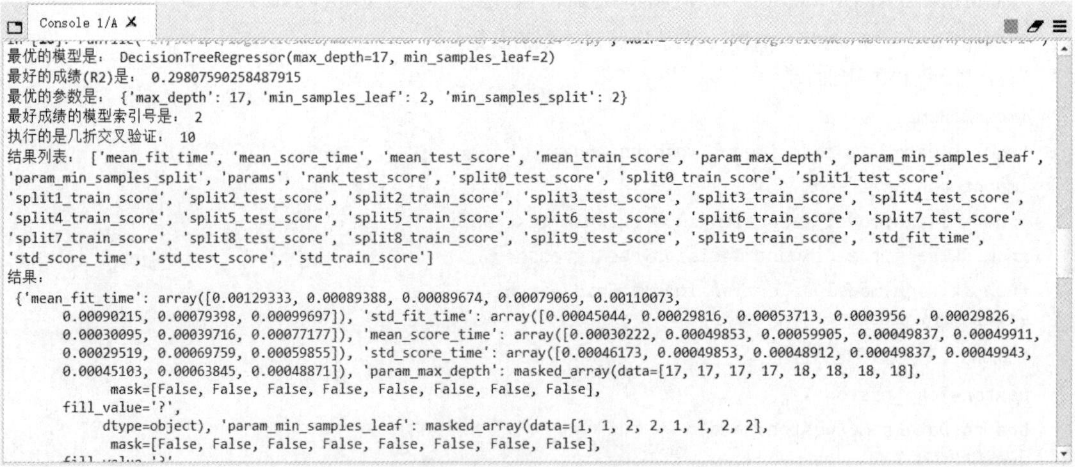

```
Console 1/A
最优的模型是： DecisionTreeRegressor(max_depth=17, min_samples_leaf=2)
最好的成绩(R2)是： 0.29807590258487915
最优的参数是： {'max_depth': 17, 'min_samples_leaf': 2, 'min_samples_split': 2}
最好成绩的模型索引号是： 2
执行的是几折交叉验证： 10
结果列表： ['mean_fit_time', 'mean_score_time', 'mean_test_score', 'mean_train_score', 'param_max_depth', 'param_min_samples_leaf',
'param_min_samples_split', 'params', 'rank_test_score', 'split0_test_score', 'split0_train_score', 'split1_test_score',
'split1_train_score', 'split2_test_score', 'split2_train_score', 'split3_test_score', 'split3_train_score', 'split4_test_score',
'split4_train_score', 'split5_test_score', 'split5_train_score', 'split6_test_score', 'split6_train_score', 'split7_test_score',
'split7_train_score', 'split8_test_score', 'split8_train_score', 'split9_test_score', 'split9_train_score', 'std_fit_time',
'std_score_time', 'std_test_score', 'std_train_score']
结果：
 {'mean_fit_time': array([0.00129333, 0.00089388, 0.00089674, 0.00079069, 0.00110073,
       0.00090215, 0.00079398, 0.00099697]), 'std_fit_time': array([0.00045044, 0.00029816, 0.00053713, 0.0003956 , 0.00029826,
       0.00030095, 0.00039716, 0.00077177]), 'mean_score_time': array([0.00030222, 0.00049853, 0.00059905, 0.00049837, 0.00049911,
       0.00029519, 0.00069759, 0.00059855]), 'std_score_time': array([0.00046173, 0.00049853, 0.00048912, 0.00049837, 0.00049943,
       0.00045103, 0.00063845, 0.00048871]), 'param_max_depth': masked_array(data=[17, 17, 17, 17, 18, 18, 18, 18],
             mask=[False, False, False, False, False, False, False, False],
       fill_value='?',
            dtype=object), 'param_min_samples_leaf': masked_array(data=[1, 1, 2, 2, 1, 1, 2, 2],
             mask=[False, False, False, False, False, False, False, False],
```

图 14-5　用 GridSearchCV 调节决策树模型的参数

可见，找到的最优模型是 DecisionTreeRegressor(max_depth=17, min_samples_leaf=2)；最优的参数是 {'max_depth': 17, 'min_samples_leaf': 2, 'min_samples_split': 2}。怎么两者的参数看上去有所不同，字典中的参数还多一个呢？其实是一样的，因为 DecisionTreeRegressor 初始化时 min_samples_split 参数的默认值就是 2。

假定修订以上代码中的参数调节范围如下：

```
parameters={'max_depth':range(1,maxDepth+1),\
    'min_samples_split':range(2,10),\
    'min_samples_leaf':range(1,10)}
```

经过调参可得到最优的参数是{'max_depth': 17, 'min_samples_leaf': 2, 'min_samples_split': 9}。根据这些参数我们画出拟合出的曲线，如图 14-6 所示。

提示：这里不再重复列举用决策树分类的源代码，读者可自行尝试。

使用 GridSearchCV 调参使得源代码非常简洁，但由于参数的排列组合，可能会使得训练、验证的次数很多，计算量会很大。以刚才的参数调节为例，要训练、验证的次数为：

$$\begin{aligned} &len(\max\_depth) \times len(\min\_samples\_split) \times len(\min\_samples\_leaf) \times cv \\ &= 18 \times 8 \times 9 \times 10 = 12960 \end{aligned}$$

因此，如果数据集中的数据量比较大，采用 GridSearchCV 调参会比较耗时，这时应当采用梯度下降法、缩小参数范围等办法来尽可能地减少计算的量。

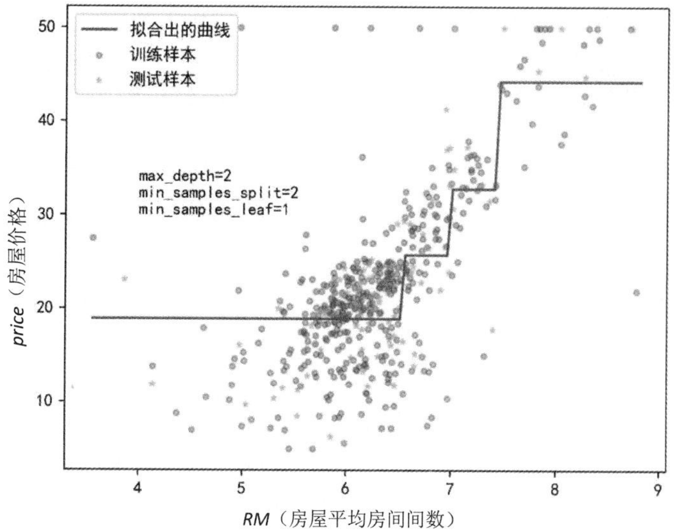

图 14-6 用 GridSearchCV 调节决策树模型的参数后得到的拟合曲线

14.2 理解后剪枝的原理并做实现

对决策树的剪枝分成预剪枝（又称为前剪枝、先剪枝）和后剪枝两种。所谓预剪枝就是在形成决策树之前就考虑到要怎么剪枝，从而事先就控制决策树的规模。所谓后剪枝就是在形成决策树之后再做剪枝。这两种剪枝办法的优缺点显而易见，预剪枝的优点就是事先就考虑到了如何控制决策树的规模，但需要调参，训练和验证的次数比较多；后剪枝的优点是事先就生成了决策树，只是通过剪枝得到规模更小的树，不需要反复训练数据，但缺点是并不能从根本上改变生成决策树的策略。

前述讲解的事先设置决策树模型参数的做法都是预剪枝。因此，接下来重点讨论后剪枝。

14.2.1 后剪枝有哪些策略

后剪枝的策略主要有最小误差剪枝（Minimum Error Pruning，MEP）、降低错误剪枝（Reduced Error Pruning，REP）、悲观错误剪枝（Pessimistic Error Pruning，PEP）、代价复杂度剪枝（Cost Complexity Pruning，CCP）4 种。遗憾的是除 CPP 策略外，scikit-learn 库中并没有直接给出支持其他剪枝策略的方法，需要我们自己编程实现。在编程之前，先要理解有关决策树剪枝的以下基础知识。

（1）在叶子结点才能得到最终的决策结果。沿着决策树模型的顶点向下走，一直到叶子结点就能得到决策结果。分类应用的决策结果是样本属于哪一类。回归应用的决策结果是预测出目标数据项的值。

（2）剪枝就是要把子树替换成叶子结点。这一点请一定要弄清楚。通常我们讲的后剪枝中的剪枝动作并不是要剪掉叶子结果，而是要在决策树的中间结点执行剪的动作，剪掉的是一棵以中间结点为根的子树。剪枝动作并不是硬生生地把子树剪掉，而要把子树替换成叶子结点，如图 14-7 所示。

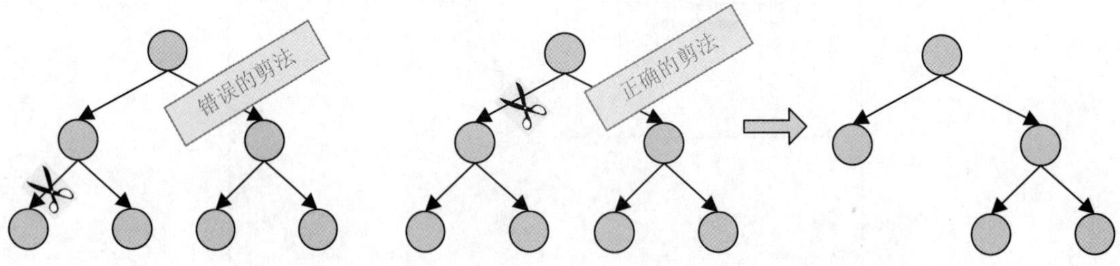

图 14-7　剪枝就是要把子树替换成叶子结点

（3）剪枝的目的是提升模型的泛化能力。泛化能力是针对模型在训练时未见过的数据而言的，因此应当把数据集划分出一部分作为验证数据集，再根据验证数据集来检验模型的泛化能力并做剪枝。

14.2.2　后剪枝之 MEP 策略

MEP 的策略是这样的：自底向上对决策树的每个中间结点用验证数据集来计算误差，如果某个结点的误差值比其子结点误差值的加权和还要小，则对该结点剪枝；否则不剪枝。

理解 MEP 策略有 2 个关键点：一是为什么是误差值比子结点误差值的加权和还要小时才剪枝。由于决策树已构建好，已构建好的决策树可能对训练数据过拟合，因此，针对训练数据父结点的误差值肯定比其子结点的误差值加权和要大，因为这样决策树才会继续分叉下去，但是针对验证数据就不一定了。二是怎么计算误差。有一种针对分类的做法，这种做法中计算某结点的误差值公式如下：

$$ER(t)=\frac{n_t-n_{mt}+(k-1)}{n_t+k} \tag{14-1}$$

式中，n_t为当前结点包含的验证数据集样本的个数；n_{mt}为当前结点包含的验证数据集中主类的样本个数；k为当前结点类别的个数。这个公式为什么是这样的呢？因为决策树中把主类作为当前结点的决策结果，所以n_t-n_{mt}实际上就是使用当前结点来做决策的错误样本个数。因此，也可以使用如下的公式计算某结点的误差值：

$$ER(t)=\frac{n_t-n_{mt}}{n_t} \tag{14-2}$$

但是使用式（14-2）时，有可能出现分母为 0 的情况，因此使用式（14-1）更为广泛。当n_t为 0 时，可以简单地把式（14-2）的计算结果设置为 0。子结点的误差值加权和的计算公式如下：

$$WS(t) = \sum_{t_c \in t.\mathrm{childNodes}} \left(\frac{n_{t_c}}{n_t} ER(t_c) \right) \tag{14-3}$$

式中，t_c为当前结点t的一个子结点；n_{t_c}为子结点t_c包含的测试数据集样本的个数。对于 scikit-learn 的 DecisionTreeClassifier 类来说，生成的决策树为二叉树，所以式（14-3）可以变化为：

$$WS(t) = \sum_{t_c \in t.\mathrm{childNodes}} \left(\frac{n_{t_c}}{n_t} ER(t_c) \right) = \frac{n_{t_{\mathrm{left}}}}{n_t} ER(t_{\mathrm{left}}) + \frac{n_{t_{\mathrm{right}}}}{n_t} ER\left(t_{\mathrm{right}}\right) \tag{14-4}$$

式中，t_{left}为左子结点；t_{right}为右子结点。这里同样有个问题，那就是用验证数据做验证时，n_t的值可能为 0。因此，在计算时如果n_t的值为 0，可以简单地把$WS(t)$设置为 0。

那如果是针对回归分析该怎么计算误差呢？可采用如下的计算公式：

$$ER(t) = \frac{1}{n_t} \sum_{i=0}^{n_t - 1} \left(y_{pi} - y_{ti} \right)^2 \tag{14-5}$$

而式（14-3）和式（14-4）对回归分析仍然适用，这里不再赘述。

下面就一起用 MEP 策略做后剪枝的实例，我们仍然以鸢尾花的分类为例。由于 scikit-learn 中的 DecisionTreeClassifier 并没有提供用 MEP 策略做后剪枝的方法，我们需要自己编写程序，这需要用到决策树的底层知识。下面就一起来尝试编写。

首先，需要掌握 scikit-learn 中有关决策树的底层知识。

（1）DecisionTreeClassifier 的 tree_属性可得到决策树。决策的类为 sklearn.tree._tree.Tree。

（2）决策树的每个结点都编了号。根结点的编号为 0。因此，结点的编号最大为 DecisionTreeClassifier.tree_.node_count-1。

（3）决策树的 children_left 属性得到左子树数组。这个数组的长度与树的结点个数相同，下标索引号对应着结点的编号，其值为结点的左子结点的编号。如 DecisionTreeClassifier.tree_.children_left[0]=1 表明决策树根结点的左子结点为编号是 1 的结点。

（4）决策树的 children_right 属性得到右子树数组。这个数组的长度与树的结点个数相同，下标索引号对应着结点的编号，其值为结点的右子结点的编号。

那叶子结点怎么表示呢？如图 14-8 所示，sklearn.tree._tree.Tree 约定叶子结点的左子结点为-1，右子结点也为-1。为便于理解和应用，sklearn.tree._tree 定义了一个常量 TREE_LEAF，其值就是-1。

怎么判断一个结点是否是叶子结点呢？方法就是看该结点在 children_left 数组和 children_right 中标示的左子结点和右子结点编号是否都为-1，如果是，则说明该结点是一个叶子结点。

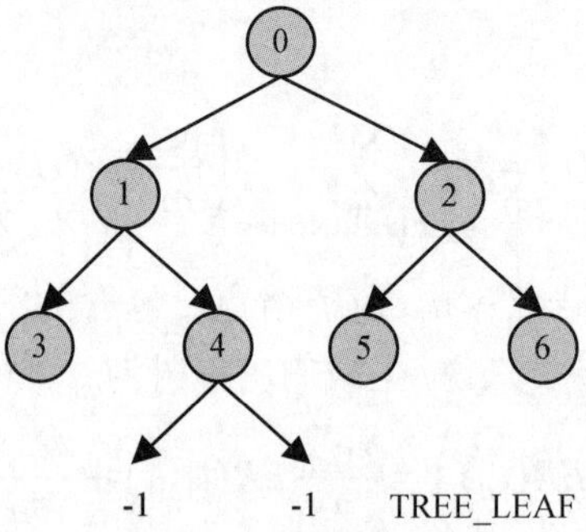

图 14-8　叶子结点的图示

我编写了一系列的方法供参考，如下所示。

模块 treeOperation 的源代码：决策树后剪枝常用的部分方法

```
#模块名称为 treeOperation
#====导入各种要用到的库、类====
import numpy as np
from sklearn.tree._tree import TREE_LEAF
from sklearn import tree
import graphviz

#====判断决策树 inner_tree 的第 index 个结点是否是叶子结点====
def is_leaf(inner_tree,index):
    #如果第 index 个结点的左右子结点都是叶子结点则表明该结点是叶子结点
    return (inner_tree.children_left[index] == TREE_LEAF and
            inner_tree.children_right[index] == TREE_LEAF)

#====剪去决策树 inner_tree 的第 index 个结点====
def prune_index(inner_tree,index=0):
    if(index==0):
        return
    #如果第 index 个结点的左子结点不是叶子结点则递归调用，
    #使左子结点变成叶子结点
    if not is_leaf(inner_tree,inner_tree.children_left[index]):
        #剪去第 index 个结点的左子结点
        prune_index(inner_tree,inner_tree.children_left[index])
    #如果第 index 个结点的右子结点不是叶子结点则递归调用，
    #使右子结点变成叶子结点
    if not is_leaf(inner_tree,inner_tree.children_right[index]):
        #剪去第 index 个结点的右子结点
        prune_index(inner_tree,inner_tree.children_right[index])
    #如果第 index 个结点的左子结点和右子结点都是叶子结点了，
    #则可以直接剪去
    #剪去的办法就是使左子结点和右子结点均为叶子结点，
    #也即当前结点为叶子结点
```

```
    if (is_leaf(inner_tree,inner_tree.children_left[index]) and \
        is_leaf(inner_tree,inner_tree.children_right[index])):
        inner_tree.children_left[index] = TREE_LEAF
        inner_tree.children_right[index] = TREE_LEAF
        print("  剪去第{}个结点".format(index))

#====得到决策树 inner_tree 标示结点深度的数组====
def ob_depth_of_node(inner_tree):
    n_nodes=inner_tree.node_count#结点数量
    children_left=inner_tree.children_left#左子树数组
    children_right=inner_tree.children_right#右子树数组
    node_depth=np.zeros(shape=n_nodes, dtype=np.int64)
    stack=[(0, 0)]  #(结点 id 号，结点深度)，根结点 id 号为 0，深度为 0
    #使用堆栈结构做遍历
    while len(stack)>0:
        node_id,depth = stack.pop()
        node_depth[node_id]=depth
        if(not is_leaf(inner_tree,node_id)):
            stack.append((children_left[node_id],depth+1))
            stack.append((children_right[node_id],depth+1))
    return node_depth

#====用 X 数据集按 MEP 策略判断决策树 inner_tree 的====
#====第 index 个结点是否要剪枝====
#参数 y 为特征数据集 X 对应的目标数据集
def is_prune_MEP_class(inner_tree,X,y,index=0):
    if(index==0):#根结点
        return False
    #====计算结点的误差值和样本数====
    current_return=compute_node_error(inner_tree,X,y,index=index)
    ert_current=current_return[0]#误差值
    nt_current=current_return[1]#样本数
    if(nt_current==0):#没有数据样本的决策路径通过第 index 个结点
        return False
    #====计算左子树的误差值和样本数====
    left_index=inner_tree.children_left[index]
    left_return=compute_node_error(inner_tree,X,y,index=left_index)
    ert_left=left_return[0]#左结点的误差值
    nt_left=left_return[1]#左结点的样本数
    #====计算右子树的误差值和样本数===
    right_index=inner_tree.children_right[index]
    right_return=compute_node_error(inner_tree,X,y,index=right_index)
    ert_right=right_return[0]#右结点的误差值
    nt_right=right_return[1]#右结点的样本数
    #====判断是否要剪枝====
    ert_child=(nt_left/nt_current)*ert_left+\
```

```
        (nt_right/nt_current)*ert_right
    if(ert_current<ert_child):
        return True
    else:
        return False

#====计算决策树 inner_tree 的第 index 个结点的误差值====
#返回误差值和样本个数的组合
def compute_node_error(inner_tree,X,y,index=0):
    if(index==0):#根结点
        return -1
    #得到表示数据集决策路径的矩阵
    paths=inner_tree.decision_path(X.astype(np.float32))
    paths=paths.todense()#将 CSR 矩阵转换成数据矩阵
    #只要路径中有第 index 个结点则 nt 增 1
    nt=0#第 index 个结点包含的验证数据集样本的个数
    object_list=set(y.flatten())#得到目标值类的数组
    nmt_array=np.zeros(shape=len(object_list), dtype=np.int64)
    nmt=0#第 index 个结点包含的验证数据集中主类的样本个数
    for i in range(len(paths)):
        if(paths[i,index]==1):
            nt+=1
            #对该类计数
            index_k=0
            for k in object_list:
                if(y.flatten()[i]==k):
                    nmt_array[index_k]+=1
                index_k+=1
    nmt=np.max(nmt_array)
    #计算误差值
    ert=(nt-nmt+len(object_list)-1)/(nt+len(object_list))
    return (ert,nt)

#====输出决策树的图形====
#参数 save_path 指出决策树图形保存的路径
def save_tree_fig(model,save_path,feature_names,class_names):
    dotData=tree.export_graphviz(model,out_file=None,\
        feature_names=feature_names,class_names=class_names,\
        filled=True, rounded=True)
    graph=graphviz.Source(dotData)
    #使用时请根据需要保存的路径修改 filename 参数
    #树的深度最大为 4
    graph.render(view=True,format="jpg",filename=save_path)
```

is_leaf()方法的源代码比较简单并容易理解，不再赘述。prune_index()的源代码稍显复杂一点，估计有些人阅读起来会有点困难，下面做一些说明。请先明白 2 点：

（1）剪枝实际上就是把要剪掉的子树根结点的左子树、右子树设为-1，如图 14-9 所示。

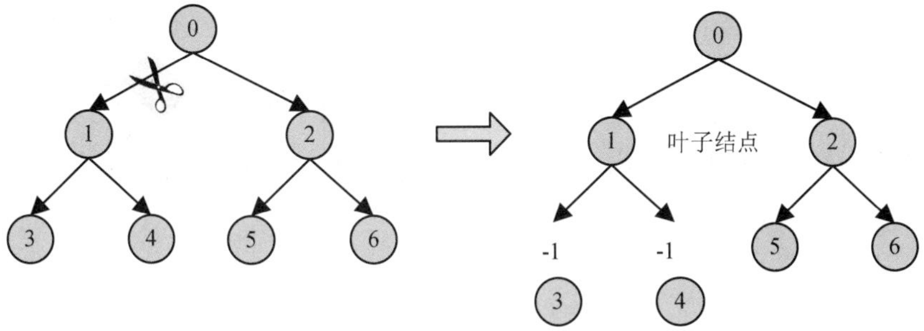

图 14-9　剪枝的做法

如果要剪掉如图 14-9 中所示结点 0 的左子树，则就是要把结点 1 变成叶子结点，也就是把结点 1 的左子结点和右子结点均设成 TREE_LEAF（即-1）。

（2）如果剪掉的是一棵有中间结点的子树，则应从下往上剪。也就是说依次把子树下的子结点都设成叶子结点，如图 14-10 所示。所以，prune_index()采用了递归的方法执行剪枝。

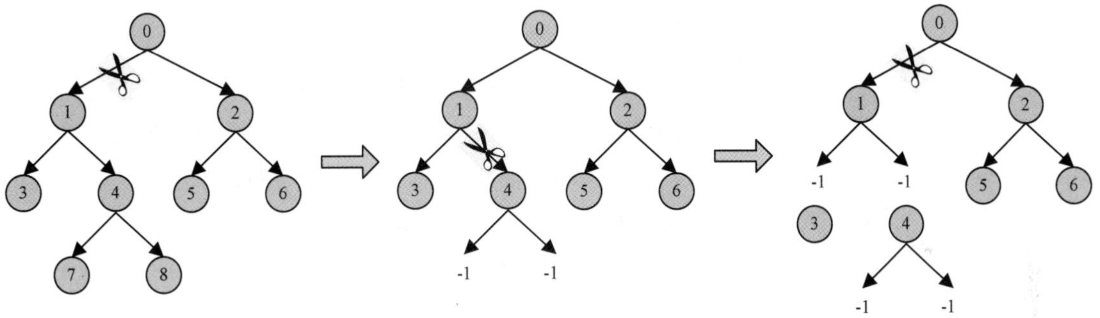

图 14-10　从下往上剪枝

如果要剪掉如图 14-10 中所示结点 0 的左子树，则先把结点 4 变成叶子结点，再把结点 1 变成叶子结点。

提示：剪枝的过程并不抹去结点，而是要变更结点之间的关联关系。

接下来讨论 ob_depth_of_node()方法。这个方法用于得到标明结点深度的数组。方法中用到了堆栈的数据结构及其算法思想，如图 14-11 所示。

堆栈的基本思想是先进后出（First In Last Out，FILO），即先进堆栈的元素后出来。这样就把决策树遍历了一次，边遍历就边记录下了 node_depth 数组中对应结点的深度值。

有了表示深度值的数组 node_depth，我们就可以对决策树自底向上进行深度遍历和剪枝了。

下面继续讨论 compute_node_error()方法，看看如何按 MEP 策略决策是否剪枝。在这个方法中，先求出当前结点的误差值n_t，如果n_t为 0 则返回 False，表示不剪枝。求n_t要调用到 compute_node_error()方法，根据式（14-1）计算误差值n_t。

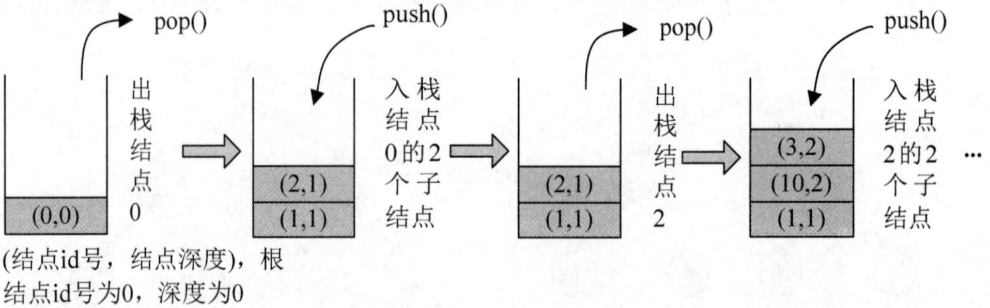

图 14-11　用堆栈遍历决策树

compute_node_error()方法最难理解的可能是表示数据集决策路径的矩阵。sklearn.tree._tree.Tree 自带的 decision_path()方法返回的是一个压缩的稀疏行（Compressed Sparse Row，CSR）矩阵，什么是 CSR 矩阵呢？它常用来表示稀疏矩阵，如图 14-12 所示。

$$\begin{bmatrix}1 & 1 & 0\\0 & 0 & 0\\0 & 0 & 0\end{bmatrix} \Rightarrow \begin{bmatrix}0 & 0 & 1\\0 & 1 & 1\end{bmatrix}$$

图 14-12　CSR 矩阵的表示

左边的稀疏矩阵只有 2 个非零元素，用 CSR 矩阵表示则只要记录下非零元素的行号、列号和所在位置的值即可。当矩阵非常稀疏时，采用 CSR 矩阵可以节约大量的存储空间。这里数据量不大，我们可以用 todense()方法将 CSR 矩阵转化为数据矩阵。数据矩阵的一行对应着一个数据样本，列则对应着决策树的路径上是否有某个结点。如：

$$\begin{bmatrix}1 & 1 & 0 & 0 & 0\\0 & 1 & 1 & 0 & 0\end{bmatrix}$$

这表示第 1 个数据样本的决策树路径中有第 0 个结点和第 1 个结点；第 2 个数据样本的决策树路径中有第 1 个结点和第 2 个结点。

接下来我们看如何用 MEP 策略剪枝。有了模块 treeOperation，这里的代码就相当简单了。

源代码 14-4　用 MEP 策略做后剪枝

```
#====导入各种要用到的库、类====
import numpy as np
from sklearn.datasets import load_iris
import pandas as pd
from sklearn.model_selection import train_test_split
from sklearn.tree import DecisionTreeClassifier
import treeOperation
#====加载数据====
iris=load_iris()
irisPd=pd.DataFrame(iris.data)
X=np.array(irisPd[[1,2]])
```

```
y=iris.target
#====划分数据集====
XTrain,XTest,yTrain,yTest=train_test_split(X,y,test_size=0.2,random_state=1)
#====训练不限制树的深度时的模型，得到树的深度值====
dtc=DecisionTreeClassifier() #不限制树的深度
dtc.fit(XTrain,yTrain)
#====输出剪枝前的精度====
print("剪枝前对训练数据集的精度：",dtc.score(XTrain,yTrain))
print("剪枝前对验证数据集的精度：",dtc.score(XTest,yTest))
#====生成决策树的图形（剪枝前）====
#特征数据项名称
featureNames=['sepalWidth','petalLength']
#分类结果名称
classNames=['setosa','versicolor','virginica']
#生成决策树的图形
#使用时请根据您需要保存的路径修改 savePath
savePath="D:/系务工作/pic/chart14-13"
treeOperation.save_tree_fig(dtc,savePath,featureNames,classNames)
#====自底向上剪枝====
#得到标示结点深度的数组
nodeDepthArray=treeOperation.ob_depth_of_node(dtc.tree_)
#自底向上按深度依次访问非叶子结点（不访问根结点）
for currentDepth in range(dtc.get_depth(),0,-1):
    nodeIndex=0
    for nodeDepth in nodeDepthArray:
        if(nodeDepth==currentDepth):
            #如果不是叶结点则判断是否要剪枝
            if(not treeOperation.is_leaf(dtc.tree_,nodeIndex)):
                isPrune=treeOperation.is_prune_MEP_class\
                    (dtc.tree_,XTest,yTest,nodeIndex)
                if(isPrune):
                    print("第",currentDepth,"层结点",nodeIndex,"要剪枝")
                    treeOperation.prune_index(dtc.tree_,nodeIndex)
        nodeIndex+=1
#====生成决策树的图形（剪枝后）====
#使用时请根据您需要保存的路径修改 savePath
savePath="D:/系务工作/pic/chart14-13p"
treeOperation.save_tree_fig(dtc,savePath,featureNames,classNames)
#====输出剪枝后的精度====
print("剪枝后对训练数据集的精度：",dtc.score(XTrain,yTrain))
print("剪枝后对验证数据集的精度：",dtc.score(XTest,yTest))
```

可以看到自底向上剪枝就是一个自底向上按深度遍历不断地找到中间结点并判断是否要剪枝的过程，如果要剪枝就执行 treeOperation 模块的 prune_index()剪枝。程序运行结果如图 14-13 所示。从运行结果我们可以看出：

（1）剪枝是从下往上剪。如第 3 层编号为 20 的结点要剪枝，我们是先剪去第 23 个结点和第 21 个结点，再剪去第 20 个结点。

（2）从剪枝前后的对比来看，尽管剪枝后对训练集的精度有小幅下降，但对验证数据集的精度并没有下降。

```
Console 1/A
Reloaded modules: treeOperation
剪枝前对训练数据集的精度： 0.9833333333333333
剪枝前对验证数据集的精度： 0.9666666666666667
第 3 层结点 20 要剪枝
  剪去第23个结点
  剪去第21个结点
  剪去第20个结点
第 2 层结点 3 要剪枝
  剪去第6个结点
  剪去第5个结点
  剪去第3个结点
剪枝后对训练数据集的精度： 0.975
剪枝后对验证数据集的精度： 0.9666666666666667

In [5]:
```

图 14-13　剪枝的过程及剪枝前后精度的对比

剪枝后的决策树变得更为简单，并且增强了泛化能力，剪枝对比如图 14-14 所示。

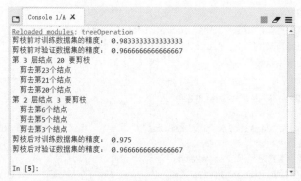

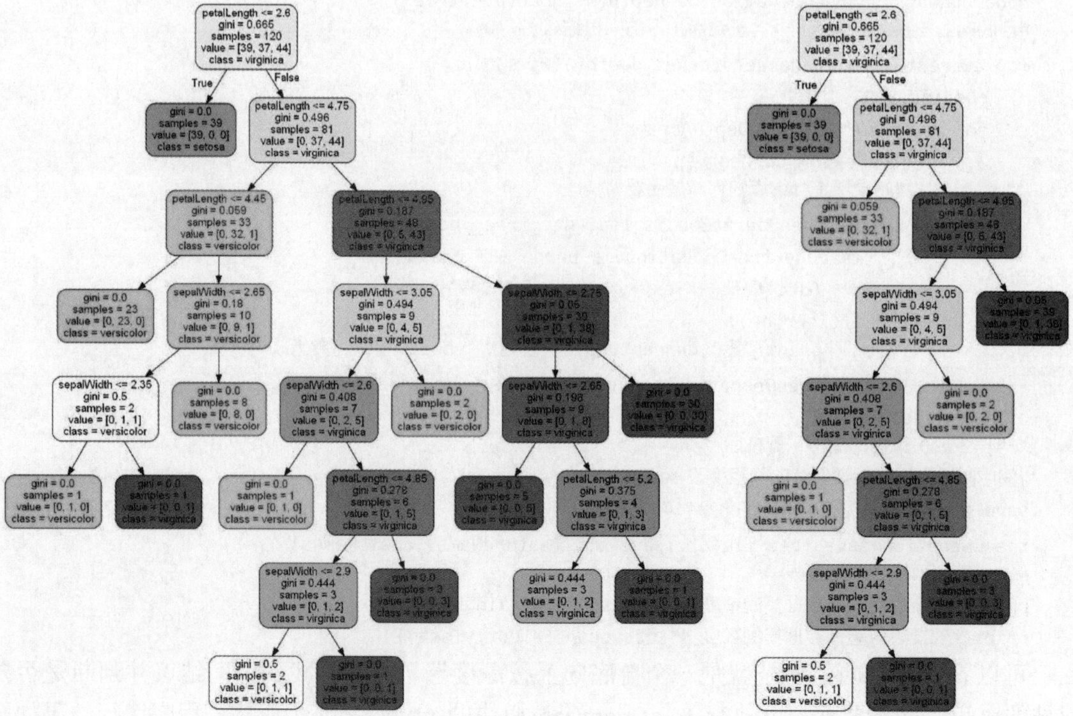

（a）剪枝前　　　　（b）剪枝后

图 14-14　决策树剪枝的前后对比

如果画出剪枝前后的分界线，如图 14-15 所示，可以看出剪枝后的分界线明显较为有规则。

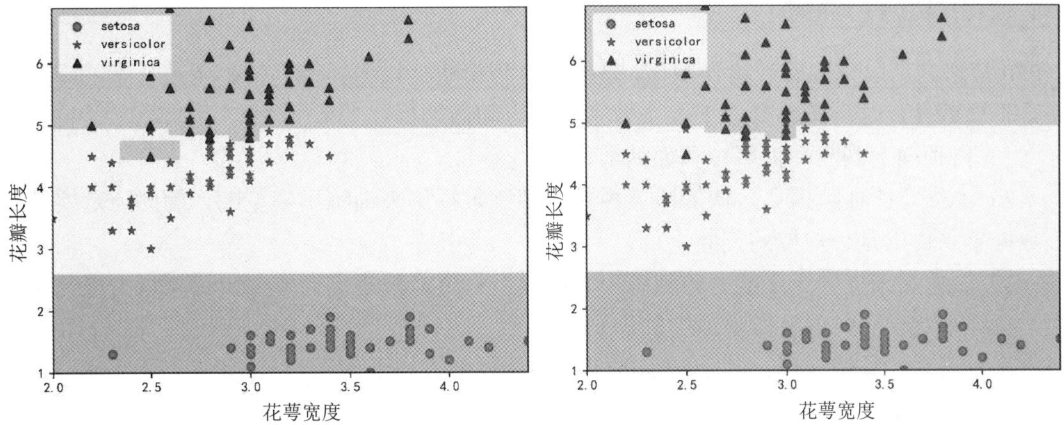

（a）剪枝前　　（b）剪枝后

图 14-15　剪枝前后的分界线

提示：1. 根据式（14-5）可计算回归分析时结点的误差，读者可试试编程用 MEP 策略做回归分析的决策树剪枝。

2. 本小节中只使用到训练数据集和验证数据集，暂时没有使用测试数据集。在工程实践中，通常用训练数据集训练模型，用验证数据集调优模型（如前述的后剪枝），再用测试数据集来测试模型。

14.2.3　后剪枝之 REP 策略

因为前述的 MEP 策略用验证数据集来优化决策树模型，验证数据是模型没有见过的数据，所以在做优化时很可能出现结点中样本数据为 0 的情况，从而导致错误率的计算出现分母为 0 的情况。如果采用 REP 策略则不会出现这个问题，因为在计算错误时，REP 策略用错误的样本个数来做判断，即：

$$ER(t) = n_t - n_{mt} \tag{14-6}$$

$$S(t) = \sum_{t_c \in t.\text{childNodes}} \left(ER(t_c)\right) \tag{14-7}$$

如果$ER(t)$小于$S(t)$，则对当前结点做剪枝。那如果是针对回归分析该怎么计算误差呢？对比 MEP 和 REP 这 2 种策略也可以发现，区别就是 REP 策略不考虑用结点中样本的个数来做分母，因此 REP 策略采用如下的计算公式：

$$ER(t) = \sum_{i=0}^{n_t - 1} \left(y_{pi} - y_{ti}\right)^2 \tag{14-8}$$

同 MEP 策略相同，REP 策略也是自底向上深度遍历，遍历的过程中进行剪枝。考虑到 REP

策略比较简单，这里不再给出实现的源代码。

14.2.4 后剪枝之 PEP 策略

PEP 策略之所以称为悲观错误剪枝，是因为这种策略从以错误率为基础用统计学的观点来判断是否要剪枝。这种策略有以下 3 个特别的观点和做法：

（1）自顶向下判断是否剪枝和如何剪枝。

（2）不需要验证数据集。认为决策树是以训练数据集来训练出模型的，因此还是要基于训练数据集来作出是否剪枝的判断。

（3）做惩罚来提升泛化能力。训练出来的模型只要剪枝肯定会增加出错率，为提升泛化能力，在计算错误率时就要做出适度的惩罚。

先来看怎么计算错误率。叶子结点的错误率计算公式如下：

$$p = \frac{e + 0.5}{n}$$

式中，p为错误率；e为结点中错误的样本个数。n为结点中的样本个数。0.5 是加入的惩罚，这样对每个叶子结点的错误率计算都做了惩罚。

提示：PEP 策略中不会有分母n为 0 的情况发生，因为剪枝用的是训练数据集，而构建决策树用的也是训练数据集，所以决策树模型任意一个结点中的样本个数都不可能为 0。

非叶子结点如果作为根结点就代表着以其作为根结点的子树，在剪枝前它是一棵子树，在剪枝后它会变成一个叶子结点，这一点在前述已经讲解过。非叶子结点的错误率计算公式如下：

$$p = \frac{\sum_{i=0}^{l} e_i + 0.5 \times l}{\sum_{i=0}^{l} n_i} \tag{14-9}$$

式中，l为子树叶子结点的个数；e_i为第i个叶子结点中错误的样本个数；n_i为第i个叶子结点中的样本个数。因为有$0.5l$作为惩罚项，所以这就相当于对子树的所有叶子结点做了集体惩罚。

由于对于样本只有分类错误和正确两种结果，因此根据统计学的观点，我们假定对样本的误差服从二项分布，所以认为在剪枝前子树的误判数为：

$$ef = n \times p = n\frac{\sum_{i=0}^{l} e_i + 0.5 \times l}{\sum_{i=0}^{l} n_i} = \sum_{i=0}^{l} e_i + 0.5 \times l \tag{14-10}$$

式中，n为根结点中的样本个数；ef（字母f表示front，中文意思为“前”）为剪枝前子树的误判数。因为根结点中的样本都会在叶子结点中找到，所以有$n = \sum_{i=0}^{l} n_i$。剪枝前子树的误判标准差为：

$$stdf = \sqrt{n \times p \times (1-p)} = \sqrt{\left(\sum_{i=0}^{l} e_i + 0.5 \times l\right) \times \left(1 - \frac{\sum_{i=0}^{l} e_i + 0.5 \times l}{\sum_{i=0}^{l} n_i}\right)} \tag{14-11}$$

式中，$stdf$中的字母std表示standard，中文意思为“标准”；字母f表示front，中文意思为“前”。

剪枝后被剪枝的子树成了一个叶子结点，因此剪枝后这个叶子结点的误判数计算公式为：

$$eb = n \times p = n \times \frac{e + 0.5}{n} = e + 0.5$$

式中，eb（字母b表示back的意思）表示剪枝后叶子结点（剪枝前是一棵子树）的误判数。

当子树误判的样本个数大于对应叶子结点误判的样本个数超过一个标准差时，我们认为就应当进行剪枝，即：

$$ef - eb > stdf$$

也即：

$$\sum_{i=0}^{l} e_i + 0.5 \times l - (e + 0.5) > stdf$$

$$\Rightarrow \sum_{i=0}^{l} e_i - e + 0.5 \times (l - 1) > \sqrt{n \times p \times (1-p)} \tag{14-12}$$

由于 scikit-learn 中的 DecisionTreeClassifier 并没有提供用 PEP 策略做后剪枝的方法，我们需要自己编写程序。下面仍然使用鸢尾花的分类这个应用来自己编写程序实现剪枝。

下面先在模块 treeOperation 中增加 3 个方法：

```
在模块 treeOperation 中增加的源代码：决策树后剪枝常用的部分方法
#模块名称为 treeOperation。以下仅列出增加的源代码。
#====得到决策树 inner_tree 的第 index 个结点的所有叶子结点列表====
def ob_leafs_of_node(inner_tree,index=0):
    children_left=inner_tree.children_left#左子树数组
    children_right=inner_tree.children_right#右子树数组
```

```
    leafs=[]#第 index 个结点的所有叶子结点列表
    stack=[index]  #[结点 id]，初始为第 index 个结点
    #使用堆栈结构对子树做遍历
    while len(stack)>0:
        node_id=stack.pop()
        if(not is_leaf(inner_tree,node_id)):
            stack.append(children_left[node_id])
            stack.append(children_right[node_id])
        else:
            leafs.append(node_id)
    return np.array(leafs)

#====计算决策树 inner_tree 的第 index 个结点中错误的样本个数====
def ob_e_of_node(inner_tree,index=0):
    value=inner_tree.value[index,0]#得到 value 数组
    max_value=np.max(value)
    return np.sum(value)-max_value

#====按 PEP 策略判断决策树 inner_tree 的第 index 个结点是否要剪枝====
def is_prune_PEP_class(inner_tree,index=0):
    if(index==0):#根结点
        return False
    leafs=ob_leafs_of_node(inner_tree,index)#得到叶子结点列表
    #计算所有叶子结点误判的样本数之和
    sum_e_leafs=0
    for leaf in leafs:
        e_leaf=ob_e_of_node(inner_tree,leaf)
        sum_e_leafs+=e_leaf
    #计算第 index 个结点误判的样本数
    e=ob_e_of_node(inner_tree,index)
    #子树误判的样本个数多于对应叶子结点误判的样本个数多少个
    left=sum_e_leafs-e+0.5*(len(leafs)-1)
    #剪枝前子树的误判标准差
    n_node_samples=inner_tree.n_node_samples#结点数量数组
    n=n_node_samples[index]#结点中的样本个数
    p=(sum_e_leafs+0.5*len(leafs))/n#非叶子结点的错误率
    stdf=np.sqrt(n*p*(1-p))#剪枝前子树的误判标准差
    #子树误判的样本个数大于对应叶子结点误判的样本个数超过一个标准差
    if(left>stdf):
        return True
    else:
        return False
```

ob_leafs_of_node()方法用于得到决策树 inner_tree 的第 index 个结点的所有叶子结点列表。该方法使用了堆栈结构来遍历以第 index 个结点为根结点的子树，在讲解 MEP 策略时已经讲解过这种遍历方法，这里不再赘述。边遍历边发现叶子结点，一旦找到一个叶子结点，就找叶

子结点的编号加入到 leafs 数组中。

ob_e_of_node()方法用于计算决策树 inner_tree 的第 index 个结点中错误的样本个数。先是得到 value 数组。sklearn.tree._tree.Tree 的 value 属性得到的是一个三维数组，第 1 维是结点的索引号，第 2 维是目标数据项的索引号，第 3 维是目标数据项的分类。如 value[1,0]得到的是第 1 个结点、第 0 个目标数据项的各种分类的数量，返回的是一个一维数组；放到鸢尾花分类里来表述，如果 value[1,0]返回的是[12,13,16]，则表示如果在第 1 个结点做分类决策，决策的结果是第 0 类有 12 个样本，第 1 类有 13 个样本，第 2 类有 16 个样本。因此，np.max(value)得到的是正确分类的样本个数，“np.sum(value)-max_value”的结果就是误判的样本个数。

is_prune_PEP_class()方法按 PEP 策略判断决策树 inner_tree 的第 index 个结点是否要剪枝。可对照式（14-8）至式（14-11）来理解源代码。

有了上述 3 个方法，接下来就编写剪枝的源代码。

源代码 14-5：用 PEP 策略做后剪枝

```
#====此处省略与源代码 14-4 相同的“导入各种要用到的库、类”====
#====此处省略与源代码 14-4 相同的“加载数据”====
#====此处省略与源代码 14-4 相同的“划分数据集”====
#====此处省略与源代码 14-4 相同的“训练不限制树的度时的模型”====
#====自上向下剪枝====
#得到标示结点深度的数组
nodeDepthArray=treeOperation.ob_depth_of_node(dtc.tree_)
#自上向下按深度依次访问非叶子结点（不访问根结点）
for currentDepth in range(1,dtc.get_depth()+1):
    nodeIndex=0
    for nodeDepth in nodeDepthArray:
        if(nodeDepth==currentDepth):
            #如果不是叶结点则判断是否要剪枝
            if(not treeOperation.is_leaf(dtc.tree_,nodeIndex)):
                isPrune=treeOperation.is_prune_PEP_class\
                    (dtc.tree_,nodeIndex)
                if(isPrune):
                    print("第",currentDepth,"层结点",nodeIndex,"要剪枝")
                    treeOperation.prune_index(dtc.tree_,nodeIndex)
        nodeIndex+=1
```

程序运行结果表明使用 PEP 策略该决策树没有做剪枝。竟然没有起到剪枝的作用？PEP 策略确实有这个问题，有时剪枝会失败，根本原因还是在于它的特别的观点和做法，因为惩罚 0.5 是经验值，而且仍然是用训练数据集来做剪枝。经过我的观察，如果更改训练数据集，把 train_test_split()方法中的参数 random_state 值修改为 6、28、29、41、47、57、68、99，会有剪枝的效果，读者可自行试试。那有没有更好的办法？接下来学习 CCP 策略。

14.2.5 后剪枝之 CCP 策略

CCP 策略根据代价复杂度来剪枝。我们先来弄清楚这种策略的原理，再来看 scikit-learn 中是怎么做的。

用训练数据集训练出决策树后，可以得到以中间结点为根的一些子树，这些子树就是备选的可以剪枝的子树。用于分类的决策树根据基尼指数增加值来分叉，最终结果会尽可能地减少误判；用于回归的决策树根据误差函数值来分叉，最终结果尽可能地减少误差函数的值。所谓误判和误差都是根据叶子结点计算而来。那么要减轻拟合的程度就可以加入惩罚。CCP 策略采用如下的策略来做惩罚：

$$L(\alpha,T_i)=L(T_i)+\alpha|T_i| \tag{14-13}$$

式中，字母L是“Loss”的首字母，表示损失（也称误差），$L(\alpha,T_i)$为带参数α时子树T_i的损失；$L(T_i)$为不带参数α时子树T_i的损失；$|T_i|$为子树T_i的叶子结点个数。训练的过程就是使$L(T_i)$尽可能小的过程。加入的$\alpha|T_i|$是惩罚项。决策树的规模越大，叶子结点也就会越多；想要降低决策树的规模就可以用$\alpha|T_i|$来做惩罚，但是需要找到一个合适的α值。

降低决策树规模的做法就是剪枝了。把子树T_i剪枝后，这棵子树就会变成一个叶子结点。叶子结点就是一个结点，因此叶子结点的损失计算公式为：

$$L(\alpha,t)=L(t)+\alpha$$

式中，t为T_i剪枝后变成的叶子结点。那如果$L(\alpha,t)=L(\alpha,T_i)$，我们就能找到一个剪枝但不提升损失的$\alpha$值，即：

$$L(T_i)+\alpha|T_i|=L(t)+\alpha$$

可得到：

$$\alpha=\frac{L(T_i)-L(t)}{1-|T_i|}=\frac{L(t)-L(T_i)}{|T_i|-1} \tag{14-14}$$

理论上，每个中间结点用式（14-14）都可以得到一个理想的α值。那从整个决策树层面来看，哪个α值最好？有了α值又怎么剪枝为好？有以下 3 点需要考虑：

（1）从训练数据集的角度来看，α值越小越好，因为惩罚力度更小，决策树能对训练数据集有更好的拟合度。α值为 0 表示不剪枝、不惩罚。

（2）如果取到一个最小的α值且只剪掉这个α值对应的子树，这样的做法没有意义。这要看我们的目的是什么，显然并不是为了剪枝而剪树，而是为了提升决策树的泛化能力。

（3）要提升泛化能力就应当用验证数据集来验证。这就可以设置α参数的一个阈值，把小于这个阈值的子树都剪掉。必要条件是这个阈值在泛化能力上表现最好，尽管会降低针对训练数据集的拟合度。

判定剪枝的条件为什么是小于这个阈值呢？因为对于其他子树T_i而言，如果它的α值小于这个阈值，则会使得$L\big(\alpha(\textit{阈值}),t\big)<L\big(\alpha(\textit{阈值}),T_i\big)$，当然应该剪掉。

仍以鸢尾花的分类为例，来看看怎么找到α参数的一个较为理想的阈值。接下来学习

scikit-learn 的策略。scikit-learn 采用的是最小代价复杂度剪枝（Minimal Cost-Complexity Pruning，MCCP）策略。以 DecisionTreeClassifier 来讲解。

DecisionTreeClassifier 在初始化方法中提供了 ccp_alpha 参数，这个参数用于设置α的阈值，只要有结点的α值小于这个阈值，DecisionTreeClassifier 就会用递归的方法把对应的子树剪掉。那关键就是要找到合适的阈值。那怎么找到这个阈值呢？

DecisionTreeClassifier 还提供了一个方法 cost_complexity_pruning_path()，这个方法可以得到所有有效的α值，并得到小于（和等于）这个值的所有子树的叶子结点的不纯度（即基尼指数或信息熵）之和 impurities。下面我们就试试使用 cost_complexity_pruning_path()方法并作出图来表达有效的α值与将剪掉的所有子树的叶子结点的不纯度之和的关系。

源代码 14-6　找到所有有效的α值

```
#====导入各种要用到的库、类====
import numpy as np
from sklearn.datasets import load_iris
import pandas as pd
from sklearn.model_selection import train_test_split
from sklearn.tree import DecisionTreeClassifier
import matplotlib.pyplot as plt
#====此处省略与源代码 14-4 相同的“加载数据”====
#====此处省略与源代码 14-4 相同的“划分数据集”====
#====得到有效的 alpha 值====
dtc=DecisionTreeClassifier()
path=dtc.cost_complexity_pruning_path(XTrain,yTrain)
ccp_alphas,impurities=path.ccp_alphas,path.impurities
#====画 alpha 与不纯度的关系图====
fig, ax = plt.subplots()
ax.plot(ccp_alphas[:-1],impurities[:-1],marker="o",drawstyle="steps-post")
ax.set_xlabel("有效的"+r"$\alpha$")
ax.set_ylabel("所有将剪掉子树的叶子结点的不纯度之和")
plt.rcParams['font.sans-serif']=['SimHei'] #用来正常显示中文标签
plt.rcParams['axes.unicode_minus']=False #用来正常显示负号
plt.show()
```

DecisionTreeClassifier 的 cost_complexity_pruning_path()方法的参数就是训练用的特征数据集和目标数据集。这个方法返回一个二元值，第 1 元 ccp_alphas 返回一个数组，为所有有效的α值；第 2 元 impurities 也是返回一个数组，为对应的不纯度。接下来用 plot()方法绘制关系曲线，drawstyle="steps-post"表示画的是阶梯线。ccp_alphas[:-1]表明最后一个值不画，因为最后一个值实际上对应着根结点，如果把最顶层的根结点也剪掉则没有意义。画出的曲线如图 14-16 所示。

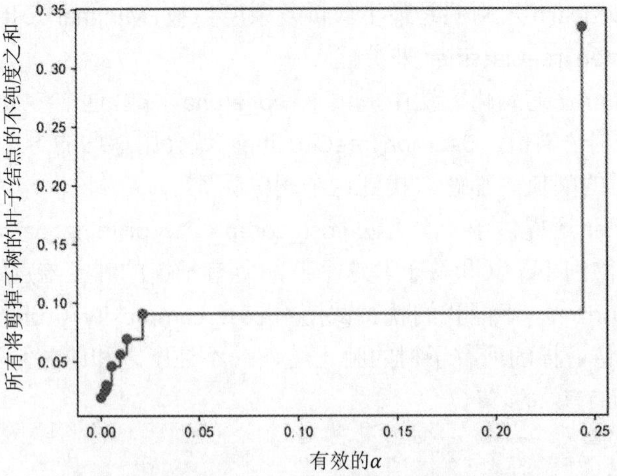

图 14-16　α与 impurities 之间的关系

接下来我们编制程序绘制图形，看看α值与决策树模型结点数量、深度的关系，源代码如下。

源代码 14-7　α值与决策树模型结点数量、深度的关系

```
#====此处省略与源代码 14-6 相同的“导入各种要用到的库、类”====
#====此处省略与源代码 14-6 相同的“加载数据”====
#====此处省略与源代码 14-6 相同的“划分数据集”====
#====此处省略与源代码 14-6 相同的“得到有效的 alpha 值”====
#====用有效的 alpha 训练模型====
dtcs=[]
for ccp_alpha in ccp_alphas[:-1]:
    dtc = DecisionTreeClassifier(ccp_alpha=ccp_alpha)
    dtc.fit(XTrain, yTrain)
    dtcs.append(dtc)
#====画关系曲线====
ccp_alphas=ccp_alphas[:-1]#去掉根结点对应的 alpha 值
node_counts=[dtc.tree_.node_count for dtc in dtcs]
depth=[dtc.tree_.max_depth for dtc in dtcs]
fig,ax =plt.subplots(2, 1)
#画 alpha 与结点数量关系曲线
ax[0].plot(ccp_alphas,node_counts,marker="o",drawstyle="steps-post")
ax[0].set_xlabel(r"$\alpha$")
ax[0].set_ylabel("结点数量")
#画 alpha 与树的深度关系曲线
ax[1].plot(ccp_alphas,depth,marker="o",drawstyle="steps-post")
ax[1].set_xlabel(r"$\alpha$")
ax[1].set_ylabel("树的深度")
fig.tight_layout()
plt.rcParams['font.sans-serif']=['SimHei'] #用来正常显示中文标签
plt.rcParams['axes.unicode_minus']=False #用来正常显示负号
plt.show()
```

程序先用不同的 ccp_alpha 参数生成不同的决策树模型，再分别做训练。然后再得到各个决策树模型的结点数、深度，画出关系曲线，如图 14-17 所示。可见，α值越大，决策树结点的数量就越少、深度也越小；其根本原因还是剪枝更多了。

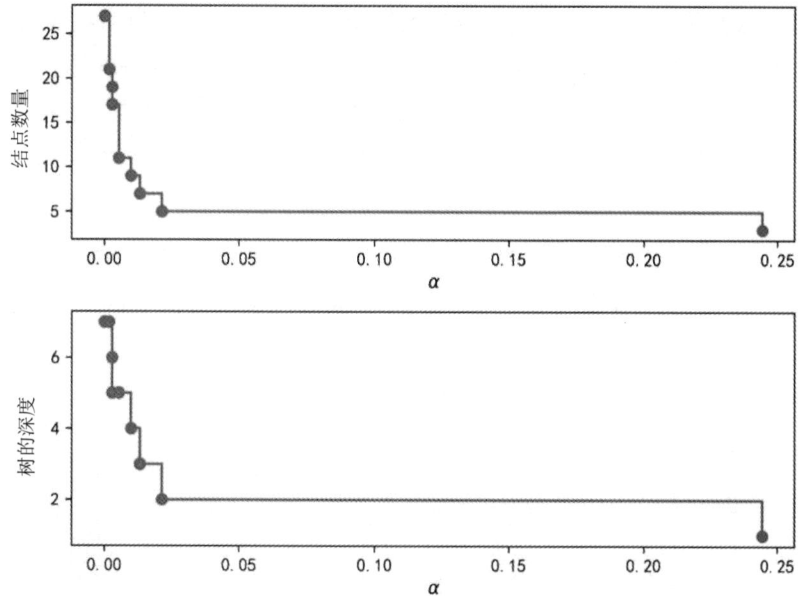

图 14-17　α值与决策树模型结点数量、深度的关系

接下来尝试用验证数据集对训练出的决策树模型做出评价，源代码如下。

源代码 14-8　用验证数据集对训练出的决策树模型做出评价

```
#====此处省略与源代码 14-7 相同的“导入各种要用到的库、类”====
#====此处省略与源代码 14-7 相同的“加载数据”====
#====此处省略与源代码 14-7 相同的“划分数据集”====
#====此处省略与源代码 14-7 相同的“得到有效的 alpha 值”====
#====此处省略与源代码 14-7 相同的“用有效的 alpha 训练模型”====
#====画关系曲线====
ccp_alphas=ccp_alphas[:-1]#去掉根结点对应的 alpha 值
#得到训练准确度和验证准确度
trainScores=[dtc.score(XTrain, yTrain) for dtc in dtcs]
testScores=[dtc.score(XTest, yTest) for dtc in dtcs]
#画 alpha 与准确度的关系曲线
fig,ax=plt.subplots()
ax.set_xlabel(r"$\alpha$")
ax.set_ylabel("accuracy")
ax.plot(ccp_alphas,trainScores,marker="o",label="训练",drawstyle="steps-post")
ax.plot(ccp_alphas,testScores,marker="*",label="验证",\
drawstyle="steps-post",ls="--")
```

```
ax.legend(loc="lower left")
plt.show()
plt.rcParams['font.sans-serif']=['SimHei'] #用来正常显示中文标签
plt.rcParams['axes.unicode_minus']=False #用来正常显示负号
plt.show()
```

结果如图 14-18 所示。从图中可见，验证数据集的关系曲线和训练数据集的关系曲线都只有在最后一个α（约为 0.244）时准确度急剧下降，此前都变化不大，且在[0.013,0.244]之间准确度较为稳定，验证数据集的准确度更是在α为 0.244 之前一直都非常稳定。因此本例合适的α值取小于 0.244 的均可；如果想降低决策树的规模，可设置为[0.022,0.244]之间的一个数，即最后两个α值之间的一个数。

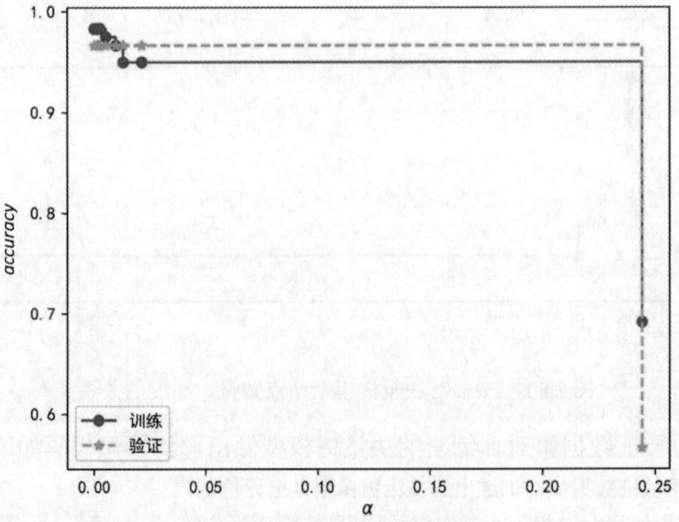

图 14-18　α与 *accuracy* 的关系

理解上述内容后，读者可试试对预测乳腺癌的数据集建立决策树模型并做后剪枝；可继续试试编写程序为波士顿房价数据集建立决策树模型并做后剪枝。

14.3　小结

用交叉验证法来选择和调节决策树模型的参数会使得模型的泛化能力更好、选择也更为客观。为了便于调节参数，用 GridSearchCV 类可自动用交叉验证法来寻找到更好的参数。决策树模型的预剪枝可调节 max_depth、min_samples_split 等参数。

后剪枝主要有 MEP、REP、PEP、CCP 等策略，下面用表格（表 14-3）进行总结。前 3 种策略都得由我们自己编写程序代码，需要理解 DecisionTreeClassifier 和 DecisionTreeRegressor

的不少底层细节。最后一种策略 DecisionTreeClassifier 和 DecisionTreeRegressor 已经做了实现，我们需要在理解原理的基础上学会使用。

表 14-3　后剪枝的 4 种策略

后剪枝策略	优点	缺点	一句话总结
MEP	简单	1.没有考虑不纯度作为剪枝评价的计算指标。 2.需要自己编程实现	理解这种策略原理不难，但自己编程实现不易
REP	更加简单	同上	这种策略用错误的样本个数来做判断
PEP	1.运用了统计学的观点。 2.不需要验证数据集	1.有可能剪枝失败。 2.需要自己编程实现	这种策略认为错误分布服从二项分布
CCP	1.考虑了用不纯度（分类应用）、误差（回归应用）作为剪枝依据。 2.DecisionTreeClassifier 和 DecisionTreeRegressor 初始化时就带有α值阈值设置参数	1.需要自己为α找到合适的阈值。 2.为α找到合适的阈值后，需要再训练模型	这种策略的关键是为α找到合适的阈值

最后再补充说明一下，决策树的后剪枝还有更多的剪枝策略和算法，这里仅给出了 4 种策略。后剪枝还有很多研究方向值得做深入研究，等待着我们去探索。

第15章 学会使用支持向量机

图 15-1 为学习路线图，本章知识概览见表 15-1。

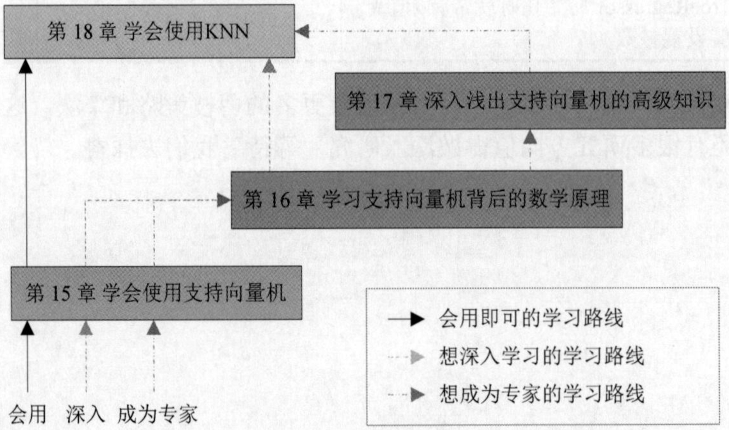

图 15-1　学习路线图

表 15-1　本章知识概览

知识点	难度系数	一句话学习建议
线性支持向量机	★	理解名称的由来及分类的做法
非线性支持向量机	★	理解空间升维解决分类问题的做法
用 LinearSVC 模型做线性分类	★	能使用默认参数做线性分类
用 SVC 模型做非线性分类	★	能使用默认参数做非线性分类

本章的内容学习起来比较轻松，因为仅仅只是立足于会用即可，所以本章的内容没有数学知识的讲解，没有复杂的公式推理。我们要做的就是理解线性支持向量机和非线性支持向量机解决分类问题的思想。先理解二分类，多分类以二分类为基础。

scikit-learn 中提供了 LinearSVC 模型做线性分类、SVC 模型做非线性分类，使用起来十分简便。

15.1 初步理解支持向量机

理解支持向量机最好的办法是结合图形来理解，下面就一起来学习。

15.1.1 线性支持向量机

在特征数据项构建起来的多维空间里，如果能找到一个超平面把两种类型的数据区分开来，这个超平面就称为分界超平面。图 15-2 就是一个在二维空间里的例子，这时数据集只有 2 个特征数据项，分界超平面的图形在 2 个特征数据项构建起的二维空间里就是一条直线。处于直线上方的样本点为一类，处于直线下方的样本点为另一类。

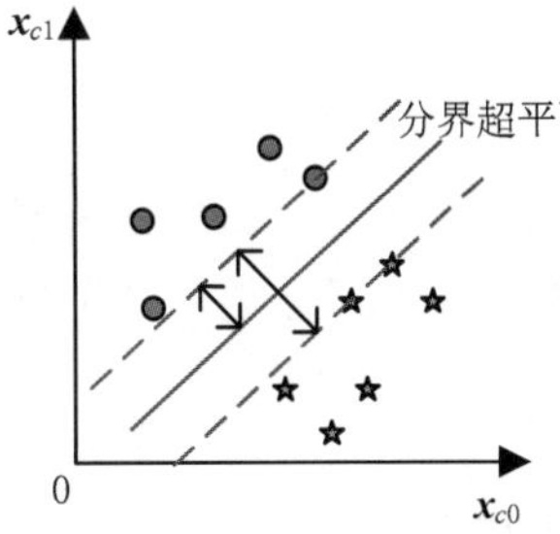

图 15-2 线性支持向量机

由于分界超平面的方程是线性的，所以这种模型统称为线性支持向量机，进一步还可以细分为硬间隔支持向量机和软间隔支持向量机。硬间隔支持向量机用于线性可分的情形，名字中有“硬”是因为这种模型可以把 2 种类型“硬生生”地区分开来，如图 15-2 所示。软间隔支持向量机用于线性不可分的情形，可以允许少量的分类有误，所以名字中有“软”。之所以叫支持向量机，是因为图 15-2 中的虚线表示的分类临界线需要有样本点支撑起来，这些临界线在多维空间中统称为临界超平面。

15.1.2 非线性支持向量机

如图 15-3 所示，左边的二分类在线性支持向量机无法进行分类，这时就可以映射到更高维的空间中去进行分类。如图 15-3 右边所示，增加了一维之后，分类的问题迎刃而解。增加一维不够，可以增加更多维，总能找到一个合适的分界超平面。

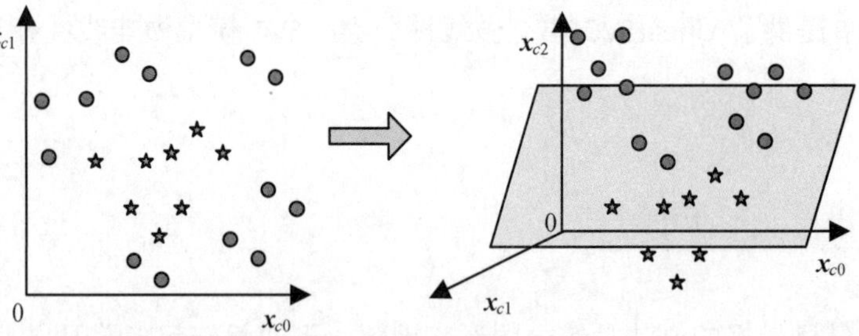

图 15-3　非线性支持向量机

15.2　用 scikit-learn 做支持向量机分类

要使用 scikit-learn 中的类来做基于支持向量机的分类，用起来十分简便，且通常情况下大多数使用默认参数即可。

15.2.1　做线性分类

做线性分类需要使用到 scikit-learn 中的 LinearSVC 模型，这个模型同时支持进行多分类。以鸢尾花的分类为例，下面用这个模型来做三分类，并把分类的结果进行图示，源代码如下。

源代码 15-1　用线性支持向量机做鸢尾花的三分类

```
#====导入各种要用到的库、类====
from sklearn.datasets import load_iris
from sklearn.model_selection import train_test_split
from sklearn.svm import LinearSVC
import numpy as np
import pandas as pd
from sklearn.metrics import classification_report
from matplotlib import pyplot as plt
from matplotlib.colors import ListedColormap
#====加载数据====
iris=load_iris()
irisPd=pd.DataFrame(iris.data)
XIris=np.array(irisPd[[2,3]])
yIris=iris.target
#====划分训练数据和测试数据====
XTrain,XTest,yTrain,yTest=train_test_split(XIris,yIris,\
    random_state=1,test_size=0.2)
```

```
#====训练支持向量机模型====
lsvc=LinearSVC()
lsvc.fit(XTrain,yTrain)
#====评价模型====
yPredict=lsvc.predict(XTest)
print(classification_report(yTest,yPredict,target_names=\
    ['setosa','versicolor','virginica']))
#====定义画分界线并填充各类型块不同的颜色的函数====
#参数 model 为分类模型；参数 axis 为坐标轴上下界，
#axis[0]为横坐标下界，axis[1]为横坐标上界，
#axis[2]为纵坐标下界，axis[3]为纵坐标上界。
def plot_decision_boundary(model,axis):
    x0,x1 = np.meshgrid(
        np.linspace(axis[0],axis[1],int((axis[1]-axis[0])*100)),
        np.linspace(axis[2],axis[3],int((axis[3]-axis[2])*100))
    )
    x_new = np.c_[x0.ravel(),x1.ravel()]
    y_predict = model.predict(x_new)#对每个点都预测分类
    #转换数组 zz 的形状与 x0 的形状保持一致
    zz = y_predict.reshape(x0.shape)
    custom_cmap = ListedColormap(['#EF9A9A','#FFF59D','#90CAF9'])
    plt.contourf(x0,x1,zz,cmap=custom_cmap)#填充等高线之间的色块
#====画分界线并填充各类型块不同的颜色====
plot_decision_boundary(lsvc,axis=[np.min(XIris[:,0]),\
    np.max(XIris[:,0]),np.min(XIris[:,1]),np.max(XIris[:,1])])
#====画散点====
plt.scatter(XTest[:,0][yTest==0],XTest[:,1][yTest==0],\
    label="setosa",c="red")
plt.scatter(XTest[:,0][yTest==1],XTest[:,1][yTest==1],\
    label="versicolor",c="green",marker="*")
plt.scatter(XTest[:,0][yTest==2],XTest[:,1][yTest==2],\
    label="virginica",c="blue",marker="^")
#===显示坐标轴和图例====
XAll=np.vstack((XTrain,XTest))#拼接数据
plt.xlabel("花瓣长度")
plt.xlim(np.min(XAll[:,0]),np.max(XAll[:,0]))
plt.ylabel("花瓣宽度")
plt.ylim(np.min(XAll[:,1]),np.max(XAll[:,1]))
plt.legend()
#====解决中文字符显示问题====
plt.rcParams['font.sans-serif']=['SimHei'] #用来正常显示中文标签
plt.rcParams['axes.unicode_minus']=False #用来正常显示负号
plt.show()
```

程序代码其实十分简洁，就是简单地用 LinearSVC 的构建函数新建模型，再用 fit()方法训练数据，就可以使用模型了。程序运行结果如图 15-4 所示。图中显示了测试数据的散点，可

见仍然有少量的样本点不能正确地分类。

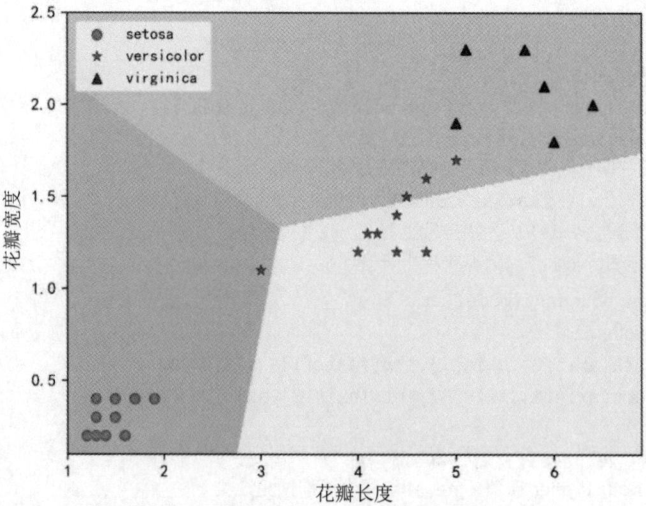

图 15-4　用线性支持向量机做鸢尾花的三分类

控制台输出的模型评价结果如图 15-5 所示。从测试结果来看，准确率为 77%，不太理想。改进的办法有 2 种：一是使用更多的特征数据项，只是不能再作图示了；二是使用更复杂的非线性支持向量机模型。

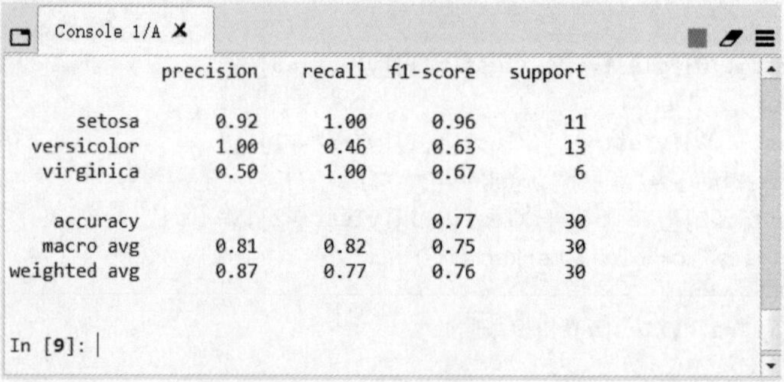

Console 1/A

	precision	recall	f1-score	support
setosa	0.92	1.00	0.96	11
versicolor	1.00	0.46	0.63	13
virginica	0.50	1.00	0.67	6
accuracy			0.77	30
macro avg	0.81	0.82	0.75	30
weighted avg	0.87	0.77	0.76	30

In [9]:

图 15-5　评价线性支持向量机做鸢尾花三分类的效果

15.2.2　做非线性分类

做非线性分类可使用 scikit-learn 中的 SVC 模型，通常情况下使用默认参数即可。仍然以鸢尾花的三分类为例，来看看分类的效果是否更好，源代码如下。

源代码 15-2　用非线性支持向量机做鸢尾花的三分类

```
#====导入各种要用到的库、类====
from sklearn.datasets import load_iris
```

```
from sklearn.model_selection import train_test_split
from sklearn.svm import SVC
import numpy as np
import pandas as pd
from sklearn.metrics import classification_report
from matplotlib import pyplot as plt
from matplotlib.colors import ListedColormap
#====此处省略与源代码 15-1 相同的“加载数据”====
#====此处省略与源代码 15-1 相同的“划分训练数据和测试数据“====
#====训练支持向量机模型====
svc=SVC()
svc.fit(XTrain,yTrain)
#====评价模型====
yPredict=svc.predict(XTest)
print(classification_report(yTest,yPredict,target_names=\
    ['setosa','versicolor','virginica']))
#====此处省略与源代码 15-1 相同的“定义画分界线并填充=====
#各类型块不同的颜色的函数”====
#====画分界线并填充各类型块不同的颜色====
plot_decision_boundary(svc,axis=[np.min(XIris[:,0]),\
    np.max(XIris[:,0]),np.min(XIris[:,1]),np.max(XIris[:,1])])
#====此处省略与源代码 15-1 相同的“画散点”====
#====此处省略与源代码 15-1 相同的“显示坐标轴和图例”====
#====此处省略与源代码 15-1 相同的“解决中文字符显示问题”====
```

程序代码仍然十分简洁，相比源代码 15-1，就是把 LinearSVC 模型换成了使用 SVC 模型。其他源代码大部分一样。程序运行结果如图 15-6 所示，泛化能力有所增强。如果在控制台对模型的评价结果显示出来，如图 15-7 所示，准确度达到了 0.97。

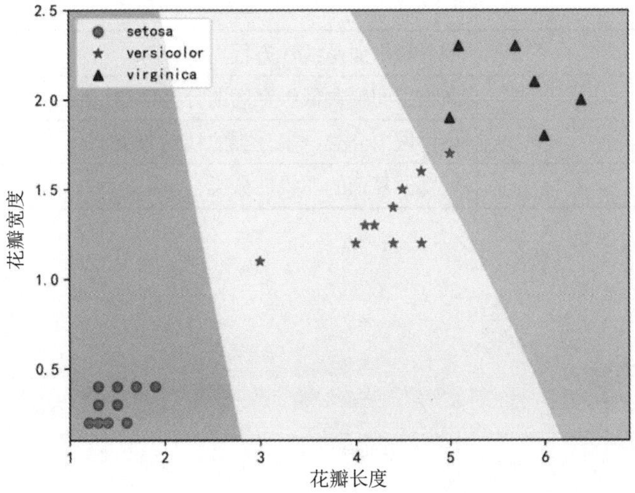

图 15-6　用非线性支持向量机做鸢尾花的三分类

从图 15-6 看，分界超平面感觉还是直线。从底层来说，默认情况下 SVC 模型使用的是高斯核函数来做非线性分类，已经不是线性模型了，只是分类的效果从二维空间看还是直线。至于高斯核函数，后续章节中还会详解。

```
Console 1/A ✕
              precision    recall  f1-score   support

      setosa       1.00      1.00      1.00        11
  versicolor       1.00      0.92      0.96        13
   virginica       0.86      1.00      0.92         6

    accuracy                           0.97        30
   macro avg       0.95      0.97      0.96        30
weighted avg       0.97      0.97      0.97        30


In [10]:
```

图 15-7　评价非线性支持向量机做鸢尾花三分类的效果

15.3　小结

用 scikit-learn 中的 LinearSVC 和 SVC 做分类十分简单，简单到只需用初始化方法生成模型、用 fit()方法训练模型、用 predict()方法预测这 3 步。但是要掌握其原理、学会调参就需要学习更多的知识，在第 16 章将会详细讲解数学知识、原理推理、各种模型的算法等。下面用表格总结知识点，见表 15-2。

表 15-2　本章知识点总结

知识点	一句话总结
线性支持向量机	分界超平面是线性方程
非线性支持向量机	高维空间解决低维空间的分类问题
LinearSVC	可以做二分类、多分类的线性分类
SVC	可以做复杂的非线性分类

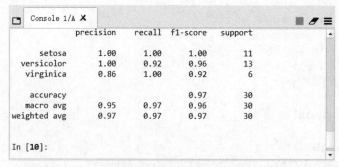

第16章

学习支持向量机背后的数学原理

图 16-1 为学习路线图，本章知识概览见表 16-1。

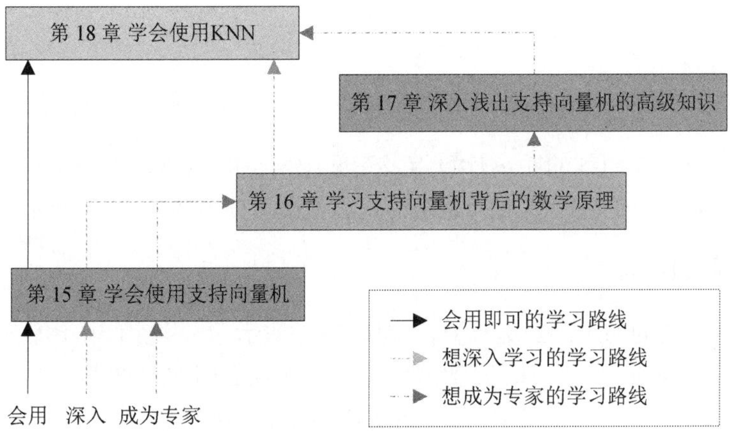

图 16-1　学习路线图

表 16-1　本章知识概览

知识点	难度系数	一句话学习建议
计算两点之间的距离	★	理解向量之间的减法和模的计算才是正道
计算点到超平面的函数距离和几何距离	★	既要会计算又要理解两者之间的联系与区别
等式约束条件下的拉格朗日乘数法	★★★	建议在理解几何意义的基础上结合偏导计算再行求解
不等式约束条件下的拉格朗日乘数法	★★★★	
拉格朗日乘数法和 KKT 条件	★★★★★	
感知机模型	★★★★	建议结合图形理解并跟着本章内容自己编程实现，这样会理解特别深刻
硬间隔支持向量机	★★★★	结合图形理解硬间隔支持向量机的数学原理

续表

知识点	难度系数	一句话学习建议
硬间隔支持向量机模型的求解过程	★★★★★	在深刻理解函数距离、几何距离、梯度、拉格朗日乘数法、KKT 条件的概念及几何意义的基础上才能完全掌握硬间隔支持向量机的求解过程

支持向量机模型有硬间隔支持向量机模型、软间隔支持向量机模型、核函数等多种类型，硬间隔支持向量机是基础，且只能应用于线性可分的情形。本章只讲解硬间隔支持向量机模型的数学原理。

理解硬间隔支持向量机模型的数学原理需要有函数距离、几何距离、梯度、拉格朗日乘数法、KKT 条件等数学基础，以及感知机模型作为先修基础。因此本章先讲解这些内容，再学习如何一步一步用这些基础知识求解出硬间隔支持向量机模型。

16.1 学会计算距离

支持向量机里主要用到的距离计算涉及空间中两点的距离、点到超平面的距离、函数距离和几何距离，弄明白这些距离的计算是彻底学懂支持向量机数学原理的基础。

16.1.1 两点之间的距离

先来理解两点之间的距离怎么计算，如图 16-2 所示。一维空间中比较简单，数值都在一根轴上，假定数轴为$\boldsymbol{x}_0$，两点为$\boldsymbol{A}(a_0)$、$\boldsymbol{B}(b_0)$，则两点之间的距离为：

$$distance(\boldsymbol{A},\boldsymbol{B}) = |b_0 - a_0|$$

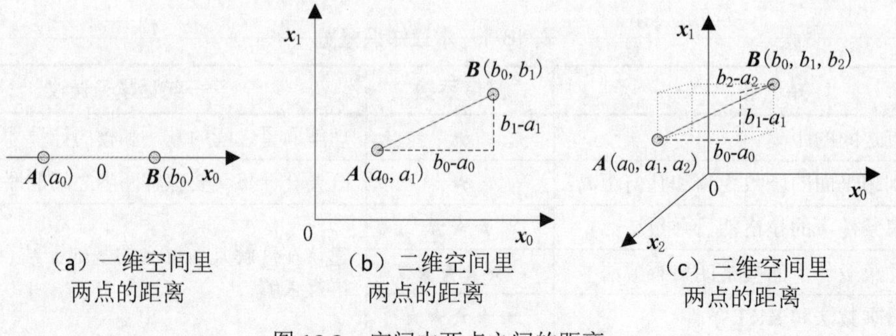

图 16-2 空间中两点之间的距离

在二维空间中，假定数轴为$\boldsymbol{x}_0$、$\boldsymbol{x}_1$，两点为$\boldsymbol{A}(a_0,a_1)$、$\boldsymbol{B}(b_0,b_1)$，则两点之间的距离为：

$$distance(\boldsymbol{A},\boldsymbol{B}) = \sqrt{(b_0 - a_0)^2 + (b_1 - a_1)^2}$$

在三维空间中，假定数轴为$\boldsymbol{x}_0$、$\boldsymbol{x}_1$、$\boldsymbol{x}_2$，两点为$\boldsymbol{A}(a_0,a_1,a_2)$、$\boldsymbol{B}(b_0,b_1,b_2)$，则两点之间的距离为：

$$distance(\boldsymbol{A},\boldsymbol{B})=\sqrt{(b_0-a_0)^2+(b_1-a_1)^2+(b_2-a_2)^2}$$

如果写成通用的表达式，则以$\boldsymbol{x}_0,\cdots,\boldsymbol{x}_{n-1}$为轴的$n$维空间中，两点$\boldsymbol{A}(a_0,\cdots,a_{n-1})$、$\boldsymbol{B}(b_0,\cdots,b_{n-1})$ 之间的距离为：

$$distance(\boldsymbol{A},\boldsymbol{B})=\sqrt{\sum_{i=0}^{n-1}(b_i-a_i)^2} \qquad (16\text{-}1)$$

一维空间和二维空间中两点的距离公式结合图来看还是比较好理解的，但是到了三维空间怎么就成了$\sqrt{\sum_{i=0}^{2}(b_i-a_i)^2}$？将图 16-2（c）放大后如图 16-3 所示，点$\boldsymbol{A}$和点$\boldsymbol{C}$的距离明显为$\sqrt{(b_0-a_0)^2+(b_1-a_1)^2}$。$\boldsymbol{A}$、$\boldsymbol{B}$、$\boldsymbol{C}$这 3 个点组成的三角形为一个直角三角形，因此根据勾股定理，可得$\boldsymbol{A}$、$\boldsymbol{B}$这 2 点的距离为：

$$\begin{aligned}distance(\boldsymbol{A},\boldsymbol{B})&=\sqrt{\left(distance(\boldsymbol{A},\boldsymbol{C})\right)^2+\left(distance(\boldsymbol{B},\boldsymbol{C})\right)^2}\\&=\sqrt{\left(\sqrt{(b_0-a_0)^2+(b_1-a_1)^2}\right)^2+(b_2-a_2)^2}\\&=\sqrt{(b_0-a_0)^2+(b_1-a_1)^2+(b_2-a_2)^2}\end{aligned}$$

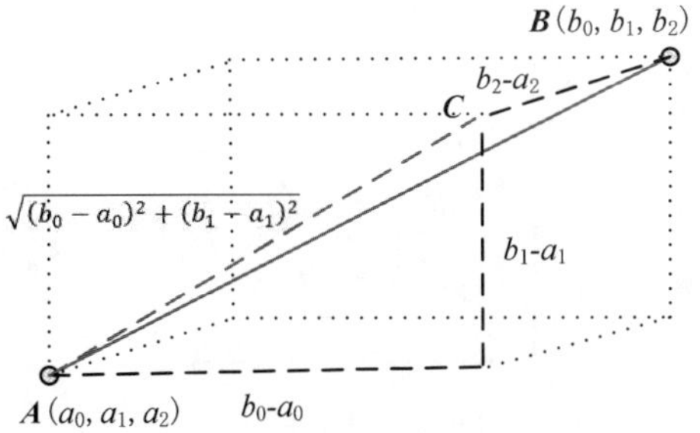

图 16-3 三维空间里两点的距离

两点之间的距离还可以用向量来表示，如图 16-4 所示。空间中的点可以用原点到这个点的向量表示，因此图中$\boldsymbol{A}$、$\boldsymbol{B}$ 这 2 点的距离实际上就是向量$\boldsymbol{c}$的模。图 16-4 适用于任意维空间。在一维空间中会是什么样子呢？那就是$\boldsymbol{a}$、$\boldsymbol{b}$、$\boldsymbol{c}$这 3 个向量处在一条线上，求解距离的公式仍然适用。

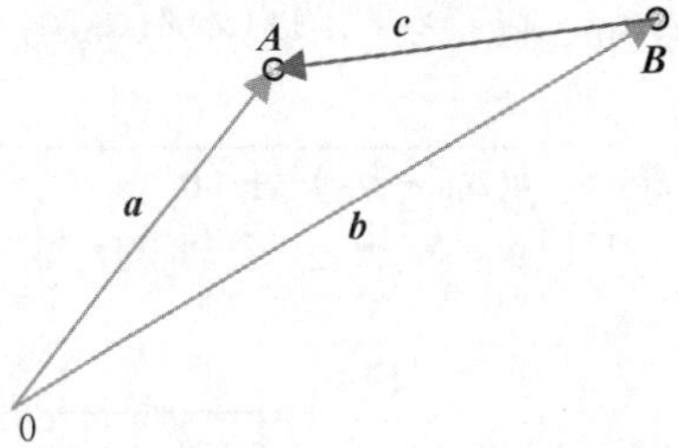

图 16-4　用向量表示两点之间的距离

向量$\boldsymbol{c}$就是向量$\boldsymbol{a}$与向量$\boldsymbol{b}$的差。因此，可得：

$$distance(\boldsymbol{A},\boldsymbol{B}) = |\boldsymbol{c}| = |\boldsymbol{a}-\boldsymbol{b}| = \left\| \begin{bmatrix} a_0 \\ \vdots \\ a_{n-1} \end{bmatrix} - \begin{bmatrix} b_0 \\ \vdots \\ b_{n-1} \end{bmatrix} \right\| = \left\| \begin{bmatrix} a_0 - b_0 \\ \vdots \\ a_{n-1} - b_{n-1} \end{bmatrix} \right\|$$

$$= \sqrt{\sum_{i=0}^{n-1}(a_i - b_i)^2} = \sqrt{\sum_{i=0}^{n-1}(b_i - a_i)^2}$$

16.1.2　点到超平面的距离

通常在机器学习里，把特征数据项看成空间的维度，有多少个特征数据项，就需要用多少维的空间来表达数据。如果要做分类，在线性可分的情况就是要在空间中划出一个分界的超平面，如图 16-5 所示。

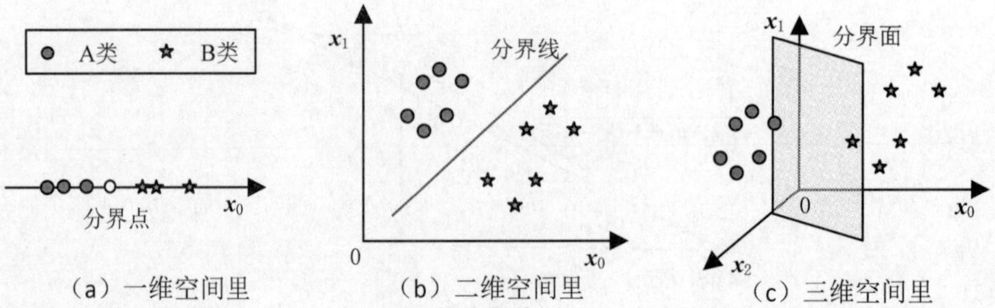

图 16-5　分界的超平面

一维空间里用于分界的是一个点；二维空间里用于分界的是一条线；三维空间里用于分界的是一个面；那四维空间里呢？我们画不出来，但可能想象出来，会是四维空间里的一个超平面。我们把用于分类分界的这个点、线、面、超平面统称为超平面。

结合图 16-5，一维空间里的分界点可以用以下方程来表示：

$$w_0x_0 + b = 0$$

因此，分界点的坐标值表示为：

$$x_0 = -\frac{b}{w_0}$$

如果用向量形式来表示分界点，分界点向量只有一个分量，可表示为：

$$\boldsymbol{x}_0(x_0) = \left[-\frac{b}{w_0}\right]$$

某个点$\boldsymbol{x}_1(x_1)$ 至分界点的距离为两者之差：

$$distance\big(\boldsymbol{x}_1(x_1), \boldsymbol{x}_0(x_0)\big) = |\boldsymbol{x}_1(x_1) - \boldsymbol{x}_0(x_0)| = \left|[x_1] - \left[-\frac{b}{w_0}\right]\right|$$

$$= \sqrt{\left(x_1 + \frac{b}{w_0}\right)^2} = \sqrt{\left(\frac{w_0x_1 + b}{w_0}\right)^2} = \frac{|w_0x_1 + b|}{w_0^2} \qquad (16\text{-}2)$$

提示：您可能要问，简单的一维空间里的两个点之间的距离计算整这么复杂干啥？我就是想用向量来表示两点之间的距离，从而找到点到超平面之间距离的通用表达式。这为后续讨论支持向量机的数学原理可打下坚实的基础。

二维空间里的分界线可以用以下方程来表示：

$$w_0x_0 + w_1x_1 + b = 0$$

用向量来表示，该方程就是：

$$[w_0 \quad w_1]\begin{bmatrix} x_0 \\ x_1 \end{bmatrix} + b = 0$$

令：

$$\boldsymbol{w} = \begin{bmatrix} w_0 \\ w_1 \end{bmatrix}, \boldsymbol{x} = \begin{bmatrix} x_0 \\ x_1 \end{bmatrix}$$

则该线性方程可简化地表达为：

$$\boldsymbol{w}^{\mathrm{T}}\boldsymbol{x} + b = 0$$

某个点$\boldsymbol{x}_0(x_{00}, x_{10})$ 到分界线的距离如图 16-6(a)所示。假定分界线上有一个点$\boldsymbol{x}_1(x_{01}, x_{11})$。可以看到向量$\boldsymbol{c}$和向量$\boldsymbol{b}$相互垂直，向量$\boldsymbol{c}$就是分界线的法向量。

二维空间里的分界线方程可以写成：

$$x_1 = -\frac{b}{w_1} - \frac{w_0}{w_1}x_0$$

因此：

$$\frac{\mathrm{d}x_1}{\mathrm{d}x_0} = -\frac{w_0}{w_1}$$

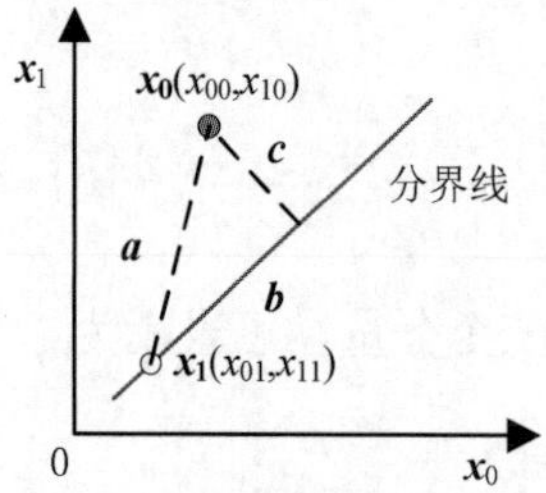

（a）二维空间里
点到分界线的距离

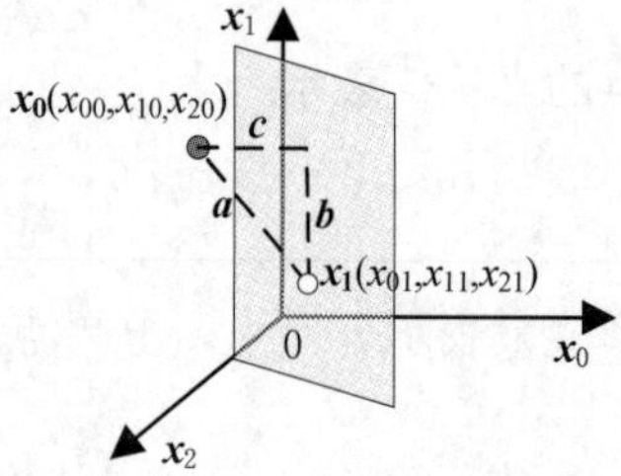

（b）三维空间里
点到分界面的距离

图 16-6　点到超平面的距离

导数就是切线的斜率，直线的切线实际上就是它自身，这表示横坐标方向上每增加 1，纵坐标方向上就会增加$-\frac{w_0}{w_1}$，故分界线的方向向量为$\begin{bmatrix}1\\-\frac{w_0}{w_1}\end{bmatrix}$。向量的分量同乘以一个数，方向不变，故分界线的方向向量也可以是$\begin{bmatrix}w_1\\-w_0\end{bmatrix}$。

向量$\boldsymbol{c}$和向量$\boldsymbol{b}$相互垂直，则两者的点积为 0：

$$\begin{bmatrix}w_1\\-w_0\end{bmatrix}\cdot\boldsymbol{c}=0$$

可知，向量$\boldsymbol{c}$为$\begin{bmatrix}w_0\\w_1\end{bmatrix}$。向量$\boldsymbol{c}$的单位向量为：

$$\boldsymbol{e}_c=\frac{\boldsymbol{c}}{|\boldsymbol{c}|}=\frac{1}{\sqrt{w_0^2+w_1^2}}\begin{bmatrix}w_0\\w_1\end{bmatrix}$$

由图 16-6（a）可知，向量$\boldsymbol{c}$的长度实际上是向量$\boldsymbol{a}$对向量$\boldsymbol{c}$的投影。向量$\boldsymbol{c}$等于向量$\boldsymbol{a}$与向量$\boldsymbol{e}_c$的点积。因此，有：

$$|\boldsymbol{c}|=|\boldsymbol{a}\cdot\boldsymbol{e}_c|=\frac{1}{\sqrt{w_0^2+w_1^2}}\left|\begin{bmatrix}x_{00}-x_{01}\\x_{10}-x_{11}\end{bmatrix}\cdot\begin{bmatrix}w_0\\w_1\end{bmatrix}\right|=\frac{|w_0(x_{00}-x_{01})+w_1(x_{10}-x_{11})|}{\sqrt{w_0^2+w_1^2}}$$

提示：请注意符号|　|，有时表示向量的模，有时表示绝对值，这得结合场景来理解。上式中，$|\boldsymbol{c}|$的符号|　|表示取模运算；$|\boldsymbol{a}\cdot\boldsymbol{e}_c|$的符号|　|表示取绝对值，因为点积运算的结果是一个数值。

因点$\boldsymbol{x}_1(x_{01},x_{11})$处在分界线上，所以有：

$$w_0x_{01}+w_1x_{11}+b=0\Rightarrow w_0x_{01}+w_1x_{11}=-b$$

因此：

$$|\boldsymbol{c}|=\frac{|w_0(x_{00}-x_{01})+w_1(x_{10}-x_{11})|}{\sqrt{w_0^2+w_1^2}}=\frac{|w_0x_{00}+w_1x_{10}+b|}{\sqrt{w_0^2+w_1^2}}\qquad(16\text{-}3)$$

三维空间里的分界面可以用以下方程来表示：

$$w_0x_0 + w_1x_1 + w_2x_2 + b = 0$$

分界面的一个法向量为$\begin{bmatrix} w_0 \\ w_1 \\ w_2 \end{bmatrix}$。则：

$$\boldsymbol{e}_c = \frac{\boldsymbol{c}}{|\boldsymbol{c}|} = \frac{1}{\sqrt{w_0^2 + w_1^2 + w_2^2}} \begin{bmatrix} w_0 \\ w_1 \\ w_2 \end{bmatrix}$$

提示： $\begin{bmatrix} w_0 \\ w_1 \\ w_2 \end{bmatrix}$为什么是分界面$w_0x_0 + w_1x_1 + w_2x_2 + b = 0$的一个法向量呢？设分界面上的两个点分别为$\boldsymbol{A}(a_0, a_1, a_2)$、$\boldsymbol{B}(b_0, b_1, b_2)$，两个点的向量也在分界面上，该向量为$\begin{bmatrix} a_0 - b_0 \\ a_1 - b_1 \\ a_2 - b_2 \end{bmatrix}$。如果$\begin{bmatrix} w_0 \\ w_1 \\ w_2 \end{bmatrix}$是分界面的法向量，则必有：

$$\begin{bmatrix} w_0 \\ w_1 \\ w_2 \end{bmatrix} \cdot \begin{bmatrix} a_0 - b_0 \\ a_1 - b_1 \\ a_2 - b_2 \end{bmatrix} = 0$$

即：

$$w_0(a_0 - b_0) + w_1(a_1 - b_1) + w_2(a_2 - b_2) = 0$$

只要该式成立，则说明$\begin{bmatrix} w_0 \\ w_1 \\ w_2 \end{bmatrix}$确实是分界面的法向量。

而$\boldsymbol{A}(a_0, a_1, a_2)$、$\boldsymbol{B}(b_0, b_1, b_2)$都在分界面中，故有：

$$w_0a_0 + w_1a_1 + w_2a_2 = -b$$
$$w_0b_0 + w_1b_1 + w_2b_2 = -b$$

因此，式$w_0(a_0 - b_0) + w_1(a_1 - b_1) + w_2(a_2 - b_2) = 0$成立。

因此，有：

$$|\boldsymbol{c}| = |\boldsymbol{a} \cdot \boldsymbol{e}_c| = \frac{1}{\sqrt{w_0^2 + w_1^2 + w_2^2}} \left| \begin{bmatrix} x_{00} - x_{01} \\ x_{10} - x_{11} \\ x_{20} - x_{21} \end{bmatrix} \cdot \begin{bmatrix} w_0 \\ w_1 \\ w_2 \end{bmatrix} \right|$$
$$= \frac{|w_0(x_{00} - x_{01}) + w_1(x_{10} - x_{11}) + w_2(x_{20} - x_{21})|}{\sqrt{w_0^2 + w_1^2 + w_2^2}}$$

因点$\boldsymbol{x}_1(x_{01}, x_{11},, x_{21})$处在分界面上，所以有：

$$w_0x_{01}+w_1x_{11}+w_2x_{21}+b=0 \Rightarrow w_0x_{01}+w_1x_{11}+w_2x_{21}=-b$$

因此：

$$|\boldsymbol{c}|=\frac{|w_0(x_{00}-x_{01})+w_1(x_{10}-x_{11})+w_2(x_{20}-x_{21})|}{\sqrt{w_0^2+w_1^2+w_2^2}}=\frac{|w_0x_{00}+w_1x_{10}+w_2x_{20}+b|}{\sqrt{w_0^2+w_1^2+w_2^2}} \tag{16-4}$$

结合式（16-2）、式（16-3）、式（16-4），推广到任意维空间，点到分界超平面的距离公式为：

$$|\boldsymbol{c}|=\frac{|w_0x_{00}+\cdots+w_{n-1}x_{(n-1)0}+b|}{\sqrt{w_0^2+\cdots+w_{n-1}^2}} \tag{16-5}$$

$\sqrt{w_0^2+\cdots+w_{n-1}^2}$实际上就是向量$\boldsymbol{w}$的模。如果在一个式子里同时出现取模运算和取绝对值运算，都使用符号|　|确实怕混淆不清，于是可以使用符号‖　‖表示取模运算。因此得到式（16-5）的简化表达：

$$\|\boldsymbol{c}\|=\frac{|\boldsymbol{w}^{\mathrm{T}}\boldsymbol{x}_0+b|}{\|\boldsymbol{w}\|} \tag{16-6}$$

16.1.3　函数距离和几何距离

式（16-6）中的分子$|\boldsymbol{w}^{\mathrm{T}}\boldsymbol{x}_0+b|$就是指函数距离，式（16-6）计算出来的$\|\boldsymbol{c}\|$就是指几何距离。两者有什么区别和联系呢？

首先，两者都可以用来衡量距离，数值关系如式（16-6）所示，函数距离是几何距离的$\|\boldsymbol{w}\|$倍。其次，如果超平面的方程左边同时扩大n倍（假定$n>0$），如下所示：

$$n(w_0x_0+w_1x_1+w_2x_2+b)=0 \Rightarrow nw_0x_0+nw_1x_1+nw_2x_2+nb=0$$

可知，方程表示的超平面并没有变化，函数距离会跟着扩大n倍：

$$|n\boldsymbol{w}^{\mathrm{T}}\boldsymbol{x}_0+nb|=n|\boldsymbol{w}^{\mathrm{T}}\boldsymbol{x}_0+b|$$

可是，几何距离并没有变：

$$\|\boldsymbol{c}\|=\frac{|n\boldsymbol{w}^{\mathrm{T}}\boldsymbol{x}_0+nb|}{\|n\boldsymbol{w}\|}=\frac{n|\boldsymbol{w}^{\mathrm{T}}\boldsymbol{x}_0+b|}{n\|\boldsymbol{w}\|}=\frac{|\boldsymbol{w}^{\mathrm{T}}\boldsymbol{x}_0+b|}{\|\boldsymbol{w}\|}$$

可见，几何距离更稳定，用于衡量点到超平面的距离才是准确的。本书后续内容如果没有特别声明，距离都是指几何距离。

16.2　学懂拉格朗日乘数法

学懂拉格朗日乘数法是理解支持向量机数学原理的重要基础。下面，就由简单到复杂一步一步来学习拉格朗日乘数法和 KKT 条件。

16.2.1 用拉格朗日乘数法求等式约束下的极值

拉格朗日乘数法由法国著名数学家约瑟夫·路易斯·拉格朗日（Joseph-Louis Lagrange）提出并以其名字命名。这种方法用于求函数的极值。

此前的内容讲解中我总是试图回避求极值的复杂表述，因为现在要讲支持向量机的数学原理，不能再回避了。通常我们用 min、max 分别表示要求极小值、极大值；用 s.t.（即 subject to）表示约束条件。例如：

$$\min f(x,y)=x^2+y^2$$
$$\text{s.t. } xy=2$$

如果在三维空间里做这个例子的两个函数的图形，则如图 16-7 所示。$f(x,y)=x^2+y^2$的图形是一个抛物曲面。$xy=2$在x轴和y轴构建的二维空间里的图形是双曲线，如果设$g(x,y)=xy-2$，则它就变成了如图 16-7 所示的双曲面。如果从上向下看，看到的图形就又变成了$xy=2$（相当于去掉了$g(x,y)$这一维空间）。

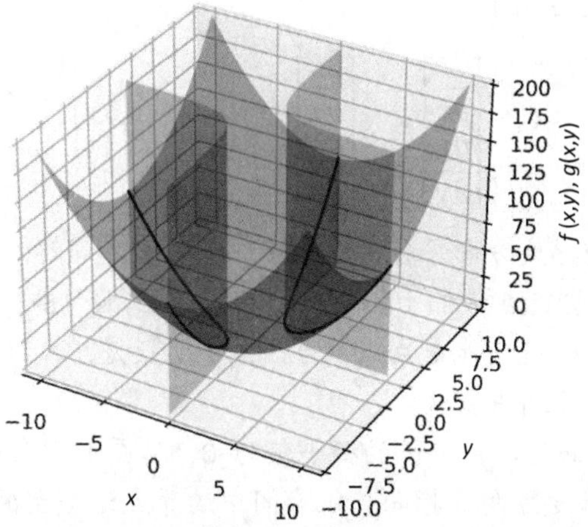

图 16-7　$f(x,y)=x^2+y^2$和$xy=2$的图形、相交线

在三维空间中，抛物曲面和双曲面两者相交出两条曲线。极值点处在两者相交的曲线上。

如果从上往下看这个三维图形，则结果会是如图 16-8 所示的图形。极值点处，抛物曲面和双曲面这两者的梯度方向必然平行。$xy=2$实际上就是$xy-2=0$，设：

$$g(x,y)=xy-2=0$$

因此在极值处必有：

$$\nabla f=\lambda\nabla g$$

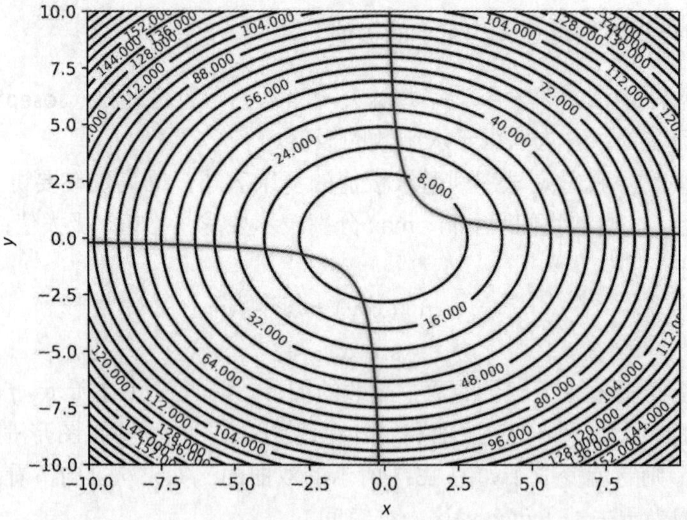

图 16-8　从二维空间看$f(x,y)=x^2+y^2$和$xy=2$的图形

也就是说两者的梯度方向平行。即：

$$\begin{bmatrix}\frac{\partial f}{\partial x}\\ \frac{\partial f}{\partial y}\end{bmatrix}=\lambda\begin{bmatrix}\frac{\partial g}{\partial x}\\ \frac{\partial g}{\partial y}\end{bmatrix}\Rightarrow\begin{bmatrix}2x\\2y\end{bmatrix}=\lambda\begin{bmatrix}y\\x\end{bmatrix}$$

提示：关于“两者的梯度方向平行”这一点，很多人不理解，难点也就在于此。$f(x,y)$和$g(x,y)$有很多的交点，这些交点都位于两者相交的曲线上，图 16-7 中已经画出了相交的曲线。但交点并不一定是极值，极值只能是切点。为什么是切点呢？二维空间中，两个图形在切点处的梯度方向相同或相反，也即平行。

从图 16-8 看，显然易见，$f(x,y)$的极小值为 0，从图形上来理解，负梯度方向（往极小值方向发展，所以是负梯度方向）指向二维空间中的原点这个大的方向。但是还有约束方程，所以我们可以顺着图 16-8 中的约束方程图形往原点方向走，当走到$g(x,y)$的梯度方向与$f(x,y)$的梯度方向平行时，就到了$g(x,y)$能到达的极值了，尽管$f(x,y)$还没走到极小值。

梯度实际是一个向量，两个梯度方向平行，说明两个表示梯度的向量线性相关，也就是说，两个向量成一定的比例。

以上再加上约束条件，就可以得到一个联立方程组：

$$\begin{cases}2x=\lambda y\\2y=\lambda x\\xy=2\end{cases}$$

解这个联立方程组，可得 2 个解：

$$\begin{bmatrix}\lambda\\x\\y\end{bmatrix}=\begin{bmatrix}2\\\sqrt{2}\\\sqrt{2}\end{bmatrix},\begin{bmatrix}\lambda\\x\\y\end{bmatrix}=\begin{bmatrix}2\\-\sqrt{2}\\-\sqrt{2}\end{bmatrix}$$

因此，极值为：

$$f(x,y)=x^2+y^2=4$$

这种等式作为约束的情况下，还要补充说明 2 点：

（1）如果是要求极大值：一种办法是同样运用上述办法，因为极大值处也必有两者的梯度成比例；另一种办法是把$f(x,y)$取负，这样min就变成了max。

（2）如果得到的联立方程组有多个解：因为鞍点也可能成为解，所以，我们可以把多个解代入极值的方程，如果求极大值，就看哪个计算结果最大，就以此作为极大值；如果求极小值，就看哪个计算结果最小，就以此作为极小值。

有了对以上知识的理解，再来看拉格朗日乘数法就容易多了。该方法针对以下情况：

$$\min f(x,y)$$
$$\text{s.t. } g(x,y)=0$$

拉格朗日乘数法构建出这样的一个方程：

$$F(x,y)=f(x,y)+\lambda g(x,y) \tag{16-7}$$

认为极值点必出现在$F(x,y)$的导数为 0 之处，即：

$$\begin{cases}\dfrac{\partial F}{\partial x}=0\\\dfrac{\partial F}{\partial y}=0\\\dfrac{\partial F}{\partial \lambda}=0\end{cases} \tag{16-8}$$

本例中，$F(x,y)$为：

$$F(x,y)=x^2+y^2+\lambda(xy-2)$$

由此，可得：

$$\begin{cases}\dfrac{\partial F}{\partial x}=2x+\lambda y=0\\\dfrac{\partial F}{\partial y}=2y+\lambda x=0\\\dfrac{\partial F}{\partial \lambda}=xy-2=0\end{cases}$$

解此方程组，可得：

$$\begin{bmatrix}\lambda\\x\\y\end{bmatrix}=\begin{bmatrix}-2\\\sqrt{2}\\\sqrt{2}\end{bmatrix},\begin{bmatrix}\lambda\\x\\y\end{bmatrix}=\begin{bmatrix}-2\\-\sqrt{2}\\-\sqrt{2}\end{bmatrix}$$

怎么λ的值与前一个联立方程组解中λ的值不一样呢？这没有问题，因为梯度方向成比例，用负值也是成比例，何况：

$$2x+\lambda y=0 \Rightarrow 2x=-\lambda y$$
$$2y+\lambda x=0 \Rightarrow 2y=-\lambda x$$

此时，λ的值自然是-2了。是不是觉得用拉格朗日乘数法解起来简单多了？这真是不得不佩服拉格朗日这位伟大数学家的奇思妙想。

16.2.2 再次深刻理解梯度

关于偏导数，大家可以回到第4章看看有关的高等数学知识。在三维空间中，梯度$\begin{bmatrix}\frac{\partial f}{\partial x}\\ \frac{\partial f}{\partial y}\end{bmatrix}$是一个向量，由2个分量构成，怎么是2个分量，而不是3个分量呢？从第4章中学过的知识中我们已经知道，梯度所代表的方向实际就是方向导数值当前最大、函数值变化当前最快、往极大值方向走的方向。只要将自变量的值往梯度的两个分量方向上走，就会导致函数值往极大值方向走得最快。

从几何意义上理解梯度向量，以下3点是关键：

（1）梯度方向指向函数值变化最快、往极大值走的方向。如果要往极小值走，就得往梯度的反方向走，即往负梯度的指向方向。

（2）梯度的方向总是与等高线垂直。为什么垂直呢？来看全微分就能理解了。全微分如下：

$$\mathrm{d}f=\frac{\partial f}{\partial x}\mathrm{d}x+\frac{\partial f}{\partial y}\mathrm{d}y$$

从几何意义上来理解，就是x变化一个很微小的量，y也变化一个很微小的量，看看函数值变化了多少（$\mathrm{d}f$）。如果用向量的点积来表达$\mathrm{d}f$即：

$$\mathrm{d}f=\frac{\partial f}{\partial x}\mathrm{d}x+\frac{\partial f}{\partial y}\mathrm{d}y=\begin{bmatrix}\frac{\partial f}{\partial x}\\ \frac{\partial f}{\partial y}\end{bmatrix}\cdot\begin{bmatrix}\mathrm{d}x\\ \mathrm{d}y\end{bmatrix}$$

要使$\mathrm{d}f$为0，就得让$\begin{bmatrix}\frac{\partial f}{\partial x}\\ \frac{\partial f}{\partial y}\end{bmatrix}$和$\begin{bmatrix}\mathrm{d}x\\ \mathrm{d}y\end{bmatrix}$垂直，也就是说$\cos\frac{\pi}{2}=0$。其中，$\begin{bmatrix}\frac{\partial f}{\partial x}\\ \frac{\partial f}{\partial y}\end{bmatrix}$为梯度向量，$\begin{bmatrix}\mathrm{d}x\\ \mathrm{d}y\end{bmatrix}$为二维空间里的切线向量。等高线所表达的几何意义就是在这条线上函数的值是相等的，为一个常数C，因此有：

$$\mathrm{d}f=\frac{\partial f}{\partial x}\mathrm{d}x+\frac{\partial f}{\partial y}\mathrm{d}y=\begin{bmatrix}\frac{\partial f}{\partial x}\\\frac{\partial f}{\partial y}\end{bmatrix}\cdot\begin{bmatrix}\mathrm{d}x\\\mathrm{d}y\end{bmatrix}=\mathrm{d}C=0$$

所以，从两个自变量构成的二维空间里来看，梯度的方向总是垂直于等高线的切线。两个自变量构成的二维空间可以看成与$f(x,y)=0$平行的平面。

（3）梯度的模表示使函数值当前变化最大且向极大值发展的方向上的变化率。梯度的模计算公式为：

$$\left\|\begin{matrix}\frac{\partial f}{\partial x}\\\frac{\partial f}{\partial y}\end{matrix}\right\|=\sqrt{\left(\frac{\partial f}{\partial x}\right)^2+\left(\frac{\partial f}{\partial y}\right)^2}$$

那假定$\left\|\begin{matrix}\frac{\partial f}{\partial x}\\\frac{\partial f}{\partial y}\end{matrix}\right\|=6$，这意味着什么呢？这意味着在最大变化率的情况下，自变量构成的这个梯度方向每变化 1 个单位的值，函数值会变化 6 个单位的值。

有了以上 3 点深刻的认识，再来理解上一小节中“两者的梯度方向平行”就更为深刻了。编制程序把$f(x,y)$和$g(x,y)$的部分梯度画出来，就会很明显地看到，果然在$g(x,y)$的极值点，“两者的梯度方向平行”。

我们根据图 16-7 从俯视的角度来看，$f(x,y)$的等高线会是一个一个的圈，且梯度向量是$\begin{bmatrix}\frac{\partial f}{\partial x}\\\frac{\partial f}{\partial y}\end{bmatrix}=\begin{bmatrix}2x\\2y\end{bmatrix}=2\begin{bmatrix}x\\y\end{bmatrix}$，所以梯度向量会是图 16-9 所示的外于对角线上的向量。$g(x,y)$俯视看就是一条曲线，所以梯度向量以这条线上的点作为起点，梯度向量$\begin{bmatrix}\frac{\partial f}{\partial x}\\\frac{\partial f}{\partial y}\end{bmatrix}=\begin{bmatrix}y\\x\end{bmatrix}$，这说明梯度向量的方向与起点的坐标值有关，自然在极小值处梯度向量也会处在对角线上。

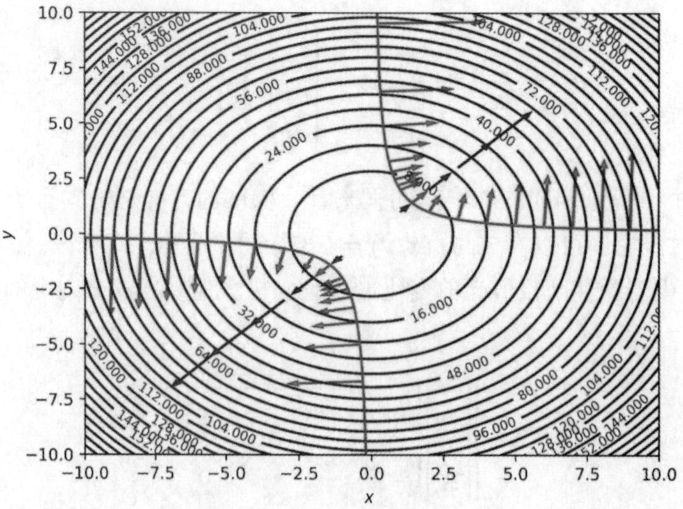

图 16-9　梯度方向的形象展示

16.2.3　用拉格朗日乘数法求不等式约束下的极值

现实应用中，约束条件不可能都是等式，多数情况下会是不等式。仍然讨论前面的例子，我们稍微变动一下约束条件，把它变成不等式：

$$\min f(x,y)=x^2+y^2$$
$$\text{s.t. } xy-2\leqslant 0$$

考虑到大家已经有了前述知识学习的基础，我们直接用二维空间中的图形来讨论。

从图 16-10 看，极植不可能出现在$xy-2\leqslant 0$范围内部，肯定是出现在边界线上。这就相当于仍然是：

$$\min f(x,y)=x^2+y^2$$
$$\text{s.t. } xy=2$$

如果我们再把不等式约束条件变化另一种不等式，如下所示：

$$\min f(x,y)=x^2+y^2$$
$$\text{s.t. } xy-2\geqslant 0$$

对不等式约束条件，我们可以两边乘以-1，这样仍然变为一个小于等于关系表达的不等式：

$$\min f(x,y)=x^2+y^2$$
$$\text{s.t. } 2-xy\leqslant 0$$

它的图形如图 16-11 所示。此时，$f(x,y)$的极值点就落在$xy\geqslant 2$的图形范围内，相当于没有做约束。小结一下，用不等式约束只有 2 种情况：

（1）不等式约束没有起到约束作用。此时，求$f(x,y)$的极值即可。

（2）不等式约束起到了约束作用，极值必在$g(x,y)$的边界上。

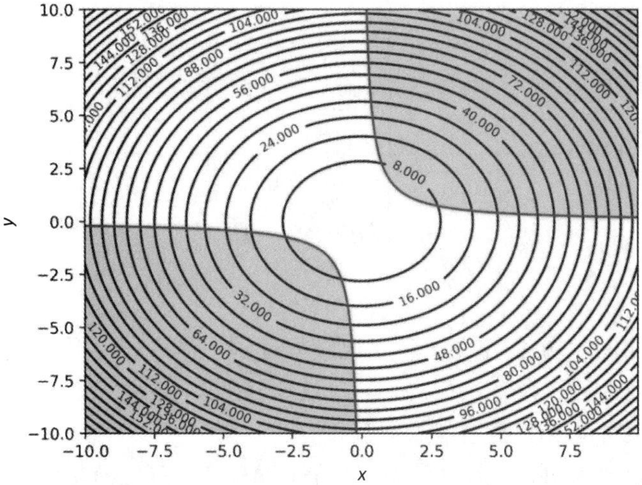

图 16-10 $f(x,y)=x^2+y^2$和xy≤2的图形

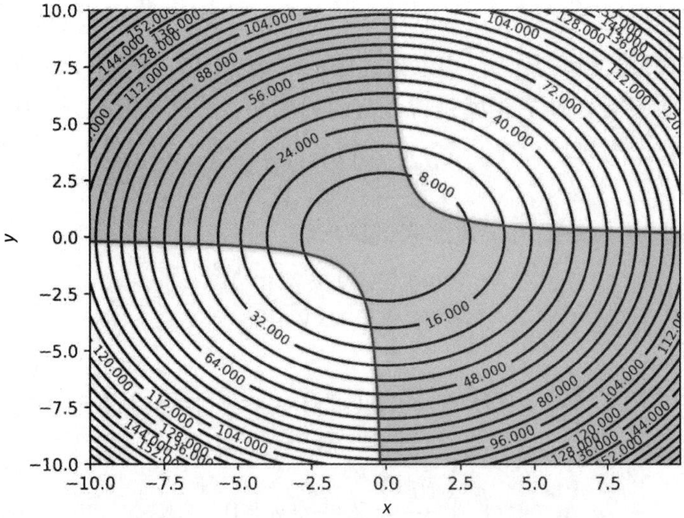

图 16-11 $f(x,y)=x^2+y^2$和xy≥2的图形

这样，我们就可以仍然使用前面所学的拉格朗日乘数法来求得极值点了。在只有一个不等式约束条件时：

$$\min f(x,y)$$
$$\text{s.t. } g(x,y)\leqslant 0$$

拉格朗日乘数法构建如下的方程：

$$F(x,y,\lambda)=f(x,y)+\lambda g(x,y) \tag{16-9}$$

认为极值点必出现在$F(x,y)$的导数为 0 之处，且还需要满足 2 个条件，即：

$$\begin{cases} \dfrac{\partial F}{\partial x} = 0 \\ \dfrac{\partial F}{\partial y} = 0 \\ \dfrac{\partial F}{\partial \lambda} = 0 \\ \lambda g(x,y) = 0 \\ \lambda \geqslant 0 \\ g(x,y) \leqslant 0 \end{cases} \tag{16-10}$$

根据前述所学知识，前 3 个式子还是比较好理解，最后一个不等式也好理解，这就是原式中的约束条件。但为什么会有$\lambda g(x,y)=0$和$\lambda \geqslant 0$这 2 个条件呢？很多人学习拉格朗日乘数法应用在不等式约束时就卡在这里难以理解。

结合图 16-10 和图 16-11 一起来观察，先看图 16-10，$f(x,y)$要往极小值走，如果约束条件起到了作用，则在极值点，$g(x,y)$的值必然为 0，因为在边界线都会有$g(x,y)=0$。拉格朗日乘数法是一种通用的方法，也适用于图 16-11 所示的不等式约束不起作用的情况。如果不等式约束不起作用，则$\lambda=0$。因此，不管不等式约束起没起到作用，都会有$\lambda g(x,y)=0$。

不管不等式约束起没起到作用，约束条件中已经给出$g(x,y) \leqslant 0$。而我们构造出$F(x,y,\lambda)$的目的是让$f(x,y)$找到更小的值，也就是说让$f(x,y)$更小，那就只能使式（16-9）中的$\lambda g(x,y)$成为负数，因此$g(x,y)$只有乘以一个正数，才能得到一个负数。为了兼容前述的$\lambda=0$这种情况，所以有$\lambda \geqslant 0$。

那么我们现在就用拉格朗日乘数法来试试求解：

$$\min f(x,y) = x^2 + y^2$$
$$\text{s.t. } 2 - xy \leqslant 0$$

先构建出方程：

$$F(x,y,\lambda) = f(x,y) + \lambda g(x,y) = x^2 + y^2 + \lambda(2 - xy)$$

则有：

$$\begin{cases} \dfrac{\partial F}{\partial x} = 2x - \lambda y = 0 \\ \dfrac{\partial F}{\partial y} = 2y - \lambda x = 0 \\ \dfrac{\partial F}{\partial \lambda} = 2 - xy = 0 \\ \lambda g(x,y) = \lambda(2 - xy) = 0 \\ \lambda \geqslant 0 \\ 2 - xy \leqslant 0 \end{cases}$$

其实这种情况也不用太多的计算，因为根据约束条件$2-xy \leqslant 2$，结合$\lambda(2-xy)=0$和$\lambda \geqslant 0$，λ的值只有可能为 0，由此x和y的值也只可能为 0。因此，极值点就是$f(x,y)=0$。结合图 16-11 来观察，其实这种情况就是约束条件不起作用的情况。

还有，根据构建的方程组，前 4 个方程只有 3 个未知数，因此，如果有解，则可以在用这 4 个方程求解的基础上再用解来观察是否满足后面 2 个不等式条件，如果都满足，再看哪个点代入$f(x,y)$计算可以得到更小的值，即可得解。

16.2.4 用拉格朗日乘数法和 KKT 应对更复杂的情况

下面，引入拉格朗日乘数法应用在多个不等式约束和多个等式约束时的做法，然后再来讨论。

假定有n个等式约束和m个不等式约束，即：

$$\min f(x,y)$$
$$\text{s.t. } g_0(x,y)\leqslant 0,\cdots,g_{n-1}(x,y)\leqslant 0$$
$$\text{s.t. } h_0(x,y)=0,\cdots,h_{m-1}(x,y)=0$$

如果换用线性代数中向量的表示法，可以把$g_0(x,y)\leqslant 0,\cdots,g_{n-1}(x,y)\leqslant 0$用$\boldsymbol{g}(x,y)\leqslant 0$表示，把$h_0(x,y)=0,\cdots,h_{m-1}(x,y)=0$用$\boldsymbol{h}(x,y)=\boldsymbol{0}$表示，则变为：

$$\min f(x,y)$$
$$\text{s.t. } \boldsymbol{g}(x,y)\leqslant 0$$
$$\text{s.t. } \boldsymbol{h}(x,y)=\boldsymbol{0}$$

构建拉格朗日函数为：

$$F(x,y,\boldsymbol{\lambda},\boldsymbol{\mu})=f(x,y)+\sum_{i=0}^{n-1}\left(\lambda_i g_i(x,y)\right)+\sum_{j=0}^{m-1}\left(\mu_j h_j(x,y)\right) \tag{16-11}$$

提示：$g_i(x,y)$用于表达不等式约束条件，λ_i是不等式中$g_i(x,y)$的系数；$h_j(x,y)$用于表达等式约束条件，μ_j是等式中$h_j(x,y)$的系数。请注意区分。

可以运用以下的方程组（含不等式）来求得极值点：

$$\begin{cases}\dfrac{\partial F}{\partial x}=0\\ \dfrac{\partial F}{\partial y}=0\\ \dfrac{\partial F}{\partial \boldsymbol{\lambda}}=0\\ \dfrac{\partial F}{\partial \boldsymbol{\mu}}=0\\ \boldsymbol{\lambda}\boldsymbol{g}(x,y)=0\\ \boldsymbol{\lambda}\geqslant 0\\ \boldsymbol{g}(x,y)\leqslant 0\\ \boldsymbol{h}(x,y)=\boldsymbol{0}\end{cases} \tag{16-12}$$

注意其中的粗体字表示的向量，也即：

$$\frac{\partial F}{\partial \boldsymbol{\lambda}} = \begin{cases} \dfrac{\partial F}{\partial \lambda_0} \\ \vdots \\ \dfrac{\partial F}{\partial \lambda_{n-1}} \end{cases}$$

$$\frac{\partial F}{\partial \boldsymbol{\mu}} = \begin{cases} \dfrac{\partial F}{\partial \mu_0} \\ \vdots \\ \dfrac{\partial F}{\partial \mu_{m-1}} \end{cases}$$

$$\boldsymbol{\lambda g}(x,y) = \begin{cases} \lambda_0 g_0(x,y) \\ \vdots \\ \lambda_{n-1} g_{n-1}(x,y) \end{cases}$$

式（16-12）中给出的一系列等式、不等式统称为 KKT 条件。为什么叫 KKT 呢？KKT 即 Karush-Kuhn-Tucker，这是提出这种方法的 3 位数学家的名字。

下面来做一个综合的例子。

$$\min f(x_1,x_2) = (x_1-1)^2 + (x_2-2)^2$$
$$\text{s.t.} \quad x_2 - x_1 = 0$$
$$\text{s.t.} \quad x_2 + x_1 - 2 \leqslant 0$$

使用拉格朗日乘数法构建拉格朗日函数为：

$$F(x,y,\lambda,\mu) = (x_1-1)^2 + (x_2-1)^2 + \lambda(x_2-x_1) + \mu(x_2+x_1-2)$$

可以运用以下的方程组（含不等式）来求得极值点：

$$\begin{cases} \dfrac{\partial F}{\partial x_1} = 2(x_1-1) - \lambda + \mu = 0 \\ \dfrac{\partial F}{\partial x_2} = 2(x_2-2) + \lambda + \mu = 0 \\ \dfrac{\partial F}{\partial \lambda} = x_2 - x_1 = 0 \\ \dfrac{\partial F}{\partial \mu} = x_2 + x_1 - 2 = 0 \\ \lambda(x_2 + x_1 - 2) = 0 \\ \lambda \geqslant 0 \\ x_2 + x_1 - 2 \leqslant 0 \\ x_2 - x_1 = 0 \end{cases}$$

解得：

$$\begin{bmatrix} x_1 \\ x_2 \\ \lambda \\ \mu \end{bmatrix} = \begin{bmatrix} 1 \\ 1 \\ 1 \\ 1 \end{bmatrix}$$

所以极值为：

$$\min f(x_1, x_2) = (x_1 - 1)^2 + (x_2 - 2)^2 = 1$$

从图形上来理解，如图 16-12 所示，$x_2 + x_1 - 2 \leqslant 0$起到了约束作用，极值点必然在边界线上。因此，极值点必然是$x_2 + x_1 - 2 = 0$和$x_2 - x_1 = 0$这两条直线的交点，也就是$\begin{bmatrix} x_1 \\ x_2 \end{bmatrix} = \begin{bmatrix} 1 \\ 1 \end{bmatrix}$这个交点。

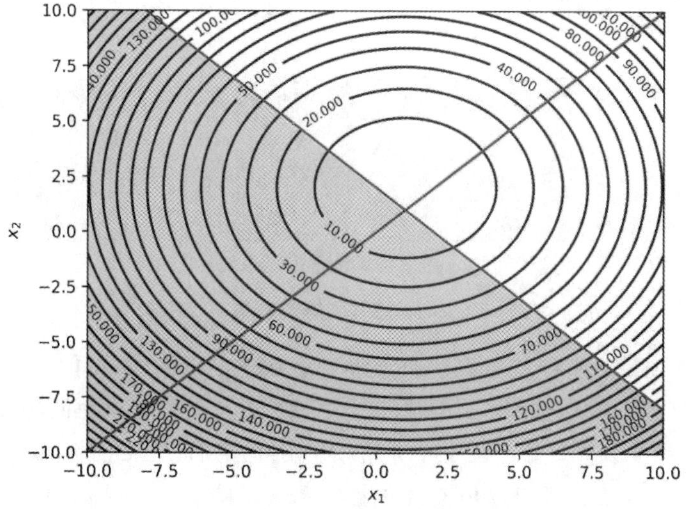

图 16-12　用拉格朗日乘数法和 KKT 应对更复杂的情况

如此，用图形来理解不是更简单吗？分析例题、理解原理可以这么做，但在带有非常复杂的约束条件的情形时，这样做显然不现实。因此，还是应该活学活用拉格朗日乘数法和 KKT 条件。

16.3　理解支持向量机的数学原理

现在我们是第一次接触感知机模型，这种模型在深度学习里用得很多。我认为感知机模型也是支持向量机能做分类的源起。下面就一起来学习感知机模型。

16.3.1 从感知机谈起

感知机模型之所以叫感知机，就是因为根据分类的目标可以感知到分类的需求，并以此来调节特征数据项的权重。

训练数据集如图 16-13 所示，感知机模型的目标数据项只有 2 种取值，即 1 或-1。感知机模型里，对每个特征数据项设定一个权值w_j，那么n个特征数据项就有n个权值作为模型的参数。把一个样本的n个特征数据项和n个权值相乘再求和，就可得到加权和，如果加权和大于这个阈值，就认为这个样本的分类结果为 1；如果小于这个阈值，就认为这个样本的分类结果为-1。这种思路可用如下的公式表示：

$$Y_j(w_0,\cdots,w_{n-1},threshold)=sign\left(\sum_{j=0}^{n-1}(w_jx_{ij})-threshold\right) \tag{16-13}$$

训练数据集$\boldsymbol{X}$	特征数据项$\boldsymbol{x}_{c0}$	…	特征数据项$\boldsymbol{x}_{c(n-1)}$	目标数据项$\boldsymbol{Y}$
样本$\boldsymbol{x}_{r0}$	x_{r0c0}	…	$x_{r0c(n-1)}$	y_0
…	…	…	…	…
样本$\boldsymbol{x}_{r(m-1)}$	$x_{r(m-1)c0}$	…	$x_{r(m-1)c(n-1)}$	y_{m-1}

目标数据项$\boldsymbol{Y}$的取值为{1,-1}

图 16-13　训练数据集

提示： 分类的结果不是一直都是 0 和 1 吗？怎么就变成了 1 和-1 呢？其实是什么数值都可以，只需要知道某个值代表着哪一类就可以了。在支持向量机中把两种分类的值用 1 和-1 来代表，可以简化很多计算，让原理也十分清晰。实际应用时，把已知数据样本的目标数据项的二分类值对应到 1 和-1 就可以应用支持向量机来做分类了。

式（16-13）中，$sign$表示符号函数，$sign(x)$只要自变量x的值大于 0，则符号函数的结果就为 1；自变量x的值小于 0，则符号函数的结果就为-1。$threshold$表示阈值。

如果用向量形式表示，设$\boldsymbol{w}=\begin{bmatrix}w_0\\ \vdots\\ w_{n-1}\end{bmatrix}$，$b=-threshold$。我们把$\boldsymbol{w}$称为权值向量，把$b$称为偏置。

如果把第i个样本向量表示为$\boldsymbol{x}_{ri}=[x_{i0}\ \ \cdots\ \ x_{i(n-1)}]$，把第$j$个特征数据项表示为$\boldsymbol{x}_{cj}=\begin{bmatrix}x_{0j}\\ \vdots\\ x_{(m-1)j}\end{bmatrix}$，则有：

$$\boldsymbol{X}=\begin{bmatrix}\boldsymbol{x}_{r0}\\ \vdots\\ \boldsymbol{x}_{r(m-1)}\end{bmatrix}=[\boldsymbol{x}_{c0}\ \ \cdots\ \ \boldsymbol{x}_{c(n-1)}]=\begin{bmatrix}x_{00} & \cdots & x_{0(n-1)}\\ \vdots & \ddots & \vdots\\ x_{(m-1)0} & \cdots & x_{(m-1)(n-1)}\end{bmatrix}$$

据此，将式（16-13）扩展到表示所有的训练数据集和目标数据集，可以简化为：

$$\boldsymbol{Y}(\boldsymbol{w},b)=sign(\boldsymbol{X}\boldsymbol{w}+b) \tag{16-14}$$

提示：注意感知机模型中$\boldsymbol{w}$变量是一个向量，$\boldsymbol{X}$表示数据样本的矩阵，$\boldsymbol{X}$是已知的数据。b不是一个向量，而是一个变量。

如果只有 2 个特征数据项，那么就只有 2 个权值，即：

$$\boldsymbol{Y}(w_0,w_1,b)=sign\left(\begin{bmatrix}\boldsymbol{x}_{c0} & \boldsymbol{x}_{c1}\end{bmatrix}\begin{bmatrix}w_0\\w_1\end{bmatrix}+b\right)=sign\left(\begin{bmatrix}x_{00} & x_{0(n-1)}\\ \vdots & \vdots\\ x_{(m-1)0} & x_{(m-1)(n-1)}\end{bmatrix}\begin{bmatrix}w_0\\w_1\end{bmatrix}+b\right)$$

很多人因为线性代数知识基础还不扎实，看这样的式子比较准。如果只列出一个样本的式子就比较好懂了：

$$y_i(w_0,w_1,b)=sign\left(\begin{bmatrix}x_{i0} & x_{i1}\end{bmatrix}\begin{bmatrix}w_0\\w_1\end{bmatrix}+b\right)=sign(w_0x_{i0}+w_1x_{i1}+b)$$

$$=\begin{cases}1, & w_0x_{i0}+w_1x_{i1}+b>0\\-1, & w_0x_{i0}+w_1x_{i1}+b<0\end{cases}$$

显然$w_0x_{i0}+w_1x_{i1}+b=0$就是一个直线方程，符号函数$sign(x)$又是以$x=0$作为分界点的，因此用感知机模型在二维空间中就可以用一条直线来做二分类。一个示例如图 16-14 所示。

俯视图 16-14（b）就可以得到图 16-14（a）。在线性可分的前提下，有y的空间里，二维空间里的分界线就成了一个分界面。放到三维空间（加了目标数据项作为第 3 维）里来看，分界面右边的一类处在$y=1$平面中。分界面左边的一类处在$y=-1$平面中。

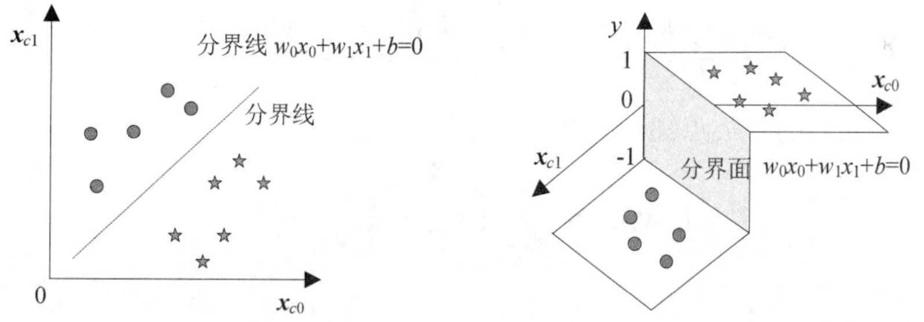

（a）二维空间里的感知机模型　　（b）有y的三维空间里的感知机模型

图 16-14　感知机模型的图示

由于分界线方程在二维空间里看，只涉及 2 个特征数据项$\boldsymbol{x}_{c0}$和$\boldsymbol{x}_{c1}$，要调节的参数只有w_0、w_1、b，这看起来比三维空间里更为简单。接下来，我们得想办法通过调节得到合适的参数值，以使分界线正好可以把 2 种类型分开。这个调节的过程就是一个不断地感知的过程。

还有一点，随着特征数据项的增多，感知机模型将不再是一条分界线。当有 3 个特征数据项时，三维空间里的感知机模型将是一个分界平面。四维以上空间里不能再图示，但可以想象，这时的分界面将是一个超平面。因此，不论是多少维空间，我们统称这些分界点、分界线、分界面、分界超平面为分界超平面。

16.3.2 感知机模型的感知策略

从前述知识的学习中，我们已经知道用几何距离衡量点到超平面距离的通用公式为 $\frac{|\boldsymbol{x}_{ri}\boldsymbol{w}+b|}{\|\boldsymbol{w}\|}$，其中$\boldsymbol{w}$和$\boldsymbol{x}_{ri}$这 2 个向量的维数都是特征数据项的个数，$\boldsymbol{x}_{ri}$表示第$i$个数据样本。对于分类正确、分类错误这 2 种情况我们分别讨论。

提示：这里的$\frac{|\boldsymbol{x}_{ri}\boldsymbol{w}+b|}{\|\boldsymbol{w}\|}$与 16.1 节得到的$\frac{|\boldsymbol{w}^{\mathrm{T}}\boldsymbol{x}_0+b|}{\|\boldsymbol{w}\|}$有点不一样，这是因为设的向量不同，16.1 节中设$\boldsymbol{x}_0=\begin{bmatrix} x_{00} \\ \vdots \\ x_{0(n-1)} \end{bmatrix}$，而本节中设$\boldsymbol{x}_{ri}=[x_{i0} \quad \cdots \quad x_{i(n-1)}]$。所以，原来的$\boldsymbol{w}^{\mathrm{T}}\boldsymbol{x}_0$得变为$\boldsymbol{x}_{ri}\boldsymbol{w}$。阅读时，请注意这些细节，以保持一定的表达严谨性。

（1）讨论分类正确时的情况。实际值y_{ti}为-1，预测值y_{pi}也为-1，则分类正确；此时，$\boldsymbol{x}_{ri}\boldsymbol{w}+b<0$，因此，$y_{ti}(\boldsymbol{x}_{ri}\boldsymbol{w}+b)>0$。实际值$y_{ti}$为 1，预测值$y_{pi}$也为 1，则分类正确；此时，$\boldsymbol{x}_{ri}\boldsymbol{w}+b>0$,因此,$y_{ti}(\boldsymbol{x}_{ri}\boldsymbol{w}+b)>0$。综上,对于分类正确的样本恒有:$y_{ti}(\boldsymbol{x}_{ri}\boldsymbol{w}+b)>0$。

（2）讨论分类错误时的情况。实际值y_{ti}为-1，预测值y_{pi}为 1，则分类错误；此时，$\boldsymbol{x}_{ri}\boldsymbol{w}+b>0$，因此，$y_{ti}(\boldsymbol{x}_{ri}\boldsymbol{w}+b)<0$。实际值$y_{ti}$为 1，预测值$y_{pi}$为-1，则分类错误；此时，$\boldsymbol{x}_{ri}\boldsymbol{w}+b<0$，因此，$y_{ti}(\boldsymbol{x}_{ri}\boldsymbol{w}+b)<0$。综上，对于分类错误的样本恒有：$y_{ti}(\boldsymbol{x}_{ri}\boldsymbol{w}+b)<0$。

根据这 2 点情况的分析，错误的分类点到分界超平面的距离为：

$$\frac{|\boldsymbol{x}_{ri}\boldsymbol{w}+b|}{\|\boldsymbol{w}\|}=|y_{ti}|\frac{|\boldsymbol{x}_{ri}\boldsymbol{w}+b|}{\|\boldsymbol{w}\|}=-y_{ti}\frac{\boldsymbol{x}_{ri}\boldsymbol{w}+b}{\|\boldsymbol{w}\|}$$

定义当前所有错误的分类点集合为$\boldsymbol{E}$，则所有错误的分类点到分界超平面的距离之和为：

$$L(\boldsymbol{w},b)=\sum_{\boldsymbol{x}_{ri}\in\boldsymbol{E}}\left(-y_{ti}\frac{\boldsymbol{x}_{ri}\boldsymbol{w}+b}{\|\boldsymbol{w}\|}\right)$$

由于在求和计算中，不涉及参数$\boldsymbol{w}$的动态变化，可以把$-\frac{1}{\|\boldsymbol{w}\|}$提取到求和运算符之外，所以有：

$$L(\boldsymbol{w},b)=\sum_{\boldsymbol{x}_{ri}\in\boldsymbol{E}}\left(-y_{ti}\frac{|\boldsymbol{x}_{ri}\boldsymbol{w}+b|}{\|\boldsymbol{w}\|}\right)=-\frac{1}{\|\boldsymbol{w}\|}\sum_{\boldsymbol{x}_{ri}\in\boldsymbol{E}}\left(y_{ti}(\boldsymbol{x}_{ri}\boldsymbol{w}+b)\right) \quad (16\text{-}15)$$

这就是感知机模型的误差函数，函数中已经去掉了令人生厌的绝对值符号。$L(\boldsymbol{w},b)$的值越小，说明当前所有的错误分类点离分界超平面越近（正确分类点离得远一点没关系），也就是说错误分类点越来越少。当$L(\boldsymbol{w},b)$到达极小值时，感知机模型达到最佳状态。在线性可分的前提下，此时认为已经都可以正确地分类了。因此，优化的目标就是：

$$\min L(\boldsymbol{w},b)=-\frac{1}{\|\boldsymbol{w}\|}\sum_{\boldsymbol{x}_{ri}\in\boldsymbol{E}}\left(y_{ti}(\boldsymbol{x}_{ri}\boldsymbol{w}+b)\right)$$

由于参数$\boldsymbol{w}$对所有样本都是一样的，上式可以等价地简化为：

$$\min L(\boldsymbol{w},b)=-\sum_{\boldsymbol{x}_{ri}\in\boldsymbol{E}}\left(y_{ti}(\boldsymbol{x}_{ri}\boldsymbol{w}+b)\right) \tag{16-16}$$

接下来考虑怎么做优化来找到理想的$\boldsymbol{w}$、b参数值。可以用梯度下降法求解。则有：

$$\frac{\partial L}{\partial w_0}=\frac{\partial}{\partial w_0}\left(-\sum_{\boldsymbol{x}_{ri}\in\boldsymbol{E}}\left(y_{ti}(\boldsymbol{x}_{ri}\boldsymbol{w}+b)\right)\right)=-\sum_{\boldsymbol{x}_{ri}\in\boldsymbol{E}}\left(y_{ti}x_{i0}\right)$$

$$\vdots$$

$$\frac{\partial L}{\partial w_{n-1}}=\frac{\partial}{\partial w_{n-1}}\left(-\sum_{\boldsymbol{x}_{ri}\in\boldsymbol{E}}\left(y_{ti}(\boldsymbol{x}_{ri}\boldsymbol{w}+b)\right)\right)=-\sum_{\boldsymbol{x}_{ri}\in\boldsymbol{E}}\left(y_{ti}x_{i(n-1)}\right)$$

提示：很多人可能对上面的偏导数求解结果不理解，说明微积分知识的基础还没打扎实。经过本书前述内容的学习，按理应该是已经有了很好的基础了。为了便于理解，下面再次给出详细的求解过程：

$$\begin{aligned}\frac{\partial L}{\partial w_0}&=\frac{\partial}{\partial w_0}\left(-\sum_{\boldsymbol{x}_{ri}\in\boldsymbol{E}}\left(y_{ti}(\boldsymbol{x}_{ri}\boldsymbol{w}+b)\right)\right)\\&=\frac{\partial}{\partial w_0}\left(-\sum_{\boldsymbol{x}_{ri}\in\boldsymbol{E}}\left(y_{ti}\left(\begin{bmatrix}x_{i0}&\cdots&x_{i(n-1)}\end{bmatrix}\begin{bmatrix}w_0\\\vdots\\w_{n-1}\end{bmatrix}+b\right)\right)\right)\\&=\frac{\partial}{\partial w_0}\left(-\sum_{\boldsymbol{x}_{ri}\in\boldsymbol{E}}\left(y_{ti}\left(w_0x_{i0}+\cdots+w_{n-1}x_{i(n-1)}+b\right)\right)\right)\\&=\frac{\partial}{\partial w_0}\left(-\sum_{\boldsymbol{x}_{ri}\in\boldsymbol{E}}\left(y_{ti}w_0x_{i0}+\cdots+y_{ti}w_{n-1}x_{i(n-1)}+y_{ti}b\right)\right)\end{aligned}$$

对w_0求偏导时，把$\boldsymbol{w}$向量中的其他分量及y_{ti}、b都看成常量，$\boldsymbol{X}$是已知的数据，也看成常量。因此有：

$$\frac{\partial L}{\partial w_0}=\frac{\partial}{\partial w_0}\left(-\sum_{\boldsymbol{x}_{ri}\in\boldsymbol{E}}\left(y_{ti}w_0x_{i0}+\cdots+y_{ti}w_{n-1}x_{i(n-1)}+y_{ti}b\right)\right)$$

$$= \frac{\partial}{\partial w_0}\left(-\sum_{x_{ri}\in E}(y_{ti}w_0x_{i0})\right) = -\sum_{x_{ri}\in E}(y_{ti}x_{i0})$$

因此，可得到对$\boldsymbol{w}$的第j个分量w_j的偏导如下：

$$\frac{\partial L}{\partial w_j} = -\sum_{x_{ri}\in E}(y_{ti}x_{ij}) \tag{16-17}$$

对b求偏导，可得：

$$\frac{\partial L}{\partial b} = -\sum_{x_{ri}\in E} y_{ti} \tag{16-18}$$

提示：$y_{ti}\boldsymbol{x}_{ri}$表示第$i$个目标数据项值与第$i$个样本特征数据项的乘积，是一个数值乘以一个向量，结果是一个向量，再用Σ求和那就是做向量的加法。向量的加法是把向量对应置位的值相加，假定$\boldsymbol{E}$的元素个数为e，因此有：

$$\sum_{x_{ri}\in E}(y_{ti}\boldsymbol{x}_{ri}) = y_{t0}[x_{00} \quad \cdots \quad x_{0(n-1)}] + \cdots + y_{t(e)}[x_{(e)0} \quad \cdots \quad x_{(e)(n-1)}]$$

$$= \left[y_{t0}x_{00} + \cdots + y_{t(e)}x_{(e)0} \quad \cdots \quad y_{t0}x_{0(n-1)} + \cdots + y_{t(e)}x_{(e)(n-1)}\right]$$

由于向量$\boldsymbol{w}$是纵向表示的，所以：

$$\frac{\partial L}{\partial \boldsymbol{w}} = -\sum_{x_{ri}\in E}(y_{ti}\boldsymbol{x}_{ri}^{\mathrm{T}})$$

因此，我们可以用向量方式表达：

$$\begin{cases} \dfrac{\partial L}{\partial \boldsymbol{w}} = -\sum\limits_{x_{ri}\in E}(y_{ti}\boldsymbol{x}_{ri}^{\mathrm{T}}) \\ \dfrac{\partial L}{\partial b} = -\sum\limits_{x_{ri}\in E} y_{ti} \end{cases} \tag{16-19}$$

CHAP 16

如果使用梯度下降法，接下来还要确定如何迭代。每次迭代更新的公式如下：

$$\begin{cases} w_0 = w_0 - \alpha\dfrac{\partial L}{\partial w_0} = w_0 + \alpha\sum\limits_{x_{ri}\in E}(y_{ti}x_{i0}) \\ \vdots \\ w_{n-1} = w_{n-1} - \alpha\dfrac{\partial L}{\partial w_{n-1}} = w_{n-1} + \alpha\sum\limits_{x_{ri}\in E}(y_{ti}x_{i(n-1)}) \\ b = b - \alpha\dfrac{\partial L}{\partial b} = b + \alpha\sum\limits_{x_{ri}\in E} y_{ti} \end{cases} \tag{16-20}$$

也可以用向量的方式来表达，那就是：

$$\begin{cases} \boldsymbol{w} = \boldsymbol{w} + \alpha \sum\limits_{\boldsymbol{x}_{ri} \in \boldsymbol{E}} \left(y_{ti} \boldsymbol{x}_{ri}^{\mathrm{T}} \right) \\ b = b + \alpha \sum\limits_{\boldsymbol{x}_{ri} \in \boldsymbol{E}} y_{ti} \end{cases} \tag{16-21}$$

提示：有的书上说："针对感知机模型的梯度下降法，每次迭代会随机地选择一个错误分类点用来调节参数"。我认为这种说法只是其中的一种。还有一种策略速度更快，那就是每次迭代用所有的错误分类点来调节参数，本书讲的就是这种策略。从式（16-19）来看，$\boldsymbol{w}$的每个分量每次迭代要用到所有的错误分类点来做计算，而并不是只用了某一个数据样本。但是有一点应当引起特别注意，每次迭代时，错误分类点的集合$\boldsymbol{E}$可能会有变化。因此，对于下面的例子，尽管我们不能做出误差函数的图形，但是可以画出分界超平面。如果能够理解下面的例子，有时间的话不妨试试实现每次随机选一个错误分类点调节参数的策略。

16.3.3　用感知机模型做鸢尾花的二分类

下面就以鸢尾花数据集为例用感知机模型做二分类。鸢尾花数据集的分类结果不是有 3 种类型吗？那怎么分类？可以先做二分类，再用 One-Vs-All 或 One-Vs-One 做三分类。这种做法在第 6 章中已经讲解过，这里不再赘述。可以选择其中的 2 种类型先做二分类。

先把鸢尾花数据集中的 setosa 类型和 versicolor 类型用花瓣长度和花瓣宽度作为度量，再把散点显示出来，如图 16-15 所示，很明显这两类可以线性分类。

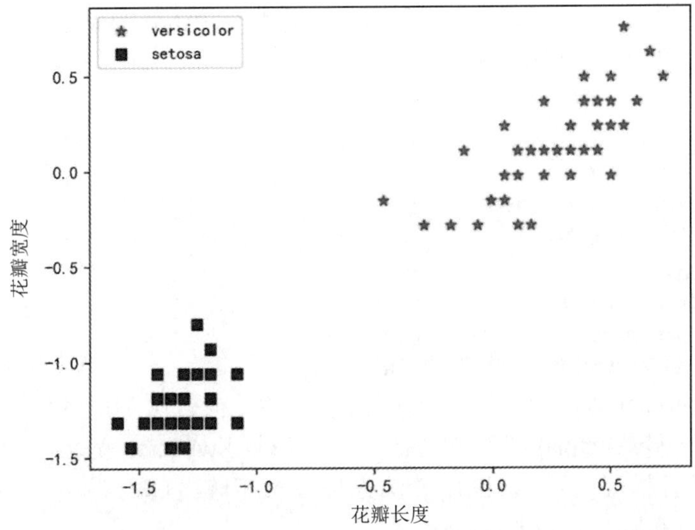

图 16-15　鸢尾花数据集中的 setosa 类型和 versicolor 类型

下面，先来讲解要用到的即将定义的 4 个方法。详细解析这些源代码将使我们具有深厚的工程实践能力。本书使用的是过程式的程序设计方法，为简单和便于实现算法，没有使用到面向对象的程序设计方法。在研发较大的工程项目时，提倡使用面向对象的程序设计方法。

```
#====定义筛选数据的方法====
#功能：选择目标数据项值为 0 和 1 的类型，修改目标数据项值为-1 和 1
#参数 X 为要分类的特征数据集，参数 y 为要分类的目标数据集
#返回更新后的特征数据集和目标数据集
def selectAndUpdateData(X,y):
    newX=np.zeros((X.shape[0],X.shape[1]))
    newY=np.zeros(len(y))
    index=0#索引计数器
    count=0#符合条件的样本的计数器
    for yValue in y:
        if(yValue==0 or yValue==1):
            for i in range(X.shape[1]):
                newX[count][i]=X[index][i]
            if(yValue==0):
                newY[count]=-1
            else:
                newY[count]=1
            count+=1
        index+=1
    newX=newX[:count,:]#取前 count 行
    newY=newY[:count]#取前 count 行
return newX,newY
```

selectAndUpdateData()方法完成 2 个功能：一是将目标数据项值为 0 和 1 的样本数据筛选出来，形成新的特征数据集和目标数据集；二是将目标数据项值 0 变成-1。因此这个方法用于数据预处理，在鸢尾花分类应用中，这个方法可以用于把 setosa 类型和 versicolor 类型的数据筛选出来，并为感知机模型做好数据准备。

```
#====定义分类的方法====
#参数 X 为要分类的特征数据集
#参数 wVector 为权值向量，参数 b 为偏置
#返回值为分类的结果，为一维数组
def classify(X,wVector,b):
    wVector=np.array([wVector]).T#把 wVector 变成一个 1 列的二维数组
    signResult=np.sign(np.dot(X,wVector)+b)#预测结果
return signResult.flatten()#返回展平后的一维数组
```

selectAndUpdateData()方法的源代码十分简洁，功能是根据式（16-14）来计算出分类的结果。“wVector=np.array([wVector]).T”这句话把一个一维数组 wVector 变成了一个 1 列的二维数组。变成二维数组后就可以用 np.dot()方法来做二维矩阵之间的乘法。“np.sign(np.dot(X, wVector)+b)”计算的就是“$sign(\boldsymbol{X}\boldsymbol{w}+b)$”。

```
#====定义得到错误样本集合的方法====
#参数 X 为要分类的特征数据集，参数 y 为要分类的目标数据集
```

```
#参数 wVector 为权值向量，参数 b 为偏置
#返回错误样本的特征数据项和目标数据项（真实值）
def obErrors(X,y,wVector,b):
    #得到分类的结果
    classifyResult=classify(X,wVector,b)
    #得到错误分类的点的索引号
    isTrueArray=classifyResult==y
    indexErrorArray=[]#错误分类点的索引号数组
    index=0
    for isTrue in isTrueArray:
        if(not isTrue):
            indexErrorArray.append(index)
        index+=1
    indexErrorArray=np.array(indexErrorArray)
    #复制错误的分类样本
    errorsX=np.zeros((len(indexErrorArray),X.shape[1]))
    errorsY=np.zeros(len(indexErrorArray))
    for i in range(errorsX.shape[0]):
        for j in range(errorsX.shape[1]):
            errorsX[i][j]=X[indexErrorArray[i]][j]
        errorsY[i]=y[indexErrorArray[i]]
return errorsX,errorsY
```

这个方法估计阅读起来有 2 点会稍显复杂：

（1）“isTrueArray=classifyResult==y”。这句话会先计算“classifyResult==y”，它得到的是两个数组进行元素值比较后是否相等的结果数组，如“np.array([1,0,1])==np.array([1,1,1])”返回的是“[True False True]”。

（2）“errorsX[i][j]=X[indexErrorArray[i]][j]”。indexErrorArray[i]得到的是一个错误分类点在数据矩阵$\boldsymbol{X}$中的索引号，也就是行号，因此 X[indexErrorArray[i]][j]得到的是一个错误分类点的第j个特征数据项。

```
#====定义计算误差函数值的方法====
#参数 X 为要分类的特征数据集，参数 y 为要分类的目标数据集
#参数 wVector 为权值向量，参数 b 为偏置
#返回误差函数值
def loss(X,y,wVector,b):
    #得到错误样本的特征数据项和目标数据项
    errorsX,errorsY=obErrors(X,y,wVector,b)
    #计算误差函数值
    errorsY=np.array([errorsY]).T#把 errorsY 变成一个 1 列的二维数组
    wVector=np.array([wVector]).T#把 wVector 变成一个 1 列的二维数组
return (-1)*np.sum(errorsY*(np.dot(errorsX,wVector)+b))
```

这个方法根据式(16-16)计算误差函数。“(-1)*np.sum(errorsY*(np.dot(errorsX,wVector)+b))”计算的就是“$-\sum_{\boldsymbol{x}_{ri}\in E}\left(y_{ti}(\boldsymbol{x}_{ri}\boldsymbol{w}+b)\right)$”。直接用符号“*”对两个二维数组做运算，功能是将两

个二维数组的对应位置元素分别相乘。

```
#====定义画分界超平面的方法====
def drawHyperPlane(X,wVector):
    x0Array=np.arange(np.min(X[:,0]),np.max(X[:,1])+0.1,0.1)
    x1Array=-(wVector[0]*x0Array+b)/wVector[1]
plt.plot(x0Array,x1Array,color="green")
```

这个方法中，“-(wVector[0]*x0Array+b)/wVector[1]”计算的是“$-(w_0x+b)/w_1$”。这里的x是一个一维数组。

有了以上 5 个方法做支撑，接下给就给出完整的源代码供阅读。

源代码 16-1　用感知机模型做鸢尾花分类

```
#====导入各种要用到的库、类====
from sklearn.datasets import load_iris
from sklearn.model_selection import train_test_split
from sklearn.preprocessing import StandardScaler
import numpy as np
import pandas as pd
from matplotlib import pyplot as plt
#====此处省略“定义筛选数据的方法”====
#====此处省略“定义分类的方法”====
#====此处省略“定义得到错误样本集合的方法”====
#====此处省略“定义计算误差函数值的方法”====
#====此处省略“定义画分界超平面的方法”====
#====加载数据====
iris=load_iris()
irisPd=pd.DataFrame(iris.data)
XIris=np.array(irisPd[[2,3]])
yIris=iris.target
#====标准化训练数据和测试数据====
XTrain,XTest,yTrain,yTest=train_test_split(XIris,yIris,\
    random_state=1,test_size=0.2)
preDealData=StandardScaler()
XTrain=preDealData.fit_transform(XTrain)
XTest=preDealData.transform(XTest)
XTrain,yTrain=selectAndUpdateData(XTrain,yTrain)
XTest,yTest=selectAndUpdateData(XTest,yTest)
#====迭代更新并得到理想的权值向量和偏置====
#==设置初始参数值==
wVector=10*np.ones(XTrain.shape[1])#权值向量初始化
b=-30#偏置初始化
alpha=0.3#alpha 参数值
#==迭代求解==
iterationCount=0#迭代次数
while True:
    #==如果已经可以全部正确分类则退出迭代==
```

```
        print("====第",iterationCount,"次迭代====")
        print("误差函数值: ",loss(XTrain,yTrain,wVector,b))
        #得到错误样本的特征数据项和目标数据项
        errorsX,errorsY=obErrors(XTrain,yTrain,wVector,b)
        print(XTrain.shape[0],"个训练样本, ",errorsX.shape[0],"个错误")
        #画分界超平面
        drawHyperPlane(XTrain,wVector)
        #得到分类的结果
        classifyResult=classify(XTrain,wVector,b)
        if((classifyResult==yTrain).all()):#如果全部分类正确
            print("退出迭代.w=",wVector)
            break
        #==如果还有错误分类的点则继续迭代==
        errorsY=np.array([errorsY]).T#把 errorsY 变成一个 1 列的二维数组
        #更新 wVector
        indexW=0
        for w in wVector:
            wVector[indexW]+=alpha*np.sum(errorsY*errorsX[:,indexW:indexW+1])
            indexW+=1
        #更新 b
        b+=alpha*np.sum(errorsY)
        #更新迭代次数
        iterationCount+=1
#====作图: 画训练集中的散点====
plt.scatter(XTrain[:,0][yTrain==-1],XTrain[:,1][yTrain==-1],\
    label="训练集中的 setosa",marker="s",color="blue")
plt.scatter(XTrain[:,0][yTrain==1],XTrain[:,1][yTrain==1],\
    label="训练集中的 versicolor",marker="*",color="blue")
#====作图: 画测试集中的散点====
plt.scatter(XTest[:,0][yTest==-1],XTest[:,1][yTest==-1],\
    label="测试集中的 setosa",marker="s",color="red")
plt.scatter(XTest[:,0][yTest==1],XTest[:,1][yTest==1],\
    label="测试集中的 versicolor",marker="*",color="red")
#===显示坐标轴和图例====
XAll=np.vstack((XTrain,XTest))#拼接数据
plt.xlabel("花瓣长度")
plt.xlim(np.min(XAll[:,0]),np.max(XAll[:,0]))
plt.ylabel("花瓣宽度")
plt.ylim(np.min(XAll[:,1]),np.max(XAll[:,1]))
plt.legend()
#====解决中文字符显示问题====
plt.rcParams['font.sans-serif']=['SimHei'] #用来正常显示中文标签
plt.rcParams['axes.unicode_minus']=False #用来正常显示负号
plt.show()
```

程序运行结果如图 16-16 所示。程序画出了历次迭代得到的分界超平面，可见经过 9 次迭

代后就得到了一个理想的分界超平面。从图中也可以看出，对于训练数据已经可以用分界超平面准确地分类，但对于测试数据仍有一个错误分类点。那怎么改进？接下来还会讲解分类效果更好的硬间隔支持向量机模型。

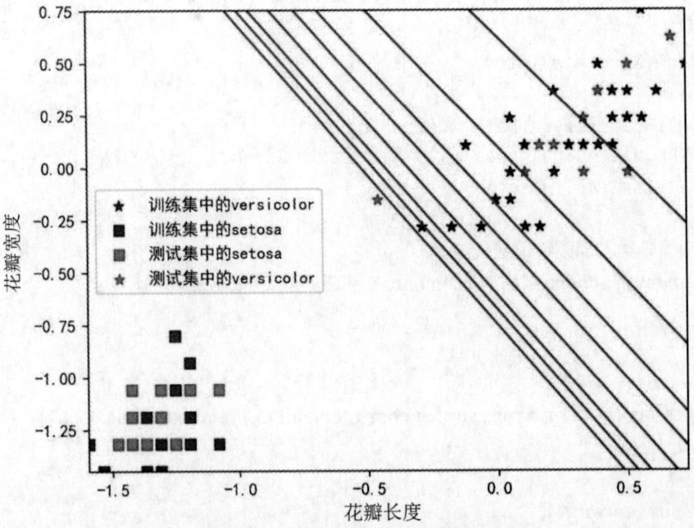

图 16-16　找到分类超平面的过程

控制台的输出如图 16-17 所示。从输出来看，每次迭代误差函数值都有变小，错误分类点数量也有所减少；最后，误差函数值变为 0，错误分类点数量也变为 0。

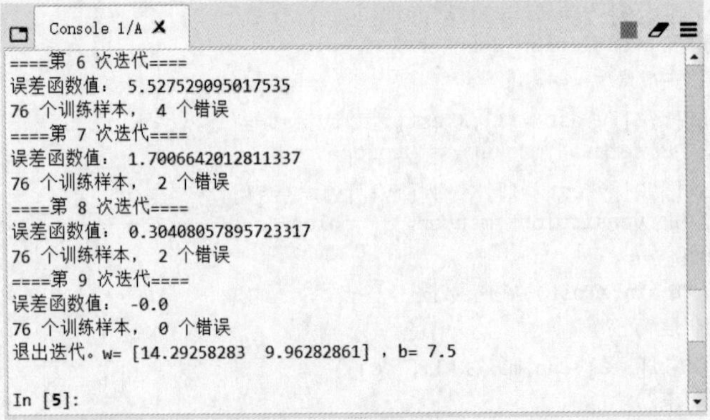

图 16-17　用感知机模型做鸢尾花分类的控制台输出

16.4　硬间隔支持向量机

硬间隔支持向量机模型中的“硬”是指线性可分是前提条件，模型不允许有分类错误的样本点。硬间隔支持向量机模型的数学原理是用拉格朗日乘数法和 KKT 条件来求解分界超平面方程的参数。求解的过程有点复杂，下面进行详细讲解。

16.4.1 构建出目标函数及约束不等式

先来看图 16-18，在线性可分的情况下，如果我们能找到一个这样的分界超平面就认为是理想的分界超平面：图中的两条虚线是平行线（三维空间中是平行的平面，更多维的空间是平行的超平面，可称之为临界超平面），平行线（超平面）之间的距离达到最大值，分界超平面到其中一个临界超平面的距离正好是两个临界超平面距离的一半。从视觉上来看也可以感受到，这样的分界线（分界超平面）泛化能力更好。像图 16-16 所示的情况，如果用图 16-18 这样的分界超平面，泛化能力明显会好得多，测试集中的数据被分类错误的可能性也会下降很多。

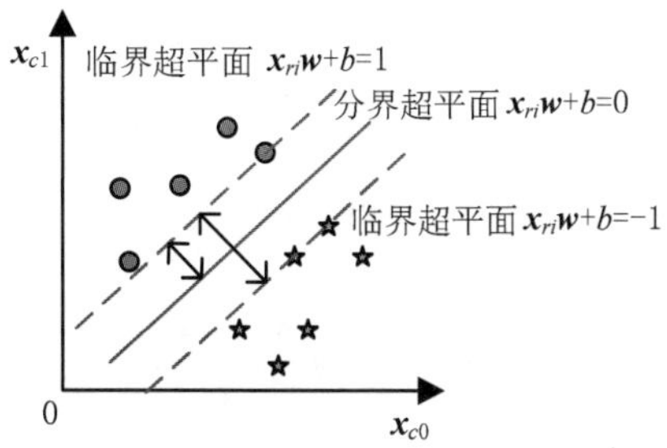

图 16-18　线性可分情况下的理想分界超平面

在二维空间里，两点即可连成一条线，因此只要两个到分界超平面最近的点就可构建出一个临界超平面，另一个临界超平面可以平行位移得到。可见，最少只需要 3 个点就可以确定出这个 2 分界超平面。三维空间里，至少需要 4 个点，因为 3 个点可以确定一个临界超平面，再给出一个点就可以得到另一个临界超平面。如果放到更高维的空间中，我们可以同样用上述思路来思考问题。正因为有这些点（点实际上就是向量）的支持，所以我们讨论的模型才称为支持向量机模型。

临界超平面上的点$\boldsymbol{x}_{ri}$恒有：

$$|\boldsymbol{x}_{ri}\boldsymbol{w} + b| = 1$$

提示：1. 临界超平面上的点$|\boldsymbol{x}_{ri}\boldsymbol{w} + b|$为什么等为 1？这是模型事先就假设好了的条件。支持向量就处于临界超平面中。其实，临界超平面就可以用于分类，只是泛化能力不如分界超平面。

2. 临界超平面到分界超平面的距离为 1 吗？不一定。可以肯定的是分界超平面$\boldsymbol{x}_{ri}\boldsymbol{w} + b = 0$上移距离 1 可得到临界超平面$\boldsymbol{x}_{ri}\boldsymbol{w} + b = 1$，下移距离 1 可得到临界超平面$\boldsymbol{x}_{ri}\boldsymbol{w} + b = -1$。

但是，我们要怎样才能构建出合适的目标函数及约束不等式来表达上述思路呢？如果用γ

表示图 16-18 中一个临界超平面到分界超平面的距离，则目标函数和约束函数如下所示：

$$\max_{\boldsymbol{w},b}\gamma$$

$$\text{s.t.}\ \frac{y_{ti}(\boldsymbol{x}_{ri}\boldsymbol{w}+b)}{\|\boldsymbol{w}\|}\geqslant\gamma, i=0,\cdots,m-1$$

m表示样本个数。γ实际上就是处于临界超平面的样本点到分界超平面的距离。约束不等式表达的含义是所有的样本点都分类正确，也就是说$\frac{y_{ti}(\boldsymbol{x}_{ri}\boldsymbol{w}+b)}{\|\boldsymbol{w}\|}>\gamma$ 表示没有处于临界超平面的样本点，$\frac{y_{ti}(\boldsymbol{x}_{ri}\boldsymbol{w}+b)}{\|\boldsymbol{w}\|}=\gamma$ 表示处于临界超平面的样本点，综合为$\frac{y_{ti}(\boldsymbol{x}_{ri}\boldsymbol{w}+b)}{\|\boldsymbol{w}\|}\geqslant\gamma$。因此这里实际上有$m$个约束不等式。

从学习感知机模型的知识中我们已经知道，对于分类正确的点有$y_{ti}(\boldsymbol{x}_{ri}\boldsymbol{w}+b)>0$，而$|y_{ti}|=1$，$\frac{|\boldsymbol{x}_{ri}\boldsymbol{w}+b|}{\|\boldsymbol{w}\|}$ 表示样本点到分界超平面的距离，因此对于不处于临界超平面上的样本点有：$\frac{y_{ti}(\boldsymbol{x}_{ri}\boldsymbol{w}+b)}{\|\boldsymbol{w}\|}>\gamma$ 。

$\max_{\boldsymbol{w},b}\gamma$ 中max下面标了$\boldsymbol{w},b$这两个参数，表示γ是关于这两个自变量的函数，目标是要通过调节$\boldsymbol{w},b$这两个参数来使函数取得最大值。

如果用$\hat{\gamma}$表示函数距离，则对于临界超平面上的点有：

$$\hat{\gamma}=\gamma\|\boldsymbol{w}\|,\gamma=\frac{\hat{\gamma}}{\|\boldsymbol{w}\|}$$

因此目标函数和约束函数可转化为：

$$\max_{\boldsymbol{w},b}\frac{\hat{\gamma}}{\|\boldsymbol{w}\|}$$

$$\text{s.t.}\ y_{ti}(\boldsymbol{x}_{ri}\boldsymbol{w}+b)\geqslant\hat{\gamma}, i=0,\cdots,m-1$$

在 16.1 节中我们曾经讨论过，函数距离会随着$\boldsymbol{w}$、b扩大n倍而扩大n倍；但几何距离随着$\boldsymbol{w}$、b扩大n倍而不变。我们再来观察 $\max_{\boldsymbol{w},b}\frac{\hat{\gamma}}{\|\boldsymbol{w}\|}$ 这个式子：

$$\max_{\boldsymbol{w},b}\frac{\hat{\gamma}}{\|\boldsymbol{w}\|}=\max_{\boldsymbol{w},b}\frac{|\boldsymbol{x}_{rj}\boldsymbol{w}+b|}{\|\boldsymbol{w}\|}$$

提示：眼尖的读者可能已经观察到了，这里的讨论怎么翻来覆去就是函数距离、几何距离的式子？很像但又不一样？应当注意到，目标函数中$|\boldsymbol{x}_{rj}\boldsymbol{w}+b|$的函数距离与约束不等式左

边的函数距离不同，区别在于下标不同。目标函数中的点是指处于临界超平面的样本点，约束不等式左边表示的点是所有样本点。因此，我们用$\boldsymbol{x}_{rj}$表示处于临界超平面的样本点。

约束不等式是对所有样本点的约束，从图 16-18 所示的支持向量机模型来看，在所有样本点分类正确的情况下，我们希望：

$$y_{ti}(\boldsymbol{x}_{ri}\boldsymbol{w}+b)\geqslant 1$$

又因为临界超平面上的点$|\boldsymbol{x}_{rj}\boldsymbol{w}+b|=1$。因此，$\hat{\gamma}=1$。所以目标函数和约束不等式就变成了：

$$\max_{\boldsymbol{w},b}\frac{1}{\|\boldsymbol{w}\|}$$

$$\text{s.t. } y_{ti}(\boldsymbol{x}_{ri}\boldsymbol{w}+b)\geqslant 1, i=0,\cdots,m-1$$

由于$\|\boldsymbol{w}\|$是正数，分母越小，结果值就越大，因此可以继续等价地认为：

$$\max_{\boldsymbol{w},b}\frac{1}{\|\boldsymbol{w}\|}\Rightarrow\min_{\boldsymbol{w},b}\|\boldsymbol{w}\|$$

为了简化后续的推导计算，导数计算时对平方求导$(x^2)'=2x$，且平方函数x^2与函数x在x值为正数时具有同样的单调性，因此可以继续等价地认为：

$$\max_{\boldsymbol{w},b}\frac{1}{\|\boldsymbol{w}\|}\Rightarrow\min_{\boldsymbol{w},b}\|\boldsymbol{w}\|\Rightarrow\min_{\boldsymbol{w},b}\frac{1}{2}\|\boldsymbol{w}\|^2$$

至此，我们得到目标函数和约束不等式：$\min_{\boldsymbol{w},b}\frac{1}{2}\|\boldsymbol{w}\|^2$

$$\text{s.t. } y_{ti}(\boldsymbol{x}_{ri}\boldsymbol{w}+b)-1\geqslant 0, i=0,\cdots,m-1$$

通过上述变换之后，我们将处于临界超平面的样本点这个条件隐藏在了目标函数和约束不等式中，且使得目标函数和约束不等式变成了前述我们学过的拉格朗日乘数法可以直接应用的形式。

提示：目标函数中已经没有了参数b，怎么还列在 min 的下面呢？可以看到，约束不等式中还有b，后续构建拉格朗日函数时仍然可以求解到$\boldsymbol{w}$、b的值。因此，在目标函数中仍然需要保留参数b，表示我们需要调节这 2 个参数。

16.4.2 用拉格朗日乘数法求解目标函数和约束不等式

有了目标函数和约束不等式，接下来用拉格朗日乘数法求解。以下过程将不断地用到拉格朗日乘数法和 KKT 条件。

1. 构建原始的目标函数和约束不等式

设 $f(\boldsymbol{w},b)=\frac{1}{2}\|\boldsymbol{w}\|^2$，$g(\boldsymbol{w},b)=1-y_{ti}(\boldsymbol{x}_{ri}\boldsymbol{w}+b)$，则目标函数和约束不等式为：

$$\min_{\boldsymbol{w},b}\frac{1}{2}\|\boldsymbol{w}\|^2$$

$$\text{s.t. } 1 - y_{ti}(\boldsymbol{x}_{ri}\boldsymbol{w} + b) \leqslant 0, i = 0, \cdots, m-1$$

先构造出拉格朗日函数：

$$F(\boldsymbol{w}, b, \boldsymbol{\lambda}) = \frac{1}{2}\|\boldsymbol{w}\|^2 + \sum_{i=0}^{m-1}\left(\lambda_i\left(1 - y_{ti}(\boldsymbol{x}_{ri}\boldsymbol{w} + b)\right)\right)$$

接下来，分别对参数求偏导。先来展开看看怎么对$\|\boldsymbol{w}\|$求偏导，以向量$\boldsymbol{w}$的第j个分量的偏导计算为例：

$$\frac{\partial f(\boldsymbol{w}, b)}{\partial w_j} = \frac{\partial}{\partial w_j}\left(\frac{1}{2}\|\boldsymbol{w}\|^2\right) = \frac{\partial}{\partial w_j}\left(\frac{1}{2}\left(\sqrt{w_0^2 + \cdots + w_{n-1}^2}\right)^2\right) = \frac{1}{2}\frac{\partial}{\partial w_j}(w_0^2 + \cdots + w_{n-1}^2) = w_j$$

因此有：

$$\frac{\partial f(\boldsymbol{w}, b)}{\partial \boldsymbol{w}} = \boldsymbol{w}$$

继续接着求偏导$\dfrac{\partial F}{\partial \boldsymbol{w}}$：

$$\frac{\partial F}{\partial \boldsymbol{w}} = \frac{\partial}{\partial \boldsymbol{w}}\left(\frac{1}{2}\|\boldsymbol{w}\|^2 + \sum_{i=0}^{m-1}\left(\lambda_i\left(1 - y_{ti}(\boldsymbol{x}_{ri}\boldsymbol{w} + b)\right)\right)\right) = \boldsymbol{w} - \sum_{i=0}^{m-1}\left(\lambda_i y_{ti}\boldsymbol{x}_{ri}^{\mathrm{T}}\right)$$

提示：$\dfrac{\partial}{\partial \boldsymbol{w}}\left(\sum_{i=0}^{m-1}\left(\lambda_i\left(1 - y_{ti}(\boldsymbol{x}_{ri}\boldsymbol{w} + b)\right)\right)\right)$这一部分的偏导计算这里不再详细推导，因为在上一节讨论感知机模型时已经详细推导过求和表达式中没有λ_i的过程，这里直接使用即可。如果不理解可查阅前述推导过程。

$$\frac{\partial F}{\partial b} = \frac{\partial}{\partial b}\left(\frac{1}{2}\|\boldsymbol{w}\|^2 + \sum_{i=0}^{m-1}\left(\lambda_i\left(1 - y_{ti}(\boldsymbol{x}_{ri}\boldsymbol{w} + b)\right)\right)\right) = -\sum_{i=0}^{m-1}(\lambda_i y_{ti})$$

拉格朗日乘数法中偏导为0，也就是我们至少可以得到：

$$\begin{cases} \dfrac{\partial F}{\partial \boldsymbol{w}} = \boldsymbol{w} - \displaystyle\sum_{i=0}^{m-1}\left(\lambda_i y_{ti}\boldsymbol{x}_{ri}^{\mathrm{T}}\right) = 0 \\ \dfrac{\partial F}{\partial b} = -\displaystyle\sum_{i=0}^{m-1}(\lambda_i y_{ti}) = 0 \end{cases}$$

即：

$$\begin{cases} \boldsymbol{w} = \sum_{i=0}^{m-1} \left(\lambda_i \, y_{ti} \boldsymbol{x}_{ri}^{\mathrm{T}}\right) \\ \sum_{i=0}^{m-1} (\lambda_i y_{ti}) = 0 \end{cases}$$

我们可以用这 2 个式子来简化展开后的拉格朗日函数。拉格朗日函数展开后为：

$$F(\boldsymbol{w}, b, \boldsymbol{\lambda}) = \frac{1}{2}\|\boldsymbol{w}\|^2 + \sum_{i=0}^{m-1}\left(\lambda_i \left(1 - y_{ti}(\boldsymbol{x}_{ri}\boldsymbol{w} + b)\right)\right)$$

$$= \frac{1}{2}\boldsymbol{w}^{\mathrm{T}}\boldsymbol{w} - \sum_{i=0}^{m-1}(\lambda_i y_{ti}\boldsymbol{x}_{ri}\boldsymbol{w} + \lambda_i y_{ti} b - \lambda_i)$$

$$= \frac{1}{2}\boldsymbol{w}^{\mathrm{T}}\boldsymbol{w} - \sum_{i=0}^{m-1}(\lambda_i y_{ti}\boldsymbol{x}_{ri}\boldsymbol{w}) - \sum_{i=0}^{m-1}(\lambda_i y_{ti} b) + \sum_{i=0}^{m-1}\lambda_i$$

因为b是一个常量，而 $\sum_{i=0}^{m-1}(\lambda_i y_{ti}) = 0$ ，因此有：

$$b\sum_{i=0}^{m-1}(\lambda_i y_{ti}) = 0$$

根据 $\boldsymbol{w} = \sum_{i=0}^{m-1}\left(\lambda_i \, y_{ti}\boldsymbol{x}_{ri}^{\mathrm{T}}\right)$ ，可以得到：

$$\frac{1}{2}\boldsymbol{w}^{\mathrm{T}}\boldsymbol{w} = \frac{1}{2}\boldsymbol{w}^{\mathrm{T}}\sum_{i=0}^{m-1}\left(\lambda_i \, y_{ti}\boldsymbol{x}_{ri}^{\mathrm{T}}\right) = \frac{1}{2}\sum_{i=0}^{m-1}(\lambda_i y_{ti}\boldsymbol{x}_{ri}\boldsymbol{w})$$

提示： 估计这一步很多人没有理解，我来详细讲解。因为$\boldsymbol{w}$与求和表达式的i变动无关，可以把$\boldsymbol{w}$放到求和表达式中去：

$$\frac{1}{2}\boldsymbol{w}^{\mathrm{T}}\boldsymbol{w} = \frac{1}{2}\sum_{i=0}^{m-1}\left(\lambda_i \, y_{ti}\boldsymbol{w}^{\mathrm{T}}\boldsymbol{x}_{ri}^{\mathrm{T}}\right)$$

$$\boldsymbol{w}^{\mathrm{T}}\boldsymbol{x}_{ri}^{\mathrm{T}} = [w_0 \quad \cdots \quad w_{n-1}]\begin{bmatrix} x_{i0} \\ \vdots \\ x_{i(n-1)} \end{bmatrix} = [x_{i0} \quad \cdots \quad x_{i(n-1)}]\begin{bmatrix} w_0 \\ \vdots \\ w_{n-1} \end{bmatrix} = \boldsymbol{x}_{ri}\boldsymbol{w}$$

因此：

$$\frac{1}{2}\boldsymbol{w}^{\mathrm{T}}\boldsymbol{w}=\frac{1}{2}\sum_{i=0}^{m-1}\left(\lambda_i\, y_{ti}\boldsymbol{w}^{\mathrm{T}}\boldsymbol{x}_{ri}^{\mathrm{T}}\right)=\frac{1}{2}\sum_{i=0}^{m-1}(\lambda_i\, y_{ti}\boldsymbol{x}_{ri}\boldsymbol{w})$$

继续来简化$F(\boldsymbol{w},b,\boldsymbol{\lambda})$：

$$\begin{aligned}F(\boldsymbol{w},b,\boldsymbol{\lambda})&=\frac{1}{2}\boldsymbol{w}^{\mathrm{T}}\boldsymbol{w}-\sum_{i=0}^{m-1}(\lambda_i y_{ti}\boldsymbol{x}_{ri}\boldsymbol{w})-\sum_{i=0}^{m-1}(\lambda_i y_{ti}b)+\sum_{i=0}^{m-1}\lambda_i\\&=\frac{1}{2}\sum_{i=0}^{m-1}(\lambda_i\, y_{ti}\boldsymbol{x}_{ri}\boldsymbol{w})-\sum_{i=0}^{m-1}(\lambda_i y_{ti}\boldsymbol{x}_{ri}\boldsymbol{w})-0+\sum_{i=0}^{m-1}\lambda_i\\&=-\frac{1}{2}\sum_{i=0}^{m-1}(\lambda_i\, y_{ti}\boldsymbol{x}_{ri}\boldsymbol{w})+\sum_{i=0}^{m-1}\lambda_i\end{aligned}$$

2. 转化成等价的目标函数和约束条件求得$\boldsymbol{\lambda}$

如果再把 $\boldsymbol{w}=\sum_{i=0}^{m-1}\left(\lambda_i\, y_{ti}\boldsymbol{x}_{ri}^{\mathrm{T}}\right)$代入拉格朗日函数，我们就可以使得拉格朗日函数没有$\boldsymbol{w}$，进而先求得$\boldsymbol{\lambda}$，再求得$\boldsymbol{w}$和$b$。为区分代入后的 $\boldsymbol{w}=\sum_{i=0}^{m-1}\left(\lambda_i\, y_{ti}\boldsymbol{x}_{ri}^{\mathrm{T}}\right)$中的下标$i$和拉格朗日函数中的下标$i$，把 $\boldsymbol{w}=\sum_{i=0}^{m-1}\left(\lambda_i\, y_{ti}\boldsymbol{x}_{ri}^{\mathrm{T}}\right)$中的下标$i$用$j$代替，再代入拉格朗日函数：

$$\begin{aligned}F(\boldsymbol{w},b,\boldsymbol{\lambda})&=-\frac{1}{2}\sum_{i=0}^{m-1}(\lambda_i\, y_{ti}\boldsymbol{x}_{ri}\boldsymbol{w})+\sum_{i=0}^{m-1}\lambda_i\\&=-\frac{1}{2}\sum_{i=0}^{m-1}\left(\lambda_i\, y_{ti}\boldsymbol{x}_{ri}\left(\sum_{j=0}^{m-1}\left(\lambda_j\, y_{tj}\boldsymbol{x}_{rj}^{\mathrm{T}}\right)\right)\right)+\sum_{i=0}^{m-1}\lambda_i\\&=-\frac{1}{2}\sum_{i=0}^{m-1}\sum_{j=0}^{m-1}\left(\lambda_i\, y_{ti}\lambda_j\, y_{tj}\boldsymbol{x}_{ri}\boldsymbol{x}_{rj}^{\mathrm{T}}\right)+\sum_{i=0}^{m-1}\lambda_i\end{aligned}$$

由于 $f(\boldsymbol{w},b)=\frac{1}{2}\|\boldsymbol{w}\|^2=\frac{1}{2}\sum_{i=0}^{m-1}(\lambda_i\, y_{ti}\boldsymbol{x}_{ri}\boldsymbol{w})$ ，故：

$$\min_{\boldsymbol{w},b} f(\boldsymbol{w},b)=\frac{1}{2}\sum_{i=0}^{m-1}(\lambda_i\, y_{ti}\boldsymbol{x}_{ri}\boldsymbol{w}) \Rightarrow \max_{\boldsymbol{w},b} -f(\boldsymbol{w},b)=-\frac{1}{2}\sum_{i=0}^{m-1}(\lambda_i\, y_{ti}\boldsymbol{x}_{ri}\boldsymbol{w})$$

根据拉格朗日乘数法及 KKT 条件，参数$\lambda_i\geqslant 0$，且λ_i越大越好，也就是只有$\boldsymbol{\lambda}$作为参数的$F(\boldsymbol{w},b,\boldsymbol{\lambda})$越大越好，这样就能使得$f(\boldsymbol{w},b)$的值更小，因此为求得$\boldsymbol{\lambda}$，可以把原来的目标函数和约束条件转化为：

$$\max_{\boldsymbol{\lambda}} -\frac{1}{2}\sum_{i=0}^{m-1}\sum_{j=0}^{m-1}\left(\lambda_i\, y_{ti}\lambda_j\, y_{tj}\boldsymbol{x}_{ri}\boldsymbol{x}_{rj}^{\mathrm{T}}\right)+\sum_{i=0}^{m-1}\lambda_i$$

$$\text{s.t.}\ \lambda_i\geqslant 0, i=0,\cdots,m-1$$

$$\sum_{i=0}^{m-1}(\lambda_i y_{ti})=0$$

提示：很多人不理解这一步的转换。因为根据拉格朗日乘数法和 KKT 条件，出现$\boldsymbol{\lambda}$的目的就是做惩罚，惩罚越重，目标函数就越能找到极小值。如果不理解这一点，可以回头再学习本章中讲解拉格朗日乘数法的内容。

上述这种转换问题的做法又称为转换成**对偶问题**。可以将上述目标函数转化为求极小值：

$$\min_{\lambda}\frac{1}{2}\sum_{i=0}^{m-1}\sum_{j=0}^{m-1}\left(\lambda_i\, y_{ti}\lambda_j\, y_{tj}\boldsymbol{x}_{ri}\boldsymbol{x}_{rj}^{\mathrm{T}}\right)-\sum_{i=0}^{m-1}\lambda_i$$

$$\text{s.t.}\ \lambda_i\geqslant 0, i=0,\cdots,m-1$$

$$\sum_{i=0}^{m-1}(\lambda_i y_{ti})=0$$

可以继续运用拉格朗日乘数法和 KKT 条件，求得$\boldsymbol{\lambda}$。这个方程的解法会在第 17 章更高级的知识中详解。这里先知道可以求得$\boldsymbol{\lambda}$就可以了。

3. 求得$\boldsymbol{w}$

求得$\boldsymbol{\lambda}$后，我们就可以根据以下式子求得$\boldsymbol{w}$：

$$\boldsymbol{w}=\sum_{i=0}^{m-1}\left(\lambda_i\, y_{ti}\boldsymbol{x}_{ri}^{\mathrm{T}}\right)$$

4. 再求得b

在第 1 步中我们注意到约束条件：

$$\text{s.t. } 1-y_{ti}(\boldsymbol{x}_{ri}\boldsymbol{w}+b)\leqslant 0, i=0,\cdots,m-1$$

当不等式中的等号成立时，表示样本点处于临界超平面，而且根据对拉格朗日函数的 KKT 条件分析，对于这样处于临界超平面必有$\lambda_i>0$。因为如果$\lambda_i=0$则表示这个约束条件没起到作用，也就是说对应的样本点并不处于临界超平面。设处于临界超平面的样本点集合为S，则有：

$$1-y_{ti}(\boldsymbol{x}_{ri}\boldsymbol{w}+b)=0, \boldsymbol{x}_{ri}\in S$$

进一步计算，可得：

$$y_{ti}(\boldsymbol{x}_{ri}\boldsymbol{w}+b)=1$$

y_{ti}的值要么为 1，要么为-1，因此有：

$$\boldsymbol{x}_{ri}\boldsymbol{w}+b=1,\ \boldsymbol{x}_{ri}\boldsymbol{w}+b=-1$$

这 2 个方程实际上就代表着图 16-18 中的 2 个临界超平面。从而，可得：

$$b=1-\boldsymbol{x}_{ri}\boldsymbol{w},\ \ b=-1-\boldsymbol{x}_{ri}\boldsymbol{w}$$

$\boldsymbol{w}$此前已求解得到，但$\boldsymbol{x}_{ri}$并不知道索引号i是多少，可以看前述求得的$\boldsymbol{\lambda}$向量中满足$\lambda_i>0$是哪些分量，这些分量的索引号就是处于临界超平面的样本点的索引号。这样$\boldsymbol{x}_{ri}$也变成已知，可以求得b。因此，可能存在多个b的解。

如果存在多个b的解，为增强支持向量机模型的泛化能力，降低噪声样本点对模型的影响，可以用多个b的解的平均值作为b的最终值。

16.5 小结

点与点之间的距离就是做向量的减法，点到超平面的距离就是求几何距离。几何距离相对函数距离更为稳定，可以准确地表示点到超平面的距离。函数距离除以超平面方程中权值向量的模就可以得到几何距离。下面用表格进行总结，见表 16-2。

表 16-2 距离计算中的 3 个关键计算

计算距离	一句话总结	计算方程	补充说明
点与点之间的距离	计算代表两个点的向量之间的差得到一个新的向量，再计算新的向量的模	$distance(\boldsymbol{A},\boldsymbol{B})=\lVert\boldsymbol{c}\rVert$ $=\lVert\boldsymbol{a}-\boldsymbol{b}\rVert$	一对两根竖线符号表示求模，一对一根竖线符号表示求绝对值。有的场景下都是用的一根竖线，注意结合应用场景理解符号含义
点到超平面的函数距离	将点代入平面方程，再取绝对值	$\lvert\boldsymbol{w}^{\mathrm{T}}\boldsymbol{x}_0+b\rvert$	
点到超平面的几何距离	函数距离除以树权值向量的模	$\lVert\boldsymbol{c}\rVert=\dfrac{\lvert\boldsymbol{w}^{\mathrm{T}}\boldsymbol{x}_0+b\rvert}{\lVert\boldsymbol{w}\rVert}$	

理解拉格朗日乘数法应先深刻理解梯度的内涵和几何意义。梯度是一个向量，这个向量在自变量构成的空间总是与等高线的切线垂直。当目标函数和约束函数的梯度平行时就到达极值点了。约束条件中的不等式都可以转化成等式约束，即极值只发生在两种情形下：要么约束条件不起作用；要么约束条件起到了作用且极值点位于边界上。这样就可以深刻地理解拉格朗日乘数法的内涵。

使用拉格朗日乘数法的做法通常是先构建出拉格朗日函数，使拉格朗日对自变量和系数求偏导，使偏导为 0，再结合约束条件和 KKT 条件构建出方程组，求解方程组来求得极值点处的自变量值。最后用自变量来求得极值。

线性可分的情况下，可以用感知模型机求得分界超平面。感知机模型总是根据错误分类点来感知到调节模型参数的需求并做出调节，每次迭代调节的公式为：

$$\boldsymbol{w} = \boldsymbol{w} + \alpha \sum_{\boldsymbol{x}_{ri} \in \boldsymbol{E}} \left(y_{ti} \boldsymbol{x}_{ri}^{\mathrm{T}} \right)$$

$$b = b + \alpha \sum_{\boldsymbol{x}_{ri} \in \boldsymbol{E}} y_{ti}$$

特别要注意感知机模型中的b只是一个值，不是一个向量。感知机模型是支持向量机的基础。支持向量机名称的由来就是因为以临界超平面上的样本点作为支撑可以求解出分界超平面方程。

在线性可分的情况下，可以用硬间隔支持向量模型来找到分界超平面。理解硬间隔支持向量模型的数学原理，就得分 4 步理解求解的步骤。第 1 步是构建出原始的目标函数和约束不等式；第 2 步是将原始的目标函数和约束不等式转化成等价的目标函数和约束条件求得$\boldsymbol{\lambda}$；第 3 步是求得$\boldsymbol{\lambda}$，即根据以下的目标函数和约束条件求解$\boldsymbol{\lambda}$：

$$\min_{\boldsymbol{\lambda}} \frac{1}{2} \sum_{i=0}^{m-1} \sum_{j=0}^{m-1} \left(\lambda_i \, y_{ti} \lambda_j \, y_{tj} \boldsymbol{x}_{ri} \boldsymbol{x}_{rj}^{\mathrm{T}} \right) - \sum_{i=0}^{m-1} \lambda_i$$

$$\text{s.t.} \quad \lambda_i \geqslant 0, i = 0, \cdots, m-1$$

$$\sum_{i=0}^{m-1} (\lambda_i y_{ti}) = 0$$

求解方法在第 17 章中再讲解，求得$\boldsymbol{\lambda}$后就可以代入公式 $\boldsymbol{w} = \sum_{i=0}^{m-1} \left(\lambda_i \, y_{ti} \boldsymbol{x}_{ri}^{\mathrm{T}} \right)$ 求得$\boldsymbol{w}$；第 4 步再求得b。

第17章 深入浅出支持向量机的高级知识

图 17-1 为学习路线图，本章知识概览见表 17-1。

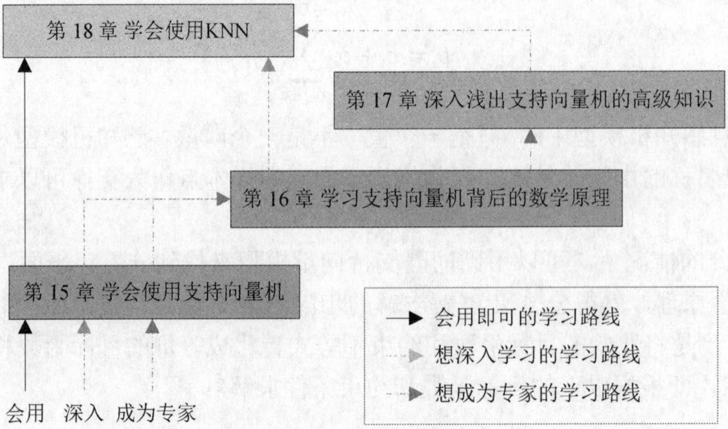

图 17-1　学习路线图

表 17-1　本章知识概览

知识点	难度系数	一句话学习建议
SMO 算法	★★★★★	推导过程有点烦琐
软间隔支持向量机模型	★★★★★	需要在理解硬间隔支持向量机的基础上，再掌握参数剪辑的要领
合页损失函数	★★	先理解函数的原型，再理解在支持向量机中做变换
SMO 算法的编程	★★★★★	对照原理来编程并掌握其中的 3 个关键步骤
非线性支持向量机	★★★★★	在理解软间隔支持向量的基础上，再理解非线性支持向量机的推导过程
核函数	★★★★★	理解核函数的本质才能深刻理解核函数的原理和怎么应用

续表

知识点	难度系数	一句话学习建议
Mercer 定理	★★★★	学习 Gramm 矩阵半正定的要求时如果不理解就回头看看此前讲过的高等数学知识
高斯核函数	★★★★★	因为实际工程中应用最多，所以建议能深入理解
支持向量回归	★★★★	理解了非线性支持向量机再学习支持向量回归应该不是难事
scikit-learn 中有关支持向量机分类和支持向量回归的类	★★	无非就是 LinearSVC、SVC、LinearSVR、SVR 这 4 类，在理解原理的基础上再学习参数的内涵会比较容易
调节支持向量机分类和支持向量回归应用中类的参数	★★★★	知道哪些参数是关键并会用工具找到理想的参数

学习支持向量机的原理与应用有个过程，那就是：学习硬间隔支持向量机是学习软间隔支持向量机的基础；学习软间隔支持向量机是学习非线性支持向量机的基础；学习非线性支持向量机是学习支持向量回归的基础。

在接下来的内容里，我们将顺着上面的学习过程来深入支持向量机的高级知识，并学会用 scikit-learn 中的类找到更为理想的支持向量机模型。学习中由于要综合运用到较多的高等数学知识，如果不理解就回翻下前面学过的知识。

17.1 用 SMO 算法求解硬间隔支持向量机的$\boldsymbol{\lambda}$

第 16 章在推导硬间隔支持向量机的数学原理计算公式时，第 3 步怎么求解$\boldsymbol{\lambda}$还没讲，这里来补充讲解。已经得到的目标函数和约束条件是这样的：

$$\min_{\lambda}\frac{1}{2}\sum_{i=0}^{m-1}\sum_{j=0}^{m-1}(\lambda_i y_{ti}\lambda_j y_{tj}\boldsymbol{x}_{ri}\boldsymbol{x}_{rj}^{\mathrm{T}})-\sum_{i=0}^{m-1}\lambda_i$$

$$\text{s.t.}\quad \lambda_i \geqslant 0, i=0,\cdots,m-1$$

$$\sum_{i=0}^{m-1}(\lambda_i y_{ti})=0$$

现在有些软件包可以对上述在约束条件下的目标函数求得极值，然而这些软件包并不在 Python 中，而且随着数据量的增大，求解规模很大，因为根据拉格朗日乘数法构建出的拉格朗日方程组至少有m个方程。有没有更好的办法？在机器学习中就可以用序列最小化（Sequential Minimal Optimization，SMO）算法来求解。

17.1.1 转化优化问题

SMO 算法的基本思想是降低求解问题的计算规模，以每一对（2 个）λ_i作为一次迭代优化的目标，然后每次运用拉格朗日乘数法再做优化。这样就可以把复杂的、大规模的优化问题分解成很多次简单的、小规模的优化问题。

那为什么是 2 个λ_i作为一次迭代优化的目标呢？不能用梯度下降法吗？不能每次优化 1 个λ_i吗？如果用梯度下降法，则梯度会有m个分量，且求偏导计算起来并不容易，因此还是不使用梯度下降法好。如果每次优化 1 个λ_i，由于还有约束条件$\sum_{i=0}^{m-1}(\lambda_i y_{ti})=0$，那其他的参数都看成固定的，则这 1 个要优化的参数也会固定下来，所以不能每次只优化 1 个参数。

假定优化的是第 0 个和第 1 个参数，我们以此为例子来讨论。如果把目标函数展开就是：

$$
\begin{aligned}
&\frac{1}{2}\sum_{i=0}^{m-1}\sum_{j=0}^{m-1}\left(\lambda_i\, y_{ti}\lambda_j\, y_{tj}\boldsymbol{x}_{ri}\boldsymbol{x}_{rj}^{\mathrm{T}}\right)-\sum_{i=0}^{m-1}\lambda_i \\
&\qquad=\frac{1}{2}\big(\lambda_0\, y_{t0}\lambda_0\, y_{t0}\boldsymbol{x}_{r0}\boldsymbol{x}_{r0}^{\mathrm{T}}+\cdots+\lambda_0\, y_{t0}\lambda_{m-1}\, y_{t(m-1)}\boldsymbol{x}_{r0}\boldsymbol{x}_{r(m-1)}^{\mathrm{T}}+\cdots \\
&\qquad\quad+\lambda_{m-1}\, y_{t(m-1)}\lambda_0\, y_{t0}\boldsymbol{x}_{r(m-1)}\boldsymbol{x}_{r0}^{\mathrm{T}}+\cdots \\
&\qquad\quad+\lambda_{m-1}\, y_{t(m-1)}\lambda_{m-1}\, y_{t(m-1)}\boldsymbol{x}_{r(m-1)}\boldsymbol{x}_{r(m-1)}^{\mathrm{T}}\big) \\
&\qquad\quad-(\lambda_0+\cdots+\lambda_{m-1})
\end{aligned}
$$

由于必有$\boldsymbol{x}_{ri}\boldsymbol{x}_{rj}^{\mathrm{T}}=\boldsymbol{x}_{rj}\boldsymbol{x}_{ri}^{\mathrm{T}}$，因此在第 1 部分的展开式中，除$i=j$的子项外，其他的子项都会出现 2 次。考虑到偏导计算时，不含自变量的项都可以看成常数，故把含有λ_0和λ_1的项保留，其他的用常数 Constant 代替，可得：

$$
\begin{aligned}
&\frac{1}{2}\sum_{i=0}^{m-1}\sum_{j=0}^{m-1}\left(\lambda_i\, y_{ti}\lambda_j\, y_{tj}\boldsymbol{x}_{ri}\boldsymbol{x}_{rj}^{\mathrm{T}}\right)-\sum_{i=0}^{m-1}\lambda_i \\
&\qquad=\frac{1}{2}\left(\lambda_0^2 y_{t0}^2\boldsymbol{x}_{r0}\boldsymbol{x}_{r0}^{\mathrm{T}}+\lambda_1^2 y_{t1}^2\boldsymbol{x}_{r1}\boldsymbol{x}_{r1}^{\mathrm{T}}+2\lambda_0\, y_{t0}\lambda_1\, y_{t1}\boldsymbol{x}_{r0}\boldsymbol{x}_{r1}^{\mathrm{T}}\right. \\
&\qquad\quad\left.+2\lambda_0\, y_{t0}\sum_{i=2}^{m-1}\left(\lambda_i\, y_{ti}\boldsymbol{x}_{r0}\boldsymbol{x}_{ri}^{\mathrm{T}}\right)+2\lambda_1\, y_{t1}\sum_{i=2}^{m-1}\left(\lambda_i\, y_{ti}\boldsymbol{x}_{r1}\boldsymbol{x}_{ri}^{\mathrm{T}}\right)\right)-\lambda_0-\lambda_1+\text{Constant}
\end{aligned}
$$

如果把$\boldsymbol{x}_{ri}\boldsymbol{x}_{rj}^{\mathrm{T}}$和$\boldsymbol{x}_{rj}\boldsymbol{x}_{ri}^{\mathrm{T}}$简记为$K_{i,j}$，则$\boldsymbol{x}_{r0}\boldsymbol{x}_{r0}^{\mathrm{T}}$可简记为$K_{0,0}$，$\boldsymbol{x}_{r1}\boldsymbol{x}_{r1}^{\mathrm{T}}$可简记为$K_{1,1}$，$\boldsymbol{x}_{r0}\boldsymbol{x}_{r1}^{\mathrm{T}}$可简记为$K_{0,1}$，$\boldsymbol{x}_{r0}\boldsymbol{x}_{ri}^{\mathrm{T}}$可简记为$K_{0,i}$，$\boldsymbol{x}_{r1}\boldsymbol{x}_{ri}^{\mathrm{T}}$可简记为$K_{1,i}$，可得：

$$\frac{1}{2}\sum_{i=0}^{m-1}\sum_{j=0}^{m-1}\left(\lambda_i\,y_{ti}\lambda_j\,y_{tj}\boldsymbol{x}_{ri}\boldsymbol{x}_{rj}^{\mathrm{T}}\right)-\sum_{i=0}^{m-1}\lambda_i=\frac{1}{2}\lambda_0^2y_{t0}^2K_{0,0}+\frac{1}{2}\lambda_1^2y_{t1}^2K_{1,1}+\lambda_0\,y_{t0}\lambda_1\,y_{t1}K_{0,1}$$

$$+\lambda_0\,y_{t0}\sum_{i=2}^{m-1}\left(\lambda_i\,y_{ti}K_{0,i}\right)+\lambda_1\,y_{t1}\sum_{i=2}^{m-1}\left(\lambda_i\,y_{ti}K_{1,i}\right)-\lambda_0-\lambda_1+\text{Constant}$$

因为Constant是常量，可以不进入优化函数，所以可以得到此次迭代的优化函数和约束条件：

$$\min_{\lambda_0,\lambda_1}H(\lambda_0,\lambda_1)=\frac{1}{2}\lambda_0^2y_{t0}^2K_{0,0}+\frac{1}{2}\lambda_1^2y_{t1}^2K_{1,1}+\lambda_0\,y_{t0}\lambda_1\,y_{t1}K_{0,1}$$

$$+\lambda_0\,y_{t0}\sum_{i=2}^{m-1}\left(\lambda_i\,y_{ti}K_{0,i}\right)+\lambda_1\,y_{t1}\sum_{i=2}^{m-1}\left(\lambda_i\,y_{ti}K_{1,i}\right)-\lambda_0-\lambda_1$$

$$\text{s.t.}\quad \lambda_0\geqslant 0,\lambda_1\geqslant 0$$

$$\lambda_0y_{t0}+\lambda_1y_{t1}+\sum_{i=2}^{m-1}(\lambda_iy_{ti})=0$$

要求解参数λ_0,λ_1，我们可以再次运用拉格朗日乘数法。其中等式约束条件可以变化为：

$$\lambda_0y_{t0}+\lambda_1y_{t1}=-\sum_{i=2}^{m-1}(\lambda_iy_{ti})$$

把 $-\sum_{i=2}^{m-1}(\lambda_iy_{ti})$ 也看成一个常量ζ，等式两边乘以y_{t0}，得到：

$$\lambda_0y_{t0}y_{t0}+\lambda_1y_{t0}y_{t1}=y_{t0}\zeta$$

不论y_{t0}的值为 1 还是-1，都会有$y_{t0}y_{t0}=1$，故可得：

$$\lambda_0=y_{t0}\zeta-\lambda_1y_{t0}y_{t1}$$

将λ_0代入到目标函数$H(\lambda_0,\lambda_1)$，将可消除掉λ_0。为简化表达并方便后续计算，令 $u_0=\sum_{i=2}^{m-1}\left(\lambda_i\,y_{ti}K_{0,i}\right)$ 、$u_1=\sum_{i=2}^{m-1}\left(\lambda_i\,y_{ti}K_{1,i}\right)$ 。则可得：

$$H(\lambda_1)=H(\lambda_0,\lambda_1)=H(y_{t0}\zeta-\lambda_1y_{t0}y_{t1},\lambda_1)=\frac{1}{2}\lambda_0^2y_{t0}^2K_{0,0}+\frac{1}{2}\lambda_1^2y_{t1}^2K_{1,1}+\lambda_0\,y_{t0}\lambda_1\,y_{t1}K_{0,1}$$

CHAP 17

$$+\lambda_0\, y_{t0} \sum_{i=2}^{m-1} \left(\lambda_i\, y_{ti} K_{0,i}\right) + \lambda_1\, y_{t1} \sum_{i=2}^{m-1} \left(\lambda_i\, y_{ti} K_{1,i}\right) - \lambda_0 - \lambda_1$$

$$= \frac{1}{2}\lambda_0^2 y_{t0}^2 K_{0,0} + \frac{1}{2}\lambda_1^2 y_{t1}^2 K_{1,1} + \lambda_0 y_{t0} \lambda_1\, y_{t1} K_{0,1} + \lambda_0 y_{t0} u_0 + \lambda_1 y_{t1} u_1 - \lambda_0 - \lambda_1$$

$$= \frac{1}{2}(y_{t0}\zeta - \lambda_1 y_{t0} y_{t1})^2 y_{t0}^2 K_{0,0} + \frac{1}{2}\lambda_1^2 y_{t1}^2 K_{1,1} + (y_{t0}\zeta - \lambda_1 y_{t0} y_{t1})\, y_{t0}\lambda_1\, y_{t1} K_{0,1}$$

$$+(y_{t0}\zeta - \lambda_1 y_{t0} y_{t1}) y_{t0} u_0 + \lambda_1 y_{t1} u_1 - y_{t0}\zeta + \lambda_1 y_{t0} y_{t1} - \lambda_1$$

$$= \frac{1}{2}(\zeta - \lambda_1 y_{t1})^2 K_{0,0} + \frac{1}{2}\lambda_1^2 K_{1,1} + (\zeta - \lambda_1 y_{t1})\lambda_1\, y_{t1} K_{0,1}$$

$$+(\zeta - \lambda_1 y_{t1}) u_0 + \lambda_1 y_{t1} u_1 - y_{t0}\zeta + \lambda_1 y_{t0} y_{t1} - \lambda_1$$

要对$H(\lambda_1)$求极小值，则求对λ_1的导数。由于ζ、u_0、u_1中均不含λ_1，可得：

$$\frac{\mathrm{d}H(\lambda_1)}{\mathrm{d}\lambda_1} = \frac{\mathrm{d}}{\mathrm{d}\lambda_1}\Big(\frac{1}{2}(\zeta - \lambda_1 y_{t1})^2 K_{0,0} + \frac{1}{2}\lambda_1^2 K_{1,1} + (\zeta - \lambda_1 y_{t1})\lambda_1 y_{t1} K_{0,1}$$

$$+(\zeta - \lambda_1 y_{t1}) u_0 + \lambda_1 y_{t1} u_1 - y_{t0}\zeta + \lambda_1 y_{t0} y_{t1} - \lambda_1\Big)$$

$$= -y_{t1}(\zeta - \lambda_1 y_{t1}) K_{0,0} + \lambda_1 K_{1,1} + \zeta y_{t1} K_{0,1} - 2\lambda_1 K_{0,1} - y_{t1} u_0 + y_{t1} u_1 + y_{t0} y_{t1} - 1$$

$$= \lambda_1\left(K_{0,0} + K_{1,1} - 2K_{0,1}\right) - y_{t1}\zeta K_{0,0} + \zeta y_{t1} K_{0,1} - y_{t1} u_0 + y_{t1} u_1 + y_{t0} y_{t1} - 1$$

17.1.2 迭代更新的办法

尽管前述我们已经得到了$\frac{\mathrm{d}H(\lambda_1)}{\mathrm{d}\lambda_1}$，有人可能马上会想到令导数为 0，得到梯度，再用梯度下降法。但是这里不打算用梯度下降法，而是想精确得到每次迭代的值，推导过程如下。

对于第j个样本点都会有预测值为：

$$f(\boldsymbol{x}_{rj}) = \boldsymbol{x}_{rj}\boldsymbol{w} + b$$

在第 16 章的推导过程中我们曾得到过：

$$\boldsymbol{w} = \sum_{i=0}^{m-1} \left(\lambda_i\, y_{ti} \boldsymbol{x}_{ri}^{\mathrm{T}}\right)$$

设迭代更新前的λ_0、λ_1为λ_0^{old}、λ_1^{old}。因此，预测值为：

$$f(\boldsymbol{x}_{rj}) = \boldsymbol{x}_{rj} \sum_{i=0}^{m-1} \left(\lambda_i\, y_{ti} \boldsymbol{x}_{ri}^{\mathrm{T}}\right) + b = \sum_{i=0}^{m-1} \left(\lambda_i\, y_{ti} K_{j,i}\right) + b$$

则：

$$f(\boldsymbol{x}_{r0}) = \sum_{i=0}^{m-1} \left(\lambda_i\, y_{ti} K_{0,i}\right) + b$$

$$f(\boldsymbol{x}_{r1}) = \sum_{i=0}^{m-1} \left(\lambda_i\, y_{ti} K_{1,i}\right) + b$$

进一步可得到：

$$u_0 = \sum_{i=2}^{m-1} \left(\lambda_i\, y_{ti} K_{0,i}\right) = f(\boldsymbol{x}_{r0}) - \lambda_0^{\text{old}}\, y_{t0} K_{0,0} - \lambda_1^{\text{old}}\, y_{t1} K_{0,1} - b$$

$$u_1 = \sum_{i=2}^{m-1} \left(\lambda_i\, y_{ti} K_{1,i}\right) = f(\boldsymbol{x}_{r1}) - \lambda_0^{\text{old}} y_{t0} K_{1,0} - \lambda_1^{\text{old}}\, y_{t1} K_{1,1} - b$$

因u_0和u_1的值在当次迭代更新前后不变，且从前述已知$\lambda_0 = y_{t0}\zeta - \lambda_1 y_{t0} y_{t1}$，可得到$u_0$和$u_1$之间的差值：

$$\begin{aligned}
u_0 - u_1 &= f(\boldsymbol{x}_{r0}) - \lambda_0^{\text{old}}\, y_{t0} K_{0,0} - \lambda_1^{\text{old}}\, y_{t1} K_{0,1} + \lambda_0^{\text{old}} y_{t0} K_{1,0} + \lambda_1^{\text{old}}\, y_{t1} K_{1,1} \\
&= f(\boldsymbol{x}_{r0}) - f(\boldsymbol{x}_{r1}) - \left(y_{t0}\zeta - \lambda_1^{\text{old}} y_{t0} y_{t1}\right) y_{t0} K_{0,0} - \lambda_1^{\text{old}}\, y_{t1} K_{0,1} \\
&\quad + \left(y_{t0}\zeta - \lambda_1^{\text{old}} y_{t0} y_{t1}\right) y_{t0} K_{1,0} + \lambda_1^{\text{old}}\, y_{t1} K_{1,1} \\
&= f(\boldsymbol{x}_{r0}) - f(\boldsymbol{x}_{r1}) - \left(\zeta - \lambda_1^{\text{old}} y_{t1}\right) K_{0,0} - \lambda_1^{\text{old}}\, y_{t1} K_{0,1} + \left(\zeta - \lambda_1^{\text{old}} y_{t1}\right) K_{1,0} + \lambda_1^{\text{old}}\, y_{t1} K_{1,1} \\
&= f(\boldsymbol{x}_{r0}) - f(\boldsymbol{x}_{r1}) - \zeta K_{0,0} + \lambda_1^{\text{old}} y_{t1} K_{0,0} - \lambda_1^{\text{old}}\, y_{t1} K_{0,1} \\
&\quad + \zeta K_{1,0} - \lambda_1^{\text{old}} y_{t1} K_{1,0} + \lambda_1^{\text{old}}\, y_{t1} K_{1,1} \\
&= f(\boldsymbol{x}_{r0}) - f(\boldsymbol{x}_{r1}) - \zeta K_{0,0} + \zeta K_{1,0} + (K_{0,0} - 2K_{0,1} + K_{1,1}) \lambda_1^{\text{old}} y_{t1}
\end{aligned}$$

如果使$\dfrac{\mathrm{d}H(\lambda_1)}{\mathrm{d}\lambda_1} = 0$，则求得的是极值，因此该方程中的$\lambda_1$为新值$\lambda_1^{\text{new}}$。把$u_0 - u_1$代入$\dfrac{\mathrm{d}H(\lambda_1)}{\mathrm{d}\lambda_1}$，可得：

$$\begin{aligned}
\frac{\mathrm{d}H(\lambda_1)}{\mathrm{d}\lambda_1} &= \lambda_1^{\text{new}}\left(K_{0,0} + K_{1,1} - 2K_{0,1}\right) - y_{t1}\zeta K_{0,0} + \zeta y_{t1} K_{0,1} - y_{t1} u_0 + y_{t1} u_1 + y_{t0} y_{t1} - 1 \\
&= \lambda_1^{\text{new}}\left(K_{0,0} + K_{1,1} - 2K_{0,1}\right) - y_{t1}\zeta K_{0,0} + \zeta y_{t1} K_{0,1} - y_{t1}(u_0 - u_1) + y_{t0} y_{t1} - 1 \\
&= \lambda_1^{\text{new}}\left(K_{0,0} + K_{1,1} - 2K_{0,1}\right) - y_{t1}\zeta K_{0,0} + \zeta y_{t1} K_{0,1} - y_{t1}\big(f(\boldsymbol{x}_{r0}) - f(\boldsymbol{x}_{r1}) \\
&\quad - \zeta K_{0,0} + \zeta K_{1,0} + (K_{0,0} - 2K_{0,1} + K_{1,1}) \lambda_1^{\text{old}} y_{t1}\big) + y_{t0} y_{t1} - 1 \\
&= \lambda_1^{\text{new}}\left(K_{0,0} + K_{1,1} - 2K_{0,1}\right) - y_{t1}\zeta K_{0,0} + \zeta y_{t1} K_{0,1} - y_{t1} f(\boldsymbol{x}_{r0}) + y_{t1} f(\boldsymbol{x}_{r1}) \\
&\quad + y_{t1}\zeta K_{0,0} - \zeta y_{t1} K_{0,1} - (K_{0,0} - 2K_{0,1} + K_{1,1}) \lambda_1^{\text{old}} + y_{t0} y_{t1} - 1 \\
&= \lambda_1^{\text{new}}\left(K_{0,0} + K_{1,1} - 2K_{0,1}\right) - y_{t1} f(\boldsymbol{x}_{r0}) + y_{t1} f(\boldsymbol{x}_{r1})
\end{aligned}$$

CHAP 17

$$-(K_{0,0}-2K_{0,1}+K_{1,1})\lambda_1^{\text{old}}+y_{t0}y_{t1}-1$$

至此，终于又把引入的ζ、u_0和u_1给消去了。令$\dfrac{\mathrm{d}H(\lambda_1)}{\mathrm{d}\lambda_1}=0$ 、$\eta=K_{0,0}+K_{1,1}-2K_{0,1}$，上式可简化地表达为：

$$\frac{\mathrm{d}H(\lambda_1)}{\mathrm{d}\lambda_1}=0\Rightarrow\lambda_1^{\text{new}}\eta-\lambda_1^{\text{old}}\eta-y_{t1}f(\boldsymbol{x}_{r0})+y_{t1}f(\boldsymbol{x}_{r1})+y_{t0}y_{t1}-1=0$$

令第i个样本点的预测值与真实值的差值为：$E_i=f(\boldsymbol{x}_{ri})-y_{ti}$，则：

$$E_0=f(\boldsymbol{x}_{r0})-y_{t0}$$
$$E_1=f(\boldsymbol{x}_{r1})-y_{t1}$$

$$\begin{aligned}&-y_{t1}f(\boldsymbol{x}_{r0})+y_{t1}f(\boldsymbol{x}_{r1})+y_{t0}y_{t1}-1\\&=-y_{t1}f(\boldsymbol{x}_{r0})+y_{t1}f(\boldsymbol{x}_{r1})+y_{t0}y_{t1}-y_{t1}y_{t1}\\&=-y_{t1}(f(\boldsymbol{x}_{r0})-f(\boldsymbol{x}_{r1})-y_{t0}+y_{t1})=-y_{t1}(E_0-E_1)\end{aligned}$$

所以可得：

$$\frac{\mathrm{d}H(\lambda_1)}{\mathrm{d}\lambda_1}=0\Rightarrow\lambda_1^{\text{new}}\eta-\lambda_1^{\text{old}}\eta-y_{t1}(E_0-E_1)=0\Rightarrow\lambda_1^{\text{new}}=\lambda_1^{\text{old}}+\frac{y_{t1}(E_0-E_1)}{\eta}$$

我们推导得到的公式为：

$$\lambda_1^{\text{new}}=\lambda_1^{\text{old}}+\frac{y_{t1}(E_0-E_1)}{\eta}\tag{17-1}$$

式（17-1）又简单又好理解其内涵。有了λ_1^{new}我们又可通过以下的公式求得λ_0^{new}：

$$\lambda_0^{\text{new}}=y_{t0}\zeta-\lambda_1^{\text{new}}y_{t0}y_{t1}=-y_{t0}\sum_{i=2}^{m-1}(\lambda_i y_{ti})-\lambda_1^{\text{new}}y_{t0}y_{t1}\tag{17-2}$$

基于以上推导，假定当次迭代要更新的是λ_j和λ_k，则我们可以把当次的迭代用以下的通用联合公式来表示：

$$\begin{cases}\lambda_j^{\text{new}}=\lambda_j^{\text{old}}+\dfrac{y_{tj}(E_k-E_j)}{K_{j,j}+K_{k,k}-2K_{j,k}}\\\lambda_k^{\text{new}}=-y_{tk}\displaystyle\sum_{i=0,i\neq j,i\neq k}^{m-1}(\lambda_i y_{ti})-\lambda_j^{\text{new}}y_{tj}y_{tk}\end{cases}\tag{17-3}$$

这里其实还有一个问题需要讨论，那就是求λ_j^{new}时要用到E_k和E_j，这 2 个值要先求得预测值，但用 SMO 算法时还没求得硬间隔支持向量机模型，怎么做预测呢？这看上去确实有点矛盾。可以用当次迭代之前的$\boldsymbol{\lambda}$来求得$\boldsymbol{w}$、b构建分界超平面方程再做预测，计算出E_k和E_j，从而解决这个问题。只是这样做显得比较麻烦。

17.2 软间隔支持向量机

硬间隔支持向量机只能用于线性可分的情况，但实际工程中能够线性可分的情况比较少见，总会有一些样本点互有交叉，图 17-2 中就有 2 个错误分类的样本数据点。那有没有一种支持向量机模型，能有一定的容错能力？有，那就是软间隔支持向量机。

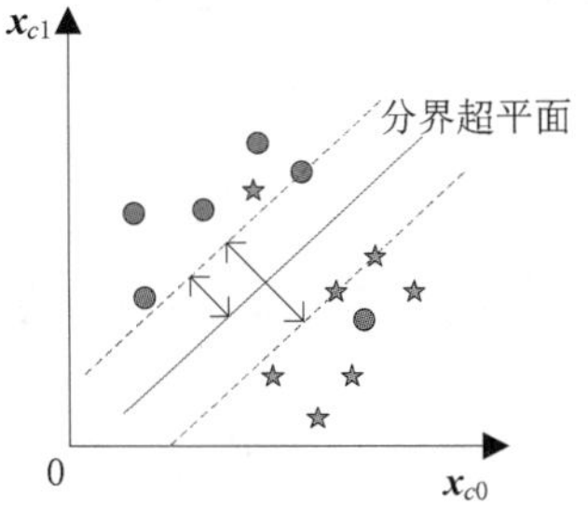

图 17-2　软间隔支持向量机

17.2.1 软间隔支持向量机的优化问题

我们仍然从支持向量机的目标函数和约束条件谈起，硬间隔支持向量机是这样的：

$$\min_{\boldsymbol{w},b}\frac{1}{2}\|\boldsymbol{w}\|^2$$

$$\text{s.t. } y_{ti}(\boldsymbol{x}_{ri}\boldsymbol{w}+b)\geqslant 1, i=0,\cdots,m-1$$

如果放松一点约束条件，在不等式右边减去一个变量ξ_i，我们称之为松弛变量（或称之为松弛因子），表示对每个样本点都降低一点约束要求，而且要求$\xi_i\geqslant 0$；约束放松了，在优化问题上就要对应做一些惩罚，办法如下：

$$\min_{\boldsymbol{w},b,\xi}\frac{1}{2}\|\boldsymbol{w}\|^2+C\sum_{i=0}^{m-1}\xi_i$$

$$\text{s.t. } y_{ti}(\boldsymbol{x}_{ri}\boldsymbol{w}+b)\geqslant 1-\xi_i, i=0,\cdots,m-1$$

$$\xi_i\geqslant 0, i=0,\cdots,m-1$$

其中C是一个惩罚参数，$C>0$。针对这个目标函数和其约束条件，我们再用拉格朗日乘数法和 KKT 条件来构建拉格朗日函数：

$$F(\boldsymbol{w},b,\boldsymbol{\lambda},\boldsymbol{\mu},\boldsymbol{\xi})=\frac{1}{2}\|\boldsymbol{w}\|^2+C\sum_{i=0}^{m-1}\xi_i-\sum_{i=0}^{m-1}\left(\lambda_i\left(y_{ti}(\boldsymbol{x}_{ri}\boldsymbol{w}+b)-(1-\xi_i)\right)\right)-\sum_{i=0}^{m-1}(\mu_i\xi_i)$$

提示：$\sum_{i=0}^{m-1}\left(\lambda_i(y_{ti}(\boldsymbol{x}_{ri}\boldsymbol{w}+b)+1-\xi_i)\right)$和$\sum_{i=0}^{m-1}(\mu_i\xi_i)$前怎么多了一个负号？因为要先变成标准的拉格朗日乘法的约束条件$g(x,y)\leqslant 0$。

延用第 16 章讨论硬间隔支持向量机时的做法，对$\boldsymbol{w},b,\boldsymbol{\xi}$求偏导再代入拉格朗日函数消去这三元。即：

$$\begin{cases}\dfrac{\partial F(\boldsymbol{w},b,\boldsymbol{\lambda},\boldsymbol{\mu},\boldsymbol{\xi})}{\partial \boldsymbol{w}}=\boldsymbol{w}-\sum_{i=0}^{m-1}(\lambda_i\, y_{ti}\boldsymbol{x}_{ri}^{\mathrm{T}})=\boldsymbol{0}\\ \dfrac{\partial F(\boldsymbol{w},b,\boldsymbol{\lambda},\boldsymbol{\mu},\boldsymbol{\xi})}{\partial b}=\sum_{i=0}^{m-1}(\lambda_i y_{ti})=0\\ \dfrac{\partial F(\boldsymbol{w},b,\boldsymbol{\lambda},\boldsymbol{\mu},\boldsymbol{\xi})}{\partial \boldsymbol{\xi}}=C-\boldsymbol{\lambda}-\boldsymbol{\mu}=\boldsymbol{0}\end{cases}$$

有了这 3 个结果，我们再将其代入$F(\boldsymbol{w},b,\boldsymbol{\lambda},\boldsymbol{\mu},\boldsymbol{\xi})$，可以得到：

$$F(\boldsymbol{w},b,\boldsymbol{\lambda},\boldsymbol{\mu},\boldsymbol{\xi})=-\frac{1}{2}\sum_{i=0}^{m-1}\sum_{j=0}^{m-1}(\lambda_i\, y_{ti}\lambda_j\, y_{tj}\boldsymbol{x}_{ri}\boldsymbol{x}_{rj}^{\mathrm{T}})+\sum_{i=0}^{m-1}\lambda_i$$

这个式子的推导过程此处不再重复了，大家可参考此前讨论硬间隔支持向量机中的做法试试推导计算。

对比硬间隔支持向量机可以发现，消元后的$F(\boldsymbol{w},b,\boldsymbol{\lambda},\boldsymbol{\mu},\boldsymbol{\xi})$与硬间隔支持向量机消元后的拉格朗日函数相同，可见加入松弛因子$\boldsymbol{\xi}$后，虽然对每个样本点放宽了约束条件，但惩罚函数起到了作用，总体的目标并没有变化。

可以发现上面的式子中已经没有$\boldsymbol{w}$、b、$\boldsymbol{\xi}$、$\boldsymbol{\mu}$，这时就可以建立对偶问题了。与讨论硬间隔支持向量机中的思路类似，拉格朗日乘数法会让含$\boldsymbol{\lambda}$、$\boldsymbol{\mu}$的函数尽可能地大，这样原目标函数才能更有利于找到极小值。因此，对偶问题的目标函数如下：

$$\max_{\boldsymbol{\lambda},\boldsymbol{\mu}}-\frac{1}{2}\sum_{i=0}^{m-1}\sum_{j=0}^{m-1}(\lambda_i\, y_{ti}\lambda_j\, y_{tj}\boldsymbol{x}_{ri}\boldsymbol{x}_{rj}^{\mathrm{T}})+\sum_{i=0}^{m-1}\lambda_i$$

即：

$$\min_{\boldsymbol{\lambda},\boldsymbol{\mu}}\frac{1}{2}\sum_{i=0}^{m-1}\sum_{j=0}^{m-1}(\lambda_i\, y_{ti}\lambda_j\, y_{tj}\boldsymbol{x}_{ri}\boldsymbol{x}_{rj}^{\mathrm{T}})-\sum_{i=0}^{m-1}\lambda_i$$

同样把前述得出的式子作为约束条件建立起新的目标函数和约束条件：

$$\min_{\boldsymbol{\lambda},\boldsymbol{\mu}}\frac{1}{2}\sum_{i=0}^{m-1}\sum_{j=0}^{m-1}(\lambda_i\, y_{ti}\lambda_j\, y_{tj}\boldsymbol{x}_{ri}\boldsymbol{x}_{rj}^{\mathrm{T}})-\sum_{i=0}^{m-1}\lambda_i$$

$$\text{s.t.} \sum_{i=0}^{m-1}(\lambda_i y_{ti}) = 0$$

$$C - \boldsymbol{\lambda} - \boldsymbol{\mu} = \mathbf{0}$$

$$\lambda_i \geqslant 0, i = 0, \cdots, m-1$$

$$\mu_i \geqslant 0, i = 0, \cdots, m-1$$

考虑到目标函数中已经没有了$\boldsymbol{\mu}$，可以将约束条件再进行简化。由第 2 个和第 4 个约束条件可得到：

$$\boldsymbol{\mu} = C - \boldsymbol{\lambda}, \mu_i \geqslant 0, i = 0, \cdots, m-1$$

可得：

$$\lambda_i \leqslant C, i = 0, \cdots, m-1$$

由此，目标函数和约束条件可进一步简化为：

$$\min_{\boldsymbol{\lambda}} \frac{1}{2} \sum_{i=0}^{m-1} \sum_{j=0}^{m-1} \left(\lambda_i\, y_{ti} \lambda_j\, y_{tj} \boldsymbol{x}_{ri} \boldsymbol{x}_{rj}^{\mathrm{T}}\right) - \sum_{i=0}^{m-1} \lambda_i$$

$$\text{s.t.} \sum_{i=0}^{m-1}(\lambda_i y_{ti}) = 0$$

$$0 \leqslant \lambda_i \leqslant C, i = 0, \cdots, m-1$$

至此，只剩下$\boldsymbol{\lambda}$，我们可以用 17.1 节中学到的 SMO 算法求解$\boldsymbol{\lambda}$。SMO 算法的原理这里就不再重复推导了，可以根据式（17-3）采用迭代法求解。求解$\boldsymbol{\lambda}$后，可以据$C - \boldsymbol{\lambda} - \boldsymbol{\mu} = \mathbf{0}$、$\mu_i \geqslant 0, i = 0, \cdots, m-1$再求得$\boldsymbol{\mu}$。

17.2.2 迭代时对参数值的剪辑

在软间隔支持向量机使用 SMO 算法迭代更新每对$\boldsymbol{\lambda}$值时，还可能涉及对这对参数值的剪辑，根本原因是软间隔支持向量机还多了一个约束条件：$0 \leqslant \lambda_i \leqslant C, i = 0, \cdots, m-1$。

当运用式（17-3）的第 1 个式子求得λ_j^{new}、λ_k^{new}时，如果两个值都落在$[0, C]$和$[0, C]$组成的矩形（实际上就是正方形）框中，取值就用λ_j^{new}、λ_k^{new}即可。但是如果没有落在这个矩形框内，那怎么办呢？我们先分 4 种情况来讨论，再做总结。

仍然先设有：

$$\lambda_j y_{tj} + \lambda_k y_{tk} = -\sum_{i=0, i \neq j, i \neq k}^{m-1} (\lambda_i y_{ti}) = \zeta_{j,k}$$

则根据式（17-3）有：

$$\begin{cases} \lambda_j^{\text{new}} = \lambda_j^{\text{old}} + \dfrac{y_{tj}\left(E_k - E_j\right)}{K_{j,j} + K_{k,k} - 2K_{j,k}} \\ \lambda_k^{\text{new}} = y_{tk}\zeta_{j,k} - \lambda_j^{\text{new}} y_{tj} y_{tk} \end{cases}$$

4 种情况根据y_{tj}、y_{tk}的符号来讨论，假定先求得λ_j^{new}，再求λ_k^{new}，分析见表 17-2。

表 17-2　4 种情况下每对λ值的取值

4 种情况		λ_k^{new}
y_{tj}、y_{tk}同号，即$y_{tj}=y_{tk}$	$y_{tj}=1$、$y_{tk}=1$	$\lambda_k^{new}=\zeta_{j,k}-\lambda_j^{new}$，即$\lambda_k^{new}+\lambda_j^{new}=\zeta_{j,k}$
	$y_{tj}=-1$、$y_{tk}=-1$	$\lambda_k^{new}=-\zeta_{j,k}-\lambda_j^{new}$，即$\lambda_k^{new}+\lambda_j^{new}=-\zeta_{j,k}$
y_{tj}、y_{tk}异号，即$y_{tj}\neq y_{tk}$	$y_{tj}=1$、$y_{tk}=-1$	$\lambda_k^{new}=-\zeta_{j,k}+\lambda_j^{new}$，即$\lambda_k^{new}-\lambda_j^{new}=-\zeta_{j,k}$
	$y_{tj}=-1$、$y_{tk}=1$	$\lambda_k^{new}=\zeta_{j,k}+\lambda_j^{new}$，即$\lambda_k^{new}-\lambda_j^{new}=\zeta_{j,k}$

从图 17-3 来看，y_{tj}、y_{tk}的关系都是直线，只是 4 种情形是 4 条不同的直线。下面分y_{tj}、y_{tk}同号和y_{tj}、y_{tk}异号两种情况来讨论。为什么只分两种情况来讨论？因为y_{tj}、y_{tk}同号情况下，直线的斜率都是-1；y_{tj}、y_{tk}异号情况下，直线的斜率都是 1。

1. y_{tj}、y_{tk}同号

此时显然直线的斜率都是-1，也就是说这两种情况的图形都是单调递减的，图形如图 17-3（a）所示。首先有 2 点在进一步分析之前要先明白：

（1）取值应在矩形之中。取值因为$C-\boldsymbol{\lambda}-\boldsymbol{\mu}=\mathbf{0}$，所以有$C=\boldsymbol{\lambda}+\boldsymbol{\mu}$，而从约束条件来看，$\boldsymbol{\lambda}$和$\boldsymbol{\mu}$的各个分量都得大于或等于 0；因此$C$的值不可能比$\boldsymbol{\lambda}$的任何一个分量还小，$\boldsymbol{\lambda}$各个分量的值必落在$[0,C]$和$[0,C]$组成的矩形框中。

（2）斜率为-1。这意味着y_{tj}、y_{tk}的关系直线是矩形主对角线上的平行线。主对角线是指从左上角到右下角的直线，副对角线是指从右上角到左下角的直线。

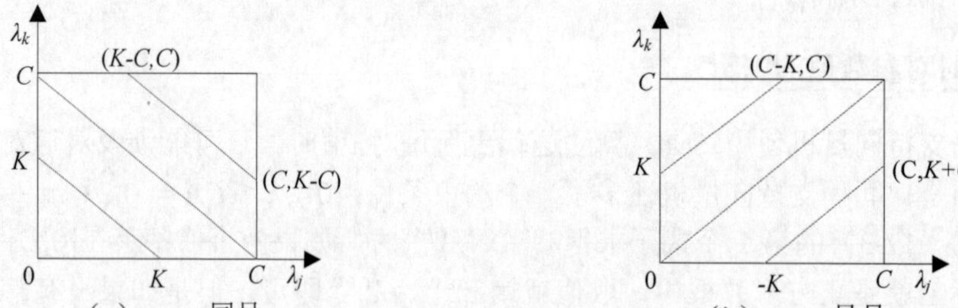

图 17-3　y_{tj}、y_{tk}同号和异号时的情况

设$\lambda_k^{new}+\lambda_j^{new}=K$，显然有$K\geqslant 0$。先来看$\lambda_j^{new}$的值，从图 17-3（a）可以看出，显然只有一种情况不需要裁剪，那就是处在主对角线上时，此时$K=C$。如果$K\neq C$，那么λ_j^{new}的取值范围为：

$$\begin{cases} Low=\max(0,K-C) \\ High=\min(K,C) \end{cases}$$

λ_j^{new}在这个范围内做剪辑取值，就会囊括表 17-2 中y_{tj}、y_{tk}同号时的 2 种子情况，这样再根据式（17-3）来计算λ_k^{new}也不必担心不会处于矩形框内。

2. y_{tj}、y_{tk}异号

此时显然直线的斜率都是 1，也就是说这两种情况的图形都是单调递增的，图形如图 17-3（b）所示。首先有 2 点在进一步分析之前要先明白：

（1）取值应在矩形之中。

（2）斜率为 1。这意味着y_{tj}、y_{tk}的关系直线是矩形副对角线上的平行线。

设$\lambda_k^{\text{new}} - \lambda_j^{\text{new}} = K$。从图 17-3（b）可以看出，显然只有一种情况不需要裁剪，那就是处在副对角线上时，此时$K = C$。如果$K \neq C$，那么λ_j^{new}的取值范围为：

$$\begin{cases} Low = \max(0, -K) \\ High = \min(C, C-K) \end{cases}$$

同样，λ_j^{new}在这个范围内做剪辑取值，就会囊括表 17-2 中y_{tj}、y_{tk}异号时的 2 种子情况，这样再根据式（17-3）来计算λ_k^{new}也不必担心不会处于矩形框内。

总结一下λ_j^{new}的取值范围：

$$\lambda_j^{\text{new}} \in [Low, High] \begin{cases} Low = \max(0, K-C), High = \min(K, C), y_{tj} = y_{tk} \\ Low = \max(0, -K), High = \min(C, C-K), y_{tj} \neq y_{tk} \end{cases}$$

接下来，就要确定λ_j^{new}的取值策略了。基本的策略就在于让λ_j^{new}尽可能地大，这样从拉格朗日乘数法的原理上来理解，就是尽可能地让目标函数的值变小，因此策略用公式表示如下：

$$\begin{cases} \lambda_j^{\text{new}} = High, \lambda_j^{\text{new}} \geqslant High \\ \lambda_j^{\text{new}} = Low, \lambda_j^{\text{new}} \leqslant Low \\ \lambda_j^{\text{new}} = \lambda_j^{\text{new}}, Low < \lambda_j^{\text{new}} < High \end{cases} \tag{17-4}$$

再用以下公式来更新λ_k^{new}：

$$\lambda_k^{\text{new}} = y_{tk}\zeta_{j,k} - \lambda_j^{\text{new}} y_{tj} y_{tk} = -y_{tk} \sum_{i=0, i\neq j, i\neq k}^{m-1} (\lambda_i y_{ti}) - \lambda_j^{\text{new}} y_{tj} y_{tk} \tag{17-5}$$

如果要使目标函数的值下降得更快一些，可以修订λ_j^{new}的取值策略。由于每次迭代更新的是λ_j^{new}、λ_k^{new}这一对值，可以生成一系列的在取值范围内的值对，取当次目标函数值最小的那一对来做迭代。

如果使用上面所述的方法来做迭代，根本就不必像硬间隔支持向量机那样还要计算E_k和E_j，但代价是每次迭代不是精确计算，而且计算量比较大。下面我们来编程实现 SMO 算法，看了代码就会有更深的感触。

17.2.3 求解其他参数值

接下来我们再来求解$\boldsymbol{w}$、b、$\boldsymbol{\xi}$。可以根据此前推导得到的公式得到$\boldsymbol{w}$：

$$\boldsymbol{w} = \sum_{i=0}^{m-1} \left(\lambda_i\, y_{ti} \boldsymbol{x}_{ri}^{\mathrm{T}}\right) \tag{17-6}$$

其实，对于求解分界超平面来说，必须要求得b才能得到分界超平面的方程。

从学习硬间隔支持向量模型时我们已经知道，b的值得根据处于临界超平面上的点来求解。对于临界超平面上的点必有：

$$\lambda_i(y_{ti}(\boldsymbol{x}_{ri}\boldsymbol{w}+b)-(1-\xi_i))=0$$

回到原始的目标函数和约束条件来讨论。

$$\min_{\boldsymbol{w},b,\xi}\frac{1}{2}\|\boldsymbol{w}\|^2+C\sum_{i=0}^{m-1}\xi_i$$

$$\text{s.t. } y_{ti}(\boldsymbol{x}_{ri}\boldsymbol{w}+b)\geqslant 1-\xi_i, i=0,\cdots,m-1$$

$$\xi_i\geqslant 0, i=0,\cdots,m-1$$

$$F(\boldsymbol{w},b,\boldsymbol{\lambda},\boldsymbol{\mu},\boldsymbol{\xi})=\frac{1}{2}\|\boldsymbol{w}\|^2+C\sum_{i=0}^{m-1}\xi_i-\sum_{i=0}^{m-1}\left(\lambda_i\left(y_{ti}(\boldsymbol{x}_{ri}\boldsymbol{w}+b)-(1-\xi_i)\right)\right)-\sum_{i=0}^{m-1}(\mu_i\xi_i)$$

根据拉格朗日乘数法和 KKT 条件有：

$$\frac{\partial F(\boldsymbol{w},b,\boldsymbol{\lambda},\boldsymbol{\mu},\boldsymbol{\xi})}{\partial\boldsymbol{\mu}}=-\boldsymbol{\xi}=\boldsymbol{0}$$

因此，$\boldsymbol{\xi}=\boldsymbol{0}$。可得在临界超平面上的点有：

$$y_{ti}(\boldsymbol{x}_{ri}\boldsymbol{w}+b)=1$$

y_{ti}的值要么为 1，要么为-1，因此有：

$$\boldsymbol{x}_{ri}\boldsymbol{w}+b=1, \boldsymbol{x}_{ri}\boldsymbol{w}+b=-1$$

这 2 个方程实际上就代表着 2 个临界超平面。从而，可得：

$$b=1-\boldsymbol{x}_{ri}\boldsymbol{w}, b=-1-\boldsymbol{x}_{ri}\boldsymbol{w}$$

$\boldsymbol{w}$此前已求解得到，但$\boldsymbol{x}_{ri}$并不知道索引号i是多少，可以看前述求得的$\boldsymbol{\lambda}$向量中满足$\lambda_i>0$是哪些分量，这些分量的索引号就是处于临界超平面的样本点的索引号。

17.2.4 求解软间隔支持向量机模型的步骤总结

下面对求软间隔支持向量机模型的步骤做个总结，以使大家思路更为清晰，再容易编程实现：

（1）设置模型参数C。

（2）用 SMO 算法求解以下优化问题，得到最优的$\boldsymbol{\lambda}$。

$$\min_{\boldsymbol{\lambda}}\frac{1}{2}\sum_{i=0}^{m-1}\sum_{j=0}^{m-1}\left(\lambda_i\, y_{ti}\lambda_j\, y_{tj}\boldsymbol{x}_{ri}\boldsymbol{x}_{rj}^{\mathrm{T}}\right)-\sum_{i=0}^{m-1}\lambda_i$$

$$\text{s.t.} \sum_{i=0}^{m-1}(\lambda_i y_{ti}) = 0$$

$$0 \leqslant \lambda_i \leqslant C, i = 0, \cdots, m-1$$

（3）用以下公式计算$\boldsymbol{w}$：

$$\boldsymbol{w} = \sum_{i=0}^{m-1}\left(\lambda_i\, y_{ti}\boldsymbol{x}_{ri}^{\mathrm{T}}\right)$$

（4）用临界超平面上的点求得b：

$$b = 1 - \boldsymbol{x}_{ri}\boldsymbol{w},\quad b = -1 - \boldsymbol{x}_{ri}\boldsymbol{w}$$

如果存在多个b的解，则用多个b的解的平均值作为b的最终值。

17.2.5　合页损失函数

机器学习知识中我们还会碰到一种函数称为合页损失函数，这种函数在神经网络、深度学习中会被大量用到。合页损失函数的图形如图 17-4 左边所示，因为其图形就像一张打开的纸张，表述的结果值是损失值，所以就称为合页损失函数。

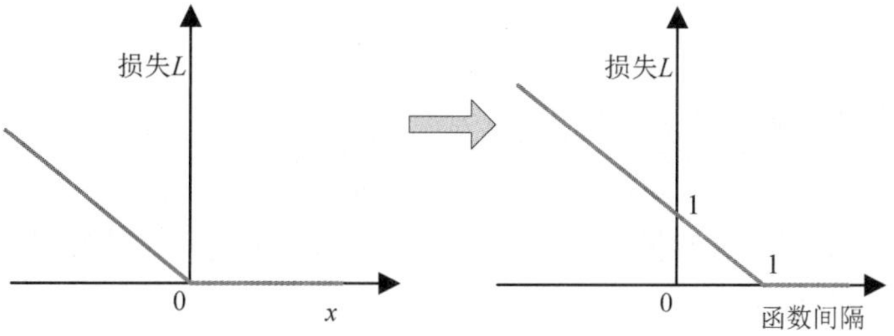

图 17-4　合页损失函数的图形

该函数的方程如下：

$$L = \begin{cases} f(x), & x < 0 \\ 0, & x > 0 \end{cases}$$

如果定义$f(x) = 1 - y_{ti}(\boldsymbol{x}_{ri}\boldsymbol{w} + b)$，则函数的方程为：

$$L = \begin{cases} 1 - y_{ti}(\boldsymbol{x}_{ri}\boldsymbol{w} + b), & y_{ti}(\boldsymbol{x}_{ri}\boldsymbol{w} + b) < 1 \\ 0, & y_{ti}(\boldsymbol{x}_{ri}\boldsymbol{w} + b) > 1 \end{cases}$$

损失L的图形如图 17-4 右边所示。$y_{ti}(\boldsymbol{x}_{ri}\boldsymbol{w} + b)$就是函数间隔了，当预测正确，也即$y_{ti}(\boldsymbol{x}_{ri}\boldsymbol{w} + b) > 0$时，$y_{ti}(\boldsymbol{x}_{ri}\boldsymbol{w} + b) > 1$表示样本点处理间隔之外，所有损失为 0；当预测错误，也即$y_{ti}(\boldsymbol{x}_{ri}\boldsymbol{w} + b) < 0$时，则会计算损失。

软间隔支持向量机还可以用合页损失函数来表述。可以使用如下的目标函数：

$$\min_{\boldsymbol{w},b}(1-y_{ti}(\boldsymbol{x}_{ri}\boldsymbol{w}+b))+A\|\boldsymbol{w}\|^2$$

上面这个式子的第 1 项$(1-y_{ti}(\boldsymbol{x}_{ri}\boldsymbol{w}+b))$就是合页损失函数。$A$是一个常量。

令$1-y_{ti}(\boldsymbol{x}_{ri}\boldsymbol{w}+b)=\xi_i$，则根据合页损失函数必有$\xi_i\geqslant 0$。当$y_{ti}(\boldsymbol{x}_{ri}\boldsymbol{w}+b)<1$，有$1-y_{ti}(\boldsymbol{x}_{ri}\boldsymbol{w}+b)=\xi_i$，即$y_{ti}(\boldsymbol{x}_{ri}\boldsymbol{w}+b)=1-\xi_i$。当$y_{ti}(\boldsymbol{x}_{ri}\boldsymbol{w}+b)>1$，有$\xi_i=0$，即$y_{ti}(\boldsymbol{x}_{ri}\boldsymbol{w}+b)>1-\xi_i$。因此，$y_{ti}(\boldsymbol{x}_{ri}\boldsymbol{w}+b)\geqslant 1-\xi_i$，这正是前面讲述的软间隔支持向量机的约束条件。

如果$A=\dfrac{1}{2C}$取，可以把$\min\limits_{\boldsymbol{w},b}(1-y_{ti}(\boldsymbol{x}_{ri}\boldsymbol{w}+b))+\lambda\|\boldsymbol{w}\|^2$ 转化为：

$$\min_{\boldsymbol{w},b,\xi}\frac{1}{C}\left(\frac{1}{2}\|\boldsymbol{w}\|^2+C\sum_{i=0}^{m-1}\xi_i\right)$$

$$\text{s.t. } y_{ti}(\boldsymbol{x}_{ri}\boldsymbol{w}+b)\geqslant 1-\xi_i, i=0,\cdots,m-1$$

$$\xi_i\geqslant 0, i=0,\cdots,m-1$$

相比软间隔支持向量机，约束条件相同，目标函数只是多了个系数$\dfrac{1}{C}$。由于C是一个常数，因此我们认为该目标函数与软间隔支持向量机的目标函数目标一致。

17.3 自己编程实现支持向量机

下面一起来编程实现支持向量机。根据前述总结的求解过程，首先得用 SMO 算法求得对偶问题中的$\boldsymbol{\lambda}$，再求得$\boldsymbol{w}$、b。

17.3.1 实现 SMO 算法

根据前述对 SMO 算法的讨论，下面先给出一些关键方法的实现。以鸢尾花数据集中 versicolor 和 virginica 类型的二分类为例。

```
#====定义对偶问题的目标函数====
#功能：计算目标函数
#参数 sumXIJArray 为一个二维数组,sumXIJArray[i][j]=np.sum(X[i,:]*X[j,:])
#参数 y 为要分类的目标数据集,参数 lambdaVector 为 lambda 向量
#返回目标函数的值
def objectFunction(sumXIJArray,y,lambdaVector):
    sumObject=0
    shape0=sumXIJArray.shape[0]
    for i in range(shape0):
        for j in range(shape0):
```

```
            sumObject+=lambdaVector[i]*y[i]*\
                lambdaVector[j]*y[j]*sumXIJArray[i][j]
    for i in range(len(lambdaVector)):
        sumObject-=lambdaVector[i]
return sumObject
```

objectFunction()方法用于计算目标函数 $\frac{1}{2}\sum_{i=0}^{m-1}\sum_{j=0}^{m-1}\left(\lambda_i\,y_{ti}\lambda_j\,y_{tj}\boldsymbol{x}_{ri}\boldsymbol{x}_{rj}^{\mathrm{T}}\right)-\sum_{i=0}^{m-1}\lambda_i$ 的值。由于 $\boldsymbol{X}$是事先已知的数据，为加快计算速度，可在调用 objectFunction()方法之前计算好 sumXIJArray 这个二维数组，这样不必每次调用 objectFunction()方法都做大量的$\boldsymbol{x}_{ri}\boldsymbol{x}_{rj}^{\mathrm{T}}$计算。

```
#====定义计算 K 值的方法====
#功能：计算迭代时用到的 K 值
#参数 y 为要分类的目标数据集
#参数 j,k 为要迭代的 lambdaVector 索引号
#参数 lambdaVector 为 lambda 向量
#返回目标函数 K 值
def calculateK(y,lambdaVector,j,k):
    #求非 ij 的 lambda 与 y 的乘积和
    sumExceptIJ=-(np.sum(lambdaVector*y)-lambdaVector[j]*y[j]\
        -lambdaVector[k]*y[k])
    if(y[j]*y[k]==1):#y[j]、y[k]同号
        if(y[j]==1 and y[k]==1):
            return sumExceptIJ
        if(y[j]==-1 and y[k]==-1):
            return -sumExceptIJ
    if(y[j]*y[k]==-1):#y[j]、y[k]异号
        if(y[j]==1 and y[k]==-1):
            return -sumExceptIJ
        if(y[j]==-1 and y[k]==1):
        return sumExceptIJ
```

“-(np.sum(lambdaVector*y)-lambdaVector[j]*y[j]-lambdaVector[k]*y[k])”计算的是 $-\sum_{i=0,i\neq j,i\neq k}^{m-1}(\lambda_i y_{ti})$ 的值。接下来再根据表 17-2 所示的 4 种情况求得K值并返回。

```
#====定义每次迭代计算和剪辑 lambda 参数对的方法====
#功能：得到当次迭代最理想的一对 lambda 参数
#参数 sumXIJArray 为一个二维数组,sumXIJArray[i][j]=np.sum(X[i,:]*X[j,:])
#参数 y 为要分类的目标数据集
#参数 j,k 为要迭代的 lambdaVector 索引号
#参数 lambdaVector 为 lambda 向量，参数 C 为范围控制值
#返回理想的一对 lambda 参数
def clipLamba(sumXIJArray,y,lambdaVector,j,k,C):
    K=calculateK(y,lambdaVector,j,k)#计算 K
    #计算 lambdaJ 的下限和上限
```

```
    low=0
    high=0
    if(y[j]*y[k]==1):#y[j]、y[k]同号
        low=max(0.0,K-C)
        high=min(K,C)
    if(y[j]*y[k]==-1):#y[j]、y[k]异号
        low=max(0.0,-K)
        high=min(C,C-K)
    #找到当次迭代最优的 lambdaJ 和 lambdaK
    if(np.abs(high-low)<0.0001):#区间已经很小了
        return lambdaVector[j],lambdaVector[k]
    lambdaJArray=np.linspace(low,high,num=20)#20 等分
    lambdaKArray=np.zeros(len(lambdaJArray))
    for i in range(len(lambdaJArray)):
        if(y[j]*y[k]==1):#y[j]、y[k]同号
            lambdaKArray[i]=K-lambdaJArray[i]
        if(y[j]*y[k]==-1):#y[j]、y[k]异号
            lambdaKArray[i]=K+lambdaJArray[i]
    #找到使目标函数值最小的 lambdaJ 和 lambdaK
    indexMin=-1
    minValue=objectFunction(sumXIJArray,y,lambdaVector)
    for i in range(0,len(lambdaJArray)):
        lambdaVectorTemp=lambdaVector.copy()
        lambdaVectorTemp[j]=lambdaJArray[i]
        lambdaVectorTemp[k]=lambdaKArray[i]
        objectValue=objectFunction(sumXIJArray,y,lambdaVectorTemp)
        if(objectValue<=minValue):
            minValue=objectValue
            indexMin=i
    if indexMin==-1:#没有找到更小的目标函数值
        return lambdaVector[j],lambdaVector[k]
    else:#找到更小的目标函数值
    return lambdaJArray[indexMin],lambdaKArray[indexMin]
```

clipLamba()方法稍显复杂。求得下限 *low*、上限 *high* 的方法在前述讨论时已经讲过，可对照源代码结合前面的知识来理解。然后，将[*low,high*]区间的值等分成 20 份，再计算出这 20 份对应的λ_j^{new}、λ_k^{new}值对，也就是 20 对；再用这 20 对求得目标函数值，返回目标函数值最小的λ_j^{new}、λ_k^{new}值对。

鸢尾花数据集中的 versicolor、virginica 这 2 种类型在使用花瓣长度、花瓣宽度这 2 个特征数据项做分类时会有交叉，需要用到软间隔支持向量机。下面给出数据筛选和更新的方法。

```
#====定义筛选数据的方法====
#功能：选择目标数据项值为 1 和 2 的类型，修改目标数据项值为-1 和 1
#参数 X 为要分类的特征数据集，参数 y 为要分类的目标数据集
#返回更新后的特征数据集和目标数据集
def selectAndUpdateData(X,y):
    newX=np.zeros((X.shape[0],X.shape[1]))
    newY=np.zeros(len(y))
```

```
    index=0#索引计数器
    count=0#符合条件的样本的计数器
    for yValue in y:
        if(yValue==1 or yValue==2):
            for i in range(X.shape[1]):
                newX[count][i]=X[index][i]
            if(yValue==1):
                newY[count]=-1
            else:
                newY[count]=1
            count+=1
        index+=1
    newX=newX[:count,:]#取前 count 行
    newY=newY[:count]#取前 count 行
return newX,newY
```

接下来看求解λ的完整源代码，如下所示。

源代码 17-1：实现 SMO 算法并求解λ

```
#====导入各种要用到的库、类====
from sklearn.datasets import load_iris
from sklearn.model_selection import train_test_split
from sklearn.preprocessing import StandardScaler
import numpy as np
import pandas as pd
#====此处省略“定义对偶问题的目标函数”====
#====此处省略“定义计算 K 值的方法”====
#====此处省略“定义每次迭代计算和剪辑 lambda 参数对的方法”====
#====此处省略“定义筛选数据的方法”====
#====此处省略与源代码 16-1 相同的“加载数据”====
#====此处省略与源代码 16-1 相同的“标准化训练数据和测试数据”====
#====SMO 算法====
C=0.9#设置 C 参数
#==生成初始化的 lambda 参数==
lambdaVector=np.zeros(XTrain.shape[0],dtype=np.float64())
startValue1=1/sum(yTrain==1)
startValue2=1/sum(yTrain==-1)
for i in range(len(lambdaVector)):
    if(yTrain[i]==1):
        lambdaVector[i]=startValue1
    if(yTrain[i]==-1):
        lambdaVector[i]=startValue2
#==迭代更新 lambda 参数==
iterCount=0#迭代次数
iterMax=1000#最大迭代次数
#事先计算好 np.sum(X[i,:]*X[j,:])
sumXIJArray=np.zeros((XTrain.shape[0],XTrain.shape[0]))
```

```
    for i in range(XTrain.shape[0]):
        for j in range(XTrain.shape[0]):
            sumXIJArray[i][j]=np.sum(XTrain[i,:]*XTrain[j,:])
    #迭代更新 lambda
    while True:
        if iterCount>=iterMax:#达到迭代次数
            break
        #生成不同的 j,k 对
        j=np.random.randint(0,len(lambdaVector))
        k=np.random.randint(0,len(lambdaVector))
        while j==k:
            k=np.random.randint(0,len(lambdaVector))
        #迭代计算和剪辑 lambda 参数对
        lambdaJ,lambdaK=clipLamba(sumXIJArray,yTrain,lambdaVector,j,k,C)
        lambdaVector[j]=lambdaJ
        lambdaVector[k]=lambdaK
        iterCount+=1
        print("第",iterCount,"次迭代，目标函数值：",\
            objectFunction(sumXIJArray,yTrain,lambdaVector))
    #结果保留 4 位小数
    lambdaVector=np.around(lambdaVector,decimals=4)
    print("lambdaVector：\n",lambdaVector)
```

程序运行结果如图 17-5 所示。可见迭代到第 1000 次，目标函数值已经很少发生变化，$\boldsymbol{\lambda}$向量中很多分量已经变成 0。

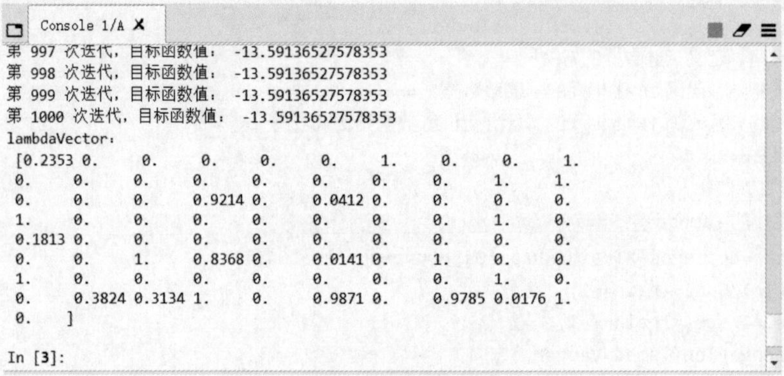

图 17-5　用 SMO 算法求解$\boldsymbol{\lambda}$

提示：用以上程序代码，各人运行的结果可能不同，因为每次迭代更新的λ_j^{new}、λ_k^{new}值对是随机的。

源代码中有 3 步非常关键：

（1）初始化$\boldsymbol{\lambda}$向量很关键。初始时设置的$\boldsymbol{\lambda}$向量要满足“$\sum_{i=0}^{m-1}(\lambda_i y_{ti})=0$”和“$0\leqslant\lambda_i\leqslant$

$C, i = 0, \cdots, m-1$”这 2 个条件。办法就是把值为 1 的y_{ti}对应的λ_i值设为$\frac{1}{\text{sum(yTrain == 1)}}$。“sum(yTrain == 1)”求得的是目标数据项中值为 1 的元素个数。同理，把值为-1 的y_{ti}对应的λ_i值设为$\frac{1}{\text{sum(yTrain = -1)}}$。

（2）事先计算好 sumXIJArray 数组。这样可以减少大量的运算。

（3）迭代更新要注意章法。如，先要判断是否达到退出循环的条件，最简单的判断办法就是看是否达到最大迭代次数了；其次在随机生成λ_j^{new}、λ_k^{new}值对时，要确保$j \neq k$。

17.3.2 实现二分类应用

下面就来编程实现对鸢尾花数据集中 versicolor、virginica 这 2 种类型的二分类，源代码如下。

源代码 17-2 用软间隔支持向量机模型做鸢尾花分类

```
#====此处省略源代码 17-1 的所有源代码====
#====求 w 向量====
wVector=np.zeros(XTrain.shape[1])
for i in range(len(lambdaVector)):
    wVector+=lambdaVector[i]*yTrain[i]*XTrain[i,:]
print("wVector:",wVector)
#====求 b====
bArray=[]
for i in range(len(lambdaVector)):
    if(lambdaVector[i]>=0.0001):#找到分界超平面上的点
        b=yTrain[i]-np.sum(XTrain[i,:]*wVector)
        bArray.append(b)
bArray=np.array(bArray)
b=np.average(bArray)
print("b:",b)
#====画出分界超平面和临界超平面====
from matplotlib import pyplot as plt
#==定义画超平面的方法==
def drawHyperPlane(X,wVector):
    x0Array=np.arange(np.min(X[:,0]),np.max(X[:,1])+0.1,0.1)
    x1Array=-(wVector[0]*x0Array+b)/wVector[1]
    plt.plot(x0Array,x1Array,color="green")
#==定义画临界超平面的方法==
def drawCriticalPlane(X,wVector):
    x0Array=np.arange(np.min(X[:,0]),np.max(X[:,1])+0.1,0.1)
    x1Array=(1-(wVector[0]*x0Array+b))/wVector[1]
    plt.plot(x0Array,x1Array,color="green",ls="--")
    x1Array=(-1-(wVector[0]*x0Array+b))/wVector[1]
    plt.plot(x0Array,x1Array,color="green",ls="--")
#==画分界超平面==
```

```
drawHyperPlane(XTrain,wVector)
#==画临界超平面==
drawCriticalPlane(XTrain,wVector)
#====作图：画训练集中的散点====
plt.scatter(XTrain[:,0][yTrain==-1],XTrain[:,1][yTrain==-1],\
    label="训练集中的 versicolor",marker="s",color="blue")
plt.scatter(XTrain[:,0][yTrain==1],XTrain[:,1][yTrain==1],\
    label="训练集中的 virginica",marker="*",color="blue")
#====作图：画测试集中的散点====
plt.scatter(XTest[:,0][yTest==-1],XTest[:,1][yTest==-1],\
    label="测试集中的 versicolor",marker="s",color="red")
plt.scatter(XTest[:,0][yTest==1],XTest[:,1][yTest==1],\
label="测试集中的 virginica",marker="*",color="red")
#===显示坐标轴和图例====
XAll=np.vstack((XTrain,XTest))#拼接数据
plt.xlabel("花瓣长度")
plt.xlim(np.min(XAll[:,0]),np.max(XAll[:,0]))
plt.ylabel("花瓣宽度")
plt.ylim(np.min(XAll[:,1]),np.max(XAll[:,1]))
plt.legend()
#====解决中文字符显示问题====
plt.rcParams['font.sans-serif']=['SimHei'] #用来正常显示中文标签
plt.rcParams['axes.unicode_minus']=False #用来正常显示负号
plt.show()
```

程序比较简洁，不再赘述。运行结果如图 17-6 所示。可见，训练数据和测试数据均有少量的样本被误分类。

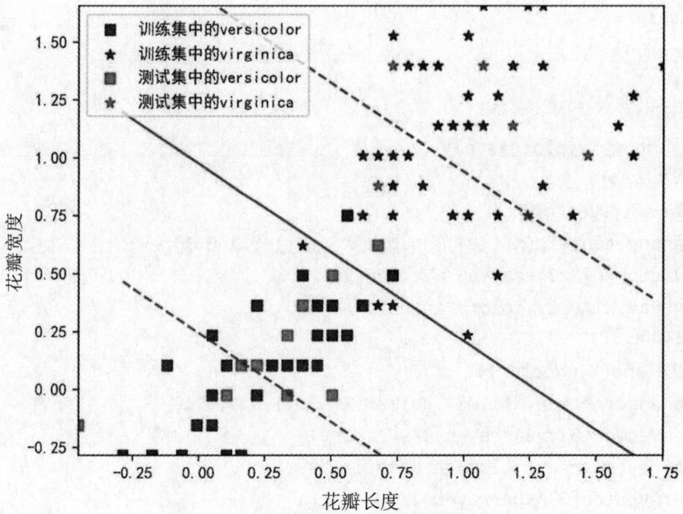

图 17-6　用软间隔支持向量机做二分类

软间隔支持向量机与硬间隔支持向量机的迭代办法有所不同，请自行试试编程实现。如果要做多分类，可以使用第 6 章中学习过的 One-Vs-All 和 One-Vs-One 这 2 种方法来在二分类的基础上做多分类。

17.4 非线性支持向量机

线性支持向量机有很大的局限性，局限就在于分界超平面只能是线性模型，使得很多现实工程无法应用，因此就得使用非线性支持向量机了。

17.4.1 理解非线性支持向量机的原理

来看个图例，如图 17-7 所示。

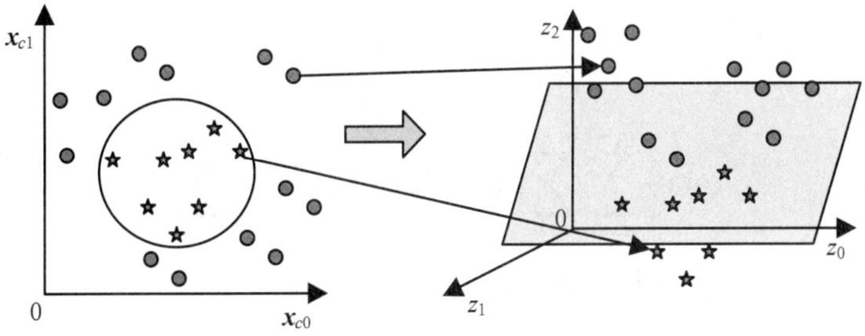

图 17-7 空间的映射

图 17-7 左边的图中，在这个二维空间中明显可以用椭圆来做分界线，但是用此前所学的支持向量机模型方程$\boldsymbol{X}\boldsymbol{w}+b=0$不可能得到椭圆方程，因为这就是线性方程。如果像下面这样变换一下就可以用上线性方程了：

（1）把二维空间的点映射到更高维中去，如图 17-7 就把二维空间中的点映射到了三维空间。

（2）在更高维的空间中使用$\boldsymbol{X}\boldsymbol{w}+b=0$用线性支持向量机模型做分类。

非线性支持向量机模型可以支持上述第 2 点，但没有必要对样本点做映射计算，后续再来解释这一点。椭圆方程是这样的：

$$\frac{(\boldsymbol{x}_0+m)^2}{a}+\frac{(\boldsymbol{x}_1+n)^2}{b}=1$$

把这个式子展开，再把每个项前的因子都看成一个系数，常数项的和都看成一个常量，则式子如下：

$$\frac{1}{a}\boldsymbol{x}_0^2+\frac{1}{a}2m\boldsymbol{x}_0+\frac{1}{b}\boldsymbol{x}_1^2+\frac{1}{b}2n\boldsymbol{x}_1+m^2+n^2-1=0$$

$$\Rightarrow w_0\boldsymbol{x}_0^2+w_1\boldsymbol{x}_1^2+w_2\boldsymbol{x}_0+w_3\boldsymbol{x}_1+b=0\Rightarrow \boldsymbol{X}\boldsymbol{w}+b=0$$

因此，二维空间到四维空间的映射关系实际上是这样的：

$$[\boldsymbol{x}_0 \quad \boldsymbol{x}_1] \rightarrow [\boldsymbol{z}_0 \quad \boldsymbol{z}_1 \quad \boldsymbol{z}_2 \quad \boldsymbol{z}_3] = [\boldsymbol{x}_0^2 \quad \boldsymbol{x}_1^2 \quad \boldsymbol{x}_0 \quad \boldsymbol{x}_1]$$

在机器学习的数据集中体现为特征数据项的变化，也就是说特征数据项的数量增加了，每个样本点用更多的特征数据项来表示。映射到四维空间中后就可以用支持向量机来求解$\boldsymbol{X}\boldsymbol{w}+b=0$了。有的人可能要说，图 17-7 右边的图不是三维的吗？怎么又成四维的了呢？其实多少维在于人为的控制，我们也可以做三维的映射：

$$[\boldsymbol{x}_0 \quad \boldsymbol{x}_1] \rightarrow [\boldsymbol{z}_0 \quad \boldsymbol{z}_1 \quad \boldsymbol{z}_2] = [\boldsymbol{x}_0^2 \quad \boldsymbol{x}_1^2 \quad \boldsymbol{x}_0 + \boldsymbol{x}_1]$$

我们也可以做五维的映射：

$$[\boldsymbol{x}_0 \quad \boldsymbol{x}_1] \rightarrow [\boldsymbol{z}_0 \quad \boldsymbol{z}_1 \quad \boldsymbol{z}_2 \quad \boldsymbol{z}_3 \quad \boldsymbol{z}_4] = [\boldsymbol{x}_0^2 \quad \boldsymbol{x}_1^2 \quad \boldsymbol{x}_0 \quad \boldsymbol{x}_1 \quad \boldsymbol{x}_0\boldsymbol{x}_1]$$

甚至映射至更高维的空间。但有 2 点一定要明白：

（1）低维空间中的点与高维空间中的点只能一一映射。那说明高维空间中还有很多点没有被映射，事实上也不可能全部映射，因为低维空间维度更低。向高维空间映射后，我们就能在高维空间中做线性分类。

（2）维度更高，样本点向量的分量也更多，意味着线性方程中$\boldsymbol{w}$要求解的维度也更高。

我们再一起来观察低维空间中线性支持向量机对偶问题的目标函数：

$$\min_{\lambda} \frac{1}{2} \sum_{i=0}^{m-1} \sum_{j=0}^{m-1} \left(\lambda_i \, y_{ti} \lambda_j \, y_{tj} \boldsymbol{x}_{ri} \boldsymbol{x}_{rj}^{\mathrm{T}}\right) - \sum_{i=0}^{m-1} \lambda_i$$

里面的$\boldsymbol{x}_{ri}\boldsymbol{x}_{rj}^{\mathrm{T}}$实际上是两个样本点向量的点积：

$$\boldsymbol{x}_{ri}\boldsymbol{x}_{rj}^{\mathrm{T}} = [x_{i0} \quad \cdots \quad x_{i(n-1)}] \begin{bmatrix} x_{j0} \\ \vdots \\ x_{j(n-1)} \end{bmatrix} = \boldsymbol{x}_{ri} \cdot \boldsymbol{x}_{rj}$$

$$= [x_{i0} \quad \cdots \quad x_{i(n-1)}] \cdot [x_{j0} \quad \cdots \quad x_{j(n-1)}] = \sum_{k=0}^{n-1} \left(x_{ik} x_{jk}\right)$$

假定以$\Phi(\boldsymbol{x}_{ri})$定义低维空间中的样本点到高维空间中点的映射关系，先不管$\Phi(\boldsymbol{x}_{ri})$具体如何计算，我们可以用此前学习过的支持向量机推导得到上述对偶问题的目标函数为：

$$\min_{\lambda} \frac{1}{2} \sum_{i=0}^{m-1} \sum_{j=0}^{m-1} \left(\lambda_i \, y_{ti} \lambda_j \, y_{tj} \Phi(\boldsymbol{x}_{ri}) \left(\Phi(\boldsymbol{x}_{rj})\right)^{\mathrm{T}}\right) - \sum_{i=0}^{m-1} \lambda_i$$

其中的$\Phi(\boldsymbol{x}_{ri})\Phi(\boldsymbol{x}_{rj})^{\mathrm{T}}$用点积来表示也可以为：

$$\min_{\lambda} \frac{1}{2} \sum_{i=0}^{m-1} \sum_{j=0}^{m-1} \left(\lambda_i \, y_{ti} \lambda_j \, y_{tj} \Phi(\boldsymbol{x}_{ri}) \cdot \Phi(\boldsymbol{x}_{rj})\right) - \sum_{i=0}^{m-1} \lambda_i$$

与原来的对偶问题目标函数的区别就在于，这里的空间是更高维的空间。求得$\boldsymbol{\lambda}$后（$\boldsymbol{\lambda}$的维数并没有变），再求$\boldsymbol{w}$：

$$\boldsymbol{w}=\sum_{i=0}^{m-1}(\lambda_i\, y_{ti}(\Phi(\boldsymbol{x}_{ri}))^{\mathrm{T}})$$

根据支持向量点$\boldsymbol{x}_{rk}$可求得b：

$$b=1-\Phi(\boldsymbol{x}_{rk})\boldsymbol{w}, b=-1-\Phi(\boldsymbol{x}_{rk})\boldsymbol{w}$$

其中：

$$\Phi(\boldsymbol{x}_{rk})\boldsymbol{w}=\Phi(\boldsymbol{x}_{rk})\sum_{i=0}^{m-1}(\lambda_i\, y_{ti}(\Phi(\boldsymbol{x}_{ri}))^{\mathrm{T}})=\sum_{i=0}^{m-1}(\lambda_i\, y_{ti}\Phi(\boldsymbol{x}_{rk})(\Phi(\boldsymbol{x}_{ri}))^{\mathrm{T}})$$

$$=\sum_{i=0}^{m-1}(\lambda_i\, y_{ti}\Phi(\boldsymbol{x}_{rk})\cdot\Phi(\boldsymbol{x}_{ri}))$$

低维空间中的线性模型是这样的：

$$\boldsymbol{X}\boldsymbol{w}+b=0\Rightarrow\begin{bmatrix}\boldsymbol{x}_{r0}\\ \vdots\\ \boldsymbol{x}_{r(m-1)}\end{bmatrix}\boldsymbol{w}+b=0\Rightarrow\begin{bmatrix}\boldsymbol{x}_{r0}\boldsymbol{w}+b=0\\ \vdots\\ \boldsymbol{x}_{r(m-1)}\boldsymbol{w}+b=0\end{bmatrix}$$

如果用通用表达式来表达就是：$\boldsymbol{x}_{rk}\boldsymbol{w}+b=0$。在高维空间中的通用表达式为：

$$\Phi(\boldsymbol{x}_{rk})\boldsymbol{w}+b=0\Rightarrow\sum_{i=0}^{m-1}(\lambda_i\, y_{ti}\Phi(\boldsymbol{x}_{rk})\cdot\Phi(\boldsymbol{x}_{ri}))+b=0$$

因此我们不需要弄清楚$\Phi(\boldsymbol{x}_{rk})$、$\Phi(\boldsymbol{x}_{ri})$是怎么做映射的，只需要知道高维空间中任意两个样本点向量的点积$\Phi(\boldsymbol{x}_{ri})\cdot\Phi(\boldsymbol{x}_{rj})$，就可以得到线性模型来做分类了。这真是有意思，竟然可以不需要知道$\Phi(\boldsymbol{x}_{ri})$的公式及怎么计算。但是我们需要知道怎么计算$\Phi(\boldsymbol{x}_{ri})\cdot\Phi(\boldsymbol{x}_{rj})$。如果把这个点积记为$K(\boldsymbol{x}_{ri},\boldsymbol{x}_{rj})$，表示这 2 个样本点在高维空间中的样本点的点积，即：

$$K(\boldsymbol{x}_{ri},\boldsymbol{x}_{rj})=\Phi(\boldsymbol{x}_{ri})\cdot\Phi(\boldsymbol{x}_{rj})\tag{17-7}$$

字母K是单词“Kernel（意为内核、核心）”的首字母。为体现$K(\boldsymbol{x}_{ri},\boldsymbol{x}_{rj})$这种函数关键作用，我们把$K(\boldsymbol{x}_{ri},\boldsymbol{x}_{rj})$称为核函数。以二维空间到三维空间的映射为例：

$$[\boldsymbol{x}_0\quad \boldsymbol{x}_1]\longrightarrow[\boldsymbol{z}_0\quad \boldsymbol{z}_1\quad \boldsymbol{z}_2]=[\boldsymbol{x}_0^2\quad \boldsymbol{x}_1^2\quad \sqrt{2}\boldsymbol{x}_0\boldsymbol{x}_1]$$

则：

$$K(\boldsymbol{x}_{ri},\boldsymbol{x}_{rj})=\Phi(\boldsymbol{x}_{ri})\cdot\Phi(\boldsymbol{x}_{rj})=[x_{i0}^2\quad x_{i1}^2\quad \sqrt{2}x_{i0}x_{i1}]\cdot[x_{j0}^2\quad x_{j1}^2\quad \sqrt{2}x_{j0}x_{j1}]$$

$$=x_{i0}^2x_{j0}^2+x_{i1}^2x_{j1}^2+2x_{i0}x_{j0}x_{i1}x_{j1}$$

$$=(x_{i0}x_{i1}+x_{j0}x_{j1})^2=(\boldsymbol{x}_{ri}\cdot\boldsymbol{x}_{rj})^2=(\boldsymbol{x}_{ri}\boldsymbol{x}_{rj}^{\mathrm{T}})^2$$

以二维空间点的点[1　2]和[2　4]为例，映射到三维空间中就成了[1　4　$2\sqrt{2}$]和[4　16　$8\sqrt{2}$]，可得：

$$K(\boldsymbol{x}_{ri},\boldsymbol{x}_{rj}) = [1 \quad 4 \quad 2\sqrt{2}]\cdot[4 \quad 16 \quad 8\sqrt{2}] = ([1 \quad 2]\cdot[2 \quad 4])^2 = 100$$

可以看到，二维空间中点的点积计算结果和三维空间中点积的计算结果是一样的。但是，并不是每个函数都能成为核函数。自然的，我们希望核函数计算量不要太大，又比较好理解和计算。那什么样的函数能成为核函数呢？接着一起来学习 Mercer 定理。

17.4.2　学懂 Mercer 定理

从上面例子中我们看到$K(\boldsymbol{x}_{ri},\boldsymbol{x}_{rj})$具有特别有意思的特性，那就是三维空间中两个向量的内积$\Phi(\boldsymbol{x}_{ri})\cdot\Phi(\boldsymbol{x}_{rj})$可以通过二维空间中的两个向量计算得到，即$(\boldsymbol{x}_{ri}\cdot\boldsymbol{x}_{rj})^2$。这说明核函数表述的是高维空间中向量的内积，但却可以用低维空间的向量计算得到高维空间中向量的内积。从而，只需关心怎么计算得到高维空间中向量内积的结果即可，而不必关心$\Phi(\boldsymbol{x}_{ri})$是怎么做映射的。

Mercer 定理由英国数学家 James Mercer 在 1909 年提出，故以其名字命名。

首先要知道，Mercer 定理是遴选核函数的充分条件，即满足 Mercer 定理中条件的函数都可以作为核函数，但核函数不一定都满足 Mercer 定理中的条件。其次，Mercer 定理指出，任何半正定的函数都可以作为核函数。估计大家还是不太理解半正定的函数，下面再说明。半正定的概念在第 7 章中讲解 Hessian 矩阵、凸函数时曾讲过，如果还没理解可以回顾一下第 7 章的内容。

我们结合数据集来讲解。核函数$K(\boldsymbol{x}_{ri},\boldsymbol{x}_{rj})$是关于样本点的函数，经过核函数$K(\boldsymbol{x}_{ri},\boldsymbol{x}_{rj})$的变换后，会得到一个矩阵$\boldsymbol{G}$：

$$\boldsymbol{G} = K(\boldsymbol{X},\boldsymbol{X}) = \begin{bmatrix} g_{00} & \cdots & g_{0(m-1)} \\ \vdots & \ddots & \vdots \\ g_{(m-1)0} & \cdots & g_{(m-1)(m-1)} \end{bmatrix}$$

其中m为数据集中样本的个数，且：

$$g_{ij} = K(\boldsymbol{x}_{ri},\boldsymbol{x}_{rj})$$

矩阵$\boldsymbol{G}$就是通过核函数得到的数据集对应的核函数矩阵。显然这个矩阵并不需要针对特定的数据集，因为核函数一旦确定，针对任意数据集都可以得到对应的核函数矩阵。所谓半正定的函数，就是指矩阵$\boldsymbol{G}$是半正定的，矩阵$\boldsymbol{G}$又称为格拉姆矩阵（Gram 矩阵）。这说明矩阵$\boldsymbol{G}$是一个对称矩阵，且对任何m维向量做不超过 90°的线性变换，也就是说改变向量的方向比较小且不超过 90°。

17.4.3　最简单的线性核函数

线性核函数为：

$$K(\boldsymbol{x}_{ri},\boldsymbol{x}_{rj}) = \boldsymbol{x}_{ri}\cdot\boldsymbol{x}_{rj} \tag{17-8}$$

用它得到的 Gram 矩阵是这样的：

$$G = K(\boldsymbol{X},\boldsymbol{X}) = \begin{bmatrix} K(\boldsymbol{x}_{r0},\boldsymbol{x}_{r0}) & \cdots & K(\boldsymbol{x}_{r0},\boldsymbol{x}_{r(m-1)}) \\ \vdots & \ddots & \vdots \\ K(\boldsymbol{x}_{r(m-1)},\boldsymbol{x}_{r0}) & \cdots & K(\boldsymbol{x}_{r(m-1)},\boldsymbol{x}_{r(m-1)}) \end{bmatrix}$$

$$= \begin{bmatrix} \boldsymbol{x}_{r0}\cdot\boldsymbol{x}_{r0} & \cdots & \boldsymbol{x}_{r0}\cdot\boldsymbol{x}_{r(m-1)} \\ \vdots & \ddots & \vdots \\ \boldsymbol{x}_{r(m-1)}\cdot\boldsymbol{x}_{r0} & \cdots & \boldsymbol{x}_{r(m-1)}\cdot\boldsymbol{x}_{r(m-1)} \end{bmatrix}$$

显然有$\boldsymbol{x}_{ri}\cdot\boldsymbol{x}_{rj}=\boldsymbol{x}_{rj}\cdot\boldsymbol{x}_{ri}$，所以$\boldsymbol{G}$是对称的。下述推导过程中要反复用到$K(\boldsymbol{x}_{ri},\boldsymbol{x}_{rj})=K(\boldsymbol{x}_{rj},\boldsymbol{x}_{ri})=\boldsymbol{x}_{ri}\cdot\boldsymbol{x}_{rj}$，请注意理解和运用。设高维空间中的任意向量为$\boldsymbol{z}=\begin{bmatrix} z_0 \\ \vdots \\ z_{m-1}\end{bmatrix}$，则有：

$$\boldsymbol{z}^{\mathrm{T}}\boldsymbol{G}\boldsymbol{z} = [z_0 \quad \cdots \quad z_{m-1}] \begin{bmatrix} \boldsymbol{x}_{r0}\cdot\boldsymbol{x}_{r0} & \cdots & \boldsymbol{x}_{r0}\cdot\boldsymbol{x}_{r(m-1)} \\ \vdots & \ddots & \vdots \\ \boldsymbol{x}_{r(m-1)}\cdot\boldsymbol{x}_{r0} & \cdots & \boldsymbol{x}_{r(m-1)}\cdot\boldsymbol{x}_{r(m-1)} \end{bmatrix} \begin{bmatrix} z_0 \\ \vdots \\ z_{m-1}\end{bmatrix}$$

$$= \sum_{i=0}^{m-1}\sum_{j=0}^{m-1}\left(z_i(\boldsymbol{x}_{ri}\cdot\boldsymbol{x}_{rj})z_j\right) = \sum_{i=0}^{m-1}\sum_{j=0}^{m-1}\left(z_i\left(\sum_{k=0}^{n-1}(x_{ik}x_{jk})\right)z_j\right)$$

$$= \sum_{i=0}^{m-1}\sum_{j=0}^{m-1}\sum_{k=0}^{n-1}(z_i x_{ik} x_{jk} z_j)$$

$$= \sum_{k=0}^{n-1}\left(\sum_{i=0}^{m-1}\sum_{j=0}^{m-1}(z_i x_{ik} x_{jk} z_j)\right) = \sum_{k=0}^{n-1}\left(\sum_{i=0}^{m-1}(z_i x_{ik})\right)^2$$

这里的n为低维空间的维数，即特征数据项的个数。显然，$\left(\sum_{i=0}^{m-1}(z_i x_{ik})\right)^2 \geqslant 0$，所以$\boldsymbol{z}^{\mathrm{T}}\boldsymbol{G}\boldsymbol{z}\geqslant 0$。至此，得证线性核函数的 Gram 矩阵是半正定的。

提示：为什么会想到用 Gram 矩阵是半正定的来做判定呢？我们对上面的计算过程再做延伸讨论。如果 Gram 矩阵直接用$K(\boldsymbol{x}_{ri},\boldsymbol{x}_{rj})$表示，$m$为高维空间的维数，则：

$$\boldsymbol{z}^{\mathrm{T}}\boldsymbol{G}\boldsymbol{z} = \sum_{i=0}^{m-1}\sum_{j=0}^{m-1}\left(z_i K(\boldsymbol{x}_{ri},\boldsymbol{x}_{rj}) z_j\right) = \sum_{i=0}^{m-1}\sum_{j=0}^{m-1}\left(z_i\left(\sum_{k=0}^{n-1}\left(\Phi(x_{ik})\Phi(x_{jk})\right)\right)z_j\right)$$

$$= \sum_{i=0}^{m-1}\sum_{j=0}^{m-1}\sum_{k=0}^{n-1}\left(z_i\Phi(x_{ik})\Phi(x_{jk})z_j\right) = \sum_{k=0}^{n-1}\left(\sum_{i=0}^{m-1}\sum_{j=0}^{m-1}\left(z_i\Phi(x_{ik})\Phi(x_{jk})z_j\right)\right)$$

$$= \sum_{k=0}^{n-1}\left(\sum_{i=0}^{m-1}\left(z_i\Phi(x_{ik})\right)\right)^2$$

可见，核函数的 Gram 矩阵必是半正定的。因为以上$\sum$运算比较多，很多人容易看懵，不妨以$m=2,n=2$时的简单情况来对照理解。

$$\boldsymbol{z}^{\mathrm{T}}\boldsymbol{G}\boldsymbol{z} = \sum_{i=0}^{1}\sum_{j=0}^{1}\left(z_i K\left(\boldsymbol{x}_{ri},\boldsymbol{x}_{rj}\right)z_j\right) = \sum_{i=0}^{1}\sum_{j=0}^{1}\left(z_i\left(\sum_{k=0}^{1}\left(\Phi(x_{ik})\Phi\left(x_{jk}\right)\right)\right)z_j\right)$$

$$= \sum_{k=0}^{1}\left(\sum_{i=0}^{1}\sum_{j=0}^{1}\left(z_i\Phi(x_{ik})\Phi\left(x_{jk}\right)z_j\right)\right)$$

$$= \sum_{k=0}^{1}(z_0\Phi(x_{0k})\Phi(x_{0k})z_0 + z_0\Phi(x_{0k})\Phi(x_{1k})z_1$$

$$+z_1\Phi(x_{1k})\Phi(x_{0k})z_0 + z_1\Phi(x_{1k})\Phi(x_{1k})z_1)$$

$$= \sum_{k=0}^{1}\left(z_0\Phi(x_{0k}) + z_1\Phi(x_{1k})\right)^2$$

可以看到，使用线性核函数的场景就是原有使用线性支持向量机的场景。写到这儿，我想强调 2 点，以防读者理解有所偏差：

（1）所谓核函数，并不是说空间之间样本点的映射使用的是核函数，也不是说表达分界超平面用的是核函数，而是指高维空间中的向量内积可以用低维空间中的核函数计算得到。可见核函数计算比高维空间中更简单，因为维度更少；核函数内含了低维空间与高维空间之间的映射，但并不必计算这种映射。

（2）高维空间中的分界超平面都是线性函数。非线性支持向量机的原理就是这样的，低维空间中线性不可分，到了高维空间中就线性可分了。

理解以上 2 点，应该是理解了核函数原理的精髓了。接下来，可以学习一些更为复杂一点的核函数了。

17.4.4 多项式核函数

多项式核函数为：

$$K\left(\boldsymbol{x}_{ri},\boldsymbol{x}_{rj}\right) = \left(\gamma\left(\boldsymbol{x}_{ri}\cdot\boldsymbol{x}_{rj}\right)+r\right)^p, p\geqslant 1, \gamma > 0 \tag{17-9}$$

为什么名字中有“多项式”？因为这个核函数分解开来是个多项式。以$\gamma=1,r=0,p=1$为例：$K\left(\boldsymbol{x}_{ri},\boldsymbol{x}_{rj}\right)=\boldsymbol{x}_{ri}\cdot\boldsymbol{x}_{rj}$，这就是线性核函数。可见线性核函数是多项式核函数的特例。如

果低维空间的维度$d=2$，其他参数设为$\gamma=1,r=0,p=2$，则核函数为：

$$K(\boldsymbol{x}_{ri},\boldsymbol{x}_{rj})=(\boldsymbol{x}_{ri}\cdot\boldsymbol{x}_{rj})^2=(x_{i0}x_{j0}+x_{i1}x_{j1})^2=(x_{i0}x_{j0})^2+2x_{i0}x_{j0}x_{i1}x_{j1}+(x_{i1}x_{j1})^2$$

此时一共有 3 个多项式。如果$d=2,\gamma=1,r=1,p=2$，则核函数为：

$$K(\boldsymbol{x}_{ri},\boldsymbol{x}_{rj})=(\boldsymbol{x}_{ri}\cdot\boldsymbol{x}_{rj})^2=(x_{i0}x_{j0}+x_{i1}x_{j1}+1)^2$$

$$=(x_{i0}x_{j0})^2+2x_{i0}x_{j0}x_{i1}x_{j1}+(x_{i1}x_{j1})^2+2x_{i0}x_{j0}+2x_{i1}x_{j1}+1$$

此时一共有 6 个多项式。规律是这样的，多项式核函数展开后的多项式一共有C_{d+p}^{p}个，因此$d=2,\gamma=1,r=1,p=2$多项式共有：

$$C_{d+p}^{p}=C_4^2=\frac{4!}{2!\times2!}=\frac{4\times3\times2\times1}{1\times2\times1\times2}=6$$

补充说明下，组合计算的公式为：

$$C_m^n=\frac{m!}{n!\,(m-n)!}$$

从空间维度上来理解，那就是二维空间中的非线性问题放到六维空间中作为线性问题来解决。可见幂指数p越大，多项式的项数就会越多，高维空间的维度也会越多，就越能解决更复杂的非线性问题。

17.4.5 高斯核函数

高斯核函数为：

$$K(\boldsymbol{x}_{ri},\boldsymbol{x}_{rj})=\exp\left(\frac{-\|\boldsymbol{x}_{ri}-\boldsymbol{x}_{rj}\|^2}{2\sigma^2}\right) \tag{17-10}$$

这个函数与高斯分布有关系吗？个人觉得没什么关系，只是长得很像罢了，所以名字中也有“高斯”这 2 个字。其中，符号$\|\ \|$计算的是向量的模。高斯核函数还有另一个名称，叫径向基函数（Radial Basis Function），这是因为样本点映射到高维空间后，高维样本点距离的径向同向，关于这一点下面还会详细解释。

要理解高斯核函数，得从最简单的情况分析起。先看向量$\boldsymbol{x}_{ri}$、$\boldsymbol{x}_{rj}$只有一个分量时的情况，这时：

$$K(\boldsymbol{x}_{ri},\boldsymbol{x}_{rj})=\exp\left(\frac{-\|x_{i0}-x_{j0}\|^2}{2\sigma^2}\right)=\exp\left(\frac{-(x_{i0}-x_{j0})^2}{2\sigma^2}\right)$$

这时的图形如图 17-8（a）所示，参数σ越大，坡就越缓，但核函数的最大值不超过 1。注意这里的自变量是$x_{i0}-x_{j0}$，因为$\boldsymbol{x}_{ri}$、$\boldsymbol{x}_{rj}$这 2 个向量都只有一维。

当$\boldsymbol{x}_{ri}$、$\boldsymbol{x}_{rj}$这 2 个向量有二维时，自变量是$x_{i0}-x_{j0}$和$x_{i1}-x_{j1}$，表示向量的两个分量上的差值。这时的图形如图 17-8（b）～图 17-8（d）所示，可见仍然是参数σ越大，坡就越缓，但核函数的最大值不超过 1。说明核函数都是凸函数。

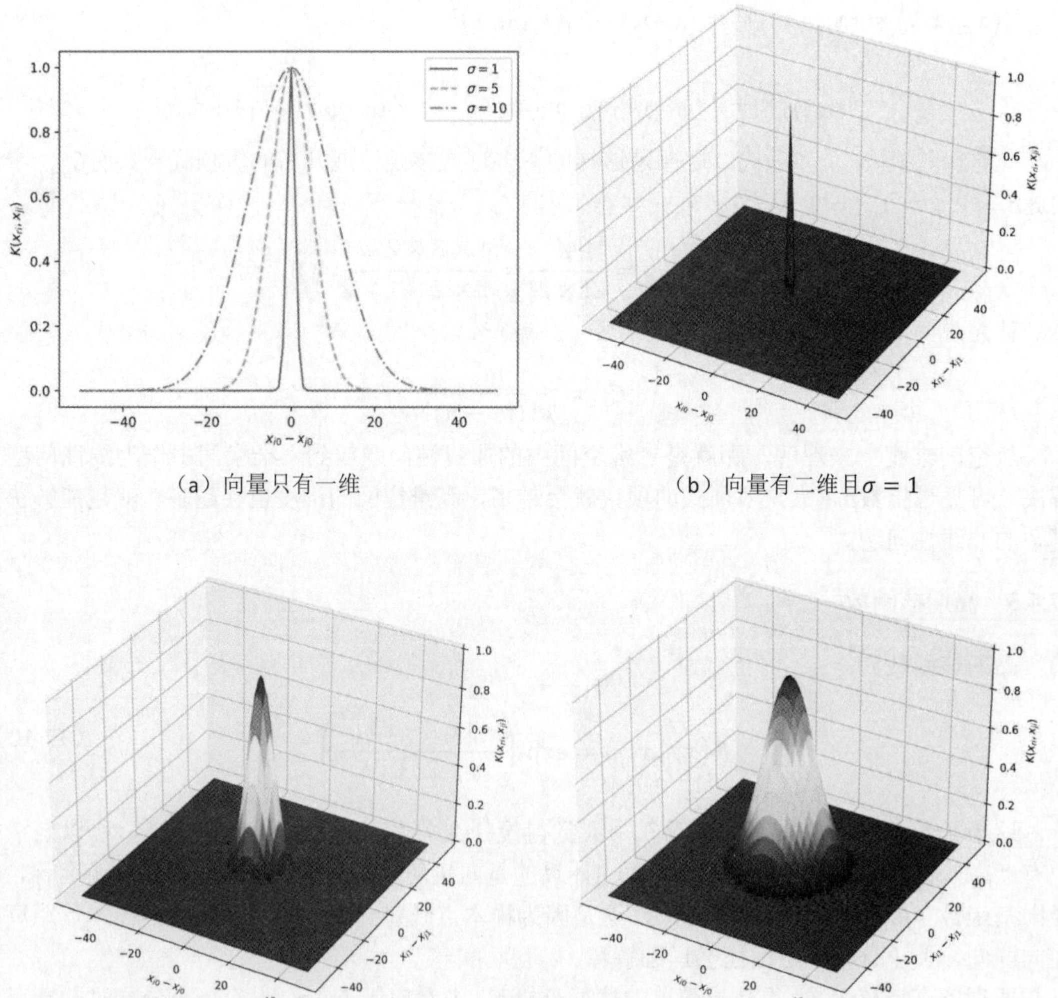

（a）向量只有一维

（b）向量有二维且$\sigma=1$

（c）向量有二维且$\sigma=5$

（d）向量有二维且$\sigma=10$

图 17-8　高斯核函数的图形

$\boldsymbol{x}_{ri}-\boldsymbol{x}_{rj}$表达的是低维空间里 2 个向量的差值，结果是一个向量，要量化的表达还得用差值向量的模，即$\|\boldsymbol{x}_{ri}-\boldsymbol{x}_{rj}\|$。在二维空间里：

$$\|\boldsymbol{x}_{ri}-\boldsymbol{x}_{rj}\| = \sqrt{(x_{i0}-x_{j0})^2+(x_{i1}-x_{j1})^2}$$

因此：

$$\|\boldsymbol{x}_{ri}-\boldsymbol{x}_{rj}\|^2 = (x_{i0}-x_{j0})^2+(x_{i1}-x_{j1})^2$$

那么在二维空间里，2 个向量越相似，这个差值向量的模就会越小，因为差值向量的模表达的是两个向量之间的相似性，拓展到任意维空间里也是这样的。放到机器学习领域里来理解，就是两个样本点的距离，如图 17-9 所示。因为$\|\boldsymbol{x}_{ri}-\boldsymbol{x}_{rj}\|$是正值，做平方运算并不会改变原函数的单调性，所以$\|\boldsymbol{x}_{ri}-\boldsymbol{x}_{rj}\|$和$\|\boldsymbol{x}_{ri}-\boldsymbol{x}_{rj}\|^2$都可以用来衡量空间里 2 个样本点的距离。

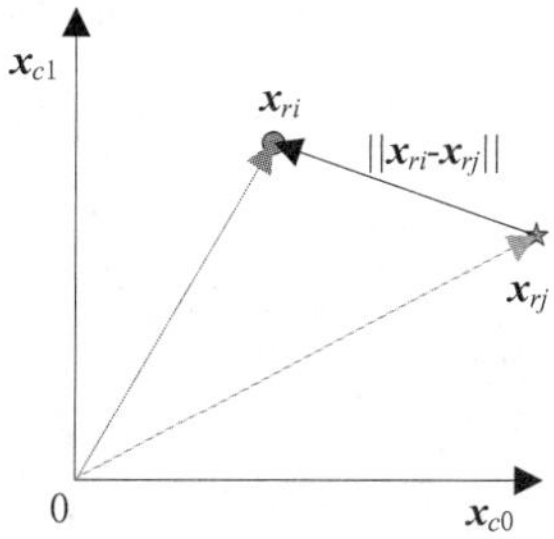

图 17-9　两个向量之间的距离

放到高维空间里来理解，低维空间里 2 个样本点的距离越小，核函数的值就会越接近于极大值 1，高维空间里两个向量的点积$K(\boldsymbol{x}_{ri},\boldsymbol{x}_{rj})$越接近于 1，这说明两个向量之间的夹角越接近于 0，因为$\cos 0 = 1$。

再来讨论参数σ。参数σ越小，坡越陡，说明核函数随着样本点距离的变化而加快，在高维空间里两个向量的内积越容易到达极大值 1，也就是说在高维空间里很容易就能把 2 个向量的距离给分得更开一些，也就越容易过拟合。自然参数σ大一些，坡度就会缓一些，高斯核函数起到的作用范围也会更大，也就没那么容易过拟合。但是参数σ过大，坡度过缓也不行，也就是说拟合度太低了也不好。

提示：*是不是觉得有点抽象？建议结合图形来慢慢琢磨和理解。*

如果参数σ固定下来，我们在把它看成一个常量的情况下，再来讨论$\exp(-\|\boldsymbol{x}_{ri}-\boldsymbol{x}_{rj}\|^2)$。

此时：

$$K(\boldsymbol{x}_{ri},\boldsymbol{x}_{rj}) \triangleq \exp(-\|\boldsymbol{x}_{ri}-\boldsymbol{x}_{rj}\|^2)$$

符号“≜”表示等价于。在二维空间中有：

$$-\left\|\boldsymbol{x}_{ri}-\boldsymbol{x}_{rj}\right\|^2=-\left(x_{i0}-x_{j0}\right)^2-\left(x_{i1}-x_{j1}\right)^2$$
$$=-x_{i0}^2+2x_{i0}x_{j0}-x_{j0}^2-x_{i1}^2+2x_{i1}x_{j1}-x_{j1}^2$$
$$=-\left(x_{i0}^2+x_{i1}^2\right)-\left(x_{j0}^2+x_{j1}^2\right)+\left(2x_{i0}x_{j0}+2x_{i1}x_{j1}\right)$$
$$=-\|\boldsymbol{x}_{ri}\|^2-\left\|\boldsymbol{x}_{rj}\right\|^2+2(\boldsymbol{x}_{ri}\cdot\boldsymbol{x}_{rj})$$

推广到任意维空间中，有：

$$-\left\|\boldsymbol{x}_{ri}-\boldsymbol{x}_{rj}\right\|^2=-\|\boldsymbol{x}_{ri}\|^2-\left\|\boldsymbol{x}_{rj}\right\|^2+2(\boldsymbol{x}_{ri}\cdot\boldsymbol{x}_{rj})$$

因此：

$$K\left(\boldsymbol{x}_{ri},\boldsymbol{x}_{rj}\right)\triangleq\exp\left(-\left\|\boldsymbol{x}_{ri}-\boldsymbol{x}_{rj}\right\|^2\right)=\exp\left(-\|\boldsymbol{x}_{ri}\|^2\right)\exp\left(-\left\|\boldsymbol{x}_{rj}\right\|^2\right)\exp\left(2(\boldsymbol{x}_{ri}\cdot\boldsymbol{x}_{rj})\right)$$

把第 3 个因子中的$2\left(\boldsymbol{x}_{ri}\cdot\boldsymbol{x}_{rj}\right)$看成自变量$x$，再按泰勒公式展开：

$$\exp\left(2\left(\boldsymbol{x}_{ri}\cdot\boldsymbol{x}_{rj}\right)\right)=\sum_{k=0}^{\infty}\frac{\mathrm{e}^0\left(2\left(\boldsymbol{x}_{ri}\cdot\boldsymbol{x}_{rj}\right)\right)^k}{k!}=\sum_{k=0}^{\infty}\frac{\left(2\left(\boldsymbol{x}_{ri}\cdot\boldsymbol{x}_{rj}\right)\right)^k}{k!}$$

所以有：

$$K\left(\boldsymbol{x}_{ri},\boldsymbol{x}_{rj}\right)\triangleq\exp\left(-\|\boldsymbol{x}_{ri}\|^2\right)\exp\left(-\left\|\boldsymbol{x}_{rj}\right\|^2\right)\sum_{k=0}^{\infty}\frac{\left(2\left(\boldsymbol{x}_{ri}\cdot\boldsymbol{x}_{rj}\right)\right)^k}{k!}$$

这说明核函数可以变成无穷个多项式之和，这其中隐含了样本点可以映射到无限维空间中之意，因为一个多项式总可以分解成两个向量各自对应的一个分量之间的乘积。

提示：并不是所有核函数都可以隐含映射到无限维空间之意。高斯核函数之所以这么巧妙，根本原因在于$(\mathrm{e}^x)'=\mathrm{e}^x$及复合函数的计算法则在起作用，导致使用泰勒公式时，可以计算无限阶导数。

因为高斯核函数可以映射到无限维空间，所以总能在一个期待维数的空间里找到线性分界超平面。可见，高斯核函数的适用面非常广，理论上可以应对任何分类问题。这也是通常情况下我们使用高斯核函数比较多的根本原因。

但是高斯核函数有个突出的问题，因为它的底层原理是通过向量（即样本点）的距离来分类的，所以它不擅长于处于特征数据项量纲不同的数据集，即特征数据项之间值相差很大的情形。办法是事先做数据预处理，把所有的特征数据都标准化后再使用高斯核函数。

17.4.6 Sigmoid 核函数

Sigmoid 核函数为：

$$K\left(\boldsymbol{x}_{ri},\boldsymbol{x}_{rj}\right)=\tanh\left(\gamma(\boldsymbol{x}_{ri}\cdot\boldsymbol{x}_{rj}+r)\right) \tag{17-11}$$

在学习逻辑回归模型时，已经学习过 Sigmoid 函数，这里就不重复讲解了。从式（17-11）可知，它有 2 个调节参数。

17.5 用支持向量机做回归分析

用支持向量机也能做回归分析？答案当然是可以的，不过目标函数和约束条件得有所变化，详述如下。

17.5.1 理解支持向量回归的原理

如图 17-10（a）所示，在“硬间隔”的情形下，我们希望拟合出这样一个超平面：所有样本点都处于离超平面距离为ε的范围内。这种思路可以用以下的目标函数描述：

$$\min_{\boldsymbol{w},b}\frac{1}{2}\|\boldsymbol{w}\|^2+C\sum_{i=0}^{m-1}L_i(\varepsilon)$$

$$L_i(\varepsilon)=\begin{cases}0, & |\boldsymbol{x}_{ri}\boldsymbol{w}+b-y_{ti}|<\varepsilon\\ |\boldsymbol{x}_{ri}\boldsymbol{w}+b-y_{ti}|-\varepsilon, & |\boldsymbol{x}_{ri}\boldsymbol{w}+b-y_{ti}|\geqslant\varepsilon\end{cases}$$

通俗点说，$L_i(\varepsilon)$是第i个样本点的损失，当预测值与真实值相差小于ε时，不计损失；否则，计算损失。$\sum_{i=0}^{m-1}L_i(\varepsilon)$ 为所有样本点的损失，C是惩罚系数，目标是要使$\frac{1}{2}\|\boldsymbol{w}\|^2$ 最小化，并加入 $C\sum_{i=0}^{m-1}L_i(\varepsilon)$ 作为惩罚。

看上去，上面的表述很完美，感觉似乎马上可以用拉格朗日乘数法来求解了。但事实上，很难确定ε，因为实际工程中很难有这样的模型可以把所有样本点都囊括进去，如图 17-10（b）所示。

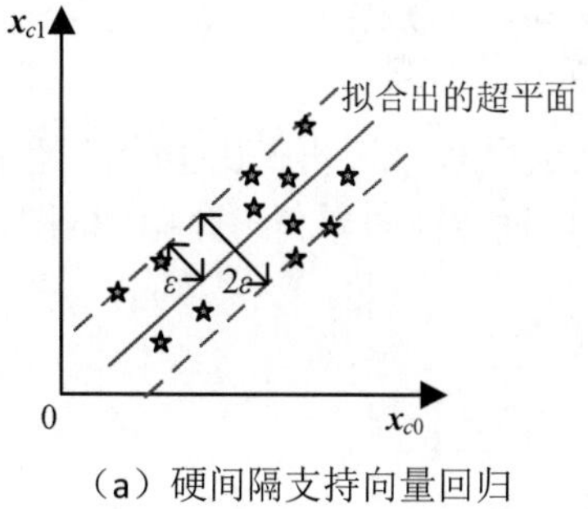

（a）硬间隔支持向量回归

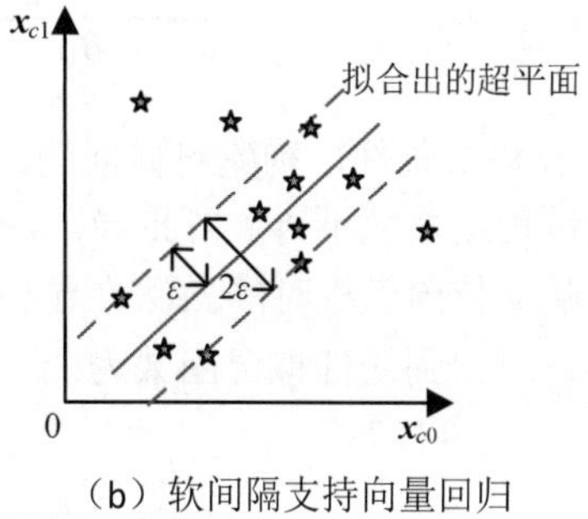

（b）软间隔支持向量回归

图 17-10 硬间隔支持向量回归

办法就是改成"软间隔"，允许有一定的容忍度。由此，我们引入松弛因子$\boldsymbol{\xi}$和$\bar{\boldsymbol{\xi}}$，分别针对位于临界超平面上方和临界超平面下方的样本点放宽条件。由此得到以下的目标函数和约束条件：

$$\min_{w,b,\xi,\bar{\xi}} \frac{1}{2}\|\boldsymbol{w}\|^2 + C\sum_{i=0}^{m-1}(\xi_i + \bar{\xi}_i)$$

$$\text{s.t.}\quad \boldsymbol{x}_{ri}\boldsymbol{w} + b - y_{ti} < \varepsilon + \xi_i,\ \ if\ \ \boldsymbol{x}_{ri}\boldsymbol{w} + b > y_{ti}$$
$$y_{ti} - \boldsymbol{x}_{ri}\boldsymbol{w} + b < \varepsilon + \bar{\xi}_i,\ \ if\ \ \boldsymbol{x}_{ri}\boldsymbol{w} + b < y_{ti}$$
$$\xi_i > 0, \bar{\xi}_i > 0$$

17.5.2 用拉格朗日乘数法做推导

构建出目标函数和约束条件就可以做推导了。构建拉格朗日函数：

$$F(\boldsymbol{w}, b, \boldsymbol{\lambda}, \boldsymbol{\mu}, \boldsymbol{\eta}, \bar{\boldsymbol{\eta}})$$
$$= \frac{1}{2}\|\boldsymbol{w}\|^2 + C\sum_{i=0}^{m-1}(\xi_i + \bar{\xi}_i) + \sum_{i=0}^{m-1}\left(\lambda_i(\ \boldsymbol{x}_{ri}\boldsymbol{w} + b - y_{ti} - \varepsilon - \xi_i)\right)$$
$$+ \sum_{i=0}^{m-1}\left(\mu_i(y_{ti} -\ \boldsymbol{x}_{ri}\boldsymbol{w} + b - \varepsilon - \bar{\xi}_i)\right) - \sum_{i=0}^{m-1}(\eta_i\xi_i) - \sum_{i=0}^{m-1}(\bar{\eta}_i\bar{\xi}_i)$$

对$\boldsymbol{w}$求偏导，可得：

$$\frac{\partial F(\boldsymbol{w}, b, \boldsymbol{\lambda}, \boldsymbol{\mu}, \boldsymbol{\eta}, \bar{\boldsymbol{\eta}})}{\partial \boldsymbol{w}} = 0 \Rightarrow \boldsymbol{w} = \sum_{i=0}^{m-1}((\mu_i - \lambda_i)\boldsymbol{x}_{ri})$$

对b求偏导，可得：

$$\frac{\partial F(\boldsymbol{w}, b, \boldsymbol{\lambda}, \boldsymbol{\mu}, \boldsymbol{\eta}, \bar{\boldsymbol{\eta}})}{\partial b} = 0 \Rightarrow \sum_{i=0}^{m-1}\mu_i = \sum_{i=0}^{m-1}\lambda_i$$

再得出 KKT 条件，构建对偶问题，使用 SMO 算法求得$\boldsymbol{\lambda}$、$\boldsymbol{\mu}$，再得出拟合的超平面方程。这一系列过程这里就不再重复推导了。有兴趣的读者可以参考前面章节中介绍硬间隔支持向量机、软间隔支持向量机时的做法推导和求解。

最终，可得到线性拟合函数为：

$$\boldsymbol{x}_{ri}\boldsymbol{w} + b = \sum_{i=0}^{m-1}(\lambda_i - \mu_i)(\boldsymbol{x}_{ri} \cdot \boldsymbol{x}_{rk}) + b$$

其中$\boldsymbol{x}_{rk}$为临界超平面上的样本点。可以发现这里同样出现有$\boldsymbol{x}_{ri}\cdot\boldsymbol{x}_{rk}$，如果引入核函数，就会变成：

$$\boldsymbol{x}_{ri}\boldsymbol{w}+b=\sum_{i=0}^{m-1}(\lambda_i-\mu_i)K(\boldsymbol{x}_{ri}\cdot\boldsymbol{x}_{rk})+b$$

这样我们又可以用核函数在高维空间下求解出低维空间下的非线性解。

17.6 深入浅出用 scikit-learn 做分类和回归

至此，支持向量机的原理已经全部讲解完毕。要做到深入浅出，接下来就要学会用现有的类来调参了。懂得了原理，对于调参，自然是理解和应用起来都要简便很多。

17.6.1 熟悉线性支持向量机（LinearSVC）

使用 LinearSVC 类初始化参数的形式如下：

```
sklearn.svm.LinearSVC (penalty='l2', loss='squared_hinge', *, dual=True,\
tol=1e-4, C=1.0, multi_class='ovr', fit_intercept=True,\
random_state=None, max_iter=1000)
```

（1）penalty。该参数指定目标函数中的正则化项，默认情况下参数值为“l2”，表示使用 L2 正则化项$\frac{1}{2}\|\boldsymbol{w}\|^2$。也可以设为“l1”表示使用 L1 正则化项，将会使得$\boldsymbol{w}$向量稀疏化。

（2）loss。该参数指定损失函数的类型。默认值为“squared_hinge”，表示为合页损失函数的平方。也可以设为“hinge”，表示为合页损失函数。

（3）dual。该参数设定是否采用对偶方式求解。

（4）tol。该参数设定迭代收敛的阈值。

（5）C。该参数设置正则化项的权重，是正则化项系数的倒数，也就是说C越大，正则化项的作用就越小。

（6）multi_class。该参数设置多分类的方法。“ovr”表示使用 One-Vs-All 策略。

（7）fit_intercept。该参数设置分界超平面方程中是否包含b，默认为包含。

（8）max_iter。该参数设置最大的迭代次数。

以上列出的是常用的参数。通常我们很少需要修改以上参数。LinearSVC 类有 2 个重要的属性就是 coef_和 intercept_，分别表示$\boldsymbol{w}$和b。重要的方法就是 fit()、score()、predict()等，考虑到本书前述的模型都有这 3 个方法，这里不再赘述。又考虑到线性支持向量机实际应用很少需要调节参数，这里不再过多说明。

17.6.2 熟悉非线性支持向量机（SVC）

使用 SVC 类初始化参数的形式如下：

```
sklearn.svm.SVC (C=1.0, kernel='rbf', degree=3, gamma='scale',\
coef0=0.0, tol=1e-3, max_iter=-1, decision_function_shape='ovr',)
```

在介绍 LinearSVC 类初始化参数时已经介绍过的含义与 SVC 类相同的参数这里就不再重复介绍了。其他的参数如下：

（1）kernel。该参数指出使用何种核函数。该参数可选的值有“rbf”（高斯核函数）、“poly”（多项式核参数）、“sigmoid”（Sigmoid 核函数）、“linear”（线性核函数）、“precomputed”（已经提供了一个内核矩阵），也可设置为一个可调用的函数。如果设置为一个可调用的函数，内核矩阵将事先被计算出来供使用。

（2）degree。该参数仅用于使用多项式核函数时设置其幂。

（3）gamma。该参数仅用于使用多项式核函数、高斯核函数或 Sigmoid 核函数时设置γ系数。默认值为“scale”表示将γ系数设为 $\frac{1}{n\_features \times XTrain.var()}$ ，其中$n_features$为特数据项的个数，$XTrain.var()$为训练数据集的样本方差。如果该参数值设为“auto”，则表示征将γ系数设为 $\frac{1}{n}$ 。如果是高斯核函数，则γ系数设置的是 $\frac{1}{2\sigma^2}$ 。

（4）coef0。该参数仅用于使用多项式核函数或 Sigmoid 核函数时设置r参数。

（5）max_iter。该参数设置最大的迭代次数。默认值为-1，表示不限制。

（6）decision_function_shape。该参数设置多分类的方法。默认值为“ovr”，表示使用 One-Vs-All 策略。还可以设置为“ovo”，表示使用 One-Vs-One 策略。

SVC 类有以下的主要属性：

（1）classes_。该属性得到类别标签的数组。

（2）coef_。该属性仅用于得到线性模型的$\boldsymbol{w}$。得到的二维数组形状为：

$$\left(\frac{n\_classes \times (n\_classes - 1)}{2}, n\_features\right)$$

其中，$n_classes$为类别个数。

（3）intercept_。该属性仅用于得到线性模型的 b。得到的数组元素个数为：

$$\frac{n\_classes \times (n\_classes - 1)}{2}$$

（4）dual_coef_。该属性得到决策支持向量的对偶系数。返回的数组形状为$(n_classes - 1, n_SV)$，即（类别的个数，决策支持向量的个数）。

（5）fit_status_。该属性得到模型训练的状态，值为 0 表示已经被正确地训练过，为其他值则将输出警告。

（6）support_。该属性得到所有支持向量的下标。

（7）support_vectors_。该属性得到所有的支持向量。返回的数组形状为$(n_SV, n_features)$。

（8）n_support_。该属性得到每种类别支持向量的个数。返回的数组元素个数为$n_classes$。

17.6.3 熟悉线性向量回归（LinearSVR）和非线性回归（SVR）

LinearSVR 类与 LinearSVC 类相同且含义相同的初始化参数、属性、方法这里不再重复说明，仅说明 LinearSVR 类 2 个不一样的地方：

（1）epsilon。该参数用于设置模型中的ε。该参数的默认值为 0。

（2）loss。该参数用于设置损失函数。该参数的默认值为“epsilon_insensitive”，表示使用 L1 损失函数。还可设置为“squared_epsilon_insensitive”，表示使用 L2 损失函数。

SVR 类与 SVC 类相同且含义相同的初始化参数、属性、方法这里不再重复说明，仅说明 SVR 类 1 个不一样的地方，那就是 epsilon 参数。该参数的默认值为 0.1。

17.6.4 调节非线性支持向量机的参数

学习了前述知识后，我们将可以大显身手，利用所学的知识找到更为理想的非线性支持向量机模型。下面仍以鸢尾花的三分类为例，源代码如下。

源代码 17-3 调节参数找到最优的非线性支持向量机模型做鸢尾花分类

```
#====导入各种要用到的库、类====
from sklearn.datasets import load_iris
from sklearn.svm import SVC
from sklearn.model_selection import train_test_split
from sklearn.preprocessing import StandardScaler
from sklearn.model_selection import GridSearchCV
import numpy as np
import pandas as pd
from sklearn.metrics import classification_report
from matplotlib.colors import ListedColormap
from matplotlib import pyplot as plt
#====加载数据====
iris=load_iris()
irisPd=pd.DataFrame(iris.data)
XIris=np.array(irisPd[[2,3]])
yIris=iris.target
#====标准化训练数据和测试数据====
Xtrain,Xtest,yTrain,yTest=train_test_split(Xiris,yIris,\
random_state=1,test_size=0.2)
preDealData=StandardScaler()
Xtrain=preDealData.fit_transform(Xtrain)
Xtest=preDealData.transform(Xtest)
Xiris=np.vstack((Xtrain,Xtest))#拼接数据
```

```
#====设置不同的 gamma 参数值和 C 参数值，找到最优的模型====
parameters={'C':range(1,21),\
'gamma':np.array(range(1,11))}
svc=SVC()
modelSearch=GridSearchCV(svc,parameters,return_train_score=True,cv=10)
modelSearch.fit(Xtrain,yTrain)
print("最优的模型是：",modelSearch.best_estimator_)
print("最好的成绩(准确度)是：",modelSearch.best_score_)
print("最优的参数是：",modelSearch.best_params_)
#====评价模型====
svcBest=modelSearch.best_estimator_
yPredict=svcBest.predict(Xtest)
print(classification_report(yTest,yPredict,target_names=\
['setosa','versicolor','virginica']))
#====定义画分界线并填充各类型块不同的颜色的函数====
#参数 model 为分类模型；参数 axis 为坐标轴上下界，
#axis[0]为横坐标下界，axis[1]为横坐标上界，
#axis[2]为纵坐标下界，axis[3]为纵坐标上界。
Def plot_decision_boundary(model,axis):
x0,x1 = np.meshgrid(
        np.linspace(axis[0],axis[1],int((axis[1]-axis[0])*100)),
        np.linspace(axis[2],axis[3],int((axis[3]-axis[2])*100))
)
x_new = np.c_[x0.ravel(),x1.ravel()]
y_predict = model.predict(x_new)#对每个点都预测分类
#转换数组 zz 的形状与 x0 的形状保持一致
zz = y_predict.reshape(x0.shape)
custom_cmap = ListedColormap(['#EF9A9A','#FFF59D','#90CAF9'])
plt.contourf(x0,x1,zz,cmap=custom_cmap)#填充等高线之间的色块
#====画分界线并填充各类型块不同的颜色====
plot_decision_boundary(svcBest,axis=[np.min(Xiris[:,0]),\
np.max(Xiris[:,0]),np.min(Xiris[:,1]),np.max(Xiris[:,1])])
#====画散点====
plt.scatter(Xtest[:,0][yTest==0],Xtest[:,1][yTest==0],\
label="setosa",c="red")
plt.scatter(Xtest[:,0][yTest==1],Xtest[:,1][yTest==1],\
label="versicolor",c="green",marker="*")
plt.scatter(Xtest[:,0][yTest==2],Xtest[:,1][yTest==2],\
label="virginica",c="blue",marker="^")
#===显示坐标轴和图例====
Xall=np.vstack((Xtrain,Xtest))#拼接数据
plt.xlabel("花瓣长度")
plt.xlim(np.min(Xall[:,0]),np.max(Xall[:,0]))
plt.ylabel("花瓣宽度")
plt.ylim(np.min(Xall[:,1]),np.max(Xall[:,1]))
plt.legend()
#====解决中文字符显示问题====
```

```
plt.rcParams['font.sans-serif']=['SimHei'] #用来正常显示中文标签
plt.rcParams['axes.unicode_minus']=False #用来正常显示负号
plt.show()
```

现在我们看上述代码应当是已经非常熟悉了。可以看到最为关键的是设置参数那一段代码。非线性支持向量机有 2 个最为重要的参数需要调度：一个是参数 C；另一个是参数“gamma”。因为“gamma”设置的是我们讨论原理时的 $\frac{1}{2\sigma^2}$，因此如果设置得偏大一点，会有更好的分类效果。于是我们设置 C 的范围为 1～20；gamma 的范围为 1～11，再用 GridSearchCV 来找到使准确度最高的模型。控制台输出如图 17-11 所示。

```
Console 1/A
最优的模型是： SVC(C=17, gamma=10)
最好的成绩(准确度)是： 0.9666666666666666
最优的参数是： {'C': 17, 'gamma': 10}
              precision    recall  f1-score   support

      setosa       1.00      1.00      1.00        11
  versicolor       1.00      1.00      1.00        13
   virginica       1.00      1.00      1.00         6

    accuracy                           1.00        30
   macro avg       1.00      1.00      1.00        30
weighted avg       1.00      1.00      1.00        30
```

图 17-11 找到的最理想的非线性支持向量机模型

可以发现此时找到的最好的非线性支持向量机模型参数 C 的值为 17，参数 gamma 的值为 10，准确度为 0.97；而且这个模型的泛化能力很好，针对测试数据集的准确度达到了 1.00。这真是令人欣喜。我们再来看看输出的分类效果图，如图 17-12 所示。

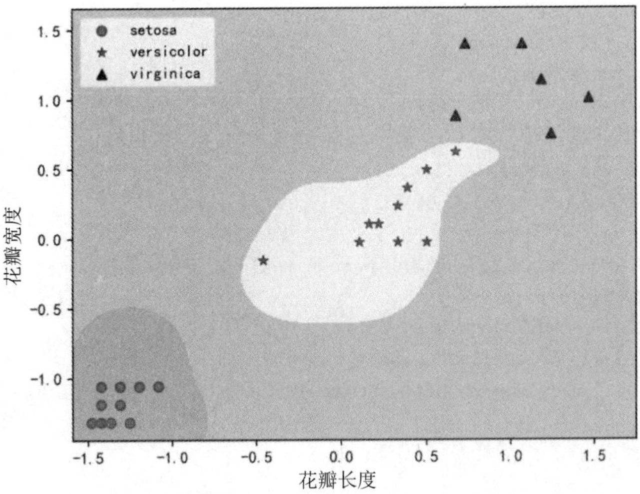

图 17-12 最理想的非线性支持向量机模型的分类效果

可以看到模型的分界线已经是不规则的分界线，可见高斯核函数分类功能的强大。

17.6.5 调节非线性支持向量回归模型的参数

下面使用波士顿房屋价格数据集作为例子来调节非线性支持向量回归模型。本书调节 2 个参数“gamma”和“epsilon”，源代码如下。

源代码 17-4 调节参数找到最优的非线性支持向量回归模型拟合房屋数据

```
#====导入各种要用到的库、类====
from sklearn.datasets import load_boston
from sklearn.svm import SVR
from sklearn.model_selection import train_test_split
from sklearn.preprocessing import StandardScaler
from sklearn.model_selection import GridSearchCV
import numpy as np
import pandas as pd
from matplotlib import pyplot as plt
#====加载数据====
#加载波士顿房屋价格数据集
boston=load_boston()
bos=pd.DataFrame(boston.data)
#获得 RM 特征项
X=np.array(bos.iloc[:,5:6])
#获得目标数据项
bos_target=pd.DataFrame(boston.target)
y=np.array(bos_target).flatten()
#====划分数据集====
XTrain,XTest,yTrain,yTest=train_test_split(X,y,test_size=0.2,random_state=3)
#====标准化训练数据和测试数据====
preDealData=StandardScaler()
XTrain=preDealData.fit_transform(XTrain)
XTest=preDealData.transform(XTest)
X=np.vstack((XTrain,XTest))#拼接数据
#====设置不同的 gamma 参数值和 C 参数值，找到最优的模型====
parameters={'gamma':np.arange(0.1,1,0.1),\
    'epsilon':np.arange(0.01,0.1,0.01)}
svr=SVR()
modelSearch=GridSearchCV(svr,parameters,return_train_score=True,cv=10)
modelSearch.fit(XTrain,yTrain)
print("最优的模型是：",modelSearch.best_estimator_)
print("最好的成绩(R2)是：",modelSearch.best_score_)
print("最优的参数是：",modelSearch.best_params_)
svrBest=modelSearch.best_estimator_
#====评价模型====
#导入评价模块
from sklearn import metrics
```

```
#定义评价模型的方法
def evaluateModel(model,modelName):
    #输出 R^2
    print(str(modelName)+"对训练数据的 R^2:",\
          metrics.r2_score(yTrain,model.predict(XTrain)))
    print(str(modelName)+"对测试数据的 R^2:",\
          metrics.r2_score(yTest,model.predict(XTest)))
    #输出 MSE
    print(str(modelName)+"对训练数据的 MSE:",\
          metrics.mean_squared_error(yTrain,model.predict(XTrain)))
    print(str(modelName)+"对测试数据的 MSE:",\
          metrics.mean_squared_error(yTest,model.predict(XTest)))
evaluateModel(svrBest,"找到的最理想的非线性支持向量回归模型")
#====画拟合线和散点====
#画散点
plt.scatter(XTrain[:,0],yTrain,label="训练样本",s=10,alpha=0.5)
plt.scatter(XTest[:,0],yTest,marker="*",label="测试样本",s=10,alpha=0.5)
#画拟合线
x=np.arange(np.min(X[:,0]),np.max(X[:,0])+0.05,0.05)
x=np.array([x]).T
plt.plot(x,svrBest.predict(x),label="理想的非线性支持向量回归模型")
#显示并保存图
plt.legend()
plt.xlabel("RM(房屋平均房间间数)")
plt.ylabel("price(房屋价格)")
plt.rcParams['font.sans-serif']=['SimHei'] #用来正常显示中文标签
plt.rcParams['axes.unicode_minus']=False #用来正常显示负号
plt.show()
```

以上源代码也是相当简洁。读者在使用时可以调节更多的参数，如增加要调节的C参数。只是增加调节的参数可能会使得程序运行的时间更长。控制台的输出如图 17-13 所示，面向测试数据拟合度达到了 0.64，比以前章节用决策树的效果稍差，但比用线性回归模型的效果明显好一些。

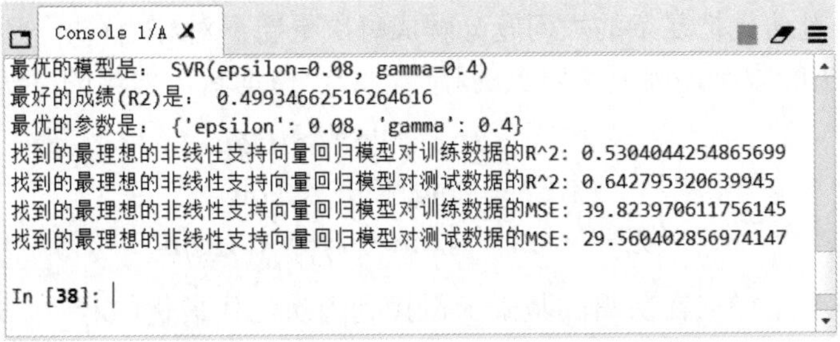

图 17-13　找到的最理想的非线性支持向量回归模型

拟合效果如图 17-14 所示，拟合出的是一条不是那么规则的曲线。当然，实际工程中肯定不会像我们做示例这样只有一个特征数据项，多数情况下会有更多的特征数据项和更多的样本数据。

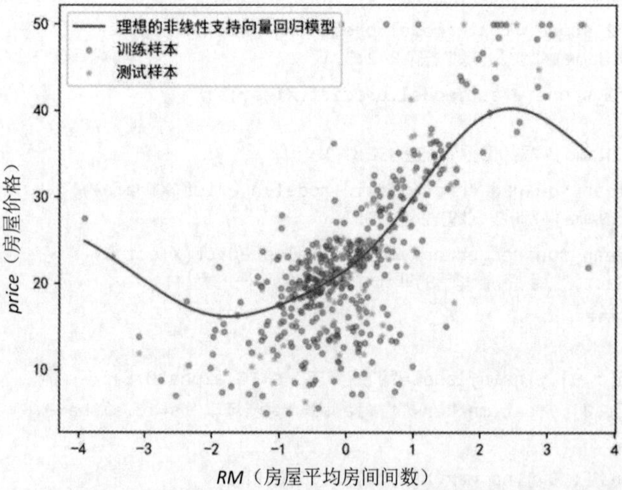

图 17-14　最理想的非线性支持向量回归模型的拟合效果

17.7　小结

掌握 SMO 算法的关键还是要懂得如何做参数的迭代更新，我们得出的推导结果如下：

$$\begin{cases} \lambda_j^{\text{new}} = \lambda_j^{\text{old}} + \dfrac{y_{tj}(E_k - E_j)}{K_{j,j} + K_{k,k} - 2K_{j,k}} \\ \lambda_k^{\text{new}} = -y_{tk} \displaystyle\sum_{i=0,i\neq j,i\neq k}^{m-1} (\lambda_i y_{ti}) - \lambda_j^{\text{new}} y_{tj} y_{tk} \end{cases}$$

这样就可以通过迭代把复杂的大问题分解成每次更新一对λ来解决。到了软间隔支持向量机中，由于有参数C的限制，需要对以上的λ_j^{new}、λ_k^{new}做剪辑，剪辑的办法是：

$$\begin{cases} \lambda_j^{\text{new}} = High, \lambda_j^{\text{new}} \geqslant High \\ \lambda_j^{\text{new}} = Low, \lambda_j^{\text{new}} \leqslant Low \\ \lambda_j^{\text{new}} = \lambda_j^{\text{new}}, Low < \lambda_j^{\text{new}} < High \end{cases}$$

同时我们还学会了如何在剪辑的基础上再找到当次迭代最优的λ_j^{new}、λ_k^{new}对。求解了$\boldsymbol{\lambda}$，硬间隔支持向量机、软件间隔支持向量机的后续问题就相对简单并都能迎刃而解。下面用表格总结一下上述知识点，见表 17-3。

表 17-3 本章前 3 节的知识小结

主要知识点	一句话总结	补充说明
SMO 算法	大问题分解为λ_j^{new}、λ_k^{new}对的更新	硬间隔支持向量机里可以精准更新
λ_j^{new}、λ_k^{new}的剪辑	框在矩形框里，并做上限、下限限制	软间隔支持向量机里得在限制中寻找最优的λ_j^{new}、λ_k^{new}对
SMO 算法的实现	初始化，预计算和选择更理想的λ_j^{new}、λ_k^{new}值这 3 步很重要	初始化会确保满足约束条件；预计算会提升计算速度；选择更理想的λ_j^{new}、λ_k^{new}值会确保每次迭代走一大步

非线性支持向量机原理中最关键的就是核函数。切记核函数计算的是高维空间里两个向量（样本点）的内积，而不是对样本点由低维空间向高维空间做映射。利用核函数的目的就是为了不做样本点向高维空间的映射，但又能放到高维空间中来做分类。

很多人总在讨论怎么选择核函数，其实理解了原理就能明白，这里还是给一些经验性的建议：优先选高斯核函数，它的适用面最宽；如果想计算速度快，就选线性核函数和多项式核函数；通常针对样本数据量还没有特征数据项个数多的数据集，我们认为线性可分，所以就用线性核函数或线性支持向量机。

支持向量回归模型从原理上只是与支持向量机分类模型的优化目标和约束条件不同，求解过程如出一辙。支持向量回归模型的非线性解为：

$$\sum_{i=0}^{m-1}(\lambda_i-\mu_i)K(\boldsymbol{x}_{ri}\cdot\boldsymbol{x}_{rk})+b$$

调参总是机器学习的热门话题。我推荐大家使用工具（如 GridSearchCV）来辅助调参。如果要掌握更多的调参技巧，应当对 scikit-learn 中的原理及调参技巧知识有更多的实践和学习。

第18章 学会使用 KNN

图 18-1 为学习路线图，本章知识概览见表 18-1。

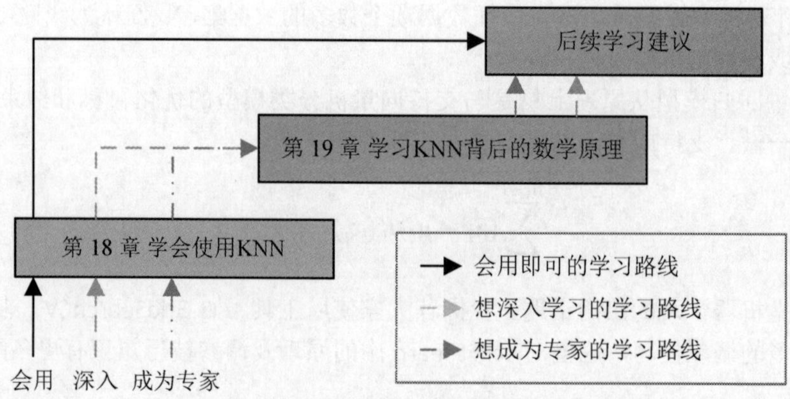

图 18-1 学习路线图

表 18-1 本章知识概览

知识点	难度系数	一句话学习建议
KNN 的原理	★★	道理就是“近朱者赤、近墨者黑”
用 KNeighborsClassifier 类做分类	★★	先学会用默认参数做分类
用 KNeighborsRegressor 类做回归	★★	先学会用默认参数做回归

k-近邻（k Nearest Neighbor，KNN）模型是机器学习里最好理解的模型之一。本章将尝试不用任何数学公式来讲解 KNN 的原理，再用 scikit-learn 中的相关类直接做实例。

18.1 理解 KNN 的基本原理

下面就来讲解 KNN 的基本原理，学习中会发现 KNN 确实因比较符合我们的思维习惯而相对容易理解。

18.1.1 不用数学公式讲解 KNN 的原理

如图 18-2 所示，假定在相对最简单的情况下，现在要做二分类，训练数据集中的两类样本点为图中所示的三角形和星形所在的点。

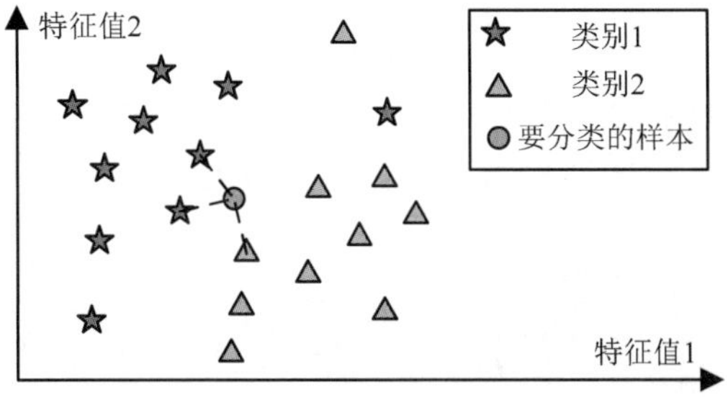

（a）k=3

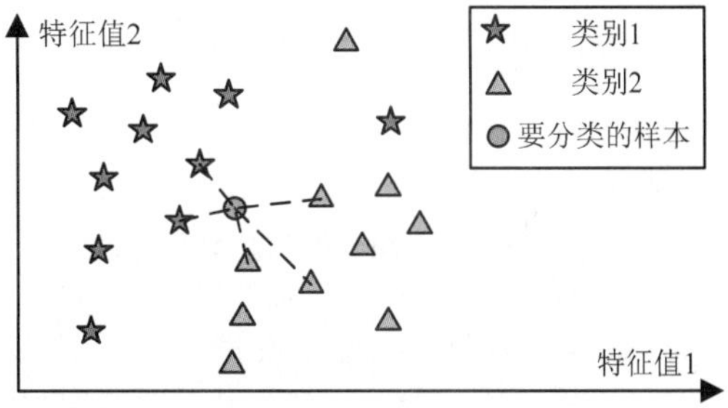

（b）k=5

图 18-2 KNN 的基本原理

训练好 KNN 模型后，新来一个样本点要进行二分类，新来的这个样本点如图中的圆形点所示。根据 KNN 模型的参数k可判定圆形样本点所属的分类。具体使用投票规则来判定。

先找到训练数据集中k个与圆形样本点最接近的样本点，再看这k个样本点属于哪一类，数量最多的那一类就是预测出的圆形样本点所属的类。根据这个规则，图 18-2（a）中的圆形样本点属于类别 1，因为 3 个最接近的样本点中有 2 个属于类别 1；图 18-2（b）中的圆形样本点属于类别 2，因为 5 个最接近的样本点中有 3 个属于类别 2。

18.1.2 扩展到多分类和回归应用

分类应用更复杂一些的应用场景就是数据的特征数据项更多、类型更多了。当数据特征项的个数大于 3 时，我们已经不能再做图示，只能在脑海中想象了，但分类的原理是一样的。如果类型更多，假定要做三分类，原理仍然与二分类相同。我们仍然根据投票规则，先找到训练数据集中k个与圆形样本点最接近的样本点，再看这k个样本点属于哪一类最多，这一类就是预测出的圆形样本点所属的类。

KNN 也可以用来做回归，我们知道，回归的目标数据项是连续的值，因此 KNN 的原理就是找到训练数据集中k个最接近的样本点后，以这k个样本点目标数据项的平均值作为预测的目标数据项值。

18.1.3 怎么确定 KNN 模型的 *k* 值

接下来还有一个问题就是如何来确定 KNN 模型的*k*值：对于分类问题，就看取哪个*k*值时准确度更高；对于回归问题，就看取哪个*k*值时误差更小。

18.2 用 KNN 做分类和回归

scikit-learn 中的 KNeighborsClassifier 类用来做分类，使用起来十分简便。

18.2.1 用 KNN 模型做鸢尾花分类

KNeighborsClassifier 类的初始化方法中最重要的参数当数 n_neighbors，这就是设置的*k*值。默认情况下该参数的值为 5。我们先来看看不做任何设置时 KNN 模型的分类效果。

源代码 18-1 用 KNN 模型做鸢尾花分类

```
#====导入各种要用到的库、类====
from sklearn.datasets import load_iris
from sklearn.model_selection import train_test_split
from sklearn.preprocessing import StandardScaler
import numpy as np
import pandas as pd
from sklearn.metrics import classification_report
from sklearn.neighbors import KNeighborsClassifier
from matplotlib.colors import ListedColormap
from matplotlib import pyplot as plt
#====加载数据====
iris=load_iris()
irisPd=pd.DataFrame(iris.data)
XIris=np.array(irisPd[[2,3]])
yIris=iris.target
#====标准化训练数据和测试数据====
XTrain,XTest,yTrain,yTest=train_test_split(XIris,yIris,\
   random_state=1,test_size=0.2)
preDealData=StandardScaler()
XTrain=preDealData.fit_transform(XTrain)
XTest=preDealData.transform(XTest)
XIris=np.vstack((XTrain,XTest))#拼接数据
#====训练模型====
knn=KNeighborsClassifier()
knn.fit(XTrain,yTrain)
#====评价模型====
```

```
yPredict=knn.predict(XTest)
print(classification_report(yTest,yPredict,target_names=\
    ['setosa','versicolor','virginica']))
#====定义画分界线并填充各类型块不同的颜色的函数====
#参数 model 为分类模型；参数 axis 为坐标轴上下界，
#axis[0]为横坐标下界，axis[1]为横坐标上界，
#axis[2]为纵坐标下界，axis[3]为纵坐标上界。
def plot_decision_boundary(model,axis):
    x0,x1 = np.meshgrid(
        np.linspace(axis[0],axis[1],int((axis[1]-axis[0])*100)),
        np.linspace(axis[2],axis[3],int((axis[3]-axis[2])*100))
    )
    x_new = np.c_[x0.ravel(),x1.ravel()]
    y_predict = model.predict(x_new)#对每个点都预测分类
    #转换数组 zz 的形状与 x0 的形状保持一致
    zz = y_predict.reshape(x0.shape)
    custom_cmap = ListedColormap(['#EF9A9A','#FFF59D','#90CAF9'])
    plt.contourf(x0,x1,zz,cmap=custom_cmap)#填充等高线之间的色块
#====画分界线并填充各类型块不同的颜色====
plot_decision_boundary(knn,axis=[np.min(XIris[:,0]),\
    np.max(XIris[:,0]),np.min(XIris[:,1]),np.max(XIris[:,1])])
#====画散点====
plt.scatter(XTest[:,0][yTest==0],XTest[:,1][yTest==0],\
    label="setosa",c="red")
plt.scatter(XTest[:,0][yTest==1],XTest[:,1][yTest==1],\
    label="versicolor",c="green",marker="*")
plt.scatter(XTest[:,0][yTest==2],XTest[:,1][yTest==2],\
    label="virginica",c="blue",marker="^")
#===显示坐标轴和图例====
XAll=np.vstack((XTrain,XTest))#拼接数据
plt.xlabel("花瓣长度")
plt.xlim(np.min(XAll[:,0]),np.max(XAll[:,0]))
plt.ylabel("花瓣宽度")
plt.ylim(np.min(XAll[:,1]),np.max(XAll[:,1]))
plt.legend()
#====解决中文字符显示问题====
plt.rcParams['font.sans-serif']=['SimHei'] #用来正常显示中文标签
plt.rcParams['axes.unicode_minus']=False #用来正常显示负号
plt.show()
```

这里的源代码中关键的代码也就是生成模型和训练模型的 2 句代码，其他的代码大家应该已经非常熟悉了，所以此处不做过多解释。控制台的输出如图 18-3 所示，准确度为 0.97。

程序运行后作出的分类效果图如图 18-4 所示。可见，KNN 模型的分类边界并不规则，从图中对测试数据集的分类效果来看，仍有个别测试数据分类有误。那有没有什么办法找到更合适的参数k的值，以使分类的效果更好呢？要找到理想的k值，我们需要使用交叉验证法，这

部分内容将在第 19 章中讲解。接着来看源代码 18-2，看看怎么做回归。

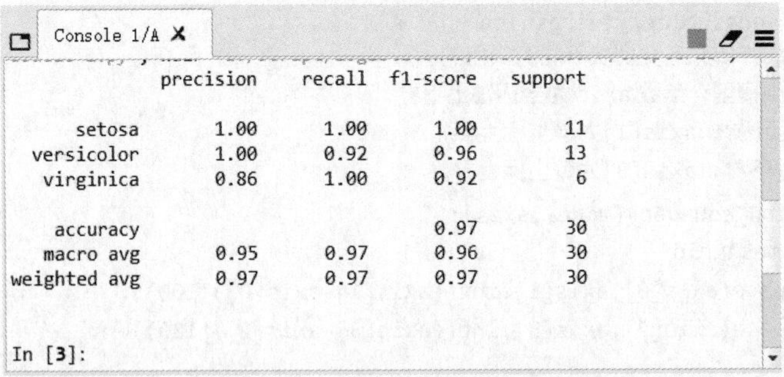

图 18-3　评价 KNN 模型做鸢尾花分类的效果

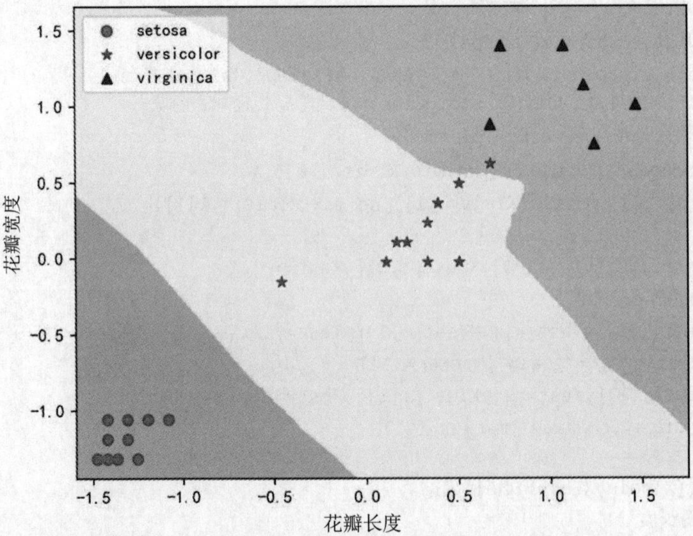

图 18-4　用 KNN 模型做鸢尾花分类的效果图示

18.2.2　用 KNN 模型做房屋价格回归

仍以波士顿房屋价格数据集为例，为简便并便于绘制图形，我们仍只使用 1 个特征数据项，源代码如下。

源代码 18-2　用 KNN 模型做房屋价格回归

```
#====导入各种要用到的库、类====
from sklearn.datasets import load_boston
from sklearn.model_selection import train_test_split
from sklearn.preprocessing import StandardScaler
import numpy as np
import pandas as pd
```

```
from sklearn.neighbors import KNeighborsRegressor
from matplotlib import pyplot as plt
#====加载数据====
#加载波士顿房屋价格数据集
boston=load_boston()
bos=pd.DataFrame(boston.data)
#获得 RM 特征项
X=np.array(bos.iloc[:,5:6])
#获得目标数据项
bos_target=pd.DataFrame(boston.target)
y=np.array(bos_target).flatten()
#====划分数据集====
XTrain,XTest,yTrain,yTest=train_test_split(X,y,test_size=0.2,random_state=3)
#====标准化训练数据和测试数据====
preDealData=StandardScaler()
XTrain=preDealData.fit_transform(XTrain)
XTest=preDealData.transform(XTest)
X=np.vstack((XTrain,XTest))#拼接数据
#====训练模型====
knn=KNeighborsRegressor()
knn.fit(XTrain,yTrain)
#====评价模型====
from sklearn import metrics#导入评价模块
#输出 R^2
print("对训练数据的 R^2:",\
     metrics.r2_score(yTrain,knn.predict(XTrain)))
print("对测试数据的 R^2:",\
     metrics.r2_score(yTest,knn.predict(XTest)))
#输出 MSE
print("对训练数据的 MSE:",\
     metrics.mean_squared_error(yTrain,knn.predict(XTrain)))
print("对测试数据的 MSE:",\
     metrics.mean_squared_error(yTest,knn.predict(XTest)))
#====画拟合线和散点====
#画散点
plt.scatter(XTrain[:,0],yTrain,label="训练样本",s=10,alpha=0.5)
plt.scatter(XTest[:,0],yTest,marker="*",label="测试样本",s=10,alpha=0.5)
#画拟合线
x=np.arange(np.min(X[:,0]),np.max(X[:,0])+0.05,0.05)
x=np.array([x]).T
plt.plot(x,knn.predict(x),label="KNN 回归模型")
#显示并保存图
plt.legend()
plt.xlabel("RM(房屋平均房间间数)")
plt.ylabel("price(房屋价格)")
plt.rcParams['font.sans-serif']=['SimHei'] #用来正常显示中文标签
```

```
plt.rcParams['axes.unicode_minus']=False #用来正常显示负号
plt.show()
```

程序运行的控制台输出如图 18-5 所示，针对训练数据和测试数据的拟合度分别达到 0.639、0.648，比此前学习过的线性拟合明显表现更好。拟合出的曲线如图 18-6 所示，也明显可见拟合出的曲线更为贴近实际工程应用。

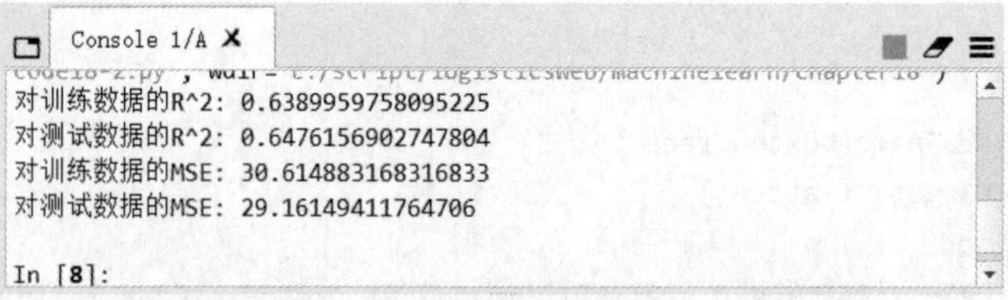

图 18-5　评价 KNN 模型做房屋价格回归的效果

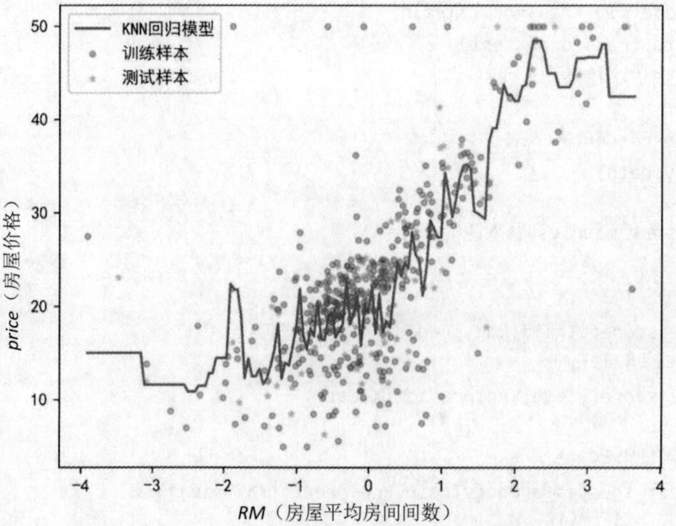

图 18-6　用 KNN 模型做房屋价格回归的效果图示

18.3　小结

KNN 的原理概括起来就是看k个近邻点中属于哪个类型的点最多，那么要预测的点就属于点数最多的类。从原理上来看，KNN 主要的参数就是k。

在使用默认参数情况下，KNeighborsClassifier 类、KNeighborsRegressor 类分别可用于分类、回归应用，而且通常已经可以取得较好的效果。但要懂得更多的底层原理，要会调节模型的参数，就要学习第 19 章将要讲解的 KNN 数学原理了。

第19章 学习 KNN 背后的数学原理

图 19-1 为学习路线图，本章知识概览见表 19-1。

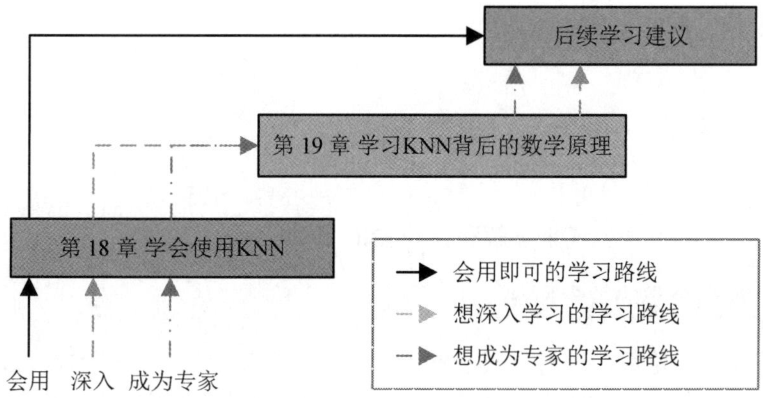

图 19-1 学习路线图

表 19-1 本章知识概览

知识点	难度系数	一句话学习建议
用 KNN 模型分类的数学原理	★★★	建议先理解 argmax 的含义，再跟着实例理解目标函数的内涵
解决有多个备选分类问题的办法	★★	先想想看有什么解决办法，再带着问题和自己的思考去学习
解决样本数量不均衡问题的办法	★★	
欧几里得距离	★	学习过多次了，这次正式给出名字
曼哈顿距离	★	想想在城市里如何走格子就能形象地理解了
闵可夫斯基距离	★	它就是欧几里得距离和曼哈顿距离的集成表达
夹角的余弦	★	可以把样本点看成空间中的向量

续表

知识点	难度系数	一句话学习建议
杰卡德系数和杰卡德距离	★	先要知道它们是一对用于衡量集合运算的指标
构建 KD 树的算法	★★★★	先要深刻理解递归的思想，再根据算法来理解快速搜索近邻点的原理
用 KD 树找到 k 个近邻点的算法	★★★★	
构建 Ball 树的算法	★★★★	
用 Ball 树找到 k 个近邻点的算法	★★★★	
调节 KNN 模型参数的方法	★★★	先学习 scikit-learn 中 KNeighborsClassifier 类和 KNeighborsRegressor 类的参数含义，再学会用 GridSearchCV 调参

从字面上来看 KNN 的思想还是比较好理解的，但能否用相对严谨的数学公式来表达？本章就来讲解数学原理。看到公式如果难以理解，就结合实例和图形来理解。

本章主要讨论 4 个方面的问题：一是 KNN 的数学原理；二是距离的度量；三是构建和应用 KD 树、Ball 树；四是调节 KNN 模型参数的方法。

19.1 理解 KNN 的数学原理

下面我们尝试用数学公式来讲解和讨论 KNN 的数学原理。

19.1.1 用 KNN 做分类的数学原理

延用此前我们讨论数据的符号表示法。设测试数据集中的一个样本点为$\boldsymbol{x}_{ri}$，在训练数据集中找到 k 个样本点为$\boldsymbol{x}_{ri}$的近邻，这个近邻的集合为N_k，因此可以将N_k中的某个样本点表示为$\boldsymbol{x}_{rk}$。得出$\boldsymbol{x}_{ri}$的所属类型的公式为：

$$y_{pi} = \underset{c_k}{\operatorname{argmax}} \sum_{\boldsymbol{x}_{rj} \in N_k} I(c_k == y_{tj}) \tag{19-1}$$

看懂这个公式表达的含义需要仔细体会，c_k表示假定的$\boldsymbol{x}_{ri}$所属的类型。argmax表示要求得后面的函数取得最大值时的自变量c_k值。I函数表示一个 0-1 函数，则$I(c_k == y_{tj})$表示$c_k == y_{tj}$时，返回值 1；$c_k != y_{tj}$（不等于）时，返回 0。如果这样解释还没理解，我们就来看例子。

假定$k = 5$，现在已找到$\boldsymbol{x}_{ri}$在训练数据集中的 5 个近邻样本点的集合$N_k = \{\boldsymbol{x}_{r5}, \boldsymbol{x}_{r11}, \boldsymbol{x}_{r15}, \boldsymbol{x}_{r51}, \boldsymbol{x}_{r77}\}$，见表 19-2。由于$\sum_{\boldsymbol{x}_{rj} \in N_k} I(c_k == y_{tj})$中自变量为$c_k$，假定有 3 种类型，即$c_k$的取值范围为$c_k = \{1,2,3\}$。

表 19-2 $\boldsymbol{x}_{ri}$的 5 个近邻样本点

N_k的元素	y_{tj}	$c_k = 1$时	$c_k = 2$时	$c_k = 3$时
$\boldsymbol{x}_{r5}$	$y_{t5} = 1$	$I(1 == y_{t5}) = 1$	$I(2 == y_{t5}) = 0$	$I(3 == y_{t5}) = 0$
$\boldsymbol{x}_{r11}$	$y_{t11} = 2$	$I(1 == y_{t11}) = 0$	$I(2 == y_{t11}) = 1$	$I(3 == y_{t11}) = 0$
$\boldsymbol{x}_{r15}$	$y_{t15} = 3$	$I(1 == y_{t15}) = 0$	$I(2 == y_{t15}) = 0$	$I(3 == y_{t15}) = 1$
$\boldsymbol{x}_{r51}$	$y_{t51} = 1$	$I(1 == y_{t51}) = 1$	$I(2 == y_{t51}) = 0$	$I(3 == y_{t51}) = 0$
$\boldsymbol{x}_{r77}$	$y_{t77} = 1$	$I(1 == y_{t77}) = 1$	$I(2 == y_{t77}) = 0$	$I(3 == y_{t77}) = 0$

当$c_k = 1$时，有：

$$\sum_{\boldsymbol{x}_{rj} \in N_k} I(c_k == y_{tj})\bigg|_{c_k=1} = I(1 == y_{t5}) + I(1 == y_{t11}) + I(1 == y_{t15})$$
$$+I(1 == y_{t51}) + I(1 == y_{t77}) = 3$$

用同样的方法，可计算得到：

$$\sum_{\boldsymbol{x}_{rj} \in N_k} I(c_k == y_{tj})\bigg|_{c_k=2} = 1$$

$$\sum_{\boldsymbol{x}_{rj} \in N_k} I(c_k == y_{tj})\bigg|_{c_k=3} = 1$$

因此，$\sum_{\boldsymbol{x}_{rj} \in N_k} I(c_k == y_{tj})$值最大时，自变量$c_k$的值为 1，由此预测$\boldsymbol{x}_{ri}$所属的类型为类型 1，即$y_{pi} = 1$。

从上述数学原理也可以看出，式（19-1）同时适用于二分类和多分类的情形。

19.1.2 有多个备选分类及样本数量不均衡问题的解决办法

前述原理从数据表达上来看，通过例题的讲解后也还好理解，但是存在 2 个问题需要我们来进一步讨论。

（1）**如果计算出来的c_k存在多个值怎么办？**假定表 19-2 中，如果 3 种类型中有 2 种类型计算出来的$\sum_{\boldsymbol{x}_{rj} \in N_k} I(c_k == y_{tj})$ 值相同且为 2，那选用哪种类型作为c_k？这时就应该比距离，谁的距离更近就选谁。这真是把“近朱者赤，近墨者黑”的原则执行到底。由于N_k中属于某类的样本点可能有多个，这类样本的点与$\boldsymbol{x}_{ri}$的距离度量应采用平均值，即：

$$distance(\boldsymbol{x}_{ri}, N_{c_k}) = \frac{1}{|N_{c_k}|}\sum_{\boldsymbol{x}_{rj}\in N_{c_k}} distance(\boldsymbol{x}_{ri}, \boldsymbol{x}_{rj}) \tag{19-2}$$

式中，N_{c_k}为一个拥有最多近邻样本点的类型中的近邻样本点集合；$|N_{c_k}|$为这个集合中元素的个数。据此，式（19-1）就改进为：

$$\begin{cases} N_{c_k} = \bigcup \underset{c_k}{\operatorname{argmax}} \sum_{\boldsymbol{x}_{rj}\in N_k} I(c_k == y_{tj}) \\ y_{pi} = c_k,\ if\ |N_{c_k}| = 1 \\ y_{pi} = \underset{c_k}{\operatorname{argmax}}\, distance(\boldsymbol{x}_{ri}, N_{c_k}) = \\ \underset{c_k}{\operatorname{argmax}}\left(\frac{1}{|N_{c_k}|}\sum_{\boldsymbol{x}_{rj}\in N_{c_k}} distance(\boldsymbol{x}_{ri}, \boldsymbol{x}_{rj})\right),\ if\ |N_{c_k}| > 1 \end{cases} \tag{19-3}$$

式中，符号“U”表示集合的并集运算。

（2）**各样本类型中的样本数量不均衡怎么办？**极端情况下，这种不均衡的情况会导致判断失误率很高。如图 19-2 所示，由于训练样本中类别 1 的样本点比类别 2 的样本点少很多，当有要分类的样本需要预测所属类别时，大概率会被判定为类别 2。这显然不合理，则可以按数量占比的倒数给以不同的权重。为什么是数量占比的倒数？因为占比越大，就应该把权重设得更小，这样才能起到平衡作用。

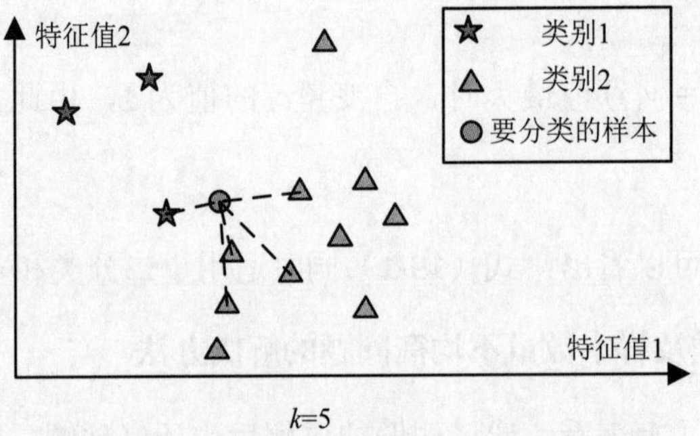

图 19-2　样本类型中的样本数量不均衡

据此，可用以下的公式得到第j种类型的样本的权重：

$$w_j = \frac{|\boldsymbol{D}|}{|\boldsymbol{D}_j|} \tag{19-4}$$

式中，$\boldsymbol{D}$为所有训练样本集；$\boldsymbol{D}_j$为训练样本集中属于第j种类型的样本集；$|\boldsymbol{D}|$为训练样本集的样本数量，$|\boldsymbol{D}_j|$为训练样本集中属于第j种类型的样本数量。据此，我们可以把式（19-3）的第

1 个式子改进为：

$$N_{c_k} = \bigcup \underset{c_k}{\operatorname{argmax}}\left(w_k \sum_{\boldsymbol{x}_{rj}\in N_k} I(c_k == y_{tj})\right) = \bigcup \underset{c_k}{\operatorname{argmax}}\left(\frac{|\boldsymbol{D}|}{|\boldsymbol{D}_k|} \sum_{\boldsymbol{x}_{rj}\in N_k} I(c_k == y_{tj})\right) \tag{19-5}$$

绝大多数情况下，会是这样的：

$$y_{pi} = \underset{c_k}{\operatorname{argmax}}\left(\frac{|\boldsymbol{D}|}{|\boldsymbol{D}_k|} \sum_{\boldsymbol{x}_{rj}\in N_k} I(c_k == y_{tj})\right) \tag{19-6}$$

因为加上权重系数w_k后，N_{c_k}集合中有多个元素的可能性很小，但也有可能。当训练数据集中各个类型的样本数量相同时，计算出来的权重系数w_k也会相同，N_{c_k}集合仍然可能存在多个元素。

为减少判断的步骤，可以在计算N_{c_k}时就加入距离作为权重，原则仍然是“近朱者赤，近墨者黑”，即：对于距离要分类的样本点近一些的样本点，计算$I(c_k == y_{ti})$时给以更大的权重；对于距离要分类的样本点远一些的样本点，计算$I(c_k == y_{ti})$时给以更小的权重。办法就是采用距离的倒数作为权重。

由于加入了距离的倒数作为权重，计算出来的N_{c_k}将只会有一个元素。据此，可将式(19-3)再次改进并简化为：

$$y_{pi} = \underset{c_k}{\operatorname{argmax}}\left(\frac{|\boldsymbol{D}|}{|\boldsymbol{D}_k|} \sum_{\boldsymbol{x}_{rj}\in N_k} \left(\frac{1}{distance(\boldsymbol{x}_{ri}, \boldsymbol{x}_{rj})} I(c_k == y_{tj})\right)\right) \tag{19-7}$$

19.1.3 用 KNN 做回归的数学原理

下面用公式表达出做回归时的数学原理：

$$y_{pi} = \frac{1}{k} \sum_{\boldsymbol{x}_{rj}\in N_k} y_{tj} \tag{19-8}$$

这个式子非常好理解，不再赘述。

19.2 再次讨论距离的度量

在 19.1 节的讨论中，我们得出了式（19-7）和式（19-8）分别用于做分类和回归应用，但能使用这 2 个公式的前提是先要找到训练数据集中近邻样本点的集合N_k，这就必须要计算要预测的样本点和训练数据集中样本点的距离。关于怎么计算空间中两点（或者说两个向量）的距离，接下来展开讨论。

19.2.1 欧几里得距离

在第 16 章中我们曾经讨论并得到过空间中两点$\boldsymbol{A}$、$\boldsymbol{B}$的距离公式：

$$distance(\boldsymbol{A},\boldsymbol{B}) = \sqrt{\sum_{i=0}^{n-1}(b_i - a_i)^2}$$

这实际上是常规思维下的欧几里得空间中两点的距离公式。如果未做特别说明，通常我们理解的都是欧几里得空间（又称为欧氏空间），这个空间以古希腊著名数学家欧几里得（Euclid）命名。切换到机器学习领域中来理解，样本点之间的距离则计算公式为：

$$distance\left(\boldsymbol{x}_{ri},\boldsymbol{x}_{rj}\right) = \sqrt{\sum_{k=0}^{n-1}\left(\boldsymbol{x}_{ik} - \boldsymbol{x}_{jk}\right)^2} \tag{19-9}$$

式（19-9）计算得到的距离称为欧几里得距离（又称为欧氏距离）。

19.2.2 曼哈顿距离和闵可夫斯基距离

曼哈顿距离是出生在俄国的德国数学家赫尔曼·闵可夫斯基（Hermann Minkowski）创造的词汇。在曼哈顿这座城市，城市道路常常是形如图 19-3 所示的情况（矩形块表示房屋、中间的空行表示街道），从$\boldsymbol{A}$点到$\boldsymbol{B}$点要经过的道路长度要最短，有好几种走的方式，但距离都一样且为：

$$distance(\boldsymbol{A},\boldsymbol{B}) = \sum_{i=0}^{n-1}|b_i - a_i|$$

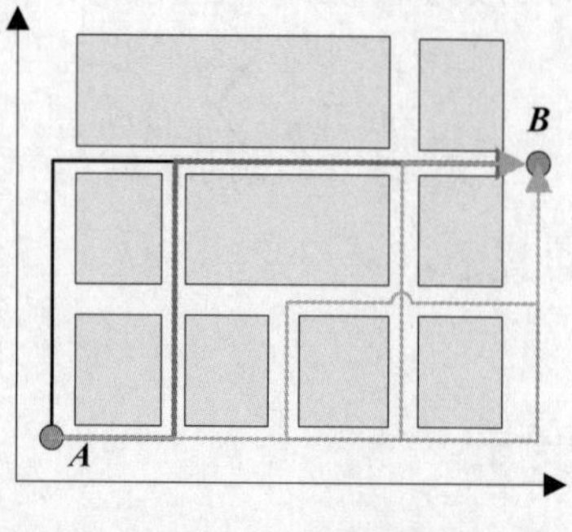

图 19-3　两点之间的曼哈顿距离

切换到机器学习领域中来理解，则样本点之间的距离计算公式为：

$$distance\left(\boldsymbol{x}_{ri},\boldsymbol{x}_{rj}\right) = \sum_{i=0}^{n-1}\left|\boldsymbol{x}_{ik} - \boldsymbol{x}_{jk}\right| \tag{19-10}$$

式（19-9）和式（19-10）可以用一个统一的公式来表达，即：

$$distance(\boldsymbol{x}_{ri}, \boldsymbol{x}_{rj}) = \sqrt[p]{\sum_{i=0}^{n-1} |\boldsymbol{x}_{ik} - \boldsymbol{x}_{jk}|^p} \quad (19\text{-}11)$$

式（19-11）计算得到的距离称为闵可夫斯基距离（又称为闵氏距离）。参数$p = 1$，则式（19-11）就变成了式（19-10）；参数$p = 2$，则式（19-11）就变成了式（19-9）。

19.2.3 夹角的余弦

两个样本点在空间里体现为两个向量，如果两个向量之间的夹角越小则表明两个向量方向越一致，因此可以用来衡量两个向量的相似性。夹角的余弦值的范围为$[-1,1]$，余弦值越接近 1，表明夹角越小，其计算方式如下：

$$\cos(\boldsymbol{x}_{ri}, \boldsymbol{x}_{rj}) = \frac{\boldsymbol{x}_{ri} \cdot \boldsymbol{x}_{rj}}{\|\boldsymbol{x}_{ri}\| \times \|\boldsymbol{x}_{rj}\|} \quad (19\text{-}12)$$

19.2.4 杰卡德相似系数和杰卡德相似距离

杰卡德系数用来衡量两个集合的相似度，其计算公式如下：

$$J(A,B) = \frac{|A \cap B|}{|A \cup B|} \quad (19\text{-}13)$$

即两个集合交集元素个数与并集元素个数的比值。因并集元素个数通常会大于或等于交集元素个数，故$J(A,B) \leqslant 1$。杰卡德距离是与杰卡德系数相对的概念：

$$JD(A,B) = 1 - J(A,B) = 1 - \frac{|A \cap B|}{|A \cup B|} = \frac{|A \cup B| - |A \cap B|}{|A \cup B|} \quad (19\text{-}14)$$

关于距离的计算还有很多公式，如切比雪夫距离、标准化欧氏距离、马氏距离、皮尔逊系数、兰氏距离等，这里不再一一讲解。理解以上知识再自行扩展学习应该不是难事。当然，用得最多的还是欧氏距离，通常为确保量纲一致，我们会先把数据进行标准化后再计算距离。

19.3 利用搜索树加速查找

有距离计算公式了，接下来就要找到要预测的样本点在训练数据集中的k个近邻样本点。最简单的办法自然是暴力法，所谓暴力法就是遍历训练数据集，挨个计算距离，然后找到k个近邻样本点。如果训练数据集很大，暴力法的计算量也会很大，有一种减少计算量的办法就是使用 KD 树。

19.3.1 构建 KD 树

KD 树的K是指K维空间，不是指k个近邻样本点；D 就是距离 distance 的首字母。KD 树是一棵二叉树。

下面以二维空间为例学习用训练数据集构建 KD 树的完整过程。假定要训练数据集为“[2,3], [5,4], [9,6], [4,7], [8,1], [7,2]”。首先构建起 KD 树的根，如图 19-4 所示。

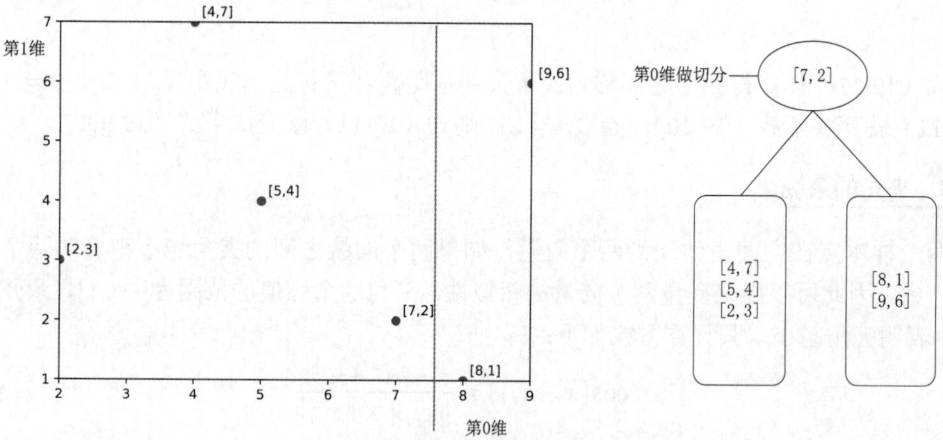

图 19-4　构建 KD 树的根

首先在第 0 维做切分，得到第 0 维的中位数为 7。所谓中位数，是指数据集中的中间那个数。我们可以先将数据集排好序，再看数据集的元素个数。如果数据集中元素的个数为奇数，则中位数就是位置处于排好序的数据集最中间位置的数；如果数据集中元素的个数为偶数，则中位数就是排好序的数据集中间偏后一位的数。如本例中的第 0 维数据集为{2,4,7,5,8,9}，排好序后为{2,4,5,7,8,9}，元素个数为偶数，故取 7 为中位数。根据中位数，可将训练数据集切分成 2 个部分，以[7,2]为根结点。接下来以第 1 维做切分，如图 19-5 所示。

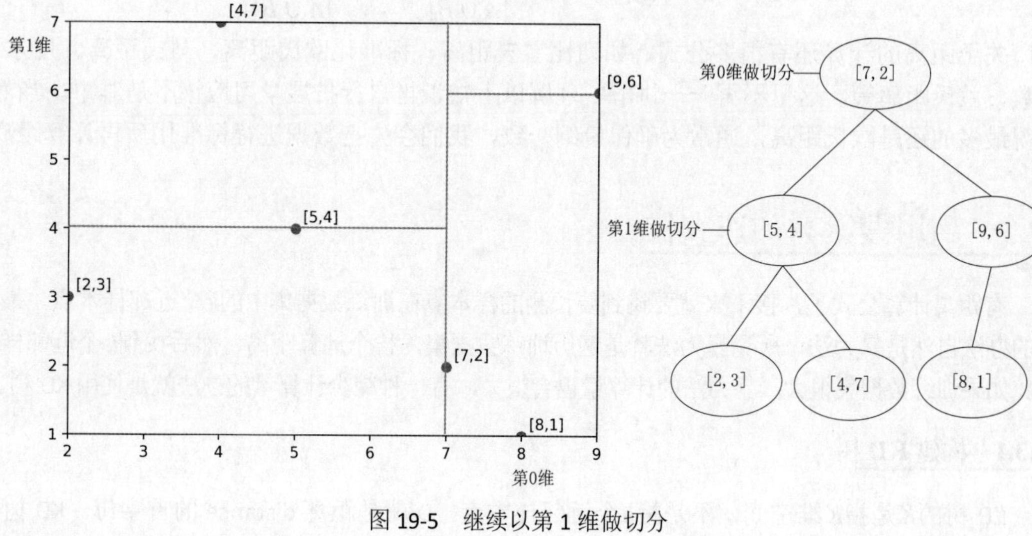

图 19-5　继续以第 1 维做切分

两边分别找到中位数 4 和 6，得到第 1 层树的结点[5,4]和[9,6]。接下来第 2 层的已经全部是叶子结点，无须再行切分。根据以上思路，我们可以用递归算法来实现构建 KD 树，下面给出构建 KD 树的算法供参考。

算法： 构建 KD 树的算法——KDTree constructKDTree(*trainX, trainY, dim*)。

输入： 1. 训练用的特征数据集 *trainX*。

2. 训练用的目标数据集 *trainY*。

3. 当前切分的维度。

输出： 生成的 KD 树，用根结点代表这棵 KD 树。

```
#防止传入的参数超过特征数据集的特征个数而做取模运算
dim=dim%trainX.shape[1]# trainX.shape[1]表示特征数据集的特征个数
##如果 trainX 中只有一个数据点，则直接作为叶子结点
if len(trainX)==1 then
#创建一个只有一个叶子结点的子树
    node=creatANode()
    node.point=trainX[0]#该样本点为叶子结点
    node.label= trainY[0]
    node.leftChild=None#没有左子树
node.rightChild=None#没有右子树
return node
else
#找到当前维中位数所在的样本点
point=findMiddlePoint(trainX,dim)
#以小于中位数的样本点为左子树，以大于中位数的样本点为右子树
leftChildTrainX,rigthChildTrainX,leftChildTrainY,rightChlidTrainY
    =constructCollection(trainX, point)
#创建一棵带有 2 个子树的树
    node=creatANode()
    node.point= point
node.label=trainY[point.index]
dim=(dim+1)%trainX.shape[1]
    #递归调用生成左子树
    node.leftChild= constructKDTree(leftChildTrainX, leftChildTrainY, dim)
    #递归调用生成右子树
    node.rightChild= constructKDTree(rigthChildTrainX, rightChlidTrainY, dim)
    return node
end if
```

19.3.2 运用 KD 树找到 *k* 个近邻点

有了 KD 树以后，怎么找到*k*个近邻点呢？在对 KD 树做深度遍历时，只要发现有结点到测试点（即要做预测的点）的距离比当前近邻点集合中离测试点最远的距离还要小，就把当前

结点加入到近邻点集合，再删除多余的近邻点。然后根据当前的维度进行判断，如果近邻点可能出现在比当前结点维度值更小的区间中，则继续搜索左子树；如果近邻点可能出现在比当前结点维度值更大的区间中，则继续搜索右子树。

判断近邻点可能出现在比当前结点维度值更小的区间中，可用如下的不等式：

testPoint[*dim*]- **max**(*kNeighborsToTestPoint*)<*node.point*[*dim*]　　(19-15)

如果满足这个不等式，表明近邻点可能出现在比当前结点维度值更小的区间中。如图 19-6 是一个分析的示例，假定当前维度是第 0 维，当前结点为[7,2]。显然满足式（19-15），近邻点可能出现在左边的区域。

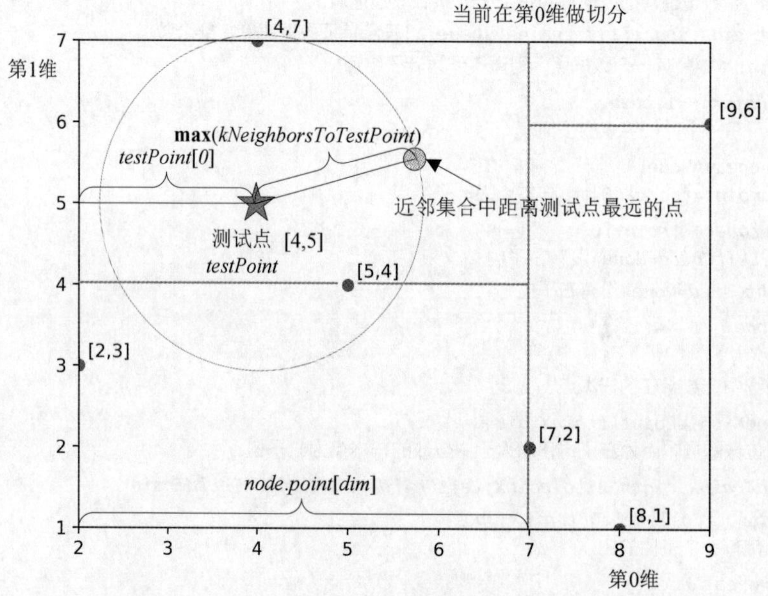

图 19-6　近邻点可能出现在比当前结点值更小的区间中

如果满足以下的条件：

testPoint[*dim*]+ **max**(*kNeighborsToTestPoint*)>*node.point*[*dim*]　　(19-16)

表明近邻点可能出现在比当前结点维度值更小的区间中。从图 19-6 的情况来看，近邻点确实不可能出现在右边的区域。下面给出算法供参考。

算法： 找到 *k* 个近邻点——*findKNeighbors*(*k*, *testPoint*,*node*,*dim*)。

输入： 1．要找到的近邻点个数 *k*。

2．要找近邻点的测试点 *testPoint*。

3．当前结点 *node*，代表着以当前结点为根的 KD 树。

4．当前查找的维度。

输出： 无。要找到的近邻点集合以全局变量存储，故无需返回。

```
#要找到的近邻点集合。初始时加入一个无穷大的样本点。
global kNeighbors
#近邻点到测试点的距离。初始时加入一个无穷大的距离。
global kNeighborsToTestPoint
#防止传入的参数超过特征数据集的特征个数而做取模运算
dim=dim%trainX.shape[1]# trainX.shape[1]表示特征数据集的特征个数
#如果测试点到当前结点的距离小于 kNeighborsToTestPoint 中的最大距离，则
#表明当前结点是近邻点
if distance(testPoint,node.point)<max(kNeighborsToTestPoint) then
kNeighbors.add(node.point) #加入到近邻点集合
kNeighborsToTestPoint.add(distance(testPoint,node.point))
#如果近邻点集合中元素个数已多于 k，则去除距测试点最远的近邻点
if len(kNeighbors)>k then
    deleteMaxDistanceToTestPoint(kNeighbors)
    deleteMaxDistanceToTestPoint(kNeighborsToTestPoint)
end if
end if
#判断近邻点是否可能出现在沿 dim 方向划分的两个区间中。如果可能出现
#在-max(q)区间且左子树不为空，则递归搜索左子树；如果可能出现在+max(q)区间，
#则递归搜索右子树
if testPoint[dim]- max(kNeighborsToTestPoint)<node.point[dim] and node.leftChild
 is not None then
dim=(dim+1)%trainX.shape[1]
findKNeighbors(k, testPoint,node.leftChild,dim) #递归查找左子树
end if
if testPoint[dim]+ max(kNeighborsToTestPoint)>node.point[dim] and
    node.rightChild is not None then
    dim=(dim+1)%trainX.shape[1]
findKNeighbors(k, testPoint,node.rightChild, dim) #递归查找右子树
end if
```

可能有读者感觉还是没太理解这个算法，而且感觉前面讲解的图 19-6 的例子会与算法实际应用场景不同。不妨来用算法做一个真实的例子。假定测试点为[4,5]，要找到 3 个近邻点。初始时 *kNeighbors* 和 *kNeighborsToTestPoint* 为：

$$kNeighbors = \{[+\infty, +\infty]\} \quad kNeighborsToTestPoint = \{+\infty\}$$

（1）第 1 次调用算法 *findKNeighbors*(3, [4,5],*node*([7,2]),0)。如图 19-7 所示，条件 *distance*(*testPoint*,*node*.*point*)<**max**(*kNeighborsToTestPoint*)满足，因此把[7,2]加入到近邻点集合：

$$kNeighbors = \{[+\infty, +\infty], [7,2]\}$$

$$kNeighborsToTestPoint = \{+\infty, \sqrt{18}\}$$

然后发现条件 *testPoint*[0]- **max**(*kNeighborsToTestPoint*)<*node*.*point*[0]满足，递归查找左子树。这里要注意递归查找右子树的条件也满足，但是会先查找左子树，这就相当于做深度遍历。

CHAP 19

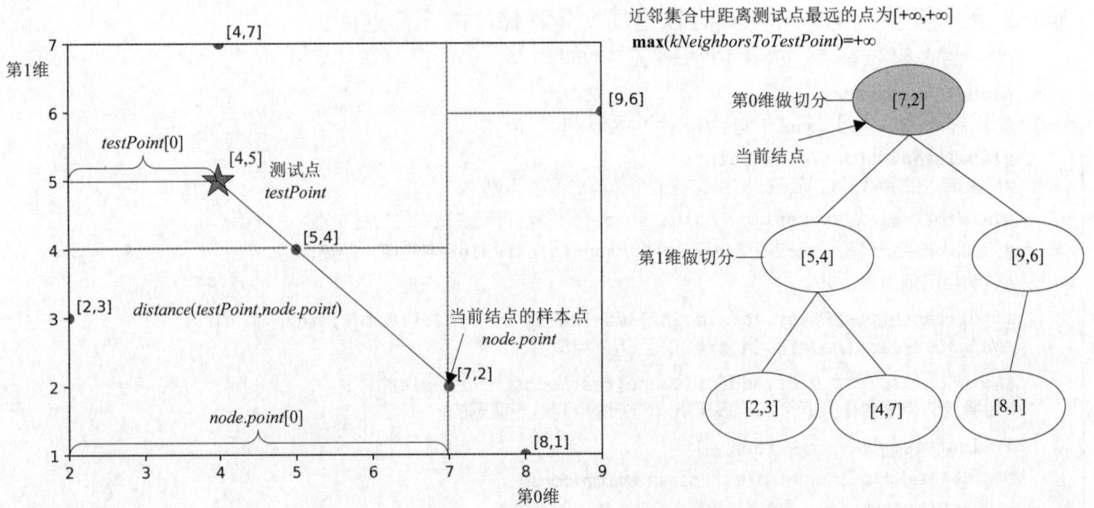

图 19-7 第 1 次调用算法 *findKNeighbors*(3, [4,5],*node*([7,2]),0)

（2）第 2 次递归调用算法 *findKNeighbors*(3, [4,5],*node*([5,4]),1)。这里不再重复作图。条件 *distance*(*testPoint*,*node.point*)<**max**(*kNeighborsToTestPoint*)满足，因此把[5,4]加入到近邻点集合：

$$kNeighbors = \{[+\infty,+\infty],[7,2],[5,4]\}$$
$$kNeighborsToTestPoint = \{+\infty,\sqrt{18},\sqrt{2}\}$$

然后发现条件 *testPoint*[1]-**max**(*kNeighborsToTestPoint*)<*node.point*[1]满足，递归查找左子树。

（3）第 3 次递归调用算法 *findKNeighbors*(3, [4,5],*node*([2,3]),0)。条件 *distance*(*testPoint*, *node.point*)<**max**(*kNeighborsToTestPoint*)满足，因此把[2,3]加入到近邻点集合，并去除[+∞,+∞]:

$$kNeighbors = \{[7,2],[5,4],[2,3]\}$$
$$kNeighborsToTestPoint = \{\sqrt{18},\sqrt{2},\sqrt{8}\}$$

然后发现条件 *testPoint*[0]- **max**(*kNeighborsToTestPoint*)<*node.point*[0]满足，但 *node*([2,3])已是叶子结点，“*node.leftChild* **is not None**”条件不满足，继续考察右子树；同理，*testPoint*[0]+**max**(*kNeighborsToTestPoint*)>*node.point*[0]也满足，但 *node*([2,3])已是叶子结点，“*node.rightChild* **is not None**”条件不满足。故返回上层调用算法，继续递归查找 *node*([5,4])的右子树。

（4）第 4 次递归调用算法 *findKNeighbors*(3, [4,5],*node*([4,7]),0)。如图 19-8 所示，条件 *distance*(*testPoint*,*node.point*)<**max**(*kNeighborsToTestPoint*)满足，因此把[4,7]加入到近邻点集合，并去除[7,2]:

$$kNeighbors = \{[5,4],[2,3],[4,7]\}$$
$$kNeighborsToTestPoint = \{\sqrt{2},\sqrt{8},2\}$$

然后返回到根结点处考察根结点的右子树。*testPoint*[0]+ **max**(*kNeighborsToTestPoint*)> *node.point*[0]满足，故继续遍历根结点的右子树。

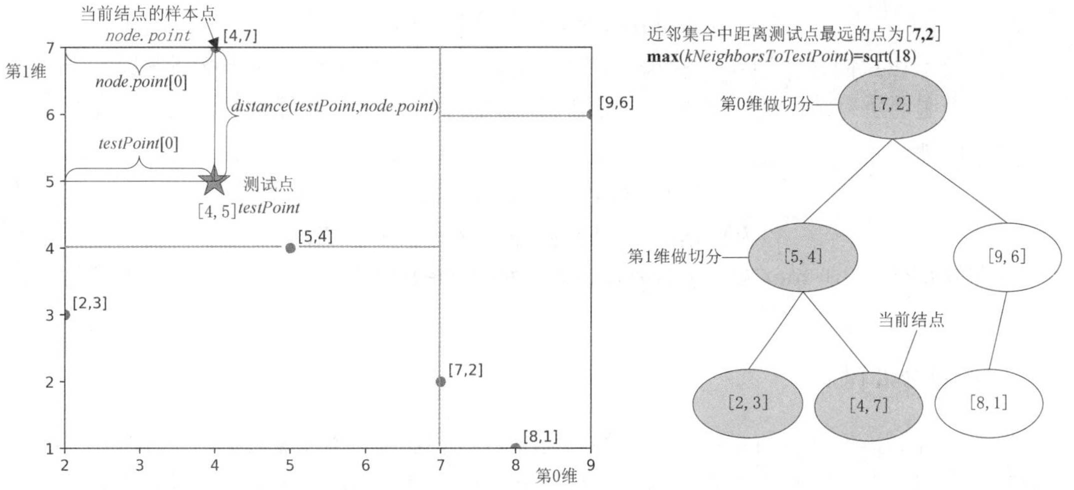

图 19-8　第 4 次调用算法 *findKNeighbors*(3, [4,5],*node*([4,7]),0)

（5）第 5 次递归调用算法 *findKNeighbors*(3, [4,5],*node*([9,6]),1)。如图 19-9 所示，条件 *distance*(*testPoint,node.point*)<**max**(*kNeighborsToTestPoint*)不满足。

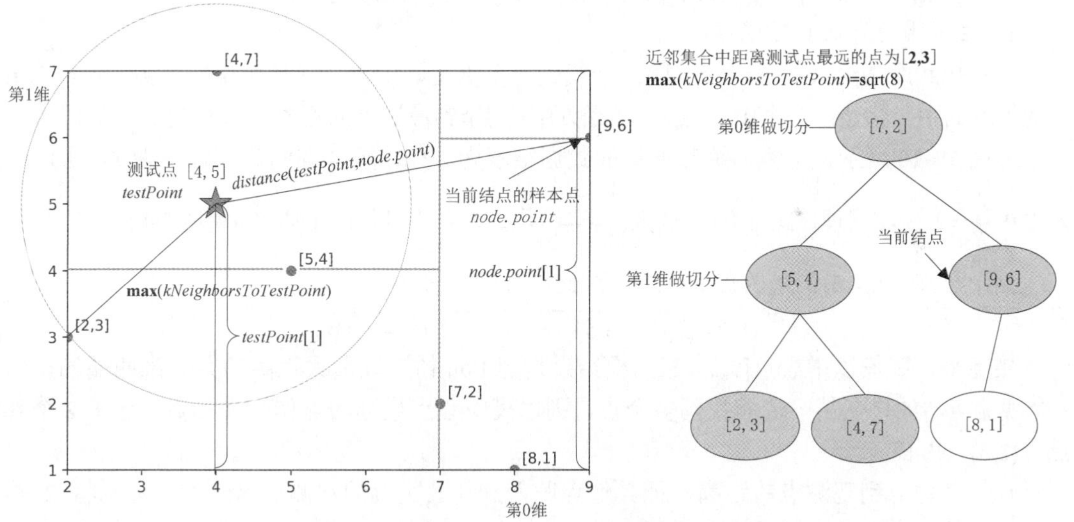

图 19-9　第 5 次调用算法 *findKNeighbors*(3, [4,5],*node*([9,6]),1)

然后发现条件 *testPoint*[1]- **max**(*kNeighborsToTestPoint*)<*node.point*[1]满足，递归查找左子树。

（6）第 6 次递归调用算法 *findKNeighbors*(3, [4,5],*node*([8,1]),0)。条件 *distance*(*testPoint, node.point*)<**max**(*kNeighborsToTestPoint*)不满足。然后发现 *node*([8,1])已是叶子结点，不再向下递归调用。返回到上一层查看右子树。发现 *node*([9,6])没有右子树，不再递归调用。

至此，经过 6 次递归调用，得到：

$$kNeighbors = \{[5,4],[2,3],[4,7]\}$$

这个例子让我们完整地体验到递归调用的过程。看上去似乎所有结点都遍历到了，但有时是不需要遍历所有结点的。例如，假定测试点为[1,3]，读者可自行试试，当遍历完根结点的左子树，得到：

$$kNeighbors = \{[5,4],[2,3],[4,7]\}$$

$$kNeighborsToTestPoint = \{\sqrt{17},1,5\}$$

条件 *testPoint*[0]+ **max**(*kNeighborsToTestPoint*)>*node.point*[0]并不满足，因此无需遍历根结点的右子树。

19.3.3 构建 Ball 树

当训练数据集的维度数量比样本点数量还多时，很明显前述讲解的 KD 树有点力不从心，因为都还没切分完一轮就没有数据点了，不一定能确保找到最近邻的点。有没有更好的办法？Ball 树就是更好的解决方案。Ball 树又称为球树，也是一棵二叉树，之所以称为球树是因为它构建的是一系列涵盖训练数据的超球体。接着一起来学懂原理就能理解得更为形象。先来看怎么构建一棵球树。

仍以训练数据集“[2,3], [5,4], [9,6], [4,7], [8,1], [7,2]”为例来分析。

1. 生成根结点及其超球体

首先找到距离最大的那一个维度，并找到这个维度的中点（注意不是中位数）m。以m和其他维度的中点构建出一个中心点p，半径为中心点p到最远点的距离，可构建出一个超球体。

如图 19-10 所示，示例训练数据集的数据维度为 2 维。第 0 维的最大距离为 7，所以中点为 $2+\frac{7}{2}=5.5$。同理，第 1 维中点为$2+\frac{7-2}{2}=4.5$。因此，中心点p为[5.5,4.5]。

到中心点[5.5,4.5]最远的点为[8,1]，因此超球体半径为：

$$r=\sqrt{(8-5.5)^2+(1-4.5)^2}=\sqrt{18.5}$$

接下来，我们以中心点[5.5,4.5]为根结点构建 Ball 树。以最大距离的第 0 维两端的点作为 2 个观测点。如果在某一端能找到多个点，则以离中心点最远的点作为观测点。这里 2 个观测点为[2,3]、[9,6]。

计算其他点到观测点的距离，把其他点归入到与其更近的观测点这一类，分别将 2 类作为根结点的左子树和右子树。这里，[4,7]、[5,4]与[2,3]更近，因此这一类为{[2,3], [4,7], [5,4]}；[8,1]、[7,2]与[9,6]更近，因此另一类为{[8,1], [7,2], [9,6]}。

2. 生成第 1 层结点及其超球体

用递归法继续生成下一层的结点及其超球体，如图 19-11 所示。

在左边的集合{[2,3], [4,7], [5,4]}中，值变化最大的是第 1 维，得到中心点[3.5,5]。继续得到右边的超球体半径为：

$$r=\sqrt{(3.5-2)^2+(5-3)^2}=\sqrt{6.25}$$

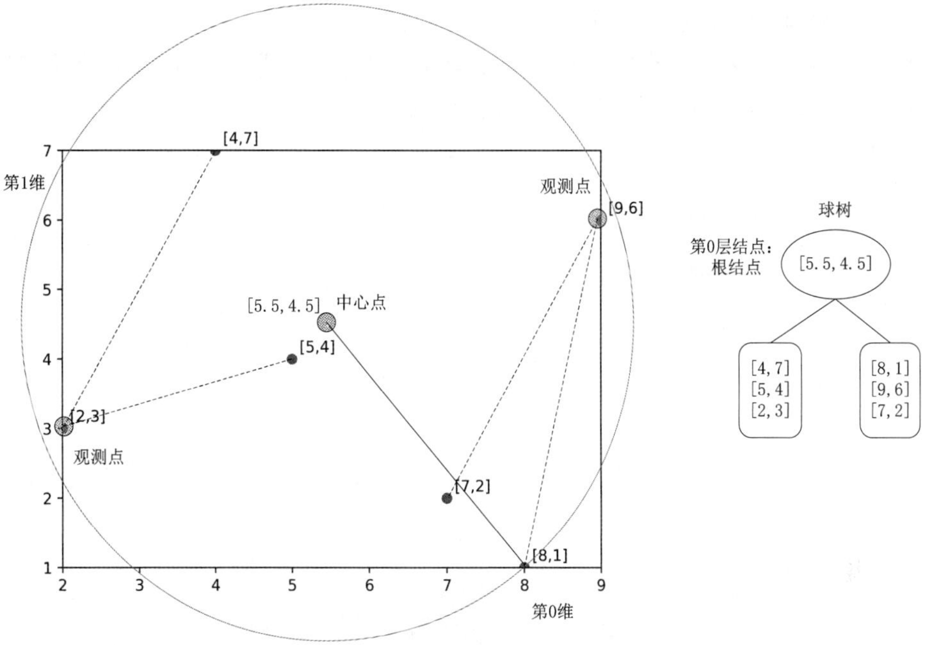

图 19-10　Ball 树的根结点及其超球体

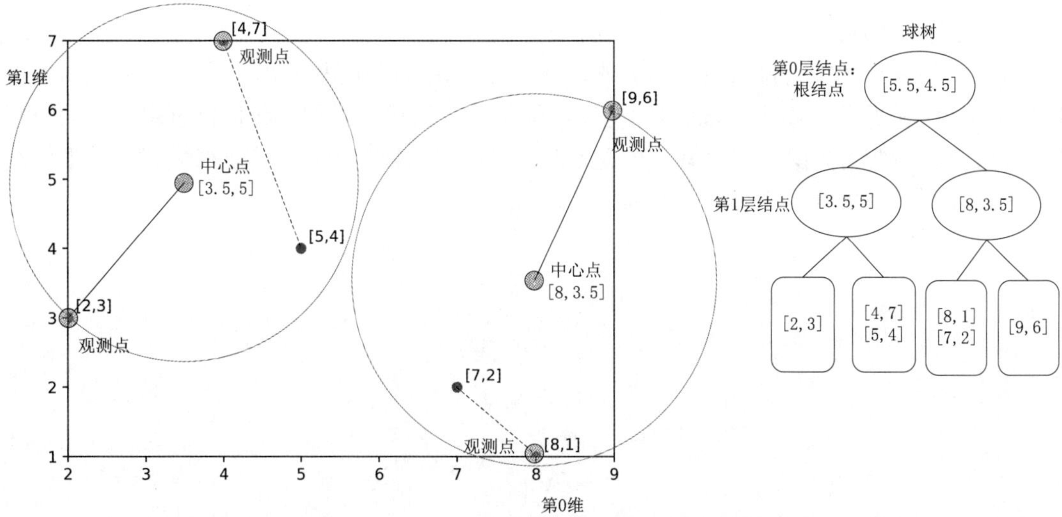

图 19-11　Ball 树的第 1 层结点及其超球体

同理可得到另一个超球体的中心点为[8,3.5]，半径为：

$$r=\sqrt{(8-9)^2+(3.5-6)^2}=\sqrt{7.25}$$

然后确定观测点，再分别做集合划分。划分时，发现点[5,4]到 2 个观测点的距离相同，可将其划分到任意一个集合。

3. 生成第 2 层结点及其超球体

如图 19-12 所示，如果集合中只有一个元素则可以直接变成叶子结点。集合{[4,7], [5,4]}很容易就可以找到中心点[4.5,5.5]，由此可构造出超球体和球树。再用同样的方法构造出另一个超球体和球树。

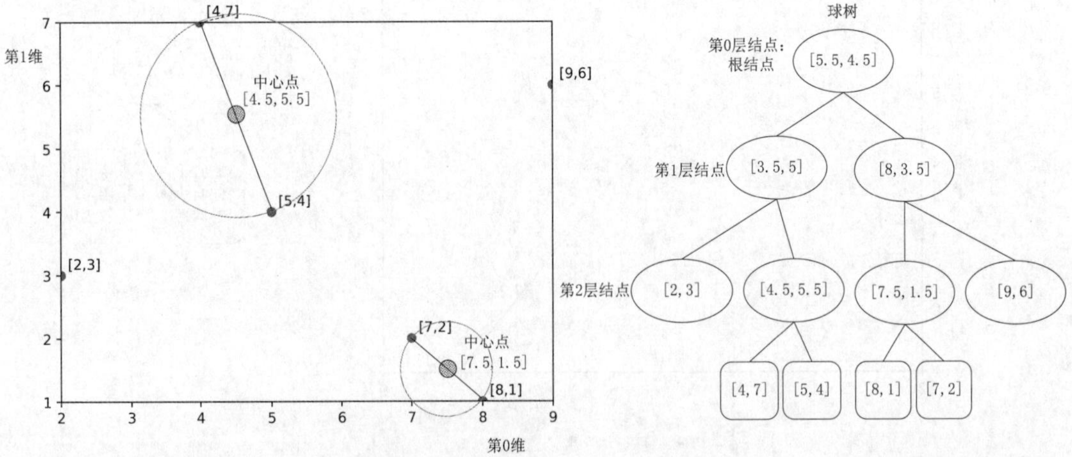

图 19-12　Ball 树的第 2 层结点及其超球体

4. 生成第 3 层结点

此时，第 3 层的集合都只有一个元素，故直接转化为叶子结点即可。至此，Ball 树构造完毕，如图 19-13 所示。可见，Ball 树的构造过程是一个迭代的过程，我们仍可用迭代的思想来实现，出口是当要切分的集合只有一个元素时，直接作为只有一个结点的子树返回。下面给出构建 Ball 树的算法描述，以便于编程实现。

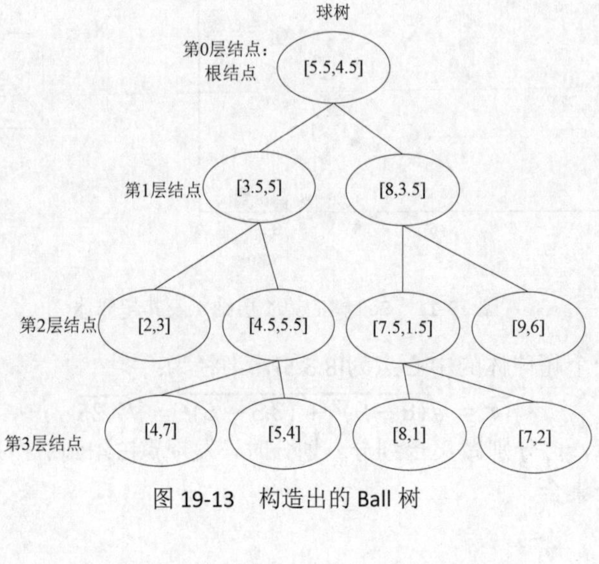

图 19-13　构造出的 Ball 树

算法： 构建 Ball 树的算法——BallTree constructBallTree(*trainX, trainY*)。

输入： 1. 训练用的特征数据集 *trainX*。

2. 训练用的目标数据集 *trainY*。

输出： 生成的 Ball 树，用根结点代表这棵 Ball 树。

```
#如果 trainX 中只有一个数据点，则直接作为叶子结点
if len(trainX)==1 then
    #创建一个只有一个叶子结点的子树
    node=creatANode()
    node.pivot=trainX[0]#该样本点就是中心点
    node.label= trainY[0]
    node.leftChild=None#没有左子树
node.rightChild=None#没有右子树
node.radius=0#超球体半径为 0
return node
else
    dim=findMaxDistanceDim()#找到距离最大的维度
    #找到距离最大的维度两端的点
    minPoint,maxPoint=findMinAndMaxPoint(trainX,dim)
    centerPoint=constructCenterPoint(trainX,dim) #生成中心点
    #找到集合中距离中心点最远的点
    furthestPoint=findFurthestPoint(trainX,centerPoint)
    #计算超球体的半径
    radius=distance(furthestPoint,centerPoint)
    #构造左、右子树的特征数据集和目标数据集
    leftChildTrainX,rigthChildTrainX,leftChildTrainY,rightChlidTrainY
=constructCollection(trainX,minPoint)
    #创建一棵带有 2 个子树的树
    node=creatANode()
    node.pivot= centerPoint
    node.label=None #中心点不是样本点，所以没有目标数据集
    #递归调用生成左子树
    node.leftChild= constructBallTree(leftChildTrainX, leftChildTrainY)
    #递归调用生成右子树
    node.rightChild= constructBallTree(rigthChildTrainX, rightChlidTrainY)
    node.radius= radius
    return node
end if
```

19.3.4 运用 Ball 树找到 *k* 个近邻点

从 19.3.3 节构建 Ball 树的过程讨论中，我们可以发现，在 Ball 中，训练数据集中所有的样本点都是叶子结点。如果从上往下做深度遍历，发现近邻点如果不可能出现在超球体中，则就没有必要继续向下深度遍历，转而遍历其他兄弟结点、父结点。那根据什么原则判断近邻点能否出现在当前的超球体中呢？如果满足如下的条件：

$$distance(testPoint,node.pivot)-node.radius>=\mathbf{max}(kNeighbors) \quad (19\text{-}17)$$

即测试点到当前超球体的最短距离大于 *kNeighbors* 中的最大距离，那么当前超球体中不可能出现更近的近邻点。如图 19-14 所示，如果以测试点为中心，以 **max**(*kNeighbors*)为半径作超球体，此时式（19-17）不满足，一目了然，两个超球体会有交叉部分，这个交叉部分就是可能找到近邻点之处；如果式（19-17）满足，如图 19-14（b）所示，两个超球体没有交叉部分，所以左边的超球体中不可能找到近邻点。

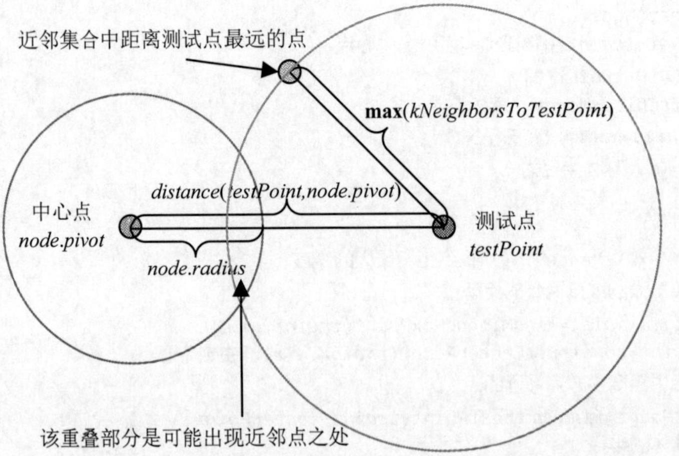

（a）*distance(testPoint,node.pivot)-node.radius*<**max**(*kNeighborsToTestPoint*)

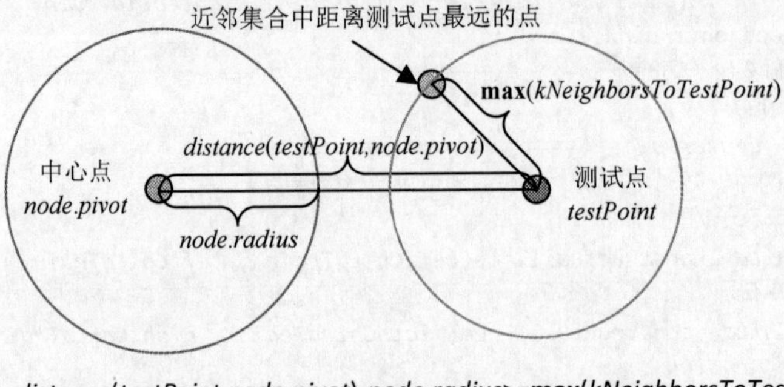

（b）*distance(testPoint,node.pivot)-node.radius*>=**max**(*kNeighborsToTestPoint*)

图 19-14　判断超球体中是否有近邻点的原理

运用 Ball 树找到*k*个近邻点的算法，如下所示。

算法： 找到*k*个近邻点——*findKNeighbors*(*k*, *testPoint*,*node*)。

输入： 1．要找到的近邻点个数*k*。

2．要找近邻点的测试点 *testPoint*。

3．当前结点 *node*，代表着以当前结点为根的 Ball 树。

输出：无。要找到的近邻点集合以全局变量存储，故无需返回。

```
#要找到的近邻点集合。初始时加入一个无穷大的样本点
global kNeighbors
#近邻点到测试点的距离。初始时加入一个无穷大的距离
global kNeighborsToTestPoint
#如果测试点到当前超球体的最短距离大于 kNeighborsToTestPoint 中的
#最大距离，则表明当前超球体中不可能包含要得到的近邻点
if distance(testPoint,node.pivot)-node.radius>=max(kNeighborsToTestPoint) then
    return
end if
#如果当前结点为一个叶子结点（判断方法：没有左子树和右子树）
if node is a leaf then
#对叶子结点，故叶子结点到测试点的距离必小于 kNeighbors 中的
#最大距离。因为此时，node.radius=0,
#故有 distance(testPoint,node.pivot)<max(kNeighbors)成立。
kNeighbors.add(node.pivot) #加入到近邻点集合
kNeighborsToTestPoint.add(distance(testPoint,node.pivot))
#如果近邻点集合中元素个数已多于 k，则去除距测试点最远的近邻点
if len(kNeighbors)>k then
    deleteMaxDistanceToTestPoint(kNeighbors)
    deleteMaxDistanceToTestPoint(kNeighborsToTestPoint)
end if
else
findKNeighbors(k, testPoint,node.leftChild) #递归查找左子树
findKNeighbors(k, testPoint,node.rightChild) #递归查找右子树
end if
```

19.4　调节 KNN 模型的参数

下面一起先来学习 scikit-learn 中有关 KNN 模型的类，再学会调节参数。

19.4.1　熟悉 KNeighborsClassifier 类

KNeighborsClassifier 类初始化参数的形式如下：

```
sklearn.neighbors.KNeighborsClassifier(n_neighbors=5,weights='uniform',\   algorithm='auto',
leaf_size=30,p=2, metric='minkowski', \
    metric_params=None, n_jobs=None)
```

主要参数如下：

（1）n_neighbors。该参数设置的就是近邻点的个数k。这是 KNN 模型最为重要的参数。从前述讨论也可以发现，我们始终都围绕这个参数k在展开讨论。正因为 KNN 模型主要就是这个参数，运用训练数据就是用不同的参数k去尝试，而不是根据训练数据用一定的算法来找到

合适的参数k。这就给人一种"懒惰"的感觉，也就是说模型不去主动在感知数据的过程中得到诸多的参数值，而是用数据来验证参数值，所以 KNN 模型又称为**惰性模型**或惰性的算法模型。

（2）weights。该参数用于设置训练数据集样本点的权重。该参数有 2 个常用的取值，默认值"uniform"表示k个近邻点的权重均等；设置为"distance"表示近邻点的权重设置为近邻点与待预测点距离的反比。因此，如果该参数默认值为"uniform"，则计算公式如下：

$$y_{pi} = \underset{c_k}{\operatorname{argmax}} \sum_{x_{rj} \in N_k} I(c_k == y_{tj}) \tag{19-18}$$

如果该参数为"distance"，则计算公式如下：

$$y_{pi} = \underset{c_k}{\operatorname{argmax}} \sum_{x_{rj} \in N_k} \left(\frac{1}{distance(\boldsymbol{x}_{ri}, \boldsymbol{x}_{rj})} I(c_k == y_{tj}) \right) \tag{19-19}$$

该参数也可以设置为一个可调用的函数，但这个函数得返回一个用于设置近邻点权重的数组。

（3）algorithm。该参数用于设置生成和寻找近邻点的算法。默认值为"auto"，表示自动选择。设置为"kd_tree"，表示使用 KD 树。设置为"ball_tree"，表示使用 Ball 树。设置为"brute"，表示使用暴力法。

（4）leaf_size。该参数用于设置 KD 树或 Ball 树叶子结点中样本点的数量。

（5）p。该参数用于设置闵可夫斯基距离的p参数。默认值为 2，表示使用欧氏距离；如果设置为 1，表示使用曼哈顿距离。

（6）metric。该参数用于设置距离度量的类型。默认为"minkowski"，即闵可夫斯基距离。

KNeighborsClassifier 类与其他模型有很多相同的方法和属性，同属性 classes_、方法 fit()、方法 score()、方法 predict()等就不重复介绍了。

下面介绍一个特别一点的方法：kneighbors([X,n_neighbors,return_distance])。该方法用于得到待预测点的k个近邻点。如果 return_distance 设置为 True，则还将返回待预测点与近邻点的距离。参数X用于设置待预测点。参数 n_neighbors 用于设置参数k。

19.4.2 调节 KNeighborsClassifier 模型的参数

通常情况下，如果训练数据集中样本个数远大于特征数据项个数，使用 KD 树和 Ball 树都能正确地找到近邻点，所以一般不需要调节 algorithm 参数。但使用不同的算法，效率可能不同。如果想要考察算法的效率，可以使用 GridSearchCV 来查找，并得到计算时间，再对比分析算法的效率。

多数情况下，我们使用欧氏距离，所以p、metric 这 2 个参数通常也不需要调节。那就只有 n_neighbors 和 weights 这 2 个参数需要调节。下面仍使用鸢尾花数据集来调节参数。

源代码 19-1 用 GridSearchCV 调节 KNN 分类模型的参数

```
#====导入各种要用到的库、类====
from sklearn.datasets import load_iris
from sklearn.model_selection import train_test_split
from sklearn.preprocessing import StandardScaler
import numpy as np
import pandas as pd
from sklearn.metrics import classification_report
from sklearn.neighbors import KNeighborsClassifier
from matplotlib.colors import ListedColormap
from matplotlib import pyplot as plt
from sklearn.model_selection import GridSearchCV
#====此处省略与源代码 18-1 相同的“加载数据”====
#====此处省略与源代码 18-1 相同的“标准化训练数据和测试数据”====
#====寻找最优的参数====
parameters={'n_neighbors':range(1,11),\
            'weights':['uniform','distance']}
knn=KNeighborsClassifier()
modelSearch=GridSearchCV(knn,parameters,return_train_score=True,cv=10)
modelSearch.fit(XTrain,yTrain)
print("最优的模型是：",modelSearch.best_estimator_)
print("最好的成绩(准确度)是：",modelSearch.best_score_)
print("最优的参数是：",modelSearch.best_params_)
#====评价模型====
knn=modelSearch.best_estimator_
yPredict=knn.predict(XTest)
print(classification_report(yTest,yPredict,target_names=\
    ['setosa','versicolor','virginica']))
#====此处省略与源代码 18-1 相同的“定义画分界线并填充各类型块不同的
#====颜色的函数”====
#====此处省略与源代码 18-1 相同的“画分界线并填充各类型块
#====不同的颜色”====
#====此处省略与源代码 18-1 相同的“画散点”====
#====此处省略与源代码 18-1 相同的“显示坐标轴和图例”====
#====此处省略与源代码 18-1 相同的“解决中文字符显示问题”====
```

控制台输出如图 19-15 所示。从结果来看，找到的最优 KNN 模型的最佳参数是$k = 1$。将该模型用来做预测时，测试数据集的准确率达到 1，可见泛化能力不错。程序得到的分类效果如图 19-16 所示，分界线更为不规则，但分类效果确实较好。

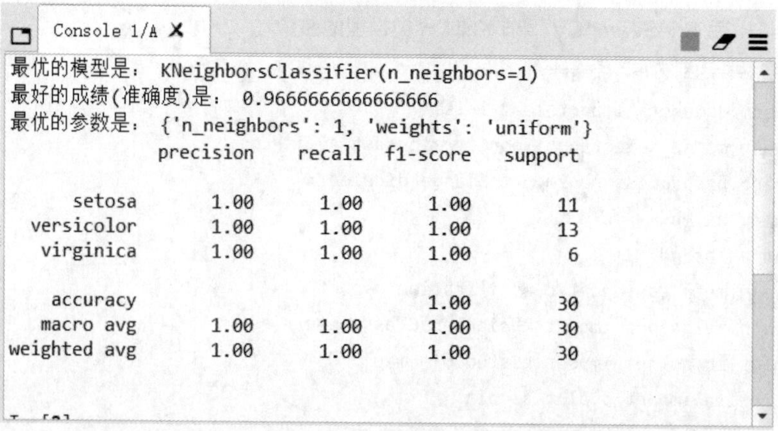

```
最优的模型是： KNeighborsClassifier(n_neighbors=1)
最好的成绩(准确度)是： 0.9666666666666666
最优的参数是： {'n_neighbors': 1, 'weights': 'uniform'}
              precision    recall  f1-score   support

      setosa       1.00      1.00      1.00        11
  versicolor       1.00      1.00      1.00        13
   virginica       1.00      1.00      1.00         6

    accuracy                           1.00        30
   macro avg       1.00      1.00      1.00        30
weighted avg       1.00      1.00      1.00        30
```

图 19-15　用 GridSearchCV 调节 KNN 分类模型的参数

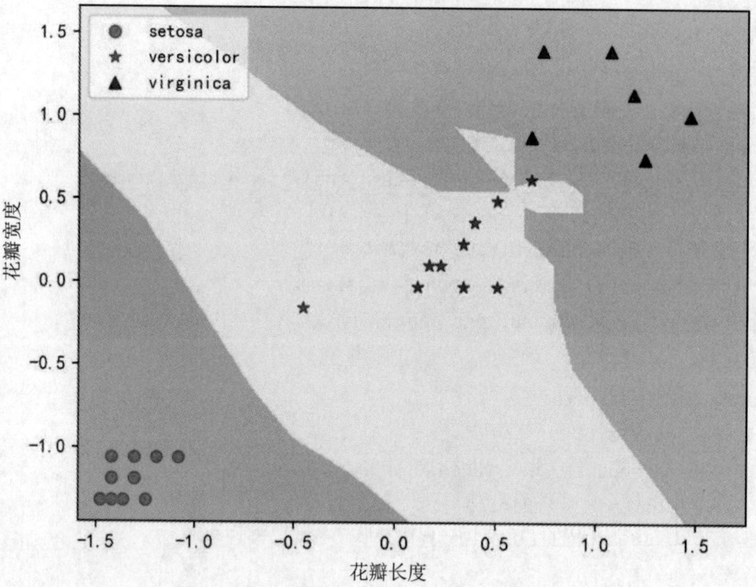

图 19-16　找到的最优 KNN 模型的分类效果

19.4.3　熟悉 KNeighborsRegressor 类并学会调节参数

KNeighborsRegressor 类初始化参数的形式如下：

```
    sklearn.neighbors.KNeighborsRegressor(n_neighbors=5,weights='uniform',\    algorithm='auto',
leaf_size=30,p=2, metric='minkowski', \
    metric_params=None, n_jobs=None)
```

从上面也可以看出，KNeighborsRegressor 类与 KNeighborsClassifier 类的参数、方法都一致，这里不再重复说明。我们直接来调节参数，仍以波士顿房屋价格数据集为例。

源代码 19-2 用 GridSearchCV 调节 KNN 回归模型的参数

```
#====导入各种要用到的库、类====
from sklearn.datasets import load_boston
from sklearn.model_selection import train_test_split
from sklearn.preprocessing import StandardScaler
import numpy as np
import pandas as pd
from sklearn.neighbors import KNeighborsRegressor
from matplotlib import pyplot as plt
from sklearn.model_selection import GridSearchCV
#====此处省略与源代码 18-2 相同的“加载数据”====
#====此处省略与源代码 18-2 相同的“划分数据集”====
#====此处省略与源代码 18-2 相同的“标准化训练数据和测试数据”====
#====寻找最优的参数====
parameters={'n_neighbors':range(1,51),\
           'weights':['uniform','distance']}
knn=KNeighborsRegressor()
modelSearch=GridSearchCV(knn,parameters,return_train_score=True,cv=10)
modelSearch.fit(XTrain,yTrain)
knn=modelSearch.best_estimator_
print("最优的模型是：",modelSearch.best_estimator_)
print("最好的成绩(R^2)是：",modelSearch.best_score_)
print("最优的参数是：",modelSearch.best_params_)
#====此处省略与源代码 18-2 相同的“评价模型”====
#====此处省略与源代码 18-2 相同的“画拟合线和散点”====
```

控制台输出如图 19-17 所示。从结果来看，找到的最优 KNN 模型最佳参数是$k = 34$。将该模型用来做预测时，测试数据集的拟合度达到 0.669，可见泛化能力又有小幅增强。程序得到的回归效果如图 19-18 所示。

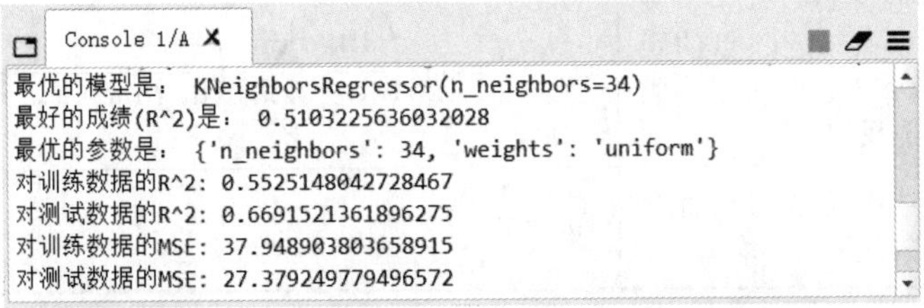

图 19-17 用 GridSearchCV 调节 KNN 回归模型的参数

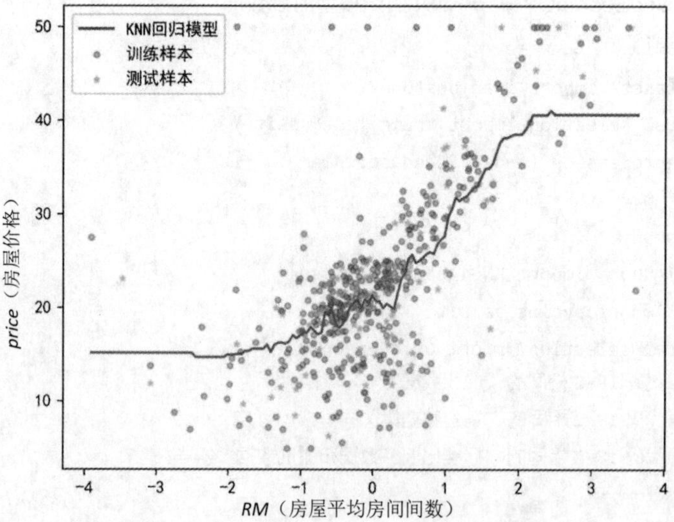

图 19-18　找到的最优 KNN 模型的回归效果

19.5　小结

从数学原理上看，KNN 确实相对比较好理解，无非就是根据k个近邻点用投票规则来确定待预测点的分类。KNN 模型也可以用于回归。下面用表格总结 KNN 模型的数学原理，见表 19-3。

表 19-3　KNN 模型的数学原理

分类或回归原理	一句话总结	计算公式
不考虑权重时的分类原理	k 个近邻点中哪类多预测结果就是哪类	$y_{pi} = \underset{c_k}{\operatorname{argmax}} \sum_{x_{rj} \in N_k} I(c_k == y_{tj})$
考虑权重时的分类原理	样本数量占比、待预测点与近邻点的距离都是与预测分类成反比	$y_{pi} = \underset{c_k}{\operatorname{argmax}} \left(\frac{\lvert \boldsymbol{D} \rvert}{\lvert \boldsymbol{D}_k \rvert} \sum_{x_{rj} \in N_k} \left(\frac{1}{distance(\boldsymbol{x}_{ri}, \boldsymbol{x}_{rj})} I(c_k == y_{tj}) \right) \right)$
回归原理	结果是近邻点目标数据项的平均值	$y_{pi} = \frac{1}{k} \sum_{x_{rj} \in N_k} y_{tj}$

我们还学习了几种距离的度量，下面继续用表格总结知识点，见表 19-4。

学习 KD 树和 Ball 树主要是学习它们的构建算法和找到k个近邻点的算法，下面继续用表格总结知识点，见表 19-5。

表 19-4　距离的度量

度量方法	一句话总结	计算公式
欧几里得距离	符合我们的常规思维	$distance(\boldsymbol{x}_{ri}, \boldsymbol{x}_{rj}) = \sqrt{\sum_{k=0}^{n-1}(\boldsymbol{x}_{ik} - \boldsymbol{x}_{jk})^2}$
曼哈顿距离	分量差值的绝对值之和	$distance(\boldsymbol{x}_{ri}, \boldsymbol{x}_{rj}) = \sum_{i=0}^{n-1}\lvert\boldsymbol{x}_{ik} - \boldsymbol{x}_{jk}\rvert$
闵可夫斯基距离	统一表述了欧几里得距离和曼哈顿距离	$distance(\boldsymbol{x}_{ri}, \boldsymbol{x}_{rj}) = \sqrt[p]{\sum_{i=0}^{n-1}\lvert\boldsymbol{x}_{ik} - \boldsymbol{x}_{jk}\rvert^p}$
夹角的余弦	就是用空间中 2 个向量的夹角来衡量相似度	$\cos(\boldsymbol{x}_{ri}, \boldsymbol{x}_{rj}) = \frac{\boldsymbol{x}_{ri} \cdot \boldsymbol{x}_{rj}}{\lVert\boldsymbol{x}_{ri}\rVert \times \lVert\boldsymbol{x}_{rj}\rVert}$
杰卡德距离	并、交集个数差的占比	$JD(A,B) = \frac{\lvert A \cup B\rvert - \lvert A \cap B\rvert}{\lvert A \cup B\rvert}$

表 19-5　KD 树和 Ball 树

算法	一句话总结	补充说明
构建 KD 树	递归在各维度按中位数做切分	
用 KD 树找到 k 个近邻点	深度遍历 KD 树找到比近邻点集合中距离更小的样本点	如果不可能出现在-max(q)区间，则不再搜索左子树；如果不可能出现在+ max(q)区间，则不再搜索右子树
构建 Ball 树	根据各维度中点得到中心点，以中心点到样本点最大的距离为半径构建起超球体	
用 Ball 树找到 k 个近邻点	深度遍历 Ball 树找到比近邻点集合中距离更小的样本点	如果测试点到当前超球体的最短距离大于 *kNeighborsToTestPoint* 中的最大距离，则表明当前超球体中不可能包含要得到的近邻点

调节 KNN 模型的参数主要就是得到更理想的k值，运用 GridSearchCV 工具我们很容易就可以找到最理想的 KNN 模型。

考虑到 KNN 模型没有太多的较为深入的知识点，不再设置讲解高级知识的章节。有兴趣对 KNN 模型做深入研究的读者，可以进一步阅读专著、学术论文去研究诸如算法改进、效率讨论等稍显深入些的知识。

后续学习建议

如果本书您都通读完了，应该对书中讲解的线性回归、逻辑回归、决策树、贝叶斯、支持向量机、KNN 这 6 种模型有了全面而又深入的理解。接下来，我的学习建议如下图所示。

1．学习其他机器学习模型。还有很多其他的机器学习模型，如集成学习模型、无监督机器学习模型、降维技术、强化学习、深度学习等。

2．研究某一种机器学习模型。以研究的心态深入学习某一种模型，这时就需要阅读有关某一种模型的专著和学术论文了。

3．积累工程实践经验。这方面的图书很少，需要我们更多的到实践中去积累。

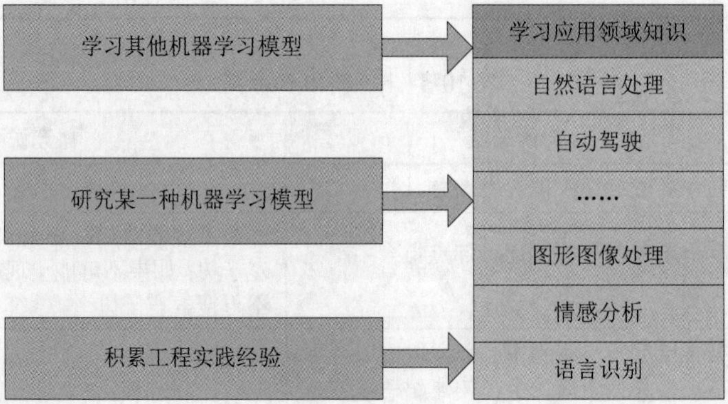

后续学习建议图

参考文献

[1] 纪强（Qiang Ji）. 概率图模型及计算机视觉应用[M]. 郭涛，译. 北京：机械工业出版社，2021.

[2] 张海斌，张凯丽. 凸优化理论与算法[M]. 北京：科学出版社，2020.

[3] 吴喜之. 贝叶斯数据分析——基于 R 与 Python 的实现[M]. 北京：中国人民大学出版社，2020.

[4] 大威. 机器学习的数学原理和算法实践[M]. 北京：人民邮电出版社，2021.

[5] 史春奇，卜晶祎，施智平. 机器学习：算法背后的理论与优化[M]. 北京：清华大学出版社，2019.

[6] 孙玉林，余本国. Python 机器学习算法与实战[M]. 北京：电子工业出版社，2021.

[7] 邓子云. 深入浅出线性代数[M]. 北京：中国水利水电出版社，2021.

[8] 薛薇. Python 机器学习：数据建模与分析[M]. 北京：机械工业出版社，2021.

[9] 王东. 机器学习导论[M]. 北京：清华大学出版社，2021.

[10] 丁毓峰. 图解机器学习——算法原理与 Python 语言实现[M]. 北京：中国水利水电出版社，2020.

[11] 唐宇迪. 人工智能数学基础[M]. 北京：北京大学出版社，2020.

[12] 左飞. 机器学习中的数学修炼[M]. 北京：清华大学出版社，2020.

[13] 张居营. 大话 Python 机器学习[M]. 北京：中国水利水电出版社，2019.

[14] 胡欢武. 机器学习基础：从入门到求职[M]. 北京：电子工业出版社，2019.

[15] 孙博. 机器学习中的数学[M]. 北京：中国水利水电出版社，2019.